国际信息工程先进技术译丛

LTE 完全指南

——LTE、LTE - Advanced、SAE、VoLTE 和 4G 移动通信

(原书第 2 版)

［英］ 克里斯托佛 · 考克斯（Christopher Cox） 著

严炜烨　田　军　译

机 械 工 业 出 版 社

本书讲述的是4G移动通信系统中的LTE相关技术，介绍了包括用于在基站和移动台，以及用于在网络上传输数据和信令消息的无线通信技术。

在结构上，本书分为四个部分。第1部分为基础知识，包括第1章引言，第2章系统架构演进，第3章数字无线通信，第4章正交频分多址，第5章多天线技术。第2部分主要讲的是LTE的空中接口，包括第6章LTE空中接口协议的架构，第7章小区获取，第8章数据传输和接收，第9章随机接入，第10章空中接口层2。第3部分介绍了管理移动台的行为信令过程，包括第11章上电和下电的过程，第12章安全机制，第13章服务质量、策略和计费，第14章移动性管理，第15章与UMTS和GSM的互操作，第16章与非3GPP技术的互操作，第17章自优化网络。最后一部分介绍了更专业的主题，包括第18章版本9的增强，第19章LTE－A和版本10，第20章版本11和版本12，第21章电路域回落，第22章VoLTE和IP多媒体子系统，第23章LTE和LTE－A的性能。

本书对于电信工程师是有价值的，特别是那些从其他技术如GSM、UMTS和cdma2000转向LTE的，或是精通LTE部分技术但想了解系统整体的，或是刚接触移动通信行业的。其次，本书也给了项目经理、营销经理和知识产权顾问这些非技术人员一些有价值的概述。

原书前言

本书讲述的是关于世界上占主导地位的4G移动通信系统——LTE。

在写作本书时，我的目标是为读者简洁、系统地介绍LTE使用的技术。本书涵盖了整个系统，包括用于基站和移动台之间无线通信的技术，以及用于在网络上传输数据和信令消息的技术。我希望读者能够从本书中清楚地了解系统和不同组件之间的相互作用。读者将能够自信地面对更先进的资料。

目标受众是双重的。首先，我希望本书对于LTE工程师是有价值的，特别是那些从其他技术如GSM、UMTS和cdma2000转向LTE的，或是精通LTE部分技术但想了解系统整体的，或是刚接触移动通信行业的。其次，本书也给了项目经理、营销经理和知识产权顾问这些非技术人员一些有价值的概述。

在结构上，本书分为四个部分。第1部分为基础知识。第1章介绍了LTE与早期移动通信系统的关系，并阐述了其要求和关键技术特点。第2章介绍了系统的架构，特别是其包含的硬件组件和通信协议及其无线电频谱的使用。第3章回顾了LTE从早期移动通信系统继承的无线传输技术，而第4、5章描述了正交频分多址和多输入多输出天线的最新技术。

第2部分涵盖了LTE的空中接口。第6章是对空中接口的高级描述，而第7章涉及移动台在接通时为发现附近的LTE基站使用的低级过程。第8章涵盖了基站和移动台用于发送和接收信息的低级过程。第9章涵盖了特定的过程——随机接入，通过它移动台可以在没有预先安排的情况下与基站联系。第10章介绍了空中接口的高级部分，即媒体接入控制、无线链路控制和分组数据汇聚协议。

第3部分涵盖了管理移动台行为的信令过程。在第11章中，我们描述了移动台在开机时使用的高级过程，向网络注册并与外界建立通信。第12章涵盖了LTE使用的安全机制。第13章涵盖了管理服务质量和数据流计费特性的过程。第14章描述了网络用于跟踪移动台位置的移动性管理过程。第15章描述了LTE与GSM和UMTS的早期技术的互操作，而第16章讨论了与如无线局域网和cdma2000的其他技术的互操作。第17章涵盖了LTE的自配置和自优化能力。

最后一部分介绍更专业的主题。第18、19和20章描述了在规范的更新版本中对LTE进行的增强，特别是被称为LTE-A的技术的增强版本。第21、22章涵盖了向LTE设备传送语音呼叫的两个最重要的解决方案，即电路域回落和IP多媒体子系统。最后，第23章回顾了LTE的性能，并讨论了用于估计LTE网络的覆盖和容量的技术。

LTE 具有大量的首字母缩略语，并且很难在不使用它们的情况下讨论主题。但是，它们对于新手来说显得并不必要，所以我的目的是将缩略语的使用保持在合理的最低限度，通常偏向使用全称。

我也努力保持本书的数学内容只需达到理解系统所需的最低限度。LTE 空中接口广泛使用复数、傅里叶变换和矩阵代数，但是读者不需要任何预备知识来理解本书。我们有限地使用第 3、4 章中的复数来对调制进行讨论，并且在第 4、5 章中引入傅里叶变换和矩阵，以介绍正交频分多址和多天线的更高级方面的内容。然而，读者可以跳过这些，而不影响对主题的总体理解。

缩 略 语

16 – QAM	16 quadrature amplitude modulation	十六进制正交幅度调制
1G	First generation	第一代移动通信技术
1xRTT	1x radio transmission technology	第一代无线传输技术
2G	Second generation	第二代移动通信技术
3G	Third generation	第三代移动通信技术
3GPP	Third Generation Partnership Project	第三代合作伙伴计划
3GPP2	Third Generation Partnership Project 2	第三代合作伙伴计划2
4G	Fourth generation	第四代移动通信技术
64 – QAM	64 quadrature amplitude modulation	六十四进制正交幅度调制
AAA	Authentication, authorization and accounting	认证、鉴权和计费
ABMF	Account balance management function	账户余额管理功能
ABS	Almost blank subframe	几乎空白子帧
ACK	Positive acknowledgement	肯定确认
ACM	Address complete message	地址完全消息
ADC	Analogue to digital converter	模 – 数转换器
AES	Advanced Encryption Standard	高级加密标准
AF	Application function/Assured forwarding	应用功能/确保转发
AKA	Authentication and key agreement	认证密钥协商
AM	Acknowledged mode	确认模式
AMBR	Aggregate maximum bit rate	聚合最大比特率
AMR	Adaptive multi rate	自适应多速率
AMR – WB	Wideband adaptive multi rate	自适应多速率宽带
ANDSF	Access network discovery and selection function	接入网发现和选择功能
ANM	Answer message	应答消息
API	Application programming interface	应用编程接口
APN	Access point name	接入点名称
APN – AMBR	Per APN aggregate maximum bit rate	每个 APN 聚合最大比特率
ARIB	Association of Radio Industries and Businesses	日本无线工业及商贸联合会

ARP	Allocation and retention priority	分配和保留优先级
ARQ	Automatic repeat request	自动重传请求
AS	Access stratum/Application server	接入层/应用服务器
ASME	Access security management entity	接入安全管理实体
ATCF	Access transfer control function	接入传送控制功能
ATGW	Access transfer gateway	接入传送网关
ATIS	Alliance for Telecommunications Industry Solutions	世界无线通信解决方案联盟
AVP	Attribute value pair/Audio visual profile	属性值对/音频视频配置文件
AWS	Advanced Wireless Services	高级无线服务
B2BUA	Back to back user agent	背靠背用户代理
BBERF	Bearer binding and event reporting function	承载绑定和事件报告功能
BBF	Bearer binding function	承载绑定功能
BCCH	Broadcast control channel	广播控制信道
BCH	Broadcast channel	广播信道
BD	Billing domain	计费域
BE	Best effort	尽力服务
BGCF	Breakout gateway control function	出口网关控制功能
BICC	Bearer independent call control	承载无关呼叫控制
BM - SC	Broadcast/multicast service centre	广播/多播服务中心
BPSK	Binary phase shift keying	二进制相移键控
BSC	Base station controller	基站控制器
BSR	Buffer status report	缓冲区状态报告
BSSAP +	Base station subsystem application part plus	基站子系统应用部分 +
BSSGP	Base station system GPRS protocol	基站系统 GPRS 协议
BTS	Base transceiver station	基站收发机
CA	Carrier aggregation	载波聚合
CAMEL	Customized applications for mobile network enhanced logic	移动网络增强逻辑定制应用
CBC	Cell broadcast centre	小区广播中心
CBS	Cell broadcast service	小区广播服务

CC	Call control/Component carrier	呼叫控制/分量载波
CCCH	Common control channel	公共控制信道
CCE	Control channel element	控制信道元素
CCO	Cell change order	小区改变命令
CCSA	China Communications Standards Association	中国通信标准化协会
CDF	Charging data function	计费数据功能
CDMA	Code division multiple access	码分多址接入
CDR	Charging data record	计费数据记录
CFI	Control format indicator	控制格式指示
CGF	Charging gateway function	计费网关功能
CIF	Carrier indicator field	载波指示域
CLI	Calling line identification	呼叫线路识别
CM	Connection management	连接管理
CMAS	Commercial mobile alert system	商业移动台预警系统
C - MSISDN	Correlation mobile subscriber ISDN number	相关移动用户 ISDN 号码
CoMP	Coordinated multi - point transmission and reception	多点协作传输和接收
COST	European Cooperation in Science and Technology	欧洲科技合作
CP	Cyclic prefix	循环前缀
CQI	Channel quality indicator	信道质量指示
CRC	Cyclic redundancy check	循环冗余校验
C - RNTI	Cell radio network temporary identifier	小区无线网络临时标识
CS	Circuit switched	电路交换
CS/CB	Coordinated scheduling and beamforming	协调调度/波束成形
CSCF	Call session control function	呼叫会话控制功能
CSFB	Circuit switched fallback	电路域回落
CSG	Closed subscriber group	闭合用户组
CSI	Channel state information	信道状态信息
CS - MGW	Circuit switched media gateway	电路交换媒体网关
CTF	Charging trigger function	计费触发功能
D2D	Device to device	设备对设备
DAC	Digital - to - analogue converter	数 - 模转换器

dB	Decibel	分贝
dBi	Decibels relative to an isotropic antenna	相对于各向同性天线的分贝
dBm	Decibels relative to one milliwatt	相对于 1mW 的分贝
DCCH	Dedicated control channel	专用控制信道
DCI	Downlink control information	下行链路控制信息
DeNB	Donor evolved Node B	施主 eNB
DFT	Discrete Fourier transform	离散傅里叶变换
DFT - S - OFDMA	Discrete Fourier transform spread OFDMA	离散傅里叶变换扩频正交频分多址
DHCP	Dynamic host configuration protocol	动态主机配置协议
DiffServ	Differentiated services	区分服务
DL	Downlink	下行链路
DL - SCH	Downlink shared channel	下行链路共享信道
DNS	Domain name server	域名服务器
DPS	Dynamic point selection	动态点选择
DRS	Demodulation reference signal	解调参考信号
DRVCC	Dual radio voice call continuity	双无线语音呼叫连续性
DRX	Discontinuous reception	非连续接收
DSCP	Differentiated services code point	区分服务代码点
DSL	Digital subscriber line	数字用户线路
DSMIP	Dual - stack mobile IP	双栈移动台 IP
DTCH	Dedicated traffic channel	专用业务信道
DTM	Dual transfer mode	双传输模式
DTMF	Dual tone multi - frequency	双音多频
EAG	Explicit array gain	显式数组增益
eAN	Evolved access network	演进接入网
EAP	Extensible authentication protocol	可扩展认证协议
EATF	Emergency access transfer function	紧急接入传送功能
ECGI	E - UTRAN cell global identifier	E - UTRAN 小区全球标识
ECI	E - UTRAN cell identity	E - UTRAN 小区标识
ECM	EPS connection management	EPS 连接性管理

ECN	Explicit congestion notification	显式拥塞通知
E－CSCF	Emergency call session control function	紧急呼叫会话控制功能
EDGE	Enhanced Data Rates for GSM Evolution	增强数据速率 GSM 演进
EEA	EPS encryption algorithm	EPS 加密算法
EF	Expedited forwarding	加速转发
eHRPD	Evolved high rate packet data	演进高速分组数据
EIA	EPS integrity algorithm	EPS 完整性算法
EICIC	Enhanced inter cell interference coordination	增强小区间干扰协调
EIR	Equipment identity register	设备标识寄存器
EIRP	Equivalent isotropic radiated power	有效全向辐射功率
eMBMS	Evolved MBMS	演进 MBMS
EMM	EPS mobility management	EPS 移动性管理
eNB	Evolved Node B	演进节点 B
EPC	Evolved packet core	演进分组核心网
ePCF	Evolved packet control function	演进分组控制功能
EPDCCH	Enhanced physical downlink control channel	增强物理下行链路控制信道
ePDG	Evolved packet data gateway	演进分组数据网关
EPRE	Energy per resource element	每个资源元素的能量
EPS	Evolved packet system	演进分组系统
E－RAB	Evolved radio access bearer	演进无线接入承载
ERF	Event reporting function	事件报告功能
ESM	EPS session management	EPS 会话管理
E－SMLC	Evolved serving mobile location centre	演进服务移动台定位中心
ESP	Encapsulating security payload	封装安全有效载荷
ETSI	European Telecommunications Standards Institute	欧洲电信标准化协会
ETWS	Earthquake and tsunami warning system	地震和海啸预警系统
E－UTRAN	Evolved UMTS terrestrial radio access network	演进 UMTS 陆地无线接入网
EV－DO	Evolution data optimized	演进数据优化

FCC	Federal Communications Commission	美国联邦通信委员会
FDD	Frequency division duplex	频分双工
FDMA	Frequency division multiple access	频分多址
FD－MIMO	Full－dimension MIMO	全维度 MIMO
FFT	Fast Fourier transform	快速傅里叶变换
FTP	File transfer protocol	文件传输协议
GBR	Guaranteed bit rate	保证比特率
GCP	Gateway control protocol	网关控制协议
GERAN	GSM EDGE radio access network	GSM EDGE 无线接入网
GGSN	Gateway GPRS support node	网关 GPRS 支持节点
GMLC	Gateway mobile location centre	网关移动台位置中心
GMM	GPRS mobility management	GPRS 移动性管理
GNSS	Global navigation satellite system	全球导航卫星系统
GP	Guard period	保护间隔
GPRS	General Packet Radio Service	通用分组无线服务
GPS	Global Positioning System	全球定位系统
GRE	Generic routing encapsulation	通用路由封装
GRX	GPRS roaming exchange	GPRS 漫游交换
GSM	Global System for Mobile Communications	全球移动通信系统
GSMA	GSM Association	GSM 协会
GTP	GPRS tunnelling protocol	GPRS 隧道协议
GTP－C	GPRS tunnelling protocol control part	GPRS 隧道协议控制部分
GTP－U	GPRS tunnelling protocol user part	GPRS 隧道协议用户部分
GUMMEI	Globally unique MME identifier	全球唯一 MME 标识
GUTI	Globally unique temporary identity	全球唯一临时标识
HARQ	Hybrid ARQ	混合自动重传请求
HeNB	Home evolved Node B	家庭演进基站
HI	Hybrid ARQ indicator	HARQ 指示
HLR	Home location register	归属位置寄存器
H－PCRF	Home policy and charging rules function	归属策略和计费功能
HRPD	High rate packet data	高速分组数据

HSDPA	High speed downlink packet access	高速下行链路分组接入
HSGW	HRPD serving gateway	HRPD 服务网关
HSPA	High speed packet access	高速分组接入
HSS	Home subscriber server	归属用户服务器
HSUPA	High - speed uplink packet access	高速上行链路分组接入
HTTP	Hypertext transfer protocol	超文本传输协议
I	In phase	同相
IAM	Initial address message	初始地址消息
IARI	IMS application reference identifier	IMS 应用参考标识
IBCF	Interconnection border control function	互连边界控制功能
ICIC	Inter - cell interference coordination	小区间干扰协调
ICS	IMS centralized services	IMS 集中业务
I - CSCF	Interrogating call session control function	询问呼叫会话控制功能
ICSI	IMS communication service identifier	IMS 通信服务标识
IDC	In device coexistence	设备共存
IEEE	Institute of Electrical and Electronics Engineers	美国电气电子工程师学会
IETF	Internet Engineering Task Force	互联网工程任务组
iFC	Initial filter criteria	初始过滤准则
IFOM	IP flow mobility	IP 流的移动性
II - NNI	Inter IMS network to network interface	IMS 间网络到网络接口
IKE	Internet key exchange	互联网密钥交换
IMEI	International mobile equipment identity	国际移动设备标识
IM - MGW	IMS media gateway	IP 多媒体网关
IMPI	IP multimedia private identity	IP 多媒体私有标识
IMPU	IP multimedia public identity	IP 多媒体公共标识
IMS	IP multimedia subsystem	IP 多媒体子系统
IMS - ALG	IMS application level gateway	IMS 应用层网关
IMSI	International mobile subscriber identity	国际移动用户标识

IM - SSF	IP multimedia service switching function	IP 多媒体服务交换功能
IMT	International Mobile Telecommunications	国际移动通信
IP	Internet protocol	互联网协议
IP - CAN	IP connectivity access network	IP 连接接入网
IPSec	IP security	IP 安全
IP - SM - GW	IP short message gateway	IP 短消息网关
IPv4	Internet protocol version 4	互联网协议版本 4
IPv6	Internet protocol version 6	互联网协议版本 6
IPX	IP packet exchange	IP 分组交换
IRL	Isotropic receive level	各向同性接收电平
ISDN	Integrated services digital network	综合业务数字网
ISI	Inter symbol interference	符号间干扰
ISIM	IP multimedia services identity module	IP 多媒体服务识别模块
ISR	Idle mode signalling reduction	空闲模式信令缩减
ISRP	Intersystem routing policy	系统间路由策略
ISUP	ISDN user part	ISDN 用户部分
ITU	International Telecommunication Union	国际电信联盟
IWF	Interworking function	互通功能
JP	Joint processing	联合处理
JR	Joint reception	联合接收
JT	Joint transmission	联合传输
LA	Location area	位置区域
LBS	Location - based services	基于位置的服务
LCS	Location services	位置服务
LCS - AP	LCS application protocol	LCS 应用协议
LDAP	Lightweight directory access protocol	轻量级目录访问协议
LGW	Local gateway	本地网关
LIPA	Local IP access	本地 IP 接入
LIR	Location info request	位置信息请求
LPP	LTE positioning protocol	LTE 定位协议
LRF	Location retrieval function	位置检索功能
LTE	Long term evolution	长期演进

LTE - A	LTE - Advanced	高级长期演进
M2M	Machine to machine	机器对机器
MAC	Medium access control	媒体接入控制
MAP	Mobile application part	移动应用部分
MAPCON	Multi access PDN connectivity	多址 PDN 连接
MAR	Multimedia authentication request	多媒体认证请求
MBMS	Multimedia broadcast/multicast service	多媒体广播/多播服务
MBMS - GW	MBMS gateway	MBMS 网关
MBR	Maximum bit rate	最大比特率
MBSFN	Multicast/broadcast over a single frequency network	MBMS 单频网
MCC	Mobile country code	移动台国家代码
MCCH	Multicast control channel	多播控制信道
MCE	Multicell/multicast coordination entity	多小区/多播协调实体
MCH	Multicast channel	多播信道
MDT	Minimization of drive tests	最小化路测
ME	Mobile equipment	移动设备
MEGACO	Media gateway control	媒体网关控制
MeNB	Master evolved Node B	主 eNB
MGCF	Media gateway control function	媒体网关控制功能
MGL	Measurement gap length	测量间隙长度
MGRP	Measurement gap repetition period	测量间隙重复周期
MGW	Media gateway	媒体网关
MIB	Master information block	主信息块
MIMO	Multiple input multiple output	多输入多输出
MIP	Mobile IP	移动台 IP
MM	Mobility management	移动性管理
MME	Mobility management entity	移动性管理实体
MMEC	MME code	MME 代码
MMEGI	MME group identity	MME 组标识
MMEI	MME identifier	MME 标识
MMSE	Minimum mean square error	最小方均误差

MMTel	Multimedia telephony service	多媒体电话服务
MNC	Mobile network code	移动台网络代码
MO	Management object	管理对象
MOS	Mean opinion score	平均意见值
MPLS	Multiprotocol label switching	多协议标签交换
MRB	Media resource broker	媒体资源代理器
MRF	Multimedia resource function	多媒体资源功能
MRFC	Multimedia resource function controller	多媒体资源功能控制器
MRFP	Multimedia resource function processor	多媒体资源功能处理器
M - RNTI	MBMS radio network temporary identifier	MBMS 无线网络临时标识
MSC	Mobile switching centre	移动交换中心
MSISDN	Mobile subscriber ISDN number	移动用户 ISDN 号码
MSK	Master session key	主会话密钥
MSRP	Message session relay protocol	消息会话中继协议
MT	Mobile termination	移动终端
MTC	Machine - type communications	机器类型通信
MTC - IWF	Machine - type communications interworking function	机器类型通信交互功能
MTCH	Multicast traffic channel	多播业务信道
M - TMSI	M temporary mobile subscriber identity	M 临时移动用户标识
MTSI	Multimedia telephony service for IMS	IMS 多媒体电话服务
MU - MIMO	Multiple user MIMO	多用户 MIMO
NACC	Network - assisted cell change	网络辅助小区改变
NACK	Negative acknowledgement	否定确认
NAI	Network access identifier	网络接入标识
NAP - ID	Network access provider identity	网络接入提供商标识
NAS	Non - access stratum	非接入层
NAT	Network address translation	网络地址转换
NH	Next hop	下一跳
NMO	Network mode of operation	网络操作模式

OCF	Online charging function	在线计费功能
OCS	Online charging system	在线计费系统
OMA	Open Mobile Alliance	开放移动联盟
OFCS	Offline charging system	离线计费系统
OFDM	Orthogonal frequency division multiplexing	正交频分复用
OFDMA	Orthogonal frequency division multiple access	正交频分多址
OSA	Open service access	开放服务接入
OSI	Open systems interconnection	开放系统互连
OTDOA	Observed time difference of arrival	观测到达时间差
OUI	Organizational unique identifier	组织唯一标识
PAPR	Peak – to – average power ratio	峰值平均功率比
PBCH	Physical broadcast channel	物理广播信道
PBR	Prioritized bit rate	优先级比特率
PCC	Policy and charging control	策略和计费控制
PCCH	Paging control channel	寻呼控制信道
PCEF	Policy and charging enforcement function	策略和计费执行功能
PCell	Primary cell	主小区
PCFICH	Physical control format indicator channel	物理控制格式指示信道
PCH	Paging channel	寻呼信道
PCRF	Policy and charging rules function	策略和计费规则功能
PCS	Personal Communications Service	个人通信服务
P – CSCF	Proxy call session control function	代理呼叫会话控制功能
PDCCH	Physical downlink control channel	物理下行链路控制信道
PDCP	Packet data convergence protocol	分组数据汇聚协议
PDN	Packet data network	分组数据网
PDP	Packet data protocol	分组数据协议
PDSCH	Physical downlink shared channel	物理下行链路共享信道
PDU	Protocol data unit	协议数据单元
PESQ	Perceptual evaluation of speech quality	语音质量主观评估
P – GW	Packet data network gateway	分组数据网络网关

PHB	Per hop behaviour	每跳行为
PHICH	Physical hybrid ARQ indicator channel	物理 HARQ 指示信道
PL	Path loss/Propagation loss	路径损耗/传播损耗
PLMN	Public land mobile network	公共陆地移动网
PLMN - ID	Public land mobile network identity	公共陆地移动网标识
PMCH	Physical multicast channel	物理多播信道
PMD	Pseudonym mediation device	伪调制设备
PMI	Precoding matrix indicator	预编码矩阵指示
PMIP	Proxy mobile IP	代理移动台 IP
PoC	Push to talk over cellular	无线一键通
POLQA	Perceptual objective listening quality assessment	感知客观语音质量评估
PPR	Privacy profile register	隐私性寄存器
PRACH	Physical random access channel	物理随机接入信道
PRACK	Provisional response acknowledgement	临时恢复确认
PRB	Physical resource block	物理资源块
P - RNTI	Paging radio network temporary identifier	寻呼无线网络临时标识
ProSe	Proximity services	邻近服务
PS	Packet switched	分组交换
PSAP	Public safety answering point	公共安全应答点
PSS	Primary synchronization signal	主同步信号
PSTN	Public switched telephone network	公共交换电话网
P - TMSI	Packet temporary mobile subscriber identity	分组临时移动用户标识
PUCCH	Physical uplink control channel	物理上行链路控制信道
PUSCH	Physical uplink shared channel	物理上行链路共享信道
PWS	Public warning system	公共预警系统
Q	Quadrature	正交
QAM	Quadrature amplitude modulation	正交幅度调制
QCI	QoS class identifier	QoS 级别标识

QoS	Quality of service	服务质量
QPSK	Quadrature phase shift keying	正交相移键控
RA	Routing area	路由区域
RACH	Random access channel	随机接入信道
RADIUS	Remote authentication dial in user service	远程用户拨号认证服务
RANAP	Radio access network application part	无线接入网应用部分
RA - RNTI	Random access radio network temporary identifier	随机接入无线网络临时标识
RB	Resource block	资源块
RBG	Resource block group	资源块组
RCS	Rich communication services	富通信服务
RE	Resource element	资源元素
REG	Resource element group	资源元素组
RF	Radio frequency/Rating function	射频/费率功能
RFC	Request for comments	请求评议
RI	Rank indication	秩指示
RIM	Radio access network information management	RAN 信息管理
RLC	Radio link control	无线链路控制
RLF	Radio link failure	无线链路失败
RN	Relay node	中继节点
RNC	Radio network controller	无线网络控制器
RNTI	Radio network temporary identifier	无线网络临时标识
ROHC	Robust header compression	鲁棒报头压缩
R - PDCCH	Relay physical downlink control channel	中继物理下行链路控制信道
RRC	Radio resource control	无线资源控制
RRH	Remote radio head	射频拉远头
RS	Reference signal	参考信号
RSCP	Received signal code power	接收信号码功率
RSRP	Reference signal received power	参考信号接收功率
RSRQ	Reference signal received quality	参考信号接收质量
RSSI	Received signal strength indicator	接收信号强度指示
RTCP	RTP control protocol	RTP 控制协议

RTP	Real time transport protocol	实时传输协议
S1－AP	S1 application protocol	S1 应用协议
SAE	System architecture evolution	系统架构演进
SaMOG	S2a mobility based on GTP	基于 GTP 的 S2a 移动性
SAR	Server assignment request	服务器分配请求
SC	Service centre	服务中心
SCC－AS	Service centralization and continuity application server	服务集中和连续性应用服务器
SCell	Secondary cell	辅小区
SC－FDMA	Single－carrier frequency division multiple access	单载波 FDMA
SCS	Service capability server	服务性能服务器
S－CSCF	Serving call session control function	服务呼叫会话控制功能
SCTP	Stream control transmission protocol	流控制传输协议
SDF	Service data flow	服务数据流
SDP	Session description protocol	会话描述协议
SDU	Service data unit	服务数据单元
SEG	Secure gateway	安全网关
SeNB	Slave evolved Node B	从 eNB
SFN	System frame number	系统帧号
SGsAP	SGs application protocol	SGs 应用协议
SGSN	Serving GPRS support node	服务 GPRS 支持节点
S－GW	Serving gateway	服务网关
SIB	System information block	系统信息块
SID	Silence information descriptor	静默信息描述符
SIM	Subscriber identity module	用户识别模块
SINR	Signal－to－interference plus noise ratio	信干噪比
SIP	Session initiation protocol	会话发起协议
SIPTO	Selective IP traffic offload	选择性 IP 业务量卸载
SI－RNTI	System information radio network temporary identifier	系统信息无线网络临时标识

SLF	Subscription locator function	订阅定位器功能
SM	Session management	会话管理
SMS	Short message service	短消息业务
SMS - GM-SC	SMS gateway MSC	SMS 网关 MSC
SMS - IWMSC	SMS interworking MSC	SMS 互通 MSC
SMTP	Simple mail transfer protocol	简单邮件传输协议
SNR	Subscribe notifications request	订阅通知请求
SOAP	Simple object access protocol	简单对象访问协议
SON	Self - optimizing network/Self organizing network	自优化网络/自组织网络
SPR	Subscription profile repository	订阅配置文件存储库
SPS	Semi persistent scheduling	半持续调度
SPT	Service point trigger	服务点触发器
SR	Scheduling request	调度请求
SRB	Signalling radio bearer	信令无线承载
SRS	Sounding reference signal	探测参考信号
SRVCC	Single radio voice call continuity	单一无线语音呼叫连续性
SS	Supplementary service	补充服务
SS7	Signalling system 7	信令系统 7
SSID	Service set identifier	服务集标识
SSS	Secondary synchronization signal	辅同步信号
S - TMSI	S temporary mobile subscriber identity	SAE 临时移动用户标识
STN - SR	Session transfer number single radio	会话传送号码单一无线电
SU - MIMO	Single - user MIMO	单用户 MIMO
SVD	Singular value decomposition	奇异值分解
TA	Timing advance/Tracking area	定时提前/跟踪区域
TAC	Tracking area code	跟踪区域代码
TAI	Tracking area identity	跟踪区域标识
TCP	Transmission control protocol	传输控制协议

TDD	Time division duplex	时分双工
TDMA	Time division multiple access	时分多址
TD - SCDMA	Time division synchronous code division multiple access	时分同步码分多址接入
TE	Terminal equipment	终端设备
TEID	Tunnel endpoint identifier	隧道端点标识
TETRA	Terrestrial Trunked Radio	陆地集群无线电
TFT	Traffic flow template	业务流模板
THIG	Topology hiding inter network gateway	拓扑隐藏内部网络网关
TM	Transparent mode	透明模式
TMSI	Temporary mobile subscriber identity	临时移动用户标识
TPC	Transmit power control	传输功率控制
TR	Technical report	技术报告
TrGW	Transition gateway	转换网关
TS	Technical specification	技术规范
TTA	Telecommunications Technology Association	电信技术协会
TTC	Telecommunication Technology Committee	电信技术委员会
TTI	Transmission time interval	传输时间间隔
UA	User agent	用户代理
UAR	User authorization request	用户授权请求
UCI	Uplink control information	上行链路控制信息
UDP	User datagram protocol	用户数据报协议
UDR	User data repository/User data request	用户数据存储库/用户数据请求
UE	User equipment	用户设备
UE - AMBR	Per UE aggregate maximum bit rate	每个 UE 聚合最大比特率
UICC	Universal integrated circuit card	通用集成电路卡
UL	Uplink	上行链路
UL - SCH	Uplink shared channel	上行链路共享信道
UM	Unacknowledged mode	非确认模式
UMB	Ultra Mobile Broadband	超移动宽带
UMTS	Universal Mobile Telecommunication System	通用移动通信系统

URI	Uniform resource identifier	统一资源标识
USIM	Universal subscriber identity module	通用用户识别模块
USSD	Unstructured supplementary service data	非结构化补充服务数据
UTDOA	Uplink time difference of arrival	上行链路到达时间差
UTRAN	UMTS terrestrial radio access network	UMTS 陆地无线接入网
VANC	VoLGA access network controller	VoLGA 接入网控制器
VLR	Visitor location register	拜访位置寄存器
VoIP	Voice over IP	IP 电话
VoLGA	Voice over LTE via generic access	通过通用接入的 LTE 语音
VoLTE	Voice over LTE	LTE 语音
V - PCRF	Visited policy and charging rules function	访问策略和计费规则功能
VRB	Virtual resource block	虚拟资源块
vSRVCC	Single radio video call continuity	单无线电视频呼叫连续性
WCDMA	Wideband code division multiple access	宽带码分多址接入
WCS	Wireless Communications Service	无线通信服务
WiMAX	Worldwide Interoperability for Microwave Access	全球微波接入互操作
WINNER	Wireless World Initiative New Radio	欧盟无线世界开创新无线电
X2 - AP	X2 application protocol	X2 应用协议
XCAP	XML configuration access protocol	XML 配置访问协议
XML	Extensible markup language	可扩展标记语言
ZUC	ZuChongzhi	祖冲之

目　　录

第1章　引　　言

第1章介绍了LTE的历史背景，并列出了它的标准和关键技术特点。我们首先回顾UMTS和GSM的体系架构，引入一些这两个系统所使用的术语。然后我们总结移动通信系统的历史，讨论推动LTE发展的问题及展示UMTS如何演变成LTE及后期的增强版LTE - Advanced。本章以回顾LTE标准化进程结尾。

1.1　UMTS和GSM的架构

1.1.1　高层体系架构

LTE是由第三代合作伙伴计划（3GPP）[1]所涵盖的不同国家和地区通信标准化组织共同制定的，全称为3GPP长期演进。LTE是从早期的3GPP系统即通用移动通信系统（UMTS）发展而来的，而UMTS又是从全球移动通信系统（GSM）发展而来。把LTE放在一定背景下，我们首先回顾UMTS和GSM的体系架构，并介绍一些重要的术语。

移动电话网络正式称为公共陆地移动网（PLMN），由网络运营商如沃达丰或威瑞森经营。UMTS与GSM共享公共网络体系架构，如图1.1所示，有三个主要组成部分，分别是核心网、无线接入网及用户设备。

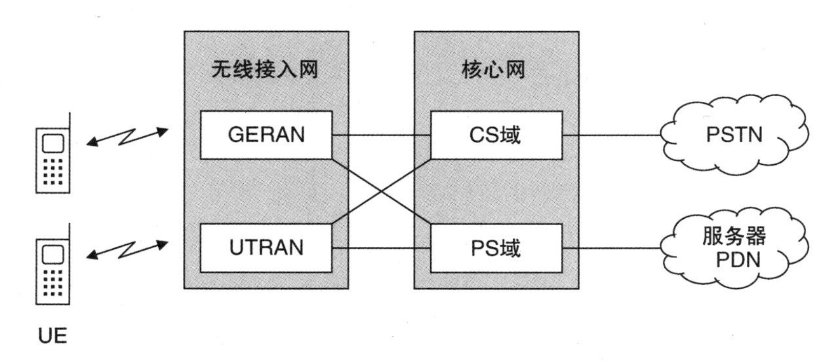

图1.1　UMTS与GSM的高层体系架构

核心网包括两个域。电路交换（CS）域传输那些不同网络运营商覆盖地理区域间的电话，与传统的固定电话通信系统是同一种方式。它与公共交换电话网

(PSTN) 进行通信，这样用户就可以打电话给固话和其他网络运营商的电路交换域。分组交换（PS）域传输用户与外部分组数据网（PDN）如互联网的数据流，例如网页与邮件。

这两个域是用不同的方式去传送它们的信息的。电路交换域采用电路交换技术，为每个单独的电话呼叫预留了专用双向连接，以便可以以一个恒定的数据速率及最小的延迟传送信息。该技术是有效的但是相当低效：连接有足够的能力来处理最坏的场景，在该场景中，用户都是在同一时间讲话，但通常是超范围的。此外，它对于数据传输是不合适的，数据速率相差很大。

为了解决该问题，分组交换域采用分组交换技术。在该技术中，一个数据流被分成包，每一个包都用所需的指定设备的地址来标记。在网络中，路由器读取输入的数据包并发送它们至对应的目的地，且网络资源供所有用户共享，所以该技术要比电路交换技术更高效。但是，如果太多的设备试图在同一时间里传送信息，则可能会出现类似互联网操作常常出现的一种情况就是延迟。

无线接入网处理核心网与用户的无线通信。图 1.1 中，实际上有两个独立的无线接入网，即 GSM EDGE 无线接入网（GERAN）和 UMTS 陆地无线接入网(UTRAN)。虽然它们采用的是不同的 GSM 和 UMTS 无线通信技术，但是共享的是同一个核心网。

用户的设备正式被称为用户设备（UE），俗称移动台。它通过空中接口（也被称为无线接口）与无线接入网通信。网络到移动台被称为下行链路（DL）或前向链路，移动台到网络被称为上行链路（UL）或反向链路。

移动台可以通过使用两个公共陆地移动网络资源在它的网络运营商覆盖区域之外工作，移动台所处位置的访问网络与运营商的归属网络。这种情况被称为漫游。

1.1.2 无线接入网的架构

图 1.2 表示的是 UMTS 的无线接入网，其中最重要的组件是基站，在 UMTS 里称为节点 B。每个基站都有一组或多组天线，通过它与一个或多个领域的移动台进行通信。如图所示，一个标准的基站使用三组天线控制三个领域，每个跨度 120°弧。在一个中等规模的国家，例如英国，一个标准的移动电话网络可能共包含数千个基站。

“小区”这个词有两种不同的表达意思[2]。在欧洲，小区通常就是指一个领域，但是在美国，小区通常是指一个单独的基站所控制的领域群体。在本书中，我们将坚持欧洲的惯例，所以小区与领域意思相同。

每个小区的规模大小是有限的，它只能保证接收机能收到发射机发射信号的最大范围。另外，它的容量也是有限的，只能确保小区内部所有移动台的最大组

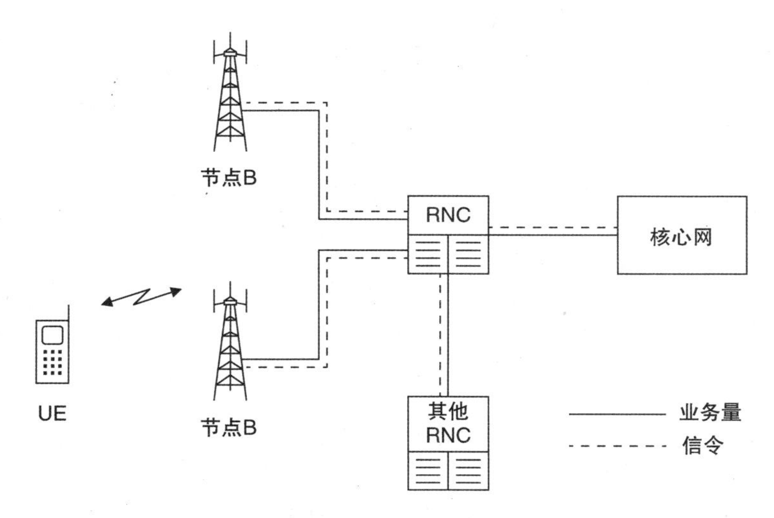

图 1.2 UMTS 陆地无线接入网的架构

合数据速率。这些限制条件促成了几种不同类型小区的形成。宏小区一般在农村或是城郊地区，提供广域覆盖可至几千米。微小区适合居住密集的市区，可覆盖至几百米。微微小区适用于大型室内环境，例如办公楼或者购物中心，可覆盖至几十米。最后，用户也可以购买家庭基站安装在他们自己家中，只可覆盖几米。

仔细观察空中接口，每一个移动台和基站都是在一个特定的无线电频率传送信息，该频率称为载波频率。它占据一定量的频率范围，称为带宽。例如，移动台在 1960MHz 的载波频率及 10MHz 的带宽的条件下传送信息，那么它将占据 1955 ~ 1965MHz 的频率范围。

空中接口必须将基站与移动台的传输信息分离开来，确保它们互不干扰。UMTS 采取了两种方式实施分离。当使用频分双工（FDD）时，基站传输与移动台传输的载波频率分开；当使用时分双工（TDD）时，基站传输与移动台传输的载波频率相同，但是传输的时间不同。空中接口还得将不同的基站与移动台分离开。在本书第 3 章与第 4 章中，将会介绍这些技术。

当一个移动台从网络的一部分移到其他部分，它就必须停止与该小区的通信转而开始与下一个小区进行通信。该过程可使用两种不同的技术，即为那些积极与网络通信的移动台进行切换，或是为那些正处于待机状态的移动台进行小区重选。在 UMTS 中，一个积极的移动台事实上是可以同时与多个小区进行通信，在这种状态下称为软切换。

无线网络控制器（RNC）将那些基站集合在一起，它们有两个主要的任务。首先，它们在基站和核心网之间传递用户的语音信息和数据包；其次它们借助于用户看不见的信令信息去控制移动台的无线通信，例如让移动台从一个小区切换至另一个小区。一个典型的网络可包含几十个无线网络控制器，每一个控制器可控制几百个基站。

GSM 无线接入网也有类似的设计，尽管基站称为基站收发台（BTS），控制器称为基站控制器（BSC）。如果一个移动台同时支持 GSM 和 UMTS，那么网络可将它移交至两个无线接入网之间，这一过程称为系统间切换。这会对一个移动台移至 UMTS 覆盖范围之外且进入一个仅 GSM 覆盖区域的情况有很大的帮助。

在图 1.2 中，我们用实线表示用户的业务量和用虚线表示网络的信令消息。在本书中，我们将坚持此惯例。

1.1.3　核心网的架构

图 1.3 所示为核心网的内部架构。在电路交换域，媒体网关（MGW）路由电话从网的一部分向另一部分呼叫，与此同时移动交换中心（MSC）服务器处理建立的信令信息，管理和拆除电话呼叫。它们分别处理两个早期设备即移动交换中心和拜访位置寄存器（VLR）的流量和信令功能。一个典型的网络可能只包含少量的每个设备。

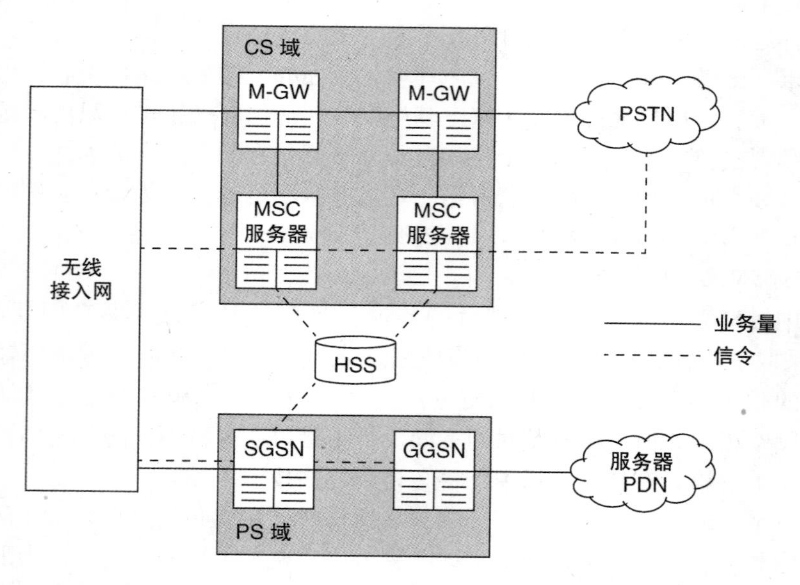

图 1.3　UMTS 与 GSM 核心网的架构

在分组交换域，网关 GPRS 支持节点（GGSN）作为服务器与外部分组数据网络的接口。服务 GPRS 支持节点（SGSN）在基站与 GGSN 间路由数据，并且处理建立的信令信息，管理和拆除数据流。一个典型的网络还是可能只包含少量的每个设备。

归属用户服务器（HSS）是一个包含所有网络运营商用户信息的中心数据库，并且在两个网络区域间共享。它合并了两个早期组件的功能，其分别称为归属位置寄存器（HLR）和鉴权中心（AuC）。

1.1.4 通信协议

与其他通信系统相同，UMTS 和 GSM 也是利用硬件和软件协议来传送信息。说明这些的最佳途径实际上是通过所使用的互联网协议。这些协议是由互联网工程任务组（IETF）设计，且被分成不同编号的层，其中每一层处理发送和接收过程的一个方面。通常分组如下面的一个 7 层模型，称为开放系统互连（OSI）模型。

举例说明（见图 1.4），假设一个网络服务器正在向用户的浏览器传送信息。第一步骤中，一个应用层协议，在这种情况下，超文本传输协议接收来自服务器的应用软件的信息，并采取用户的应用层最终能理解的方式把它传递给下一层。其他应用层协议包括简单邮件传输协议（SMTP）和文件传输协议（FTP）。

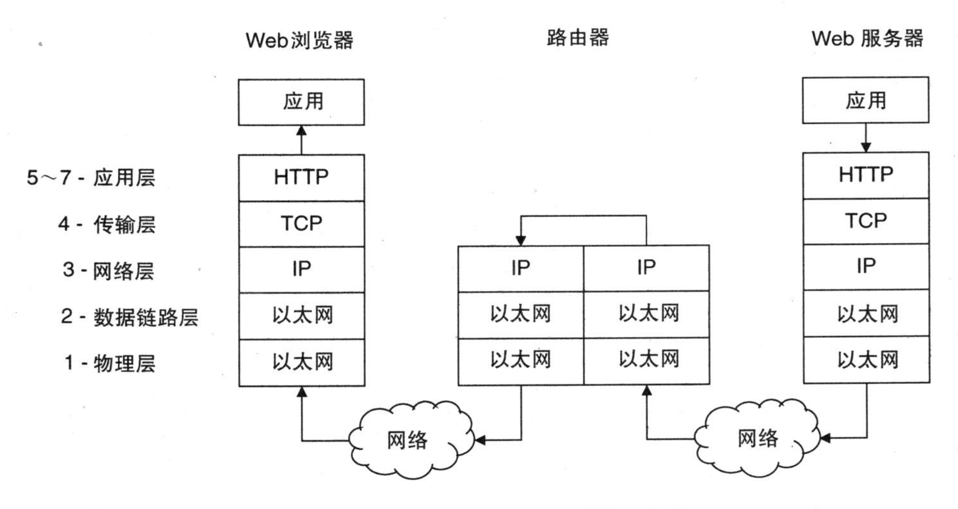

图 1.4　互联网通信协议，OSI 模型层图

传输层管理端到端数据发送，有两种主要协议。如果信息没有准确地到达，传输控制协议（TCP）将端到端重新发送数据包，是适用于如确实能接收的网页和邮件的数据。用户数据报协议（UDP）发送数据包且不会重新发送，是适用于如到达及时性比较重要的实时语音或视频的数据。

在网络层，根据目的设备的 IP 地址，互联网协议（IP）通过正确路由从起始地向目的地发送数据包。这个过程是由中间的路由器进行处理，其通过实现协议栈的最低三层来检查目的地 IP 地址。数据链路层管理一个设备到下一个设备的数据包的发送，例如，如果信息没有准确到达，它会通过一单个接口重新发送数据包。最后，物理层对实际的传送细节进行处理，例如，设置传送信号的电压。因特网可以使用任何合适的对于数据链路及物理层的协议，比如以太网。

在传送器堆栈的每一级，一个协议接收来自上面协议的服务数据单元（SDU）形式的数据包。它负责处理数据包，添加报头以描述它已进行的数据处理，并将结果用协议数据单元（PDU）输出。协议数据单元立即变成下一个协议传入的服务数据单元。这个过程会一直持续直至数据包到达协议栈底部可被发送的那个点。接收器则反转该流程，利用报头去撤销传送器处理的效果。

这个技术被用于在整个无线电接入及 UMTS 和 GSM 的核心网。我们不会考虑它们的协议的任何细节；相反，我们将直接在第 2 章学习 LTE 所使用的部分协议。

1.2　移动通信系统的历史背景

1.2.1　1G 到 3G

移动通信系统最初是在 20 世纪 80 年代初推出。第一代移动通信技术（1G）系统使用模拟通信技术，也就是类似于那些传统的模拟无线电所采用的技术。个别小区较大，系统不能有效地运用可用的无线电频谱，所以它们的容量用今天的标准来衡量的话是非常小的。移动设备大而且贵，消费群几乎完全定位在企业用户。

随着 20 世纪 90 年代初第二代移动通信技术（2G）系统的推出，移动通信作为消费产品开始流行。该系统是第一个采用数字技术，它可以更有效地运用无线电频谱，而且还可以引进较小较便宜的移动设备。它们最初只是为了语音而设计，但后来被增强到可以通过短消息业务（SMS）支持即时通信。最受欢迎的 2G 系统是全球移动通信系统（GSM），该系统最初是被打造成泛欧技术，但是后来却在世界各地流行开来。另外值得一提的是由美国高通公司设计的 IS - 95，也就是 cdmaOne，在美国它主导了 2G 系统。

同一时间，2G 通信系统成功，互联网开始崛起。自然而然网络运营商就将这两个概念联系在了一起，允许用户下载数据到移动设备。为了做到这一点，在原有 2G 系统的基础上升成了 2.5G 系统，推出了核心网的分组交换域，修改了空中接口，以便于处理数据以及语音。通用分组无线服务（GPRS）合并了这些技术归至 GSM，同时 IS - 95 升华为 IS - 95B。

与此同时，可用在互联网上的数据速率正逐渐增强。为了反映这个情况，设计者首先改进 2G 系统使用技术的性能，如增强数据速率 GSM 演进（EDGE），然后在 2000 年以后推出了更强大的第三代移动通信技术（3G）系统。3G 系统采取了与之前 2G 不同的无线传输与接收技术，增强了峰值数据速率，并且能更有效地利用无线电频谱。

不幸的是，3G 系统早期过分夸大它们的性能，而且也没达到预期的效果，所以，在 2005 年左右，3.5G 系统被推出。在这些系统中，空中接口包括对数据应用的额外优化，在以牺牲引进更大变化的数据速率和到达时间的情况下，增加了用户上传或下载信息的平均速率。

1.2.2　第三代系统

世界上占主导地位的 3G 系统是通用移动通信系统（UMTS）。UMTS 是根据 GSM 发展过来的，通过彻底改变空中接口采用的技术，同时保持核心网几乎不变。通过引入 3.5G 系统的高速下行链路分组接入（HSDPA）和高速上行链路分组接入（HSUPA），统称为高速分组接入（HSPA），UMTS 后期增强了数据应用。

UMTS 空中接口有两个稍有不同的实现。宽带码分多址接入（WCDMA）是最初指定的，且是目前世界上大多数国家使用的版本。时分同步码分多址接入（TD - SCDMA）是 WCDMA 的衍生物，也被称为 UMTS TDD 模式的低码片速率选择。TD - SCDMA 是中国开发的，以减少中国对西方技术的依赖以及对西方公司版权费的支付。它是由中国三大 3G 运营商之一的中国移动部署。

WCDMA 与 TD - SCDMA 之间有两个主要的技术差异。首先，WCDMA 通常是通过频分双工方式分离基站和移动台的传输，而 TD - SCDMA 采用时分双工。其次，WCDMA 使用 5MHz 宽的带宽，而 TD - SCDMA 使用的 1.6MHz。

cdma2000 是由 IS - 95 发展而来的，主要用于北美。最初 3G 技术被称为 cdma2000第一代无线传输技术（1xRTT），随后提升到 3.5G 系统，并有两个备选名称，即 cdma2000 高速分组数据（HRPD）系统或演进数据优化（EV - DO），其使用的技术与高速分组接入类似。IS - 95 和 cdma2000 的规格是通过一个类似于 3GPP 的合作协议产生的，即第三代合作伙伴计划 2（3GPP2）[3]。

cdma2000 与 UMTS 的空中接口之间有三个主要的技术差异。第一，cdma2000使用 1.25MHz 的带宽。第二，cdma2000 与 IS - 95 向后兼容，在某种意义上讲 IS - 95 移动台能够与 cdma2000 基站进行通信，反之亦然，而 UMTS 与 GSM 是不向后兼容的。第三，cdma2000 分离语音业务和数据业务到不同的载波频率，而 UMTS 允许它们共享同一个载波频率。前两个问题阻碍了 WCDMA 渗入到北美市场，因为那里很少有带宽是 5MHz 的，并且有大量遗留的 IS - 95 设备。

最终的 3G 技术是全球微波接入互操作（WiMAX）。这是美国电气电子工程师学会（IEEE）根据 IEEE 802.16 标准开发的，而且和其他 3G 系统有着非常不同的历史。最初的 IEEE 802.16—2001 是由点对点微波链路替代固定电缆传送数据。后来修订为固定 WiMAX（IEEE 802.16—2004），支持在一个全向基站与众多固定设备之间单点对多点通信。进一步修订为移动 WiMAX（IEEE 802.16e），允许设备移动且交付它们的通信信息从一个基站到另一个基站。一旦这些功能全部到位，WiMAX 就会与其他任何 3G 通信系统没有什么区别，即使它从一开始就对数据进行了优化。

1.3　LTE 的需求

1.3.1　移动数据的增长

多年来，语音通话主宰了移动通信网络中的业务量。最初，移动数据增长是缓慢的，但是在后来的几年直到 2010 年，它开始急剧增长。为了说明此现象，图 1.5 展示了由爱立信提供的被全球网络处理过的总业务量的测量，以每月拍字节（PB，即百万千兆字节）为单位[4]。该图涵盖了 2007 年至 2013 年，在此期间数据通信业务量增长了超过 500 倍。

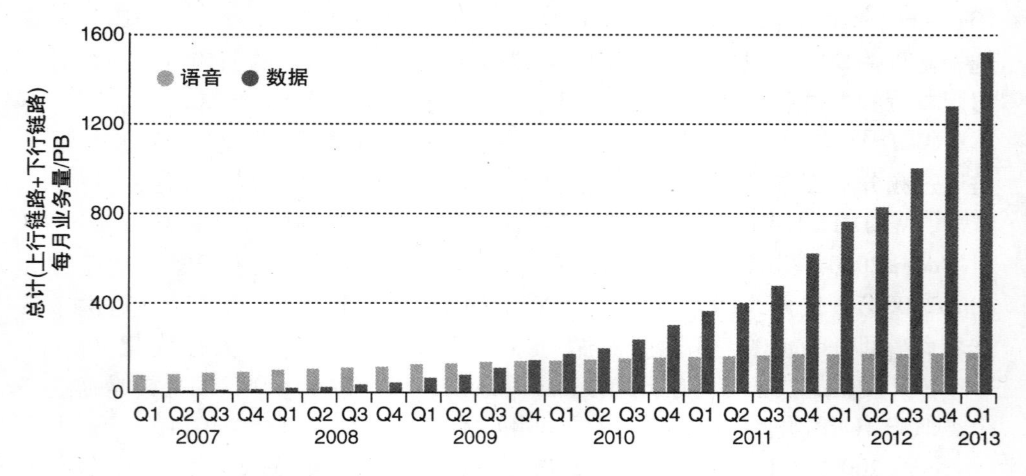

图 1.5　2007～2013 年全球移动通信网络的语音与数据业务量的测量（数据来源：爱立信移动报告，2013 年 6 月）

该趋势将持续下去。图 1.6 展示了 Analysys Mason 对于 2013～2018 年期间的全球移动通信业务量增长的预测。注意图 1.5 与图 1.6 的纵轴刻度的差异。

在某种程度上，这种增长源自于 3.5G 通信技术的可用性的提高。然而，更重要的是，在 2007 年苹果手机的推出，随后在 2008 年基于谷歌 Android 操作系统设备的推出。这些智能手机比之前的都更具吸引力和人性化，它们的设计用意

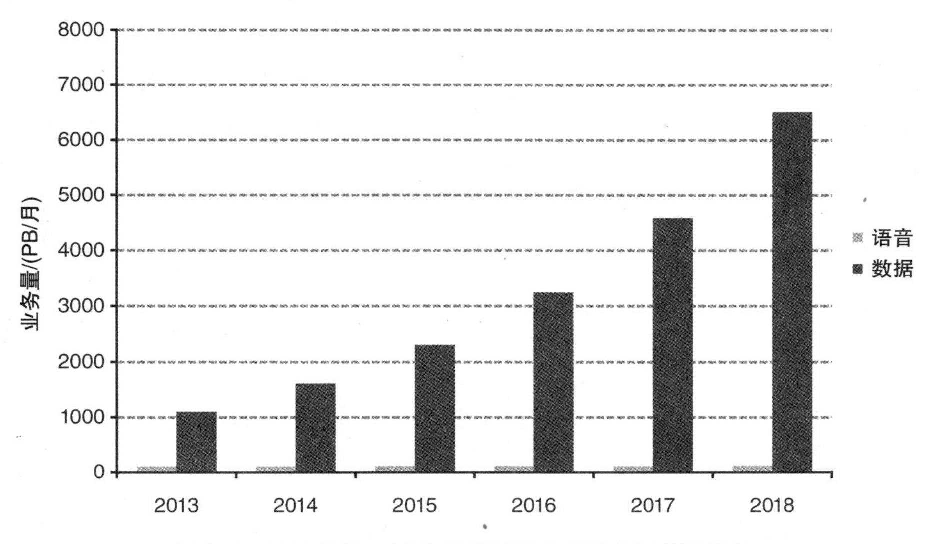

图 1.6 对于 2013 ~ 2018 年期间的全球移动通信网络的语音与数据业务量的预测（数据来源：Analysys Mason）

在于支持第三方开发商创建的应用程序，结果导致移动应用程序无论是在数量上还是在使用上都开始激增。作为一个促成因素，网络运营商曾试图通过推出包月收费允许无限制的数据下载的方案促进移动数据的增长，使得无论是开发人员还是用户都不再积极去控制数据消耗。

由于这些问题，在 2010 年前后，2G 和 3G 网络开始变得拥挤，导致要求增加网络容量。在下一节，我们回顾一下移动通信系统容量的限制，并展示容量的增长是如何实现的。

1.3.2 移动通信系统的容量

1948 年，克劳德・香农提出了可以在任何通信系统中实现的数据速率的理论极限[5]，以最简单的形式表达，如下所示：

$$C = B\log_2(1 + \mathrm{SINR}) \tag{1.1}$$

式中，SINR 是信干噪比，就是接收到的有用信号的强度与接收到的噪声和干扰信号的强度的比值。B 是通信系统中以 Hz 为单位的带宽，C 是以 bit/s 为单位的信道容量。在数据速率小于信道容量的条件下，通信系统可以无差错地从发射机向接收机发送数据，这在理论上是可行的。在移动通信系统中，C 是一个小区可以操控及等效小区内所有移动台的组合数据速率的最大数据速率。

结果如图 1.7 所示，使用带宽为 5MHz、10MHz 和 20MHz。纵轴表示的是信道容量，以 Mbit/s 为单位；横轴表示的是信干噪比，以 dB 为单位：

$$\mathrm{SINR(dB)} = 10\log_{10}(\mathrm{SINR}) \tag{1.2}$$

1.3.3　提高系统容量

我们可以通过研究式（1.1）和图 1.7，发现主要有三种方法可以增加移动通信系统的容量。第一种方法，也是最重要的，是使用较小的小区。在蜂窝网络中，信道容量为一个单小区可操控的最大数据速率。通过建立额外的基站和缩减每个小区的范围，可以增加网络容量，实质上就是通过使用式（1.1）的许多副本。

第二种方法是增加带宽。无线电频谱是由国际电信联盟（ITU）与区域和国家监管机构管理，且越来越多地使用移动通信已导致向 2G 和 3G 系统增加频谱分配。然而，可用的无线电频谱是有限的，并且要求应用需要包括军事通信和射电天文学。因此，该方法是有局限的。

第三种方法是完善我们正在使用的通信技术。这会带来一些好处：它可以让我们更加接近理论上的信道容量，还可以让我们利用因以上所述的其他变化而出现的更高的信干噪比及更大的带宽。通信技术的这种渐进式的改进在移动通信发展中已经成为一个持续的主题，同时也是引入 LTE 的主要原因。

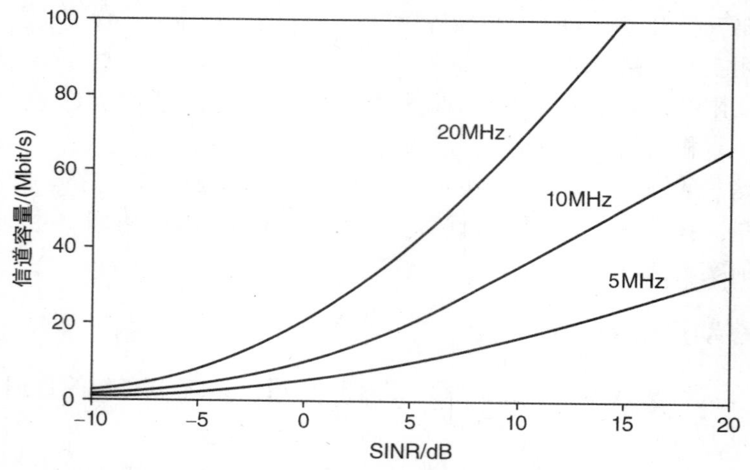

图 1.7　5MHz、10MHz 和 20MHz 带宽下的通信系统的香农容量

1.3.4　其他目的

三个问题推动了 LTE。首先，一个 2G 或 3G 运营商必须具有两个核心网：语音电路交换域及数据分组交换域。假如该网络不是太拥挤，它也有可能在分组交换网络采用类似于 IP 电话（VoIP）的技术传输语音通话。通过这样做，运营商可以将一切移动到分组交换域，同时也可降低资本和运营支出。

其次，3G网络推出数据应用的100ms顺序时延，用于在网络元件间或跨越空中接口传送数据包。这个对于语音业务是勉强可以接受的，但是同时给一些比较苛刻的应用程序比如实时互动游戏带来很大困扰。因此，就会希望有第二个驱动器来减少网络中的端到端时延，或者延迟。

最后，多年来，UMTS与GSM的规格要求变得越来越复杂，因为既要添加新的功能同时又要保持与早期设备的向后兼容性。一个新的开始便利于设计师的工作，只需要他们提高系统性能不再需要支持传统设备。

1.4　UMTS到LTE

1.4.1　LTE的高层体系架构

2004年，3GPP开始研究UMTS的长期演进。这样做的目的是为了保持3GPP移动通信系统在10年内具有竞争力，且提供未来用户需要的高数据速率和低延迟。图1.8展示了最终架构及UMTS的架构发展方式。

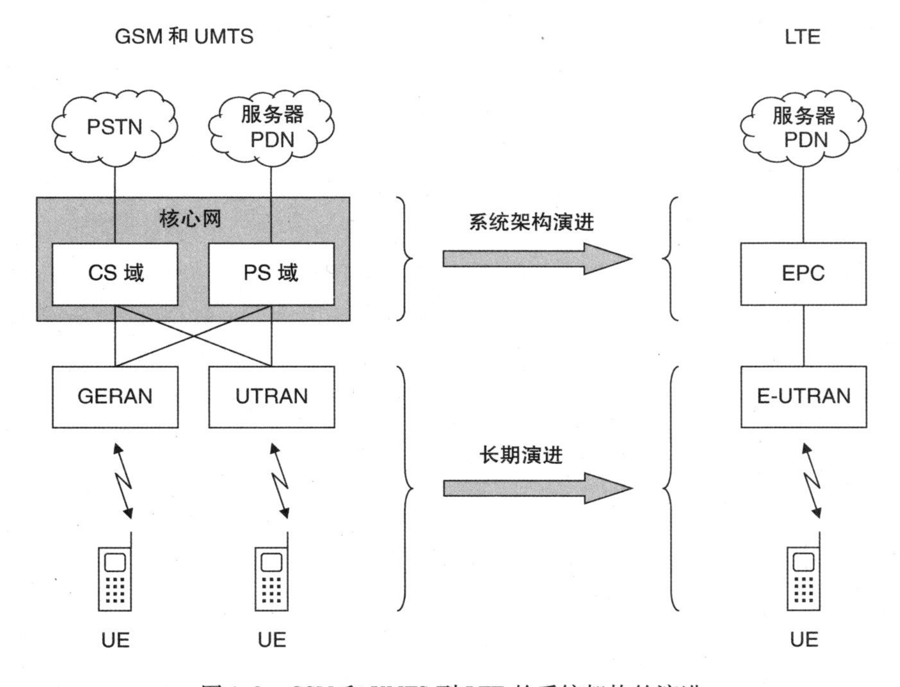

图1.8　GSM和UMTS到LTE的系统架构的演进

在新的架构中，演进分组核心网（EPC）直接替代UMTS与GSM的分组交换域。没有等效的电路交换域，这个就允许了LTE可优化数据流量的传送，但同时也意味着语音通话已被下面提到的其他技术所处理。演进 UMTS 陆地无线接入网（E - UTRAN）操作 EPC 的移动无线通信，直接替代 UTRAN。移动台依旧为用户设备，尽管它的内部操作与之前有很大的不同。

新的架构被设计为两个 3GPP 工作项目的一部分，即系统架构演进（SAE），涵盖核心网；长期演进（LTE），涵盖无线接入网、空中接口及移动台。整个系统正式称为演进分组系统（EPS），缩写 LTE 仅仅是指空中接口的演进。尽管如此，LTE 依旧变成了整个系统的俗称，而且经常在 3GPP 中以该名称被提起。我们将使用名称 LTE 贯穿全书。

1.4.2 长期演进

针对长期演进的研究主要是对空中接口的要求说明[6]，其中最重要的要求如下：

LTE 被要求在下行链路提供 100Mbit/s 的峰值速率，在上行链路提供 50Mbit/s 的峰值速率。这个要求在最终系统被超越，它分别提供了 300Mbit/s 与 75Mbit/s 的峰值速率。为了比较，3GPP 规范版本 6 的 WCDMA 的峰值速率分别是下行链路 14Mbit/s 与上行链路 5.7Mbit/s。我们将在本章结尾讨论不同规格的版本。

这些峰值速率只有在理想化的条件下才能实现，且在任何实际情况下是完全不能实现的。有一个更好的办法，即频谱效率，显示了一个小区每个单元带宽的标准容量。LTE 被要求在下行链路提供比版本 6 WCDMA 高 3 ~ 4 倍的频谱效率，在上行链路高 2 ~ 3 倍。

时延是另一个重要的问题，特别是对时间有严格要求的应用，如语音和实时互动游戏。这要从两方面来讲。首先，要求规定在移动电话和固定网络之间数据流通所花费的时间应小于 5ms，前提是空中接口不拥挤。其次，我们会在第 2 章看到移动电话可在两种状态操作：激活状态，可以与网络进行通信；低功耗待机状态。要求规定在用户的干预下，手机应该在 100ms 之内从待机状态切换到激活状态。

也有关于覆盖和移动性的要求。LTE 优化小区范围达到 5km，降级性能达到 30km，支持小区范围达到 100km。同时 LTE 也优化了移动速度达到 15km/h，工作在高性能速度达到 120km/h，支持速度达到 350km/h。最后，LTE 是针对各种不同的带宽而设计，其范围为 1.4 ~ 20MHz。

规范要求最终导致了 LTE 空中接口的详细设计，在本书第 3 ~ 10 章将有所涵盖。为了显出与其他类似系统的优势，表 1.1 总结了其关键技术特征，并与 WCDMA 进行比较。

表1.1 WCDMA和LTE的空中接口的主要特征

特征	WCDMA	LTE	章
多址方式	WCDMA	OFDMA，SC－FDMA	4
频率复用	100%	灵活	4
MIMO天线的使用	从版本7开始	是	5
带宽	5MHz	1.4MHz，3MHz，5MHz，10MHz，15MHz，20MHz	6
帧持续时间	10ms	10ms	6
传输时间间隔	2ms，10ms	1ms	6
运行模式	FDD，TDD	FDD，TDD	6
上行链路定时提前	不需要	需要	6
传输信道	专用和共享	共享	6
上行链路功率控制	快	慢	8

1.4.3 系统架构演进

对于系统架构演进的研究主要是对固网的规范要求[7]，其中，最重要的要求如下：

演进分组核心网（EPC）用互联网协议（IP）发送数据包，并支持使用IP版本4、6或双栈IP版本4、6的设备。另外，EPC通过设置一个基本的IP连接，打开并保持该连接直到关闭，为用户提供了永远在线服务。这与UMTS和GSM的操作是不同的，在它们系统中网络只是设置了要求上的IP连接，而且当不需要的时候就会拆除。

不同于互联网，EPC具有指定和控制数据速率、错误率及延迟数据流接收的机制。另外，对于数据在EPC流通的最长时延没有明确的要求，但是相关规定建议一个用户平面为非漫游移动延迟10ms，在一个典型的漫游场景下[8]增至50ms。为了计算总时延，我们必须在空中接口上增加早期的数据，在非漫游场景下给出大约20ms的典型延迟。

EPC还被要求支持LTE和早期2G及3G之间的系统间切换技术，不仅包括UMTS和GSM，还有非3GPP系统诸如cdma2000和WiMAX。

表1.2和表1.3总结在无线接入网和演进分组核心网的主要特征，并与UMTS的相应特征进行比较。我们将在第2章讨论固网的架构方面，在第11～17章讨论操作方面。

表 1.2 UMTS 和 LTE 的无线接入网的主要特征

特征	UMTS	LTE	章
无线接入网组成	Node B，RNC	eNB	2
RRC 协议状态	CELL _ DCH，CELL _ FACH，CELL _ PCH，URA _ PCH，RRC _ IDLE	RRC _ CONNECTED，RRC _ IDLE	2
切换	软和硬	硬	14
邻居列表	总是需要	不需要	14

表 1.3 UMTS 和 LTE 的核心网的主要特征

特征	UMTS	LTE	章
IP 版本支持	IPv4，IPv6	IPv4，IPv6	2
USIM 版本支持	版本 99USIM 起	版本 99USIM 起	2
传输机制	电路和分组交换	分组交换	2
CS 域组成	MSC 服务器，MGW	—	2
PS 域组成	SGSN，GGSN	MME，S - GW，P - GW	2
IP 连接性	注册后	注册期间	11
语音和 SMS 应用	包括	不包括	21，22

1.4.4 LTE 语音呼叫

演进分组核心网是一个简单地从用户到用户传输信息的数据管道，不涉及信息内容或应用程序。它类似于因特网的行为，传输任何应用软件发起的数据包，但不同于包含语音应用的传统电路交换网。

由于此问题，LTE 的组成部分不包括语音应用。然而，一个 LTE 移动台仍然可以采用两种主要方法进行语音通话。第一个是电路域回落，网络把移动台传送到传统的 2G 或 3G 小区，以使移动台可以联系 2G/3G 电路交换域。第二个是通过使用 IP 多媒体子系统（IMS），一个包括建立、管理和拆除 IP 电话语音的信令功能的外网。我们将在第 21 章和第 22 章讨论这两种技术。

1.4.5 LTE 的增长

2009 年年底第一代 LTE 网络在挪威和瑞典推出。为了说明 LTE 随后的发展，图 1.9 展示了 2011 ~2019 年期间对最重要的移动通信技术的订阅总数，同时，图 1.10 展示了全球不同地区对 LTE 的订阅总数。这两幅图是由爱立信公布的数据构建[9]，显示了 2013 年之前的历史数据及对后期进行的预测。截至 2019

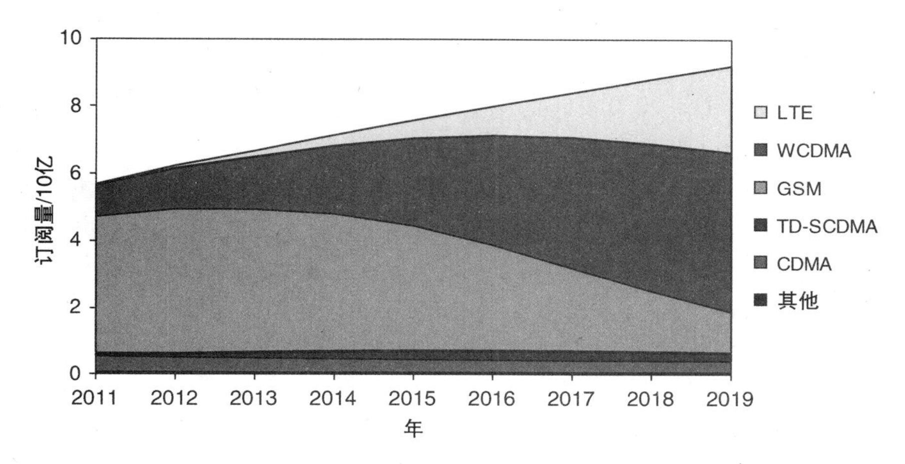

图 1.9 2013 年之前及预测后期的对不同的移动通信技术的订阅数量（来源：www. ericsson. com/TET）

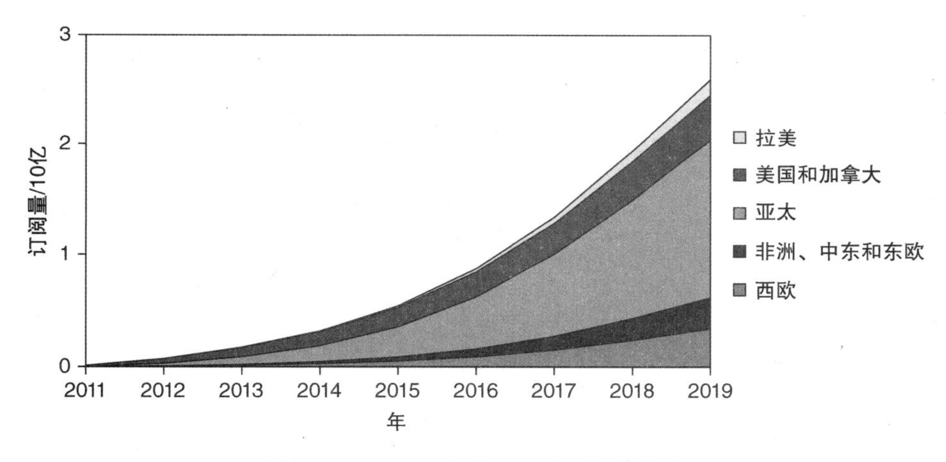

图 1.10 2013 年之前及预测后期的全球不同地区对 LTE 的订阅数量（来源：www. ericsson. com/TET）

年年底，预计全球 LTE 用户将增长到约 25 亿。

1.5 LTE 到 LTE－A

1.5.1 4G 的 ITU 规范

LTE 的设计与国际电信联盟（ITU）的倡议发生在同一时间。在 20 世纪 90

年代后期，ITU曾通过发布一组关于3G移动通信系统的规范要求来帮助推动3G技术的发展，叫作国际移动通信（IMT）2000。前面提到的3G系统是目前由ITU认可，满足用于IMT-2000要求的主要系统之一。

ITU通过发布一组关于4G移动通信系统的规范要求在2008年推出了一个类似的流程，叫作IMT-A[10-12]。根据这些要求，一个兼容系统的峰值速率应该为下行链路至少600Mbit/s，上行链路至少270Mbit/s，带宽40MHz。我们可以看到以上这些数据已超过LTE的性能。

1.5.2 LTE-A的规范

通过ITU关于IMT-A的规范要求的推动，3GPP开始研究如何加强LTE的性能。研究中主要得出LTE-A[13]的规范要求，主要要求如下。

LTE-A被要求在下行链路达到1000Mbit/s的峰值速率，在上行链路达到500Mbit/s的峰值速率。在实践中，该系统已被设计，所以最终可分别传送3000Mbit/s和1500Mbit/s的峰值速率，使用的是由5个单独的20MHz组成的100MHz的总带宽。注意，和之前一样，这些数据在任何现实情况下是无法实现的。

该规范还包括在某些测试场景的频谱效率的目标。与WCDMA[14]的相应数据的比较表明比WCDMA版本6下行链路上的频谱效率高4.5~7倍，比上行链路上的高3.5~6倍。最后，LTE-A被设计为与LTE向后兼容，那样一个LTE移动台就可以与正在运行LTE-A的基站进行通信，反之亦然。

1.5.3 4G通信系统

随着建议的提交及评估，ITU于2010年10月宣布两个系统均可满足IMT-A的要求[15]。一个是LTE-A，另一个是在IEEE 802.16m标准下的WiMAX增强版，即移动WiMAX 2.0。

高通公司原先打算开发一个cdma2000的4G接替者，叫作超移动宽带（UMB）。但是，该系统并不具备其前身所具有的两个优势。首先，它与cdma2000不向后兼容，这样cdma2000就得一直使用IS-95标准。其次，由于LTE的灵活带宽支持，它不再是可在窄带宽下操作的唯一系统。因为没有任何迫切的理由需要这样做，也没有网络运营商曾宣布采用该技术的计划，所以该工程在2008年被搁置。相反，大多数cdma2000运营商决定转向LTE。

剩余两个4G移动通信途径：LTE与WiMAX。其中，LTE迄今为止已经获得了网络运营商和设备制造商的大量支持，并且部分WiMAX运营商已经选择将他们的网络向LTE转移。正因为如此的支持，LTE在未来几年内很可能成为世界上占主导地位的移动通信技术。

1.5.4 4G的意义

最初，ITU预期4G应该只适于满足IMT－A规范要求的系统，但LTE没有，移动WiMAX 1.0（IEEE 802.16e）也没有，所以工程团体形容这些系统是3.9G。然而，这些担忧并没有阻止营销团体将LTE与WiMAX1.0描述为4G技术。尽管该描述从性能上讲是没有根据的，但实际上是有一些合理的逻辑的：在UMTS向LTE转换时有一个明确的技术转变，而在LTE向LTE－A转换时没有。

时间不长，ITU承认失败。2010年12月，ITU对4G的使用送上祝福，不仅包括LTE和移动WiMAX1.0，而且还包括比早期3G系统具备更好性能的技术[16]。虽然它们并不确定是更好的，但对于本书这不是一个问题：因为我们只需要知道，LTE是4G移动通信系统。

1.6 LTE的3GPP规范

LTE的规范要求与UMTS、GSM一样是由第三代合作伙伴计划（3GPP）提出的。它们被组织成多个版本[17]，其中每一个都包含了一组稳定清晰的特征。这些允许设备制造商可以采用早期版本的一些或所有的特征来打造设备，同时3GPP继续给后期版本系统添加一些新的功能。在每一个版本中，规范要求都在提高。新的功能可以被添加到后续版本，直到版本被冻结，之后唯一的变化包括技术细节的细化、修正及澄清。

表1.4列出了从推出UMTS后3GPP所采用的版本及各版本的主要特征。注意，因版本99之后编号方案有所更改，所以后期的版本被编号为4～12。

LTE最早被推出是在版本8，该版本在2008年12月被冻结。它包含了LTE大部分的重要功能，我们将在本书的前几章来重点关注一下。虽然版本8有所指定，但是3GPP还是省略掉了一些不是很重要的功能，这些功能最终被版本9纳入，在本书第18章会有所阐述。版本10多了一些LTE－A所需的额外功能，将在第19章有所阐述，而在版本11与版本12的后期改进之处会在第20章有所阐述。3GPP还得继续在版本8～版本12中添加新的功能。这个过程使得网络运营商坚持UMTS要保持竞争力，即使其他运营商转移至LTE。

表1.4 UMTS和LTE的3GPP规范版本

版本	冻结日期	新特征
R99	2000.3	WCDMA空中接口
R4	2001.3	TD－SCDMA空中接口
R5	2002.6	HSDPA，IP多媒体子系统

（续）

版本	冻结日期	新特征
R6	2005.3	HSUPA
R7	2007.12	增强的 HSPA
R8	2008.12	LTE，SAE
R9	2009.12	增强的 LTE 和 SAE
R10	2011.6	LTE - Advanced
R11	2013.6	增强的 LTE - Advanced
R12	2014.9	增强的 LTE - Advanced

这些规范被要求组成几个系列，其中每一个都包含着系统特定的组件。表1.5概述了21~37号系列的内容，包含了LTE与UMTS的所有规范要求以及LTE、UMTS与GSM常见的规范要求。其他一些系列号专门用于GSM。在这些系列中，不同系统之间的细分差别很大。36号系列致力于LTE无线传输和接收的技术，并且是本书的一个重要信息来源。在其他系列中，一些规范要求仅适用于UMTS或LTE或两者均适用，所以确定规范与哪些对应可能是比较棘手的。为了帮助解决这个问题，本书涵盖了我们所要使用的所有重要的规范要求。

表1.5 UMTS和LTE使用的3GPP规范系列

系列	范围
21	高级要求
22	阶段1服务规范
23	阶段2服务和架构规范
24	非接入层协议
25	WCDMA 和 TD - SCDMA 空中接口和无线接入网
26	编解码器
27	数据终端设备
28	语音编解码器的串联自由操作
29	核心网协议
30	项目管理
31	UICC，USIM
32	运营，管理，维护，配置，计费
33	安全
34	测试规范
35	安全算法
36	空中接口和无线接入网
37	多种无线接入技术

举例说明TS 23.401 v 11.6.0规范。这里，TS是技术规范，23是系列号，401是23号系列中的规范号。11是版本号，6是版本11的技术版本号，最后一个0是偶尔对非技术变化递增的编辑版本号。3GPP还需要制作技术报告，用TR表示，该报告纯粹信息化，而且有以8或9开头的三位数规范编号。

各个规范要求最后划分于三个阶段之一。第一阶段的规范要求从用户的角度定义服务且只定位在22号系列。第二阶段的规范要求定义了系统的高层体系架构和操作，主要定位在（但不完全）23号系列。最后，第三阶段的规范要求定义了所有的功能细节。第二阶段的规范要求对于实现对系统的一个高层次理解特别有用。其中对LTE最有用是TS 23.401[18]和TS 36.300[19]，它们分别涉及演进分组核心网和空中接口。然而，还有重要的注意事项：这些规范被取代后，并不能相信完全准确。取而代之的是，如对相关第三阶段规范要求有需要，细节应被检查。

个别规范要求可以从3GPP的规范编号网页[20]或从FTP服务器[21]下载。3GPP网站还具有那些适用于每个单独版本[22]的功能概要。

参考文献

1. 3rd Generation Partnership Project (3GPP) (2013) www.3gpp.org (accessed 15 October 2013).
2. 4G Americas (2010) MIMO and Smart Antennas for 3G and 4G Wireless Systems, Section 2, May 2010.
3. 3rd Generation Partnership Project 2 (2012) www.3gpp2.org (accessed 15 October 2013).
4. Ericsson (2013) Ericsson Mobility Report, June 2013 www.ericsson.com/mobility-report (accessed 18 November 2013).
5. Shannon, C.E. (1948) A mathematical theory of communication. *The Bell System Technical Journal*, **27**, 379–428, and 623–656.
6. 3GPP TS 25.913 (2009) Requirements for Evolved UTRA (E-UTRA) and Evolved UTRAN (E-UTRAN), Release 9, December 2009.
7. 3GPP TS 22.278 (2012) Service Requirements for the Evolved Packet System (EPS), Release 11, September 2012.
8. 3GPP TS 23.203 (2013) Policy and Charging Control Architecture, Release 11, Section 6.1.7.2, September 2013.
9. Ericsson (2013) Traffic Exploration Tool, www.ericsson.com/TET (accessed 18 November 2013).
10. International Telecommunication Union (2008) Requirements, Evaluation Criteria and Submission Templates for the Development of IMT-Advanced. ITU report ITU-R M.2133.
11. International Telecommunication Union (2008) Requirements Related to Technical Performance for IMT-Advanced Radio Interface(s). ITU report ITU-R M.2134.
12. International Telecommunication Union (2008) Guidelines for Evaluation of Radio Interface Technologies for IMT-Advanced. ITU report ITU-R M.2135.
13. 3GPP TS 36.913 (2012) Requirements for Further Advancements for Evolved Universal Terrestrial Radio Access (E-UTRA) (LTE-Advanced), Release 11, September 2012.
14. 3GPP TS 25.912 (2012) Feasibility Study for Evolved Universal Terrestrial Radio Access (UTRA) and Universal Terrestrial Radio Access Network (UTRAN), Release 11, Section 13.5, September 2012.
15. International Telecommunication Union (2010) ITU Paves Way for Next-Generation 4G Mobile Technologies, www.itu.int/net/pressoffice/press_releases/2010/40.aspx (accessed 15 October 2013).
16. International Telecommunication Union (2010) ITU World Radiocommunication Seminar Highlights Future Communication Technologies, www.itu.int/net/pressoffice/press_releases/2010/48.aspx (accessed 15 October 2013).
17. 3rd Generation Partnership Project (2013) 3GPP – Releases, www.3gpp.org/releases (accessed 15 October 2013).
18. 3GPP TS 23.401 (2013) General Packet Radio Service (GPRS) Enhancements for Evolved Universal Terrestrial Radio Access Network (E-UTRAN) Access, Release 11, September 2013.
19. 3GPP TS 36.300 (2013) Evolved Universal Terrestrial Radio Access (E-UTRA) and Evolved Universal Terrestrial Radio Access Network (E-UTRAN); Overall Description; Stage 2, Release 11, September 2013.
20. 3rd Generation Partnership Project (2013) 3GPP – Specification Numbering, www.3gpp.org/specification-numbering (accessed 15 October 2013).
21. 3rd Generation Partnership Project (2013) FTP Directory, ftp://ftp.3gpp.org/specs/latest/ (accessed 15 October 2013).
22. 3rd Generation Partnership Project (2013) FTP Directory, ftp://ftp.3gpp.org/Information/WORK_PLAN/Description_Releases/ (accessed 15 October 2013).

第 2 章　系统架构演进

本章涵盖了 LTE 的高层体系架构。我们首先描述了在 LTE 网络中的硬件和查看用于通信的软件协议。然后在讨论状态图和无线电频谱使用之前我们要考察更多的关于在 LTE 中用于数据传输的技术。我们会留下一些更专业的架构问题到后面的章节中，特别是那些与质量服务、计费和系统间操作有关的。

几个规范要求与本章有关。TS 23.401[1] 和 TS 36.300[2] 是包括系统架构描述的第二阶段的规范要求，而相关的第三阶段的规范要求[3,4] 包括架构细节。我们也会注意其他一些重要的规范要求。

2.1　LTE 的高层体系架构

图 2.1 回顾了演进分组系统（EPS）的高层体系架构。有三个主要部分，分别是用户设备（UE）、演进 UMTS 陆地无线接入网（E－UTRAN）和演进分组核心网（EPC）。相应的，演进分组核心网与分组数据网在外界通信，如互联网、私有企业网络或 IP 多媒体子系统。系统各部分之间的接口表示为 Uu、S1 和 SGi。

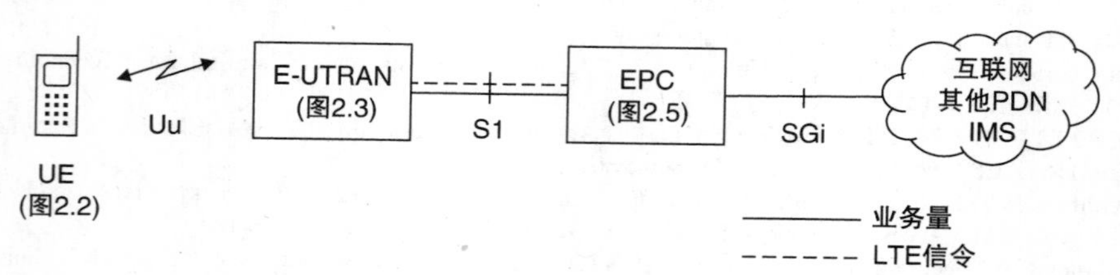

图 2.1　LTE 的高层体系架构

用户设备（UE）、演进 UMTS 陆地无线接入网（E－UTRAN）和演进分组核心网（EPC）都有自己的内部架构，现在我们将逐一讨论。

2.2　用户设备

2.2.1　UE 的架构

图 2.2 所示为用户设备的内部架构[5]。该架构与 UMTS 和 GSM 使用的架构

是相同的。

移动设备（ME）为实际的通信设备。至于语音移动台或智能电话，这仅仅是一个单一的设备。然而，移动设备也可以被分为两部分，即移动终端（MT），它操纵所有的通信功能；终端设备（TE），其终止数据流。移动终端可以是一台笔记本电脑中的 LTE 插件卡，例如，在终端设备是笔记本电脑本身的情况下。

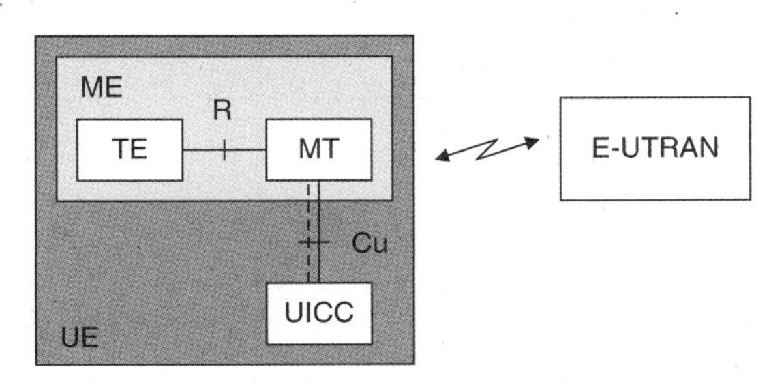

图 2.2　用户设备的内部架构（来源：TS 27.001。经 ETSI 的许可转载）

通用集成电路卡（UICC）是智能卡，俗称 SIM 卡。它运行通用用户识别模块（USIM）[6]的应用程序，其存储用户特定的数据，例如用户的电话号码和家庭网络身份。一些在 USIM 上的数据可以从网络运营商管理的设备管理服务器下载：我们可简短地看一些样板。USIM 还能使用智能卡的安全密钥执行各种安全相关的计算。LTE 支持使用 USIM 版本 99 的移动台，或更新的、但不支持使用 GSM 早期版本的用户识别模块（SIM）。

另外，LTE 支持使用互联网协议版本 4（IPv4）、互联网协议版本 6（IPv6）或双栈 IP 版本 4/版本 6 的移动台。一个移动台接收每一个分组数据网的一个 IP 地址与之通信；例如，一个用于互联网，一个用于任何私有企业网络。或者，如果移动台和网络都支持两个版本的协议，那么移动台就可以接收一个 IPv4 地址以及一个 IPv6 地址。

2.2.2　UE 的功能

移动台可具有各种各样的无线功能[7,8]，包括它们可操控的最大数据速率，支持的不同类型的无线接入技术，可发送和接收的载波频率，及该移动台对 LTE 规范支持的可选功能。移动台通过信令消息传递这些功能给无线接入网，以使得 E－UTRAN 知道如何正确控制它们。

最重要的功能组合成 UE 的类别。如表 2.1 所示，UE 类别主要包括移动台可发送和接收的最大数据速率。它还包括表中最后三列列出的一些技术问题，这些我们将在第 3 章和第 5 章提到。早期的 LTE 移动台主要在第 3 类，因此，它们的上行链路和下行链路的最大数据速率分别是 100Mbit/s 和 50Mbit/s。版本 8 或

9 的移动台如果位于第 5 类，就只能达到理论上的最大数据速率 300Mbit/s 和 75Mbit/s。

表 2.1　UE 类别

UE 类别	版本	下行链路速率最大值/(bit/ms)	上行链路速率最大值/(bit/ms)	下行链路最大层数	上行链路最大层数	是否支持上行链路 64 - QAM
1	R8	10296	5160	1	1	否
2	R8	51024	25456	2	1	否
3	R8	102048	51024	2	1	否
4	R8	150752	51024	2	1	否
5	R8	299552	75376	4	1	是
6	R10	301504	51024	4	1	否
7	R10	301504	102048	4	2	否
8	R10	2998560	1497760	8	4	是

注：本表来源于 TS 36.306，经 ETSI 许可转载。

2.3　演进 UMTS 陆地无线接入网

2.3.1　E - UTRAN 的架构

演进 UMTS 陆地无线接入网（E - UTRAN）[9] 如图 2.3 所示。E - UTRAN 处理移动台与演进分组核心网之间的无线通信，而且只有一个组件，即演进节点 B (eNB)。

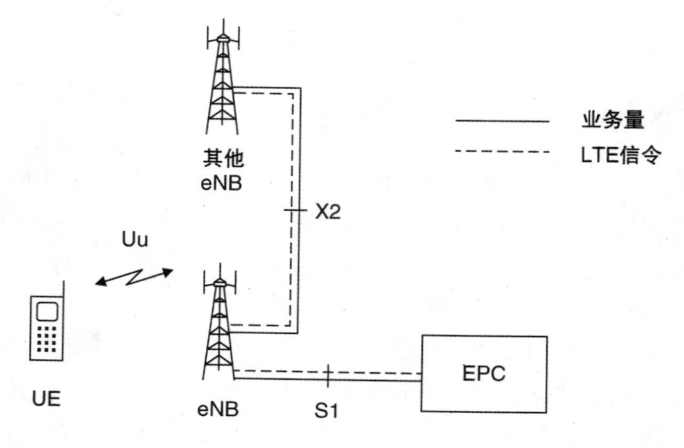

图 2.3　演进 UMTS 陆地无线接入网的架构

每个 eNB 就是一个基站，控制一个或多个小区的移动台。一个移动台同一时间只与一个基站和一个小区通信，因此在 UMTS 不存在等效的软切换状态。与移动台通信的基站被称为服务 eNB。

eNB 有两个主要功能。首先，eNB 利用 LTE 空中接口的模拟和数字信号处理功能发送无线传输到它下行链路的所有移动台，然后再从上行链路的移动台接收无线传输。其次，eNB 通过发送信令消息控制其所有移动台的低级操作，例如，关于那些无线传输的切换命令。在执行这些功能时，eNB 结合了节点 B 和无线网络控制器的早期功能，以减少移动台与网络交换信息时产生的延迟时间。

每个基站通过 S1 接口连接到 EPC。它也可以通过 X2 接口连接到附近的基站，其在切换期间主要用于信令和分组转发。

X2 接口在两个意义上是可选的。首先，通信只需要在附近可能涉及切换的基站之间，而远的基站则没有交互。其次，最重要的 X2 的通信也可以通过演进分组核心网使用 S1 的两个实例，尽管间接且较慢。即使它被使用了，X2 接口也不必进行手动配置；相反地，网络可以利用自优化功能自动建立 X2 接口，本书第 17 章将会对自优化功能进行讨论。

2.3.2　传输网

通常，S1 和 X2 接口不是直接物理连接。相反，信息是穿过底层 IP 传输网，如图 2.4 所示。每个基站和核心网每个组件都有一个 IP 地址，底层路由器使用这些 IP 地址从一个设备到另一个设备传输数据和信令消息。S1 和 X2 接口被更好地理解为逻辑关系，通过它设备能知道对方的身份并交换信息。因为演进分组核心网也是以同样的方式使用 IP 传输网，所以同样的问题也适用于我们下面要介绍的 EPC 接口。

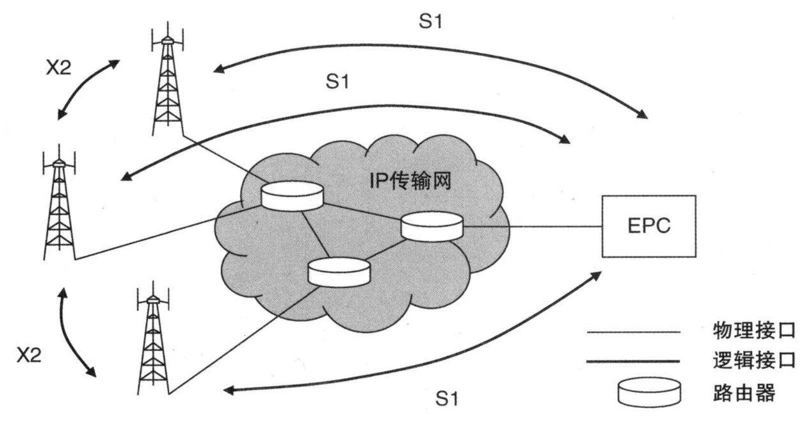

图 2.4　E－UTRAN 传输网的内部架构

2.3.3　小区和家庭 eNB

本书第 1 章中提到了运营商通过逐步利用较小小区可以大大增加其网络的容量。最小的小区例子是家庭 eNB（HeNB）[10]，这是一个用户已购买到家庭内提供毫微微小区覆盖范围的基站。家庭 eNB 通过提供更好的覆盖率和更高的数据速率使得用户受益，同时也通过远离周围宏小区使得有利于网络运营商。它们的主要缺点是成本高。

家庭 eNB 属于闭合用户组（CSG），通过它可单独或优先访问同样也属于闭合用户组的移动台。闭合用户组的移动台列表由 USIM 存储，并且可以从由网络运营商控制的设备管理服务器上下载。家庭 eNB 比一般基站有更低功率的限制，只能控制一个小区且不支持 X2 接口（直到版本 10）。

在 S1 接口，一个家庭 eNB 可以直接或通过家庭 eNB 网关设备与演进分组核心网通信。S1 数据和信令消息由消费者的互联网服务提供商传输，而不是由网络运营商，所以它们必须比一般 S1 通信要更小心地保护。

2.4　演进分组核心网

2.4.1　EPC 的架构

图 2.5 所示为演进分组核心网的主要组件[11,12]。我们知道归属用户服务器（HSS），它是一个包含有关所有网络运营商的用户信息的中央数据库。这是 LTE 的少数组件之一。

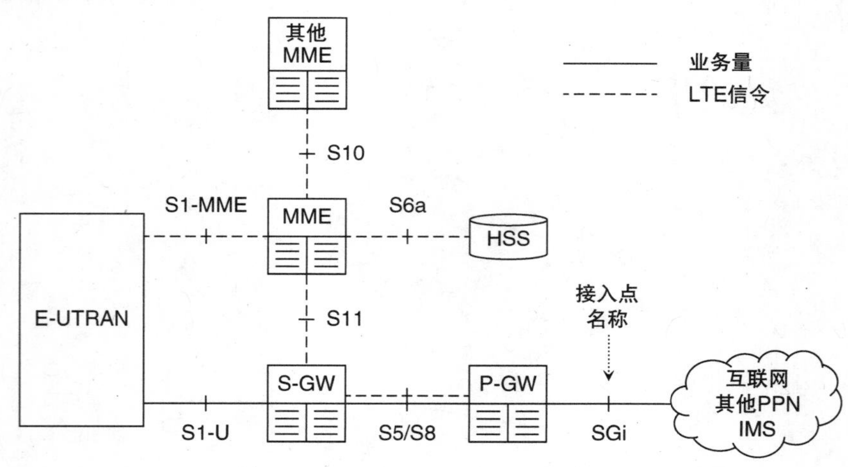

图 2.5　演进分组核心网的主要组件

分组数据网络网关（P－GW）是与外界接触的 EPC 的点。通过 SGi 接口，每个 PDN 网关与一个或多个外部装置或者分组数据网络交换数据，如网络运营商的服务器、互联网或 IP 多媒体子系统。每个分组数据网络是由接入点名称（APN）[13]确定。网络运营商通常使用极少数不同的 APN。例如，一个用于互联网，一个用于 IP 多媒体子系统。

每个移动台当它第一次开启时就被分配一个默认的 PDN 网关，让它始终在线连接到默认分组数据网络，如互联网。稍后，如果移动台希望连接到附加分组数据网络，如私有企业网络或 IP 多媒体子系统，它可能被分配到一个或多个附加 PDN 网关。每个 PDN 网关在整个数据连接的生命周期保持不变。

服务网关（S－GW）充当一个高层次的路由器，转发基站和 PDN 网关之间的数据。一个标准的网络可能包含极少数的服务网关，每一个服务网关负责一个特定地理区域内的移动台。每个移动台被分配到一个单独的服务网关，但是如果移动台移动得足够远时，服务网关是可以改变的。

移动性管理实体（MME）通过发送有关诸如安全和与无线通信无关的数据流的管理问题的信令信息来控制移动台的高级别操作。与服务网关一样，一个标准的网络中可能包含极少数的 MME，其中每一个 MME 负责一个特定的地理区域。每个移动台被分配到一个单独的 MME，被称为服务 MME，但是如果移动台移动得足够远时，服务 MME 是可以改变的。MME 还可通过 EPC 内部的信令消息控制网络中的其他元素。

与 UMTS 和 GSM 的比较表明，PDN 网关具有与网关 GPRS 支持节点（GGSN）同样的作用，而服务网关和 MME 处理数据路由和服务 GPRS 支持节点（SGSN）的信令功能。SGSN 一分为二更便于运营商网络扩展以响应增加的负载：随着业务量增加运营商可以增加更多的服务网关，同时增加更多的 MME 来应付移动台数量的增加。为了支持这种分裂，S1 接口有两个组成部分：S1－U 接口为服务网关传送业务量，而 S1－MME 接口为 MME 传送信令消息。

EPC 还有一些其他组件未在图 2.5 显示出来。首先，因为小区广播服务（CBS）很少使用，所以 UMTS 之前就用小区广播中心（CBC）。在 LTE 中，该设备重新被用于地震和海啸预警系统（ETWS）[14]。其次，设备标识寄存器（EIR）也从 UMTS 继承，并列出丢失或被盗移动台的详细信息。当我们考虑服务质量的管理，以及 LTE 与其他移动通信系统之间的互操作时，我们将在本书后面介绍更多的组件。

2.4.2　漫游架构

漫游允许用户通过使用来自两种不同网络的资源，移出他们的网络运营商的覆盖区域。它依赖于漫游协议，该协议定义了运营商将如何分享所得的收入。图

2.6 所示为常规的漫游架构[15]。

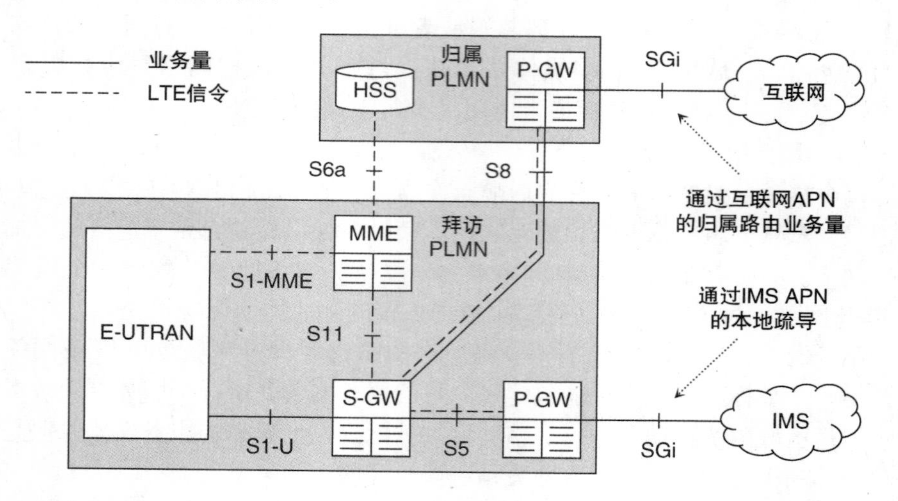

图 2.6 与互联网和 IP 多媒体子系统通信的漫游移动台的 LTE 的常规架构

如果一个用户正在漫游，归属用户服务器总是在归属网络，而移动台、E - UTRAN、MME 和服务网关总是在拜访网络。但是 PDN 网关可以在两个地方。与互联网通信一般用归属路由业务量，其中 PDN 网关位于归属网络。通过使用这种架构，归属网络运营商可以看到所有的业务量，并可以直接收费，因此它只需要一个基本的漫游协议与拜访网络。两个网络交换信息使用一个跨运营商主干网称为 IP 分组交换（IPX）或其旧名称 GPRS 漫游交换（GRX）[16]。

IP 多媒体子系统的通信一般采用本地疏导，其中 PDN 网关位于拜访网络。这对语音通信有两个重要的好处：一个用户可以作出本地语音呼叫，且无需业务量返回到归属网络，也可以作出紧急呼叫，由本地紧急服务处理。我们将在第 22 章中看到，IP 多媒体子系统实际上是在归属和拜访网络之间分布的，因此归属网络运营商仍然具有控制语音呼叫的信令消息的可视性。HSS 指出是否归属网络将对用户与 APN 的每个组合容许本地疏导[17]。

服务器和 PDN 网关之间的接口称为 S5 或者 S8。其有两个稍微不同的实现方式，如果两个设备在同一网络就是 S5，如果它们在不同的网络就是 S8，主要区别于接口的安全需求。因为移动台不漫游，所以服务器和 PDN 网关可以整合到一个设备，以便 S5/S8 接口一起消失，由于延迟时间的相应减少，所以这可能是有用的。

2.4.3 网络区域

EPC 分为三种不同类型的地理区域[18]，如图 2.7 所示。

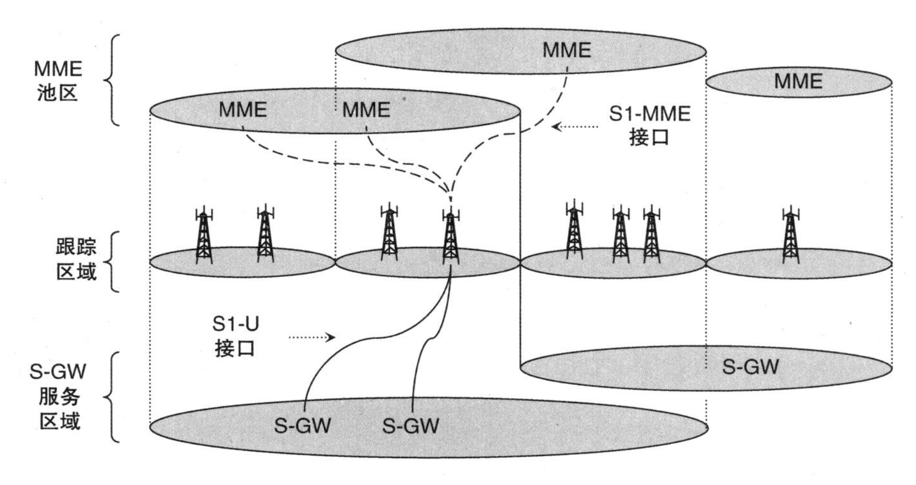

图 2.7　跟踪区域、MME 池区与 S－GW 服务区的关系

MME 池区是一个移动台可通过它移动而不改变 MME 服务器的地区。每个池区是由一个或多个 MME 控制，而每一个基站通过 S1－MME 接口连接到一个池区内的所有 MME。池区也可以重叠。通常情况下，网络运营商可能会配置一个池区去覆盖一个网络大区域，例如主城市，当主城市信令负载增加时网络运营商也会添加 MME 池区。

同样，S－GW 服务区是有一个或多个服务网关的地区，移动台通过它可移动而不改变服务网关。每一个基站通过的 S1－U 接口连接到一个服务区域的所有服务网关。S－GW 服务区不一定对应 MME 池区。

MME 池区与 S－GW 服务区都是由较小的、不重叠的单元即跟踪区域（TA）形成的，这些都是用来追踪待机和类似于 UMTS 和 GSM 定位和路由区的移动台的位置。

2.4.4　编号、寻址和识别

网络组件与几个不同的标识相关联[19]。在以前的系统中，每个网络都与公共陆地移动网标识（PLMN－ID）相关联，其包含三位移动台国家代码（MCC）和两位或三位移动台网络代码（MNC）。例如，英国的移动台国家代码是 234，而英国沃达丰网络使用的移动网络代码是 15。

每个 MME 有三个主要特征，它表现在图 2.8 中的阴影部分。每个 MME 池区被一个 16 位的 MME 组标识（MMEGI）识别，而在一个池区内唯独 8 位的 MME 代码（MMEC）可识别 MME。将它们组合形成 24 位的 MME 标识（MMEI），能在特定网络识别 MME。通过引入网络标识，我们获得了全球唯一

MME 标识（GUMMEI），它可识别世界任何地方的 MME。

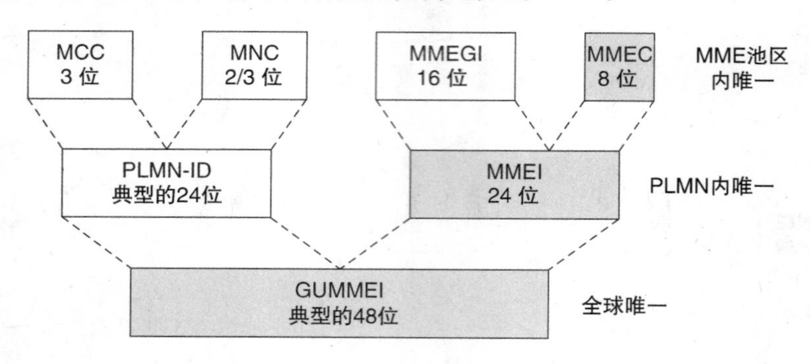

图 2.8　MME 使用的标识

同样，每个跟踪区域有 2 个主要标识。16 位跟踪区域代码（TAC）识别特定网络的跟踪区域。这与网络标识相结合，给出了全球独一无二的跟踪区域标识（TAI）。

小区有三种类型的标识。28 位 E－UTRAN 小区标识（ECI）识别一个特定网络内的小区，而 E－UTRAN 小区全球标识（ECGI）识别世界任何地方的小区。对于空中接口，物理小区标识也很重要，它是一个从 0 到 503 的数字，能把小区与它的近邻区别开。

移动台也与几个不同的标识相关联。其中最重要的是国际移动设备标识（IMEI），这是对于移动设备的独一无二的标识，另外，国际移动用户标识（IMSI）是对于 UICC 和 USIM 的独一无二的标识。

IMSI 是入侵者需要复制移动台的一个量，所以我们需尽可能地避免在空中接口传送它。相反，一个服务 MME 使用临时标识识别移动台，并定期更新。有三种类型的临时标识是比较重要的，见图 2.9 的阴影部分。32 位 M 临时移动用户标识（M－TMSI）识别移动台在服务 MME 的身份。

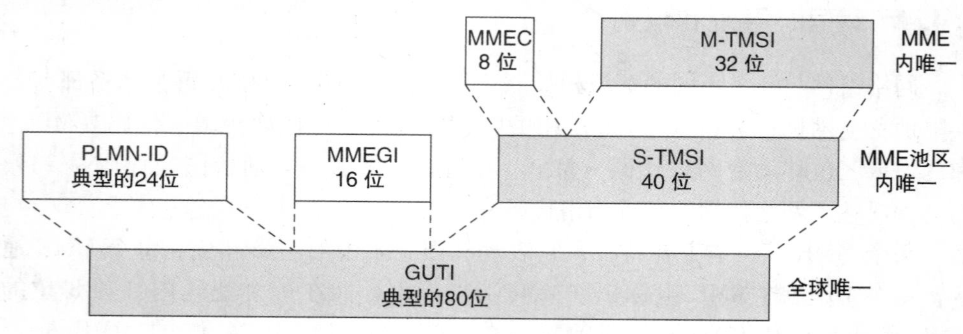

图 2.9　移动台使用的临时标识

添加 MME 代码生成 40 位的 SAE 临时移动用户标识（S－TMSI），其在 MME 池区内识别移动台。最后，添加 MME 组标识和 PLMN 标识生成最重要的全球唯一临时标识（GUTI）。

2.5　通信协议

2.5.1　协议模型

上一节提到的每一个接口都与协议栈有关，协议栈用来交换数据和信令消息。图 2.10 所示为协议栈的高层结构。

协议栈有两个平面。用户平面的协议处理用户感兴趣的数据，而控制平面的协议处理只有网络元素本身感兴趣的信令消息。协议栈也有两个主要的层。上层在一个特定的 LTE 操纵信息，而下层从一个点向另一个点传输信息。这些层没有统一的名称，但在 E－UTRAN 它们被称为无线网络层和传输网络层。

协议有三种类型。信令协议定义一种两个设备可以相互交换信令消息的语言。用户协议在用户平面操控数据，最常帮助路由网络中的数据。最后，底层传输协议从一个点向另一个点传送数据和信令消息。

空中接口比较复杂，具体如图 2.11 所示[20]。正如前面提到的，MME 通过发送信号信息控制着移动台的高级行为。然而，MME 和移动台之间的信息传输没有直达的路径。为解决该问题，空中接口被分为两个层次，即接入层（AS）和非接入层（NAS）。高层信令消息位于非接入层，利用 S1 和 Uu 接口的接入层协议被传输。

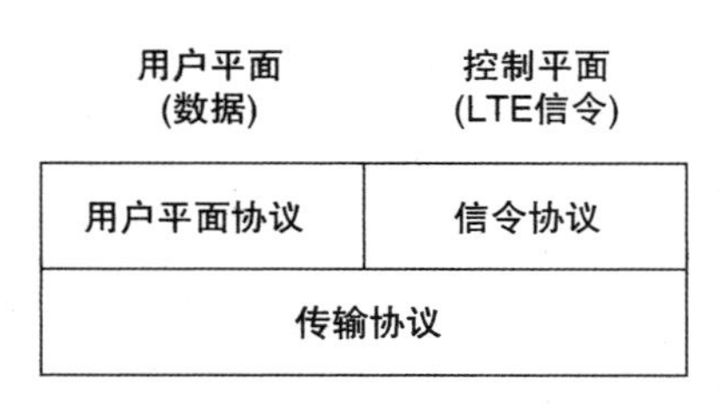

图 2.10　LTE 的高层协议架构

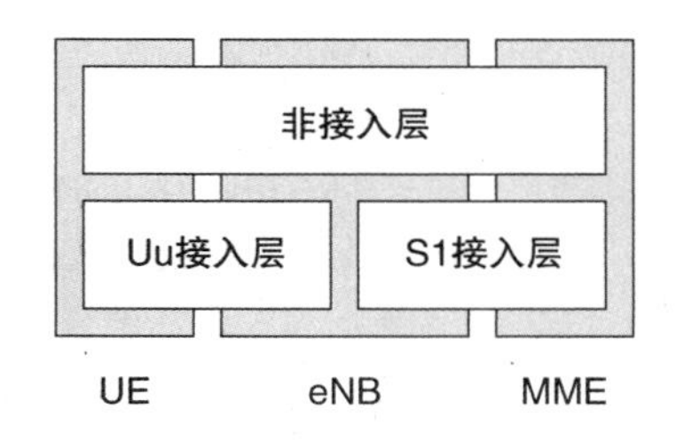

图 2.11　空中接口接入层和非接入层的关系

2.5.2　空中接口传输协议

空中接口，正式名称为 Uu 接口，位于移动台和基站之间。图 2.12 所示为空中接口的传输协议。从底部开始，空中接口物理层包含移动台和基站用来发送和接收信息的数字和模拟信号处理功能。在本书第 6 章中将会列举出描述物理层的几个规格；图 2.12 只是显示最重要的。

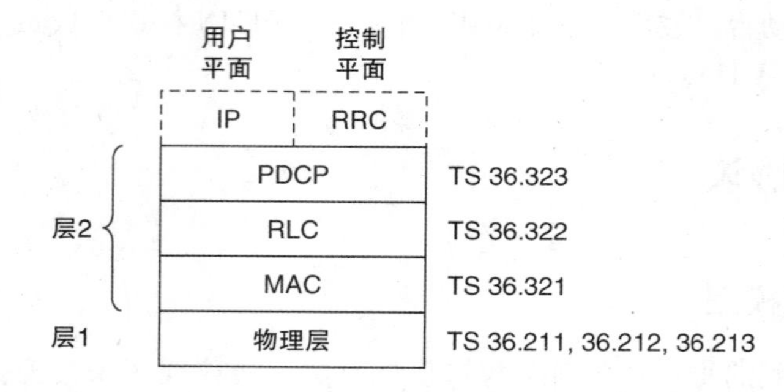

图 2.12　空中接口的传输协议（来源：TS 36.300。由 ETSI 许可转载）

接下来的三个协议构造了数据链路层，即 OSI 模型的第 2 层。媒体接入控制（MAC）协议[21]进行物理层的低级控制，特别是通过调度移动台和基站之间的数据传输。无线链路控制（RLC）协议[22]维护两个设备之间的数据链路，例如通过确保需正确到达的数据流的可靠传输。最后，分组数据汇聚协议(PDCP)[23]进行与报头压缩和安全性相关的高级传输功能。

2.5.3　固网传输协议

在固网的接口使用标准的 IETF 传输协议，如图 2.13 所示。每个接口都在底层传输网络被路由，因此它使用 OSI 模型第 1～4 层的协议。在栈的最底部，传输网络可以给第 1 层和第 2 层使用任何合适的协议，如以太网，经常由另一个被称为多协议标签交换（MPLS）[24,25]的协议所支持。

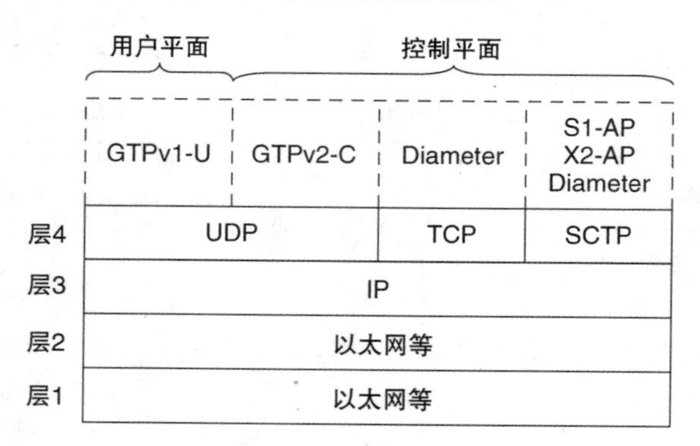

图 2.13　固网的传输协议

每个网络元素都与 IP 地址相关联，传输网络使用互联网协议（IP）将信息从一个网络元素路由到另一个网络元素。LTE 支持 IP 版本 4[26]和 IP 版本 6[27]。

在演进分组核心网中，IP 版本 4 的支持是必要的，IP 版本 6 的支持是建议的[28]，而无线接入网络可以使用任意一个或两个协议[29、30]。

上述 IP 中，有一个传输层协议在每一个单独的网络元素之间的接口。三个传输协议被使用。用户数据报协议（UDP）[31]只是从一个网络元素向另一个网络元素发送数据包，但如果数据包没有被正确送达，传输控制协议（TCP）[32]将重新发送。流控制传输协议（SCTP）[33]基于 TCP，但是包括额外的特性，使其更适合信令消息的传递。用户平面一直使用 UDP 作为传输协议，以避免延迟数据。控制平面的选择取决于上层信令协议。

2.5.4 用户平面协议

LTE 用户平面包含在移动台和 PDN 网关之间正确转发数据的机制，以及对在移动台位置的变化作出快速响应的机制。这些机制由图 2.14 所示的用户平面协议来完成。大多数用户平面接口使用一个 3GPP 协议，该协议被称为 GPRS 隧道协议用户部分（GTP - U）[34]。更精确地说，LTE 使用协议版本 1，标注为 GTPv1 - U，连同版本 99 的 2G 和 3G 的分组交换域。早期 2G 网络使用版本 0，标注为 GTPv0 - U。在服务网关和 PDN 网关之间，S5/S8 用户平面有一个替代实现。这是基于一个标准的 IETF 协议，该协议被称为通用路由封装（GRE）[35]。

GTP - U 和 GRE 运用一种称为隧道的技术从一个网络元素向另一个网络元素转发数据包。它们实现隧道的方式略有不同，我们会在本书第 13 章介绍。

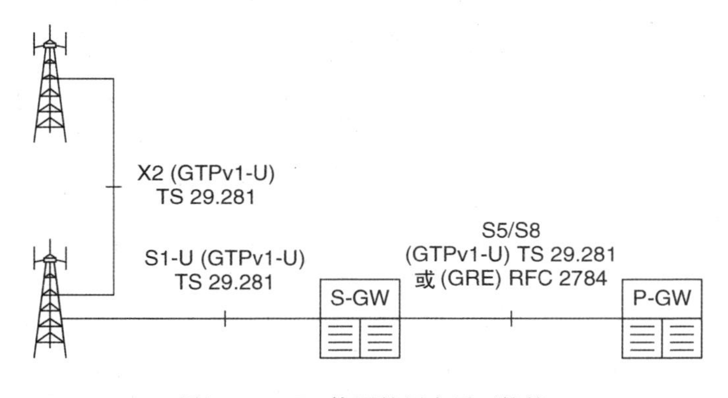

图 2.14　LTE 使用的用户平面协议

2.5.5 信令协议

LTE 使用大量的信令协议，如图 2.15 所示。

在空中接口，基站凭借运用无线资源控制（RRC）协议[36]编写的信令信息去控制移动台的无线通信。在无线接入网，一个 MME 运用 S1 接口应用协议

(S1－AP)[37]控制它的池区的基站，而两个基站可使用 X2 接口应用协议（X2－AP)[38]进行通信。

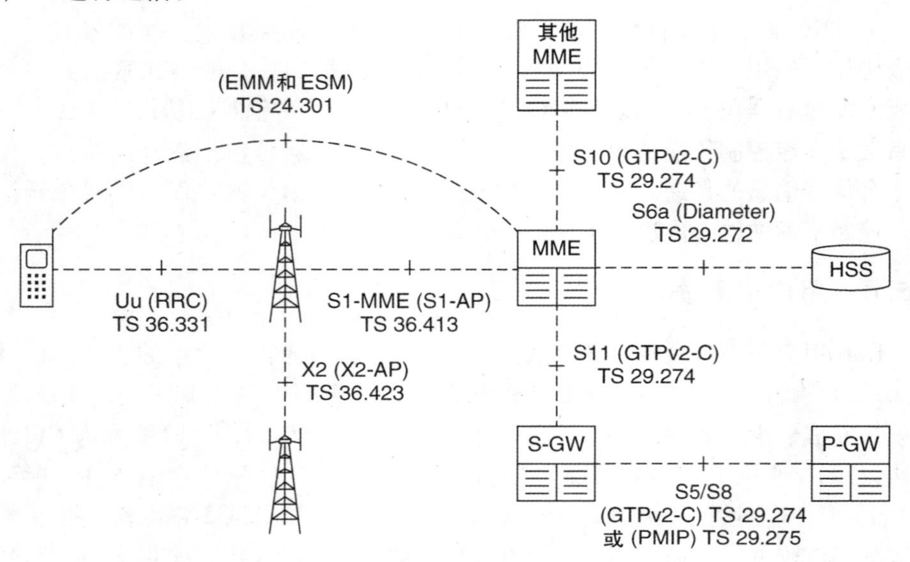

图 2. 15　LTE 所使用的协议

与此同时，MME 运用位于空中接口非接入层的两个协议来控制移动台的高级行为[39]。这些协议是 EPS 会话管理（ESM），控制着移动台与外界沟通的数据流，EPS 移动性管理（EMM）负责处理 EPC 中的内部记账。网络通过将它们嵌入到低层 RRC 和 S1－AP 信息，然后通过运用 Uu 和 S1 接口的传输机制去传输 EMM 与 ESM 信息。

在 EPC，HSS 和 MME 使用基于 Diameter 的协议去通信。基本 Diameter 协议[40]是一个标准的认证、鉴权与计费的 IETF 协议，基于一个较老的被称为远程用户拨号认证服务（RADIUS)[41, 42]的协议。基本 Diameter 协议可以加强在特定应用程序中的运用：在 S6a 接口[43]的 Diameter 协议实现就是这样一个应用程序。

大多数其他 EPC 接口使用 GPRS 隧道协议控制部分（GTP－C)[44]。这个协议包括 EPC 的不同元素之间的点对点通信和管理我们前面介绍的 GTP－U 隧道的程序。LTE 使用协议版本 2，标注为 GTPv2－C。从版本 99 以后，2 G 和 3G 分组交换域使用协议版本 1，即 GTPv1－C，而早期 2 G 网络实行 GTPv0－C。如果 S5 / S8 用户平面正在使用 GRE，那么它的控制平面使用被称为代理移动 IP 版本 6（PMIPv6)[45,46]的信令协议。PMIPv6 是标准的 IETF 分组转发管理协议，支持笔记本电脑等移动设备。

在 S5/S8 接口，协议的选择需考虑。传统的 3GPP 网络运营商可能会更喜欢 GTP－U 与 GTP－C，确保与它们之前的系统和在演进分组核心网的其他信令接口保持一致。在假设 S5/S8 接口正在使用那些协议的条件下，TS 23.401 描述了系统架构和 LTE 的高水平操作。在本书中我们通常会做类似的假设。非 3GPP 网络运营商可能更喜欢标准的 IETF 协议 GRE 和 PMIP，它们还用于 LTE 和非 3GPP 技术之间的互操作。TS 23.402[47] 是 TS 23.401 的配套规范，它描述了使用那些协议的网络架构和操作的不同之处。

上面介绍的信令协议都是二进制的而不是基于文本的；每个消息都是 1 和 0 而不是字符，所以消息简短但难以阅读。每个消息携带各种参数。3GPP 协议描述这些为信息元素，但 Diameter 协议称它们为属性值对（AVP），因为它们组合两条信息，即被指定的参数是哪个和它的价值是什么。

2.6　示例信令流

2.6.1　接入层信令

我们已经介绍了网络元素和协议栈，有必要展示不同的组件是如何组装在一起的示例。我们首先考虑移动台与基站之间的 RRC 信令信息的交换。图 2.16 展示的是一个 RRC 程序，称为 UE 功能转换的消息序列[48]。在这里，服务 eNB 希望找出移动台的无线接入功能，例如可处理的最大数据速率和相符合的规范版本。为了做到这一点，RRC 协议组成一个 UE 功能查询的消息，并将其发送到移动台。移动台响应 UE 功能信息，在功能信息里列出了所需要的功能。

相应的协议栈如图 2.17 所示。基站使用 RRC 协议组成它的功能查询，使用 PDCP、RLC 和 MAC 进行处理，并使用空中接口物理层进行传输。移动台接收基站的传输信息，并通过使其通过相反的协议序列来处理信息。然后读取封闭消息并回复，以完全相同的方式发送和接收。

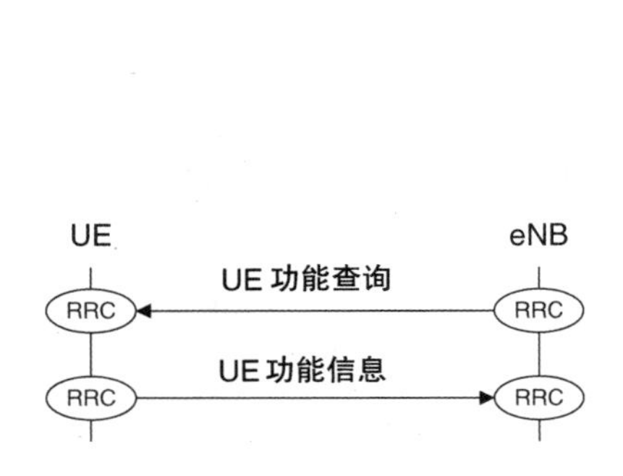

图 2.16　UE 功能转换过程（来源：TS 36.331。由 ETSI 许可转载）

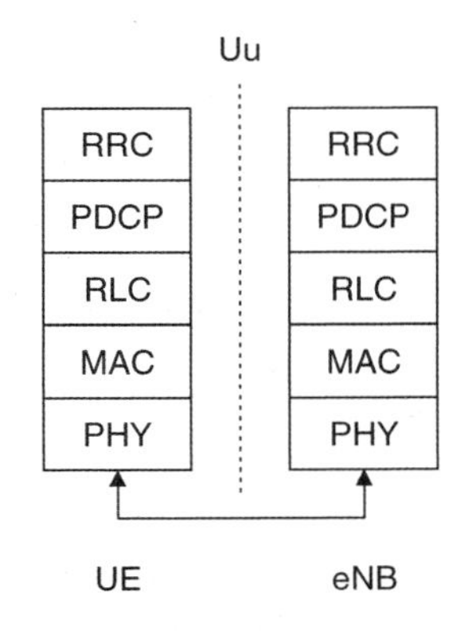

图 2.17　用来交换移动台和基站之间的 RRC 信令信息的协议栈（来源：TS 36.300。由 ETSI 许可转载）

2.6.2 非接入层信令

接下来的信令示例会稍微复杂。图 2.18a 显示了称为 GUTI 重新分配的 EMM 程序的信息序列[49]。使用 EMM GUTI 重新分配命令，MME 可以给移动台一个新的全球独一无二的临时标识。在响应中，移动台使用 EMM GUTI 重新分配完成给 MME 发送了确认信息。

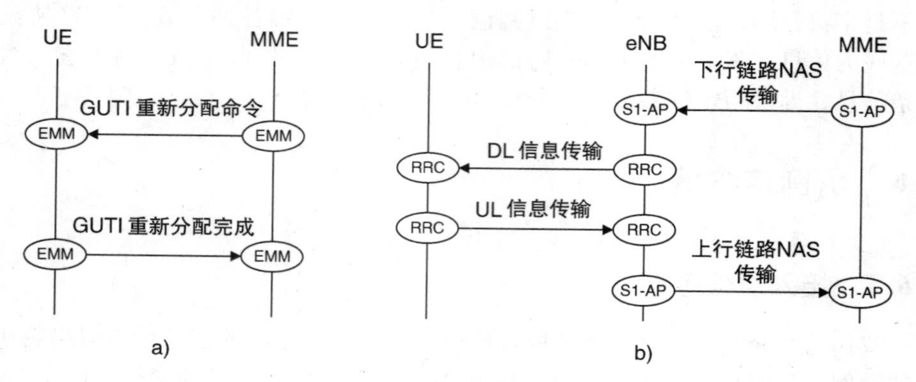

图 2.18 GUTI 重新分配的过程

a）非接入层 b）接入层

LTE 通过将这些信息嵌入到 S1 - AP 和 RRC 消息进行传输，如图 2.18 b 所示。通常 S1 - AP 消息被称为上行 NAS 传输和下行 NAS 传输[50]，虽然平时 RRC 消息被称为 UL 信息传输和 DL 信息传输[51]。它们唯一的功能是传送与这里很像的 EMM 和 ESM 信息。然而，网络也可以通过将非接入层的消息嵌入到其他可以有额外接入层功能的 S1 - AP 和 RRC 消息进行传输。在本书后面我们将会看到一些示例。

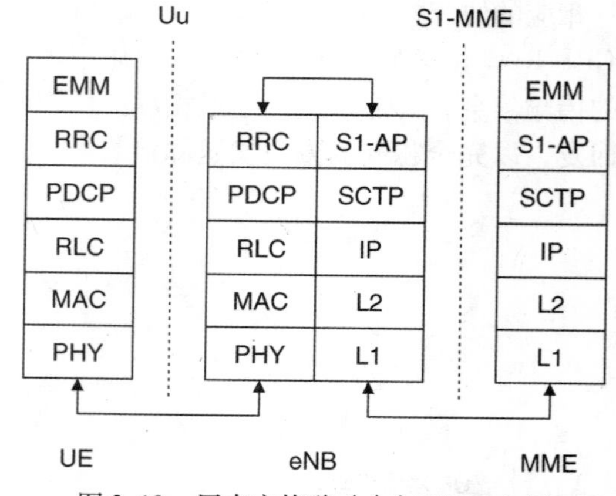

图 2.19 用来交换移动台与 MME 之间非接入层信令信息的协议栈

（来源：TS 23.401。由 ETSI 许可转载）

图 2.19 所示为信息序列的协议栈。MME 使用 EMM 协议写了 GUTI 重新分配命令，嵌入在 S1 - AP下行 NAS 传输消息，并利用 S1 接口的传输机制将其发送到基站。基站打开 EMM 信息，嵌入到一个 RRC DL 信息传输，并利用我们前面介绍的空中接口协议将其发送给移

动台。移动台读取信息，更新其 GUTI 并运用相反的协议栈发送确认。

2.7　承载管理

2.7.1　EPS 承载

LTE 使用与互联网使用的一样的协议传输数据包，但是其传输机制更为复杂，因为 LTE 必须解决两个问题，而这两个问题是互联网所不支持的。第一个问题是关于移动性。在互联网中，一个设备长时间保持连接到相同的接入点，然后如果接入点发生变化，它会与外部任何服务器失去连接。在 LTE，一个设备希望从一个基站移动到另一个基站，当它这样做时也希望与外部服务器保持连接。

第二个问题是关于服务质量（QoS），QoS 是运用保证数据速率、最大误差率和最大延迟等参数来描述数据流性能的一个术语。互联网并不提供任何的 QoS 保证，例如，VoIP 电话的性能在一个拥挤的网络可能会很差。相比之下，LTE 可提供 QoS 保证，并且可以分配不同的服务质量到不同的数据流及不同的用户。根据网络的具体配置，例如，高级 LTE 用户可以支付更高的费用，以保证高质量的 VoIP 电话。

为了解决这些问题，LTE 使用 EPS 承载[52, 53]从系统的一边向另一边传输数据。EPS 承载可以被认为是一个双向的数据管道，以正确的服务质量通过正确的路由在网络中传输数据。如果 S5/S8 接口是基于 GTP，承载在移动台和 PDN 网关之间运行，或者，如果 S5/S8 接口是基于 PMIP，承载在移动台和服务网关之间运行。

2.7.2　默认和专用承载

有一个重要的问题是关于默认和专用承载之间的区别。每当一个移动台连接到一个分组数据网时，EPC 设立一个 EPS 承载，称为默认承载。如图 2.20 所示，只要移动台在 EPC 注册，获得不间断连接默认分组数据网，如互联网，移动台就能收到一个默认承载。与此同时，当与网络或一个 IPv4 地址和一个 IPv6 地址的组合进行通信时，移动台接收一个 IP 地址让其使用。后来，移动台可以与其他分组数据网建立连接，例如，专用企业网络或 IP 多媒体子系统。如果真的是这样，那么它收到一个额外的默认承载和一个额外的 IP 地址。

当连接到一个分组数据网和建立一个默认承载之后，移动台也就可以接收一个或多个专用承载，连接到同一个网络。这并不会引起任何新的 IP 地址的分配；相反，每个专用承载与它的父默认承载共享一个 IP 地址。专用承载有不同于默认承载的服务质量，如最小长期平均数据速率的保证。一个移动台最多可以有

11 个 EPS 承载[54]给它连接多个网络使用几种不同的服务质量。

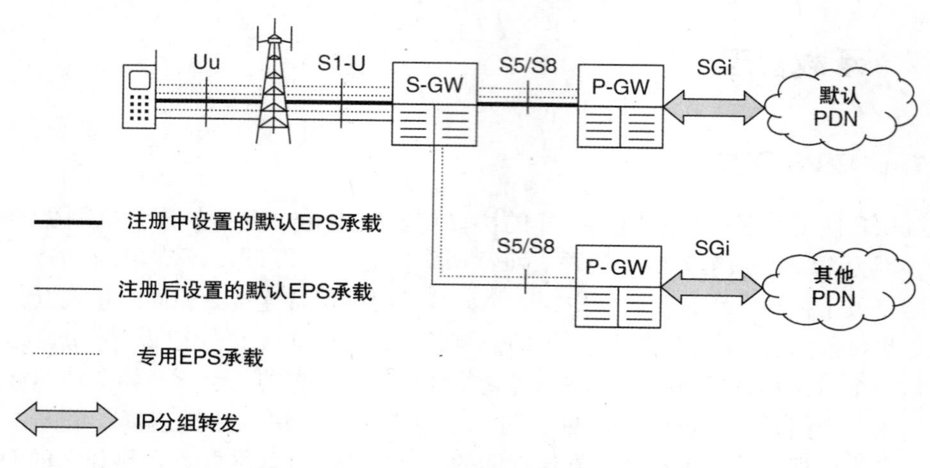

图 2.20　当使用基于 GTP 的 S5/S8 接口时的默认和专用 EPS 承载

2.7.3　采用 GTP 协议的承载实现

在 GTP 基于 S5/S8 的情况下，EPS 承载跨越三个不同接口，所以它不能直接实现。为了解决这个问题（见图 2.21），EPS 承载被划分成三个较低级别承载，即无线承载、S1 承载和 S5/S8 承载。它们中的每一个都是与一组 QoS 参数相关联的，并且接收 EPS 承载的最大错误率和最大延迟。无线承载的组合和 S1 承载有时被称为演进无线接入承载（E－RAB）。

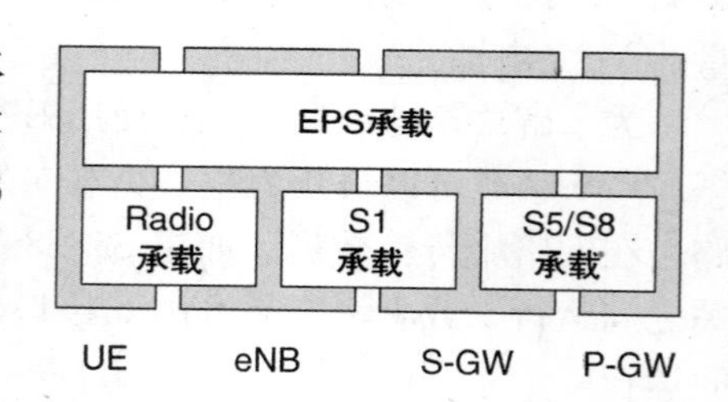

图 2.21　当使用基于 GTP 的 S5/S8 接口时的 LTE 承载架构（来源：TS 36.300。由 ETSI 许可转载）

无线承载由一个合适的空中接口协议的配置来实现，而 S1 和 S5/S8 承载使用 GTP－U 隧道来实现。由此产生的协议栈如图 2.22 所示。为了说明它们的操作，让我们考虑从服务器到移动台的下行链路路径。最初，一个服务器使用 IP 报头包括移动台的 IP 地址向一个移动台发送一个数据包。数据包到达 PDN 网关，检查地址，确定目标移动台，并针对移动台服务网关添加第二个 IP 报头。然后传输网络使用服务网关的 IP 地址发送数据包。反过来，服务网关使用相同的机制将数据包发送到基站。

数据包转发过程是由 GPRS 隧道协议用户部分（GTP－U）支持的，使用识别叠加 S1 或 S5/S8 承载的 32 位隧道端点标识（TEID）标记每个数据包。通过检查隧道断点标识，网络可以区分那些属于不同承载的数据包，而且可以使用不同的服务质量处理它们。我们将在第 13 章讨论。

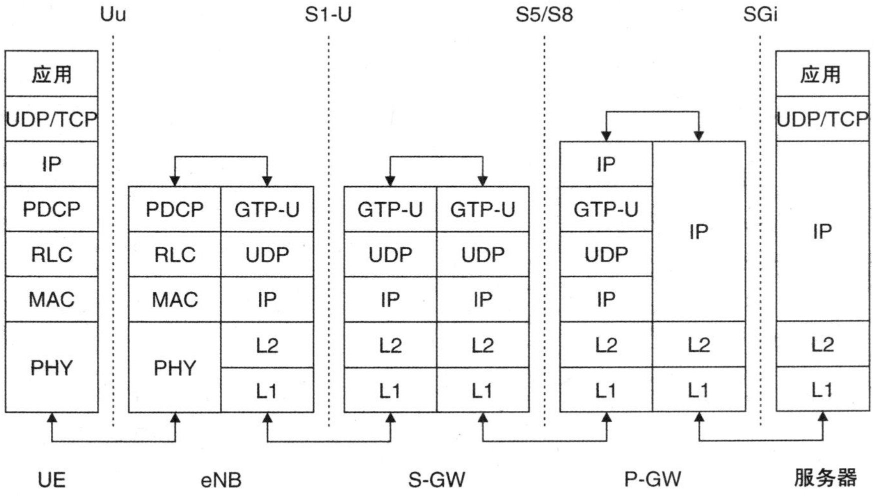

图 2.22　当使用基于 GTP 的 S5/S8 接口时的用于交换移动台与外部服务器之间数据的协议栈（来源：TS 23.401。由 ETSI 许可转载）

2.7.4　采用 GRE 与 PMIP 协议的承载实现

GRE 协议也使用隧道，在 GRE 数据包报头的每个隧道用 32 位关键字段标识。然而，与 GTP－C 不同，PMIP 不包括任何可以指定数据流服务质量的信令消息。

如果 S5/S8 接口利用 GRE 和 PMIP 实现，那么移动台在接口处只需一个 GRE 隧道，负责处理所有移动台传输或接收的没有任何服务质量保证的数据包。EPS 承载只延伸到服务网关[55]，但否则以我们已经描述过的同样的方式实现。

2.7.5　信令无线承载

LTE 使用三个特殊无线承载，即信令无线承载（SRB），携带移动台和基站之间的信令消息[56]。信令无线承载都列在表 2.2 中。它们中的每一个都与一个空中接口协议的特定配置相关联，所以，移动台和基站对于信令信息如何被发送和接收可达成一致。

SRB0 只是用于少数 RRC 信令信息，移动台和基站用来建立通信的过程称为 RRC 连接建立。它的配置很简单，在特殊 RRC 消息即系统信息消息中作了解释，基站对整个小区广播告诉移动台该小区如何配置。

当一个移动台与无线接入网建立通信时，SRB1 用 SRB0 上交换的信令消息配置。它用于所有后续 RRC 消息，以及传输一些 SRB2 建立之前交换的 EMM 和 ESM 消息。当一个移动台与演进分组核心网建立通信时，SRB2 用 SRB1 上交换的信令消息配置，它用于传输所有剩余的 EMM 和 ESM 消息。

表 2.2　信令无线承载

信令无线承载	配置	使用
SRB0	系统信息	SRB1 建立之前的 RRC 消息
SRB1	在 SRB0 上的 RRC 消息	后续 RRC 消息 SRB2 建立之前的 NAS 消息
SRB2	在 SRB1 上的 RRC 消息	后续 NAS 消息

2.8　状态图

2.8.1　EPS 移动性管理

移动台的行为用三个状态图[57-59]来定义，它描述移动台是否在 EPC 注册和是否活跃或闲置。第一个状态图是用于 EPS 移动性管理（EMM）。它是由移动台的 EMM 协议和 MME 管理，如图 2.23 所示。

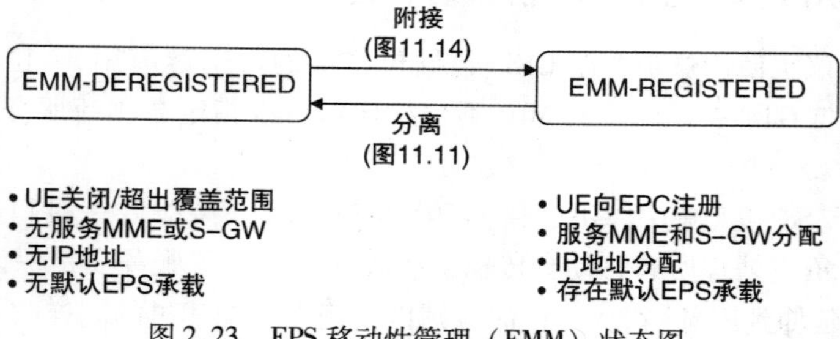

图 2.23　EPS 移动性管理（EMM）状态图

移动台的 EMM 状态取决于它是否在 EPC 注册。在 EMM - REGISTERED 状态，移动台开启，且在服务 MME 和服务网关注册。移动台有一个 IP 地址和一个默认 EPS 承载，赋予它与一个默认分组数据网不间断的连接。在 EMM - DEREGISTERED，移动台被关闭或不在覆盖范围内，并且没有这些属性。移动台使用我们将在第 11 章提到的附加程序从 EMM - DEREGISTERED 移至 EMM - REGISTERED，然后使用分离程序返回。

2.8.2　EPS 连接性管理

第二个状态图（见图 2.24）是 EPS 连接性管理（ECM）。这些状态再一次

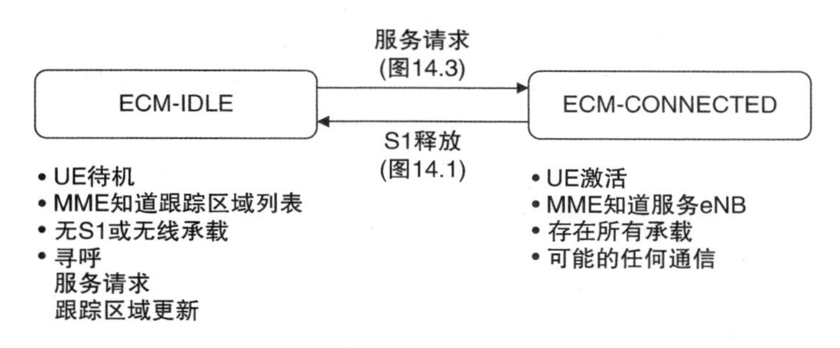

图2.24 EPS连接性管理（ECM）状态图

由EMM协议管理。每个状态都有两个名字：TS 23.401称它们为ECM-CONNECTED和ECM-IDLE，而TS 24.301称它们为EMM-CONNECTED和EMM-IDLE。我们使用第一个。移动台使用我们将在第14章提到的服务请求程序从ECM-IDLE移至ECM-CONNECTED，然后使用S1释放程序返回。

从非接入层协议和EPC的角度看，移动台的ECM状态取决于它是活跃还是在待机状态。一个活跃的移动台处于ECM-CONNECTED状态。在这种状态下，MME知道移动台的服务eNB和所有数据承载及信令无线承载。使用它们，移动台可以通过逻辑连接（也称为信令连接）与MME自由交换信令消息，也可以与服务网关自由交换数据。

待机时，移动台是ECM-IDLE状态。在这种状态下，让所有承载固定在原地是不恰当的，因为每当移动台从一个小区到另一个小区，网络就会重新路由，即使它们不携带任何信息。为了避免由此产生的信令开销，每当移动台进入ECM-IDLE状态，网络就拆除移动台的S1承载和无线承载。移动台可以自由地从一个小区移动到另一个小区，而不需要每次重新路由承载。然而，EPS承载仍留在原地，所以移动台可保持与外界的逻辑连接。S5/S8承载也留在原地，因为移动台只是偶尔改变其服务网关。

此外，MME不知道空闲移动台的确切位置；相反，它只知道移动台在哪个跟踪区域。这使得移动台从一个小区到另一个小区没有通知MME；相反，如果它穿过跟踪区域边界才能这样做。MME也可以创建跟踪区域的移动特定群体，被称为跟踪区域列表，并且只有当它移动到跟踪区域列表之外时，可以告诉移动台发送一个通知。跟踪区域列表对于正在跟踪区域边界来回移动的移动台是有用的，并可以帮助网络运营商在人口稠密地区放置这些边界，而不必担心对信号的影响。

在ECM-IDLE状态，一些有限的通信仍然是有可能的。如果MME希望联系一个闲置的移动台，那么它可以通过给移动台的跟踪区域列表中的所有基站发送S1-AP寻呼消息来实现。基站通过以下方式发送RRC寻呼消息回应。如果移动台希望联系网络或回复寻呼消息，那么它将发送被称为服务请求的 EMM 消息给 MME，然后 MME 就会通过移动移动台到 ECM－CONNECTED 作出回应。最后，如果移动台发现已经进入了一个目前还没有注册的跟踪区域，它可以发送 EMM 跟踪区域更新请求给 MME。

2.8.3　无线资源控制

最后一个状态图（见图 2.25）是无线资源控制（RRC）。顾名思义，这些状态是由移动台的 RRC 协议和服务 eNB 管理。

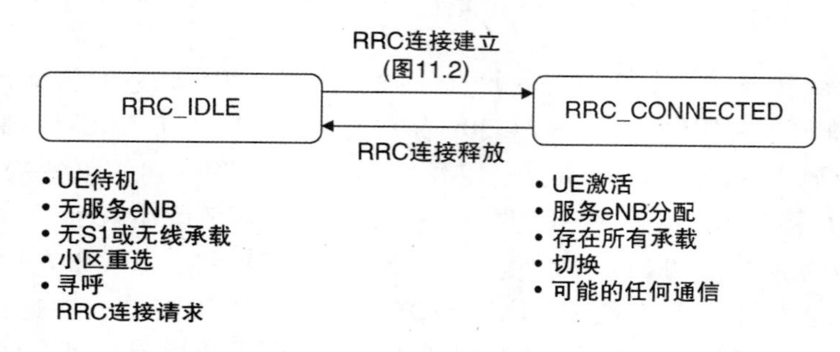

图 2.25　无线资源控制（RRC）状态图

从接入层协议和 E－UTRAN 的角度看，移动台的 RRC 状态取决于它是否活跃或闲置。一个活跃的移动台处于 RRC－CONNECTED 状态。在这种状态下，移动台分配给某个服务 eNB，且可以利用 SRB1 上的信令信息与它自由通信。

在待机时，移动台处于 RRC－IDLE 状态。在这种状态下，无线接入网对移动台一无所知，所以没有服务 eNB 分配且 SRB 1 被拆除。和之前一样，一些有限的通信仍然是有可能的。如果无线接入网希望联系一个移动台，通常因为它已经收到了一个演进分组核心网的寻呼请求，那么它就可以使用一个 RRC 寻呼消息这么做。如果移动台想与无线接入网联系或回复寻呼消息，它可以通过发起我们前面介绍过的 RRC 连接建立过程这么做。反过来，基站通过移动移动台到 RRC－CONNECTED 作出回应。

两个 RRC 状态以不同的方式处理正在移动的设备。在 RRC－CONNECTED 状态的一个移动台可以在高数据速率下传输和接收数据，所以对无线接入网来说控制移动台与哪个小区通信还是比较重要的。它使用切换程序，在这个过程中，网络将移动台通信路径从一个小区切换到另一个小区。如果新旧小区由不同基站控制，则网络也重新路由了移动台的 S1－U 和 S1－MME 接口，所以它们在新的基站和演进分组核心网之间直接运行：旧基站从移动台的通信路径中退出。另外，如果它移动到一个新的 S－GW 服务区，网络将改变移动台的服务网关和 S5/S8 接口；如果它移动到一个新的 MME 池区，网络将改变移动台的服务 MME。

在 RRC – IDLE 状态下，主要动机是降低信号和手机的电池寿命最大化。为了达到这个目标，移动台使用小区重选过程决定侦听哪个小区。无线接入网仍然完全不知道它的位置，而如果跟踪区域要求更新 EPC 会被告知。反过来，跟踪区域更新可能导致服务网关或服务 MME 以之前描述的方式改变。

除了在某些瞬态情况下，ECM 和 RRC 状态图经常在一起使用。一个活跃的移动台总是处于 ECM – CONNECTED 和 RRC – CONNECTED 状态，而待机的移动台总是处于 ECM – IDLE 和 RRC – IDLE 状态。

2.9　频谱分配

3GPP 规范允许移动台和基站使用大量的频带[60,61]。这些都是在 ITU 和国家监管机构关于对移动通信无线频谱配置决定中定义的。表 2.3 列出了 2014 年 1 月支持频分双工（FDD）模式的频带，中途通过了版本 12 的规范过程，而表 2.4 列出了支持时分双工（TDD）的频带。

表 2.3 和表 2.4 显示了 3GPP 版本，在表中每个频带都做了介绍。与大多数规范特点不同，LTE 频带独立发布；例如，移动台可以支持在 3GPP 规范后续版本引入的频带，即使它不符合版本 8。

表 2.3　FDD 频带

频带	版本	上行链路频带/MHz	下行链路频带/MHz	主要地区	通用名称	备注
1	R99	1920 ~ 1980	2110 ~ 2170	1，3	2100	WCDMA
2	R99	1850 ~ 1910	1930 ~ 1990	2	1900	PCS
3	R5	1710 ~ 1785	1805 ~ 1880	1，3	1800	GSM 1800
4	R6	1710 ~ 1755	2110 ~ 2155	2	1700/2100	AWS
5	R6	824 ~ 849	869 ~ 894	2，3	850	GSM 850
6	—	—	—			未被 LTE 使用
7	R7	2500 ~ 2570	2620 ~ 2690	1，2，3	2600	
8	R7	880 ~ 915	925 ~ 960	1，3	900	GSM 900
9	R7	1749.9 ~ 1784.9	1844.9 ~ 1879.9	日本		
10	R7	1710 ~ 1770	2110 ~ 2170	2		AWS 扩展
11	R8	1427.9 ~ 1447.9	1475.9 ~ 1495.9	日本	1500	
12	R8	699 ~ 716	729 ~ 746	美国	700	下频带 A，B，C
13	R8	777 ~ 787	746 ~ 756	美国	700	上频带 C
14	R8	788 ~ 798	758 ~ 768	美国	700	上频带 D，公共安全

（续）

频带	版本	上行链路频带/MHz	下行链路频带/MHz	主要地区	通用名称	备注
15	—	—	—			未被3GPP使用
16	—	—	—			未被3GPP使用
17	R8	704~716	734~746	美国	700	下频带B，C
18	R9	815~830	860~875	日本		
19	R9	830~845	875~890	日本		
20	R9	832~862	791~821	欧洲	800	数字红利
21	R9	1447.9~1462.9	1495.9~1510.9	日本	1500	
22	R10	3410~3490	3510~3590	1，2，3		
23	R10	2000~2020	2180~2200	美国		S频带
24	R10	1626.5~1660.5	1525~1559	美国		L频带
25	R10	1850~1915	1930~1995	2	1900	PCS扩展
26	R11	814~849	859~894	2，3		频带5，18，19
27	R11	807~824	852~869	2		
28	R11	703~748	758~803	3	700	数字红利
29	R11	—	717~728	美国		载波聚合
30	R12	2305~2315	2350~2360	美国		WCS
31	R12	452.5~457.5	462.5~467.5	1，2，3	450	

注：本表来源于TS 36.101和TS 36.104，经ETSI许可转载。

表2.3和表2.4也显示使用每个频带的主要ITU区域和个别国家。ITU区域1覆盖欧洲、非洲和亚洲西北部（包括中东和前苏联），区域2覆盖美洲，区域3覆盖东南亚（包括印度和中国）和澳大利亚。LTE频带通常用它们的近似载波频率或以前使用过的技术名称来表示。在最后两列，表中包括一些较常用的频带备用名称。

在这些表中的一些频带被重新发布给移动通信使用。2008年，美国联邦通信委员会（FCC）拍卖频率为曾被用于模拟电视广播的700MHz（FDD频带12、13和17）。在欧洲，类似的拍卖已发生在800MHz和2600MHz（FDD频带7和20，TDD频带38）。因为他们的用户迁移到了LTE，网络运营商也可以重新分配他们曾用于其他移动通信系统的频率。示例包括欧洲的FDD频带1、3和8，最初是用于 WCDMA、GSM 1800 和 GSM 900，美国的 FDD 频带 2、4 和 5。

表 2.4 TDD 频带

频带	版本	频带/MHz	主要地区	通用名称	备注
33	R99	1900~1920	1，3		
34	R99	2010~2025	3		
35	R99	1850~1910	2		PCS
36	R99	1930~1990	2		PCS
37	R99	1910~1930	2		PCS
38	R7	2570~2620	1，2，3	2600	
39	R8	1880~1920	中国		
40	R8	2300~2400	3	2300	
41	R10	2496~2690	美国	2600	
42	R10	3400~3600	1，2，3		
43	R10	3600~3800	1，2，3		
44	R11	703~803	3		

注：本表来源于 TS 36.101 和 TS 36.104，经 ETSI 许可转载。

为了说明载波频率的增长，图 2.26 所示为 2013 年 11 月的操作量和规划的 LTE 网络的最常见频带，使用数据来自 4G Americas[62,63]。迄今最常见的选择是在 ITU 区域 1 中的频带 3、7 和 20（1800MHz、2600MHz 和 800MHz），在 ITU 区域 2 中的频带 4、12、13 和 17（1700/2100MHz 和 700MHz），在 ITU 区域 3 中的频带 3 和 7（1800MHz 和 2600MHz）。

作为响应，设备制造商往往只支持部分 LTE 频带，这取决于设备支持的其他技术和销售的国家。这种支持在早期 LTE 设备中是非常有限的，但随后被扩展。举例来说，2012 年推出的 iPhone 5，支持 FDD 频带 3 和 5 之间的三个模式。随后 2013 年推出的 iPhone 5c 和 iPhone5s，支持 FDD 频带 7 和 13 之间的四个模式，并包括支持 TDD 频带的一个模式[64]。

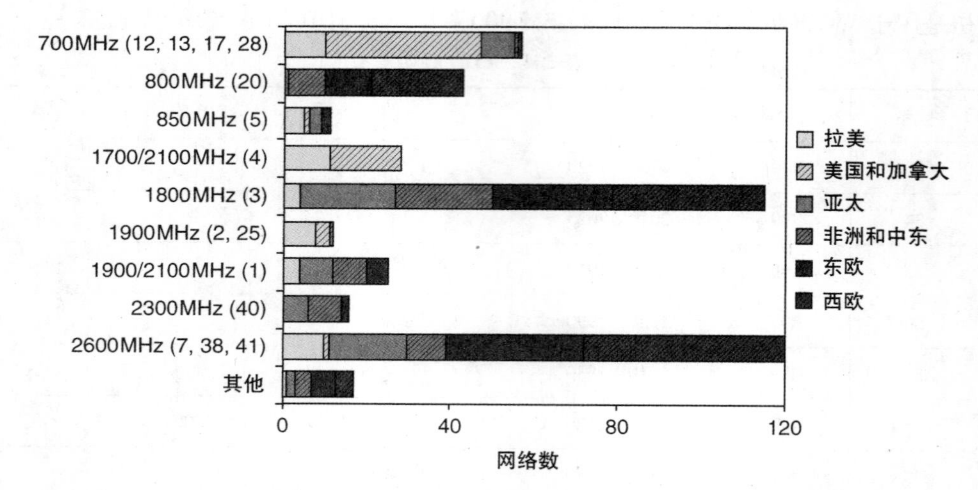

图 2.26　2013 年 11 月操作使用的和规划的 LTE 网络的频带

（来源：http：//www.4gamericas.org。由 4G Americas 许可转载）

参 考 文 献

1. 3GPP TS 23.401 (2013) General Packet Radio Service (GPRS) Enhancements for Evolved Universal Terrestrial Radio Access Network (E-UTRAN) Access, Release 11, September 2013.
2. 3GPP TS 36.300 (2013) Evolved Universal Terrestrial Radio Access (E-UTRA) and Evolved Universal Terrestrial Radio Access Network (E-UTRAN); Overall Description; Stage 2, Release 11, September 2013.
3. 3GPP TS 23.002 (2013) Network Architecture, Release 11, June 2013.
4. 3GPP TS 36.401 (2013) Evolved Universal Terrestrial Radio Access Network (E-UTRAN); Architecture Description, Release 11, September 2013.
5. 3GPP TS 27.001 (2012) General on Terminal Adaptation Functions (TAF) for Mobile Stations (MS), Release 11, Section 4, September 2012.
6. 3GPP TS 31.102 (2013) Characteristics of the Universal Subscriber Identity Module (USIM) Application, Release 11, September 2013.
7. 3GPP TS 36.306 (2013) Evolved Universal Terrestrial Radio Access (E-UTRA); User Equipment (UE) Radio Access Capabilities, Release 11, September 2013.
8. 3GPP TS 36.331 (2013) Evolved Universal Terrestrial Radio Access (E-UTRA); Radio Resource Control (RRC); Protocol Specification, Release 11, Annexes B, C, September 2013.
9. 3GPP TS 36.401 (2013) Evolved Universal Terrestrial Radio Access Network (E-UTRAN); Architecture Description, Release 11, Section 6, September 2013.
10. 3GPP TS 36.300 (2013) Evolved Universal Terrestrial Radio Access (E-UTRA) and Evolved Universal Terrestrial Radio Access Network (E-UTRAN); Overall Description; Stage 2, Release 11, Section 4.6, September 2013.
11. 3GPP TS 23.401 (2013) General Packet Radio Service (GPRS) Enhancements for Evolved Universal Terrestrial Radio Access Network (E-UTRAN) Access, Release 11, Sections 4.2.1, 4.4, September 2013.
12. 3GPP TS 23.002 (2013) Network Architecture, Release 11, Section 4.1.4, June 2013.
13. 3GPP TS 23.003 (2013) Numbering, Addressing and Identification, Release 11, Section 9, September 2013.
14. 3GPP TS 22.168 (2012) Earthquake and Tsunami Warning System (ETWS) Requirements; Stage 1, Release 8, December 2012.

15. 3GPP TS 23.401 (2013) General Packet Radio Service (GPRS) Enhancements for Evolved Universal Terrestrial Radio Access Network (E-UTRAN) Access, Release 11, Section 4.2.2, September 2013.
16. GSM Association IR.34 (2013) Guidelines for IPX Provider Networks, Version 9.1, May 2013.
17. 3GPP TS 23.401 (2013) General Packet Radio Service (GPRS) Enhancements for Evolved Universal Terrestrial Radio Access Network (E-UTRAN) Access, Release 11, Section 4.3.8.1, September 2013.
18. 3GPP TS 23.401 (2013) General Packet Radio Service (GPRS) Enhancements for Evolved Universal Terrestrial Radio Access Network (E-UTRAN) Access, Release 11, Section 3.1, September 2013.
19. 3GPP TS 23.003 (2013) Numbering, Addressing and Identification, Release 11, Sections 2, 6, 19, September 2013.
20. 3GPP TS 36.401 (2013) Evolved Universal Terrestrial Radio Access Network (E-UTRAN); Architecture Description, Release 11, Section 5, September 2013.
21. 3GPP TS 36.321 (2013) Evolved Universal Terrestrial Radio Access (E-UTRA); Medium Access Control (MAC) Protocol Specification, Release 11, July 2013.
22. 3GPP TS 36.322 (2012) Evolved Universal Terrestrial Radio Access (E-UTRA); Radio Link Control (RLC) Protocol Specification, Release 11, September 2012.
23. 3GPP TS 36.323 (2013) Evolved Universal Terrestrial Radio Access (E-UTRA); Packet Data Convergence Protocol (PDCP) Specification, Release 11, March 2013.
24. IETF RFC 3031 (2001) Multiprotocol Label Switching Architecture, January 2001.
25. IETF RFC 3032 (2001) MPLS Label Stack Encoding, January 2001.
26. IETF RFC 791 (1981) Internet Protocol, September 1981.
27. IETF RFC 2460 (1998), Internet Protocol, Version 6 (IPv6) Specification, December 1998.
28. 3GPP TS 29.281 (2013) General Packet Radio System (GPRS) Tunnelling Protocol User Plane (GTPv1-U), Release 11, Section 4.4.1, March 2013.
29. 3GPP TS 36.414 (2012) Evolved Universal Terrestrial Radio Access Network (E-UTRAN); S1 Data Transport, Release 11, Section 5.3, September 2012.
30. 3GPP TS 36.424 (2012) Evolved Universal Terrestrial Radio Access Network (E-UTRAN); X2 Data Transport, Release 11, Section 5.3, September 2012.
31. IETF RFC 768 (1980) User Datagram Protocol, August 1980.
32. IETF RFC 793 (1981) Transmission Control Protocol, September 1981.
33. IETF RFC 4960 (2007) Stream Control Transmission Protocol, September 2007.
34. 3GPP TS 29.281 (2013) General Packet Radio System (GPRS) Tunnelling Protocol User Plane (GTPv1-U), Release 11, March 2013.
35. IETF RFC 2784 (2000) Generic Routing Encapsulation (GRE), March 2000.
36. 3GPP TS 36.331 (2013) Evolved Universal Terrestrial Radio Access (E-UTRA); Radio Resource Control (RRC); Protocol Specification, Release 11, September 2013.
37. 3GPP TS 36.413 (2013) Evolved Universal Terrestrial Radio Access Network (E-UTRAN); S1 Application Protocol (S1AP), Release 11, September 2013.
38. 3GPP TS 36.423 (2013) Evolved Universal Terrestrial Radio Access Network (E-UTRAN); X2 Application Protocol (X2AP), Release 11, September 2013.
39. 3GPP TS 24.301 (2013) Non-Access-Stratum (NAS) Protocol for Evolved Packet System (EPS); Stage 3, Release 11, September 2013.
40. IETF RFC 3588 (2003) Diameter Base Protocol, September 2003.
41. IETF RFC 2865 (2000) Remote Authentication Dial-In User Service (RADIUS), June 2000.
42. IETF RFC 2866 (2000) RADIUS Accounting, June 2000.
43. 3GPP TS 29.272 (2013) Evolved Packet System (EPS); Mobility Management Entity (MME) and Serving GPRS Support Node (SGSN) Related Interfaces Based on Diameter Protocol, Release 11, September 2013.
44. 3GPP TS 29.274 (2013) 3GPP Evolved Packet System (EPS); Evolved General Packet Radio Service (GPRS) Tunnelling Protocol for Control Plane (GTPv2-C); Stage 3, Release 11, September 2013.
45. 3GPP TS 29.275 (2013) Proxy Mobile IPv6 (PMIPv6) Based Mobility and Tunnelling Protocols; Stage 3, Release 11, June 2013.
46. IETF RFC 5213 (2008) Proxy Mobile IPv6, August 2008.
47. 3GPP TS 23.402 (2013) Architecture Enhancements for Non-3GPP Accesses, Release 11, June 2013.
48. 3GPP TS 36.331 (2013) Radio Resource Control (RRC); Protocol Specification, Release 11, Section 5.6.3, September 2013.
49. 3GPP TS 24.301 (2013) Non-Access-Stratum (NAS) Protocol for Evolved Packet System (EPS); Stage 3, Release 11, Section 5.4.1, September 2013.

50. 3GPP TS 36.413 (2013) Evolved Universal Terrestrial Radio Access Network (E-UTRAN); S1 Application Protocol (S1AP), Release 11, Section 8.6.2, September 2013.
51. 3GPP TS 36.331 (2013) Radio Resource Control (RRC); Protocol Specification, Release 11, Sections 5.6.1, 5.6.2, September 2013.
52. 3GPP TS 36.300 (2013) Evolved Universal Terrestrial Radio Access (E-UTRA) and Evolved Universal Terrestrial Radio Access Network (E-UTRAN); Overall Description; Stage 2, Release 11, Section 13, September 2013.
53. 3GPP TS 23.401 (2013) General Packet Radio Service (GPRS) Enhancements for Evolved Universal Terrestrial Radio Access Network (E-UTRAN) Access, Release 11, Section 4.7, September 2013.
54. 3GPP TS 24.007 (2012) Mobile Radio Interface Signalling Layer 3; General Aspects, Release 11, Section 11.2.3.1.5, June 2012.
55. 3GPP TS 23.402 (2013) Architecture Enhancements for Non-3GPP Accesses, Release 11, Section 4.10, June 2013.
56. 3GPP TS 36.331 (2013) Radio Resource Control (RRC); Protocol Specification, Release 11, Section 4.2.2, September 2013.
57. 3GPP TS 23.401 (2013) General Packet Radio Service (GPRS) Enhancements for Evolved Universal Terrestrial Radio Access Network (E-UTRAN) Access, Release 11, Section 4.6, September 2013.
58. 3GPP TS 24.301 (2013) Non-Access-Stratum (NAS) Protocol for Evolved Packet System (EPS); Stage 3, Release 11, Section 3.1, September 2013.
59. 3GPP TS 36.331 (2013) Radio Resource Control (RRC); Protocol Specification, Release 11, Section 4.2.8, September 2013.
60. 3GPP TS 36.101 (2013) Evolved Universal Terrestrial Radio Access (E-UTRA); User Equipment (UE) Radio Transmission and Reception, Release 11, Section 5.5, September 2013.
61. 3GPP TS 36.104 (2013) Evolved Universal Terrestrial Radio Access (E-UTRA); Base Station (BS) Radio Transmission and Reception, Release 11, Section 5.5, September 2013.
62. 4G Americas (2013) 3G/4G Deployment Status, http://www.4gamericas.org/index.cfm?fuseaction=page&pageid=939 (accessed 18 November 2013).
63. LteMaps (2013) Mapping LTE Deployments, http://ltemaps.org (accessed 15 October 2013).
64. Apple (2013) iPhone 5, http://www.apple.com/iphone/LTE/ (accessed 15 October 2013).

第3章　数字无线通信

接下来的三章描述的是 LTE 无线传输和接收的原理。在这里，我们首先回顾一下 LTE 从2G 与3G 通信系统继承的无线传输技术。本章涵盖了调制和解调的原理，描述了这些原理如何应用于蜂窝网络并显示了如何通过噪声、衰落和符号间干扰等方式，对接收到的信号进行干扰。然后讨论了用于减少接收信号错误数量的技术，特别是前向纠错、重新传输和混合自动重复请求。在本章所涉及的材料的详细清单，见参考文献［1－6］。

这三章相比本书其他章节有较多的数学计算，但是它保证了合理的轻量级，以确保那些没有数学背景的读者可以理解这些材料。一些更详细的方面已经集中到个别章节，那样读者就可以略过且不影响对该问题的整体理解。

3.1　无线传输和接收

3.1.1　载波信号

任何无线通信系统的关键部分是无线电波的产生与传播，也称为载波信号。在数学上，我们可以表达载波信号如下：

$$I(t) = a\cos(2\pi ft + \phi) \tag{3.1}$$

式中，a 代表无线电波的振幅，f 代表无线电波的频率，ϕ 代表无线电波的初相角。角度是用弧度来度量的，π 弧度为180°。

我们可以想象无线电波是通过一个物体绕原点逆时针旋转移动，如图3.1左图所示。$I(t)$是在时间 t 沿水平轴方向的物体位置。通常被称为无线电波的同相分量，如图右下角所示。我们也可以定义一个正交分量 $Q(t)$，这是沿垂直轴方向的物体位置，如图右上角所示：

$$Q(t) = a\sin(2\pi ft + \phi) \tag{3.2}$$

正交分量不会被发送，但我们将在以后使用它来作为内部记账的目的。

3.1.2　调制技术

调制器通过调整描述它的参数来对载波信号进行编码。在 LTE 中，我们选择调整信号振幅 a 和/或它的初相角 ϕ。图3.2所示为一个调制方案示例，称为正交相移键控（QPSK）。一个 QPSK 调制器接收输入的比特每次两个，并使用可

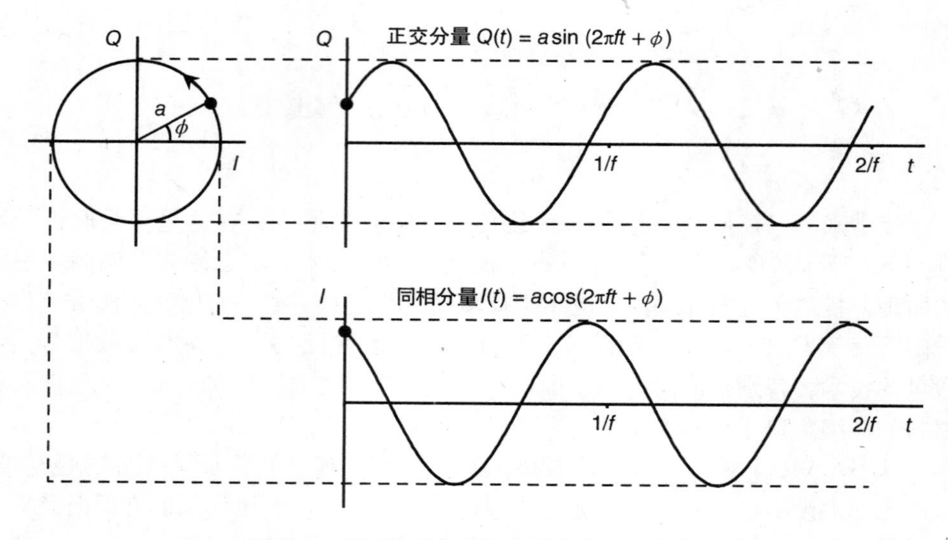

图 3.1　载波信号的同相和正交分量的产生

以有四种不同状态的无线电波发送它们，被称为符号。每个符号用两个数字描述。这些可以是振幅和所产生的无线电波的初始相位或波相位和正交分量的初始值：

$$I_0 = a\cos\phi$$
$$Q_0 = a\sin\phi \tag{3.3}$$

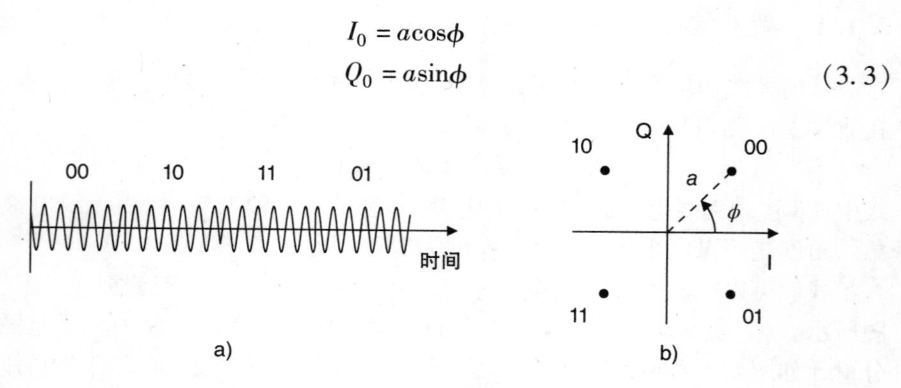

图 3.2　正交相移键控

a）QPSK 波形示例　b）QPSK 星座图

在 QPSK 中，符号有相同的振幅及 45°、135°、225°和 315°的初相角（见图 3.2a），其分别对应于 00、10、11 和 01 位组合。我们也可以用星座图（见图 3.2b）表示四个 QPSK 符号。在该图中，从原点到每个符号的距离代表发射波的振幅，而角（从 x 轴逆时针测量的）表示其初始相位。

如图 3.3 所示，LTE 共使用四个调制方案。二进制相移键控（BPSK）每次发送 1bit，使用两种可被 0°和 180°的初始相位或者 +1 和 -1 的信号振幅解释的符号。LTE 使用这种方案对于控制流的数量有限，但不将其用于正常的数据传输。十六进制正交幅度调制（16-QAM）每次使用 16 个有不同的振幅和相位发送 4bit。64-QAM 每次使用 64 个不同符号发送 6bit，因此它具有一个比 BPSK 大 6 倍的数据速率。

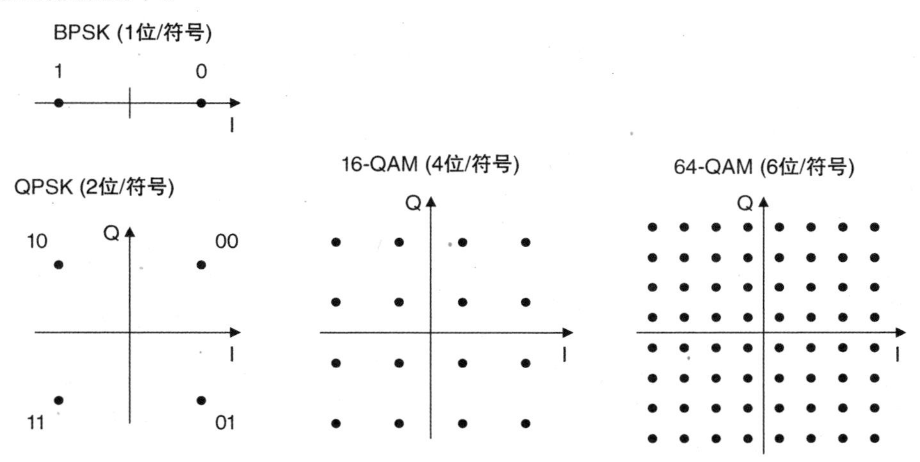

图 3.3　LTE 所使用的调制方案

3.1.3　调制过程

图 3.4 采用了 QPSK 信号的例子示出了调制器的最重要的部件。概括地说，所述发射机接收来自高层协议的比特流时，计算得到的符号，用符号与载体一起混合调制载波信号。一个真正的调制器还有其他组件，如过滤器，消除那些在输出信号中的突然相变，但我们会忽略这些以便专注于该过程的最重要部分。

在图 3.4 中，我们选择的调制过程分为两个阶段，首先将符号与中频（IF）载波在一个频率 f_{IF} 混合，然后将结果与一个更大的射频（RF）载波 f_{RF} 混合。低频率计算以数字方式进行，所以在这两个阶段之间有一个数 - 模转换器（DAC）。作为这个过程的结果，无线电波最终以 $f_{IF}+f_{RF}$ 的频率传输。有两个理由这样选择：实用调制器经常使用这种技术，还有当我们讨论第 4 章正交频分多址的时候这个概念将会有用。

要正确地处理符号，我们需要留意调制过程的两个量。这些量可以是调制信号的振幅和相位，也可以是其同相和正交分量。数学上，要做到这个任务的最简单的方法是通过解析同相和正交分量为以下复数的实部和虚部：

$$\begin{aligned} z(t) &= I(t) + jQ(t) \\ &= a\cos(2\pi ft+\phi) + ja\sin(2\pi ft+\phi) \end{aligned} \tag{3.4}$$

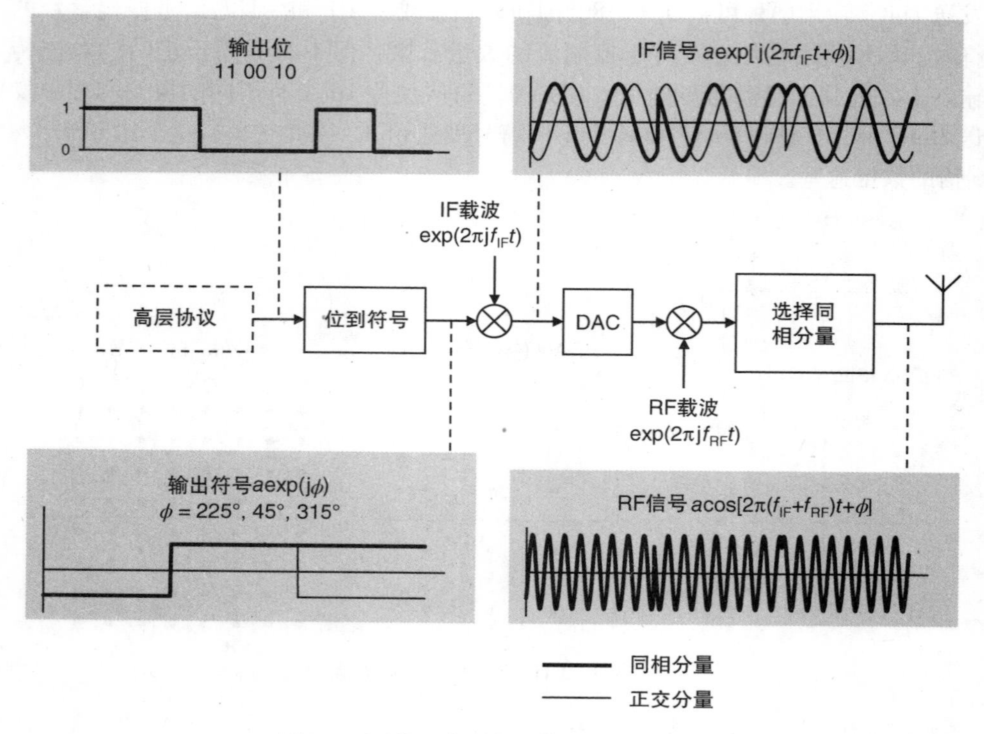

图3.4 无线通信系统中的调制器的框图

式中，$z(t)$是在时间t的信号的复数表示，j是-1的平方根。复数的使用允许我们利用以下恒等式，这使得计算比原本更容易：

$$a\cos\theta + \mathrm{j}a\sin\theta = a\exp(\mathrm{j}\theta) = a\mathrm{e}^{\mathrm{j}\theta} \tag{3.5}$$

式中，e约是2.718，且等号右边的两个表达式简单地显示了相同量的两个不同的表示法。

我们现在可以通过留意它的复数表示来处理信号，有两个规则可遵循。首先，我们通过乘以其复杂函数把两个信号混合在一起，条件是$\mathrm{j}^2=-1$。其次，我们只传输结果的实部，理由是现实世界不理解虚数。遵循这些规则，传输信号如下：

$$I(t) = \mathrm{Re}[a\exp(\mathrm{j}\phi)\exp(2\pi\mathrm{j}f_{\mathrm{IF}}t)\exp(2\pi\mathrm{j}f_{\mathrm{RF}}t)] \tag{3.6}$$

式中，等号右侧的三个项代表所发送的符号及IF和RF载波，Re[ ]是复数的实部。然后，我们得到以下结果：

$$I(t) = \mathrm{Re}\{a\exp[2\pi\mathrm{j}(f_{\mathrm{IF}}+f_{\mathrm{RF}})t+\mathrm{j}\phi]\} = a\cos[2\pi(f_{\mathrm{IF}}+f_{\mathrm{RF}})t+\phi] \tag{3.7}$$

这是我们所需要的信号。我们也可以达到这个结果而无需使用复数，但计算会比较困难。在 LTE 规范[7]的调制和上变频的图示说明等效于图 3.4 所示的最后两个步骤，在此我们混合与 RF 载波的信号，并为传输选择实部。

在式（3.7）中，该信号以射频信号 f_{RF} 上方的小偏移 f_{IF} 的载波频率发射。中频 f_{IF} 也可以是负的，在这种情况下，载波频率将位于 f_{RF} 下方。虽然负频率的想法可能比较陌生，我们可以通过绕原点顺时针移动我们的对象，而不是逆时针方向，如图 3.1 所示，很容易地查看它。我们不能单独用它们的同相分量去区分正、负频率，所以负频率不会出现在现实世界中。然而，我们可以使用它们的同相和正交分量的组合区分它们，因此，我们可以使用刚才所描述的信号操纵负频率。

3.1.4　解调过程

接收机接收传入的无线电波，通过解调器恢复位。图 3.5 所示为在解调过程

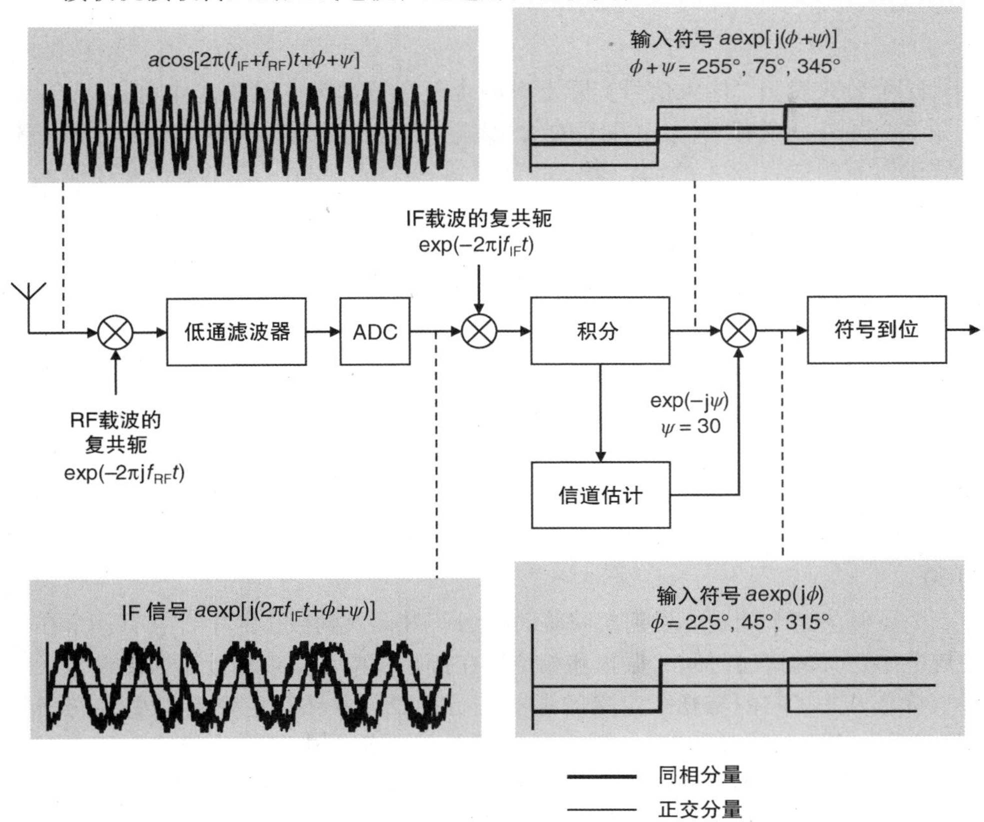

图 3.5　无线通信系统中的解调器的框图

中最重要的部分。概括地说，解调器混合输入信号和无线电与中频的负频率副本。在数学上，每个副本都是由一个称为复共轭的过程创建的，改变其虚数部分的符号。通过这样做，该解调器混合输入信号下降到零频率，以恢复发射的符号和传输的位。

有三个并发的困难。首先，如图 3.5 所示，并在下面详细讨论，输入信号可能会因热噪声和来自其他发射机的干扰而失真。为了解决这个问题，积分阶段增加了输入符号的同相和正交分量 I_0 和 Q_0，为每个单独符号的持续时间。在此期间，信号本身的贡献积累，而噪声和干扰的贡献平均，所以接收到的信干噪比（SINR）改善了。

第二个并发的困难对我们来说是最不重要的，但值得注意的是完整性。它的出现是因为输入信号是实数量，我们可以写成如下公式：

$$\begin{aligned} I(t) &= a\cos[2\pi(f_{\mathrm{IF}}+f_{\mathrm{RF}})t+\phi+\psi] \\ &= \frac{a\exp\{\mathrm{j}[2\pi(f_{\mathrm{IF}}+f_{\mathrm{RF}})t+\phi+\psi]\}+a\exp\{-\mathrm{j}[2\pi(f_{\mathrm{IF}}+f_{\mathrm{RF}})t+\phi+\psi]\}}{2} \end{aligned} \tag{3.8}$$

这个公式表明，输入信号实际上有两个复杂的部分，其中一个有 $f_{\mathrm{IF}}+f_{\mathrm{RF}}$ 的正频率，另外一个有 $-(f_{\mathrm{IF}}+f_{\mathrm{RF}})$ 的负频率。信号与射频的副本混合后，第一部分移到所需的中频 f_{IF}。然而，第二部分移到 $-(f_{\mathrm{IF}}+2f_{\mathrm{RF}})$ 的频率，并在输入信号中引起快速的多余的波动。低通滤波器去除那些波动，只留下我们所需要的信号。

3.1.5　信道估计

还有一个更复杂：输入信号的相位不仅取决于传输信号的相位，而且还取决于接收机的精确位置。如果接收机穿过载波信号的半个波长（例如，1500MHz 的载波频率的距离为 10cm），那么所接收到的信号的相位会变化 180°。当使用 QPSK 时，该相位变化 00 位对变成 11 位对，反之亦然，并完全破坏所接收的信息。我们可以通过在接收信号中的任意相移 ψ 来表示此问题。在图 3.5 中，相移为 30°。

为了解决这个问题，发射机将临时参考符号插入到数据流中，它有一个在相关规范中定义的传输时间、振幅和相位。在接收机中，信道估计函数测量传入的参考符号，并将它们与规范定义的那些进行比较，并估算空中接口引入的相移 ψ。然后，它可以通过复数 $\exp(-\mathrm{j}\psi)$ 相乘从输入符号中删除此相移。从一个符号到下一个符号的相移没有太大的变化，所以参考符号只需要占用传输数据流的一小部分。在 LTE 中所产生的开销大约为 10%。

3.1.6　调制信号带宽

最后一点，调制信号的功率不只是局限于一个单一的频率，相反，它是在一个带宽范围内的频率。粗略地说，带宽 B 和符号持续时间 T 的关系如下：

$$B \approx \frac{1}{T} \tag{3.9}$$

图 3.6 显示了结果。载波信号以单一频率 f_c 发送，所以它的功率仅限于该频率的。如果我们调制载波，然后将所得的传输功率分散在带宽 B。假如每个符号的持续时间为 1μs，则符号率是 1Msps，且我们可以预期的传输信号占用带宽约 1MHz。

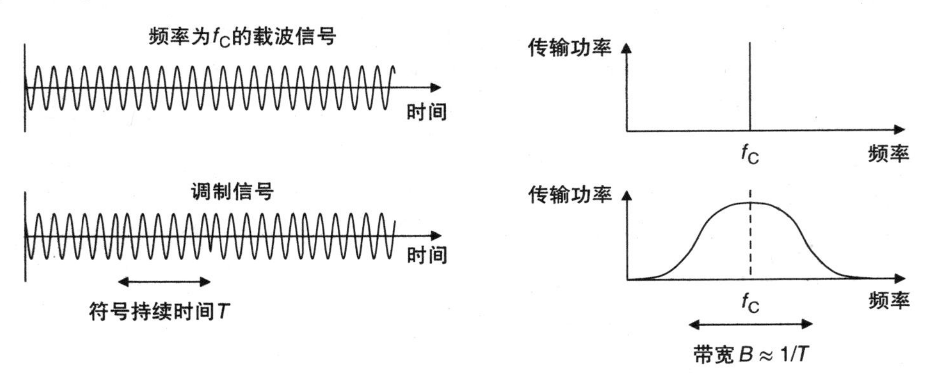

图 3.6　调制信号符号持续时间与带宽的关系

3.2　蜂窝网络中的无线传输

3.2.1　多址接入技术

到目前为止所描述的技术适合一对一的通信。然而，在蜂窝网络，一个基站一次要传输到许多不同的移动台。它通过一种称为多址接入的技术共享空中接口的资源。

移动通信系统使用了几种不同的多址接入技术，其中两个如图 3.7 所示。频分多址（FDMA）是由第一代模拟系统所使用。在这种技术中，每个移动台接收关于其自己的载波频率，它通过使用模拟滤波器来区分。该载波由未使用的防护频带分离，最大限度地减少它们之间的干扰。在时分多址（TDMA），移动台收到在相同载波频率，但在不同时间的信息。

GSM 采用了频率和时分多址的组合，其中每一个小区具有在八个不同移动

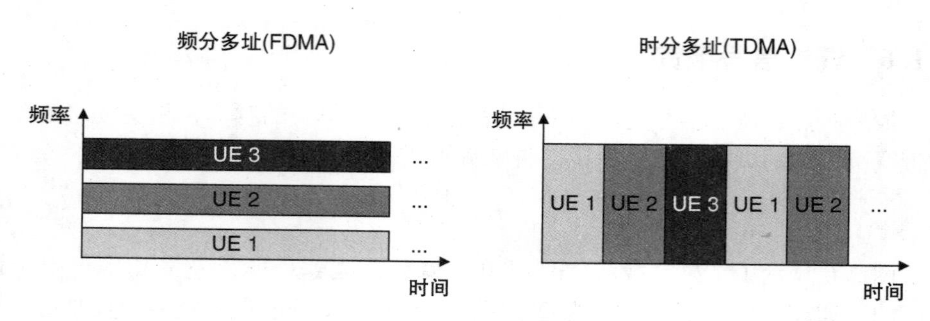

图 3.7　多址接入技术示例

台之间共享的几个载波频率。LTE 采用另一种混合技术，称为正交频分多址（OFDMA），我们将在本书第 4 章介绍。

第三代移动通信系统采用了完全不同的技术，称为码分多址接入（CDMA）。在这种技术中，移动台在同一时间接收相同的载波频率，但该信号会被使用的代码所标记，这就可以让移动台将自己的信号与别的信号分离开来。LTE 为了它的控制信号使用了一些 CDMA 的概念，但没有实现该技术。

多址实际上是被称为多路复用的简单技术的推广。两者之间的区别在于，一个多路复用系统携带不同数据流去往或来自一个单一设备，而多址系统则支持多个设备。

3.2.2　FDD 和 TDD 模式

通过使用如上所述的多址技术，基站可以区分去往或来自小区内各个移动台的传输。但是，我们仍然需要一种方法把移动台的传输从基站本身的区分开。

要做到这一点，一个移动通信系统可以在我们第 1 章介绍的传输模式（见图 3.8）中运行。当使用频分双工（FDD）时，基站和移动台发送和接收同时进行，但是使用的是不同的载波频率。当使用时分双工（TDD）时，它们发送和接收使用相同的载波频率，但是不同时。

FDD 和 TDD 模式具有不同的优点和缺点。在 FDD 模式下，上行链路和下行链路的带宽是固定的，而且通常是相同的。这使得它适合于语音通信，其中上行和下行数据速率非常相似。在 TDD 模式下，该系统可以调整时间分配给上行链路和下行链路。这使得它适合于应用，例如网页浏览，其中下行链路数据速率可以比上行链路数据速率大得多。

TDD 模式如果被干扰会受很大的影响，例如，一个基站正在发送而同时附近的一个基站正在接收。为了避免这种情况的发生，附近的基站必须时间同步，并且必须使用相同的分配用于上行链路和下行链路，从而使它们的所有发送和接收都在同一时间。这使得 TDD 适合于由孤立的热点所形成的网络，因为每个热

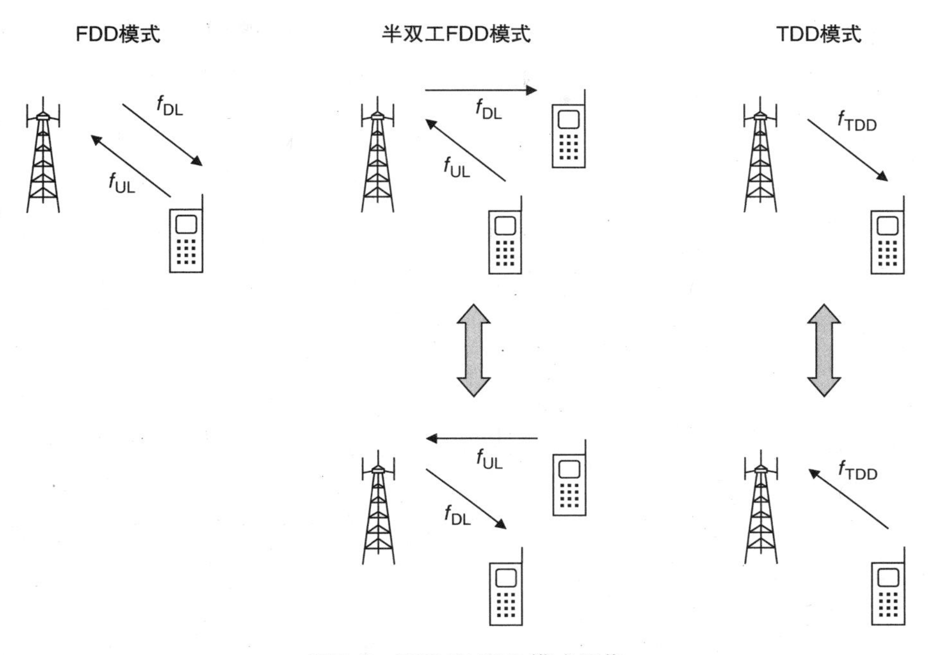

图 3.8　FDD 和 TDD 模式运作

点可以有不同的时间和资源分配。相比之下，FDD 通常适用于没有孤立区的广域网。

当在 FDD 模式下操作时，移动台通常包含一个高衰减双工滤波器用来隔离下行链路接收机和上行链路发射机。在半双工 FDD 模式下，基站仍然可以同时发送和接收，但是移动台只能做其中之一。这就意味着移动台不必以相同的程度隔离发射机和接收机，从而简化它的无线电硬件的设计。

LTE 支持上述各模式。一个小区可以使用 FDD 或 TDD 模式。移动台可支持全双工 FDD、半双工 FDD 和 TDD 的任意组合，虽然它在一个时间只会使用一个。

3.3　接收信号的损伤

3.3.1　传播损耗

在无线通信系统中，当信号从发射机到接收机时，它就传播出去了，因此接收功率 P_R 小于发射功率 P_T。传播损耗或路径损耗 PL，是两者的比值。

$$PL = \frac{P_T}{P_R} \tag{3.10}$$

如果信号穿过真空，那么在距离发射机 r 处，它占据一个面积达 $4\pi r^2$ 的球形表面。传播损耗因此与 r^2 成正比。在蜂窝网络中，信号也可以被障碍物吸收和反射，如建筑物和地面，这反过来影响传播损耗。在实验中，我们发现，在蜂窝网络中的传播损耗大致与 r^m 成正比，其中 m 通常为 3.5 ~4。

3.3.2 噪声和干扰

本身传播损耗不会成为一个问题。但是，正如我们在图 3.5 看到的，所接收的信号会因热噪声和其他发射机的干扰而失真。这些影响意味着接收机不能对所发送的振幅和相位一个完全精确的估计。

为了帮助解决这个问题，接收机常常在两个阶段重建接收位。在第一阶段中，接收机使用对输入符号的振幅和相位的预估来计算软判决。软判决表示不仅要使输入位看起来像是 1 或 0，而且要使接收机相信这个结果。在第二阶段中，接收机通过计算一个硬判决在 1 和 0 间做出最后决定。在本章结尾我们将看到软判决的一个重要应用。

如果噪声和干扰足够大，那么一些 1 会被误解为 0，反之亦然，导致接收机的位错误。错误率取决于接收机的信干噪比（SINR）。在一个快速调制方案中，例如 64 - QAM，信号可以使用紧密堆积的星座图中的状态以许多不同的方式进行传输。结果是，64 - QAM 容易出错，并且在 SINR 高时只能用它。与此相反，QPSK 只有几个状态，所以错误较少并且可以在 SINR 较低时可以成功地使用。LTE 通过动态切换不同调制方案来利用它：SINR 高时使用 64 - QAM 以提供高数据速率，但是当回落至 16 - QAM 或 QPSK 在较低的 SINR 时可减少错误的数量。

3.3.3 多径和衰落

传播损耗和噪声不是唯一的问题。作为反射的结果，光线可以采取几种不同的路径从发射机到接收机。此现象被称为多径。

在接收机处，入射光线可以以不同的方式相加在一起，如图 3.9 所示。如果入射光线的峰重合，那么它们相互加强，这种情况被称为建设性干扰。但是如果一条光线的峰与另一条光线的谷重合，那么结果是破坏性干扰，其光线抵消。破坏性干扰可以使接收信号功率下降到很低的水平，这种情况被称为衰落。由此产生的错误率的增加使任意移动通信系统的衰落成为一个很严重的问题。

如果移动台从一个地方向另一个地方移动，则光线几何形状变化，因此干扰模式在建设性和破坏性之间变化。因此，衰落是一个时间的函数，如图 3.10a 所示。接收到的信号的振幅和相位在一个被称为相干时间 T_c 的时间尺度上有所不同，计算如下：

$$T_c \approx \frac{1}{f_D} \tag{3.11}$$

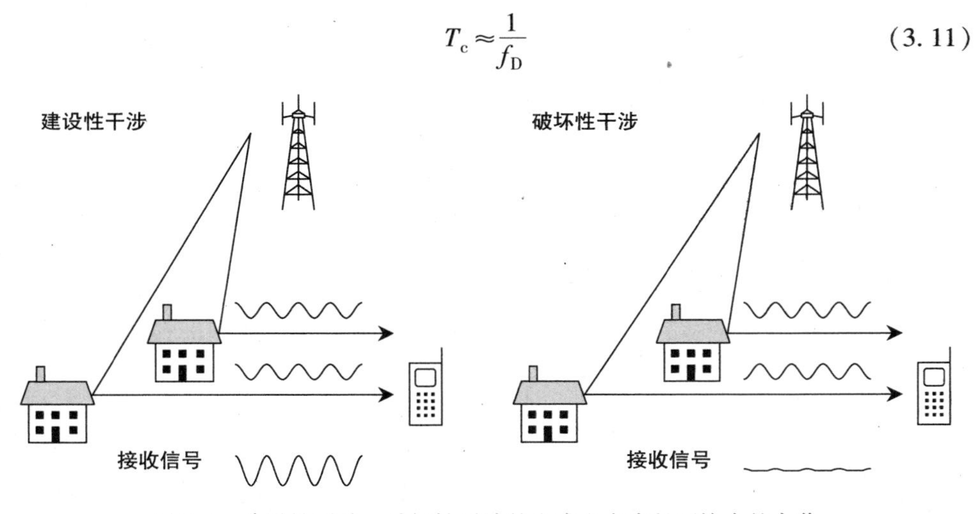

图 3.9 建设性干涉、破坏性干涉的生成和在多径环境中的衰落

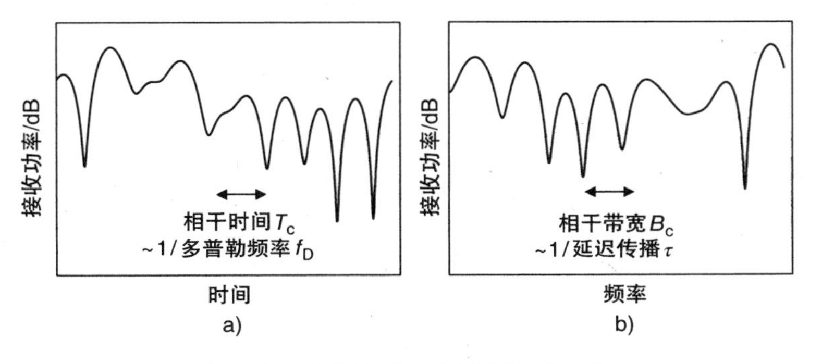

图 3.10 衰落作为时间和频率的函数

f_D代表移动台的多普勒频率：

$$f_D = \frac{v}{c} f_C \tag{3.12}$$

式中，f_C代表载频，v 代表移动台的速度，c 代表光速（3×10^8m/s）。例如，行人以 1m/s（即 3.6km/h）的速度步行。在 1500MHz 的载波频率下，所得的多普勒频移为 5MHz，得到约 200ms 的相干时间。更快的移动台通过干涉图样也更快，所以它们的相干时间也相应更少。

如果载波频率发生变化，则无线信号的波长也会发生变化。这也使得干涉图样在建设性和破坏性之间变化，所以衰落是频率的函数，如图 3.10b 所示。接收到的信号的振幅和相位在一个称为相干带宽 B_c 的频率范围内变化，计算如下：

$$B_c \approx \frac{1}{\tau} \tag{3.13}$$

τ 代表无线信道的时延扩展，是最早和最晚光线到达时间之间的差。计算如下：

$$\tau = \frac{\Delta L}{c} \tag{3.14}$$

式中，ΔL 为最长和最短光线的路径长度之间的差。在宏小区，一个典型的路径差可能是 100m，得到 0.33μs 的时延扩展和大约 3MHz 的相干带宽。更大的时延扩展在更大的小区产生。例如，路径差增加至 1000m，则该时延扩展增大到 3.33μs，相干带宽下降到约 300kHz。

3.3.4　符号间干扰

如果最长和最短光线的路径长度不同，那么那些光线上的符号将在不同的时间到达接收机。特别是，接收机可以开始接收一个短直光线上的一个符号，同时它仍在接收较长反射光线的先前符号。因此，这两个符号在接收机处重叠（见图 3.11），引起另一个被称为符号间干扰（ISI）的问题。

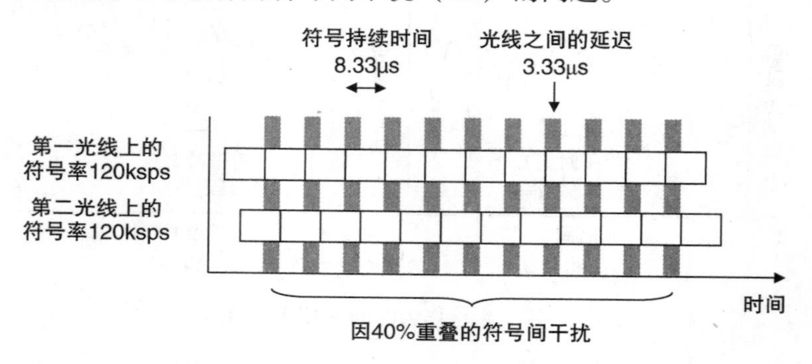

图 3.11　在多径环境中符号间干扰的产生

让我们继续看上一节的最后一个例子，其中时延扩展 τ 为 3.33μs。如果符号率是 120ksps，那么符号持续时间是 8.33μs，所以最长和最短光线上的符号重叠 40%。这将导致大量的符号间干扰，大大提高接收机的误码率。随着数据速率的增加，符号持续时间变得开始下降，该问题逐渐变得更糟。这使得符号间干扰成为了任何高数据速率通信系统的一个问题。

在这些讨论中，我们已经看到，在时延扩展大的情况下，频率选择性衰落现象和符号间干扰都是重要的。事实上，它们是用不同的方式看待相同的底层的现象：一个大的时延扩展引起频率选择性衰落现象和符号间干扰。2G 和 3G 通信系统经常使用均衡器去减轻两种效应，通过试图模拟时间延迟并撤销其效应的过滤器传递接收到的信号。不幸的是，均衡器是复杂的设备，而且还很不完善。在本书第 4 章，我们将看到 OFDMA 的多址接入技术是如何用一个更直接的方式去处理这些问题的。

3.4　错误管理

3.4.1　前向纠错

在前面的章节中，我们看到，噪声和干扰会引发无线通信接收机错误。这些在语音通话时是够糟糕的，但对重要信息如网页和电子邮件更具破坏性。幸运的是，有多种方式来解决这个问题。

最重要的技术是前向纠错。在该技术中，所发送的信息是用通常包含两倍或三倍位数的码字来表示的。额外的位提供附加的冗余数据，使接收机恢复原来的信息序列。例如，发射机可以使用码字 110010111 代表信息序列 101。在第二位发生错误后，接收机可能恢复码字 100010111。如果编码方案已设计好，接收机就可以得出结论，这不是一个有效的码字，而最可能发送的码字为 110010111。因此，接收机即可纠正位错误，也可以恢复原来的信息。效果很像是书面英语，它包含了多余的字母，让读者了解基本信息，即使有拼写错误的存在。

编码率是由信息位数除以传输位数（以上例子是 1/3）。通常，前向纠错算法有一个固定的编码率进行操作。尽管如此，无线发射机仍然可以使用图 3.12

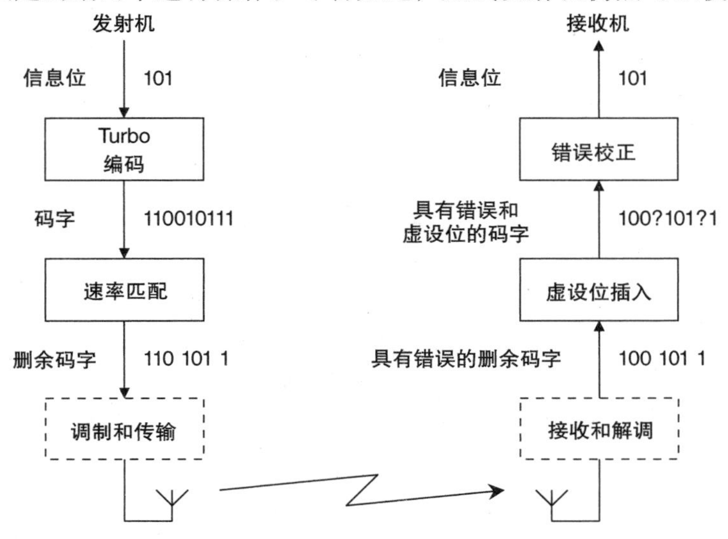

图 3.12　使用前向纠错和速率匹配的发射机和接收机的结构图

所示的两阶段过程调整编码率。在第一阶段中，信息位通过一个固定速率编码器。用于 LTE 的主要算法是 Turbo 码且具有 1/3 固定编码率。在第二阶段中，称为速率匹配，某些编码位被选择用于传输，而其他的被称为删余处理丢弃。接收机具有删余算法的一个副本，因此它可以在信息被丢弃的点插入虚设位。然后，它可以通过一个 Turbo 解码器，用于纠错结果传递。

编码率的变化与调制方案的变化有相似的效果。如果编码率较低，那么所发送的数据包含很多冗余位。这允许接收机纠正大量的差错，并在低 SINR 下成功操作，但这要以低信息率为代价。如果编码率接近 1，则信息率较高，但该系统更容易出现差错。LTE 利用此有类似的权衡我们前面看到一个由具有高编码率传输，如果接收到的 SINR 高，反之亦然。LTE 利用这个与我们前面看到的类似的权衡，如果接收 SINR 很高，则以高编码率进行传输，反之亦然。

3.4.2　自动重复请求

自动重复请求（ARQ）是另一个错误管理技术，如图 3.13 所示。发射机需要一个信息位块，用它们来计算循环冗余校验（CRC）的一些额外位。它将这些附加到信息块，然后以通常的方式发送这两组数据。

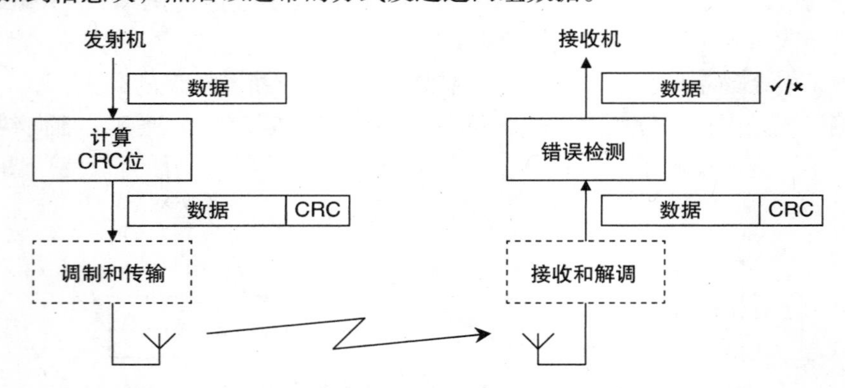

图 3.13　使用自动重复请求的发射机和接收机的结构图

接收机分离这两个字段，并使用信息位来计算预期的 CRC 位。如果观察到的和预期的 CRC 位是相同的，那么信息已被正确地接收，并发送一个肯定确认给发射机。如果 CRC 位是不同的，它的结论是发生了错误，并发送一个否定确认以请求重传。肯定确认和否定确认通常缩写分别 ACK 和 NACK。

一种无线通信系统通常结合了两种错误管理技术。这种系统校正通过使用前向纠错纠正大部分的位错误，然后使用自动重复请求来处理遗漏的剩余错误。

通常情况下，ARQ 使用选择性重传技术（见图 3.14），其中，所述接收机在确认之前要等待几个数据块到达。发射机可以继续发送数据而不需要等待确认，但是这就意味着任何重新传输的数据可能需要很长的时间才能到达。因此，该技术仅适用于非实时数据流，如网页和电子邮件。

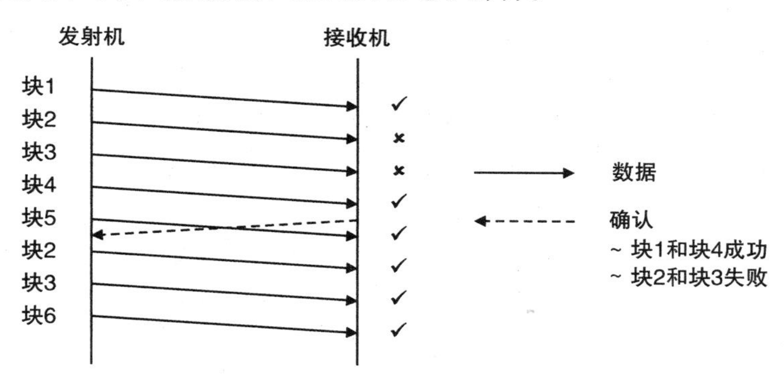

图 3.14　选择性重传 ARQ 方案的操作

3.4.3　混合 ARQ

上一节提到的 ARQ 技术效果很好，但是有一个缺点。如果一个数据块未通过循环冗余校验，则接收机将舍弃它，但其实它包含了一些有用的信号能量。如果我们能找到一种方法，使用该信号能量，那么我们也许能够设计出更强大的接收机。

这个想法被混合自动重传请求（HARQ）技术实现，如图 3.15 所示。在这里，发射机和以前一样发送数据。接收机解调输入的数据，但此时它通过软判决进入到下一个阶段，而不是硬判决。它插入零软判决以考虑该发射机移除的任何位，并将所得到的码字存储在缓冲器中。然后它使码字通过纠错和错误检测的阶段，并发送一个确认给发射机。

如果循环冗余校验失败，则发射机再次发送该数据。此时，然而，接收机通过加入软判决组合来自第一次传输和重传的数据。这增加了接收机处的信号能量，所以它增加了 CRC 通过的可能性。其结果是，该方案的性能比基本 ARQ 技术更好，其中，基本 ARQ 技术的第一次传输被丢弃。

通常情况下，混合 ARQ 使用称为停止等待的重传技术，其中，发射机在发送新的数据或重传之前等待确认。这简化了设计，并减少了系统的时间延迟，这可以使混合 ARQ 即使对于实时数据流，例如语音也是可接受的。然而，这也意味着该发射机可以暂停而等待确认到达。为了防止吞吐量的下降，系统共享几个混合 ARQ 过程中的数据，这是图 3.15 的多个副本。然后一个过程可以传输，而其他正在等待确认，如图 3.16 所示。

使用多个混合 ARQ 过程意味着接收机以不同于传输的顺序解码数据块。在

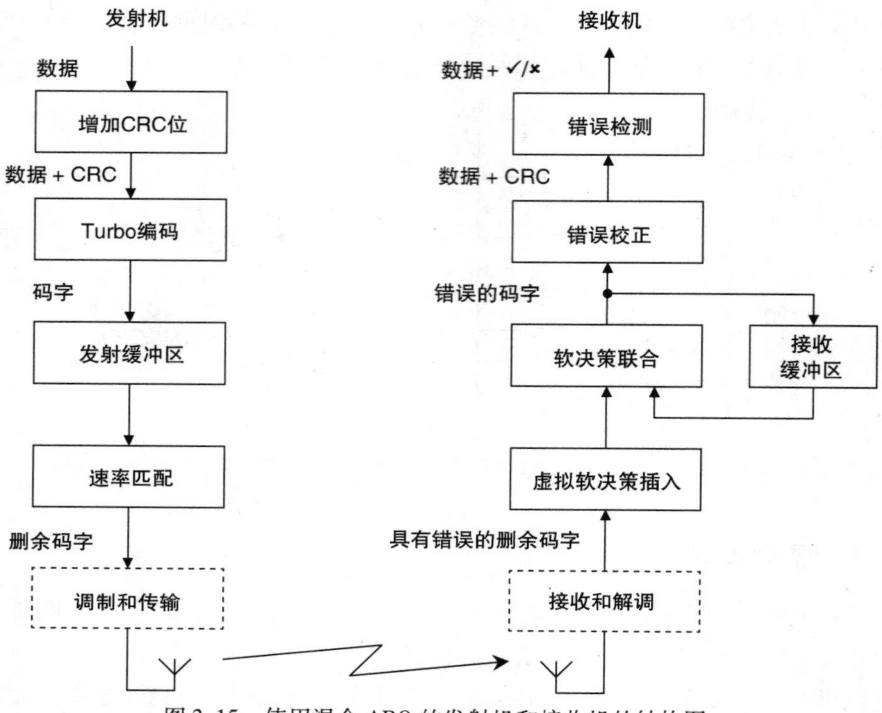

图 3.15 使用混合 ARQ 的发射机和接收机的结构图

图 3.16 中，例如，Block3 被发送四次，且只在 Block4 一段时间后被解码。为了解决该问题，接收机还包括了接受解码块且将它们返回到初始顺序的重新排序功能。

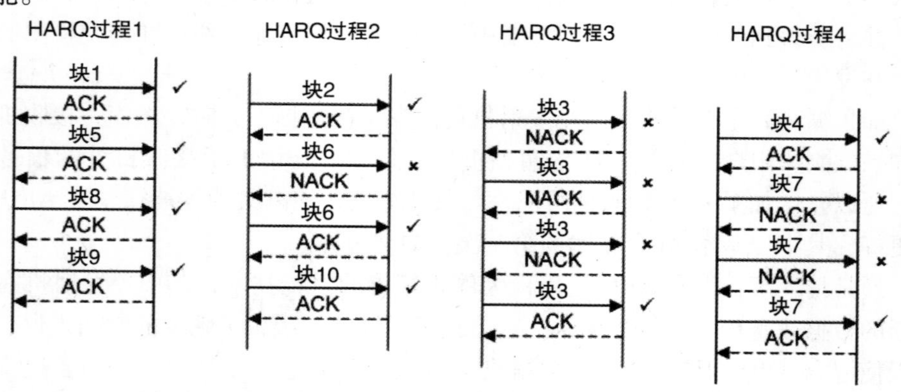

图 3.16 多个混合 ARQ 过程结合停止等待重传方案的操作

还有最后一个问题。如果初始传输被严重的干扰破坏，则在干扰被克服之前，可能需要几个重传。为了限制所产生的时间延迟，混合 ARQ 过程通常配置成使得它在几个不成功的尝试后放弃传输数据的一个块。在一个更高的水平，一个基本 ARQ 接收机可以检测到问题，并且可以指示发射机从头开始再次发送该数据块。LTE 通过在物理层中使用混合 ARQ，以及通过在无线链路控制协议中的基本 ARQ 方案备份来实现该技术。

参考文献

1. Goldsmith, A. (2005) *Wireless Communications*, Cambridge University Press.
2. Molisch, A.F. (2010) *Wireless Communications*, 2nd edn, John Wiley & Sons, Ltd, Chichester.
3. Rappaport, T.S. (2001) *Wireless Communications: Principles and Practice*, 2nd edn, Prentice Hall.
4. Tse, D. and Viswanath, P. (2005) *Fundamentals of Wireless Communication*, Cambridge University Press.
5. Parsons, J.D. (2000) *The Mobile Radio Propagation Channel*, 2nd edn, John Wiley & Sons, Ltd, Chichester.
6. Saunders, S. and Aragón-Zavala, A. (2007) *Antennas and Propagation for Wireless Communication Systems*, 2nd edn, John Wiley & Sons, Ltd, Chichester.
7. 3GPP TS 36.211 (2013) Physical Channels and Modulation, Release 11, Sections 5.8, 6.13, February 2013.

第4章　正交频分多址

用于在 LTE 中无线传输和接收的技术被称为正交频分多址（OFDMA）。OFDMA 和其他任何多址技术一样执行相同功能，允许基站在同一时间与几个不同的移动台进行通信。但是，它提高了系统的频谱效率，最大限度地减少衰落和我们在第3章提到的符号间干扰。在本章中，我们将介绍 OFDMA 的基本原理，并展示出它在移动蜂窝网络使用时产生的益处。我们也将涵盖改进的用于 LTE 上行链路的无线传输技术——单载波 FDMA（SC-FDMA）。

OFDMA 也使用于其他几个无线通信系统，如无线局域网（IEEE 802.11 版本 a、g 和 n）和 WiMAX（IEEE 802.16），以及数字电视和无线广播。然而，LTE 是采用 SC-FDMA 的第一个系统。

4.1　OFDMA 的原理

4.1.1　子载波

在第3章中，我们看到了一个传统的通信系统如何通过调制载波信号传输数据。LTE 使用这种技术的改进版本，称之为正交频分复用（OFDM）。如图4.1所示，OFDM 发射机需要从输出信息流得到符号块，并在不同的称之为子载波的无线频率上发送每个符号。每个单独的子载波的带宽很小，所以它只能支持一个低符号率。但是，子载波都占据同一带宽作为传统的单载波系统。如果其他问题保持不变，其集体符号率是相同的。

在 OFDM 中，子载波间隔 Δf 与每个单独子载波上的符号持续时间 T 有关，如下：

$$\Delta f=\frac{1}{T} \tag{4.1}$$

就目前而言，这只是一个任意选择：原因后面会变得清楚，但是这与子载波的带宽和符号率应大致相同的想法一致。在 LTE 中，符号持续时间是 66.7μs，因此，子载波间隔为 15kHz。每个小区可支持最多 1200 个子载波，其占用中心 18MHz 的 20MHz 分配。如果小区的带宽较小，那么我们简单地相应减少子载波的数目。

根据这些数据，我们希望每个子载波有 15ksps 的符号率。在实践中，符号

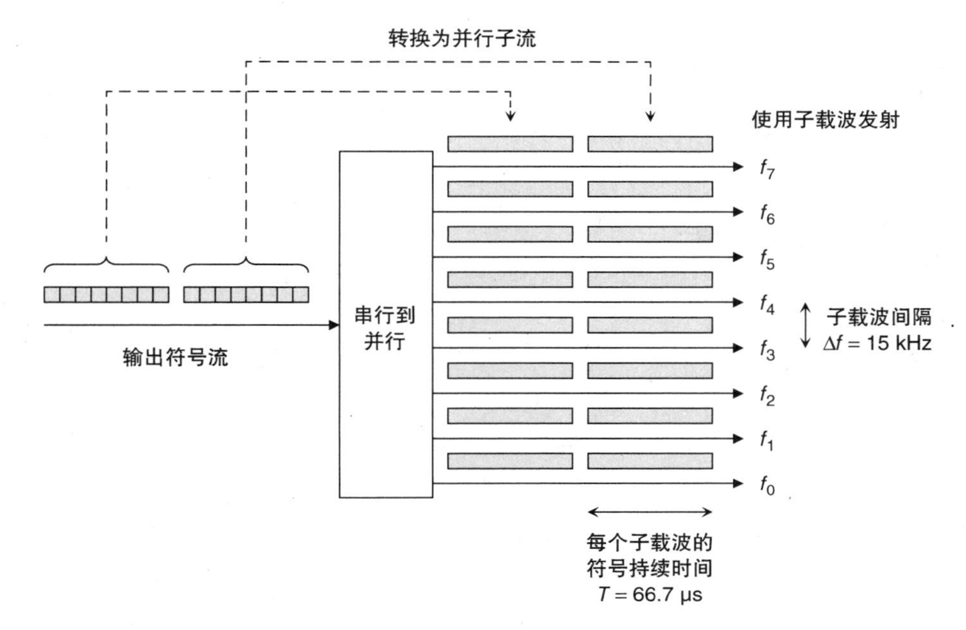

图 4.1　使用 OFDM 将频带划分为子载波

率略低，通常为 14ksps，因为连续符号是由一个小间隙即循环前缀（CP）隔开的。我们在适当时候将看到引入循环前缀的原因。

4.1.2　OFDM 发射机

图 4.2 所示为一个 OFDM 发射机的重要组成部分。发射机接收来自更高层协议的位流，并使用所选的调制方案将其转换为符号；例如，正交相移键控（QPSK）。串行到并行转换器则需要 N 个符号的块，在本示例中有 8 个，并引导它们到 N 个并行子流。

发射机混合各子流与子载波，其频率为 15kHz 的整数倍。通过与第 3 章中调制器的类比，我们可以理解每个子载波作为一个中频（IF），其调制信号将最终在射频（RF）载波 f_C 的略微不同的频率进行发送。为了与 LTE 规范一致，放置子载波在频率 -60kHz，-45kHz，…，+45kHz 使得 RF 载波大概在发送频带的中心。符号持续时间是子载波间隔的倒数，所以 15kHz 子载波在每个 66.7μs 符号期间经过一个周期，而子载波在 30kHz 和 45kHz，分别通过两个和三个周期。

我们现在有八个正弦波，其振幅和相位表示八个发送的符号。通过将这些正弦波加在一起并除以比例因子 N，我们可以生成一个单一的时域波形，这是我们需要发送的信号的中频表示。剩下的唯一任务就是混合波形至射频传输。因此我们可以将 OFDM 发射机理解为一组中频调制器，其中每一个被调谐到对应子载

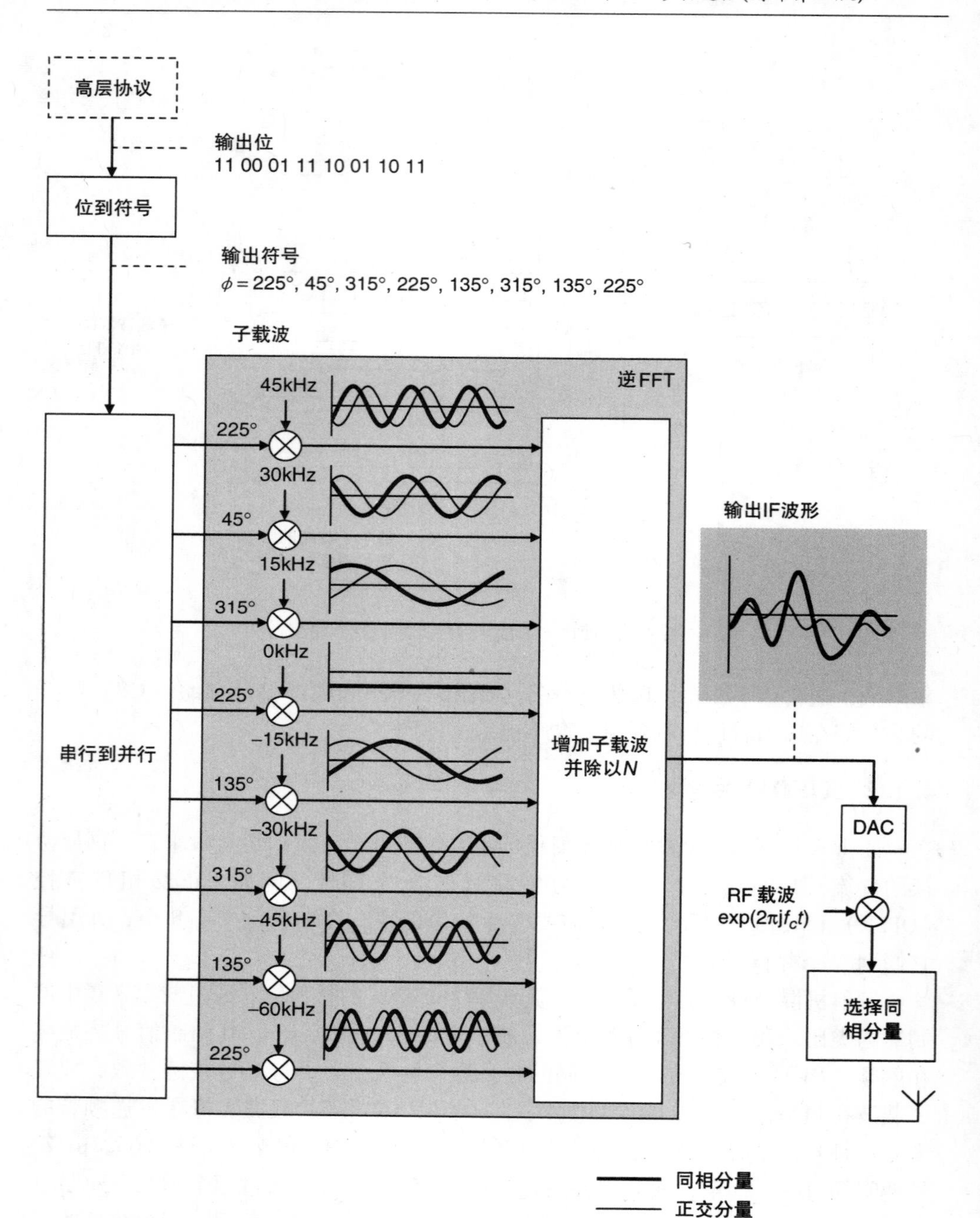

图 4.2　OFDM 发射机的处理步骤

波的频率偏移。

4.1.3　OFDM 接收机

图 4.3 所示为 OFDM 接收机的重要组成部分。通过与第 3 章提到的解调器类比我们可以知道其工作原理。接收机接收输入信号，与原始无线频率的复共轭副本混合，并过滤结果。然后，它将信号引导到八个独立的路径，将每一个与原始子载波之一的复共轭副本混合。即到达该子载波上的信息现在是在零频率。通过集成一个符号的持续时间的结果，接收器可以提取到达该子载波上的符号的振幅和相位，同时拒绝任何噪声和干扰。

正如我们在第 3 章中提到的，每个子载波在它到达接收机之前被任意的相移 ψ 修改。为了解决这一问题，OFDMA 发射机将参考符号加入到在相关规范中定义的具有振幅和相位的数据流。在信道估计的过程中，接收机测量输入的参考符号，将它们与那些在规范中定义的进行比较，并使用结果去除输入信号的相移。

在图 4.3 中，我们假设每个子载波相移量相同，为 30°。在频变衰落的情况下，相移是频率以及时间的缓慢变化函数。考虑到这个问题，LTE 参考符号在第 7 章将要描述的方式下分散在时域和频域中。接收机然后可测量作为频率的函数的相移 ψ，并且可对每个单独的子载波应用一个不同的相位校正。

相位去除阶段之后，接收机通过并行到串行转换器的装置将符号返回到其原始顺序，恢复所发送的位。因此，我们可以将 OFDM 接收机理解为一组中频解调器，其中每一个被调谐到相应子载波的频率偏移。

4.1.4　快速傅里叶变换

现在让我们看看在接收机的处理链中重要的两点。低通滤波器之后，数据作为时间函数的同相和正交分量。积分阶段之后，该数据是每个子载波的振幅和相位，作为频率的函数。我们可以看到，混合和积分步骤已经从时间的函数向频率的函数转换数据。

这种转换实际上是一个著名的计算技术，称为离散傅里叶变换（DFT）。通过使用这种技术，我们可以隐藏图 4.3 所示的显式的混合和积分步骤。相反，我们可以将时域数据通过一个离散傅里叶变换，并从输出中提取频域数据。发射机通过逆离散傅里叶变换将频域数据以完全相同的方式转换为时域数据。

反过来，离散傅里叶变换可以非常快速地使用一种被称为快速傅里叶变换（FFT）的算法来实现。这限制了发射机和接收机的计算负载，并允许以计算上高效的方式来实现这两个设备。有关傅里叶变换的更多细节的书，可参见参考文献［1，2］。

有一个重要的限制：为了 FFT 高效工作，各计算中的数据点的数量应该是一个精确 2 的幂或单独小素数的乘积。我们通常会通过四舍五入 FFT 中数据点

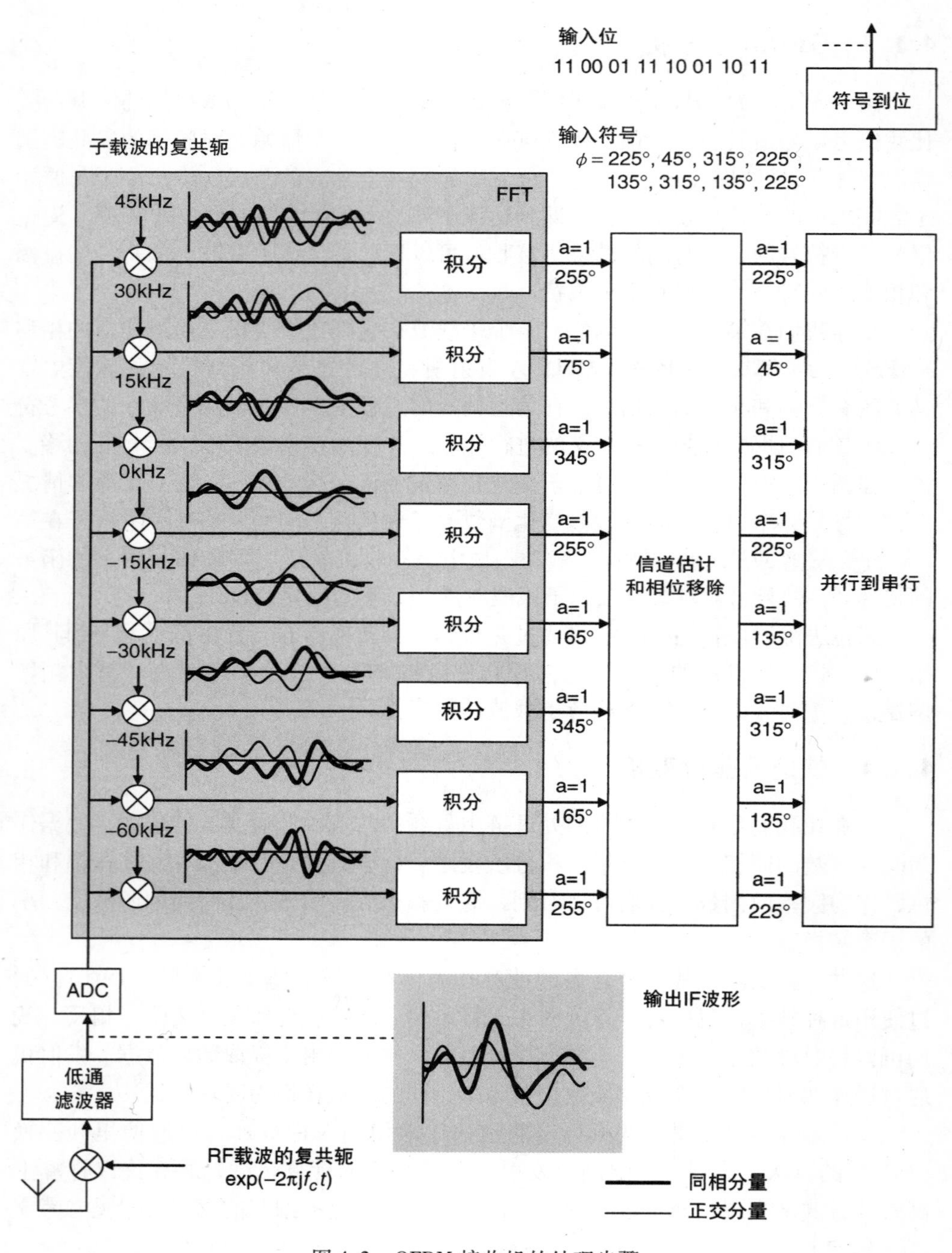

图 4.3　OFDM 接收机的处理步骤

的数量到下一个更高的 2 的幂来处理这个限制。在 LTE 中，例如，我们通常在

1200 个子载波上通过含有 2048 个数据点的 FFT 传输，未使用的数据点设置为 0。

4.1.5　OFDMA 的框图

图 4.4 是 OFDMA 发射机和接收机的结构图。我们假定系统是在下行链路上操作，从而使发射机在基站，接收机在移动台。

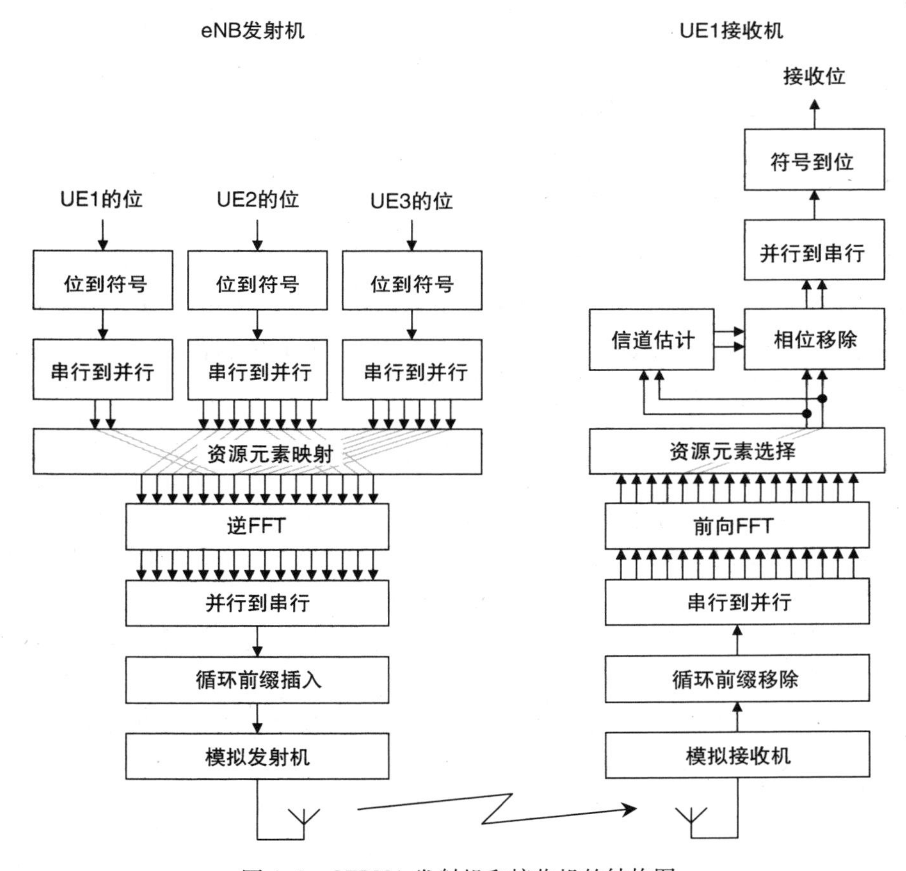

图 4.4　OFDMA 发射机和接收机的结构图

基站向三个不同的移动台发送位流，所以该图是正交频分多址（OFDMA）的一个实现。基站独立地调制每一个位流，可能给每个移动台使用不同的调制方案。然后，它将每个符号流通过一个串行到并行转换器，将其分为子流。每个移动台子流的数目取决于移动台的所需数据速率；例如，语音应用程序可能仅需要几个子流，而一个视频应用程序则需要更多的子流。

资源元素映射器需要单独的子流，并选择在其子载波发送它们。一个移动台的子载波可位于一个连续的块中（如在移动台 1 和 3 的情况下），或者它们可以分开（用于移动台2）。所得信息是每个子载波的振幅和相位作为频率的函数。通过逆FFT，我们可以计算出相应的时域波形的同相和正交分量，并且可以通过并行到串行转换器将它们按正确的顺序放置（图4.2中隐藏但仍然存在的一个阶段）。插入我们前面提到的循环前缀后，所得到的信号可以混合到射频并转换成模拟形式用于传输。

移动台逆转过程。它首先通过采样输入信号，将其转换到基带，并过滤它。然后消除循环前缀和通过正向FFT传递数据，以恢复每个子载波的振幅和相位。我们现在假定基站已经通过我们将在第8章提到的调度技术告诉移动台使用哪个子载波。使用此知识，移动台选择所需的子载波并恢复所发送的信息，而丢弃其余的。在信道估计和相位移除的步骤后，移动台可以恢复。

4.1.6 傅里叶变换的细节

对于擅长数学的读者，我们现在有足够的信息来写下离散傅里叶变换方程式。(其他读者可能更愿意跳过这一部分，继续阅读。）回顾图4.3，我们可以表示接收机的混合和积分阶段如下：

$$Z(f_n) = \sum_{k=0}^{N-1} z(t_k)\exp(-2\pi j f_n t_k) \tag{4.2}$$

在此公式中，$Z(f_n)$是一个复数，表示在频率f_n的第n个输出子载波的振幅和相位，从积分阶段输出端测得。$z(t_k)$是另一个复数，表示在时刻t_k的第k个输入样本的同相和正交分量，从低通滤波器输出端测量。$\exp(-2\pi j f_n t_k)$描述了原始载波的接收机的复共轭副本，而求和描述了积分阶段的作用。N是每个符号传入的样本数。

我们现在必须写下t_k和f_n的值。如果传入的数据样本被均匀地用Δt间隔开，那么我们可以写出采样时间如下：

$$\begin{aligned} t_k &= k\Delta t \quad k=0,1,2,\cdots,N-1 \\ &= \frac{kT}{N} \end{aligned} \tag{4.3}$$

式中，Δt为取样间隔，T是符号持续时间。它是合理的，并且实际上正确的，假设子载波的数目应该等于每个符号的样本数，因此，式（4.2）的输出携带与输入相同的信息量。然后，我们可以写子载波频率如下，我们将在下面再讨论一个问题：

$$\begin{aligned} f_n &= n\Delta f \quad n=0,1,2,\cdots,N-1 \\ &= \frac{n}{T} \end{aligned} \tag{4.4}$$

式中，Δf是子载波间隔。将这些结果代入式（4.2）得出了离散傅里叶公式变换：

$$Z_n = \sum_{k=0}^{N-1} z_k \exp\left(-\frac{2\pi j n k}{N}\right) \tag{4.5}$$

式中，$z_k = z(t_k)$，$Z_n = Z(f_n)$。以同样的方式，根据图4.2，我们可以写出发射机的混合、加法和缩放阶段如下：

$$z(t_k) = \frac{1}{N}\sum_{n=0}^{N-1} Z(f_n)\exp(2\pi j f_n t_k) \tag{4.6}$$

如果我们做与之前相同的替换，然后我们得到逆离散傅里叶变换的公式：

$$z_k = \frac{1}{N}\sum_{n=0}^{N-1} Z_n \exp\left(\frac{2\pi j n k}{N}\right) \tag{4.7}$$

早些时候，我们注意到与子载波频率的选择相关的问题。在式（4.4）中，我们设置子载波在频率$n\Delta f$，其中n为0至$N-1$。这意味着我们前面例子中的八个子载波是偏移RF载波0kHz、15kHz、30kHz、…、105kHz。这听起来与我们在图4.2和图4.3所做的选择不同，但实际上是完全相同的。当使用八个子载波的时候，式（4.3）的采样间隔是8.33μs。在此期间，60kHz子载波恰好经过半个周期，并且与在-60kHz子载波经过半个周期是没有区别。由相同的参数，该子载波在75kHz、90kHz和105kHz与子载波在-45kHz、-30kHz和-15kHz是没有区别的。因此，我们选择的子载波实际上与之前的是完全相同的：我们只是以不同的方式来标记它们。

4.2 OFDMA的优点和附加功能

4.2.1 子载波正交

到目前为止，OFDMA只是一种不同的从发射机发送数据到接收机的方式。然而，它带来了一些好处。在本节中我们将贯穿OFDMA的好处并且描述它的一些附加功能。图4.5使用信息在15kHz子载波的例子给OFDMA接收机的处理添加了一些细节。当输入信号与15kHz子载波的复共轭副本混合，其结果是在零频率。按照需求，积分过程中提取该子载波的振幅和相位。

在下一级的接收机的分支中，输入信号与0kHz子载波的复共轭副本混合，所以结果保持在15kHz的频率。在积分期间，所得到的信号正好经过一个周期，所以它的同相和正交分量总和为零。因此，我们认为没有信息已经到达了0kHz的子载波，这正是我们所期待的。再下一级，输入信号与-15kHz子载波的复共轭副本混合，所以结果移动到30kHz的频率。在积分期间，所得到的信号正好经过两个周期，因此以完全相同的方式，它的同相和正交分量总和为零。

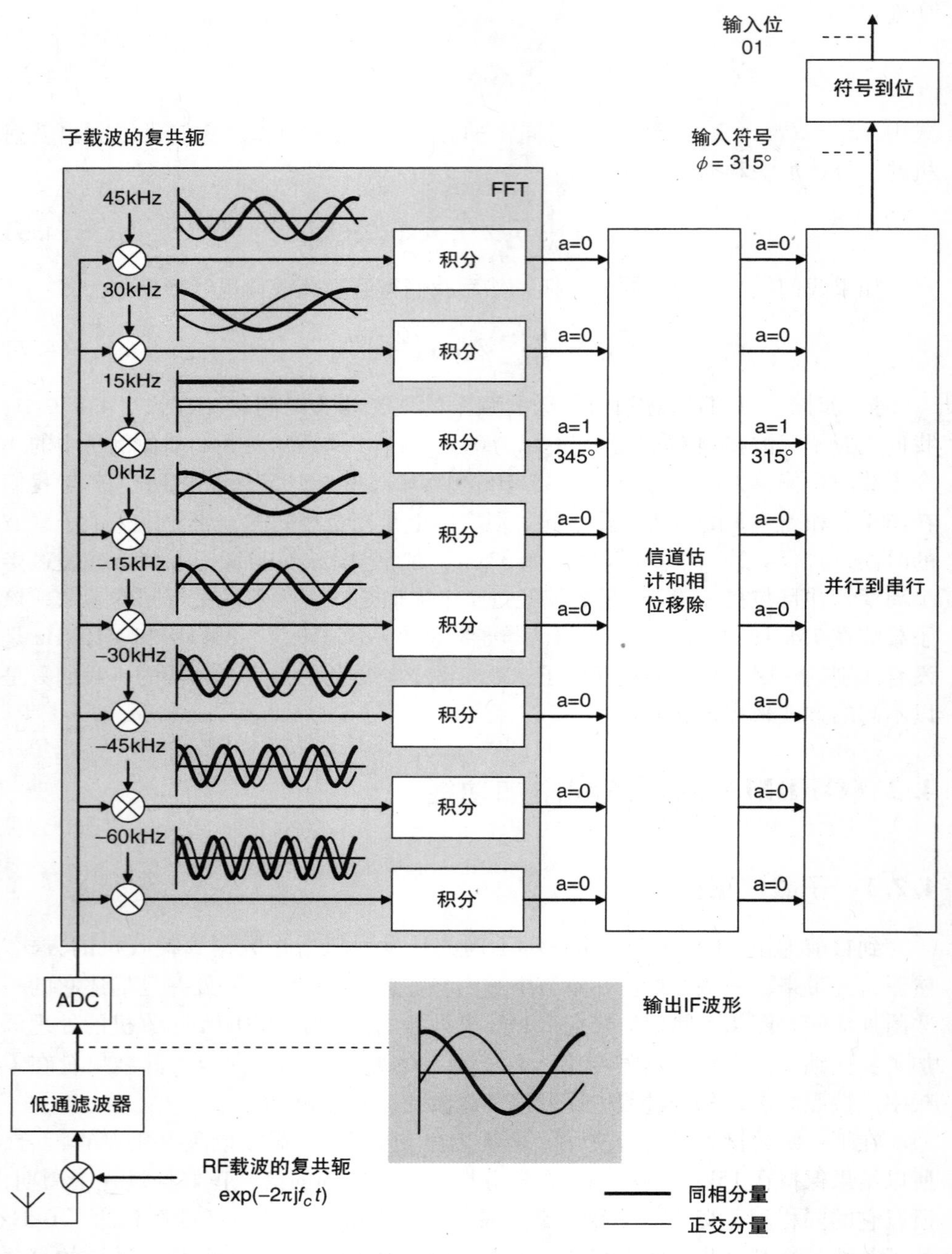

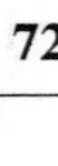

图 4.5 OFDM 接收机的处理步骤，其中信息单独到达 15kHz 子载波

如果发射机在一个子载波上发送一个信号，那么接收机在那一个单独的子载

波上检测到一个信号，且不干扰其他。具有此属性的子载波被称为正交。

由于子载波相互正交，OFDMA 发射机可以把它们装在一起且没有任何干扰的风险。这意味着，OFDMA 采取非常有效的方式使用频带，这也是为什么 LTE 的频谱效率远远大于以前的移动通信系统的原因。正交依赖于一个事实，即符号持续时间 T 是子载波间隔 Δf 的倒数，使得在上面的例子中，0kHz 和 -15kHz 积分器的输入分别经过正好一个和两个周期。因此，它证明了我们在本章开始时选择的符号持续时间。

4.2.2 子载波间隔的选择

如果移动台是静止的，上一节中的参数工作正常。如果移动台正在移动，则输入的信号多普勒频移到更高或更低的频率。例如，在第 3 章，我们估计，在移动车辆具有约 150Hz 的多普勒频移，因此，15kHz 子载波实际上到达 15.150kHz 的频率。当信号与 0kHz 子载波的复共轭副本混合，结果仍然在 15.150kHz。在积分期间，信号经过略多于一个周期，所以它的同相和正交分量总和的结果不再为零。因此，我们接收到 0kHz 子载波上以及所有其他子载波上的干扰，所以我们已经失去了正交性。

我们可能会认为接收机可以通过施加相同的多普勒频移到其原始子载波的副本来避免此问题。不幸的是，在一个多径环境中，一个移动台可以向一些射线移动，这些射线被转移到更高的频率，但远离其频率较低的其他射线。其结果是，输入信号不是简单地移位；相反，它们在一个频率范围内是模糊的，这就使得该想法不可用。

但是，如果多普勒频移远小于子载波间隔，干扰量仍然还是可以接受的。因此，我们需要选择的子载波间隔 Δf 如下：

$$\Delta f \gg f_{D} \tag{4.8}$$

式中，f_D 是式（3.12）中的多普勒频移。LTE 设计为运行于 350km/h 的最大移动速度和约 3.5GHz 的最大载波频率，其给出了约 1.1kHz 的最大多普勒频移。这是子载波间隔的 7%，因此满足上述约束。

4.2.3 频率特定调度

早些时候，我们看到，一个基站可以通过向几个移动台分配不同的子载波组在同一时间向几个移动台发送。基站的子载波的准确选择受到频率依赖性衰落的影响，如图 4.6 所示。

在第 3 章中，我们注意到，移动台接收的信号功率可以是频率的函数。当使用 OFDMA 时，频带被划分成子载波，所以移动台可以通过我们上面介绍的基准信号，测量每一个所接收到的信号功率。移动台可以组合来自附近的子载波的测

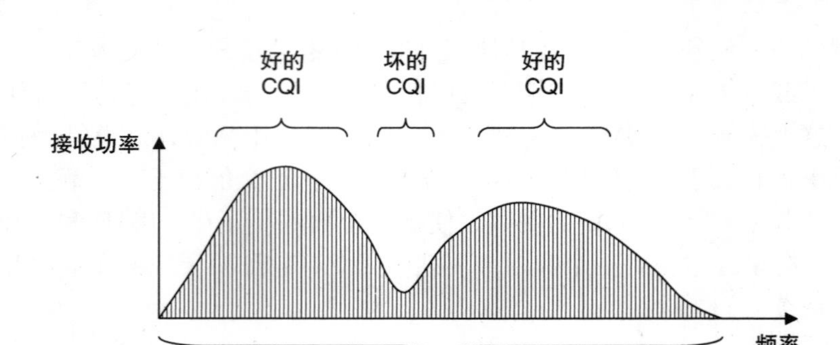

图 4.6　采用 OFDMA 频率特定调度

量，且使用被称为信道质量指示（CQI）的反馈信号将结果发送到基站。

基站以两种方式使用信道质量指示。首先，基站可以使用接收信号功率最强的子载波发送到移动台。不需要的子载波可以被其他移动台使用，因为它们的衰落模式不同，而子载波的分配可以定期更换，在 LTE 中是每毫秒一次。其次，基站可以使用该结果来确定移动台可操控的最快调制方式及编码率。

该技术确实是有局限性，因为在低延迟扩展和高相干带宽的情况下不太可能有帮助。但是，在其他情况下，OFDMA 发射机可以使用这种技术来减少时间和频率依赖性衰落的影响。我们将在第 8 章详细介绍反馈过程。

4.2.4　码间干扰的降低

在第 3 章中，我们看到了多径环境中的高数据速率传输导致符号间干扰（ISI）。例如，在图 3.11 中，时延扩展为 3.33μs，符号率为 120ksps，所以在接收机上有 40% 符号重叠。这导致接收机的干扰和位错误。

如果我们通过使用 OFDMA 共享几个不同子载波上的数据，那么每个单独的子载波上的符号率比以前低了几倍，所以符号的持续时间则是以前的几倍。这大大降低了符号间干扰的程度。图 4.7 列举了一个简单的例子。在这里，我们已经划分了原始数据流之间的八个子载波，所以每个子载波上的符号率现在是 15ksps，符号持续时间是 66.67μs。如果延迟扩展保持在 3.33μs，则符号只有 5% 重叠。这减少 ISI 的量到原来的 1/8 并且减少了接收机的错误量。如果子载波数量更多，那么 ISI 降低也成比例地更多。

4.2.5　循环前缀插入

另一种技术可以让我们完全消除符号间干扰。其基本思路是在每个符号之前插入保护间隔（GP），其中没有任何信息被发送。如果该保护间隔比延迟扩展时间更长，那么接收机可以确信一次只从一个符号读取信息，而不与前面或后面的

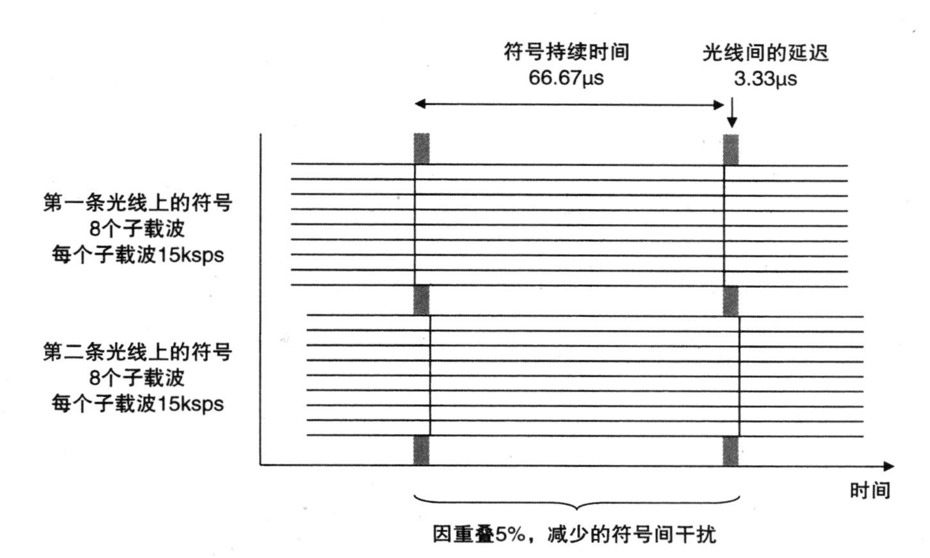

图 4.7　通过多个子载波上的传输减少符号间干扰

符号有任何重叠。当然，符号在不同射线不同时间到达接收机，并且需要一些额外的处理来收拾混乱。但是，这些额外的处理是相对简单的。

LTE 使用一种略微复杂的被称为循环前缀插入（见图 4.8）的技术。在这里，发射机与前面一样在每个符号之前插入保护间隔。但是，它接着从下面的符号末尾复制数据，以便填充保护间隔。如果循环前缀比延迟扩展时间更长，则接收机仍然可以确信一次只从一个符号读取信息。

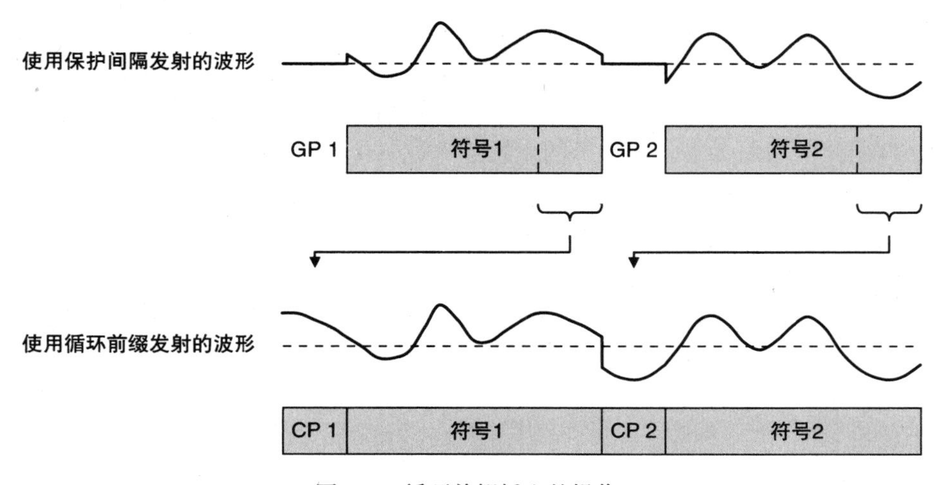

图 4.8　循环前缀插入的操作

我们可以看到循环前缀插入是如何通过查看一个子载波工作的（见图 4.9）。所发送的信号是一个正弦波，其振幅和相位变化从一个符号到下一个。如前所述，每一个符号都包含一个正弦波的确切周期数，在每个符号的开始处的振幅和相位等于结束时的振幅和相位。正因为如此，当我们从各循环前缀向下面符号移动时所发射的信号变化是平稳的。

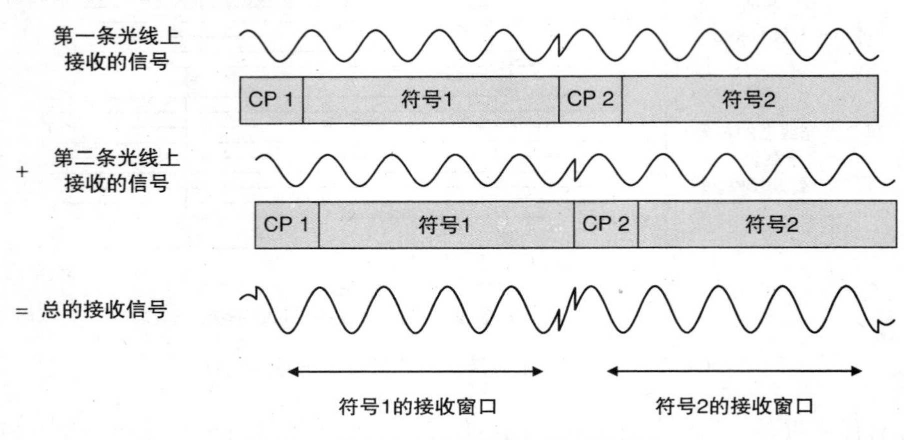

图 4.9　单个子载波上的循环前缀的操作

在多径环境中，接收机接收到多个到达时间所发送的信号的多个副本。这些在接收天线加在一起，得出具有相同的频率，但不同振幅和相位的正弦波。所接收的信号仍然在从一个循环前缀到后面的符号平稳地变化。有几个小问题，但这些仅在循环前缀的开始和符号的结尾处，前面和后面的符号开始干扰。

接收机在一个长度等于符号持续时间的窗口处理接收到的信号，并丢弃其余部分。如果窗口被正确放置，则所接收的信号被正确传输，且仅受振幅变化和相位偏移。但是接收机可以使用上面所述的信道估计技术来补偿这些，因此，它可以处理循环前缀而无需任何额外的处理。

诚然，该系统使用多个子载波，而不是一个。但是，我们已经看到，子载波不相互干扰，并且可以独立地处理，所以多个子载波的存在完全不影响这个说法。

通常情况下，LTE 使用约 4.7μs 的循环前缀，相当于最长与最短射线之间的约 1.4km 的最大路径差，这已经足够了，除非是非常大且乱的小区。虽然循环前缀减少每个子载波的符号率至 14ksps，但这是为清除符号间干扰所付出的一个小小代价。

4.2.6　符号持续时间的选择

符号间干扰的存在对 LTE 使用的参数施加了另一个约束。为了最大限度地减少 ISI 的影响，我们需要选择符号持续时间 T 如下：

$$T >> \tau \tag{4.9}$$

式中，τ 是式（3.14）的时延扩展。正如我们前面提到，LTE 通常以约 4.7μs 的最大时延扩展工作。这是 66.7μs 符号持续时间的 7%，所以它满足第二约束。

我们可以得出以下结论：如果该符号持续时间远小于 66.7μs，则该系统在大而乱的小区将容易受到符号间干扰。如果远大于 66.7μs，所得的子载波间隔会比 15kHz 少得多，则系统在快速移动的子载波之间将容易受到符号间干扰。所选择的符号持续时间和子载波间隔是这两个极端之间的权衡的结果。

4.2.7　分数频率重复使用

使用上述技术，一个基站可以向大量的移动台发送信息。但是，一个移动通信系统也具有大量的基站，因此每一个移动台必须在有其他干扰的情况下接收来自另一个基站的信号。我们需要一种方法以减少干扰，从而使移动台可以成功地接收信息。

以前的系统已经使用了两种不同的技术。在 GSM 中，附近小区具有不同的载波频率。通常，每个小区可能使用总带宽的 1/4 及 25% 的重复使用系数。这种技术减少了附近小区之间的干扰，但它意味着频带被低效率地使用。在 UMTS 中，每个小区具有相同的载波频率及 100% 的重复使用系数。这种技术比以前更有效地使用频带，但以增加系统干扰为代价。

在 LTE 网络中，每个基站使用相同一组子载波，但可以用分数频率重复使用的技术灵活分配。图 4.10 所示为 LTE 上行链路的一个简单的静态例子，其中，每个基站控制一个小区。上行子载波被划分成三个块，分别用 A、B 和 C 表示。每个基站利用子载波的一个块（C 块，在中央基站的情况下）调度遥远移动台的传输，利用剩下的两个块调度附近移动台的传输。

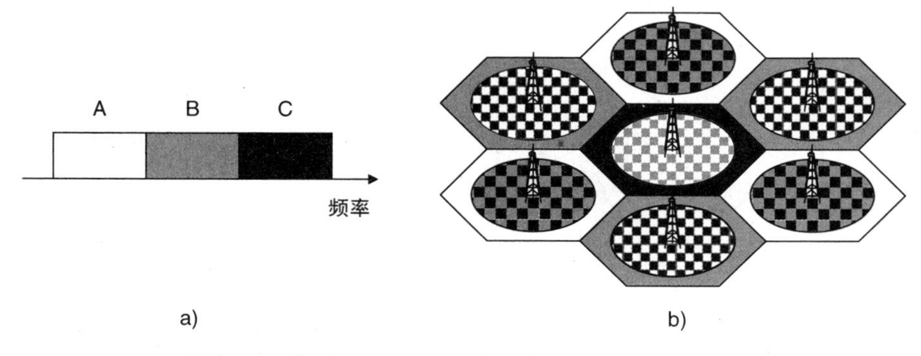

图 4.10　使用 OFDMA 时分数频率重复使用实现示例

a）频域的使用　b）产生的组网方案

遥远的移动台必须以高功率传输，以确保其信号可以被成功接收，因此它会导致干扰相邻的基站，因为它们在相同的子载波侦听自己的移动台。如图 4. 10 所示，通过协调子载波的使用，我们可以确保邻近的基站只使用那些附近移动台的子载波。这些移动台仅以低功率传输，这样它们可以提高它们的功率，以便克服干扰且不太容易受到严重影响。其结果是，任何干扰问题可显著减少。

LTE 还支持分数频率重复使用动态技术，其中，附近的基站通过 X2 接口的信令消息去协调子载波的使用。我们将在第 17 章介绍这些信令消息。

4.3 单载波频分多址

4.3.1 OFDMA 功率变化

OFDMA 在 LTE 下行链路操作良好。但是，它有一个缺点：所发射的信号的功率有相当大的变化。为了说明这一点，图 4. 11a 显示一组已利用 QPSK 调制的子载波，并因此具有恒功率。所得到的信号（见图 4. 11b）的振幅差别很大，其中子载波的峰值一致的最大值，以及它们抵消的零点变化。反过来，这些变化将反映在所发射信号的功率（见图 4. 11c），据说它具有高的峰值平均功率比（PA-PR）。

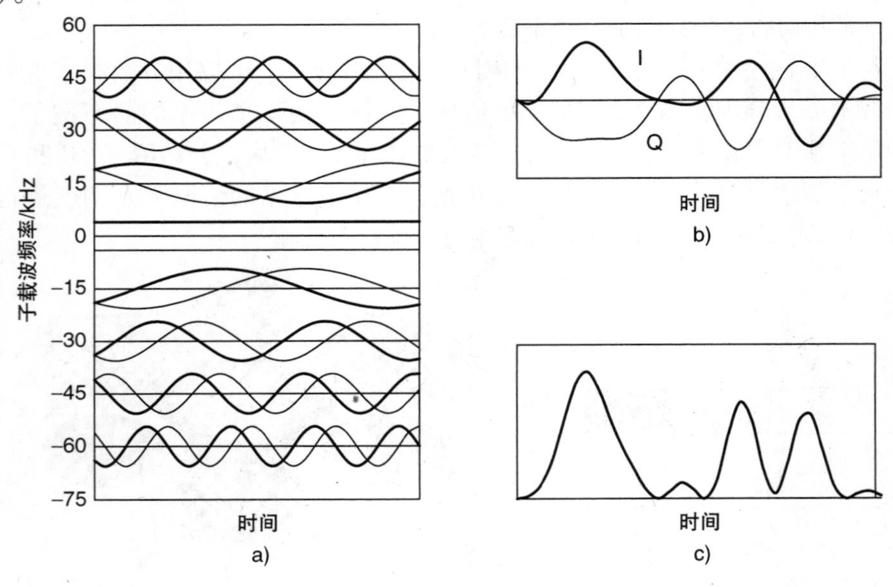

图 4. 11 OFDMA 波形示例

a）各个子载波的振幅 b）所产生 OFDMA 波形的振幅 c）OFDMA 波形的功率

这些功率变化可能会给发射机功率放大器带来问题。如果放大器是线性的，那么输出功率与输入成正比，所以输出波形正是我们需要的形状。如果放大器是非线性的，那么输出功率不再与输入成正比，所以输出波形失真。任何失真的时域波形还将扭曲频域功率谱，因此信号会泄漏到相邻频带并且将对其他接收机引发干扰。

在下行链路中，基站发射机都是大型昂贵的设备，因此它们可以通过使用接近线性的昂贵的功率放大器避免该问题。在上行链路中，一个移动台发射机必须廉价，所以没有该选项。这就使得 OFDMA 不适于 LTE 上行链路。

4.3.2　SC – FDMA 的结构图

出现上述的功率变化，是因为符号和子载波之间存在一对一的映射。如果我们把这些符号混合在一起，然后把它们放在子载波上，我们可能能够调整发射信号，并降低其功率变化。例如，在两个子载波发送 x_1 和 x_2 两个符号时，我们可能会在一个子载波上发送 x_1+x_2 的和，在另一个子载波上发送 x_1-x_2 的差。我们可以使用任何混合操作，因为接收机可以扭转这种局面：我们只需要找到一个能最大限度地减少所发送信号的功率变化。

事实证明，适当的混合操作是另一种快速傅里叶变换（FFT）。通过这样的操作，我们得到了一个被称为单载波 FDMA（SC – FDMA）的技术，如图 4.12 所示。

在此图中，与 OFDMA 有三点不同。主要区别在于，SC – FDMA 发射机包括一个额外的正向 FFT，在串行到并行转换步骤和资源元素映射之间。将符号以最大限度减少功率变化所需的方式混合，并通过接收机中的逆 FFT 逆转。

第二个区别是因为该技术在上行链路上使用。正因为如此，移动台发射机只使用一些子载波：其他被设置为零，并且可用于小区内其他移动台。最后，每个移动台使用单一的连续的子载波块传输，且没有任何内部间隙。这由 SC – FDMA 表示，且必须保持功率变化在最低水平。

通过查看三个关键传输步骤我们可以知道 SC – FDMA 是如何工作：正向 FFT、资源元素映射器和逆 FFT。正向 FFT 的输入是时域的符号序列。正向 FFT 将这些符号转换到频域，资源元素映射器将它们转移到所需的中心频率，逆 FFT 将它们转换回时域。这些步骤作为一个整体，可以看到，所发送的信号与原始调制波形几乎相同，除了转向到另一个中心频率。但 QPSK 信号的功率是恒定的（至少在不存在额外滤波的情况下），在 16 – QAM 和 64 – QAM 的情况下它几乎没有变化，因此，我们取得了我们所要求的结果，以大致恒定的功率发送信号。

图 4.13 所示为一个移动台使用总数 256 个样本的四个子载波示例得出的波形。输入（见图 4.13a）是四个 QPSK 符号的序列，具有 [1, 1]、[1, –1]、

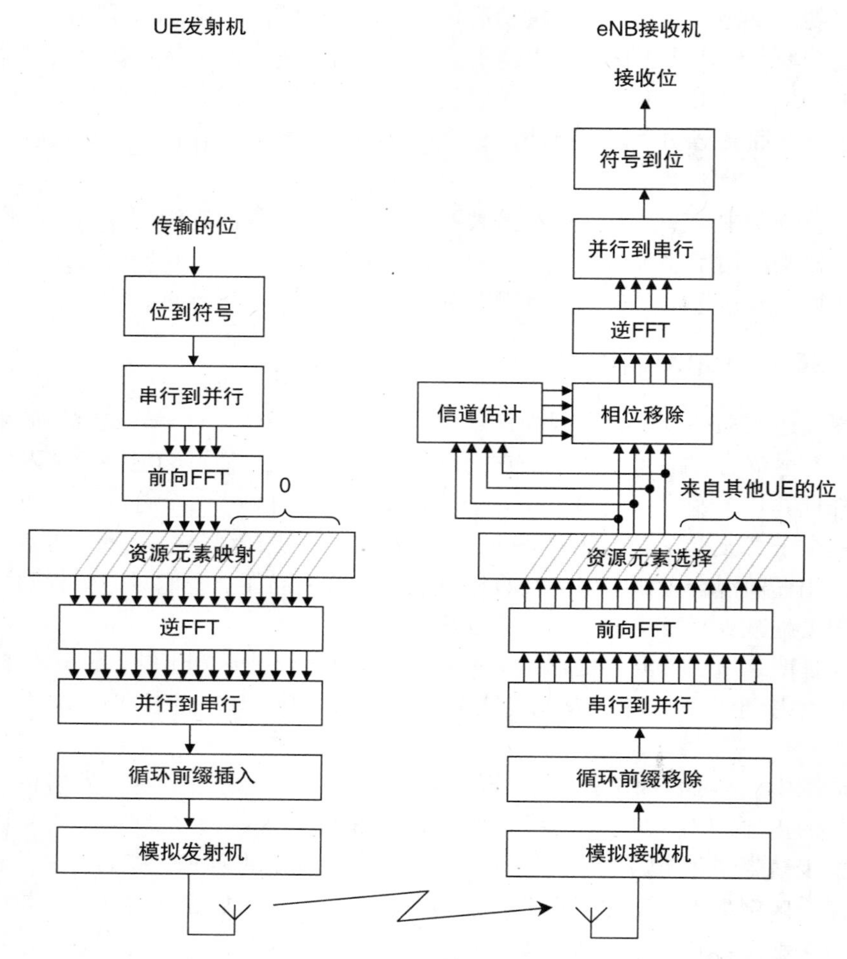

图4.12　SC－FDMA发射机和接收机的结构图

［－1，1］和［－1，－1］的［I，Q］值。如果数据是在中央四个子载波上发送，那么结果（见图4.13b）看起来非常像原来的QPSK波形。唯一的区别是在时域中的256个样本之间的平滑插值，其由于FFT的循环性质环绕数据序列的两端。如果我们用32个子载波替代转换数据，那么唯一的变化（见图4.13c）是引入一些额外的相位旋转所得到的波形。

由于基站必须发送到几个移动台，并不只是一个，所以我们不在下行链路中使用SC－FDMA。我们可以为每个移动台添加一个正向FFT，但是这会破坏传输的单载波性质，以及允许高功率变化返回。另外，我们可以在整个下行频段添加一个正向FFT。不幸的是，这会分散每个移动台在整个频域的数据，并且将消除我们频率调度能力。无论哪种方式，SC－FDMA是不适用于LTE下行链路的。

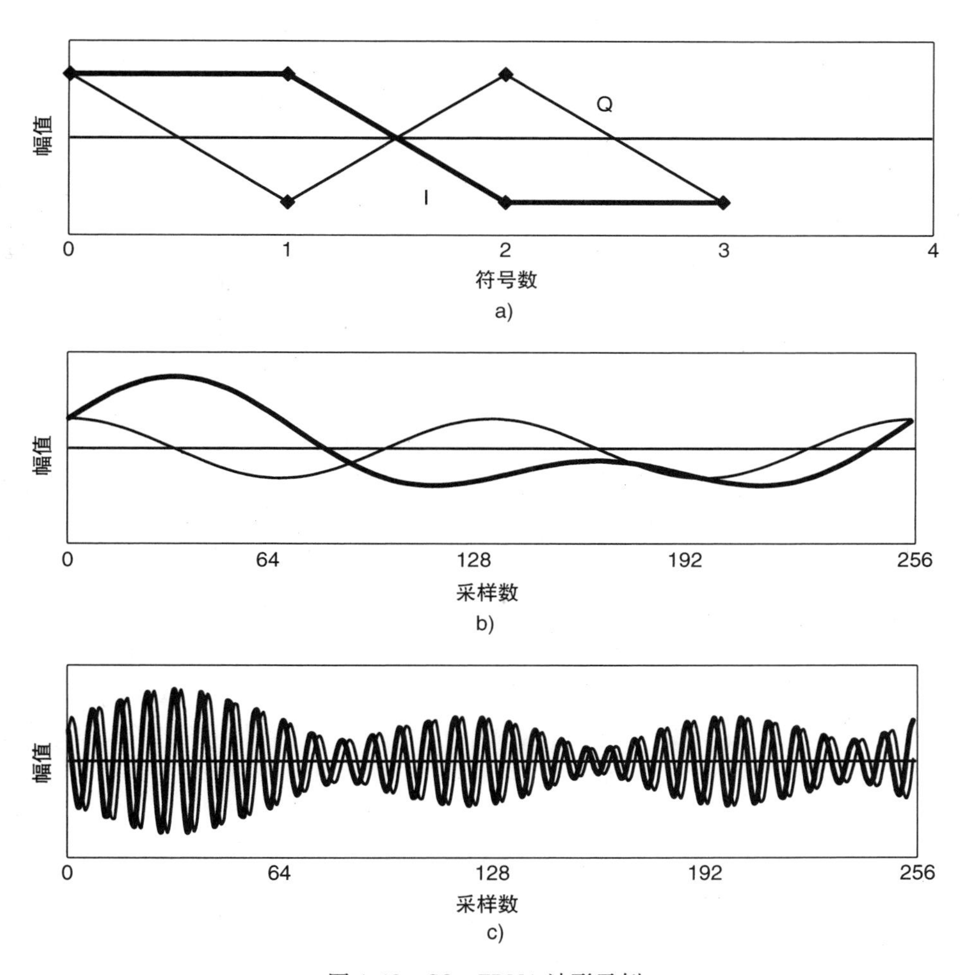

图 4.13　SC – FDMA 波形示例

a）被传送的符号　b）数据在中央四个子载波发送出 256 个样本所产生的 SC – FDMA 的波形　c）数据由 32 个子载波移位所产生的 SC – FDMA 的波形

参考文献

1. Smith, S.W. (1998) *The Scientist and Engineer's Guide to Digital Signal Processing*, California Technical Publishing, San Diego, CA.
2. Lyons, R.G. (2010) *Understanding Digital Signal Processing*, 3rd edn, Prentice Hall.

第 5 章　多天线技术

从一开始，LTE 被设计成基站和移动台都可以使用多天线无线发送和接收。本章介绍了三种主要的多天线技术，有不同的目标，并以不同的方式实现。

最常见的是分集技术，它增加了接收信号的功率，并通过使用在发射机、接收机或两者的多天线降低衰落量。自移动通信早期分集技术已被使用，所以我们只需简要地回顾它。

在空间复用，发射机和接收机都使用多天线，以提高数据速率。空间复用是最近才被引入到移动通信的一个相对较新的技术，所以我们将比其他的更详细介绍。最后，波束成形在基站中使用多天线，以增加小区的覆盖范围。

空间复用通常被描述为使用多输入多输出（MIMO）天线。这个名称是从空中接口的输入和输出派生出来的，因此，“多输入”是指发射机，“多输出”是指接收机。不幸的是，这个名字是有点含糊的，因为它可以是单独指空间复用，也可以是指包括发送和接收的分集的使用。就因为这个原因，所以我们通常会使用术语“空间复用”来代替。对于多天线技术的一些评论以及它们在 LTE 中的应用，可参见参考文献［1－4］。

5.1　分集技术

5.1.1　接收分集

在上行链路中接收分集是最常用的，如图 5.1 所示。在这里，基站使用两个天线来拾取接收到的信号的两个副本。信号到达接收天线具有不同的相移，但这些可以通过天线特定的信道估计去除。基站可以将信号同步，且它们之间没有任何破坏性干涉的风险。

信号是由几个较小的射线组成的，所以它们都容易衰落。如果两个单独的信号在同一时间衰落，那么合并后的信号的功率将会是低的。但是，如果天线相距足够远（载波频率的几个波长），那么两组衰落的几何形状将会非常不同，所以信号将有可能在完全不同的时间经历衰落。因此，我们减少了合并信号中的衰落量，从而降低了错误率。

基站通常有一个以上的接收天线。在 LTE 中，移动台的测试规范假定移动台采用两个接收天线[5]，所以 LTE 系统预计在下行链路和上行链路将采用接收

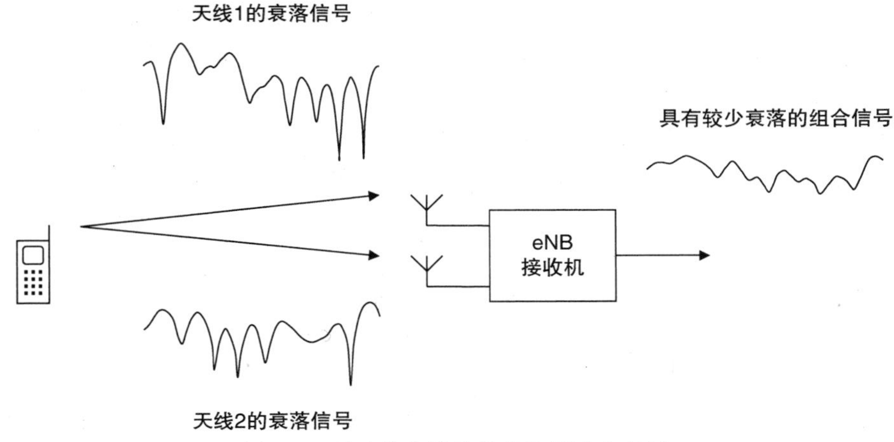

图 5.1　通过分集接收机的使用减少衰落

分集。移动台的天线比基站天线相距更近，从而降低了接收分集的有益之处，但情况往往可以使用该测量输入信号的两个独立的极化天线来改善。

5.1.2　闭环发射分集

发射分集通过在发射机中使用两个或多个天线减少衰落量。它表面上类似接收多样性，但有一个关键的问题：信号在单个接收天线处相加在一起，这带来了破坏性干涉的风险。有两种方法可以解决这个问题，其中一个就是闭环发射分集（见图 5.2）。

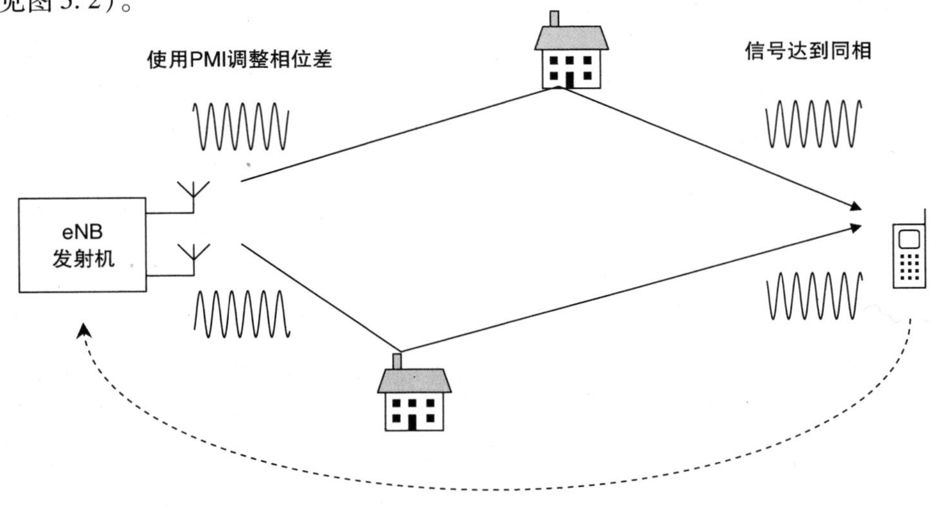

图 5.2　闭环发射分集的操作

在这里，发射机以预期的方式发送信号的两个副本，但它也在传输之前对一个或两个信号应用相移。通过这样做，可以保证两个信号同时到达接收机，且没有任何破坏性干涉的风险。相移是由预编码矩阵指示（PMI）确定，由接收机计算并反馈给发射机。一个简单的 PMI 可能表示两个选项：传输信号无相移或以 180°的相移传输第二个信号。如果第一个选项会导致破坏性干涉，那么第二个选项会自动工作。再次，组合信号的振幅在两个接收信号同时衰落的不太可能的情况下仅为低。

由无线信道引入的相移取决于载波信号的波长，并且因此取决于其频率。这意味着 PMI 的最佳选择也是频率的函数。在 LTE 中，移动台可以为不同的下行链路子载波组向基站反馈不同的 PMI 值。但是，基站的下行链路传输通常是在一个很窄的带宽，且只使用一个单一的 PMI。

PMI 的最佳选择还取决于移动台的位置，因此快速移动的移动台将具有频繁改变的 PMI。不幸的是，反馈回路将时间延迟引入到系统中，因此在快速移动的移动台的情况下，PMI 可能在使用时间过期。因此，闭环发射分集只适用于移动缓慢的移动台。对于快速移动的移动台，最好使用下一节中所描述的开环技术。

5.1.3　开环发射分集

图 5.3 展示了开环发射分集，称为 Alamouti 的技术[6]。在这里，发射机采用两个天线在两个连续的时间步长发送两个信号，记为 s_1 和 s_2。第一步，发射机从第一个天线发送 s_1，从第二个天线发送 s_2，而在第二步，它从第一个天线发送 $-s_2^*$，从第二个天线发送 s_1^*。（符号 * 表示发射机在复共轭过程中应改变正交分量的符号。）

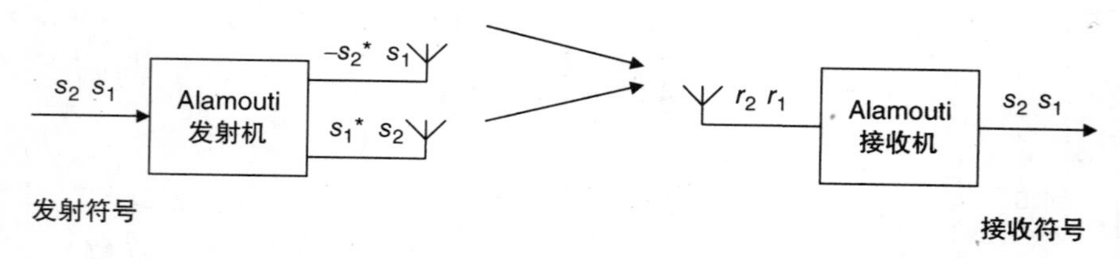

图 5.3　用于开环发射分集的 Alamouti 技术的操作

接收机现在可以对接收信号进行两次连续测量，其对应于 s_1 和 s_2 的两种不同组合。然后它可以求解所得到的方程，以便恢复两个发送的符号。只有两个要求：衰落模式必须在第一时间步长和第二时间步长之间保持大致相同，并且两个信号不能同时经历衰落。通常这两个要求都会满足。

对于具有多于两个天线的系统，是没有等同于 Alamouti 技术的。尽管如此，仍然可以通过在两个组成天线对之间来回交换在四个天线系统中实现一些额外的分集增益。该技术用于 LTE 中的四天线开环分集。

我们可以将开环和闭环发射分集与来自之前的接收分集技术组合，给出在发射机和接收机两者处使用多个天线执行分集处理的系统。该技术不同于下面将要描述的空间复用技术，尽管如我们将看到的，如果条件需要，空间复用系统可以回退到分集传输和接收。

5.2 空间复用

5.2.1 操作原理

空间复用与分集处理有着不同的目的。如果发射机和接收机都具有多个天线，则可以在它们之间建立多个并行数据流，以便提高数据速率。在具有 N_T 个发射天线和 N_R 个接收天线的系统中，通常被称为一个 $N_T \times N_R$ 空间复用系统，峰值数据速率与 min（N_T，N_R）成正比。

图 5.4 所示为基本空间复用系统，其中发射机和接收机都具有两个天线。在发射机，天线映射器一次从调制器取得两个符号，并且向每个天线发送一个符号。天线同时发射两个符号，从而使传输的数据速率加倍。

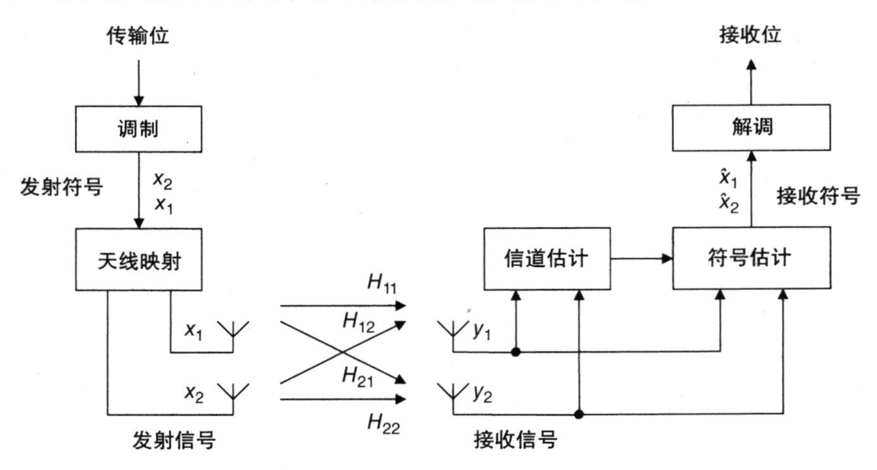

图 5.4　2 × 2 空间复用系统的基本原理

符号通过四个单独的无线路径传输到接收天线，因此接收的信号可以写为

$$
\begin{aligned}
y_1 &= H_{11}x_1 + H_{12}x_2 + n_1 \\
y_2 &= H_{21}x_1 + H_{22}x_2 + n_2
\end{aligned}
\tag{5.1}
$$

式中，x_1 和 x_2 是从两个发射天线发送的信号，y_1 和 y_2 是到达两个接收天线的信号，n_1 和 n_2 表示接收的噪声和干扰。H_{ij} 表示当发射符号从发射天线 j 传输到接收

天线 i 时衰减和相移的方式。下标 i 和 j 可能看起来是错误的，但这是为了与矩阵的通常的数学符号一致。

一般来说，上述公式中的所有项都是复数。在发送和接收的符号 x_j 和 y_i 以及噪声项 n_i 中，实部和虚部是同相和正交分量的幅度。类似地，在每个信道单元 H_{ij} 中，幅度表示无线信号的衰减，而相位表示相移。然而，使用复数将使得示例不必要地复杂化而没有增加额外的信息，因此我们将通过单独使用实数来简化示例。为此，我们假定发射机使用二进制相移键控来调制位，使得同相分量是 +1 和 -1，并且正交分量是零。我们还假设无线信道可以衰减或反转信号，但不引入任何其他相移。

与这些假设一致，让我们考虑下面的例子：

$$\begin{aligned} &H_{11}=0.8 \quad H_{12}=0.6 \quad x_1=+1 \quad n_1=+0.02 \\ &H_{21}=0.2 \quad H_{22}=0.4 \quad x_2=-1 \quad n_2=-0.02 \end{aligned} \tag{5.2}$$

将这些数字代入式（5.1）得到接收信号如下：

$$\begin{aligned} y_1 &= +0.22 \\ y_2 &= -0.22 \end{aligned} \tag{5.3}$$

接收机的第一个任务是估计四信道元素 H_{ij}。为了帮助这样做，发射机广播遵循第3章中描述的基本技术的参考符号，但是具有一个额外的特征：当一个天线发射参考符号时，另一个天线保持静默并且根本不发送。然后，接收机可以通过在发射天线1发送参考符号时测量两个接收信号来估计信道元素 H_{11} 和 H_{21}。然后，在估计信道元素 H_{12} 和 H_{22} 之前，它可以等待，直到发射天线2发送参考符号。

接收机现在具有足够的信息来估计发射的符号 x_1 和 x_2。有几种方法可以做到这一点，但最简单的是迫零检测器，其操作如下。如果我们忽略噪声和干扰，则式（5.1）是两个未知量 x_1 和 x_2 的一对联立方程式。方程式如下：

$$\begin{aligned} \hat{x}_1 &= \frac{\hat{H}_{22}y_1-\hat{H}_{12}y_2}{\hat{H}_{11}\hat{H}_{22}-\hat{H}_{21}\hat{H}_{12}} \\ \hat{x}_2 &= \frac{\hat{H}_{11}y_2-\hat{H}_{21}y_1}{\hat{H}_{11}\hat{H}_{22}-\hat{H}_{21}\hat{H}_{12}} \end{aligned} \tag{5.4}$$

式中，$\hat{H}_{ij}$ 是信道元素 H_{ij} 的接收机的估计（由于信道估计过程中的噪声和其他误差，该量可能不同于 H_{ij}）。类似地，$\hat{x}_1$ 和 $\hat{x}_2$ 是发射符号 x_1 和 x_2 的接收机的估计。将式（5.2）和式（5.3）中的数字代入可得出以下结果：

$$\begin{aligned} \hat{x}_1 &= +1.1 \\ \hat{x}_2 &= -1.1 \end{aligned} \tag{5.5}$$

这与发射的符号 +1 和 -1 一致。因此，我们使用相同的子载波同时传送两个符号，并且具有双倍的数据速率。

5.2.2　开环空间复用

上述技术存在问题。为了说明这一点，让我们改变一个信道元素H_{11}，给出以下示例：

$$H_{11}=0.3 \quad H_{12}=0.6$$
$$H_{21}=0.2 \quad H_{22}=0.4 \tag{5.6}$$

如果我们尝试使用式（5.4）估计发送的符号，我们发现$H_{11}H_{22}-H_{21}H_{12}$是零。因此，我们最终会被零除，这是无意义的。因此，对于这种信道元素的选择，该技术已经失败。通过将信道元素代入式（5.1）并写入接收到的信号，我们可以看出出了什么问题：

$$y_1=0.3(x_1+2x_2)+n_1$$
$$y_2=0.2(x_1+2x_2)+n_2 \tag{5.7}$$

通过测量接收信号y_1和y_2，我们期望测量两个不同的信息，从中可以恢复所传输的数据。这次，我们测量了相同的信息两次，即x_1+2x_2。因此，我们没有足够的信息来独立恢复x_1和x_2。此外，这不仅仅是一个孤立的特殊情况。如果$H_{11}H_{22}-H_{21}H_{12}$很小但不为零，那我们对$x_1$和$x_2$的估计结果被噪声严重破坏，且完全不可用。

解决办法来自于我们可以通过分集处理的使用一次发送一个符号。因此，我们需要一个自适应系统，如果信道元素表现良好，则可以使用空间复用来一次发送两个符号，否则可以回退到分集处理。该系统如图 5.5 所示。这里，接收机测量信道元素并计算出秩指示（RI），RI 表示其可以成功接收的符号数量，然后它将 RI 反馈给发射机。

如果 RI 为 2，则系统以我们之前描述的相同方式操作。发射机的层映射器从发射缓冲区抓取两个符号s_1和s_2，以便创建被称为层的两个独立的数据流。天线映射器然后通过直接映射操作向每个天线发送一个符号：

$$x_1=s_1$$
$$x_2=s_2 \tag{5.8}$$

接收机如前所述测量输入信号并恢复发送的符号。

如果 RI 为 1，则层映射器仅获取一个符号s_1，天线映射器发送给两个发射天线，如下：

$$x_1=s_1$$
$$x_2=s_1 \tag{5.9}$$

在这些假设下，式（5.7）变成如下：

$$y_1=0.9s_1+n_1$$

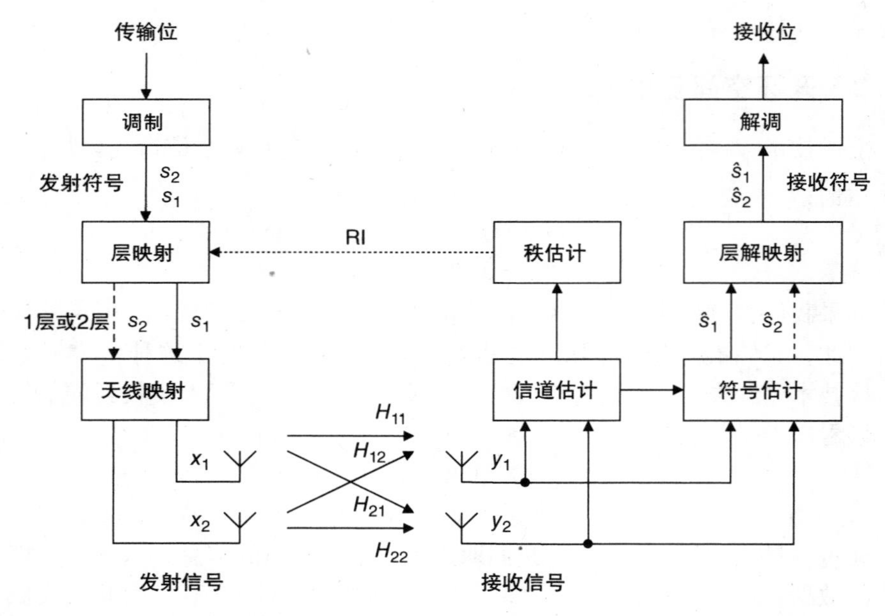

图5.5 2×2开环空间复用系统的操作

$$y_2 = 0.6s_1 + n_2 \tag{5.10}$$

接收机现在具有发射符号 s_1 的两个测量，并且可以在分集接收机中组合这些，以恢复发射的数据。

效果如下。如果信道元素表现良好，则发射机一次发送两个符号，并且接收机使用空间复用接收机来恢复它们。有时这是不行的，在这种情况下，发射机返回到一次发送一个符号，并且接收机返回到分集接收。发射机通过低级控制信息指示其对每个发送数据块的选择，以确保接收机可以正确地处理数据。这种技术在LTE中应用，被称为开环空间复用。

5.2.3 闭环空间复用

还有一个问题。为了说明这一点，让我们改变两个信道元素，所以：

$$\begin{aligned} H_{11} &= 0.3 \quad H_{12} = -0.3 \\ H_{21} &= 0.2 \quad H_{22} = -0.2 \end{aligned} \tag{5.11}$$

这些信道元素表现不佳，因为$H_{11}H_{22} - H_{21}H_{12}$为零。但是如果我们尝试以上述方式处理该情况，则通过从两个发射天线发送相同的符号，则接收的信号如下：

$$\begin{aligned} y_1 &= 0.3s_1 - 0.3s_1 + n_1 \\ y_2 &= 0.2s_1 - 0.2s_1 + n_2 \end{aligned} \tag{5.12}$$

因此，发射的信号在两个接收天线处抵消，并且留下对输入噪声和干扰的测量。因此，我们没有足够的信息恢复s_1。

为了看清楚，考虑如果我们像以前一次发送一个符号，但是反转从第二个天线发送的信号会发生什么情况：

$$x_1 = s_1$$
$$x_2 = -s_1 \tag{5.13}$$

接收到的信号现在可以写成如下：

$$y_1 = 0.3s_1 + 0.3s_1 + n_1$$
$$y_2 = 0.2s_1 + 0.2s_1 + n_2 \tag{5.14}$$

这一次，我们可以恢复s_1。

所以我们现在需要两个层次的适应。如果秩指示为 2，则发射机使用式（5.8）的天线映射一次发送两个符号。如果秩指示为 1，则发射机回退到分集处理，并且一次发送一个符号。在这样做时，选择诸如式（5.9）或式（5.13）的天线映射，取决于信道元素的确切性质并且要确保接收机处的强信号。

系统如图 5.6 所示。这里，接收机如前所述测量信道元素，并使用它们来反馈两个量，即秩指示和预编码矩阵指示（PMI）。PMI 控制发射机中的预编码步骤，其使用式（5.8）、式（5.9）和式（5.13）来实现自适应天线映射，以确保信号在没有抵消的情况下到达接收机。（实际上，PMI 在讨论闭环发射分集时具有完全相同的作用，这就是为什么它的名称是相同的）。在接收机中，后编码步

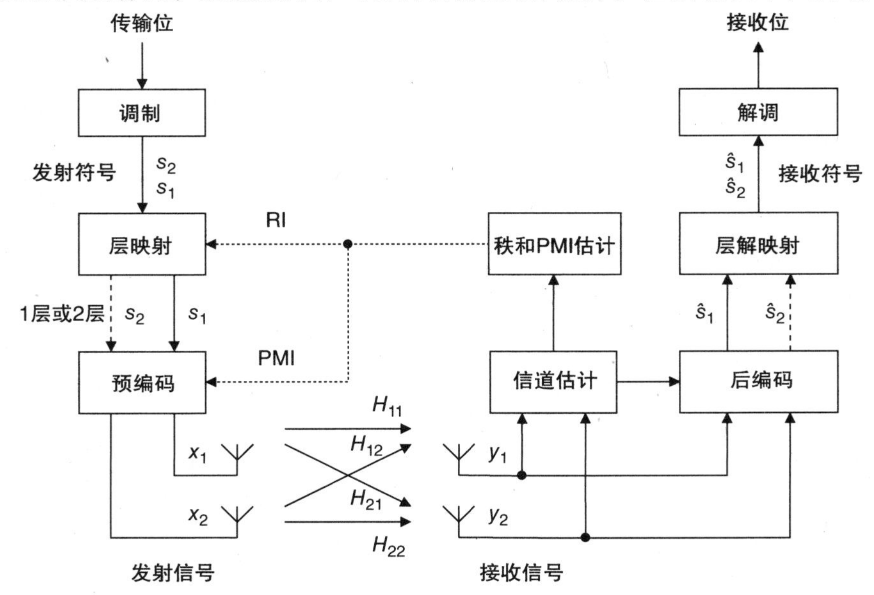

图 5.6　2×2 闭环空间复用系统的操作

骤反转预编码的效果，并且包括从早先的软判决估计步骤。如前所述，发射机通过低级控制信息指示其对每个发送数据块的选择，以确保接收机可以正确地处理数据。

该技术也在 LTE 中实现，并且被称为闭环空间复用。在该表述中，术语“闭环”具体指的是通过反馈 PMI 而创建的环。5.2.2 节的技术被称为“开环空间复用”，即使接收机仍在反馈秩指示。

5.2.4 矩阵表示法

我们现在已经涵盖了空间复用的基本原理。为了更进一步，我们需要更多的数学描述矩阵。不熟悉矩阵的读者可能更喜欢跳过本节，并继续下面 5.2.5 节中的讨论。

在矩阵符号中，我们可以将接收信号（见式（5.1））写成：

$$\boldsymbol{y} = \boldsymbol{H} \cdot \boldsymbol{x} + \boldsymbol{n} \tag{5.15}$$

式中，$\boldsymbol{x}$ 是包含从N_T个发射天线发送的信号的列向量。类似地，$\boldsymbol{n}$ 和 $\boldsymbol{y}$ 是在N_R个接收天线处包含噪声和结果信号的列向量。信道矩阵 $\boldsymbol{H}$ 表示空中接口引入的幅度变化和相移。该矩阵具有N_R行和N_T列，因此其被称为$N_R \times N_T$矩阵。在我们以前考虑的例子中，系统有两个发射天线和两个接收天线，因此上面的矩阵方程式可以写成如下：

$$\begin{bmatrix} y_1 \\ y_2 \end{bmatrix} = \begin{bmatrix} H_{11} & H_{12} \\ H_{21} & H_{22} \end{bmatrix} \cdot \begin{bmatrix} x_1 \\ x_2 \end{bmatrix} + \begin{bmatrix} n_1 \\ n_2 \end{bmatrix} \tag{5.16}$$

现在让我们假设发射天线和接收天线的数量相等，使得$N_R = N_T = N$，并且让我们忽略前面的噪声和干扰。然后，我们可以反转信道矩阵并导出发射符号的以下估计：

$$\hat{\boldsymbol{x}} = \hat{\boldsymbol{H}}^{-1} \cdot \boldsymbol{y} \tag{5.17}$$

式中，$\hat{\boldsymbol{H}}^{-1}$是接收机对信道矩阵的逆的估计，而 $\hat{\boldsymbol{x}}$ 是其对发射信号的估计。这是前面的迫零检测器。如果噪声和干扰太大，检测器会遇到问题，但是在这些情况下，最小均方误差（MMSE）检测器给出了更准确的答案。

如果信道矩阵表现良好，则我们可以测量 N 个接收天线的信号，并使用合适的检测器来估计所发射的符号。因此，我们可以通过因子 N 增加数据速率。然而，信道矩阵可以是奇异的（如在式（5.6）和式（5.11）中），在这种情况下，其逆不存在。或者，矩阵可能是病态的，在这种情况下，其逆被噪声破坏。无论哪种方式，我们需要找到另一个解决方案。

解决方案来自一种称为奇异值分解（SVD）的技术[7]，其中我们将信道矩阵 $\boldsymbol{H}$ 写成：

$$H = U \cdot \Sigma \cdot V^{\dagger} \tag{5.18}$$

式中，$\boldsymbol{U}$ 是$N_R \times N_R$矩阵，$\boldsymbol{V}$ 是$N_T \times N_T$矩阵。$\boldsymbol{V}^{\dagger}$ 是 $\boldsymbol{V}$ 的厄密共轭，换句话说是其转置的复共轭。$\boldsymbol{U}$ 和 $\boldsymbol{V}$ 都是酉矩阵，使得它们的逆等于它们的厄密共轭。$\boldsymbol{\Sigma}$ 是$N_R \times N_T$对角矩阵，其元素 σ_i 是正的或零，并且被称为 $\boldsymbol{H}$ 的奇异值。在两天线示例中，对角矩阵是

$$\Sigma = \begin{bmatrix} \sigma_1 & 0 \\ 0 & \sigma_2 \end{bmatrix} \tag{5.19}$$

该技术与更熟悉的特征值分解技术松散相关，因为 $\boldsymbol{H} \cdot \boldsymbol{H}^{\dagger}$ 的特征值是 $\boldsymbol{H}$ 的奇异值的二次方。

现在让我们以图 5.7 所示的方式传输符号。在后编码阶段的输出处，所接收的符号向量是

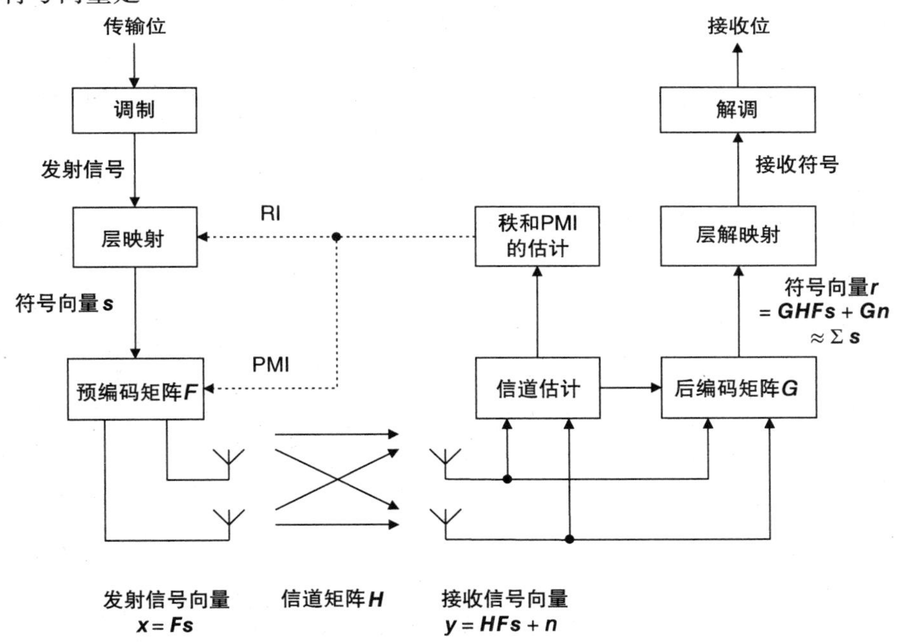

图 5.7　具有任意数量天线的空间复用系统的操作

$$r = G \cdot H \cdot F \cdot s + G \cdot n \tag{5.20}$$

式中，$\boldsymbol{s}$ 包含在预编码阶段的输入处的发射符号，$\boldsymbol{F}$ 是预编码矩阵，$\boldsymbol{H}$ 是通常的信道矩阵，$\boldsymbol{G}$ 是后编码矩阵。如果我们现在选择预编码矩阵和后编码矩阵，使得它们近似于之前的酉矩阵：

$$\begin{aligned} F &\approx V \\ G &\approx U^{\dagger} \end{aligned} \tag{5.21}$$

则接收的符号向量变为

$$\begin{aligned} \boldsymbol{r} &\approx \boldsymbol{U}^{\dagger} \cdot \boldsymbol{H} \cdot \boldsymbol{V} \cdot \boldsymbol{s} + \boldsymbol{V} \cdot \boldsymbol{n} \\ &\approx \boldsymbol{\Sigma} \cdot s + \boldsymbol{V} \cdot \boldsymbol{n} \end{aligned} \tag{5.22}$$

忽略噪声，我们现在可以将两天线空间复用系统中的接收符号写成：

$$\begin{bmatrix} r_1 \\ r_2 \end{bmatrix} \approx \begin{bmatrix} \sigma_1 & 0 \\ 0 & \sigma_2 \end{bmatrix} \cdot \begin{bmatrix} s_1 \\ s_2 \end{bmatrix} \tag{5.23}$$

因此，我们有两个独立的数据流，它们之间没有任何耦合。现在对于接收机恢复传输的符号来说是微不足道的，如下：

$$\hat{s}_{\mathrm{i}} = \frac{r_{\mathrm{i}}}{\sigma_{\mathrm{i}}} \tag{5.24}$$

因此，通过适当地选择预编码矩阵和后编码矩阵 $\boldsymbol{F}$ 和 $\boldsymbol{G}$，我们可以大大简化接收机的设计。

如果信道矩阵 $\boldsymbol{H}$ 是奇异的，则其奇异值 σ_{i} 中的一些是零。如果它是病态的，则一些奇异值是非常小的，因此重构的符号被噪声严重破坏。$\boldsymbol{H}$ 的条件数等于最大奇异值除以最小奇异值，并且测量矩阵病态的程度。$\boldsymbol{H}$ 的秩是可用的奇异值的数量，并且来自 5.2.2 节的秩指示等于 $\boldsymbol{H}$ 的秩。例如，在秩为 1 的双天线系统中，接收的符号向量如下：

$$\begin{bmatrix} r_1 \\ r_2 \end{bmatrix} \approx \begin{bmatrix} \sigma_1 & 0 \\ 0 & 0 \end{bmatrix} \cdot \begin{bmatrix} s_1 \\ s_2 \end{bmatrix} \tag{5.25}$$

系统可以以下面的方式利用这种行为。接收机估计信道矩阵并且与预编码矩阵 $\boldsymbol{F}$ 一起反馈秩指示。如果秩指示为 2，则发射机发送两个符号 s_1 和 s_2，并且接收机从式（5.23）重构它们。如果秩指示为 1，则发射机只发送一个符号 s_1，并且根本不打扰 s_2。然后，接收机可以根据式（5.25）重构发射的符号。

在实践中，接收机不将 $\boldsymbol{F}$ 的完整描述传递回发射机，因为这将需要太多的反馈。相反，它从码本中选择与 $\boldsymbol{V}$ 最接近的近似值，并使用预编码矩阵指示（PMI）指示其选择。

式（5.22）和式（5.23）表明接收的符号 r_1 和 r_2 可以具有不同的信噪比，这取决于相应的奇异值 σ_1 和 σ_2。在 LTE 中，发射机可以通过发送具有不同调制方案和编码速率以及不同发射功率的两个符号来利用这一点。

如果发送和接收的数量是不同的，我们可以以完全相同的方式使用这种技术。例如，对于四个发射天线和两个接收天线，式（5.23）变成如下：

$$\begin{bmatrix} r_1 \\ r_2 \end{bmatrix} \approx \begin{bmatrix} \sigma_1 & 0 & 0 & 0 \\ 0 & \sigma_2 & 0 & 0 \end{bmatrix} \cdot \begin{bmatrix} s_1 \\ s_2 \\ s_3 \\ s_4 \end{bmatrix} \tag{5.26}$$

信道矩阵具有2的秩，因此我们可以成功地仅重建两个发射符号s_1和s_2，而不是四个。一般情况下，最大数据速率与$\min(N_T, N_R)$成比例，任何额外的天线提供额外的发射或接收分集。

5.2.5　实现的问题

在LTE版本8的下行链路中使用基站上的最多四个发射天线和移动台上的四个接收天线来实现空间复用。分集处理存在类似的实现问题。首先，基站和移动台处的天线应该合理地远离，理想的是载波频率的几个波长，或者应该处理不同的偏振。如果天线太靠近在一起，则信道元素H_{ij}将非常相似。这很容易使我们进入5.2.2节的情况，其中空间复用是不可用的，我们不得不回到分集处理。

在视距传输和接收的情况下可能容易出现类似的情况。这导致我们得到一个意想不到的结论：空间复用实际上在非直接视距和显著多路径的情况下工作最好，因为在这些条件下，信道元素H_{ij}彼此不相关。在视距条件下，我们经常不得不回到分集处理。

如在闭环发射分集的情况下，PMI取决于载波频率和移动台的位置。对于快速移动的移动台，反馈回路中的延迟可以使得PMI在发射机开始使用PMI时不可靠，因此开环空间复用通常是优选的。

5.2.6　多用户MIMO

图5.8显示了一个稍微不同的技术。这里，两个发射天线和两个接收天线以与前面相同的方式共享相同的传输时间和频率。然而，这一次，移动天线在两个不同的移动设备上而不是一个。与早期的空间复用技术（称为单用户MIMO（SU－MIMO））相反，该技术被称为多用户MIMO（MU－MIMO）。

图5.8具体示出了上行链路上的多用户MIMO的实现。这里，移动台在相同时间和相同载波频率上发射，但是不使用任何预编码，并且甚至不知道它们是空间复用系统的一部分。基站接收它们的传输，并且使用（例如）我们前面提到的最小均方误差检测器来分离它们。

这种技术只有在信道矩阵表现良好的情况下才有效，但我们通常可以保证这一点。首先，移动台可能相距很远，因此它们的射线路径可能非常不同。其次，基站可以自由选择正在参与的移动台，因此它可以自由地选择导致良好表现的信道矩阵的移动台。

上行链路多用户MIMO不增加单个移动台的峰值数据速率，但是由于小区吞吐量的增加，它仍然是有益的。它也可以使用仅具有一个功率放大器和一个发射天线的廉价移动台来实现，而不是两个。由于这些原因，多用户MIMO是LTE版本8的上行链路中的标准技术：在版本10之前，单用户MIMO不被引入到上行链路中。

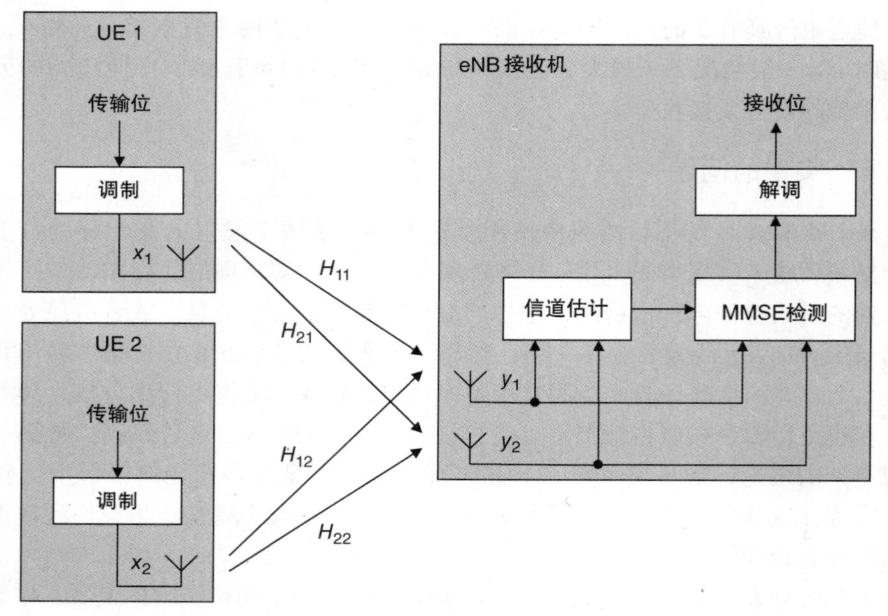

图 5.8　上行链路多用户 MIMO

我们还可以对下行链路应用多用户 MIMO，如图 5.9 所示。但是，这一次有

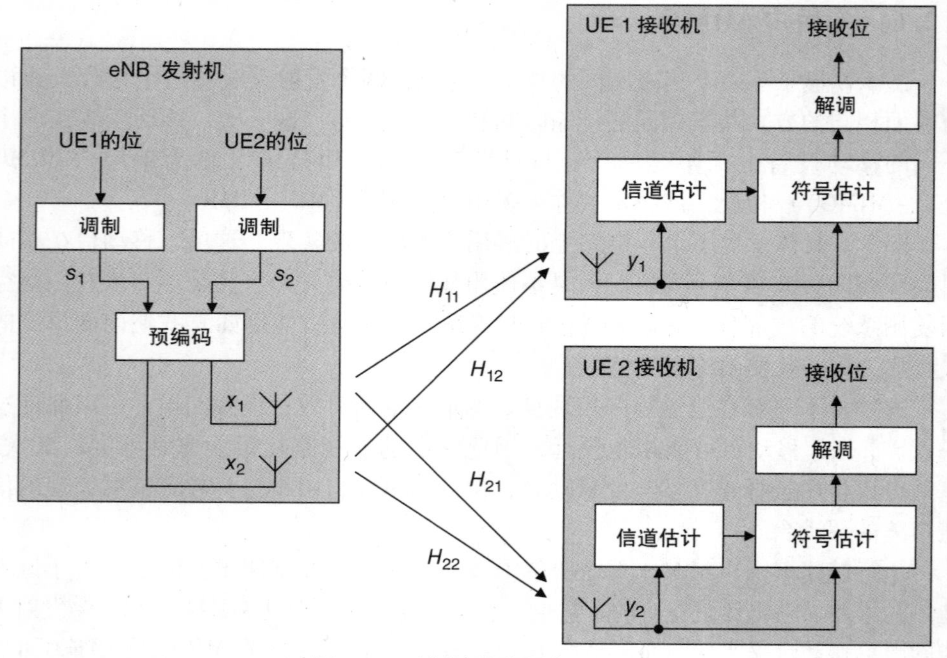

图 5.9　下行链路多用户 MIMO

一个问题。移动台 1 可以以与之前相同的方式测量其接收信号y_1和信道单元H_{11}和H_{12}。然而，它不知道其他接收信号y_2或其他信道单元H_{21}和H_{22}。相反的情况适用于移动台 2。移动台对信道单元或接收信号不具有完整了解，这使得我们已经使用的技术无效。

解决方案是通过采用另一种多天线技术来实现下行链路多用户 MIMO，称为波束成形。我们将在下一节中讨论波束成形，然后在本章结尾返回到下行链路多用户 MIMO。

5.3　波束成形

5.3.1　操作原理

波束成形类似于分集传输和接收，但是具有不同的几何形状并且使用不同的技术。基站仍然具有多个天线，但是它们的间隔小于以前，通常是载波频率的半个波长。我们还假设在基站和移动台之间存在很少的多径传播。利用该几何形状，移动台从基站的发射天线接收高度相关的信号，因此上一节的空间复用技术是不适当的。

相反，多个天线根据图 5.10 所示的原理增加小区的覆盖。这里，移动台 1 在与天线阵列成直角的视线上离基站很远。来自每个天线的信号同相到达移动台

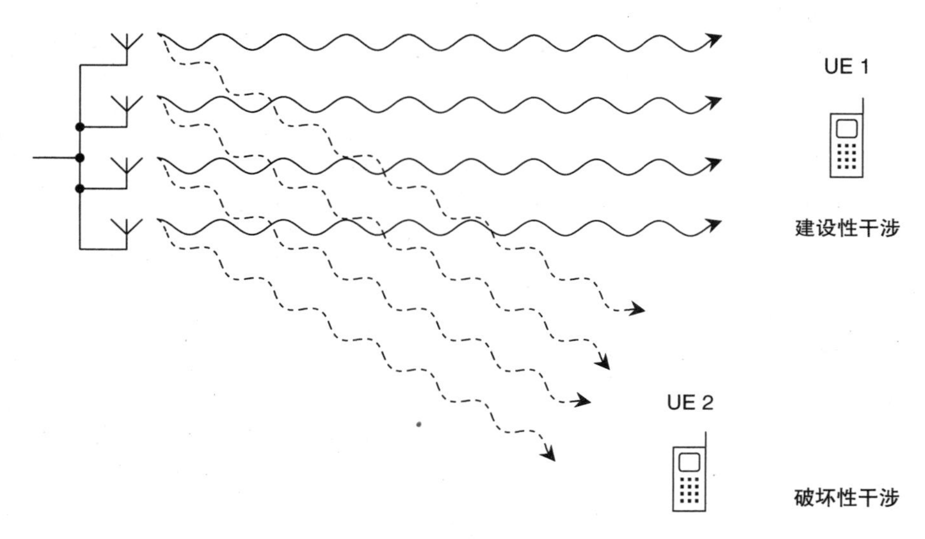

图 5.10　波束成形的基本原理

1，因此它们建设性地干涉，并且接收信号功率高。另一方面，移动台 2 处于倾斜角度，并接收来自 180°异相的交替天线的信号。这些信号破坏性地干涉，因此接收信号功率低。因此，我们创建了一种合成天线波束，其具有指向移动台 1 的主波束和指向移动台 2 的零点。波束宽度比来自单个天线的波束宽度窄，因此发射功率集中于移动台 1。结果，基站在移动台 1 的方向上的范围大于之前。

如图 5.11 所示，通过对发射信号应用相位斜坡，我们可以改变发生相长干涉的方向，因此我们可以将波束指向我们选择的任何方向。更一般地，我们可以通过应用合适的一组天线权重来调整发射信号的幅度和相位。在具有 N 个天线的系统中，这允许我们调整主波束的方向和高达 $N-2$ 个零点或旁瓣。

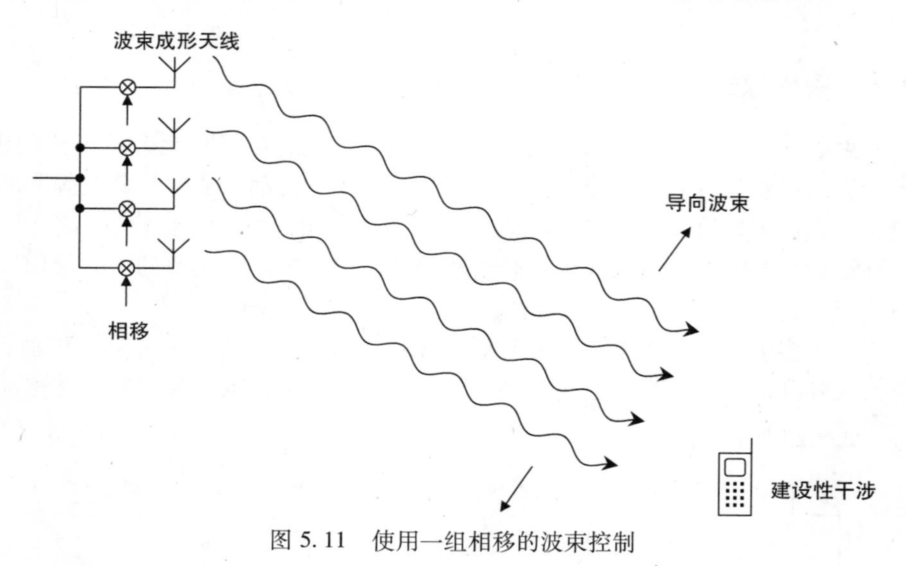

图 5.11 使用一组相移的波束控制

我们可以使用相同的技术来构造用于上行链路的合成接收波束。通过在基站接收机处应用合适的一组天线权重，我们可以确保接收信号在相位上相加并且相长干涉。结果，我们也可以增加上行链路中的范围。

5.3.2 波束控制

在数学上，波束成形系统中的天线权重与用于发射分集和空间复用的预编码权重相同。然而，在波束成形的情况下，不同的射线路径彼此高度相关，因此天线权重在长时间段内保持稳定。这通常使得基站可以在没有来自移动台的任何反馈的情况下估计权重。

对于上行链路上的接收波束，存在两种主要技术[8,9]。使用参考信号技术，基站调整天线权重，以便以正确的信号相位和最大可能的信干噪比（SINR）来重构移动台的参考符号。另一个方案是到达方向技术，其中基站测量由每个天线接收的信号，并且估计目标移动台的方向。从这个量，它可以估计满意接收所需的天线权重。

对于下行链路上的发射波束，答案取决于基站的操作模式。在TDD模式中，上行链路和下行链路使用相同的载波频率，因此基站可以在下行链路上使用为上行链路计算的相同的天线权重。在FDD模式中，载波频率不同，因此下行链路天线权重不同，并且难以估计。为此，波束成形在使用TDD的系统中比在使用FDD的系统中更常见。

尽管有这种限制，但缺乏反馈带来了进一步的好处：我们可以通过使波束成形过程对移动台透明来简化系统设计。为了实现这一点，基站将其天线权重应用于其发射的一切，不仅包括数据，而且包括现在特定于目标移动台的参考信号。结果，移动台接收具有正确幅度和相位的所有下行链路传输，因此基站不必发信号通知关于其权重选择的任何信息。

即使参考信号是移动台专用的，OFDMA基站仍然可以同时向一个以上的移动台发送。为了实现这一点，其仅需要使用不同的天线权重集合来处理不同子载波集合，以便产生指向不同移动台的天线波束。此外，基站还能够通过实现后面讨论的下行链路多用户MIMO技术在相同子载波集合上向多个移动台进行发送。

5.3.3　下行链路多用户MIMO技术深入研究

在5.2.6节的末尾，我们尝试使用我们以前用于空间复用的相同技术来实现下行链路多用户MIMO。我们发现移动台没有足够的信息来恢复发送的符号，所以以前的技术是不合适的。

然而，我们可以用图5.12所示的方式解决问题。这里，基站将两个不同的数据流发送到其天线阵列中，而不是仅一个。然后它使用两组不同的天线权重处理数据，并在传输之前将结果加在一起。这样做时，其创建了两个单独的天线波束，其共享相同的子载波，但携带两个不同的信息集。然后，基站可以调整天线权重，以便向两个不同的移动台引导波束和零点，使得第一个移动台接收来自波束1的相长干涉和来自波束2的相消干涉，反之亦然。通过这样做，基站可以用下行链路多用户MIMO需要的方式使小区的容量加倍。我们得出结论，下行链路MU-MIMO最好被视为多种波束成形，并且最好使用靠近在一起而不是相隔很远的基站天线来实现。

为了使技术有效地工作，我们必须引导每个天线波束，使得它指向目标移动台并且引导相应的零点，使得它们指向正在参与的其他移动台。这是难以实现的，因此直到版本10，LTE不提供对下行链路多用户MIMO的全面支持。在该版本中，规范引入了为多用户MIMO设计的精确PMI反馈，并帮助基站引导波束和零点精度要求。

然而，版本8中的下行链路多用户MIMO只有有限的支持。有两种可能的技术。主要技术使用与单用户 MIMO 相同的 PMI 反馈，因此，如果码本恰好包含适合于多用户 MIMO 的预编码矩阵，则它仅有效地工作。通常它不会，所以这种技术在版本 8 的性能相对较差。或者，基站可以使用我们之前描述的技术来估计没有任何反馈的天线权重。这仅在 TDD 模式下真正有效，并且在 FDD 模式的情况下通常是不适当的。

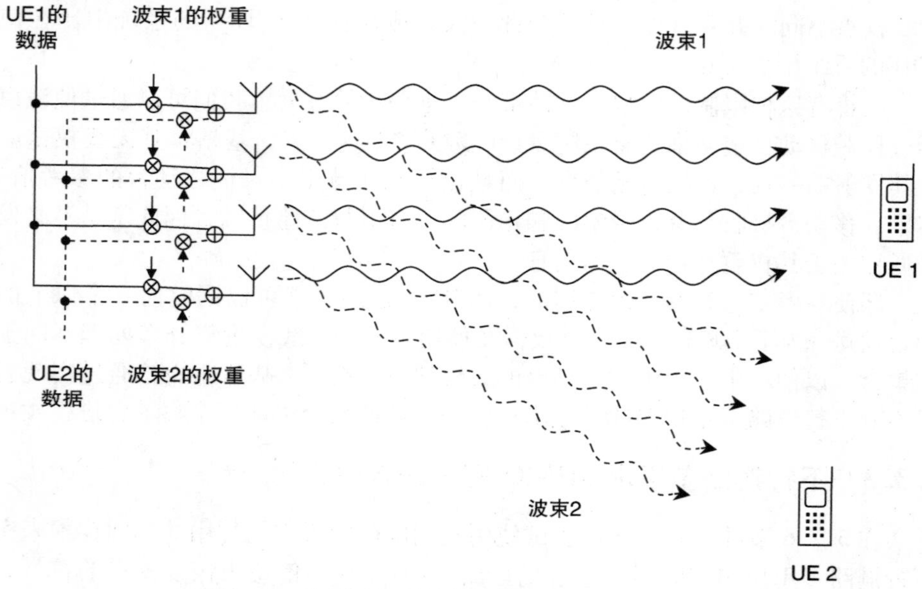

图 5.12　使用两组平行的天线权重进行波束成形

参考文献

1. Biglieri, E., Calderbank, R., Constantinides, A. *et al.* (2010) *MIMO Wireless Communications*, Cambridge University Press.
2. 4G Americas (2009) MIMO Transmission Schemes for LTE and HSPA Networks, June 2009.
3. 4G Americas (2010) MIMO and Smart Antennas for 3G and 4G Wireless Systems: Practical Aspects and Deployment Considerations, May 2010.
4. Lee, J., Han, J.K. and Zhang, J. (2009) MIMO technologies in 3GPP LTE and LTE-advanced. *EURASIP Journal on Wireless Communications and Networking*, **2009**, 1–10, article ID 302092.
5. 3GPP TS 36.101 (2013) User Equipment (UE) Radio Transmission and Reception, Release 11, Section 7.2, September 2013.
6. Alamouti, S. (1998) Space block coding: a simple transmitter diversity technique for wireless communications. *IEEE Journal on Selected Areas in Communications*, **16**, 1451–1458.
7. Press, W.H., Teukolsky, S.A., Vetterling, W.T. and Flannery, B.P. (2007) *Numerical Recipes*, 3rd edn, Section 2.6, Cambridge University Press.
8. Godara, L.C. (1997) Applications of antenna arrays to mobile communications, part I: performance improvement, feasibility, and system considerations. *Proceedings of the IEEE*, **85**, 1031–1060.
9. Godara, L.C. (1997) Application of antenna arrays to mobile communications, part II: beam-forming and direction-of-arrival considerations. *Proceedings of the IEEE*, **85**, 1195–1245.

第6章　LTE空中接口协议的架构

现在我们已经涵盖了空中接口的原理，我们可以解释这些原理如何在LTE中实际实现。这个任务是接下来五章的重点。

在本章中，我们将介绍空中接口的高层架构。我们首先介绍空中接口协议栈，并列出携带不同协议之间的信息的信道和信号。然后我们描述OFDMA和SC－FDMA空中接口如何被组织为资源网格中的时间和频率的函数，并且讨论LTE如何使用网格的多个副本来实现来自多个天线的传输。最后，通过说明信道和信号如何映射到在上行链路和下行链路中使用的资源网格，我们将前面的材料结合在一起。

6.1　空中接口协议栈

图6.1从移动台的角度介绍了空中接口中使用的协议。除了第2章中提供的信息外，该图还向物理层添加了一些详细信息，并显示了协议栈不同层之间的信息流。

让我们考虑发射机。在用户平面中，应用创建由诸如TCP、UDP和IP的协议处理的数据分组，而在控制平面中，无线资源控制（RRC）协议[1]写入在基站之间交换的信令消息和移动台。在这两种情况下，信息由分组数据汇聚协议（PDCP）[2]、无线链路控制（RLC）协议[3]和媒体接入控制（MAC）协议[4]处理，然后通过物理层进行传输。

物理层有三个部分。传输信道处理器[5]应用我们在3.4节中描述的差错管理过程，而物理信道处理器[6]应用来自第4和5章的OFDMA、SC－FDMA和多天线传输的技术。模拟处理器[7,8]将信息转换为模拟形式，对其进行滤波并将其混合到射频以进行传输。单独的规范[9]描述跨越物理层的各个部分的过程。

不同协议之间的信息流被称为信道和信号。数据和信令消息在RLC和MAC协议之间的逻辑信道，MAC和物理层之间的传输信道，以及物理层的不同级之间的物理数据信道上承载。LTE使用几种不同类型的逻辑、传输和物理信道，它们通过携带的信息的种类以及信息被处理的方式来区分。

在发射机中，传输信道处理器还创建支持物理层的低级操作的控制信息，并以物理控制信道的形式将该信息发送到物理信道处理器。信息传播到接收机中的传输信道处理器，但是对于较高层完全不可见。类似地，物理信道处理器创建物

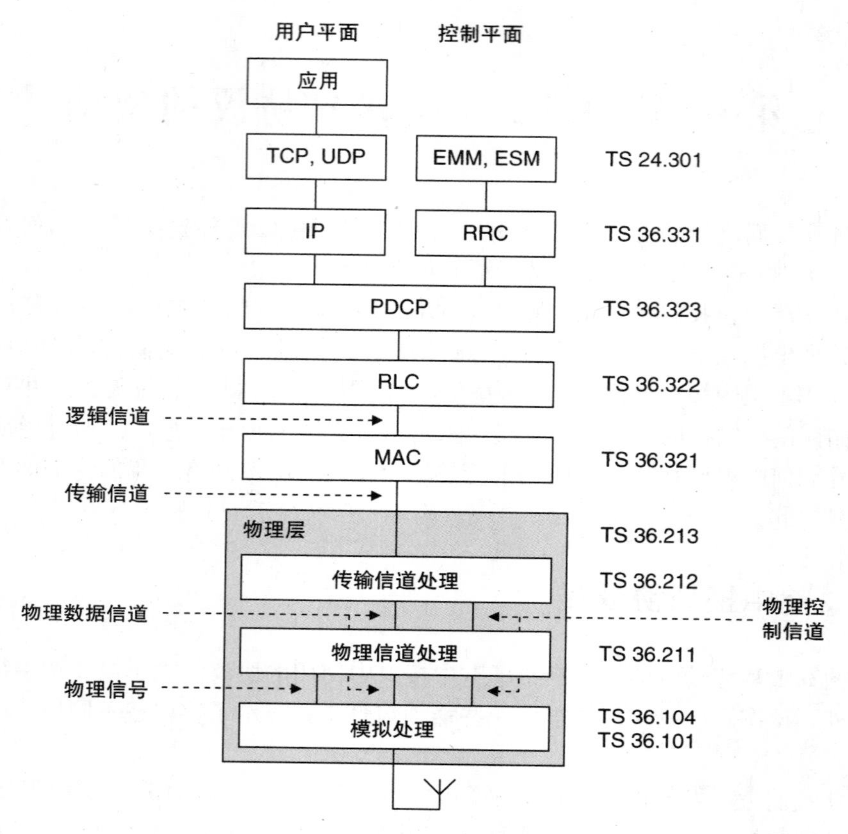

图 6.1　空中接口协议栈的架构

理信号，其支持系统的最低级别方面。这些传播到接收机中的物理信道处理器，但是再次对于较高层是不可见的。

6.2　逻辑、传输和物理信道

6.2.1　逻辑信道

表 6.1 列出了 LTE 使用的逻辑信道[10]。它们通过携带的信息来区分，并且可以以两种方式分类。首先，逻辑业务信道在用户平面中携带数据，而逻辑控制信道在控制平面中携带信令消息。其次，专用逻辑信道被分配给特定移动台，而公共逻辑信道可以被多于一个使用。

最重要的逻辑信道是传送去往或来自单个移动台的数据的专用业务信道（DTCH）和携带大多数信令消息的专用控制信道（DCCH）。确切地说，对于处于 RRC_CONNECTED 状态的移动台，专用控制信道承载信令无线承载 1 和 2 上的所有移动台专用信令消息。

表 6.1　逻辑信道

信道	版本	名称	携带信息	方向
DTCH	R8	专用业务信道	用户平面数据	UL，DL
DCCH	R8	专用控制信道	SRB1 和 2 上的信令	
CCCH	R8	公共控制信道	SRB0 上的信令	
PCCH	R8	寻呼控制信道	寻呼消息	DL
BCCH	R8	广播控制信道	系统信息	
MCCH	R9	多播控制信道	MBMS 信令	
MTCH	R9	多播业务信道	MBMS 数据	

广播控制信道（BCCH）携带 RRC 系统信息消息，基站在整个小区上广播以告知移动台关于小区是如何配置的。这些消息被划分为两个不相等的组，这些组由较低层不同地处理。主信息块（MIB）携带几个重要的参数，例如下行链路带宽，而几个系统信息块（SIB）携带其余的参数。

寻呼控制信道（PCCH）携带寻呼消息，如果基站希望联系处于 RRC_IDLE 的移动台，则基站发送寻呼消息。公共控制信道（CCCH）用于在 RRC 连接建立的过程中从 RRC_IDLE 移动台到 RRC_CONNECTED 的移动台的信令无线承载 0 上携带消息。

与本章中的其他表一样，表 6.1 列出了每个 LTE 版本中引入的信道。多播业务信道（MTCH）和多播控制信道（MCCH）首先出现在 LTE 版本 9 中，以处理被称为多媒体广播/多播服务（MBMS）的服务。我们将在第 18 章讨论这些信道。

6.2.2　传输信道

表 6.2 中列出传输信道[11]。它们通过传输信道处理器操纵它们的方式来区分。

表 6.2　传输信道

信道	版本	名称	携带信息	方向
UL - SCH	R8	上行链路共享信道	上行链路数据和信令	UL
RACH	R8	随机接入信道	随机接入请求	
DL - SCH	R8	下行链路共享信道	下行链路数据和信令	DL
PCH	R8	寻呼信道	寻呼消息	
BCH	R8	广播信道	主信息块	
MCH	R8/R9	多播信道	MBMS	

最重要的传输信道是上行链路共享信道（UL - SCH）和下行链路共享信道（DL - SCH），其通过空中接口传送大量数据和信令消息。寻呼信道（PCH）携带从寻呼控制信道发起的寻呼消息。广播信道（BCH）携带广播控制信道的主信息块：剩余的系统信息消息由下行链路共享信道处理，就像它们是正常的下行链路数据一样。在版本 8 中完全指定了多播信道（MCH），以便从多媒体广播/多播服务传送数据。然而，它实际上是不可用的，直到引入版本 9。

基站通常通过在特定时间和在特定子载波上授予其用于上行链路传输的资源来调度移动台进行传输。随机接入信道（RACH）是一个特殊信道，通过它，移动台可以在没有任何预先调度的情况下联系网络。随机接入传输由移动设备的 MAC 协议组成，并且在基站中传播到 MAC 协议，但是对于较高层完全不可见。

传输信道之间的主要区别在于它们的错误管理方法。具体地，上行链路和下行链路共享信道是使用自动重复请求和混合 ARQ 的技术的唯一传输信道，并且是唯一能够使其编码率适应于接收信干噪比（SINR）。其他传输信道单独使用前向纠错并具有固定的编码率。相同的限制适用于我们将在后面讨论的控制信息。

6.2.3 物理数据信道

表 6.3 列出了物理数据通道[12]。它们通过物理信道处理器操纵它们的方式以及通过它们映射到由 OFDMA 使用的符号和子载波上的方式来区分。

最重要的物理信道是物理下行链路共享信道（PDSCH）和物理上行链路共享信道（PUSCH）。PDSCH 携带来自下行链路共享信道的数据和信令消息，以及来自寻呼信道的寻呼消息。PUSCH 携带来自上行链路共享信道的数据和信令消息，并且有时可以携带后面描述的上行链路控制信息（UCI）。

物理广播信道（PBCH）从广播信道中携带主信息块，而物理随机接入信道（PRACH）携带来自随机接入信道的随机接入传输。物理多播信道（PMCH）在版本 8 中完全指定，以从多播信道携带数据，但是直到版本 9 才可用。

表 6.3 物理数据信道

信道	版本	名称	携带信息	方向
PUSCH	R8	物理上行链路共享信道	UL - SCH，UCI	UL
PRACH	R8	物理随机接入信道	RACH	
PDSCH	R8	物理下行链路共享信道	DL - SCH，PCH	DL
PBCH	R8	物理广播信道	BCH	
PMCH	R8/R9	物理多播信道	MCH	

PDSCH 和 PUSCH 是可以适应其调制方案的唯一物理信道，响应于所接收的 SINR 中的变化。其他物理信道都使用固定的调制方案，通常是 QPSK。至少在

LTE 版本 8 中，PDSCH 是使用来自 5.2 节和 5.3 节的空间复用和波束成形技术或者来自 5.1.2 节的闭环发射分集技术的唯一物理信道。其他信道从单个天线发送，或者在下行链路的情况下可以使用开环发射分集。同样，相同的限制也适用于我们将在后面列出的物理控制通道。

6.2.4　控制信息

传输信道处理器组成几种类型的控制信息，以支持物理层的低级操作。这些列在表 6.4 中。

上行链路控制信息包含几个字段。混合 ARQ 确认是移动台对基站在 DL - SCH 上的传输的确认。在第 4 章中介绍了信道质量指示（CQI），并且将接收的 SINR 描述为支持频率相关调度的频率的函数，而在第 5 章中引入了预编码矩阵指示（PMI）和秩指示（RI），支持空间复用的使用。总的来说，信道质量指示、预编码矩阵指示和秩指示有时被称为信道状态信息（CSI），但是该术语直到版本 10 才实际上出现在规范中。最后，如果希望在 PUSCH 上发送上行链路数据，移动台发送调度请求（SR），但是没有资源来这样做。

表 6.4　控制信息

<table>
<tr><th>领域</th><th>版本</th><th>名称</th><th>携带信息</th><th>方向</th></tr>
<tr><td rowspan="5">UCI</td><td rowspan="5">R8</td><td rowspan="5">上行链路控制信息</td><td>混合 ARQ 确认</td><td rowspan="5">UL</td></tr>
<tr><td>信道质量指示（CQI）</td></tr>
<tr><td>预编码矩阵指示（PMI）</td></tr>
<tr><td>秩指示（RI）</td></tr>
<tr><td>调度请求（SR）</td></tr>
<tr><td rowspan="3">DCI</td><td rowspan="3">R8</td><td rowspan="3">下行链路控制信息</td><td>下行链路调度命令</td><td rowspan="3">DL</td></tr>
<tr><td>上行链路调度授权</td></tr>
<tr><td>上行链路功率控制命令</td></tr>
<tr><td>CFI</td><td>R8</td><td>控制格式指示</td><td>下行链路控制区域的大小</td><td rowspan="2">DL</td></tr>
<tr><td>HI</td><td>R8</td><td>混合 ARQ 指示</td><td>混合 ARQ 确认</td></tr>
</table>

下行链路控制信息（DCI）包含大多数下行链路控制字段。使用调度命令和调度许可，基站可以警告下行链路共享信道上的移动台即将到来的传输，并且将其资源授予用于上行链路共享信道上的传输。它还可以通过使用功率控制命令来调整移动台正在发射的功率。

其他控制信息集不太重要。控制格式指示（CFI）告诉移动台关于下行链路上的数据和控制信息的组织，而混合 ARQ 指示（HI）是基站对 UL - SCH 上的移动台的上行链路传输的确认。

6.2.5 物理控制信道

物理控制通道如表 6.5 所示。

表 6.5 物理控制信道

信道	版本	名称	携带信息	方向
PUCCH	R8	物理上行链路控制信道	UCI	UL
PCFICH	R8	物理控制格式指示信道	CFI	DL
PHICH	R8	物理混合 ARQ 指示信道	HI	
PDCCH	R8	物理下行链路控制信道	DCI	
R－PDCCH	R10	中继物理下行链路控制信道	DCI	
EPDCCH	R11	增强物理下行链路控制信道	DCI	

在下行链路中，在物理控制信道和前面列出的控制信息之间存在一对一映射。这样，物理下行链路控制信道（PDCCH）、物理控制格式指示信道（PCFICH）和物理混合 ARQ 指示信道（PHICH）分别携带下行链路控制信息、控制格式指示和混合 ARQ 指示。中继物理下行链路控制信道（R－PDCCH）和增强物理下行链路控制信道（EPDCCH）分别是在版本 10 和 11 中引入的 PDCCH 的变体。

如果移动台正在同时发送上行链路数据，则在 PUSCH 上发送上行链路控制信息，否则在物理上行链路控制信道（PUCCH）上发送上行链路控制信息。PUSCH 和 PUCCH 在不同子载波集上传输，因此，根据 SC－FDMA 的要求，这种布置保留了上行链路传输的单载波性质。

6.2.6 物理信号

最终的信息流是物理信号，其支持物理层的最低级操作。这些列在表 6.6 中。

表 6.6 物理信号

信号	版本	名称	使用	方向
DRS	R8	解调参考信号	信道估计	UL
SRS	R8	探测参考信号	调度	
PSS	R8	主同步信号	获取	DL
SSS	R8	辅同步信号	获取	
RS	R8	小区特定参考信号	信道估计和调度	DL

（续）

信号	版本	名称	使用	方向
	R8	UE 特定参考信号	信道估计	
	R8/R9	MBMS 参考信号	信道估计	
	R9	定位参考信号	位置服务	
	R10	CSI 参考信号	调度	

在上行链路中，移动台在 PUSCH 和 PUCCH 同时发送解调参考信号（DRS）作为用于信道估计的相位参考。它还可以在由基站配置的时间发送探测参考信令（SRS）作为支持频率相关调度的功率考。

下行链路通常以小区特定参考信号（RS）的形式组合这两个作用。UE 特定参考信号不太重要，并且被发送到正在使用波束成形以支持信道估计的移动台。该规范引入了作为版本 9 和 10 的一部分的其他下行链路参考信号。基站还发送两个其他的物理信号，这有助于移动台在其首次接通之后获取基站。这些称为主同步信号（PSS）和辅同步信号（SSS）。

6.2.7　信息流

表 6.1～表 6.6 包含大量的信道，但 LTE 仅在几种类型的信息流中使用它们。图 6.2 所示为在上行链路中使用的信息流，其中从基站的角度绘制的箭头，使得上行链路信道具有向上指向的箭头，反之亦然。图 6.3 所示为下行链路中的相应情况。

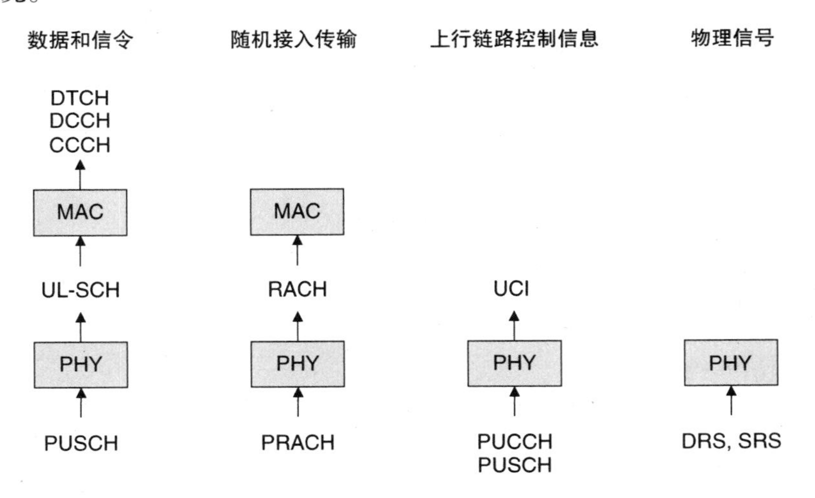

图 6.2　LTE 使用的上行链路信息流

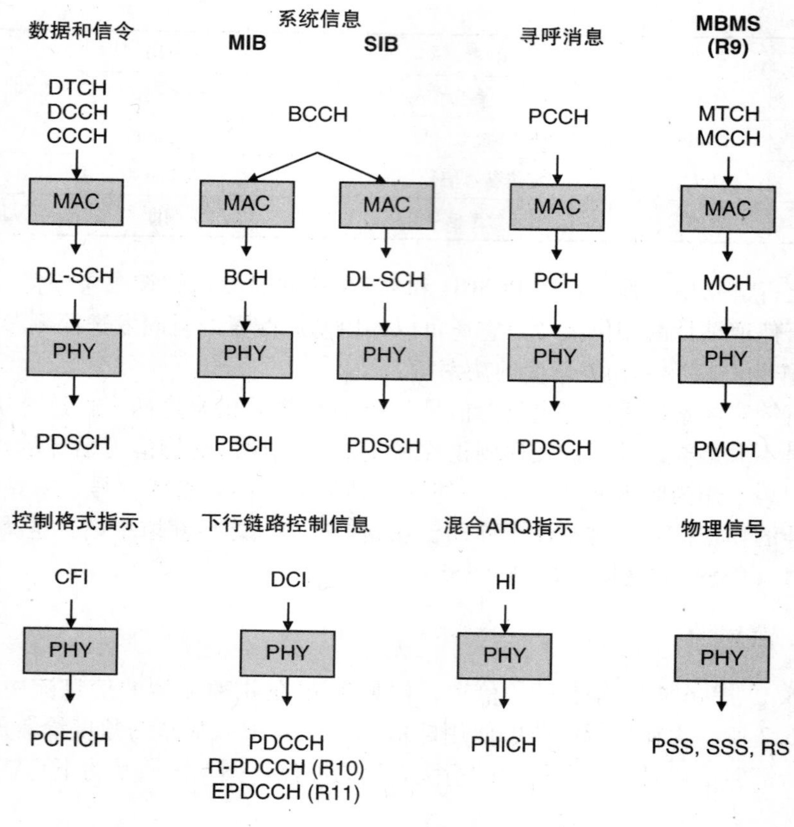

图 6.3　LTE 使用的下行链路信息流

6.3　资源网格

6.3.1　时隙结构

LTE 将物理信道和物理信号映射到我们在第 4 章中介绍的 OFDMA 符号和子载波。为了理解如何做到这一点，我们首先需要了解 LTE 如何在时域和频域中组织其符号和子载波[13]。

首先考虑时域。LTE 传输的定时基于时间单位T_s，其定义如下：

$$T_s = \frac{1}{2048 \times 15000}\text{s} \approx 32.6\text{ns} \tag{6.1}$$

T_s是物理信道处理器感兴趣的最短时间间隔。（确切地说，如果系统使用包含 2048 点的快速傅里叶变换，T_s 是来自式（4.3）的采样间隔 Δt，其是可能使用的最大值）。因此，66.7μs 符号持续时间等于 2048 T_s。

符号被分组成时隙，其持续时间是 0.5ms（15360T_s）。这可以通过两种方式来完成，如图 6.4 所示。对于正常的循环前缀，每个符号前面有一个通常为 144T_s（4.7μs）长的循环前缀。第一个循环前缀具有 160T_s（5.2μs）的较长持续时间，以便整理由将七个符号拟合到时隙中而产生的不均匀性。

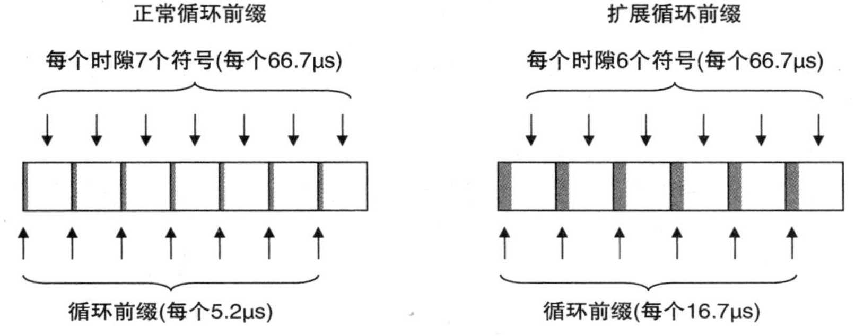

图 6.4　使用正常和扩展的循环前缀将符号组织到时隙中

使用正常循环前缀，接收机可以去除具有 4.7μs 的延迟扩展的符号间干扰，对应于最长和最短射线长度之间 1.4km 的路径差。这通常很多，但如果小区异常大或杂乱，可能不够。为了处理这种可能性，LTE 还支持扩展循环前缀，其中每个时隙的符号数目减少到 6。这允许将循环前缀扩展到 512T_s（16.7μs），以支持 5km 的最大路径差。

除了一个例外，与版本 9 中的多媒体广播/多播服务有关，基站在下行链路中保留正常或扩展循环前缀，并且在两者之间不改变。移动台通常在上行链路中使用相同的循环前缀持续时间，但是基站可以通过使用其系统信息来强制不同的选择。正常的循环前缀是更常见的，所以我们将几乎完全使用它。

6.3.2　帧结构

在更高级别，时隙被分组成子帧和帧[14]。在 FDD 模式下，这是使用帧结构类型 1 完成的，如图 6.5 所示。

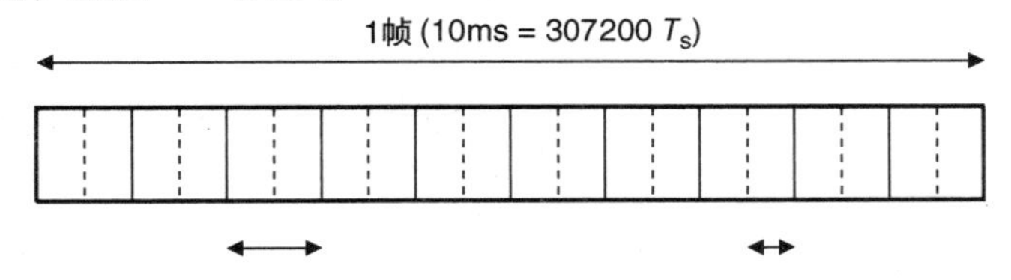

图 6.5　帧结构类型 1，用于 FDD 模式（资料来源：TS 36.211。经 ETSI 许可转载）

两个时隙形成一个子帧，其为 1ms 长（30720T_s）。使用子帧调度。当基站在下行链路上发射到移动台时，其每次一个子帧地调度其 PDSCH 传输，并且将每个数据块映射到该子帧内的一组子载波。在上行链路上发生类似的过程。

进而，10 个子帧构成一个帧，其为 10ms 长（$307200T_s$）。每个帧使用系统帧号（SFN）进行编号，该号码从 0 到 1023 重复运行。帧有助于调度一些缓慢变化的过程，例如系统信息和参考信号的传输。

TDD 模式使用帧结构类型 2。在该结构中，时隙、子帧和帧具有与之前相同的持续时间，但是每个子帧可以使用图 6.6 所示的 TDD 配置之一分配给上行链路或下行链路。

不同的小区可以具有不同的 TDD 配置，其作为小区的系统信息的一部分被通告。如果数据速率在上行链路和下行链路上相似，则配置 1 可能是适合的，而配置 5 可以在由下行链路传输支配的小区中使用。周围小区通常应该使用相同的 TDD 配置，以最小化上行链路和下行链路之间的干扰。

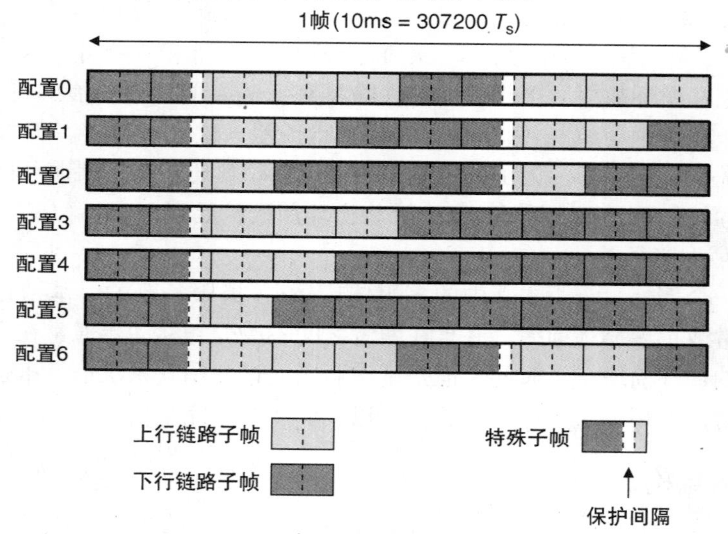

图 6.6　使用帧结构类型 2 的 TDD 配置

在从下行链路到上行链路传输的转换中使用特殊子帧。它们包含三个区域。特殊下行链路区域占用 3 ~ 12 个符号，并且以与任何其他下行链路区域相同的方式使用。特殊上行链路区域占用一个或两个符号，并且仅由随机接入信道和探测参考信号使用。这两个区域由支持后面描述的定时提前过程的 1 ~ 10 个符号的保护周期分开。小区可以使用特殊子帧配置来调整每个区域的大小，该特殊子帧配置再次在系统信息中被通告。

6.3.3　上行链路定时提前

在 LTE 中，移动台在相应帧到达下行链路之前的时间 TA 开始发送其上行链路帧[15]（见图6.7）。TA被称为定时提前并且被用于以下原因。即使以光速移动，移动台的传输也需要时间（通常几微秒）到达基站。然而，来自不同移动台的信号必须在大致相同的时间到达基站，具有小于循环前缀持续时间的扩展，以防止它们之间的符号间干扰的任何风险。为了实施该要求，远程移动台必须比它们原本稍早地开始传送。

因为上行链路传输时间基于下行链路到达时间，所以定时提前必须补偿基站和移动台之间的往返行程时间：

$$\mathrm{TA} \approx \frac{2L}{c} \tag{6.2}$$

式中，L是移动台和基站之间的距离，c是光速。定时提前不必是完全准确的，因为循环前缀可以处理任何剩余的错误。

规则定义定时提前如下：

$$\mathrm{TA} = (N_{\mathrm{TA}} + N_{\mathrm{TAoffset}})T_{\mathrm{s}} \tag{6.3}$$

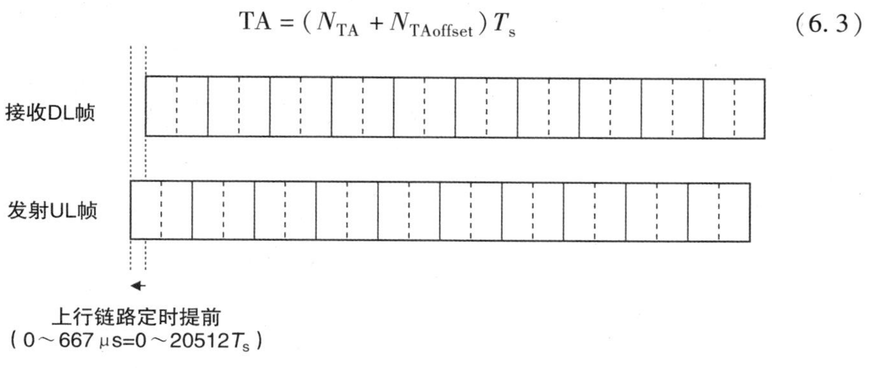

图6.7 在FDD模式下，上行链路和下行链路之间的定时关系
（资料来源：TS 36.211。经ETSI许可转载）

式中，N_{TA}位于0~20512之间。这给出了大约667μs（子帧的2/3）的最大定时提前，其支持100km的最大小区大小。N_{TA}由第9章中描述的随机接入过程初始化，并通过第10章的定时提前过程更新。

N_{TAoffset}在FDD模式中为0，在TDD模式中为624。这在从上行链路到下行链路传输的转变处产生了小间隙，这使得基站有时间从一个切换到另一个。每个特殊子帧中的保护时段在从下行链路到上行链路的转换处创建更长的间隙，这允许移动台提前其上行链路帧，而不使它们与在下行链路上接收的帧冲突。

6.3.4 资源网格结构

在LTE中，使用资源网格[16]，将信息组织为频率以及时间的函数。图6.8显示了正常循环前缀情况下的资源网格。（对于扩展循环前缀存在类似的网格，其使用每个时隙六个符号而不是七个。）

基本单元是资源元素（RE)，其跨越一个符号乘一个子载波。根据调制方案是 QPSK、16－QAM 或 64－QAM，每个资源元素通常携带两个、四个或六个物理信道位。资源元素被分组成资源块（RB)，每个资源块跨越 0.5ms（一个时隙）乘 180kHz（12 个子载波)。基站通过以资源块为单位分配每个子帧内的符号和子载波来使用用于频率相关调度的资源块。术语资源块有时用于在特定子帧内使用相同子载波的两个连续资源块。

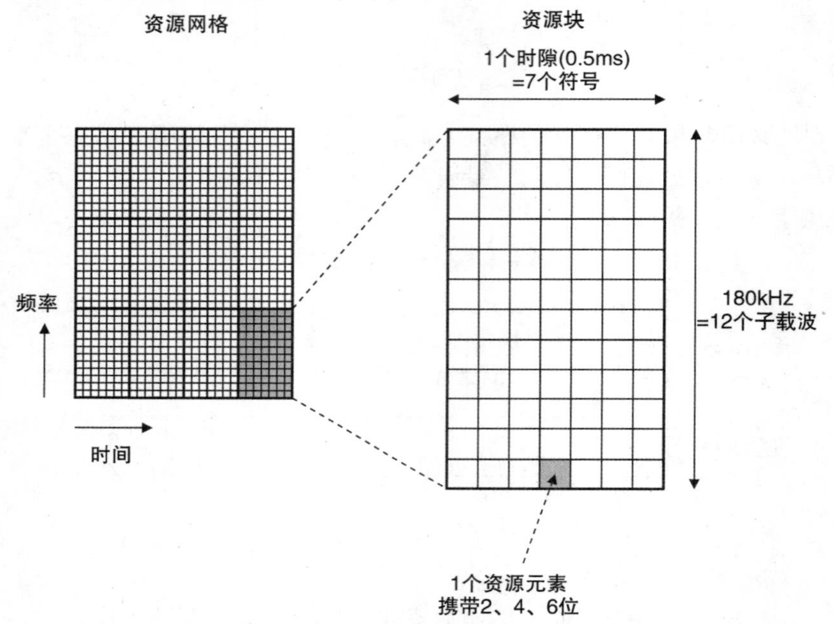

图 6.8　使用正常循环前缀的 LTE 资源网格在时域和频域的结构

微妙的一点是下行链路资源网格不使用 0kHz 子载波；相反，资源块的两侧分别使用＋15～＋180kHz 和－15～－180kHz 的子载波。原因是 0kHz 子载波在零频率处到达移动台的 OFDMA 接收机，其中它可能遭受高水平的噪声和干扰。我们仍然在上行链路上使用该子载波，因为 SC－FDMA 符号在子载波上扩展，不易受到干扰，并且因为其省略将增加 SC－FDMA 波形的功率变化。

6.3.5　带宽选项

一个小区可以配置几种不同的带宽[17]，如表 6.7 所示。在 5MHz 频带中，例如，基站使用 25 个资源块（300 个子载波）进行发送，从而给出 4.5MHz 的传输带宽。该布置在频带的上边缘和下边缘处留下保护频带的空间，这使得与下一频带的干扰量最小化。两个保护频带通常具有相同的带宽，但是网络运营商可以在必要时通过以 100kHz 为单位移动中心频率来调整它们。

表 6.7　LTE 支持的小区带宽

总带宽	资源块数	子载波数	占用带宽	常规保护频带
1.4MHz	6	72	1.08MHz	2×0.16MHz
3MHz	15	180	2.7MHz	2×0.15MHz
5MHz	25	300	4.5MHz	2×0.25MHz
10MHz	50	600	9MHz	2×0.5MHz
15MHz	75	900	13.5MHz	2×0.75MHz
20MHz	100	1200	18MHz	2×1MHz

所有这些带宽选项的存在使得网络运营商容易在各种频谱管理方案中部署 LTE。例如，1.4MHz 接近 cdma2000 和 TD－SCDMA 先前使用的带宽，5MHz 是 WCDMA 使用的相同带宽，而 20MHz 允许 LTE 基站以其最高可能的数据速率操作。在 FDD 模式中，上行链路和下行链路带宽通常相同。如果它们不同，则基站用信号通知上行链路带宽作为其系统信息的一部分。

在第 4 章中，我们注意到，如果数据点的数量是 2 的精确幂，则快速傅里叶变换最有效地操作。这是容易实现的，因为发射机可以简单地将子载波的数量向上舍入到下一个最高 2 的幂，并且可以用零填充极值。例如，在 20MHz 带宽中，它通常使用 2048 点 FFT 来处理数据，这与之前引入的 T_s 的值一致。

6.4　多天线传输

6.4.1　下行链路天线端口

在下行链路中，使用天线端口来组织多个天线传输，每个天线端口具有我们前面介绍的资源网格自己的副本。表 6.8 列出了 LTE 使用的基站天线端口。端口 0～3 用于单天线传输、发射分集和空间复用，而端口 5 被保留用于波束成形。其余的天线端口在版本 9～11 中介绍，并将讨论到本书的结尾。

值得注意的是，天线端口不一定与物理天线相同；而是来自可以驱动一个或多个物理天线的基站发射机的输出。特别地，如图 6.9 所示，端口 5 将始终驱动用于波束成形的若干物理天线。基站通过对这些天线中的每一个应用不同的权重来构建波束，但是该计算是基站的内部事务，因此 3GPP 规范不必涉及各个天线。

表 6.8　LTE 下行链路使用的天线端口

天线端口	版本	应　用
0	R8	单天线传输 2 和 4 天线发射分集和空间复用
1	R8	2 和 4 天线发射分集和空间复用
2	R8	4 天线发射分集和空间复用
3	R8	4 天线发射分集和空间复用
4	R8/R9	MBMS
5	R8	波束成形
6	R9	定位参考信号
7，8	R9	双层波束成形
		8 天线空间复用
9 ~ 14	R10	8 天线空间复用
15 ~ 22	R10	CSI 参考信号
107 ~ 110	R11	EPDCCH

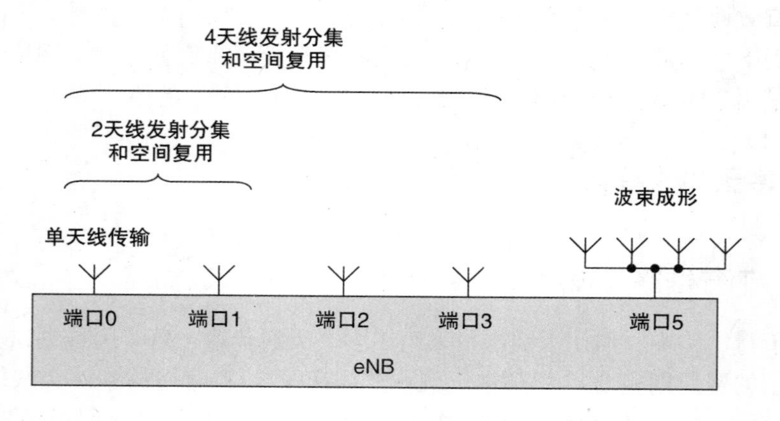

图 6.9　版本 8 基站使用的天线端口

6.4.2　下行链路传输模式

为了支持使用多个天线，基站可以可选地将移动台配置为表 6.9 中列出的下行链路传输模式之一。

表 6.9　下行链路传输模式

模式	版本	目的	需要上行链路反馈		
			CQI	RI	PMI
1	R8	单天线传输	√		
2	R8	开环发射分集	√		
3	R8	开环空间复用	√	√	
4	R8	闭环空间复用	√	√	√
5	R8	多用户 MIMO	√		√
6	R8	闭环发射分集	√		√
7	R8	波束成形	√		
8	R9	双层波束成形	√	可配置	
9	R10	八层空间复用	√	可配置	
10	R11	协作多点传输	√	可配置	

传输模式定义了基站将用于其在 PDSCH 上传输的多天线处理的类型，并且因此定义了移动台应当用于 PDSCH 接收的处理类型。它还以表中所列的方式定义了基站将期望来自移动台的反馈。

如果基站没有以这种方式配置移动台，则根据其具有的天线端口的总数，使用单个天线或开环发射分集来传送 PDSCH。

6.5　资源元素映射

6.5.1　下行链路资源元素映射

LTE 物理层通过将物理信道和物理信号映射到前面介绍的资源元素上来发送物理信道和物理信号。确切的映射取决于基站和移动台的确切配置，因此我们将一次介绍一个信道作为第 7 ~9 章的一部分。但是，显示典型系统配置的上行链路和下行链路的示例映射是很有启发性的。

图 6.10 所示为下行链路的示例资源元素映射。图为假设使用 FDD 模式、正常的循环前缀和 3MHz 的带宽。时间水平绘制，跨越构成一帧的 10 个子帧（20 个时隙）。频率垂直绘制，跨越组成传输频带的 15 个资源块。

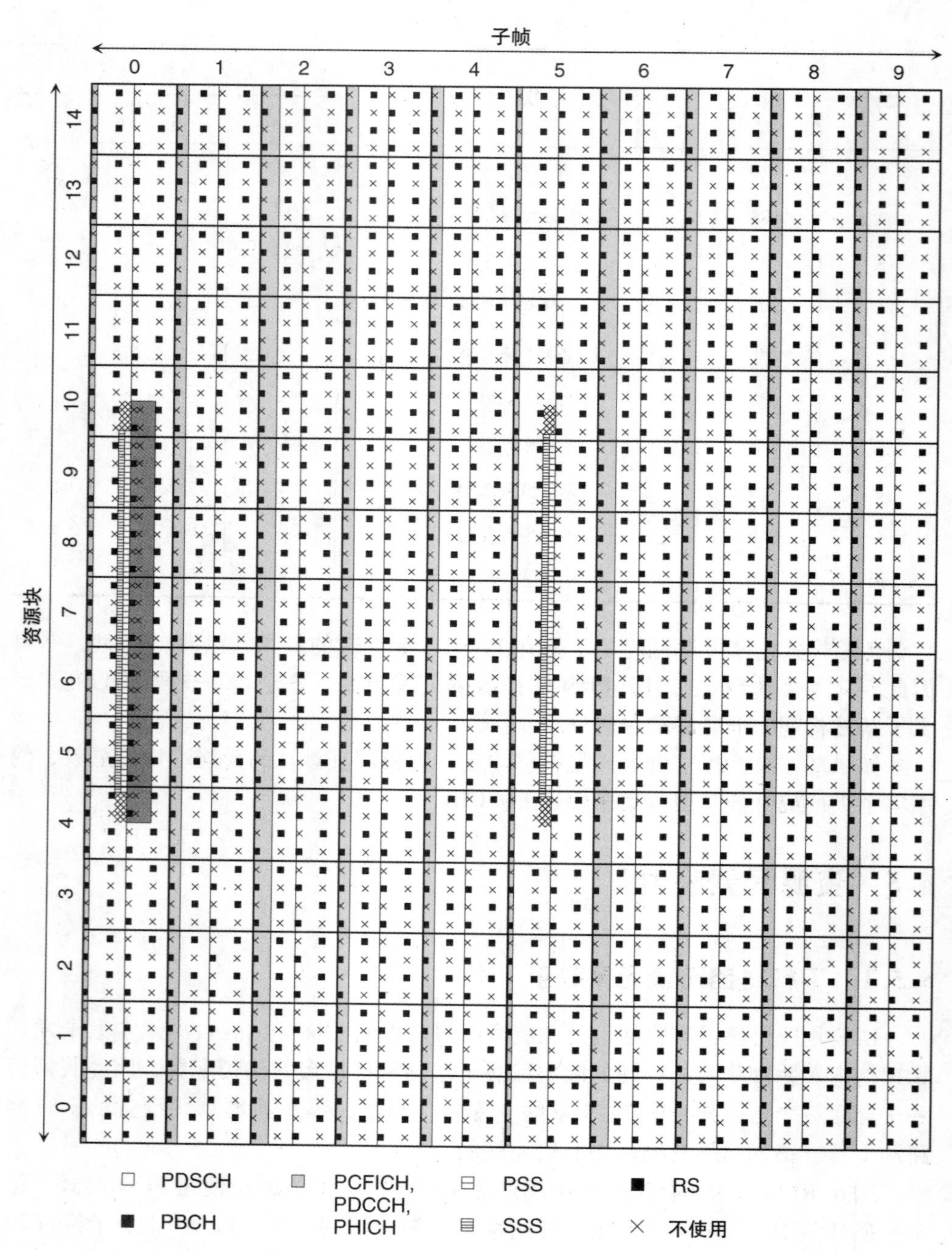

图 6.10　示例性地将物理信道映射到下行链路中的资源元素，使用 FDD 模式、正常循环前缀、3MHz 带宽，第一个天线端口为 2，物理小区 ID 为 1

小区特定参考信号在时域和频域上散射。当一个天线端口正在发送参考信号时，其他天线端口保持安静，使得移动台可以一次测量来自一个天线端口的接收到的参考信号。该图假定使用两个天线端口并且示出从端口 0 发送的参考信号。精确映射取决于来自第 2 章的物理小区标识：所示的适合于物理小区标识 1、7、13…

在每个帧内，为主同步信号和辅同步信号以及物理广播信道保留某些资源元素，并且在第 7 章中描述的捕获过程期间读取该信息。该信息仅在中心 72 个子载波上发送 1.08MHz，这是 LTE 使用的最窄带宽。这允许移动台在没有下行链路带宽的先验知识的情况下读取它。

在每个子帧的开始处，为基站在 PCFICH、PDCCH 和 PHICH 上发送的控制信息保留少量符号。取决于基站需要发送多少控制信息，控制符号的数量可以从一个子帧到下一个子帧变化。子帧的其余部分被保留用于 PDSCH 上的数据传输，并且以每个子帧内的资源块为单位分配给各个移动台。

6.5.2　上行链路资源元素映射

图 6.11 显示了上行链路上的相应情况。再次，该图假定使用 FDD 模式、正常循环前缀和 3MHz 的带宽。

频带的最外部分被保留用于 PUCCH 上的上行链路控制信息和相关联的解调参考信号。PUCCH 被划分为两个部分，其具有取决于移动台必须发送的信息的各种不同格式。外部部分具有固定带宽，并且用于称为 2、2a 和 2b 的 PUCCH 格式，其每时隙具有五个控制符号和两个参考符号。内部部分具有可变带宽并且用于 PUCCH 格式 1、1a 和 2b，其每个时隙具有四个控制符号和三个参考符号。

该频带的其余部分主要由 PUSCH 使用，并且以每个子帧内的资源块为单位分配给各个移动台。PUSCH 传输包含每个时隙六个数据符号和一个参考符号。

基站还为用于 PRACH 上的随机接入传输预留某些资源块。PRACH 具有六个资源块的带宽和 1 ~ 3 个子帧的持续时间，而其在资源网格中的位置由基站配置。在示例中，基站通过使用 PRACH 频率偏移 7 和 PRACH 配置索引 3 在子帧 1 中保留资源块 7 ~ 12。许多其他配置是可能的。

此外，基站可以保留某些子帧的最后一个符号用于探测参考信号的传输。在示例中，基站通过使用 SRS 子帧配置索引 5 来保留子帧 2 和 7 的最后一个符号。在保留区域内，单个移动台使用移动台专用带宽和频率偏移在备用子载波上进行发送。再次，许多其他配置是可能的。

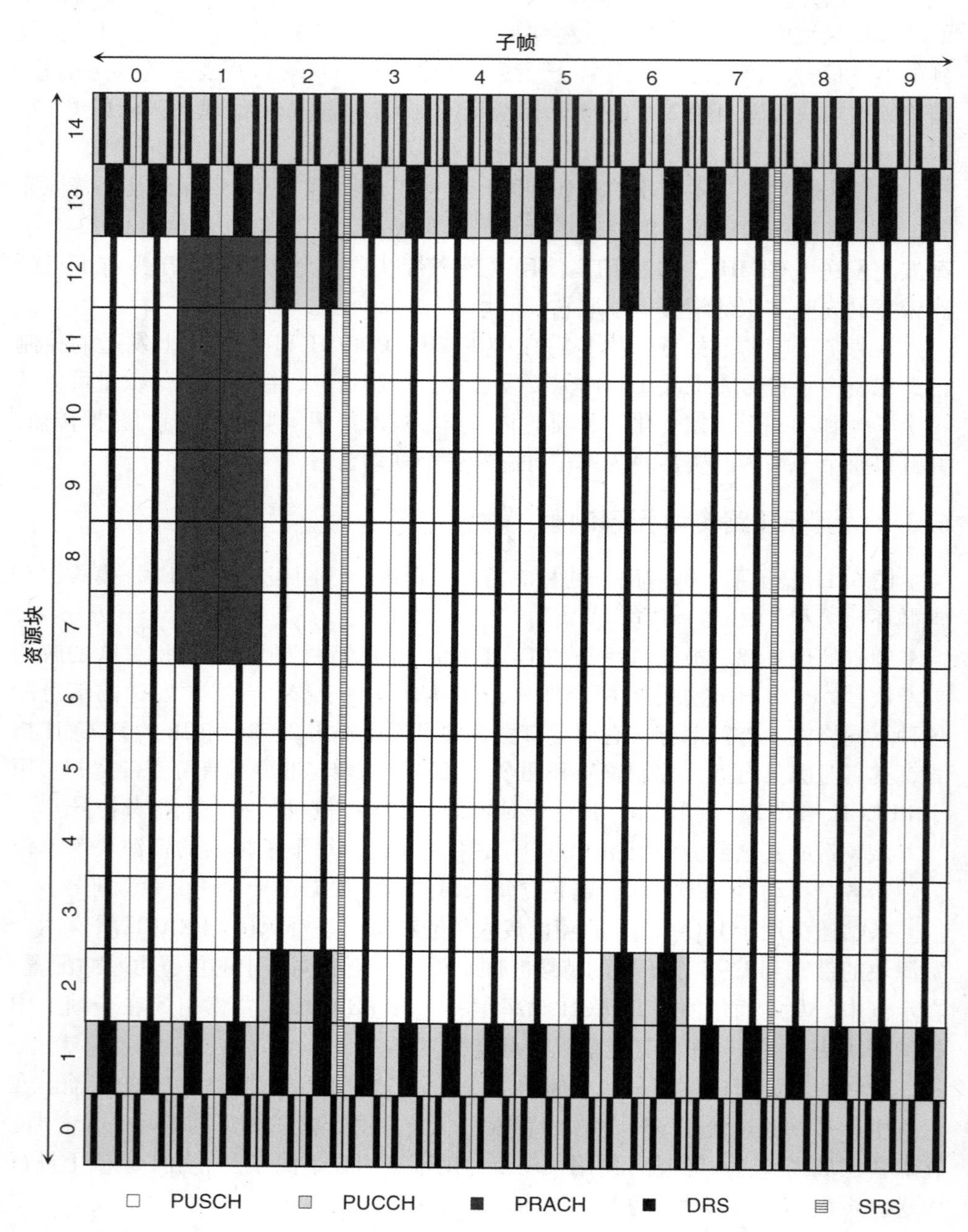

图 6.11　使用 FDD 模式、正常循环前缀、3MHz 带宽、PRACH 配置索引 3 和 SRS 子帧配置索引 5 的物理信道到上行链路中的资源元素的示例映射

参 考 文 献

1. 3GPP TS 36.331 (2013) Radio Resource Control (RRC); Protocol Specification, Release 11, September 2013.
2. 3GPP TS 36.323 (2013) Packet Data Convergence Protocol (PDCP) Specification, Release 11, March 2013.
3. 3GPP TS 36.322 (2012) Radio Link Control (RLC) Protocol Specification, Release 11, September 2012.
4. 3GPP TS 36.321 (2013) Medium Access Control (MAC) Protocol Specification, Release 11, July 2013.
5. 3GPP TS 36.212 (2013) Evolved Universal Terrestrial Radio Access (E-UTRA); Multiplexing and Channel Coding, Release 11, June 2013.
6. 3GPP TS 36.211 (2013) Evolved Universal Terrestrial Radio Access (E-UTRA); Physical Channels and Modulation, Release 11, September 2013.
7. 3GPP TS 36.101 (2013) User Equipment (UE) Radio Transmission and Reception, Release 11, September 2013.
8. 3GPP TS 36.104 (2013) Base Station (BS) Radio Transmission and Reception, Release 11, September 2013.
9. 3GPP TS 36.213 (2013) Evolved Universal Terrestrial Radio Access (E-UTRA); Physical Layer Procedures, Release 11, September 2013.
10. 3GPP TS 36.321 (2013) Medium Access Control (MAC) Protocol Specification, Release 11, Section 4.5, July 2013.
11. 3GPP TS 36.212 (2013) Multiplexing and Channel Coding, Release 11, Section 4, June 2013.
12. 3GPP TS 36.211 (2013) Physical Channels and Modulation, Release 11, Sections 5.1, 6.1, September 2013.
13. 3GPP TS 36.211 (2013) Physical Channels and Modulation, Release 11, Sections 5.6, 6.12, September 2013.
14. 3GPP TS 36.211 (2013) Physical Channels and Modulation, Release 11, Section 4, September 2013.
15. 3GPP TS 36.211 (2013) Physical Channels and Modulation, Release 11, Section 8, September 2013.
16. 3GPP TS 36.211 (2013) Physical Channels and Modulation, Release 11, Sections 5.2, 6.2, September 2013.
17. 3GPP TS 36.101 (2013) User Equipment (UE) Radio Transmission and Reception, Release 11, Section 5.6, September 2013.

第7章　小区获取

在移动台开机之后，其运行低级获取步骤，以便识别附近的LTE小区并且发现它们如何被配置。这样做时，其接收主同步信号和辅同步信号，从物理广播信道读取主信息块，并从物理下行链路共享信道读取剩余的系统信息块。它还开始下行链路参考信号和物理控制格式指示信道的接收，这在后面的数据传输和接收的整个过程中将需要。在本章中，我们首先总结获取步骤，然后讨论各个步骤。

本章最重要的规范是物理信道处理器，TS 36.211[1]。系统信息块构成无线资源控制协议的一部分，并在TS 36.331[2]中定义。

7.1　获取步骤

获取步骤总结在表7.1中。有几个步骤。移动台通过从所有附近小区接收同步信号开始。从主同步信号（PSS），它发现符号定时并且获得关于物理小区标识的一些不完整的信息。从辅同步信号（SSS），其发现帧定时、物理小区标识、传输模式（FDD或TDD）和循环前缀持续时间（正常或扩展）。

表7.1　小区获取步骤

步骤	任务	获得的信息
1	接收PSS	符号定时 组内小区标识
2	接收SSS	帧定时 物理小区标识 传输模式 循环前缀持续时间
3	开始接收RS	用于解调的幅度和相位参考 用于信道质量估计的功率参考
4	从PBCH读取MIB	发射天线数 下行链路带宽 系统帧号 PHICH配置
5	开始接收PCFICH	每个子帧的控制符号数
6	从PDSCH读取SIB	系统信息

在这一点上，移动台开始接收小区特定参考信号。这些提供了用于信道估计过程的幅度和相位参考，因此它们对于随后的任何事情是必要的。然后，移动台接收物理广播信道并读取主信息块。通过这样做，它发现基站处的发射天线的数目、下行链路带宽、系统帧号和描述物理混合 ARQ 指示信道的称为 PHICH 配置的数量。

移动台现在可以开始接收物理控制格式指示信道（PCFICH），以便读取控制格式指示。这些指示在物理控制信道的每个下行链路子帧的开始处保留多少符号，以及有多少符号可用于数据传输。最后，移动台可以开始接收物理下行链路控制信道（PDCCH）。这允许移动台读取在物理下行链路共享信道（PDSCH）上发送的剩余系统信息块（SIB）。通过这样做，它发现关于如何配置小区的所有剩余细节，例如它所属的网络的标识。

7.2　同步信号

7.2.1　物理小区标识

物理小区标识是在 0 ~ 503 之间的数字，其在同步信号[3]上发送并以三种方式使用。首先，其确定用于小区特定参考信号和 PCFICH 的资源元素的确切集合。其次，其影响被称为加扰的下行链路传输过程，以便最小化附近小区之间的干扰。第三，其在诸如测量报告和切换的 RRC 过程期间识别单个小区。在网络规划或自配置期间分配物理小区标识。附近的小区应该总是接收不同的物理小区标识，以确保这些角色中的每一个被正确地实现。

移动台在一个步骤中很难找到物理小区标识，因此它们被组织成如下的小区标识组：

$$N_{\mathrm{ID}}^{\mathrm{cell}} = 3N_{\mathrm{ID}}^{(1)} + N_{\mathrm{ID}}^{(2)} \tag{7.1}$$

在该式中，$N_{\mathrm{ID}}^{\mathrm{cell}}$是物理小区标识。$N_{\mathrm{ID}}^{(1)}$是从 0 到 167 的小区标识组，并且使用 SSS 发信号。$N_{\mathrm{ID}}^{(2)}$是组内的小区标识，其从 0 到 2 并且使用 PSS 发信号。使用这种布置，网络计划器可以给每个附近的基站一个不同的小区标识组，并且可以使用组内的小区标识来区分它的扇区。

7.2.2　主同步信号

图 7.1 所示为主同步信号和辅同步信号的时域映射。信号每帧传输两次。在 FDD 模式中，PSS 在时隙 0 和 10 的最后一个符号中发送，而 SSS 在一个符号前发送。在 TDD 模式中，PSS 在时隙 2 和 12 的第三个符号中发送，而 SSS 在三个

符号前发送。

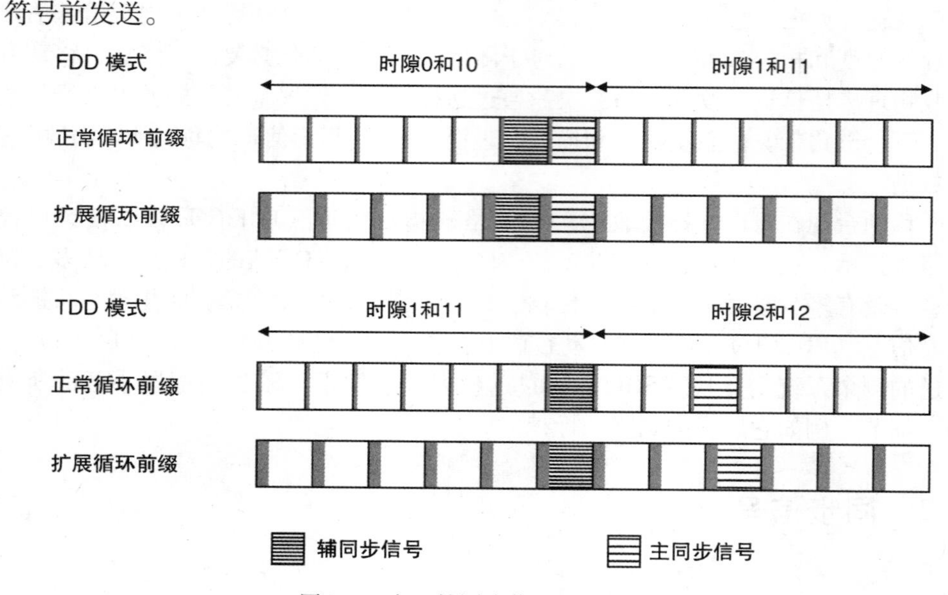

图 7.1　主、辅同步信号的时域映射

在频域中，基站将同步信号映射到中心 62 个子载波上，并且用零填充所得到的信号，使得它占据中心 72 个子载波（1.08MHz）。该第二个带宽是 LTE 支持的最小传输频带，其确保移动台可以在没有下行链路带宽的先验知识的情况下接收两个信号。

基站使用 Zadoff - Chu 序列[4,5]创建实际信号。Zadoff - Chu 序列是具有 N_{ZC} 个数据点的长度的复值序列。对于每个序列长度，我们可以使用从 0 到$N_{ZC}-1$且不是N_{ZC}的整数因子的序列号来生成N_{ZC}个不同根序列的最大值。然后，我们可以通过应用最大N_{ZC}个不同的循环移位来进一步调整每个根序列，其中数据点沿着序列移位并且围绕末端缠绕。Zadoff - Chu 序列也被上行链路参考信号（见第 8 章）和物理随机接入信道（见第 9 章）使用。

主同步信号使用三个根序列指示$N_{ID}^{(2)}$的三个可能值。为了处理主同步信号，移动台接收输入信号至少 5ms 的时间，并将其与那三个根序列进行比较。通过这样做，它测量主同步信号从每个邻近小区到达的时间，并且找到组内的小区标识$N_{ID}^{(2)}$。

Zadoff - Chu 序列是有用的，因为它们具有良好的相关性。实际上，即使接收的信干噪比（SINR）低，移动台在其$N_{ID}^{(2)}$的测量中犯错误的风险也很小。添加一些更多细节，相同根序列的不同循环移位是正交的：移动台接收到一个循环移位并且将其与另一个循环移位进行比较，如果两个循环移位不同，则结果是零，如果它们相同，则结果是非零。不同的根序列不是正交的，但是仍然是有价值的：移动台接收一个根序列并且将其与另一个比较，如果两个序列不同，则结果很小，如果它们相同，则结果很大。与循环移位不同，如果基站和移动台在彼此不适当地时间或频率对准，则根序列保持它们良好的相关特性，因此在主同步信号的情况下它们是优选的。

7.2.3　辅同步信号

基站在FDD模式中在主同步信号之前发射辅同步信号，或者在TDD模式中在主同步信号之前发射三个符号。确切的传输时间取决于循环前缀持续时间（正常或扩展），一起给出四个可能的传输时间。实际信号是使用被称为Gold序列[6]的伪随机序列创建的。确切的序列指示小区标识组$N_{\mathrm{ID}}^{(1)}$，并且对于帧内的信号的第一次和第二次传输是不同的。

为了接收辅同步信号，移动台检查相对于主同步信号的四个可能的传输时间中的每一个，并寻找每个可能的辅同步信号序列。通过找到信号被传送的时间，它可以推导出小区正在使用的传输模式和循环前缀持续时间。通过识别所发送的序列，其可以推导出小区标识组，从而推导出物理小区标识。它还可以推导序列是来自帧内辅同步信号的第一次传输还是第二次传输，因此它可以找到10ms帧开始的时间。

7.3　下行链路参考信号

移动台现在开始接收下行链路参考信号[7]。这些以两种方式使用。它们的直接作用是给予移动台用于信道估计的幅度和相位基准。稍后，移动台将使用它们来测量作为频率的函数的接收信号功率，并且计算信道质量指示。

版本8使用两种类型的下行链路参考信号，但是小区特定参考信号是最重要的。图7.2所示为对于正常循环前缀的情况，这些信号如何映射到资源元素。如图所示，映射取决于基站正在使用的天线端口的数量和天线端口号。当一个天线发送参考信号时，所有其他天线以空间复用所需的方式保持静默。

该基本模式在频域中偏移，以最小化从附近小区发送的参考信号之间的干扰。子载波偏移是

$$v_{\mathrm{shift}} = N_{\mathrm{ID}}^{\mathrm{cell}} \bmod 6 \tag{7.2}$$

式中，$N_{\mathrm{ID}}^{\mathrm{cell}}$是移动台已经找到的物理小区标识。先前，图6.10显示了在$v_{\mathrm{shift}}=1$的情况下的资源元素映射，使得物理小区标识可以具有值1，7，13…

资源元素用取决于物理小区标识的Gold序列填充，同样为了最小化干扰。通过测量接收到的参考符号并将它们与发射的参考符号进行比较，移动台可以测量空中接口引入的幅度变化和相移。然后，它可以通过内插来估计中间资源元素

处的那些量。

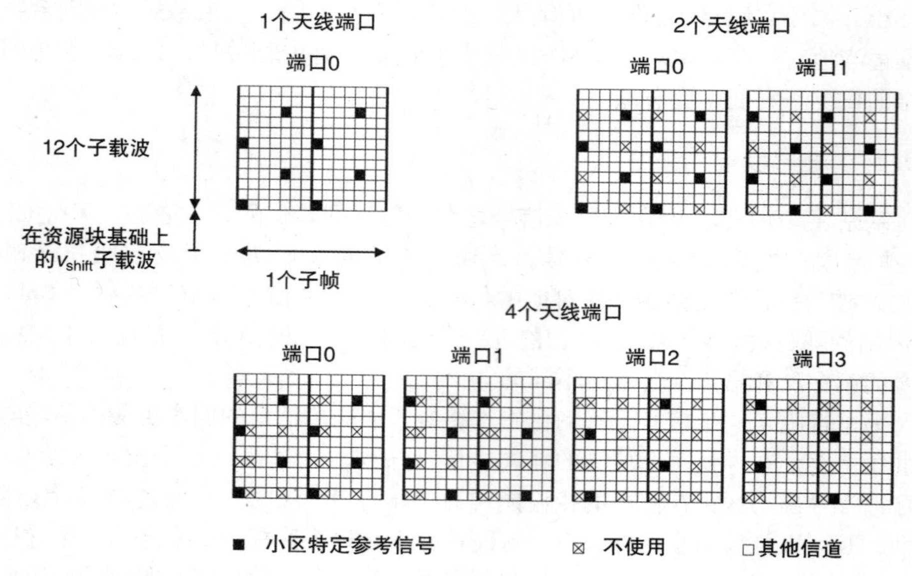

图 7.2　使用正常循环前缀的小区特定参考信号的资源元素映射
（来源：TS 36.211。经 ETSI 许可转载）

天线端口 0 和 1 每个资源块使用四个参考符号，而天线端口 2 和 3 仅使用两个。这是因为当小区由慢速移动的移动台占主导时，仅可能使用四个天线端口，对于这些小区，接收信号的幅度和相位将仅随时间缓慢变化。

版本 8 基站还可以从天线端口 5 发送 UE 特定参考信号，作为正在使用波束成形的移动台的幅度和相位参考。它们以三种方式不同于小区特定参考信号。首先，基站仅在它正用于在物理下行链路共享信道上进行波束成形传输的资源块中发送它们。其次，Gold 序列取决于目标移动台的标识以及基站的标识。第三，基站使用与其应用于物理下行链路共享信道相同的天线权重来对 UE 特定参考信号进行预编码。该最后步骤确保参考信号指向目标移动台，并且还确保加权处理是完全透明的：通过在信道估计期间恢复原始参考信号，移动台自动移除加权处理引入的所有相移。

7.4　物理广播信道

主信息块[8]包含下行链路带宽和 10 位系统帧号的 8 个最高有效位。它还包含被称为 PHICH 配置的量，其指示基站已经为物理混合 ARQ 指示信道保留的资源元素。

基站在广播信道和物理广播信道上发送主信息块[9,10]。它以与任何其他下行链路信道大致相同的方式处理信息：在下一章中，我们将使用物理下行链路共享信道作为示例来说明这些步骤。唯一的重要区别是基站以指示系统帧号的两个最低有效位和天线端口数量的方式操纵广播信道。如第6章所述，广播信道使用固定编码率和固定调制方案（QPSK），并且使用一个天线或开环发射分集来发射。

基站在四个连续帧上映射主信息块，从帧中开始，其中系统帧号是4的倍数。当使用正常循环前缀时，它使用时隙1的前四个符号在中心72个子载波上发送物理广播信道。图7.3所示为一个示例。如图所示，映射跳过来自具有四个天线端口的基站的用于小区特定参考信号的资源元素，而不管其实际具有多少端口。（注意，与我们通常的约定不同，该图纵轴代表时间，横轴代表频率）。

移动台通过选择一个、两个和四个天线端口的每个组合以及系统帧号的两个最低有效位的每个组合来盲目地使用基站可能已经操纵信息的所有可能方式来处理物理广播信道。只有正确的选择才允许循环冗余校验通过。通过读取主信息块，移动台可以发现下行链路带宽、系统帧号的剩余位和PHICH配置。

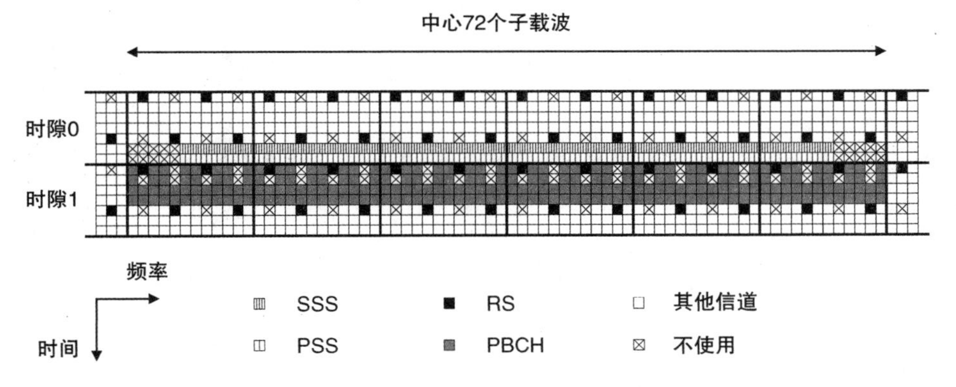

图7.3 物理广播信道的资源元素映射，使用FDD模式、正常循环前缀、10MHz或20MHz带宽、第一个天线端口为2、物理小区ID为1

7.5 物理控制格式指示信道

每个下行链路子帧从包含PCFICH、PHICH和PDCCH的控制区开始，并且继续包含PDSCH的数据区。每个子帧的控制符号的数量在1.4MHz的带宽中可以是2、3或4，否则可以是1、2或3，并且可以从一个子帧到下一个子帧改变。每个子帧，基站使用控制格式指示来指示控制符号的数量，并在PCFICH上发送信息[11,12]。移动设备的下一个任务是开始接收此信道。

PCFICH 被映射到每个子帧的第一个符号中的 16 个资源元素，精确映射取决于物理小区标识和下行链路带宽。图 7.4 所示为一个示例，带宽为 1.4MHz，物理小区标识为 1。

如图所示，所选择的资源元素被组织成四个资源元素组（REG）。每个组包含四个资源元素，其在小区特定参考信号不需要的附近子载波上发送。资源元素组在整个下行链路控制区域中使用，因此它们也被 PHICH 和 PDCCH 使用。

在每个子帧的开始，移动台进入 PCFICH 占用的资源元素，读取控制格式指示并确定下行链路控制区域的大小。使用 PHICH 配置，其可以确定哪些剩余资源元素组被 PHICH 使用，哪些剩余资源元素组被 PDCCH 使用。然后，其可以继续接收 PDCCH 上的下行链路控制信息和 PDSCH 上的下行链路数据。具体地，它可以以后面描述的方式读取小区的系统信息的其余部分。

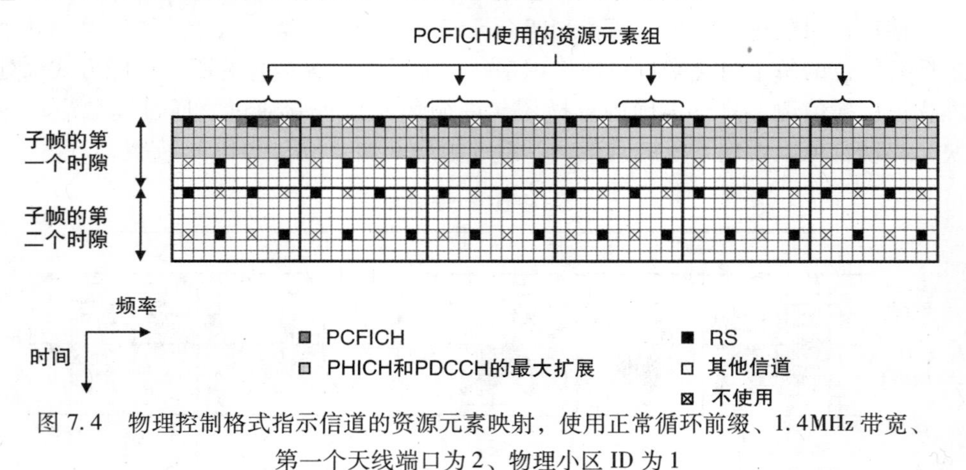

图 7.4 物理控制格式指示信道的资源元素映射，使用正常循环前缀、1.4MHz 带宽、第一个天线端口为 2、物理小区 ID 为 1

7.6 系统信息

7.6.1 系统信息的组成

每个小区广播指示其如何被配置的 RRC 系统信息消息[13]。基站以与任何其他数据传输几乎相同的方式在 PDSCH 上传送这些消息。移动台的最终获取任务是读取此信息。

系统信息被组织成我们前面讨论的主信息块和多个编号的系统信息块。这些列在表 7.2 中，以及我们将在其余章节中使用的信息元素的示例。

SIB1 定义了其他系统信息块将被调度的方式。它还包括移动台将需要用于网络和小区选择（见第 11 章）的参数，诸如跟踪区域代码和小区所属网络的列表。该列表可以识别多达六个网络，这允许基站在不同的网络运营商之间容易地共享。SIB2 包含描述小区的无线资源和物理信道的参数，例如基站在下行链路参考信号上传输的功率。

SIB3～8 有助于指定移动台在 RRC_IDLE 中使用的小区重选过程（见第 14 和 15 章）。SIB3 包含移动台将需要用于任何类型的小区重选的参数，以及它将在相同 LTE 载波频率上进行重选所需的小区独立参数。SIB4 是可选的，并且包含基站可以为该过程定义的任何小区特定参数。SIB5 覆盖到不同 LTE 频率的重选，而 SIB6～8 分别覆盖到 UMTS（WCDMA 和 TD－SCDMA）、GSM 和cdma2000 的重选。

表 7.2 系统信息的组成

块	版本	信息	示例
MIB	R8	主信息块	下行链路带宽 PHICH 配置 系统帧号
SIB1	R8	小区选择参数 其他 SIB 的调度	PLMN 标识列表 跟踪区域代码 CSG 标识 TDD 配置 $Q_{rxlevmin}$ SIB 映射，周期，窗口大小
SIB2	R8	无线资源配置	下行链路参考信号功率 默认 DRX 周期长度 时间对准定时器
SIB3	R8	公共小区重选数据 小区无关的同频数据	$S_{IntraSearchP}$，$S_{NonIntraSearchP}$，Q_{hyst}
SIB4	R8	小区特定的同频数据	$Q_{offset,s,n}$
SIB5	R8	异频重选	目标载波频率 $\text{Thresh}_{x,LowP}$， $\text{Thresh}_{x,HighP}$
SIB6	R8	重选到 UMTS	UMTS 载波频率
SIB7	R8	重选到 GSM	GSM 载波频率
SIB8	R8	重选到 cdma2000	cdma2000 载波和小区
SIB9	R8	归属 eNB 标识	归属 eNB 的名称
SIB10	R8	ETWS 主要通知	ETWS 关于自然灾害的警报
SIB11	R8	ETWS 辅助通知	补充 ETWS 信息
SIB12	R9	CMAS 通知	CMAS 紧急消息

（续）

块	版本	信息	示例
SIB13	R9	MBMS 信息	MBSFN 区域的详细信息
SIB14	R11	扩展接入限制	MTC 的限制参数
SIB15	R11	MBMS 服务区标识	此载波和其他载波的标识
SIB16	R11	定时信息	通用、GPS 和本地时间

其余的 SIB 更专业。如果基站属于闭合用户组，则 SIB9 识别其名称。然后，移动台可以向用户指示这一点，以支持闭合用户组选择。SIB10 和 11 包含来自地震和海啸预警系统的通知。在该系统中，小区广播中心可以接收关于自然灾害的警报，并且可以将其分发到网络中的所有基站，然后网络中的所有基站通过它们的系统信息来广播警报。SIB10 包含必须以 s 为单位分发的主要通知，而 SIB11 包含较不紧急的补充信息的次要通知。在版本 9 中引入 SIB12 和 13，而在版本 11 中引入 SIB14 ~ 16。

7.6.2 系统信息的传输和接收

基站可以使用两种技术来发送其系统信息。在第一种技术中，基站在整个小区上广播系统信息，以供 RRC_IDLE 状态的移动台和刚刚切换到新小区的RRC_CONNECTED 中的移动台使用。它以与任何其他下行链路传输（见第 8 章）大致相同的方式进行，但是具有一些差别。系统信息传输不支持不适合于一对多广播传输的自动重复请求。基站根据其具有的天线端口的数量使用一个天线或开环发射分集来发送系统信息，并且调制方案固定在 QPSK。

有一些关于这些系统信息广播定时的规则。基站在具有偶数系统帧号的帧的子帧 5 中发送 SIB1，完全传输占用 8 帧。它使用其下行链路调度命令来定义子载波的选择。然后，基站将剩余的 SIB 收集到 RRC 系统信息消息中，并在具有 1 ~ 40ms 持续时间和 80 ~ 5120ms 周期的传输窗口内发送每个消息。SIB1 定义 SIB 到消息的映射、每个消息的周期和窗口持续时间，而下行链路调度命令定义确切的传输时间和子载波的选择。

如果基站希望更新它正在广播的系统信息，则它首先使用寻呼过程（见第 8 章）通知移动台。它还增加 SIB1 中的值标签，以便由从它们可能已经错过寻呼消息的不良覆盖区域返回的移动台使用。然后，基站在预定义的修改周期边界上改变系统信息。

在第二种技术中，基站可以通过向其发送明确的系统信息消息来更新由处于 RRC_CONNECTED 状态的移动台使用的系统信息。它以与任何其他下行链路信令传输相同的方式进行。

7.7 获取后的流程

在移动台完成获取过程之后，它必须运行两个更高级别的过程，然后才能与网络交换数据。

在随机接入过程（见第9章）中，移动台获取三条信息：上行链路定时提前的初始值，物理上行链路共享信道上传输上行链路数据的初始参数集，以及小区无线网络临时标识（C-RNTI），基站将用来识别它。在RRC连接建立过程（见第11章）中，移动台获取若干其他信息，特别是用于在物理上行链路控制信道上传输上行链路控制信息的一组参数以及用于其数据和信令无线承载的一组协议配置。

然而，在这些之前，我们需要了解LTE用于数据传输和接收的基本过程。这是下一章的主题。

参考文献

1. 3GPP TS 36.211 (2013) Physical Channels and Modulation, Release 11, September 2013.
2. 3GPP TS 36.331 (2013) Radio Resource Control (RRC); Protocol Specification, Release 11, September 2013.
3. 3GPP TS 36.211 (2013) Physical Channels and Modulation, Release 11, Section 6.11, September 2013.
4. Frank, R., Zadoff, S. and Heimiller, R. (1962) Phase shift pulse codes with good periodic correlation properties. *IEEE Transactions on Information Theory*, **8**, 381–382.
5. Chu, D. (1972) Polyphase codes with good periodic correlation properties. *IEEE Transactions on Information Theory*, **18**, 531–532.
6. Gold, R. (1967) Optimal binary sequences for spread spectrum multiplexing. *IEEE Transactions on Information Theory*, **13**, 619–621.
7. 3GPP TS 36.211 (2013) Physical Channels and Modulation, Release 11, Section 6.10, September 2013.
8. 3GPP TS 36.331 (2013) Radio Resource Control (RRC); Protocol Specification, Release 11, Section 6.2.2 (MasterInformationBlock), September 2013.
9. 3GPP TS 36.211 (2013) Physical Channels and Modulation, Release 11, Section 6.6, September 2013.
10. 3GPP TS 36.212 (2013) Multiplexing and Channel Coding, Release 11, Section 5.3.1, June 2013.
11. 3GPP TS 36.211 (2013) Physical Channels and Modulation, Release 11, Sections 6.2.4, 6.7, September 2013.
12. 3GPP TS 36.212 (2013) Multiplexing and Channel Coding, Release 11, Section 5.3.4, June 2013.
13. 3GPP TS 36.331 (2013) Radio Resource Control (RRC); Protocol Specification, Release 11, Sections 5.2, 6.2.2 (SystemInformation, SystemInformationBlockType1), 6.3.1, September 2013.

第 8 章　数据传输和接收

数据传输和接收是 LTE 的更复杂的部分之一。在本章中，我们首先概述在上行链路和下行链路中使用的发送和接收过程。然后，我们依次描述这些过程的三个主要阶段，即从基站传送调度消息，数据传输的实际过程以及来自接收机的确认和任何相关控制信息的传递。我们还覆盖上行链路参考信号的传输以及两个相关的过程，即功率控制和不连续接收。

几个 3GPP 规范与本章相关。数据传输和接收由我们之前提到的物理层规范定义，特别是 TS 36. 211[1]、TS 36. 212[2] 和 TS 36. 213[3]，并且被 TS 36. 321[4] 定义的方式下的 MAC 协议控制。此外，基站通过 RRC 信令配置移动台的物理层和 MAC 协议[5]。

8. 1　数据传输流程

8. 1. 1　下行链路发送和接收

图 8. 1 所示为用于下行链路发送和接收的过程[6,7]。基站通过向移动设备发送调度命令（步骤 1）开始该过程，该调度命令使用下行链路控制信息（DCI）写入并在物理下行链路控制信道（PDCCH）上发送。调度命令通过指定诸如数据量、资源块分配和调制方案的参数来向移动台警告即将到来的数据传输，并且指示它将如何被发送。

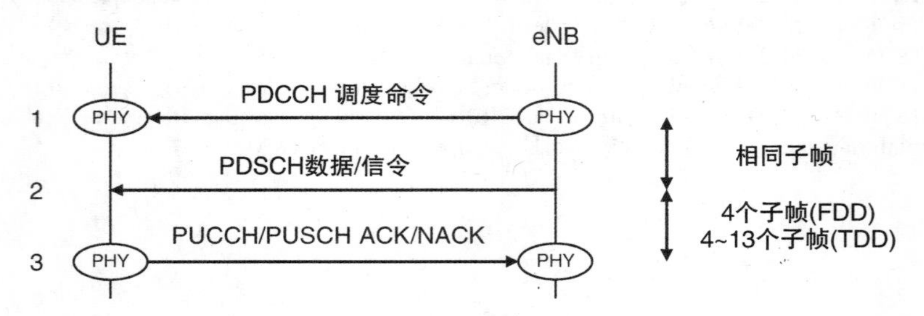

图 8. 1　下行链路发送和接收过程

在步骤 2 中，基站在下行链路共享信道（DL－SCH）和物理下行链路共享信道（PDSCH）上发送数据。数据包括一个或两个传输块，其持续时间被称为传输时间间隔（TTI），其等于 1ms 的子帧持续时间。作为响应（步骤 3），移动台组成混合 ARQ 确认，以指示数据是否正确到达。如果它在相同子帧中在物理上行链路共享信道（PUSCH）上发送上行链路数据，则在物理上行链路共享信道（PUSCH）上发送确认，反之在物理上行链路控制信道（PUCCH）。

通常，基站在肯定确认之后移动到新的传输块，并且在否定确认之后重新传送原始的传输块。然而，如果基站在没有接收到肯定响应的情况下达到某一最大重传次数，则无论如何都会移动到新的传输，理由是移动台的接收缓冲区可能已经被突发的干扰破坏。然后是无线链路控制（RLC）协议拾取问题，例如通过从开始再次发送传输块。

下行链路发送定时如下。调度命令位于下行链路子帧开始处的控制区域中，而传输块位于相同子帧的数据区域中。在 FDD 模式中，在传输块和相应的确认之间存在 4 个子帧的固定时间延迟，这有助于基站将两条信息匹配在一起。在 TDD 模式中，根据取决于 TDD 配置的映射，延迟在 4 ~ 13 个子帧之间。图 8.2 显示了 TDD 配置 1 情况下的映射示例。

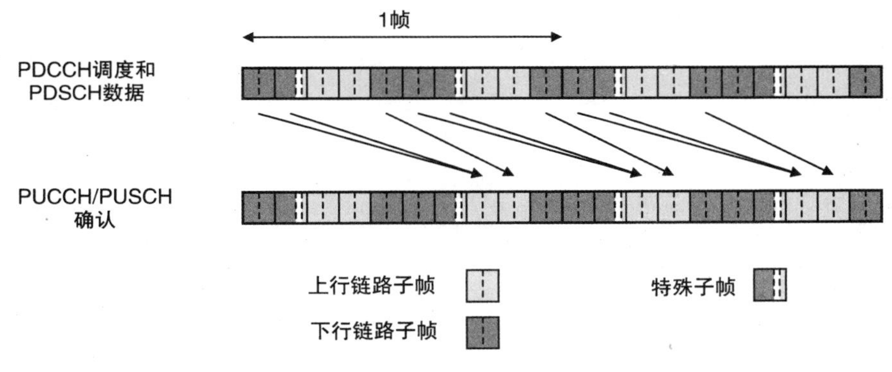

图 8.2　对于 TDD 配置 1，下行链路数据和上行链路确认定时之间的关系

如第 3 章所述，下行链路使用几个并行混合 ARQ 过程，每个都有自己的图 8.1 和图 8.2 的副本。在 FDD 模式下，混合 ARQ 过程的最大数量为 8。在 TDD 模式中，最大数量取决于 TDD 配置，对于 TDD 配置 5，绝对最大值为 15。LTE 下行链路使用称为异步混合 ARQ 的技术，其中基站在每个调度命令中明确地指定混合 ARQ 过程数。结果，不需要定义否定确认和重传之间的定时延迟；相反，基站每当它喜欢时就调度重传，并且简单地说明它正在使用的混合 ARQ 过程号。

8.1.2　上行链路发送和接收

图 8.3 所示为上行链路的相应过程[8,9]。如在下行链路中，基站通过在 PDCCH 上向移动设备发送调度授权来开始该过程（步骤 1）。这允许移动台发送

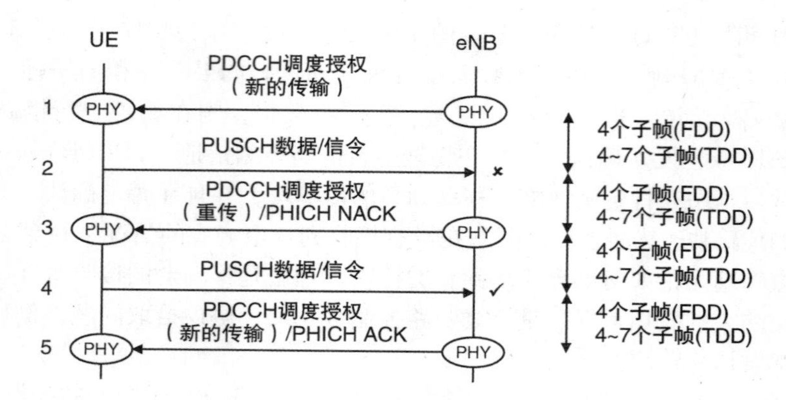

图 8.3　上行链路发送和接收程序

和说明其应当使用的所有传输参数的许可，例如传输块大小、资源块分配和调制方案。作为响应，移动台在上行链路共享信道（UL－SCH）和 PUSCH 上执行上行链路数据传输（步骤 2）。

如果基站未能正确地接收数据，则有两种方式来响应。在一种技术中，基站可以通过向 PHICH 发送否定确认来触发非自适应重传。然后，移动台使用第一次使用的相同参数重新发送数据。或者，基站可以通过在 PDCCH 上显式地发送移动台另一个调度授权来触发自适应重传。它可以这样做以改变移动台用于重传的参数，如资源块分配或上行链路调制方案。

如果基站确实正确地接收到数据，则其可以以两种类似的方式进行响应，或者通过在 PHICH 上发送肯定确认以便结束该过程，或者通过在 PDCCH 上发送新的调度许可以请求新的传输。如果移动台在同一子帧中接收到 PHICH 确认和 PDCCH 调度授权，则调度授权优先。

在图 8.3 中，步骤 3～5 假定基站未能解码移动台的第一次传输，但是第二次传输成功。如果移动台在没有接收到肯定回复的情况下达到最大数量的重传，则它移到新的传输，并且离开 RLC 协议来解决这个问题。

再次，上行链路使用几个混合 ARQ 过程，每个具有其自己的图 8.3 的副本。在 FDD 模式下，混合 ARQ 过程的最大数量为 8。在 TDD 模式下，TDD 配置 0 的绝对最大值为 7。

上行链路使用称为同步混合 ARQ 的技术，其中混合 ARQ 过程号不被明确地用信号通知，而是使用传输定时来定义。在 FDD 模式中，在调度授权和相应的上行链路传输之间存在四个子帧的延迟，以及另外四个子帧延迟在相同的混合 ARQ 过程上的任何重传请求之前。这给出了设备需要匹配调度许可、传输、确认和重传的所有信息。

如在下行链路中，根据取决于 TDD 配置的映射，TDD 模式使用可变的延迟集合。图 8.4 所示为 TDD 配置 1 情况下的映射示例。

移动台可以以三种方式触发该过程。如果移动台处于 RRC_IDLE，则其可以使用随机接入过程（见第 9 章）来警告基站。如果移动台处于 RRC_CONNECTED 但尚未在 PUSCH 上进行发送，则其可以在 PUCCH 上向基站发送调度请求（见 8.5.6 节）。最后，如果移动台在 PUSCH 上进行传输，则其可以使用被称为缓冲区状态报告（见第 10 章）的控制元素来使基站通知其发送缓冲区占用率。

在诸如 IP 语音的应用中，移动台的上行链路和下行链路数据速率是相同的，但是移动台距离基站的最大距离通常受到上行链路的限制。我们可以使用称为 TTI 绑定的技术在这些情况下改进移动台的上行链路覆盖。在该技术中，基站以常规方式向移动台发送单个调度许可，但是移动台通过在 4 个连续子帧中发送相同的数据来进行响应，以便提高接收信号的能量。TTI 绑定通常与下面描述的半持续调度技术结合使用。

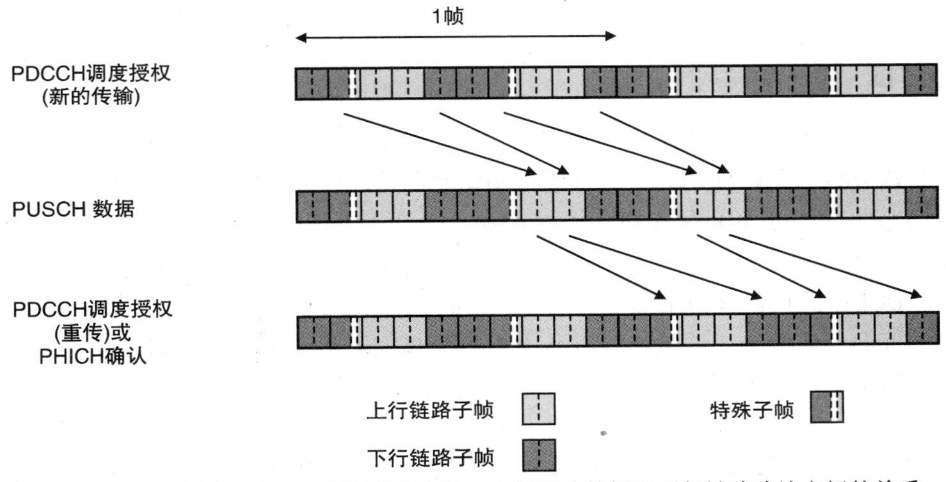

图 8.4　TDD 配置 1 时，调度许可的定时、上行链路数据和下行链路确认之间的关系

8.1.3　半持续调度

当使用半持续调度（SPS）[10-12] 时，基站可以通过向移动台发送仅包含一个资源分配的单个调度消息来调度跨几个子帧的若干传输。半持续调度被设计用于诸如基于 IP 的语音服务。对于这些服务，数据速率低，因此调度消息的开销可能高。然而，数据速率也是恒定的，因此基站可以使用从一个传输到下一个传输的相同资源分配。

基站通过移动台专用 RRC 信令消息来配置用于半持续调度的移动台。作为消息的一部分，它指定在 10～640 个子帧之间的传输的间隔。稍后，基站可以通过向移动台发送特殊格式化的调度命令或调度授权来激活半持续调度。

在下行链路中，基站以由原始调度命令指示的方式通过由移动台的 SPS 配置定义的间隔在 PDSCH 上发送新的传输。移动台循环每个新传输的混合 ARQ 进程数，因为基站没有机会指定它。然而，基站继续以图 8.1 所示的方式明确地调度所有的重传。因此，它可以为它们指定不同的传输参数，例如不同的资源块分配或不同的调制方案。类似的情况适用于上行链路：移动台通过由其 SPS 配置定义的间隔在 PUSCH 上发送新的传输，但是基站继续以图 8.2 所示的方式调度任何重传。

最终，基站可以通过向移动台发送另一个特殊格式化的调度消息来释放 SPS 分配。另外，如果移动台已经达到最大数目的传输机会而没有任何数据要发送，则移动台可以隐式地释放上行链路 SPS 分配。

8.2 PDCCH 上的调度信息的传输

8.2.1 下行链路控制信息

在查看发送和接收过程的细节时，我们将从 PDCCH 上的下行链路控制信息的传输开始。基站使用其下行链路控制信息向移动台发送下行链路调度命令、上行链路调度许可和上行链路功率控制命令。DCI 可以使用几种不同的格式来编写，如表 8.1[13] 所示。每种格式包含一组特定的信息，并具有特定的目的。

DCI 格式 0 包含用于移动台的上行链路传输的调度许可。用于下行链路传输的调度命令更复杂，并且在版本 8 中由 DCI 格式 1 ~ 1D 和 2 ~ 2A 处理。

DCI 格式 1 针对已经被配置为下行链路传输模式 1、2 或 7 之一的移动台，使用一个天线、开环分集或波束成形来调度基站将要发射的数据。当使用这种格式时，基站可以通过我们将在后面描述的被称为类型 0 和类型 1 的两种资源分配方案，以灵活的方式分配下行链路资源块。

表 8.1 DCI 格式及其应用列表

DCI 格式	版本	目的		资源分配	DL 模式
0	R8	UL 调度许可	1 个天线	—	—
1	R8	DL 调度命令	1 个天线，开环分集，波束成形	类型 0，1	1，2
1A	R8		1 个天线，开环分集	类型 2	任意
1B	R8		闭环分集	类型 2	6
1C	R8		系统信息，寻呼，随机接入响应	类型 2	任意

（续）

DCI 格式	版本	目的		资源分配	DL 模式
1D	R8		多用户 MIMO	类型2	5
2	R8	DL 调度命令	闭环 MIMO	类型0，1	4
2A	R8		开环 MIMO	类型0，1	3
2B	R9		双层波束成形	类型0，1	8
2C	R10		8层 MIMO	类型0，1	9
2D	R11		CoMP	类型0，1	10
3	R8	UL 功率控制	2位功率调整	—	—
3A	R8		1位功率调整	—	—
4	R10	UL 调度许可	闭环 MIMO	—	—

格式1A是类似的，但是基站使用称为类型2的资源分配的紧凑形式。格式1A也可以在任何下行链路传输模式中使用。如果移动台以前已被配置为传输模式3～7中的一个，而且基站具有一个天线端口，则通过回落到单天线接收来接收数据，否则以开环发射分集来接收数据。

格式1C使用非常紧凑的格式，只指定资源分配和基站将发送的数据量。在随后的数据传输中，调制方案固定在QPSK，并且不使用混合ARQ。格式1C仅用于调度系统信息消息、寻呼消息和随机接入响应，其中这种非常紧凑的格式是适当的。

格式1B、1D、2和2A分别用于闭环发射分集、多用户MIMO的版本8实现以及闭环和开环空间复用。它们包括用于信号信息的额外字段，例如基站将应用于PDSCH的预编码矩阵和基站将传送的层数。

与其他DCI格式不同，DCI格式3和3A不调度任何传输；相反，它们通过嵌入式功率控制命令控制移动台在上行链路上传输的功率。我们将在本章后面部分介绍这个过程。格式2B、2C、2D和4在版本9～11中引入，并且在本书的结尾处介绍。

8.2.2　资源分配

基站具有在上行链路和下行链路中将资源块分配给各个移动台的各种方式[14,15]。在下行链路中，如上所述，其可以使用被称为类型0和1的两种灵活的资源分配格式，以及被称为类型2的紧凑格式。

当使用下行链路资源分配类型0时，基站将资源块收集到资源块组（RBG）中，其使用位图单独地分配资源块组。利用资源分配类型1，其可以在组内分配单独的资源块，但是较少灵活地分配组本身。分配类型 1 可能适合于具有严重的频率相关衰落的环境，其中类型 0 的频率分辨率可能太粗糙。

当使用资源分配类型 2 时，基站向移动设备给予虚拟资源块（VRB）的连续分配。在下行链路中，这些有两种类型：本地化和分布式。本地化虚拟资源块与我们在其他地方已经考虑的物理资源块（PRB）相同，因此，当使用这些资源块时，移动台仅接收连续的资源块分配。分布式虚拟资源块通过映射操作与物理资源块相关，其在子帧的第一个和第二个时隙中是不同的。分布式虚拟资源块的使用给出了移动额外频率分集，并且适合于受频率相关衰落的环境。

移动台还接收用于其上行链路传输的虚拟资源块的连续分配。它们的含义取决于基站是否已经请求在 DCI 格式 0 中使用跳频。如果跳频被禁用，则上行链路虚拟资源块直接映射到物理资源块上。如果启用跳频，则使用明确地用信号通知（类型 1 跳频）或遵循伪随机模式（类型 2 跳频）的映射来使虚拟和物理资源块相关。移动台还可以根据使用 RRC 信令配置的跳频模式，在每个子帧或每个时隙中改变传输频率。

在上行链路中，每个移动台的资源块数必须为 1，或者其素因子为 2、3 或 5 的数。原因在于 SC - FDMA 使用的额外傅里叶变换，如果子载波的数量是 2 的幂或者仅具有小素数的乘积，则快速运行，而如果涉及大的素数，则运行得很慢。

8.2.3 示例：DCI 格式 1

为了说明 DCI 格式，表 8.2 所示为版本 8 中的 DCI 格式 1 的内容。其他格式没有不同：细节可以在规范中找到。

基站指示移动台是否应当使用资源分配报头来使用资源分配类型 0 或 1，并且使用资源块分配来执行分配。在 1.4MHz 的带宽中，不支持分配类型 0，因此省略报头字段。

调制和编码方案是五位数，移动台可以从中查找 PDSCH 将使用的调制方案（QPSK，16 - QAM 或 64 - QAM）。通过将调制和编码方案与其分配中的资源块的数量组合，移动台还可以查找传输块中的位数。通过将传输块大小与其分配中的资源元素的数量进行比较，移动台可以计算 DL - SCH 的编码率。

如前所述，基站在每个下行链路调度命令中显式地用信号通知混合 ARQ 进程数。基站还针对每个新的传输切换新的数据指示，同时使其对于重传保持不变。冗余版本表示哪些 turbo 编码位在速率匹配阶段之后将被发送，并且将被穿孔。

表 8.2　3GPP 版本 8 中 DCI 格式 1 的内容

字段	位数
资源分配报头	0（1.4MHz）或 1（其他）
资源块分配	6（1.4MHz）~25（20MHz）
调制和编码方案	5
HARQ 进程数	3（FDD）或 4（TDD）
新数据指示	1
冗余版本	2
PUCCH 的 TPC 命令	2
下行链路分配索引	2（仅 TDD）
填充	0 或 1

基站使用用于 PUCCH 的传输功率控制（TPC）命令来调整当在 PUCCH 上发送上行链路控制信息时移动台将使用的功率。（这是使用 DCI 格式 3 和 3A 调整发射功率的替代技术。）在 TDD 模式中，其以稍后将描述的方式使用下行链路分配索引来辅助移动台上行链路确认的传输。

表 8.2 中有一个重要的遗漏：没有报头字段来指示 DCI 格式实际上是什么。虽然一些其他格式确实包含这样的报头，但是移动台通常通过它们包含不同位数的事实来区分不同的 DCI 格式。基站偶尔向调度命令的结尾添加填充位，以确保格式 1 包含与所有其他格式不同的位数。

8.2.4　无线网络临时标识

基站通过将其寻址到无线网络临时标识（RNTI）来发送 PDCCH 调度消息[16]。在 LTE 中，RNTI 定义了两个事情：应该读取调度消息的移动台的标识和正被调度的信息的类型。表 8.3 列出了 LTE 使用的 RNTI，以及它们可以使用的十六进制值。

小区无线网络临时标识（C－RNTI）是最重要的。作为随机接入过程的一部分，基站向移动台分配唯一的 C－RNTI。稍后，其可以通过寻址到移动台的 C－RNTI 的调度消息来调度在一个子帧上扩展的传输。

SPS C－RNTI 用于半持续调度。基站首先使用移动台专用 RRC 信令向移动台分配 SPS C－RNTI。稍后，其可以通过向 SPS C－RNTI 寻址特别格式化的调度消息来调度在若干子帧上扩展的传输。

寻呼无线网络临时标识（P－RNTI）和系统信息无线网络临时标识（SI－RNTI）是固定值，其用于调度寻呼和系统消息到小区中所有移动台的传输。在随机接入过程（见第 9 章）期间，临时 C－RNTI 和随机接入无线网络临时标识

(RA - RNTI) 是临时字段，而多媒体广播/多播服务（见第 18 章）使用 MBMS 无线网络临时标识（M - RNTI)。最后，TPC - PUCCH - RNTI 和 TPC - PUSCH - RNTI 用于使用 DCI 格式 3 和 3A 发送嵌入式上行链路功率控制命令。

表 8.3 无线网络临时标识及其应用列表

RNTI 类型	版本	信息调度	十六进制值
RA - RNTI	R8	随机接入响应	0001 ~ 003C
临时 C - RNTI	R8	随机接入争用解决	003D ~ FFF3
C - RNTI	R8	一个 UL 或 DL 传输	
SPS C - RNTI	R8	几个 UL 或 DL 传输	
TPC - PUCCH - RNTI	R8	嵌入式 PUCCH TPC 命令	
TPC - PUSCH - RNTI	R8	嵌入式 PUSCH TPC 命令	
M - RNTI	R9	MBMS 变化通知	FFFD
P - RNTI	R8	寻呼消息	FFFE
SI - RNTI	R8	系统信息消息	FFFF

注：本表来源于 TS 36.321。经 ETSI 许可转载。

8.2.5 PDCCH 的发送和接收

我们现在能够讨论如何发送和接收 PDCCH，图 8.5 总结该过程。在其传输信道处理器中，基站首先以依赖于目标移动台的 RNTI 的方式通过附加循环冗余校验（CRC）和纠错编码[17]来操纵 DCI。在物理信道处理器中，其然后根据具有的天线端口的数量使用 QPSK 调制和单天线传输或开环发射分集来处理 PDCCH[18]。最后，基站将 PDCCH 映射到所选择的资源元素。

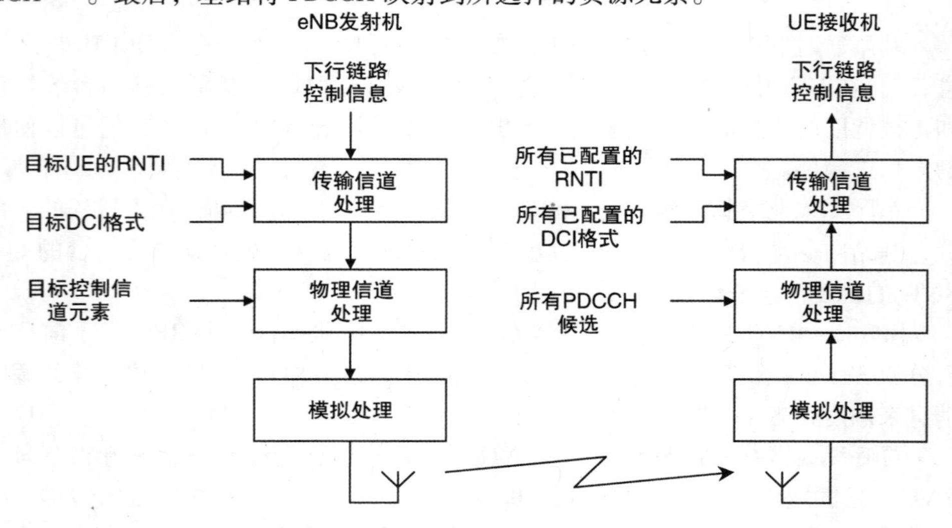

图 8.5 PDCCH 的发送和接收

使用控制信道元素（CCE）[19]来组织用于PDCCH的资源元素映射，其中每个控制信道元素包含尚未分配给物理控制格式指示信道（PCFICH）或PHICH的9个资源元素组。根据DCI消息的长度，基站可以通过将PDCCH调度消息映射到1个、2个、4个或8个连续的CCE上来发送PDCCH调度消息；换句话说，映射到36、72、144或288个资源元素。

进而，控制信道元素被组织成搜索空间。这些有两种类型。公共搜索空间可用于小区中的所有移动台，并且位于下行链路控制区域内的固定位置。UE特定搜索空间被分配给移动台组，并且具有取决于移动台的RNTI的位置。每个搜索空间包含多达16个控制信道元素，因此它包含几个位置，其中基站可以传送下行链路控制信息。因此，基站可以使用这些搜索空间来同时向若干不同的移动台发送若干PDCCH消息。

然后移动台如下接收PDCCH。每个子帧，移动台读取控制格式指示，并且建立下行链路控制区域的大小以及公共和UE特定搜索空间的位置。在每个搜索空间内，其标识PDCCH的可能候选，其是基站可能已经发送下行链路控制信息的控制信道元素。然后，移动台尝试使用其已经被配置为寻找的RNTI和DCI格式的所有组合来处理每个PDCCH候选。如果观察到的CRC位与期望的CRC位匹配，则其得出结论，使用它寻找的RNTI和DCI格式来发送消息。然后它读取下行链路控制信息并对其进行操作。

循环冗余校验可能由于以下几个原因而失败：基站可能没有在那些控制信道元素中发送调度消息，或者它可能已经使用不同的DCI格式或不同的RNTI发送了调度消息，或者由于未校正的位错误移动台可能未能读取消息。无论哪种情况都适用，移动台的响应是相同的：它移动到下一个PDCCH候选、RNTI和DCI格式的组合，并再次尝试。

8.3　在PDSCH和PUSCH上的数据传输

8.3.1　传输信道处理

在基站向移动台发送调度命令之后，其可以以调度命令定义的方式发送DL-SCH。在接收到上行链路调度许可之后，移动台可以以类似的方式发送UL-SCH。图8.6显示了传输信道处理器用于发送数据的步骤[20]。

在图的顶部，媒体接入控制（MAC）协议以传输块的形式向物理层发送信息。每个传输块的大小由下行链路控制信息定义，而其持续时间为1ms传输时间间隔。

在上行链路中，移动台一次发送一个传输块。在下行链路中，基站通常向每

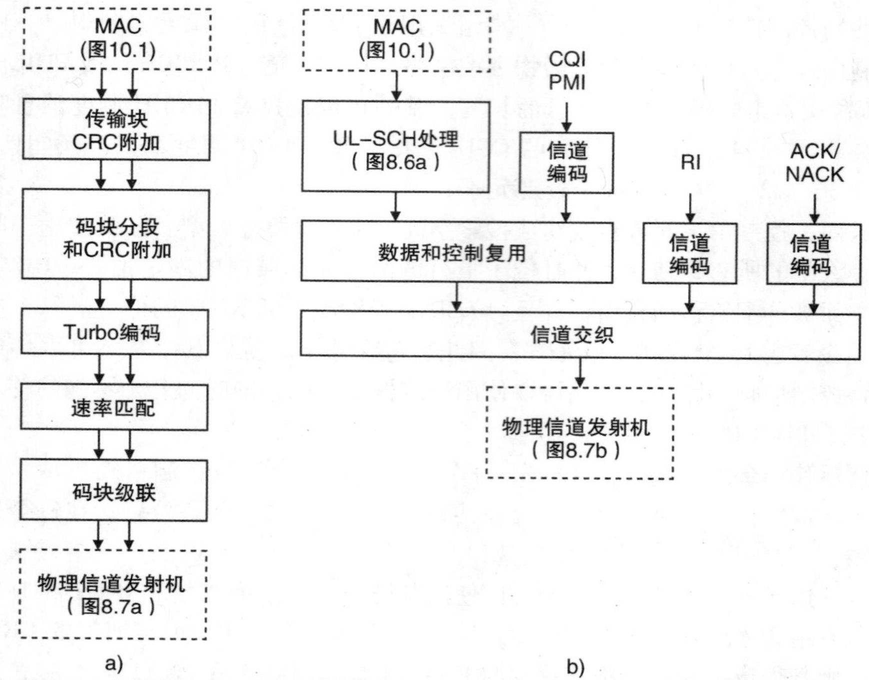

图 8.6　在版本 8 和 9 中的传输信道处理（来源：TS 36.212。经 ETSI 许可转载）
a）DL - SCH　b）UL - SCH

个移动台发送一个传输块，但是当使用空间复用（DCI 格式 2 ~ 2D）时可以发送两个。两个传输块可以具有不同的调制方案和编码率，被映射到不同的层并且被单独确认。这增加了信令量，因此它给传输增加了一些开销。然而，如第 5 章所述，不同的层可以以不同的 SINR 到达移动台，因此我们可以通过使用快速调制方案和编码率发送高 SINR 层来提高空中接口的性能 ，反之亦然。通过将传输块的最大数量限制为 2 个而不是 4 个，我们达到这两个冲突标准之间的折中。

在下行链路（见图 8.6a）中，基站向每个 DL - SCH 传输块添加 24 位 CRC，移动台将最终用于错误检测。如果结果块长于 6144 位，则基站将其分段为较小的码块，并且向每个码块添加另一个 CRC。然后它使数据通过 1/3 速率 turbo 编码器。速率匹配阶段将所得到的位存储在循环缓冲器中，然后从缓冲器中选择位用于传输。传输位的数量由资源分配的大小确定，并且精确选择由冗余版本确定。最后，基站重新组合编码的传输块，并以码字的形式将它们发送到物理信道处理器。

移动台以第 3 章所述的方式处理接收的数据。turbo 解码算法是迭代的，其一直进行直到码块 CRC 通过。然后，接收机重新组合每个传输块，检查传输块 CRC，并确定数据是否已正确到达。

在上行链路（见图 8.6b）中，移动台通过与在下行链路上使用的基站相同的步骤来发送 UL - SCH。如果移动台在相同子帧中发送上行链路控制信息，则其使用前向纠错来处理控制位，并且以图中所示的方式将它们复用到 UL - SCH 中。

8.3.2　物理信道处理

传输信道处理器将输出码字传递给物理信道处理器，物理信道处理器以图 8.7 [21] 所示的方式发送它们。

在下行链路（见图 8.7a）中，加扰阶段将每个码字与依赖于物理小区 ID 和目标 RNTI 的伪随机序列混合，以减少来自附近小区的传输之间的干扰。调制映射器将结果位分成 2、4 或 6 个组，并使用 QPSK、16 - QAM 或 64 - QAM 将它们映射到同相和正交分量。

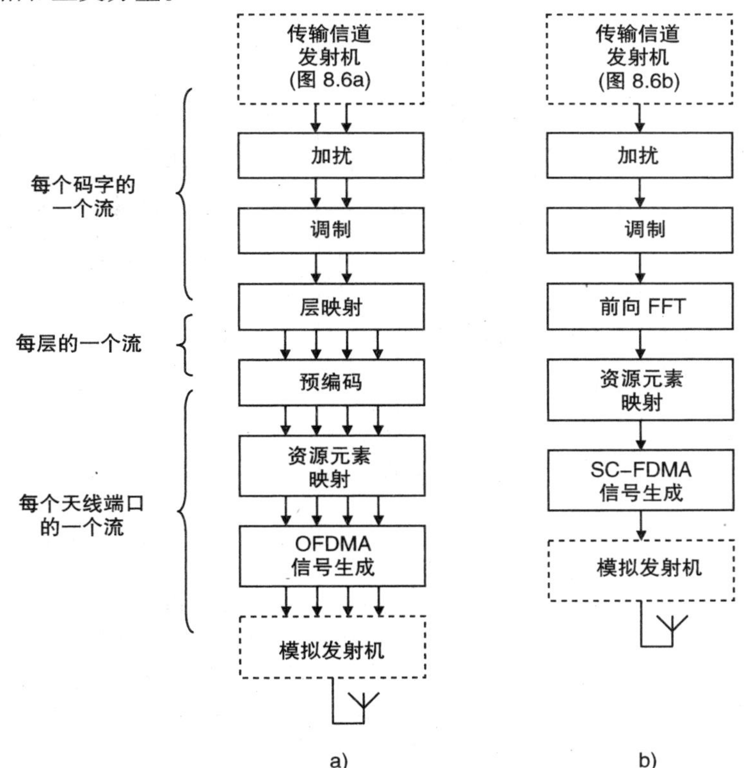

图 8.7　在版本 8 和 9 中的物理信道处理（来源：TS 36.211。经 ETSI 许可转载）
a）PDSCH　b）PUSCH

接下来的两个阶段实现了第 5 章中的多天线传输技术。层映射阶段采用码字并将它们映射到 1 ~4 个独立的层，而预编码阶段应用所选择的预编码矩阵并将这些层映射到不同的天线端口上。

资源元素映射器执行串行到并行转换，并将所得到的子流连同从所有其他数据传输、控制信道和物理信号得到的子流映射到所选择的子载波上。PDSCH 以图 6. 10 所示的方式占用尚未分配给其他信道或信号的每个子帧数据区域中的资源元素。最后，OFDMA 信号发生器应用快速傅里叶逆变换和并行到串行转换，并插入循环前缀。结果是将从每个天线端口发送的时域数据的数字表示。

上行链路只有一些差异（见图 8. 7b）。首先，该过程包括作为 SC－FDMA 的区别特征的正向 FFT。其次，没有层映射或预编码，因为上行链路在 LTE 版本 8 中不使用单用户 MIMO。第三，PUSCH 占用朝向上行链路频带中心的连续资源块集合，其中为 PUCCH 保留边缘。每个子帧以图 8. 8 所示的方式包含 6 个 PUSCH 符号和 1 个解调参考符号。

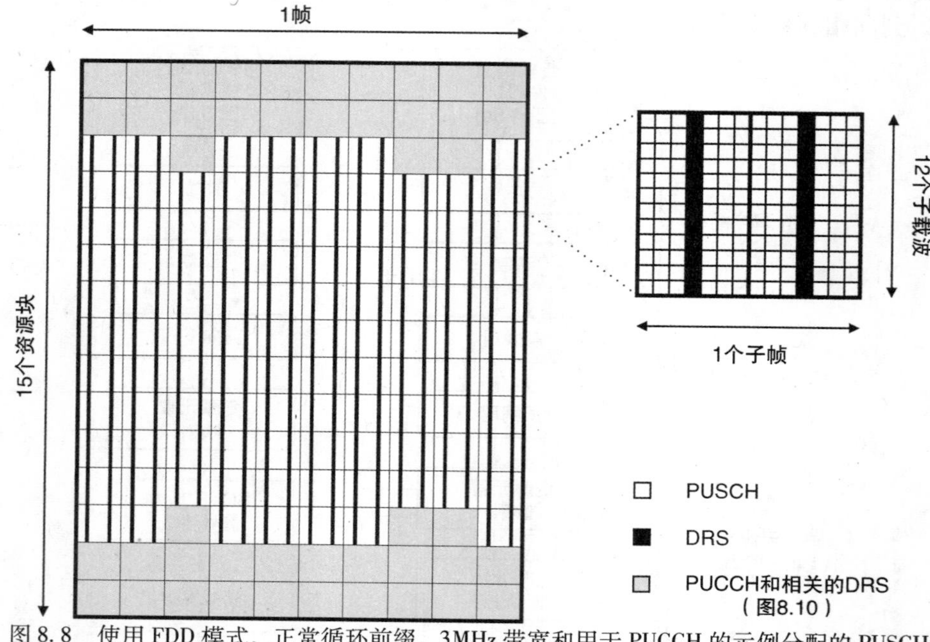

图 8. 8　使用 FDD 模式、正常循环前缀、3MHz 带宽和用于 PUCCH 的示例分配的 PUSCH 及其解调参考信号的资源元素映射

8. 4　PHICH 上的混合 ARQ 指示的传输

8. 4. 1　引言

我们现在可以开始讨论接收机发送回发射机的反馈。基站的反馈比移动台更容易理解，是一个更好的开始的地方。

在用于上行链路发送和接收的过程期间，基站以混合 ARQ 指示的形式向移动台发送确认，并且在物理混合 ARQ 指示信道上发送它们[22-25]。确切的传输技术取决于小区的 PHICH 配置，其包含两个参数：PHICH 持续时间（正常或扩展）和可以取值为 1/6、1/2、1 或 2 的参数 N_g。传输技术还取决于循环前缀持续时间。

在下面的讨论中，我们一般假设基站正在使用正常的 PHICH 持续时间和正常的循环前缀。其他技术的细节是相当不同的，但基本原则保持不变。

8.4.2　PHICH 的资源元素映射

基站使用被称为 PHICH 组的 3 个资源元素组（12 个资源元素）的集合在下行链路控制区域中发送每个混合 ARQ 指示。PHICH 组的数目取决于小区带宽和 N_g 的值。它在 FDD 模式中是恒定的，但是在 TDD 模式中可以在一个子帧到下一个子帧之间变化，因为基站必须在一些 TDD 子帧中发送比在其他子帧中更多的确认。

每个 PHICH 组被映射到还没有被分配给 PCFICH 的资源元素组。这些在使用正常 PHICH 持续时间时位于子帧的第一个符号中，但是当使用扩展 PHICH 持续时间时可以覆盖两个或三个符号。图 8.9 所示为使用正常 PHICH 持续时间和两个 PHICH 组的基站的示例映射。

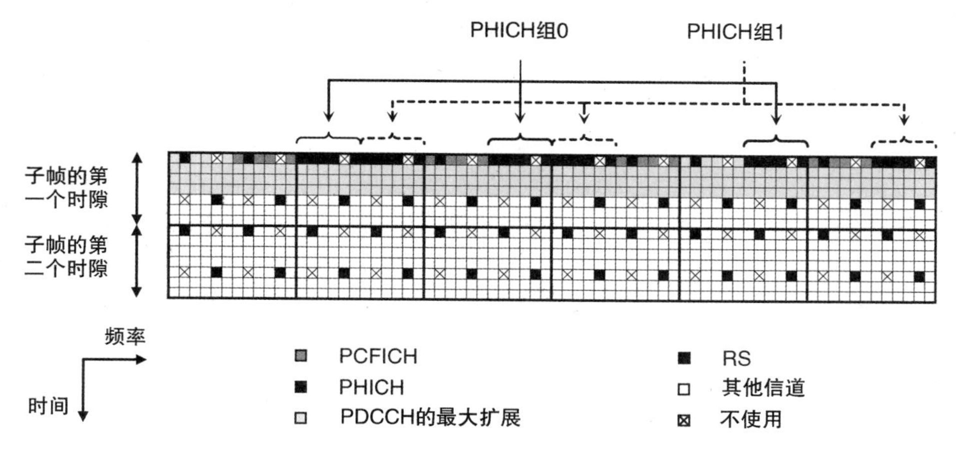

图 8.9　使用正常 PHICH 持续时间、正常循环前缀、1.4MHz 带宽、第一个天线端口为 2、物理小区 ID 为 1 和两个 PHICH 组的 PHICH 的资源元素映射

PHICH 组不专用于单个移动台；相反，它通过为每个移动台分配不同的正交序列索引而在八个移动台之间共享。移动台使用来自其原始调度许可（即其用于上行链路传输的第一个物理资源块）和被称为循环移位的参数的两个参数来

确定应当检查的PHICH组号和正交序列索引，我们将在8.6节中看到。PHICH组号和正交序列索引被称为一个PHICH资源。

8.4.3 PHICH的物理信道处理

为了传输混合ARQ指示，基站采用BPSK调制，利用+1和-1的符号分别进行正负确认。然后，它将每个指示跨越资源元素组中的4个符号，将其乘以所选择的正交序列。基站有4个基本序列，即[+1 +1 +1 +1]、[+1 -1 +1 -1]、[+1 +1 -1 -1]和[+1 -1 -1 +1]，但是每一个可以应用于信号的同相和正交分量，使得总共有8个正交序列。基站可以通过向PHICH组中的8个移动台分配不同的正交序列索引，并且将所得到的符号相加来向这8个移动台发送同时确认。这种技术对于具有码分多址的经验的人来说是熟悉的，并且是LTE对CDMA的少数使用之一。

然后，在3个资源元素组上重复PHICH符号，以增加接收符号能量，并以与其他下行链路物理信道类似的方式发送。

8.5 上行链路控制信息

8.5.1 混合ARQ确认

移动台向基站发送3种类型的上行链路控制信息[26-28]：基站的下行链路传输的混合ARQ确认、上行链路调度请求和信道状态信息。接下来，信道状态信息包括信道质量指示（CQI）、预编码矩阵指示（PMI）和秩指示（RI）。

首先，让我们考虑混合ARQ确认。在FDD模式中，移动台根据其接收的传输块的数量，每个子帧计算1个或2个确认。然后它们在4个子帧之后发送它们。

在TDD模式下，事情更复杂。如果移动台一次确认一个下行链路子帧，则其以与FDD模式相同的方式进行。有两种方式来确认多个子帧。使用ACK/NACK绑定，移动台最多发送两个确认，一个用于传输块的每个并行流。如果在所有下行链路子帧中成功接收到对应的传输块，则每个确认是肯定的，否则为否定的。使用ACK/NACK复用，移动台针对每个下行链路子帧计算一个确认。如果每个确认在该子帧中成功接收到两个传输块，则每个确认是肯定的，否则为否定的。当使用ACK/NACK复用时，对于在4个下行链路子帧中接收的数据，规范仅要求移动台同时最多传送四个确认。为了实现这一点，在TDD配置5中不支持该技术。

在TDD模式中，调度命令包括被称为下行链路分配索引的数量。这指示移动台应当与调度数据同时确认的下行链路传输的总数。如果移动台错过了较早的调度命令，则降低了错误格式化确认的风险，因此降低了空中接口的总体误码率。

8.5.2　信道质量指示

信道质量指示（CQI）是四位，其指示移动台能够以 10% 或更低的块错误率处理的最大数据速率。CQI 主要取决于接收的信号与干扰加噪声比（SINR），因为高数据速率只能在高 SINR 下成功接收。然而，它还取决于移动接收机的实现，因为高级接收机可以以比更基本的 SINR 更低的 SINR 成功地处理输入数据。

表 8.4 所示为如何根据下行链路调制方案和编码率来解释 CQI。最后一列给出了每个符号的信息位的数量，并且通过将编码率乘以 2、4 或 6 来计算。

表 8.4　根据移动台可以成功接收的调制方案和编码率来解释信道质量指示

CQI	调制方案	编码率（单位为 1/1024）	每个符号的信息位的数量
0	—	0	0. 00
1	QPSK	78	0. 15
2	QPSK	120	0. 23
3	QPSK	193	0. 38
4	QPSK	308	0. 60
5	QPSK	449	0. 88
6	QPSK	602	1. 18
7	16 - QAM	378	1. 48
8	16 - QAM	490	1. 91
9	16 - QAM	616	2. 41
10	64 - QAM	466	2. 73
11	64 - QAM	567	3. 32
12	64 - QAM	666	3. 90
13	64 - QAM	772	4. 52
14	64 - QAM	873	5. 12
15	64 - QAM	948	5. 55

注：本表来源于 TS 36. 213。经 ETS 许可转载。

由于频率相关的衰落，信道质量通常在下行链路频带上变化。为了反映这一点，基站可以配置移动台以 3 种不同的方式报告 CQI。宽带报告覆盖整个下行链路频带。对于较高层配置的子频带报告，基站将下行链路频带划分成子频带，并且移动台针对每个子频带报告 1 个 CQI 值。对于 UE 选择的子频带报告，移动台选择具有最佳信道质量的子频带，并且报告它们的位置，以及跨越它们的 1 个 CQI 和单独的宽带 CQI。如果移动台正在接收多于 1 个传输块，则其也可以为每个传输块报告不同的 CQI 值，以反映不同层可以以不同的 SINR 值到达移动台的事实。

基站在其调制方案和编码率的计算中使用接收到的 CQI，并且支持频率相关的调度。尽管 CQI 的频率依赖性，然而，当基站在传输下行链路数据时，仅使用一个频率无关的调制方案和每个传输块的编码率。

8.5.3 秩指示

当移动台被配置用于传输模式 3 或 4 中的空间复用时，移动台报告秩指示。秩指示位于 1 和基站天线端口的数目之间，并且指示移动站可以成功接收的层的最大数目。

移动台报告单个秩指示，其应用于整个下行链路频带，可以通过选择使期望的下行链路数据速率最大化的组合，与 PMI 联合地计算秩指示。

8.5.4 预编码矩阵指示

当在传输模式 4、5 或 6 中移动台配置为闭环空间复用、多用户 MIMO 或闭环发射分集时，移动台报告预编码矩阵指示（PMI）。PMI 指示在传送信号之前基站应当应用的预编码矩阵。

PMI 可以以与 CQI 类似的方式在下行链路频带上变化。为了反映这一点，PMI 报告有两个选项。移动台可以报告跨越整个下行链路频带或跨越所有 UE 选择的子频带的单个 PMI。当使用多个 PMI 时，它或者报告这些量，或者为每个较高层配置的子频带报告一个 PMI。

基站使用接收到的 PMI 来计算应当应用于其下一个下行链路传输的预编码矩阵。再次，尽管 PMI 的频率依赖性，基站实际上使用一个频率无关的预编码矩阵来发送数据。

8.5.5 信道状态报告机制

移动台可以以两种方式向基站返回信道状态信息。周期性报告是定期进行的，对于 CQI 和 PMI 位于 2 ~ 160ms 之间，对于 RI 则要高达 32 倍。该信息通常由 PUCCH 承载，但是如果移动台在相同子帧中发送上行链路数据，则该信息被传送到 PUSCH。每个周期性报告中的最大位数是 11，以反映在 PUCCH 上可用的低数据速率。

非周期性报告在与 PUSCH 数据传输相同的时间执行，并且使用移动台的调度许可中的字段来请求。如果两种类型的报告在相同子帧中被调度，则非周期性报告具有优先级。

对于这两种技术，基站可以使用 RRC 信令将移动台配置为信道质量报告模式。报告模式以表 8.5 和表 8.6 所定义的方式定义基站所需的信道质量信息的类型。在每种模式中，第一个数描述了基站所需的 CQI 反馈的类型，而第二个数描述了 PMI 反馈的类型。每个报告模式的精确定义在规范中被描述，并且对于周期性和非周期性报告是不同的，因为需要限制在 PUCCH 上传送的数据量。具体地，周期性模式 2－0 与非周期性模式 2－0 不同地定义。

表 8.5　用于 PUCCH 或 PUSCH 上的周期性报告的信道质量报告模式

PMI 反馈类型	下行链路传输模式	CQI 反馈类型	
		宽带	UE 选择子频带
无	1，2，3，7	模式 1－0	模式 2－0
单个	4，5，6	模式 1－1	模式 2－1

注：本表来源于 TS 36.213。经 ETSI 许可转载。

表 8.6　用于 PUSCH 上的非周期性报告的信道质量报告模式

反馈类型	下行链路传输模式	CQI 反馈类型		
		宽带	UE 选择子频带	较高层配置子频带
无	1，2，3，7	—	模式 2－0	模式 3－0
单个	4，5，6	—	—	模式 3－1
多个	4，6	模式 1－2	模式 2－2	—

注：本表来源于 TS 36.213。经 ETSI 许可转载。

8.5.6　调度请求

如果移动台处于 RRC_CONNECTED 状态并且具有等待在 PUSCH 上传输的数据，则其可以通过组合用于在 PUCCH 上传输的 1bit 调度请求来请求调度授权。移动台不立即发送请求，因为它必须与其他移动台共享 PUCCH。相反，其在由 RRC 信令配置的子帧中发送调度请求，该 RRC 信令以 5～80ms 之间的周期重复。移动台从不在作为调度请求的同时发送信道状态信息；相反，调度请求具有优先级。

良好行为的基站应该通过给予移动台调度授权来应答调度请求。然而，它没有义务这样做。如果移动台在没有接收到应答的情况下达到最大数量的调度请求，则触发第 9 章中所述的随机接入过程。基站必须给移动台一个调度授权作为该过程的一部分，这解决了该问题。

处于 RRC_IDLE 状态的移动台不能在 PUCCH 上进行发送，因此它根本不能发送调度请求。相反，它立即使用随机接入过程。

8.6 PUCCH 上的上行链路控制信息的传输

8.6.1 PUCCH 格式

如果移动台希望发送上行链路控制信息并且不在相同子帧中执行 PUSCH 传输，则其在物理上行链路控制信道上发送信息[29-32]。可以使用几种不同的格式来发送 PUCCH。表 8.7 显示了如何将这些格式用于正常循环前缀的情况。

表 8.7　在正常循环前缀的情况下 PUCCH 格式及其应用的列表

PUCCH 格式	版本	应用	UCI 位的数量	PUCCH 位的数量
1	R8	SR	1	1
1a	R8	1bit HARQ - ACK 和可选的 SR	1 或 2	1 或 2
1b	R8	2bit HARQ - ACK 和可选的 SR	2 或 3	2 或 3
2	R8	CQI，PMI，RI	≤11	20
2a	R8	CQI，PMI，RI 和 1bit HARQ - ACK	≤12	21
2b	R8	CQI，PMI，RI 和 2bit HARQ - ACK	≤13	22
3	R10	20bit HARQ - ACK 和可选的 SR	≤21	48

注：本表来源于 TS 36.211。经 ETSI 许可转载。

当使用 PUCCH 格式 2、2a 和 2b 时，传输信道处理器对信道状态信息应用纠错编码，这将 CSI 位的数量增加到 20。然而，其将调度请求和确认位直接发送到物理层，没有任何编码。

移动台在上行链路频带的边缘处发射 PUCCH（见图 8.10），以使其与 PUSCH 分离。基站在 PUCCH 格式 2、2a 和 2b 的频带的极限边缘处保留具有在 SIB2 中通告的块的精确数量的资源块。格式 1、1a 和 1b 进一步使用资源块，其中块的数量根据基站所期望的确认的数量从一个子帧到下一个子帧动态地变化。基站还可以在所有 PUCCH 格式之间共享中间资源块，如果带宽小，这可能是有用的。当使用正常循环前缀时，格式 1、1a 和 1b 每个时隙使用 4 个 PUCCH 符号和 3 个解调参考符号，而格式 2、2a 和 2b 每个时隙使用 5 个 PUCCH 符号和两个解调参考符号。

单个移动台使用两个资源块来发送 PUCCH，这两个资源块在子帧的第一个和第二个时隙中并且在频带的相对侧。然而，移动台本身没有这些资源块。在 PUCCH 格式 2、2a 和 2b 中，使用称为从 0 到 11 的循环移位的移动台专用参数在 12 个移动台之间共享每对资源块。在 PUCCH 格式 1、1a 和 1b 中，资源块使用循环移位和另一个移动台专用参数，即从 0 到 2 的正交序列索引在 36 个移动台中共享。

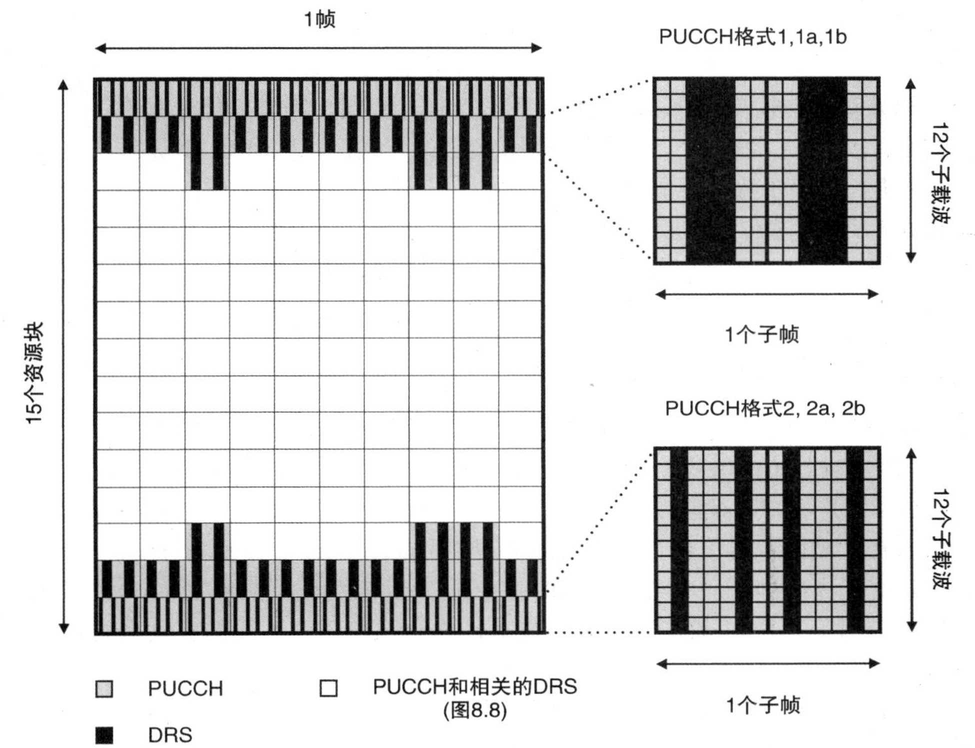

图 8.10　在版本 8 和 9 中，使用 FDD 模式、正常循环前缀、3MHz 带宽、PUCCH 格式 2、2a 和 2b 的一对资源块，以及 PUCCH 格式 1、1a 和 1b 的示例分配的 PUCCH 及其解调参考信号的资源元素映射格式

8.6.2　PUCCH 资源

PUCCH 资源是确定移动台应当在其上发送 PUCCH 的资源块以及其应该使用的正交序列索引和循环移位这 3 个事项的数字。基站可以向每个移动台分配 3 种类型的 PUCCH 资源。

第一种 PUCCH 资源，表示为$n_{\mathrm{PUCCH}}^{(1)}$，用于格式 1a 和 1b 中的独立混合 ARQ 确认。移动台动态地计算$n_{\mathrm{PUCCH}}^{(1)}$，使用基站用于下行链路调度命令的第一个控制信道元素的索引。

第二种 PUCCH 资源，表示为$n_{\mathrm{PUCCH,SRI}}^{(1)}$，用于在格式 1 中的调度请求。第三种 PUCCH 资源，表示为$n_{\mathrm{PUCCH}}^{(2)}$，用于信道状态信息与格式 2、2a 和 2b 中的可选确认。在用于 RRC 连接建立或重新配置的过程期间，移动台通过移动台专用

RRC信令消息接收这两种资源。

如果移动台希望与调度请求同时发送混合ARQ确认，则它以通常的方式处理确认，但是使用$n_{\mathrm{PUCCH,SRI}}^{(1)}$发送。基站已经期待确认，所以它知道如何处理它们，同时识别来自移动台使用$n_{\mathrm{PUCCH,SRI}}^{(1)}$的调度请求。

如果移动台在TDD模式下使用ACK/NACK复用，则其可能必须在一个上行链路子帧中发送多达4个确认。移动台通常通过在4个PUCCH资源之一发送2bit来进行，表示为$n_{\mathrm{PUCCH},0}^{(1)} \sim n_{\mathrm{PUCCH},3}^{(1)}$，其以类似于$n_{\mathrm{PUCCH}}^{(1)}$的方式从第一个控制信道元素计算。查找表确定从确认位到发送位的映射和PUCCH资源的选择。然而，如果移动台希望同时发送调度请求或信道状态信息，则通过不同的查找表将混合ARQ确认压缩到2bit，以通常的方式在$n_{\mathrm{PUCCH,SRI}}^{(1)}$或$n_{\mathrm{PUCCH}}^{(2)}$上发送它们。

8.6.3 PUCCH的物理信道处理

我们现在具有足够的信息来描述PUCCH的物理信道处理。

当使用PUCCH格式1、1a和1b时，移动台使用调度请求的开关调制、1bit确认的BPSK和2bit确认的QPSK，将位调制到一个符号上。然后它使用正交序列索引在时域中扩展信息，通常跨越4个符号，但是在支持相对于这些PUCCH格式具有优先级的探测参考信号的时隙中的3个符号上（见8.7.2节）。扩展处理遵循与用于PHICH的基站类似的技术，并允许在3个不同的移动台之间共享符号。

然后，移动台使用循环移位在频域中的12个子载波上扩展信息。该技术与上述不同，但具有相同的目的，即在12个不同的移动台之间共享子载波。最后，移动台在子帧的第一个和第二个时隙中重复其传输。

当使用PUCCH格式2时，移动台使用QPSK将信道状态信息位调制到10个符号上，并且使用循环移位在频域中扩展信息。它还可以通过使用BPSK或QPSK调制每个子帧中的第二个参考符号来发送格式2a和2b中的同时确认。

8.7 上行链路参考信号

8.7.1 解调参考信号

移动台与PUSCH和PUCCH一起发送解调参考信号[33]，以帮助基站执行信道估计。如图8.8和图8.10所示，当移动台使用PUCCH格式1、1a和1b时，信号占用每个时隙3个符号，当使用PUCCH格式2、2a和2b时，信号占用每个时隙两个符号，当使用PUSCH时，信号占用每个时隙1个符号。

解调参考信号可以有12，24，36，…个数据点，对应于1，2，3，…个资源块的传输带宽。为了生成信号，将每个小区分配给 30 个序列组中的一个。除了在本节结尾处描述的一个例外，每个序列组包含每个可能长度的一个基本序列，其从 Zadoff – Chu 序列产生，或者在非常短的序列的情况下从查找表产生。然后通过 12 个循环移位之一修改基本序列，以生成参考信号本身。

有两种方式分配序列组。在序列组规划中，每个小区在无线网络规划期间被永久分配给序列组之一。附近的小区应该位于不同的序列组中，以便最小化它们之间的干扰。在序列组跳频中，序列组根据 510 个伪随机跳频模式中的一个从一个时隙改变为下一个时隙。跳频模式取决于物理小区标识，并且可以在不需要任何进一步规划的情况下计算。

当发送 PUSCH 参考信号时，移动台从基站在其调度授权中提供的字段计算循环移位。在上行链路多用户 MIMO 的情况下，基站可以通过给予它们不同的循环移位来区分共享相同资源块的不同移动台。剩余的循环移位可以用于区分共享相同序列组的附近小区。

当发送 PUCCH 参考信号时，移动台应用与其用于 PUCCH 发送自身相同的循环移位，并且在使用正交序列索引的格式 1、1a 和 1b 的情况下进一步修改解调参考信号。该过程允许基站区分参考信号与共享每对资源块的所有移动台。

还有两个其他相关问题。首先，针对 6 个以上的资源块的传输带宽，各序列组实际上包含两个基本序列，在序列跳频中，移动台可以被配置为根据伪随机模式在两个序列之间切换。其次，循环移位跳频使得循环移位以伪随机方式从一个时隙到下一个时隙改变。这两种技术减少了共享相同序列组的相邻小区之间的干扰。

8.7.2　探测参考信号

移动台发送探测参考信号（SRS）[34 – 36] 以帮助基站在宽的传输带宽上测量接收信号功率。然后，基站使用该信息用于频率相关调度。

基站以两种方式控制探测参考信号的定时。首先，它使用 SIB2 中的称为 SRS 子帧配置的参数，告诉移动台哪些子帧支持探测。其次，它使用称为 SRS 配置索引的移动台专用参数来配置具有 2 ~ 320 个子帧的探测周期和在该周期内偏移的每个移动台。每当所得到的传输时间与支持探测的子帧一致时，移动台发送探测参考信号。

移动台通常在子帧的最后一个符号中发送探测参考信号，如图 8.11 所示。在 TDD 模式中，它还可以在特殊子帧的上行链路区域中发送信号。移动台以与上述解调参考信号类似的方式生成信号。主要区别在于，探测参考信号使用八个循环移位而不是 12 个，使得八个移动台可以共享相同的资源元素集合。

在频域中，基站使用称为 SRS 带宽配置、SRS 带宽、频域位置和 SRS 跳频

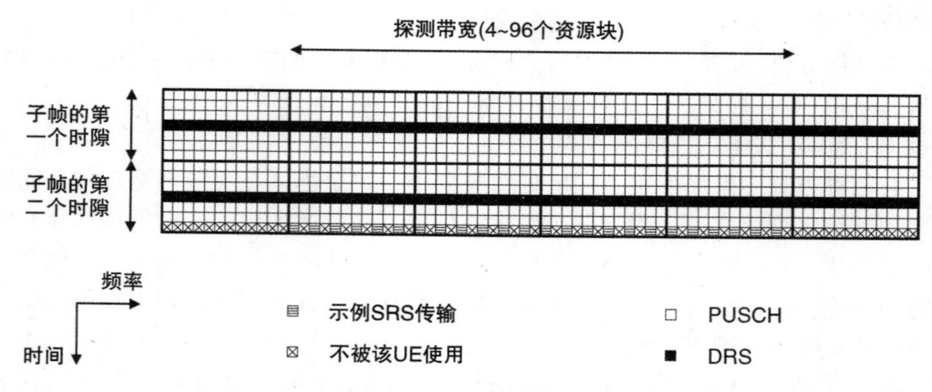

图 8.11 使用正常循环前缀的探测参考信号的示例资源元素映射

带宽的小区和移动台专用参数来控制起始位置和传输带宽。如图所示，单个移动台在由传输梳配置的交替子载波上进行传输。

存在各种方式来防止探测参考信号和移动台的其他传输之间的冲突。移动台不在支持探测的子帧的最后一个符号中发送 PUSCH，因此它可以在相同的子帧中始终发送 PUSCH 和 SRS。PUCCH 格式 2、2a 和 2b 具有优于探测参考信号的优先级，因为它们在传输频带的边缘处保留了对于探测过程不感兴趣的频率。基站可以配置 PUCCH 格式 1、1a 和 1b 以通过 RRC 信令使用任一技术。

8.8 功率控制

8.8.1 上行链路功率计算

上行链路功率控制程序[37,38]将移动台的发射功率设置为与信号的满意接收一致的最小值。这减少了在邻近小区中的相同资源元素上传送的移动台之间的干扰，并且增加了移动台的电池寿命。在 LTE 中，移动台估计其发射功率，并且基站使用功率控制命令来调整该估计。移动台使用对于 PUSCH、PUCCH 和 SRS 的稍微不同的计算，因此，为了说明原理，我们将仅查看 PUSCH。

PUSCH 发送功率计算如下：

$$P_{\mathrm{PUSCH}}(i) = \min(P(i), P_{\mathrm{CMAX}}) \tag{8.1}$$

式中，$P_{\mathrm{PUSCH}}(i)$ 是子帧 i 中在 PUSCH 上发射的功率，相对于 1mW（dBm）以 dB 为单位测量。P_{CMAX}是移动台的最大发射功率，而 $P(i)$计算如下：

$$P(i) = P_{\mathrm{O\_PUSCH}} + 10\log_{10}(M_{\mathrm{PUSCH}}(i)) + \Delta_{\mathrm{TF}}(i) + \alpha \cdot \mathrm{PL} + f(i) \tag{8.2}$$

式中，$P_{\mathrm{O_PUSCH}}$是基站期望在一个资源块的带宽上接收的功率。它由两部分组成，小区特定基线$P_{\mathrm{O_NOMINAL_PUSCH}}$和移动台特定调整$P_{\mathrm{O_UE_PUSCH}}$，使用 RRC 信令发送到移动台。$M_{PUSCH}(i)$是移动台在子帧 i 中发送的资源块的数量。$\Delta_{TF}(i)$是子帧 i 中的数据速率的可选调整，其确保移动台针对较大编码率或较快调制方案（例如 64 - QAM）使用较高发射功率。

PL 是下行链路路径损耗。基站通知在下行链路参考信号上发送的功率作为 SIB2 的一部分，因此移动台可以通过读取该量并减去接收的功率来估计 PL。α 是在称为分数功率控制的技术中减少路径损耗变化影响的加权因子。通过将 α 设置为 0 ~ 1 之间的值，基站可以确保小区边缘处的移动台发射的信号比预期的信号更弱。这减少了它们发送到邻近小区的干扰并且可以增加系统的容量。

使用到目前为止所介绍的参数，移动台可以进行其自己的 PUSCH 发射功率的估计。然而，该估计可能不准确，特别是在 FDD 模式中，其中衰落模式在上行链路和下行链路上可能不同。因此，基站使用由最后一个参数$f(i)$处理的功率控制命令来调整移动台的功率。

8.8.2　上行链路功率控制命令

基站可以以两种方式发送针对 PUSCH 的功率控制命令。首先，它可以使用 DCI 格式 3 和 3A 向移动台组发送独立的功率控制命令。当使用这些格式时，基站将 PDCCH 消息寻址到称为 TPC - PUSCH - RNTI 的无线网络标识，其在组中的所有移动台之间共享。该消息包含用于每个组的移动台的功率控制命令，其使用先前通过 RRC 信令配置的偏移来找到。

然后，移动台以下列方式累积其功率控制命令：

$$f(i) = f(i-1) + \delta_{PUSCH}(i - K_{PUSCH}) \tag{8.3}$$

式中，移动台在子帧 $i - K_{PUSCH}$ 中接收δ_{PUSCH}的功率调整，并将其应用于子帧 i。K_{PUSCH}在 FDD 模式中是 4，而在 TDD 模式中，它可以以通常的方式位于 4 ~ 7 之间。当使用 DCI 格式 3 时，功率控制命令包含 2bit，并导致 - 1dB、0dB、1dB 和 3dB 的功率调整。当使用 DCI 格式 3A 时，该命令只包含 1bit，并导致 - 1dB 和 1dB 的功率调整。

基站还可以向一个移动台发送 2bit 功率控制命令，作为上行链路调度授权的一部分。通常，移动台以上述方式解释它们。然而，基站还可以使用 RRC 信令来禁用功率控制命令的累积，在这种情况下，移动台将其解释如下：

$$f(i) = \delta_{PUSCH}(i - K_{PUSCH}) \tag{8.4}$$

在这种情况下，功率调整δ_{PUSCH}可以取 - 4dB、 - 1dB、1dB 和 4dB。

8.8.3　下行链路功率控制

下行链路功率控制更直接。使用单个信道或信号的每个资源元素的能量（EPRE）来量化下行链路发射功率。基站可以使用不同的 EPRE 用于下行链路参考信号以及用于到各个移动台的 PDSCH 传输，并且可以通过 RRC 信令消息向移动台通知所选择的值。然而每个值都与频率无关，并且只是偶尔改变；相反，基站通过调整调制方案和编码率来适应移动台的下行链路传播损耗的变化。这与下行链路发射功率是共享资源的概念一致，并且防止基站向不能有效使用它的远程移动台分配过多的功率。

8.9 非连续接收

8.9.1 RRC_IDLE 状态下的非连续接收和寻呼

当移动台处于非连续接收（DRX）状态时，基站仅在某些子帧中在 PDCCH 上发送下行链路控制信息。在这些子帧之间，移动台可以停止监视 PDCCH 并且可以进入称为睡眠模式的低功率状态，以便最大化其电池寿命。使用两种不同的机制实现非连续接收，这两种机制支持 RRC_IDLE 中的寻呼和 RRC_CONNECTED 中的低数据速率传输。

在 RRC_IDLE 状态中，使用位于 32 ~ 256 帧（0.32 ~ 2.56μs）之间的 DRX 周期[39,40]来定义非连续接收。基站在 SIB2 中指定默认 DRX 周期长度，但是移动台可以在附加请求或跟踪区域更新期间请求不同的周期长度（第 11 和 14 章）。

如图 8.12 所示，在系统帧号取决于移动台的国际移动用户标识的寻呼帧中，移动台在每个 DRX 周期帧唤醒一次。在该帧内，移动台检查称为寻呼时机的子帧，其也取决于 IMSI。如果移动台在子帧的开始处找到寻址到 P - RNTI 的下行链路控制信息，则其在子帧的剩余部分中在 PDSCH 上接收 RRC 寻呼消息。网络知道移动台的 IMSI，因此它可以在正确的子帧中发送控制信息和寻呼消息。

几个移动台可以共享相同的寻呼时机。为了解决这种冲突，寻呼消息包含目标移动台的身份，使用 S - TMSI（如果可用）或 IMSI（否则）。如果移动台检测到匹配，则其以第 14 章中描述的方式使用被称为服务请求的 EPS 移动性管理过程来响应寻呼消息。

8.9.2 RRC_CONNECTED 状态下的非连续接收

在 RRC_CONNECTED 状态中，基站通过移动台专用 RRC 信令来配置移动台的非连续接收参数。在非连续接收期间（见图 8.13），移动台在由 DRX 起始偏移定义的子帧中唤醒每个 DRX 周期子帧。它在被称为活动时间的持续时间内连续监视 PDCCH，然后回到睡眠模式[41,42]。

几个计时器有助于活动时间。最初，移动台在持续时间（1 ~ 200 个子帧）

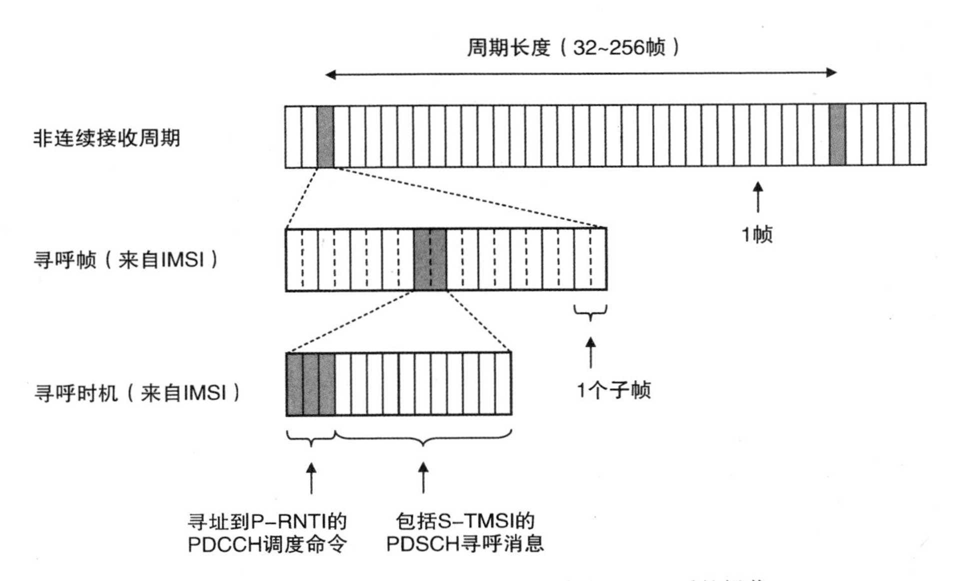

图 8.12　RRC_IDLE 状态下的非连续接收和寻呼的操作

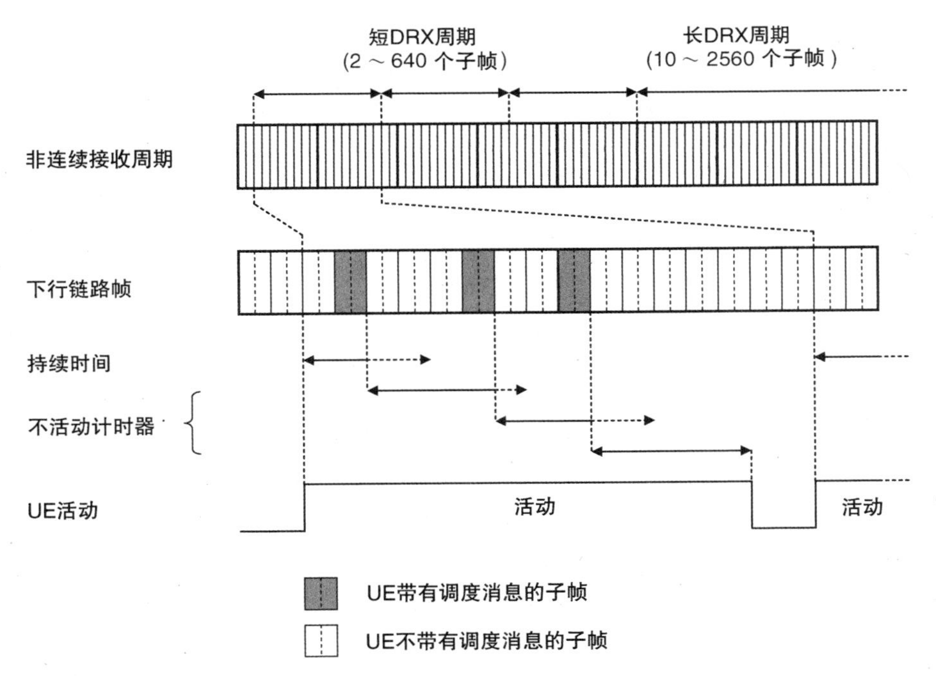

图 8.13　RRC_CONNECTED 状态下的非连续接收的操作

保持唤醒，等待 PDCCH 上的调度消息。如果一个到达，则在每个 PDCCH 命令之后，移动台在DRX不活动定时器（1~2560个子帧）保持唤醒。其他定时器确保移动台在等待诸如混合ARQ重传的信息时保持唤醒，但是如果所有定时器都过期，则移动台回到睡眠。基站还可以通过向移动台发送被称为DRX命令的MAC控制元素（见第10章）来明确地将移动台发送到睡眠状态。

实际上存在两个非连续接收周期，长DRX周期（10~2560个子帧）和可选的短DRX周期（2~640个子帧）。如果两者都被配置，则移动台通过使用短周期开始，但是如果其在DRX短周期定时器（1~16个子帧）周期中进行而不接收PDCCH命令，则移动到长周期。

参考文献

1. 3GPP TS 36.211 (2013) Physical Channels and Modulation, Release 11, September 2013.
2. 3GPP TS 36.212 (2013) Multiplexing and Channel Coding, Release 11, June 2013.
3. 3GPP TS 36.213 (2013) Physical Layer Procedures, Release 11, September 2013.
4. 3GPP TS 36.321 (2013) Medium Access Control (MAC) Protocol Specification, Release 11, July 2013.
5. 3GPP TS 36.331 (2013) Radio Resource Control (RRC); Protocol Specification, Release 11, September 2013.
6. 3GPP TS 36.321 (2013) Medium Access Control (MAC) Protocol Specification, Release 11, Section 5.3, July 2013.
7. 3GPP TS 36.213 (2013) Physical Layer Procedures, Release 11, Section 7, September 2013.
8. 3GPP TS 36.321 (2013) Medium Access Control (MAC) Protocol Specification, Release 11, Section 5.4, July 2013.
9. 3GPP TS 36.213 (2013) Physical Layer Procedures, Release 11, Section 8, September 2013.
10. 3GPP TS 36.321 (2013) Medium Access Control (MAC) Protocol Specification, Release 11, Section 5.10, July 2013.
11. 3GPP TS 36.213 (2013) Physical Layer Procedures, Release 11, Section 9.2, September 2013.
12. 3GPP TS 36.331 (2013) Radio Resource Control (RRC); Protocol Specification, Release 11, Section 6.3.2 (SPS-Config), September 2013.
13. 3GPP TS 36.212 (2013) Multiplexing and Channel Coding, Release 11, Section 5.3.3.1, June 2013.
14. 3GPP TS 36.213 (2013) Physical Layer Procedures, Release 11, Sections 7.1.6, 8.1, 8.4, September 2013.
15. 3GPP TS 36.211 (2013) Physical Channels and Modulation, Release 11, Section 5.2.3, 5.3.4, 6.2.3, September 2013.
16. 3GPP TS 36.321 (2013) Medium Access Control (MAC) Protocol Specification, Release 11, Section 7.1m, July 2013.
17. 3GPP TS 36.212 (2013) Multiplexing and Channel Coding, Release 11, Sections 5.3.3.2, 5.3.3.3, 5.3.3.4, June 2013.
18. 3GPP TS 36.211 (2013) Physical Channels and Modulation, Release 11, Section 6.8, September 2013.
19. 3GPP TS 36.213 (2013) Physical Layer Procedures, Release 11, Section 9.1.1, September 2013.
20. 3GPP TS 36.212 (2013) Multiplexing and Channel Coding, Release 11, Sections 5.1, 5.2.2, 5.2.4, 5.3.2, June 2013.
21. 3GPP TS 36.211 (2013) Physical Channels and Modulation, Release 11, Sections 5.3, 5.6, 5.8, 6.3, 6.4, 6.12, 6.13, September 2013.
22. 3GPP TS 36.211 (2013) Physical Channels and Modulation, Release 11, Section 6.9, September 2013.
23. 3GPP TS 36.212 (2013) Multiplexing and Channel Coding, Release 11, Section 5.3.5, June 2013.
24. 3GPP TS 36.213 (2013) Physical Layer Procedures, Release 11, Section 9.1.2, September 2013.
25. 3GPP TS 36.331 (2013) Radio Resource Control (RRC); Protocol Specification, Release 11, Section 6.3.2 (PHICH-Config), September 2013.
26. 3GPP TS 36.213 (2013) Physical Layer Procedures, Release 11, Sections 7.2, 7.3, 10.1, September 2013.
27. 3GPP TS 36.321 (2013) Medium Access Control (MAC) Protocol Specification, Release 11, Section 5.4.4, July 2013.

28. 3GPP TS 36.331 (2013) Radio Resource Control (RRC); Protocol Specification, Release 11, Section 6.3.2 (CQI-ReportConfig, SchedulingRequestConfig), September 2013.
29. 3GPP TS 36.211 (2013) Physical Channels and Modulation, Release 11, Section 5.4, September 2013.
30. 3GPP TS 36.212 (2013) Multiplexing and Channel Coding, Release 11, Section 5.2.3, June 2013.
31. 3GPP TS 36.213 (2013) Physical Layer Procedures, Release 11, Section 10.1, September 2013.
32. 3GPP TS 36.331 (2013) Radio Resource Control (RRC); Protocol Specification, Release 11, Section 6.3.2 (PUCCH-Config), September 2013.
33. 3GPP TS 36.211 (2013) Physical Channels and Modulation, Release 11, Sections 5.5.1, 5.5.2, September 2013.
34. 3GPP TS 36.211 (2013) Physical Channels and Modulation, Release 11, Section 5.5.3, September 2013.
35. 3GPP TS 36.213 (2013) Physical Layer Procedures, Release 11, Section 8.2, September 2013.
36. 3GPP TS 36.331 (2013) Radio Resource Control (RRC); Protocol Specification, Release 11, Section 6.3.2 (SoundingRS-UL-Config), September 2013.
37. 3GPP TS 36.213 (2013) Physical Layer Procedures, Release 11, Section 5, September 2013.
38. 3GPP TS 36.331 (2013) Radio Resource Control (RRC); Protocol Specification, Release 11, Section 6.3.2 (Uplink Power Control, TPC-PDCCH-Config), September 2013.
39. 3GPP TS 36.304 (2013) Evolved Universal Terrestrial Radio Access (E-UTRA); User Equipment (UE) Procedures in Idle Mode, Release 11, Section 7, September 2013.
40. 3GPP TS 36.331 (2013) Radio Resource Control (RRC); Protocol Specification, Release 11, Sections 5.3.2, 6.2.2 (Paging), September 2013.
41. 3GPP TS 36.321 (2013) Medium Access Control (MAC) Protocol Specification, Release 11, Section 5.7, July 2013.
42. 3GPP TS 36.331 (2013) Radio Resource Control (RRC); Protocol Specification, Release 11, Section 6.3.2 (MAC-MainConfig), September 2013.

第9章 随机接入

如前一章所述，基站显式地调度移动台在物理上行链路共享信道上执行的所有传输。如果移动台希望在 PUSCH 上发送，但是没有资源这样做，则其通常在物理上行链路控制信道上发送调度请求。如果它没有资源来那样做，则它启动随机接入过程。这可能发生在几种不同的情况下，主要是在 RRC 连接的建立期间、切换期间或者如果移动台已经失去与基站的定时同步。如果基站在定时同步丢失之后希望向移动台发送，则基站还可以触发随机接入过程。

当移动台在物理随机接入信道（PRACH）上发送随机接入前导码时，该过程开始。这启动了移动台和基站之间的消息交换，其具有两个主要变形：基于非竞争和基于竞争。作为该过程的结果，移动台接收 3 个量：用于 PUSCH 上的上行链路传输的资源，用于上行链路定时提前的初始值，并且如果不具有其中一个，则使用 C – RNTI。

随机接入过程由用于数据发送和接收的相同规范定义。最重要的是 TS 36.211[1]、TS 36.213[2]、TS 36.321[3]和 TS 36.331[4]。

9.1 PRACH 上的随机接入前导码的传输

9.1.1 资源元素映射

开始讨论 PRACH[5-7]的最好的地方是资源元素映射。在频域中，PRACH 传输具有六个资源块的带宽。在时域中，传输通常为一个子帧长，但其可以更长或更短。图 9.1 显示了一个对于 FDD 模式和 3MHz 带宽的情况的例子。

更详细地，PRACH 传输包括循环前缀、前导序列和保护时段。依次地，前导序列包含一个或两个 PRACH 符号，其通常为 800μs 长。移动台在没有任何定时提前的情况下发送 PRACH，但是保护时段防止它在基站与随后的符号冲突。

基站可以使用表 9.1 中列出的前导码格式来指定每个分量的持续时间。最常见的是格式 0，其中传输占用一个子帧。格式 1 和 3 具有长保护时段，因此在大小区中是有用的，而格式 2 和 3 具有两个 PRACH 符号，因此如果接收信号弱则是有用的。格式 4 仅由小型 TDD 小区使用，并将 PRACH 映射到特殊子帧的上行链路部分。

基站使用其在 SIB2 中通告的两个参数，即 PRACH 配置索引和 PRACH 频率

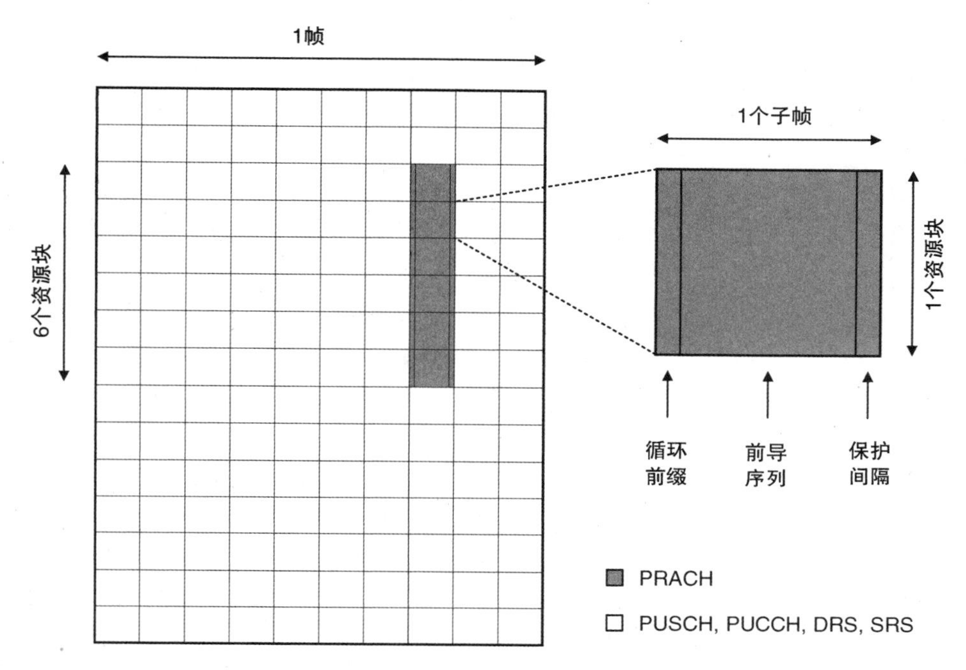

图 9.1 物理随机接入信道的资源元素映射，使用 FDD 模式、正常循环前缀、3MHz 带宽、PRACH 配置索引 5 和 PRACH 频率偏移量 7

表 9.1 随机接入前导码格式

格式	近似持续时间/μs				应用
	循环前缀	前导码	保护间隔	总计	
0	103	800	97	1000	正常小区
1	684	800	516	2000	大型小区
2	203	1600	197	2000	弱信号
3	684	1600	716	3000	大型小区和弱信号
4	15	133	9	157	小型 TDD 小区

注：本表来源于 TS 36.211。经 ETSI 许可转载。

偏移来为 PRACH 预留特定资源块。这些参数在 FDD 和 TDD 模式中具有不同的含义。

在 FDD 模式中，PRACH 配置索引指定前导码格式和随机接入传输可以开始的子帧，而 PRACH 频率偏移指定它们在频域中的位置。在图 9.1 中，例如，PRACH 配置索引为 5，其在每个帧的子帧 7 中支持使用前导码格式 0 的 PRACH 传输。PRACH 频率偏移为 7，因此传输占用频域中的资源块 7～12。

在 TDD 模式中，随机接入传输不能在下行链路子帧期间发生，因此它们具有较少的机会。为了补偿这一点，移动台可以在频域中的最多 6 个位置而不是 1 个位置处发送 PRACH。PRACH 配置索引和频率偏移定义到资源网格的映射，移动台可以从该资源网格发现支持 PRACH 的时间和频率。

9.1.2 前导序列的产生

每个小区支持 64 个不同的前导序列。基站可以区分在相同资源块集合上发送的移动台，前提是它们的前导序列不同。

移动台使用我们在第 7 章中引入的 Zadoff - Chu 序列，使用基站在 SIB2 中通告的 3 个参数来生成其前导序列。第一个是零相关区域配置，其确定移动台可以从单个 Zadoff - Chu 根序列生成的循环移位的数量。在大小区中，仅允许移动台使用几个间隔很宽的循环移位，因为否则将存在基站混淆来自附近移动台的一个循环移位与来自相距较远移动台的略微不同的循环移位的风险。在没有风险的小型小区中，移动台使用大量的循环移位来利用它们的相互正交性。

根序列索引标识小区实际使用的是第一个 Zadoff - Chu 根序列。随着零相关区域配置允许，移动台从该根序列生成尽可能多的循环移位，移动到随后的根序列并继续，直到其生成所有 64 个前导码。周围小区应使用不同的根序列索引，以便最小化其移动台的随机接入传输之间的干扰。索引可以在网络规划期间或通过我们在第 17 章中讨论的自优化功能来分配。

因为存在基站将来自慢速移动移动台的一个循环移位与来自快速移动移动台的另一个循环移位混淆的风险，所以在包含快速移动移动台的小区中修改计算。基站可以通过设置高速标志来处理该问题，其限制了在这样的小区中可用的循环移位的数量。

然后，基站为后面讨论的基于非竞争的随机接入过程预留 64 个前导序列中的一些，并且通过 RRC 信令将它们分配给各个移动台。剩余的可用于基于竞争的过程，并由移动台随机选择。

9.1.3 信号传输

为了发送物理随机接入信道，移动台简单地生成适当的时域前导序列，并将其传送到物理层中的前向傅里叶变换。然而，与第 6 章中介绍的用于资源元素映射的常规技术有一些不同。特别地，在格式 0 ~ 3 中，PRACH 符号持续时间是 800μs，而不是通常的 66.7μs。这意味着子载波间隔是 1250Hz，而不是 15kHz 的通常值。在格式 4 中，符号持续时间是 133μs，因此子载波间隔是 7500Hz。使用较小的子载波间隔意味着 PRACH 子载波不与由 PUCCH 和 PUSCH 使用的子载波正交。因此，PRACH 传输频带在其上边缘和下边缘包含小的保护频带，以最小化发生的干扰量。

功率控制在来自其他上行链路信道的随机接入信道上工作不同。移动台首先发送具有以下功率的随机接入前导码：

$$P_{\mathrm{PRACH}} = \min(P_{\mathrm{PREAMBLE,INITIAL}} + \mathrm{PL}, P_{\mathrm{CMAX}}) \tag{9.1}$$

式中，P_{CMAX}是移动台的最大发射功率，PL 是其对下行链路路径损耗的估计，$P_{\mathrm{PREAMBLE,INITIAL}}$是基站在 SIB2 中通告的参数，其描述了期望接收的功率。

然后，移动台在其持续时间位于 2 ~ 10 个子帧之间的随机接入窗口中等待来自基站的响应。如果它在这个时间内没有接收到响应，则它假设发射功率对于基站来说太低以至于侦听不到它，因此它将发射功率增加一个在 0 ~ 6dB 之间的值并重复发射。该过程继续，直到移动台接收到响应或者直到它达到最大重传次数。

9.2 基于非竞争模式的随机接入过程

当移动台向基站发送 PRACH 传输时，它启动随机接入过程[8-10]。此过程有两种变体，即基于非竞争和基于竞争。

如果网络可以为移动台预留前导序列，则其可以保证没有其他移动台将在相同的资源块集合中使用该序列。这个想法是基于非竞争的随机接入过程的基础，其通常用作如图 9.2 所示的切换的一部分。

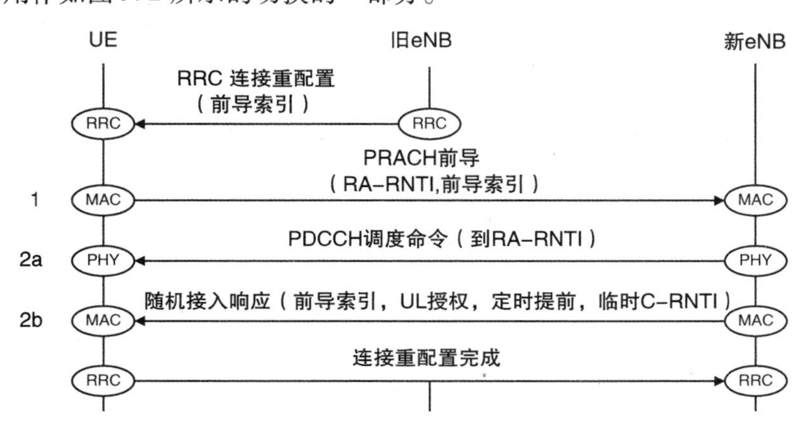

图 9.2　在切换期间使用的基于非竞争的随机接入过程

在过程开始之前，旧基站向移动台发送称为 RRC 连接重配置的 RRC 消息。这告诉移动台如何重新配置自身以便与新基站通信，并且识别新基站为其预留的前导序列。移动台读取 RRC 消息并且如所指示的那样重新配置其自身。然而，它还没有定时同步，因此它触发随机接入过程。

移动台从 SIB2 读取新小区的随机接入配置，选择下一个可用的 PRACH 传输时间，并使用所请求的序列发送前导码（步骤1）。传输频率在FDD模式中是固定的，而在TDD模式中，它是随机选择的。传输时间和频率确定被称为随机接入RNTI（RA - RNTI）的移动台识别。如果需要，移动台以上述方式重复传输，直到它接收到响应。

一旦基站接收到前导码，它测量到达时间并且计算所需的定时提前。它首先使用PDCCH调度命令进行回复（步骤2a），其使用DCI格式1A或1C和地址向移动台的RA - RNTI写入。随后是随机接入响应（步骤2b），其标识移动台使用的前导序列，并且给移动台一个上行链路调度许可和用于上行链路定时提前的初始值。（基站还给移动台一个称为临时C - RNTI的标识，但是移动台在该过程的这个版本中实际上不使用它）。基站可以在一个响应中识别几个前导序列，因此它可以同时回复在相同资源块上发送但具有不同前导码的所有移动台。

移动台接收基站的响应并初始化其定时提前。然后，它可以使用RRC连接重配置完成来响应基站的信令消息。

如果基站希望在下行链路上向移动台发送，但是已经失去与其的定时同步，则基站还可以发起基于非竞争的随机接入过程。为此，它使用被称为PDCCH命令的DCI格式1A的变体来触发该过程[11]。然后，以上述方式继续该过程。

9.3 基于竞争模式的随机接入过程

如果移动台没有被分配前导索引，则移动台使用基于竞争的随机接入过程。这通常作为被称为RRC连接建立的过程的一部分，以图9.3所示的方式发生。

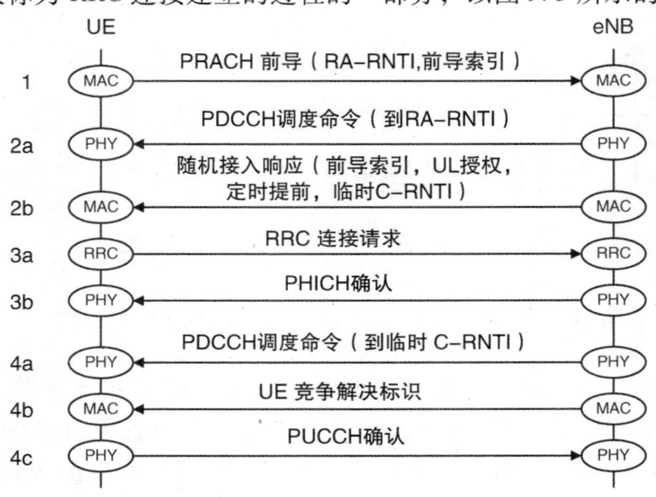

图9.3 在RRC连接建立期间使用的基于竞争的随机接入过程

在该示例中，移动台希望向基站发送称为RRC连接请求的RRC消息，其中它请求从RRC_IDLE移动到RRC_CONNECTED。它没有在其上发送消息的PUSCH资源和没有在其上发送调度请求的PUCCH资源，因此它触发随机接入过程。

移动台从SIB2读取小区的随机接入配置，并从可用于基于竞争的过程的前导序列随机选择。可选地，基站可以将这些分成两个另外的组，即组A，其用于小分组或用于较差无线条件下的大分组，以及组B，其用于良好无线条件下的大分组。组A中的前导码将最终导致适合于小传输或缓冲器状态报告的小调度授权。组B中的前导码将导致更大的调度授权，利用该调度授权，移动台可以开始更大的上行链路传输，并且甚至能够完成它。

然后，移动台以通常的方式发送前导码（步骤1）。如果两个或更多移动台使用相同的前导序列在相同的资源块上进行发送，则存在竞争的风险。如前所述，基站向移动台发送调度命令，随后是随机接入响应（步骤2a和2b）。

使用上行链路许可，移动台以通常的方式发送其RRC消息（步骤3a）。作为消息的一部分，移动台使用其S-TMSI或随机数唯一地标识其自身（见11.3.1节）。在发起该过程的移动台之间仍然存在竞争的风险，但是如果其中一个传输比其他传输强得多，则基站将能够对其进行解码。其他传输只会引起干扰。基站使用由调度许可指示的PHICH资源来发送确认（步骤3b）。

基站现在向移动台发送另一个调度命令（步骤4a），它将寻址到先前分配的临时C-RNTI。它遵循具有被称为UE竞争解决标识的MAC控制元素的命令（步骤4b）。这回送移动台在步骤3中发送的RRC消息，因此其包括成功移动台的身份。

如果移动台接收到其最初发送的消息的回应，则其使用由调度命令指示的PUCCH资源来发送确认（步骤4c）。然后，其将临时C-RNTI提升为完整C-RNTI并继续RRC过程。如果消息不匹配，则移动台丢弃临时C-RNTI并尝试再次在随后的时间进行随机接入过程。结果，基站已经选择了最初竞争注意的移动台之一，并且已经告诉其他移动台回退。

如果移动台希望向基站发送但是已经丢失定时同步，或者如果其已经在没有接收到答复的情况下已经达到调度请求的最大数量，则移动台也可以在RRC_CONNECTED状态中发起基于竞争的过程。然而，在这种情况下，移动台已经具有C-RNTI。在该过程的步骤3中，其用C-RNTI MAC控制元素替换RRC消息（见第10章），然后基站使用C-RNTI作为竞争解决的基础。

参考文献

1. 3GPP TS 36.211 (2013) Physical Channels and Modulation, Release 11, September 2013.
2. 3GPP TS 36.213 (2013) Physical Layer Procedures, Release 11, September 2013.
3. 3GPP TS 36.321 (2013) Medium Access Control (MAC) Protocol Specification, Release 11, July 2013.
4. 3GPP TS 36.331 (2013) Radio Resource Control (RRC) Protocol Specification, Release 11, September 2013.
5. 3GPP TS 36.211 (2013) Physical Channels and Modulation, Release 11, Section 5.7, September 2013.
6. 3GPP TS 36.212 (2013) Multiplexing and Channel Coding, Release 11, Section 5.2.1, June 2013.
7. 3GPP TS 36.331 (2013) Radio Resource Control (RRC) Protocol Specification, Release 11, Section 6.3.2 (PRACH-Config, RACH-ConfigCommon, RACH-ConfigDedicated), September 2013.
8. 3GPP TS 36.300 (2013) Evolved Universal Terrestrial Radio Access (E-UTRA) and Evolved Universal Terrestrial Radio Access Network (E-UTRAN) Overall Description; Stage 2, Release 11, Section 10.1.5, September 2013.
9. 3GPP TS 36.321 (2013) Medium Access Control (MAC) Protocol Specification, Release 11, Sections 5.1, 6.1.3.2, 6.1.3.4, 6.1.5, 6.2.2, 6.2.3, July 2013.
10. 3GPP TS 36.213 (2013) Physical Layer Procedures, Release 11, Section 6, September 2013.
11. 3GPP TS 36.212 (2013) Multiplexing and Channel Coding, Release 11, Section 5.3.3.1.3, June 2013.

第 10 章　空中接口层 2

我们现在已经完成了对空中接口物理层的研究。在本章中，我们通过描述 OSI 模型的数据链路层（层 2）中的 3 个协议来完成我们对 LTE 空中接口的讨论。媒体接入控制协议调度在 LTE 空中接口上进行的所有传输，并控制物理层的低级操作。无线链路控制协议维持空中接口上的数据链路，如果必要的话，重传物理层未正确传递的数据包。最后，分组数据汇聚协议保持空中接口的安全性，压缩 IP 分组的报头，并确保在切换后分组的可靠传送。

10.1　媒体接入控制协议

10.1.1　协议架构

媒体接入控制（MAC）协议[1,2]调度在空中接口上的传输，并控制物理层的低级操作。在基站中有一个 MAC 实体，并且在移动台中也有一个 MAC 实体。为了说明其架构，图 10.1 所示为移动台 MAC 协议的高级框图。

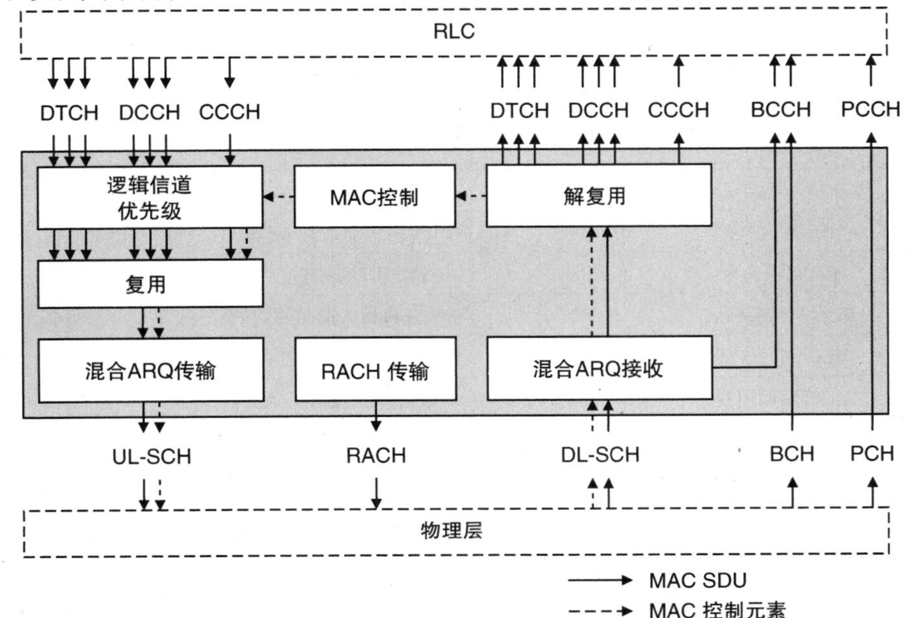

图 10.1　移动台 MAC 协议的高级架构（来源：TS 36. 321。经 ETSI 许可转载）

在发射机中，逻辑信道优先化功能确定移动台在每个传输时间间隔中应当从每个输入逻辑信道发送多少数据。作为响应，移动台用 RLC 协议中的发送缓冲区以 MAC 服务数据单元（SDU）的形式获取所需的数据。复用功能将服务数据单元组合在一起，附加报头并在传输信道上将所得数据发送到物理层。它通过能控制物理层的混合 ARQ 协议操作的混合 ARQ 传输功能来实现。输出数据包被称为 MAC 协议数据单元（PDU），并且与第 8 章中我们看到的传输块相同。在移动台的接收机中功能相反。

这些原理在基站中是相同的，包括下行链路信道发送并且上行链路信道接收。然而，有两个主要区别。首先，基站的 MAC 协议必须在下行链路上执行到不同移动台的传输，并在上行链路上接收来自不同移动台的传输。第二，协议包括调度功能，其组织下行链路上的基站的传输和上行链路上的移动台的传输，并且最终确定 PDCCH 调度命令和调度许可的内容。

MAC 协议还发送和接收多个控制物理层低级操作的 MAC 控制元素。有几种类型的控制元素，在表 10.1 中列出。我们看到其中三个。在 RRC_CONNECTED 中的非连续接收期间，基站可以使用 DRX 命令将移动台发送到睡眠状态，而 UE 竞争解决标识和 C－RNTI 控制元素都由基于竞争的随机接入过程使用。我们将在后面讨论剩余的版本 8 控制元素，然后再转到图中的剩余块。

表 10.1　MAC 控制元素列表

MAC 控制元素	版本	应用	方向
缓冲区状态报告	R8	UE 发射缓冲器占用	UL
C－RNTI	R8	随机接入期间的 UE 识别选项	
功率余量	R8	UE 发射功率余量	
扩展功率余量	R10	载波聚合期间的功率余量	
DRX 命令	R8	DRX 期间发送 UE 睡眠	DL
定时提前命令	R8	调整 UE 定时提前	
UE 竞争解决标识	R8	解决随机接入期间的竞争	
MCH 调度信息	R9	向 UE 通知 MBMS 的调度	
激活/停用	R10	激活/停用辅助小区	

10.1.2　定时提前命令

在使用随机接入过程初始化移动台的定时提前之后，基站使用称为定时提前命令的 MAC 控制元素来更新它。每个命令将定时提前量调整为 $-496T_s \sim +512T_s$，分辨率为 $16T_s$[3]。这对应于移动台和基站之间的距离为 $-2.4 \sim +2.5$km的变化，分辨率为 80m。

移动台期望以规则的间隔从基站接收定时提前命令。最大允许间隔是一个称为 timeAlignmentTimer 的量，它可以取 500 ~ 10240 个子帧（0.5 ~ 10.24s）的值，或者如果小区大小很小，可以是无限的[4]。如果自上一个定时提前命令以来经过的时间超过该值，则移动台断定它已经失去与基站的定时同步。作为响应，其释放所有其 PUSCH 和 PUCCH 资源，特别是来自第 8 章的参数$n_{\mathrm{PUCCH}}^{(1)}$、$n_{\mathrm{PUCCH,SRI}}^{(1)}$和$n_{\mathrm{PUCCH}}^{(2)}$。任何后续的发送尝试将触发随机接入过程，移动台可以通过该过程恢复其定时同步。

10.1.3　缓冲区状态报告

移动台发送缓冲区状态报告（BSR）MAC 控制元素以告知基站它有多少数据可用于传输。有 3 种类型的缓冲区状态报告，其中最重要的是常规 BSR。移动台在以下 3 种情况下发送：如果当发送缓冲区为空时数据准备好发送，或者如果数据准备好在具有比先前存储的缓冲区更高优先级的逻辑信道上传输，或者如果在数据等待传输时定时器到期。移动台期望基站以调度授权来答复。

如果移动台希望发送常规 BSR，但是不具有在其上这样做的 PUSCH 资源，则它在 PUCCH 上向基站发送调度请求。（实际上，由于不能发送常规 BSR，调度请求总是以这种方式触发。）然而，如果移动台处于 RRC_IDLE 状态或者已经失去与基站的定时同步，则其也不具有 PUCCH 资源。在这种情况下，它运行随机接入过程。

还有两种其他类型的缓冲区状态报告。如果在普通 PUSCH 传输期间移动台具有足够的备用空间，则移动台在 PUSCH 和填充 BSR 上的数据传输期间以规则的间隔发送周期性的 BSR。

10.1.4　功率余量报告

移动的功率余量是其最大发射功率和为其 PUSCH 传输所请求的功率之间的差值[5]。功率余量通常为正，但如果请求的功率超过可用功率，则它可以为负。

移动台使用功率余量 MAC 控制元素向基站报告其功率余量。它可以在两种情况下这样做：周期性地，或者如果下行链路路径损耗自上次报告以来已经明显改变。基站通常通过限制其要求移动台发送的数据速率来使用该信息支持其上行链路调度过程。

10.1.5　复用和解复用

我们现在可以讨论 MAC 协议数据单元（PDU）的内部结构及其组装方式。在其最一般的形式（见图 10.2）中，MAC 协议数据单元包含几个 MAC 服务数据单元和几个控制元素，它们共同构成 MAC 有效载荷。每个服务数据单元包含

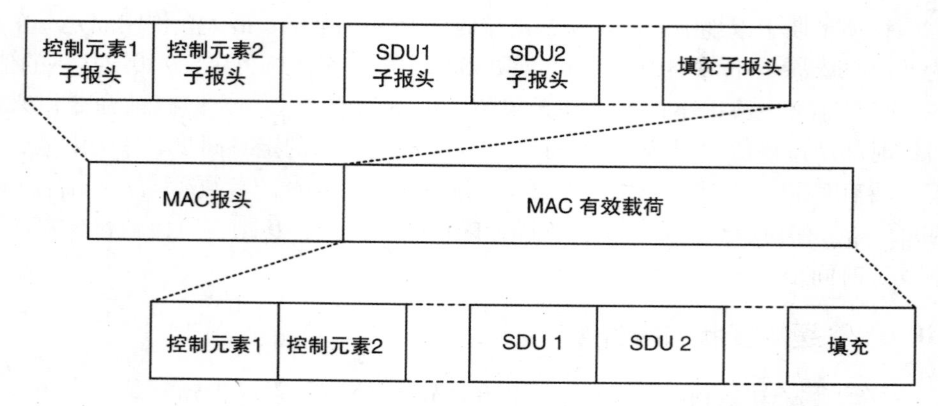

图10.2 MAC PDU的结构（来源：TS 36.321。经ETSI许可转载）

在单个逻辑信道上从RLC接收的数据，而每个控制元素是表10.1中列出的元素之一。有效载荷还可以包含填充，其将协议数据单元四舍五入到所允许的传输块大小之一。

MAC有效载荷中的每个项目与子报头相关联。SDU子报头识别服务数据单元的大小和从其起始的逻辑信道，而控制元素子报头标识控制元素的大小和类型。

在上行链路中，移动台从基站的调度授权中发现所需的PDU大小。使用后面描述的优先级算法，移动台决定它将如何填充协议数据单元中的可用空间，从上层RLC协议中的缓冲区获取服务数据单元，并从MAC控制单元获取控制元素。然后，多路复用功能写入相应的子报头并组装PDU。在下行链路中使用相同的技术，除了如我们将看到的，优先级处理过程是相当不同的。

10.1.6 逻辑信道优先级

我们在前面看到，基站使用其调度授权告诉移动台关于每个上行链路MAC协议数据单元的大小。然而，调度授权没有说明协议数据单元应该包含什么。因此，移动台运行优先级算法，以决定如何填充它。

为了支持该算法，每个逻辑信道与从1到16的优先级相关联，其中小数字对应于高优先级。逻辑信道还与优先级比特率（PBR）相关联，优先级比特率（PBR）从0到256kbit/s，并且是长期平均比特率的目标。规范还支持无限优先级比特率，解释“尽可能快”。最终，这些参数都来自我们将在第13章中讨论的服务质量参数。

该算法由MAC协议规范完全定义，原理如下。首先，MAC按照优先级顺序穿过逻辑信道，并且从已经落在其长期平均比特率之后的信道中获取数据。然后，它再次以优先级顺序通过信道，并填充 PDU 中剩余的任何空间。该算法还优先化控制元素，并且所得到的优先级顺序如下：公共控制信道上的数据连同任何相关联的 C – RNTI 控制元素，规则或周期性缓冲区状态报告，功率余量报告，其他逻辑信道上的数据，以及最后填充的缓冲区状态报告。

下行链路中的优先级相当不同，因为基站可以以它喜欢的任何方式自由填充 PDU。在实践中，下行链路优先级算法将形成后面讨论的专有调度算法的一部分。

10.1.7　空中接口的传输调度

基站的调度算法必须基于当时可用的所有信息来决定每个下行链路调度命令和上行链路调度许可的内容。规范说明了它应该如何工作，为了说明它的操作，图 10.3 显示了一些主要的输入和输出。

可用于下行链路调度器的信息包括以下内容。每个承载与缓冲区占用以及关于其服务质量的信息相关联，例如先前我们介绍的优先级和优先级比特率。为了支持调度功能，移动台返回混合 ARQ 确认、信道质量指示和秩指示。基站还知道小区中每个移动设备的非连续接收模式，并且可以从附近小区接收关于它们自己使用下行链路子载波的负载信息。

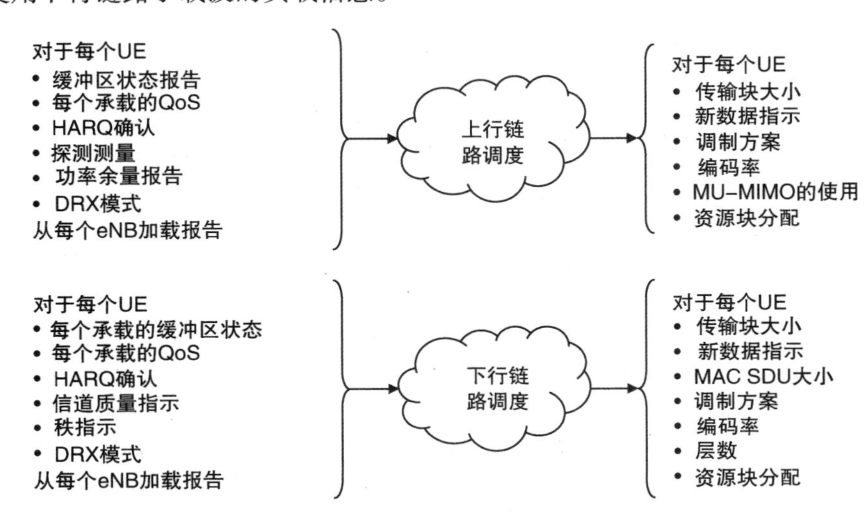

图 10.3　上行链路和下行链路调度算法的输入和输出

使用该信息，调度器必须决定向每个移动台发送多少信息比特，是否发送新的传输或重传以及如何在可用承载之间划分新的传输。它还必须决定要使用的调制方案和编码率，在空间复用的情况下的层数，以及向每个移动台分配资源块。

虽然一些输入和输出是不同的，但上行链路调度器遵循相同的原理。例如，基站不具有上行链路缓冲区占用的完全知识，并且不告诉移动台它们应该用于其上行链路传输的哪些逻辑信道。此外，基站从探测过程而不是从移动台的信道质量指示导出其信道质量信息。

在基本水平，两种极端调度算法是可用的。最大速率调度器将资源分配给具有最高信噪比的移动台，其可以以最高数据速率发射或接收。这使得小区的吞吐量最大化，但是严重不公平，因为远程移动台可能没有机会发送或接收。在另一个极端调度算法，循环调度器给每个移动台相同的数据速率。这适用于实时、恒定的数据速率服务，如实时视频。然而，对于诸如网络浏览的非实时可变数据速率服务来说是低效的，因为具有低信噪比的远程移动台将支配小区对资源的使用。在实践中，诸如比例公平调度的技术尝试在两个极端调度算法之间取得平衡。在一个简单的示例中，基站可以向正在使用特定服务的每个移动台分配相同数量的资源块。然后，通过使用较快的调制方案和较高的编码率，相邻移动台将具有比较远的移动台更高的数据速率，但是远程移动台仍然具有小区的一些资源。

总而言之，调度程序是一个复杂的软件和系统较为有效实现的更难的部分之一。这可能是设备制造商和网络运营商之间的重要区别。

10.2 无线链路控制协议

10.2.1 协议架构

无线链路控制（RLC）协议[6,7]例如通过确保必须正确到达接收机的数据流的可靠传送来维持移动台和基站之间的层 2 数据链路。图 10.4 所示为 RLC 的高级架构。发射机以修改的 IP 分组或信令消息的形式从较高层接收服务数据单元，并在逻辑信道上向 MAC 协议发送 PDU。该过程在接收机中反转。

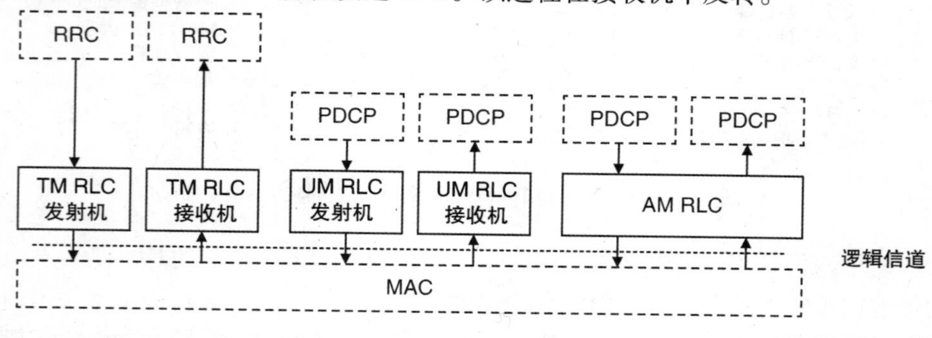

图 10.4 RLC 协议的高级结构（来源：TS 36.322。经 ETSI 许可转载）

RLC 具有 3 种操作模式，即透明模式（TM）、非确认模式（UM）和确认模式（AM）。这些是在逐个信道的基础上建立的，使得每个逻辑信道与在这些模式之一中配置的 RLC 对象相关联。透明和非确认模式 RLC 对象是单向的，而确认模式对象是双向的。

10.2.2　透明模式

透明模式处理 3 种类型的信令消息：广播控制信道上的系统信息消息，寻呼控制信道上的寻呼消息和公共控制信道上的 RRC 连接建立消息。其结构（见图 10.5）非常简单。

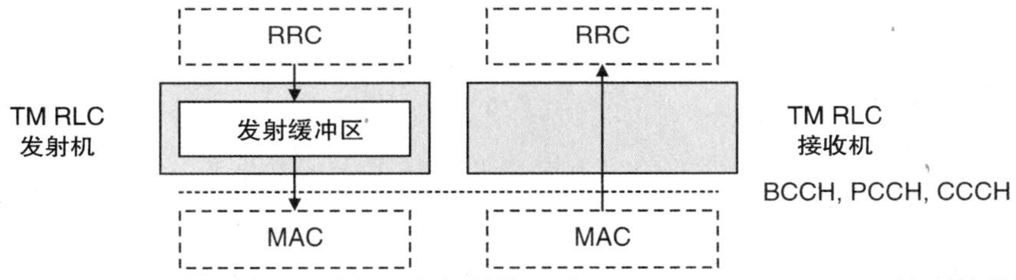

图 10.5　透明模式下 RLC 协议的内部结构（来源：TS 36.322。经 ETSI 许可转载）

在发射机中，RLC 直接从 RRC 协议接收信令消息并将它们存储在缓冲区中。MAC 协议将来自缓冲区的消息作为 RLCPDU 捕获，而不进行任何修改。（消息足够短以适合单个传输块，而不对它们进行分段。）在接收机中，RLC 将接收的消息直接传递到 RRC。

10.2.3　非确认模式

非确认模式处理专用业务信道上的数据流，对于该专用业务信道，及时传送比可靠性更重要，例如 IP 语音和流视频。其结构如图 10.6 所示。

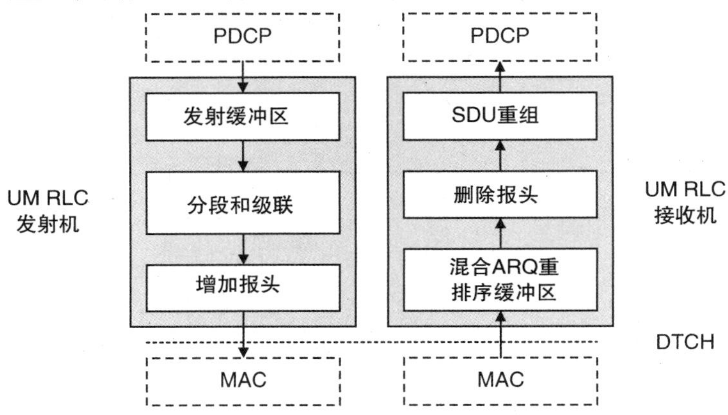

图 10.6　非确认模式下 RLC 协议的内部结构（来源：TS 36.322。经 ETSI 许可转载）

RLC 发射机以修改的 IP 分组的形式从 PDCP 接收服务数据单元，并以与之前相同的方式将它们存储在缓冲区中。然而，这一次，MAC 协议告诉 RLC 发送具有特定大小的 PDU。作为响应，分段和连接功能切断缓冲的 IP 分组并将它们的末端拼接在一起，以便将具有正确大小的 PDU 下发到 MAC。结果，输出 PDU 的大小不与输入 SDU 的大小具有任何相似性。最后，RLC 添加包含两个重要信息的报头：PDU 序列号以及它已经完成的任何分段和连接的描述。

由于底层的混合 ARQ 过程，PDU 可以以不同的顺序到达接收机的 RLC 协议。为了处理这个问题，混合 ARQ 重排序功能将接收到的 PDU 存储在缓冲区中，并使用它们的序列号以正确的顺序向上发送它们。然后，接收机可以从每个 PDU 中移除报头，使用报头信息来撤销分段和连接过程并重建原始分组。

10.2.4 确认模式

确认模式处理两种类型的信息：专用业务信道上的数据流，例如网页和电子邮件，其可靠性比传送速率更重要，以及专用控制信道上的移动专用信令消息。它类似于非确认模式，但也重新发送尚未正确到达接收机的任何分组。在相同的确认模式对象处理传输和接收的意义上，结构（见图 10.7）是双向的。还存在两种类型的 PDU：数据 PDU 携带高层数据和信令消息，并且控制 PDU 携带 RLC 专用控制信息。

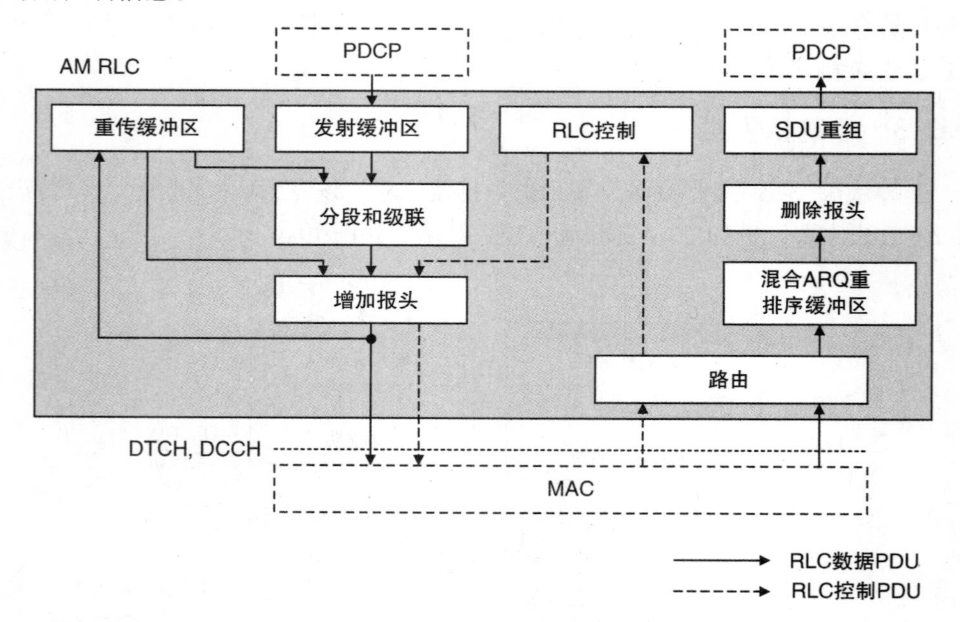

图 10.7 确认模式下的 RLC 协议内部结构（来源：TS 36.322。经 ETSI 许可转载）

发射机以与非确认模式 RLC 类似的方式发送数据分组。然而，这次，它将所发送的 PDU 存储在重传缓冲区中，直到它知道它们已经正确地到达接收机。以规则的间隔，发射机还在数据 PDU 报头之一中设置轮询位。这告诉接收机返回被称为状态 PDU 的控制 PDU 的一种类型，其列出已经接收的数据 PDU 和它已经错过的数据 PDU。作为响应，发射机丢弃已经正确到达的数据 PDU，并重新发送没有正确到达的数据 PDU。

有一个问题，如果 SINR 下降，则 MAC 协议可能会请求比第一次更小的 PDU 大小进行重传。重传缓冲区中的 PDU 将太大而不能发送。为了解决该问题，RLC 协议可以将先前发送的 PDU 切割成更小的段。为了支持该过程，数据 PDU 报头包括额外字段，其描述先前发送的 PDU 内重传的段的位置。接收机可以使用状态 PDU 中的类似字段来单独确认每个段。

图 10.8 显示了一个示例，在序列开始时，发射机向接收机发送四个数据 PDU，并用序列号对每个数据 PDU 进行标记。PDU1 和 4 正确到达接收机，但 PDU2 和 3 丢失。（确切地说，混合 ARQ 发射机达到其最大重传次数，并移动到下一个 PDU。）

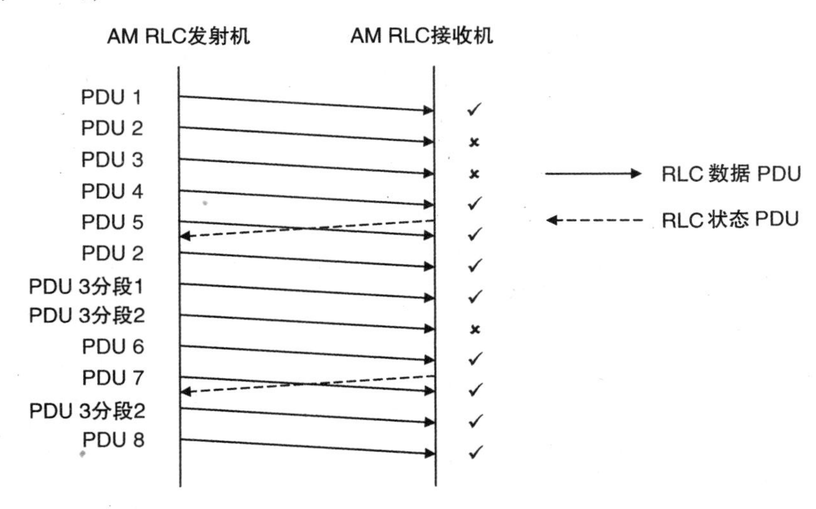

图 10.8　在 RLC 确认模式下的传输、重新分段和重传的操作

发送机在 PDU4 中设置轮询位，并且接收机通过返回状态 PDU 来应答。发射机可以重传 PDU2，但是 SINR 的下降意味着 PDU3 现在太大。作为响应，发射机将 PDU3 切割成两个段并且单独地重传它们。PDU3 的第一段正确到达，但第二段丢失。响应于另一个状态 PDU，发射机可以丢弃第一段并且可以重传第二段。

10.3 分组数据汇聚协议

10.3.1 协议架构

分组数据汇聚协议（PDCP）[8,9] 通过确保在切换期间它们的分组都不丢失，支持正在使用 RLC 确认模式的数据流。它还管理 3 种空中接口功能，即报头压缩、加密和完整性保护。我们将在这里讨论报头压缩，同时保留加密和完整性保护，直到在第 12 章讨论安全。

PDCP 仅由专用业务和控制信道使用，其中底层的 RLC 协议在非确认或确认模式下操作。如图 10.9 所示，有不同的数据和信令架构。

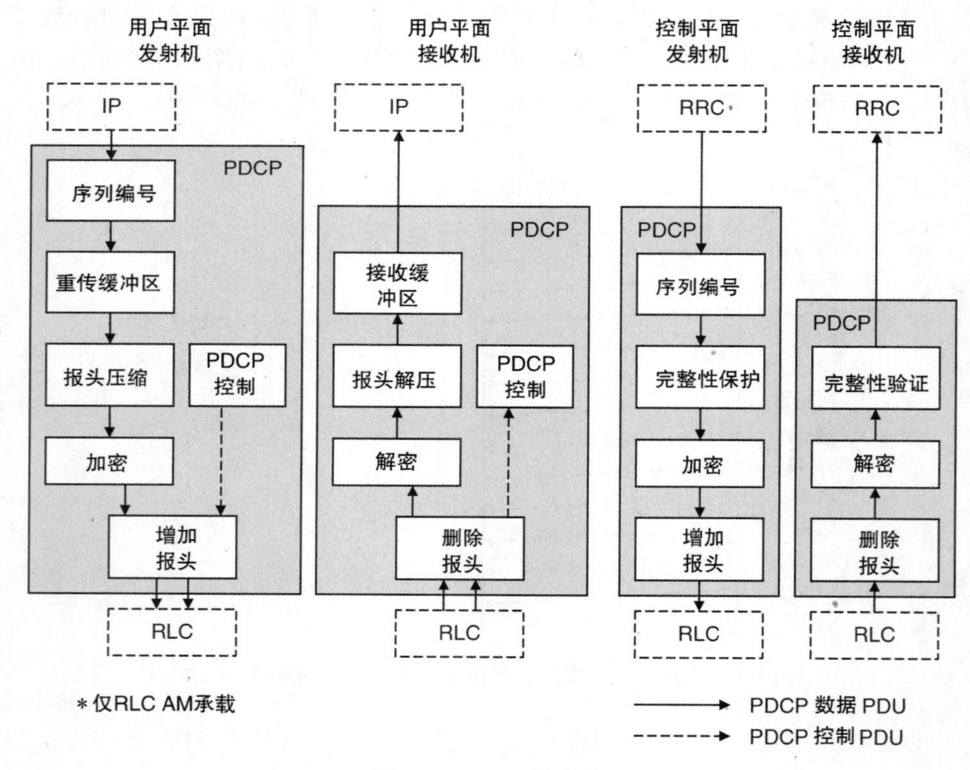

图 10.9 PDCP 的架构

在用户平面中，发射机以 IP 分组的形式接收 PDCP 服务数据单元，添加 PDCP 序列号，并将使用 RLC 确认模式的任何分组存储在重传缓冲区中。然后它压缩 IP 报头，对信息进行加密，添加 PDCP 报头并输出所得到的 PDU。接收机反转过程，将进入的分组存储在接收缓冲区中，并使用序列号以正确的顺序将它们传递到更高层。

在控制平面中，信令消息由被称为完整性保护的额外安全过程保护。因为重传功能仅用于数据，并且没有 IP 报头要压缩，所以没有重传缓冲区。

10.3.2　报头压缩

报头可以构成较慢分组数据流的大部分。在基于 IP 的语音的情况下，例如，窄带自适应多速率（AMR）编解码器具有 4.75 ~ 12.2kbit/s 的比特率和 20ms 的分组持续时间，给出典型的分组大小约 15 ~ 30B[10]。然而，报头通常包含 40 ~ 60B，包括来自实时协议（RTP）的 12B，来自 UDP 的 8B 以及来自 IP 版本 4 的 20B 或来自 IP 版本 6 的 40B。在演进分组核心网中，所产生的开销并不重要，这可能由快速数据服务支配。然而，它在空中接口上是不适当的，因为无线链路充当瓶颈，并且因为单个小区可能偶尔被语音呼叫控制。

为了解决这个问题，PDCP 包括称为鲁棒报头压缩（ROHC）的 IETF 协议[11]。原理是发射机在第一个分组中发送完整报头，但只发送后续分组中的差异。大多数报头从一个包到下一个包保持相同，因此差异字段相当小。协议可以将原始的 40B 和 60B 报头分别压缩到 1B 和 3B，这大大减少了开销。

鲁棒报头压缩具有优于其他报头压缩协议的优点，即其被设计为即使在基本的分组丢失率高的情况下仍然工作良好。这使得其适用于不可靠的数据链路，例如 LTE 空中接口，特别是对于正在使用 RLC 非确认模式的实时数据流，例如基于 IP 的语音。

10.3.3　切换过程中防止数据包丢弃

当发送正在使用 RLC 确认模式的数据流时，PDCP 将每个服务数据单元存储在重传缓冲区中，直到 RLC 告知其已经成功接收到 SDU。在切换期间，发送和接收的处理被短暂地中断，因此存在分组丢失的风险。在切换完成时，PDCP 通过重传其仍在存储的任何服务数据单元来解决问题。

然而，存在次要问题：一些服务数据单元可能实际上已经到达接收机，但确认可能已经丢失。为了防止它们被发送两次，系统可以使用被称为 PDCP 状态报告的第二过程。图 10.10 所示为两个过程的组合效果。注意，该图中的消息仅适用于使用 RLC 确认模式的载体。

作为第 14 章中描述的切换过程的一部分，旧基站向新基站发送称为 SN 状态传输的 X2 - AP 消息，其中它列出其已在上行链路上接收到的 PDCP 序列号。它还转发移动台尚未确认的任何下行链路 PDCP 服务数据单元，以及它已经不按顺序接收的任何上行链路 SDU。

新基站现在可以向移动台发送被称为 PDCP 状态报告的 PDCP 控制 PDU（步骤 1），其中它列出了刚从旧基站接收到的序列号。移动台可以从其重传缓冲区中删除这些帧，并且只需要重传剩余帧（步骤 3）。同时，移动台可以向新基站发送 PDCP 状态报告（步骤 2），其中它列出已经在下行链路上接收到的 PDCP 序列号。新基站可以在开始其自己的重传之前以相同的方式删除这些（步骤 4）。

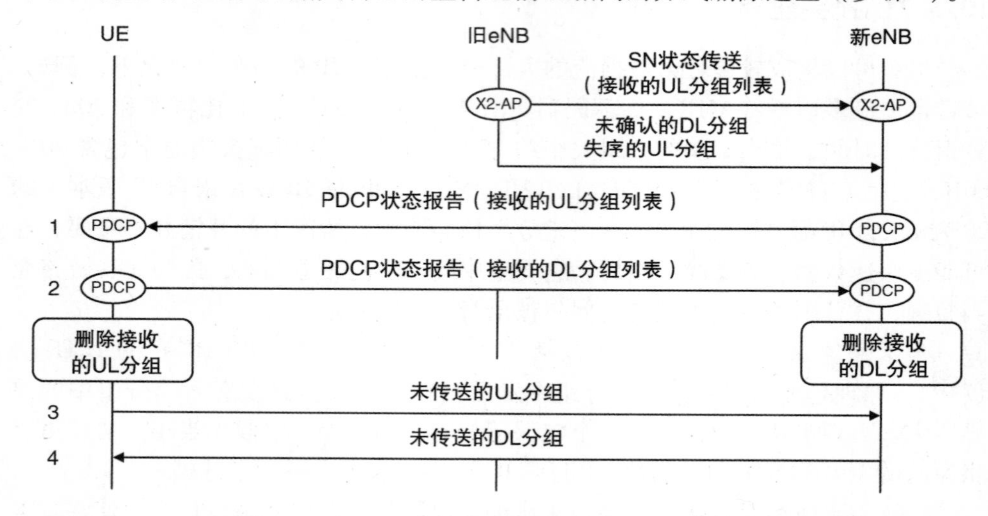

图 10.10　PDCP 状态报告和防止切换后分组丢失

参 考 文 献

1. 3GPP TS 36.321 (2013) Medium Access Control (MAC) Protocol Specification, Release 11, July 2013.
2. 3GPP TS 36.331 (2013) Radio Resource Control (RRC) Protocol Specification, Release 11, Section 6.3.2 (Logical Channel Config, MAC-Main Config), September 2013.
3. 3GPP TS 36.213 (2013) Physical Layer Procedures, Release 11, Section 4.2.3, September 2013.
4. 3GPP TS 36.331 (2013) Radio Resource Control (RRC) Protocol Specification, Release 11, Section 6.3.2 (Time Alignment Timer), September 2013.
5. 3GPP TS 36.133 (2013) Evolved Universal Terrestrial Radio Access (E-UTRA); Requirements for Support of Radio Resource Management, Release 11, Section 9.1.8, September 2013.
6. 3GPP TS 36.322 (2012) Radio Link Control (RLC) Protocol Specification, Release 11, September 2012.
7. 3GPP TS 36.331 (2013) Radio Resource Control (RRC) Protocol Specification, Release 11, Section 6.3.2 (RLC-Config), September 2013.
8. 3GPP TS 36.323 (2013) Packet Data Convergence Protocol (PDCP) Specification, Release 11, March 2013.
9. 3GPP TS 36.331 (2013) Radio Resource Control (RRC) Protocol Specification, Release 11, Section 6.3.2 (PDCP-Config), September 2013.
10. 3GPP TS 26.101 (2012) Mandatory Speech Codec Speech Processing Functions; Adaptive Multi-Rate (AMR) Speech Codec Frame Structure, Release 11, Annex A, September 2012.
11. IETF RFC 4995 (2007) The RObust Header Compression (ROHC) Framework, July 2007.

第 11 章　上电和下电的过程

我们现在已经完成了对 LTE 空中接口的讨论。在接下来的七章中，我们将介绍管理 LTE 的高级操作的信令过程。

在本章中，我们将描述移动台在接通后选择一个小区并在网络中注册其位置的过程。我们首先回顾一下高层过程，然后介绍网络和小区选择、RRC 连接建立和注册到演进分组核心网的 3 个主要步骤。最后一节描述了分离过程，移动台通过该过程关闭。作为本章的一部分，我们将参考已经遇到的几个低层过程，特别是用于小区捕获和随机接入的过程。

网络和小区选择由两个规范覆盖，这两个规范描述了非接入层[1]和接入层[2]的空闲模式过程。本章其余部分中的信令过程总结为 LTE 的通常阶段 2 规范[3,4]。需要更多关于这些过程细节的读者可以通过挖掘相关阶段 3 信令规范[5-9]找到它，其定义每个单独接口上的过程和每个信令消息的内容。

11.1　上电序列

图 11.1 总结了移动台接通后的过程。移动台通过运行网络和小区选择的过程开始，其具有 3 个步骤。在第一个步骤中，移动台选择它将注册的公共陆地移动网络（PLMN）。在第二个步骤中，移动台可以可选地要求用户选择用于注册的闭合用户组（CSG）。在第三个步骤中，移动台选择属于所选网络的小区，如果需要，选择所选择的 CSG。在这样做时，据说要驻留在小区中。

然后，移动台使用来自第 9 章的基于竞争的随机接入过程联系相应的基站，并发起用于 RRC 连接建立的过程。在 RRC 过程期间，移动台与所选择的基站建立信令连接，配置信令无线承载 1，并从 RRC_IDLE 状态转到 RRC_CONNECTED 状态。它还获取其可以与基站通信的一组参数，诸如用于在物理上行链路控制信道（PUCCH）上传输上行链路控制信息的一组资源。

在最后一步中，移动台使用附接过程来联系演进分组核心网。作为该过程的结果，移动台向移动性管理实体（MME）注册其位置，并且转到 EMM - REGISTERED 和 ECM - CONNECTED 的状态。它还配置信令无线承载 2，获取 IP 地址并建立默认承载，其可以与外界通信。

只要移动台与网络交换数据，它就处于 EMM - REGISTERED、ECM - CONNECTED 与 RRC_CONNECTED 状态，并且将保持在那些状态。如果用户什么都

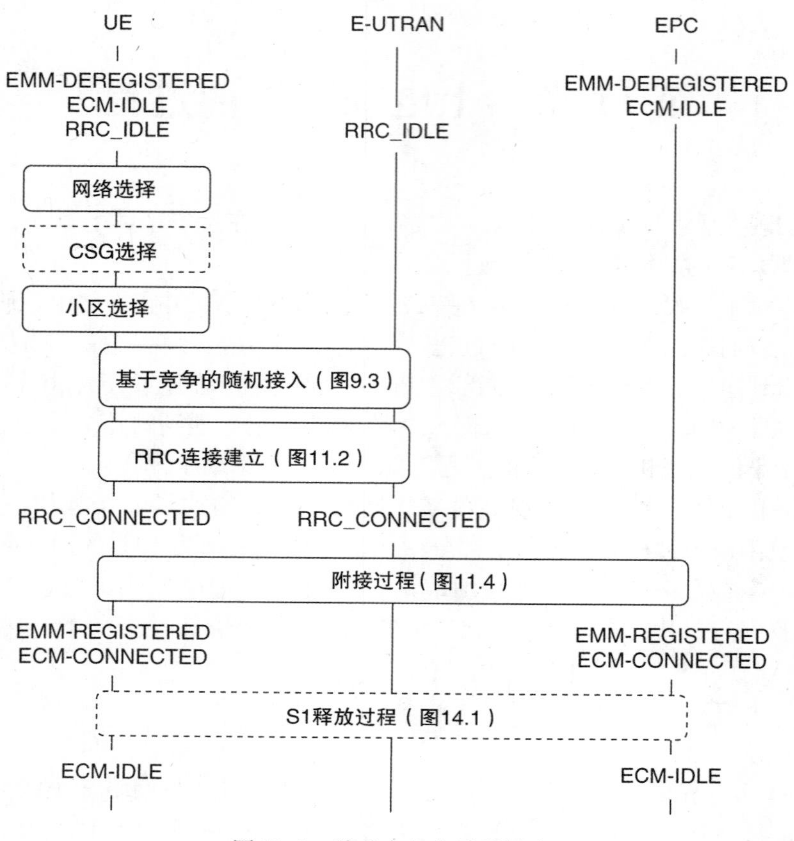

图 11.1　移动台上电过程概述

不做，则网络可以使用在第 14 章中描述的称为 S1 释放的过程将移动台转到 ECM-IDLE 和 RRC_IDLE 状态。

11.2 网络和小区选择

11.2.1 网络选择

在网络选择过程[10-12]中，移动台选择它将注册的公共陆地移动网络（PLMN）。为了开始该过程，移动台询问 USIM 并检索最后打开其正在使用的全球唯一临时标识（GUTI），以及它被注册的跟踪区域标识。从这些量，它可以标识对应的网络，其被称为注册 PLMN。移动台运行后面描述的 CSG 和小区选择过程，以期找到属于注册 PLMN 的合适的小区。

如果移动台找不到注册 PLMN，则其扫描所支持的所有 LTE 载波频率，并识别其实际可以找到的网络。为此，移动台使用第 7 章中的获取过程在每个频率上找到最强的 LTE 小区，从其系统信息中读取 SIB1，并识别该小区所属的一个或多个网络。如果移动台也支持 UMTS、GSM 或 cdma2000，则它运行类似的过程以找到使用那些无线接入技术的网络。

然后有两种网络选择模式：自动和手动。在自动模式中，移动台以优先级顺序通过其应当被视为归属 PLMN 的网络列表以及相关联的无线接入技术列表来运行。（这些列表都存储在 USIM 上。）当它遇到先前发现的网络时，移动台以后面描述的方式运行 CSG 和小区选择过程。

如果移动台不能找到归属 PLMN，则其先使用任一用户定义的网络列表和无线接入技术，然后再使用任一运营商定义的列表来重复该过程。如果它找不到任何这些网络，则移动台尝试从任何可用的网络中选择一个小区。在这最后一种情况下，它进入一个有限的服务状态，在那里它只能拨打紧急电话和接收来自地震和海啸预警系统的警告。

在手动模式下，移动台向用户呈现其找到的网络列表，使用与自动模式相同的优先级顺序。用户选择优选网络，并且移动台如前所述继续进行 CSG 和小区选择过程。

11.2.2　闭合用户组选择

家庭基站是控制毫微微小区的基站，其可以仅由注册用户来接入。为了支持这种限制，基站可以与闭合用户组和归属 eNB 名称相关联，它们分别在 SIB1 和 SIB9 中通告。每个 USIM 列出允许用户使用的任何闭合用户组[13]以及相应网络的标识。

如果 USIM 包含任何闭合用户组，则移动台必须运行附接过程，称为 CSG 选择[14,15]。该过程具有两种操作模式，即自动和手动，它们与前述网络选择模式不同。在自动模式中，移动台将允许的闭合用户组的列表发送到小区选择过程，其选择非 CSG 小区或其 CSG 在列表中的小区。手动模式更具限制性。这里，移动台识别它可以在所选择的网络中找到的 CSG 小区。它向用户呈现该列表，指示相应的归属 eNB 名称，并且指示每个 CSG 是否在允许的 CSG 列表中。用户选择优选的闭合用户组，并且移动台选择属于该 CSG 的小区。

11.2.3　小区选择

在小区选择过程[16]期间，移动台选择属于所选网络的合适小区，如果需要，选择所选择的闭合用户组。它可以通过两种方式做到这一点。通常，其从上次开启时或从前述网络选择过程开始，可以访问关于潜在 LTE 载波频率和小区的存储信息。如果该信息不可用，则移动台扫描其支持的所有 LTE 载波频率，并识别属于所选网络的每个载波上的最强小区。

合适的小区是满足几个标准的小区。最重要的是小区选择标准：

$$S_{rxlev} > 0 \tag{11.1}$$

在初始网络选择期间，移动台计算S_{rxlev}如下：

$$S_{rxlev} = Q_{rxlevmeas} - Q_{rxlevmin} - P_{compensation} \tag{11.2}$$

式中，$Q_{rxlevmeas}$是小区的参考信号接收功率（RSRP），其是移动台正在小区特定参考信号上接收的每个资源元素的平均功率[17]。$Q_{rxlevmin}$是基站在 SIB1 中通告的 RSRP 的最小值。如果移动台能够侦听到基站在下行链路上的传输，这些量确保移动台将只选择小区。最后的参数$P_{compensation}$计算如下：

$$P_{compensation} = \max(P_{EMAX} - P_{PowerClass}, 0) \tag{11.3}$$

式中，P_{EMAX}是移动台允许使用的发射功率的上限，基站作为 SIB1 的一部分通告该上限。$P_{PowerClass}$是移动台的固有最大功率，其规格相对于 1mW（dBm）限制为 23dB，换句话说约为 200mW。通过组合这些量，如果移动台不能达到基站所假定的功率限制，则$P_{compensation}$减小S_{rxlev}的值。因此，如果基站可以在上行链路上侦听到它，其确保移动台将仅选择小区。

在 3GPP 规范的版本 9 中增强小区选择过程，使得合适的小区也必须满足以下标准：

$$S_{qual} > 0 \tag{11.4}$$

$$S_{qual} = Q_{qualmeas} - Q_{qualmin} \tag{11.5}$$

式中，$Q_{qualmeas}$是参考信号接收质量（RSRQ），其表示小区特定参考信号的 SINR。$Q_{qualmin}$是 RSRQ 的最小值，基站在 SIB1 中如以前那样通告。这种情况防止移动台选择受到高干扰的载波频率上的小区。

合适的小区还必须满足多个其他标准。如果 USIM 包含闭合用户组的列表，则小区必须满足前面定义的自动或手动 CSG 选择的标准。如果 USIM 不包含，则小区必须位于任何闭合用户组之外。此外，网络运营商可以通过 SIB1 中的标志，将小区限制到所有用户或保留用于运营商使用。

11.3 RRC 连接建立

11.3.1 基本过程

一旦移动台已经选择了网络和小区驻留，其运行来自第 9 章的基于竞争的随机接入过程。这样做，其获得 C－RNTI、定时提前的初始值和物理上行链路共享信道（PUSCH）上的资源，通过所述物理上行链路共享信道，它可以向网络发送消息。

然后，移动台可以开始称为 RRC 连接建立的过程[18]。图 11.2 所示为消息序列。在步骤 1 中，移动台的 RRC 协议组成称为 RRC 连接请求的消息。在此消息中，它指定两个参数。第一个是唯一的非接入层（NAS）身份，S－TMSI（如果移动台在上次打开时在小区的跟踪区域中注册）或随机选择的值（反之）。第二个是建立原因，其可以是移动发起的信令（如在该示例中）、移动发起的数据、移动终止接入（对寻呼的响应）、高优先级接入或紧急呼叫。

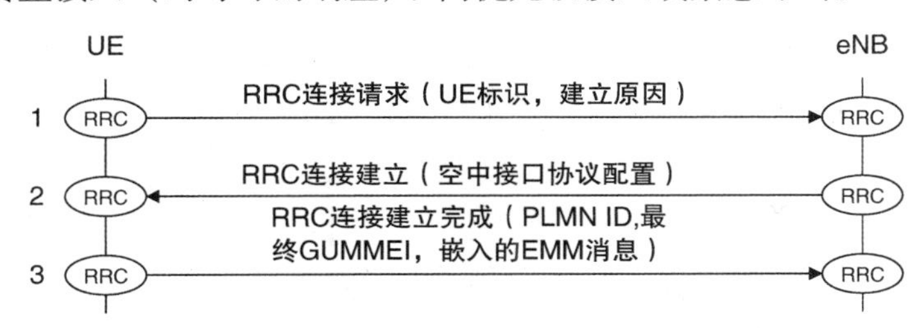

图 11.2　RRC 连接建立过程（来源：TS 36.331。经 ETSI 许可转载）

移动台使用信令无线电承载 0 来发送消息，其具有基站在 SIB2 中通告的简单配置。该消息在公共控制信道、上行链路共享信道和物理上行链路共享信道上发送。

基站读取消息，担当服务 eNB 的角色并且组成称为 RRC 连接建立的应答（步骤 2）。在此消息中，它配置移动台的物理层和 MAC 协议以及 SRB1。这些配置包括我们已经看到的几个参数。例如，物理层参数包括 PUCCH 资源$n^{(1)}_{\mathrm{PUCCH,SRI}}$和$n^{(2)}_{\mathrm{PUCCH}}$、CQI 报告模式以及无线网络临时标识 TPC－PUCCH－RNTI 和 TPC－PUSCH－RNTI。类似地，MAC 参数包括时间对准定时器、用于周期性缓冲区状态报告的定时器和上行链路上的混合 ARQ 传输的最大数量。最后，SRB1 的参数包括相应逻辑信道的优先级和优先化的比特率，以及管理 RLC 中的轮询和状态报告的参数。为了减小消息的大小，基站可以将几个参数设置为在规范中定义的默认值。如前所述，基站在 SRB0 上发送其消息，因为移动台还不理解 SRB1 的配置。

移动台读取消息，以所需的方式配置其协议，并转到 RRC_CONNECTED 状态。然后它写入称为 RRC 连接建立完成的确认消息（步骤 3），并在 SRB1 上发送它。在消息中，移动台包括 3 个信息元素。第一个标识它想要注册的 PLMN。第二个是先前为移动台服务的 MME 的全局唯一身份，移动台已从其 GUTI 中提取。第三个是嵌入 EPS 移动性管理消息，基站将最终转发到 MME。在该示例中，嵌入消息是附接请求，但是它也可以是分离请求、服务请求或跟踪区域更新请求。

稍后当 RRC_IDLE 状态的移动台希望与网络通信时，也使用 RRC 连接建立过程。我们将在后面的章节中看到几个例子。

11.3.2 与其他过程的关系

如图 11.3 所示，RRC 连接建立过程与另外两个过程重叠，即在其之前的随机接入过程和随后的 EPS 移动性管理（EMM）过程。

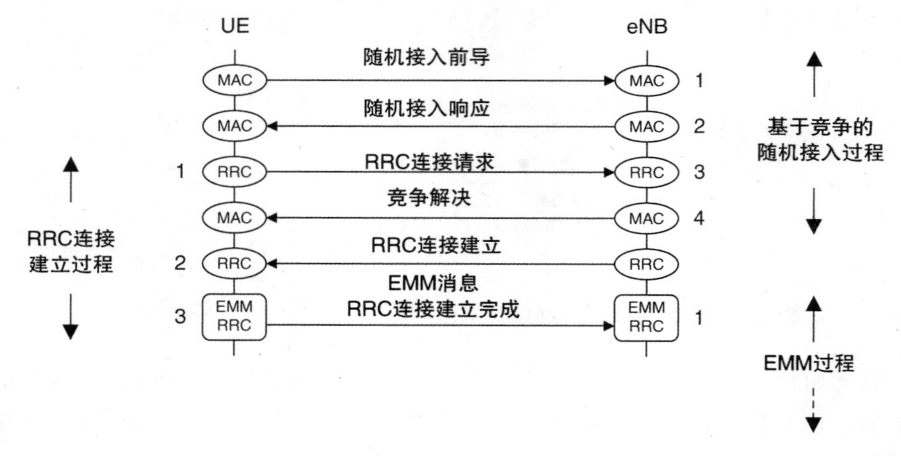

图 11.3 RRC 连接建立与其他过程之间的关系

移动台在基于竞争的随机接入过程的第三个步骤中发送其 RRC 连接请求。因此，基站以两种方式使用消息：其在竞争解决期间回送消息，并且其利用 RRC 连接建立来回复消息。类似地，消息 RRC 连接建立完成也是随后的 EMM 过程的第一个步骤。基站接受 RRC 消息作为其 RRC 连接建立的确认，并将嵌入 EMM 消息转发到合适的 MME。重叠的过程使得更难以跟踪正在发生的事情，但它带来了一个很大的优势：它使信令延迟低于早期系统，有助于系统满足第 1 章中规定的延迟要求。

有一个最后一点要做。在图 11.2 和图 11.3 中，我们仅示出了在 PUSCH 和 PDSCH 上发送的高级信令消息。我们省略了 PUCCH、PDCCH 和 PHICH 上的较低级控制信息以及重传的可能性。在本书的其余部分，我们将遵循这个约定，但是值得记住的是，空中接口消息的完整序列可能比所得到的数字暗示更长。

11.4 附接过程

11.4.1 IP 地址分配

在附接过程期间，移动台获取 IP 版本 4 地址和/或 IP 版本 6 地址，其随后将用于与外部世界通信。在介绍附接过程本身之前，讨论网络可以用于 IP 地址分配的方法是有用的[19]。

IPv4 地址为 32 位长。在通常的技术中，PDN 网关作为附接过程的一部分向移动台分配动态 IPv4 地址。它可以自己分配 IP 地址或从动态主机配置协议版本 4（DHCPv4）服务器获取合适的 IP 地址。作为替代，移动台本身可以在附接过程完成之后使用 DHCPv4 来获取动态 IP 地址。为此，它通过用户平面联系 PDN 网关，其中 PDN 网关充当面向移动台的 DHCPv4 服务器。

由于 IPv4 地址不足，分配的地址通常是外部不可见的私有 IP 地址。使用网络地址转换（NAT）[20]，系统可以映射这个地址到在几个移动台之间共享的公共 IP 地址以及移动专用的 TCP 或 UDP 端口号。PDN 网关可以执行网络地址转换本身的任务或将其委托给单独的物理设备。

IPv6 地址是 128 位长，并且具有两个部分，即 64 位网络前缀和 64 位接口标识。它们使用称为 IPv6 无状态地址自动配置的过程进行分配[21]。在 LTE 的过程的实现中，PDN 网关在附接过程期间向移动台分配全局唯一的 IPv6 前缀以及临时接口标识。它将接口标识传递回移动台，移动台使用它来构造临时的链路本地 IPv6 地址。在附接过程完成之后，移动台使用临时地址通过用户平面联系 PDN 网关，并且在被称为路由器请求的过程中检索 IPv6 前缀。然后使用该前缀构造一个完整的 IPv6 地址。因为前缀是全局唯一的，所以移动台实际上可以使用它喜欢的任何接口 ID 来实现。

移动台还可以使用静态 IPv4 地址或 IPv6 前缀。然而，移动台不会永久存储这些；相反，网络将它们存储在归属用户服务器或 DHCP 服务器中，并在附接过程期间将它们发送到移动台。在 IPv4 的情况下，由于 IPv4 地址不足，静态 IP 地址是不寻常的。

随后，移动台将使用与其用相同分组数据网络建立的任何专用承载相同的 IP 地址。如果它建立与另一个分组数据网络的通信，则它将使用相同的技术获取另一个 IP 地址。

11.4.2 附接过程的概述

附接过程有 4 个主要目标。移动设备使用该过程向服务 MME 注册其位置。网络配置信令无线承载 2，其通过空中接口承载后续的非接入层信令消息。网络还使用上述技术中的任一个或两者向移动台给出 IP 版本 4 地址和/或 IP 版本 6 地址，并且建立默认 EPS 承载，其向移动台提供始终在线连接到默认 PDN。

图 11.4 总结了附接过程。在 S5/S8 接口使用 GPRS 隧道协议（GTP）的情况下，我们将执行以下部分中的过程的各个步骤。在此图和后面的图中，实线表示强制消息，虚线表示可选或有条件的消息。消息号与 TS 23.401[22] 中的相同，

这是本书中的几个其他过程遵循的约定。

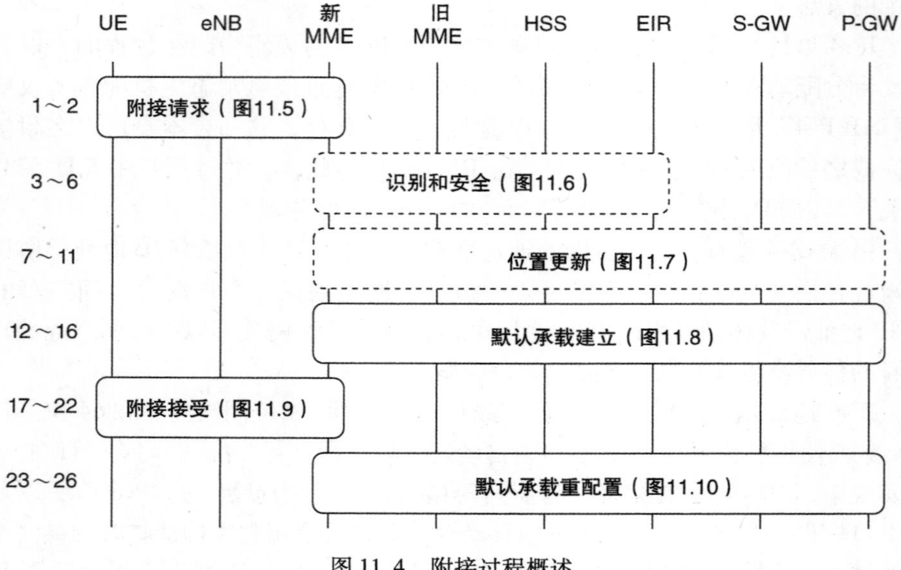

图 11.4　附接过程概述

11.4.3　附接请求

图 11.5 所示为过程的前两个步骤，其中涵盖了移动台的附接请求。移动台以先前描述的方式通过运行基于竞争的随机接入过程和 RRC 连接建立的前两个步骤来启动。

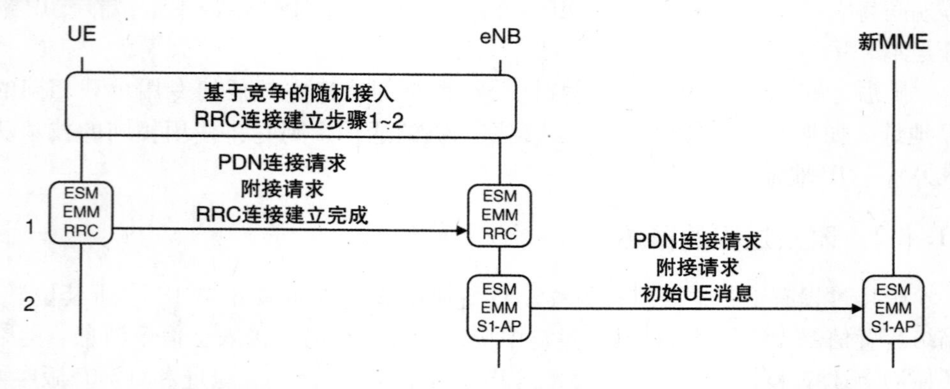

图 11.5　附接过程。(1) 附接请求（来源：TS 23.401。经 ETSI 许可转载）

然后，移动台构成 EPS 会话管理（ESM）消息，即 PDN 连接请求，其请求网络建立默认 EPS 承载。该消息包括 PDN 类型，其指示移动台是否支持 IPv4、

IPv6 或两者都支持。它还可以包括一组协议配置选项，其列出与外部网络相关的任何参数，如优选接入点名称或通过 DHCPv4 在用户平面上接收 IPv4 地址的请求。移动台可以在此列出其配置选项，或者可以在安全激活之后设置 ESM 信息传送标志，其指示希望在以后安全地发送选项。如果移动台希望指示优选的 APN，则移动台总是使用后一个选项。

移动台将 PDN 连接请求嵌入到 EMM 附接请求中，其中它请求向服务 MME 注册。该消息包括移动台最后接通时使用的全局唯一临时身份以及移动台最后定位的跟踪区域的身份。它还包括移动台的非接入层能力，主要是它支持的安全算法。

继而，移动台将附接请求嵌入到来自 RRC 连接建立过程的最后消息，即 RRC 连接建立完成。如前所述，RRC 消息还标识移动台想要注册的 PLMN 和其最后一个服务 MME 的标识。在附接过程的步骤 1 中，移动台将该消息发送到服务 eNB。

如第 12 章所述，移动台和 MME 可以在移动台关闭后存储其 LTE 安全密钥。如果移动台具有有效的一组安全密钥，则它使用这些保护使用被称为完整性保护的过程的附接请求。这保证 MME 的请求来自真正的移动设备而不是来自入侵者。

基站提取 EMM 和 ESM 消息，并将它们嵌入到 S1 – AP 初始 UE 消息中，S1 – AP 初始 UE 消息请求为移动台建立 S1 信令连接。作为该消息的一部分，基站指定其在 RRC 过程期间从移动台接收的 RRC 建立原因和所请求的 PLMN 以及其所在的跟踪区域。

基站现在可以将该消息转发到合适的 MME（步骤 2）。通常，所选择的 MME 是移动台先前注册的相同的 MME。这可以在满足两个条件时完成：基站必须位于旧 MME 的池区域之一中，并且旧 MME 必须位于所请求的 PLMN 中。如果移动台自上次开启以来已经改变了池区域，或者如果它要求向不同的网络注册，则基站选择另一个 MME。根据负载均衡算法，可以随机选择其池区域中的一个[23]。

11.4.4　识别和安全过程

MME 从基站接收消息，并且现在可以运行与识别和安全性相关的一些过程（见图 11.6）。

如果移动台自上次开启以来已移动到新 MME，则 MME 必须找出移动台的身份。为此，它从移动台的 GUTI 中提取旧 MME 的身份，并在 GTP – C 标识请求中向旧 MME 发送 GUTI（3）。旧 MME 的响应包括国际移动用户标识（IMSI）和移动台安全密钥。在例外情况下，例如，如果 MME 已经清除了其内部数据库，

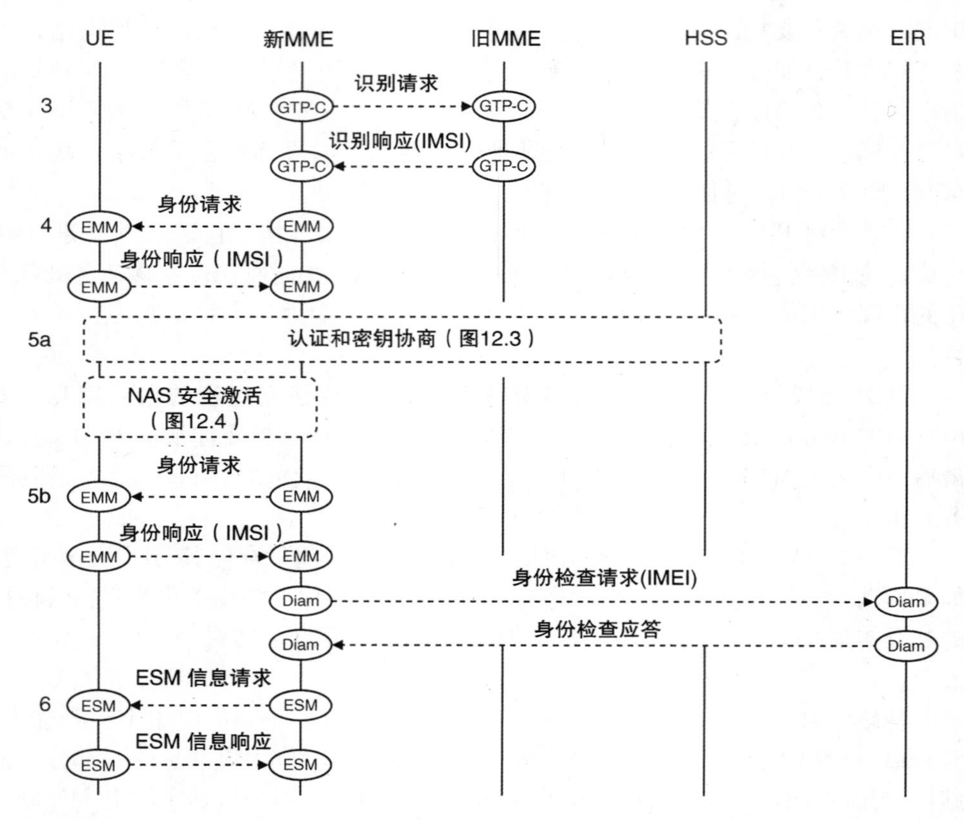

图 11.6　附接过程。(2) 识别和安全过程（来源：TS 23.401。经 ETSI 许可转载）

则移动台可能对于旧 MME 是未知的。如果发生这种情况，则新 MME 使用 EMM 身份请求（4）（使用来自第 2 章的 NAS 信息传输过程传输的消息）向移动台询问其 IMSI。

网络现在可以运行两个安全过程（5a）。在认证和密钥协商中，移动台和网络确认彼此的身份并且建立一组新的安全密钥。在 NAS 安全激活中，MME 激活这些密钥并且发起对所有后续 EMM 和 ESM 消息的安全保护。如果附接请求的完整性保护有任何问题，这些步骤是强制性的，否则是可选的。如果完整性检查成功，则 MME 可以通过向移动台的旧密钥发送其使用这些密钥已经安全的信令消息来隐式地重新激活移动台的旧密钥，从而跳过这两个过程。

然后 MME 检索国际移动设备标识（IMEI）（5b）。它可以将该消息与 NAS 安全激活组合以减少信令的量，但是 MME 必须以某种方式检索 IMEI。作为防止被盗移动台的保护，MME 可以可选地将 IMEI 发送到设备身份寄存器，设备身份寄存器通过接受或拒绝设备进行响应。

如果移动台在其 PDN 连接请求中设置 ESM 信息传送标志，则 MME 现在可以向其发送 ESM 信息请求（6）。移动台发送其协议配置选项作为响应；例如，移动台想要请求的任何接入点名称。现在网络已经激活了 NAS 安全性，移动台可以安全地发送消息。

11.4.5　位置更新

MME 现在可以更新网络的移动台位置记录（见图 11.7）。如果移动台重新附接到其先前的 MME 而没有适当地分离（例如，如果其电池耗尽），则 MME 仍然可以具有与移动台相关联的一些 EPS 承载。如果是这种情况，则 MME 通过遵循后面将看到的分离过程的步骤来删除它们（7）。

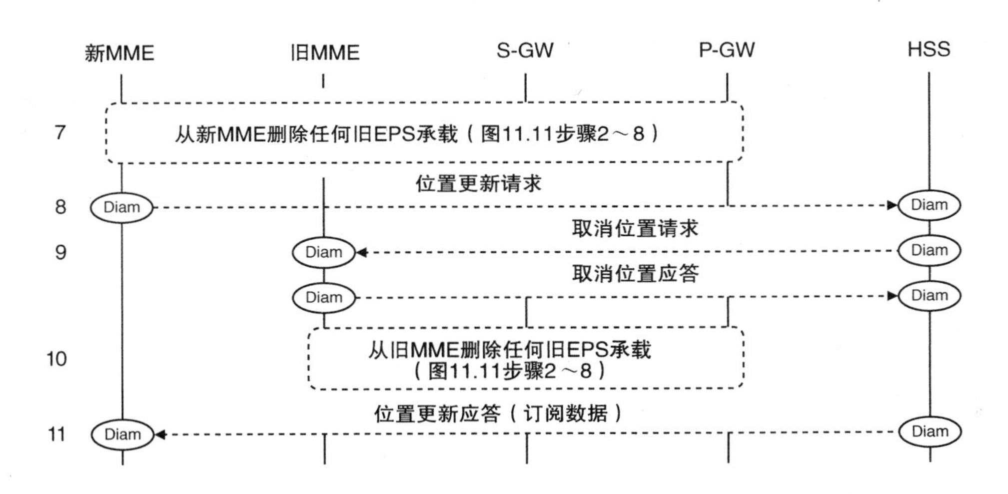

图 11.7　附接过程。(3) 位置更新（来源：TS 23.401。经 ETSI 许可转载）

如果 MME 已经改变，则新 MME 在 Diameter 更新位置请求中向归属用户服务器（HSS）发送移动台的 IMSI（8）。HSS 更新其移动台位置的记录，并告诉旧 MME 忘记移动台（9）。如果旧 MME 具有与移动台相关联的任何 EPS 承载，则其如先前那样删除它们（10）。

在步骤 11 中，HSS 向新 MME 发送更新位置应答，其包括用户的订阅数据[24]。订阅数据列出用户已订阅的所有接入点名称（APN），使用 APN 配置定义每个接入点名称，并将 APN 配置中的一个标识为默认。反过来，每个 APN 配置识别接入点名称，指示对应的分组数据网络是否支持 IPv4、IPv6 或两者都支持，并且使用将在第 13 章中看到的参数来定义默认 EPS 承载的服务质量。或者，它还可以指示移动台在连接到该 APN 时使用的静态 IPv4 地址或 IPv6 前缀。

11.4.6 默认承载建立

MME 现在拥有建立默认 EPS 承载所需的所有信息（见图 11.8）。它通过选择合适的 PDN 网关开始，使用移动台的优选 APN（如果它提供一个并且订阅数据支持它），否则使用默认 APN。然后它选择服务网关并且向其发送 GTP - C 创建会话请求（12）。在该消息中，MME 包括相关订阅数据并且标识移动台的 IMSI 和目的 PDN 网关。

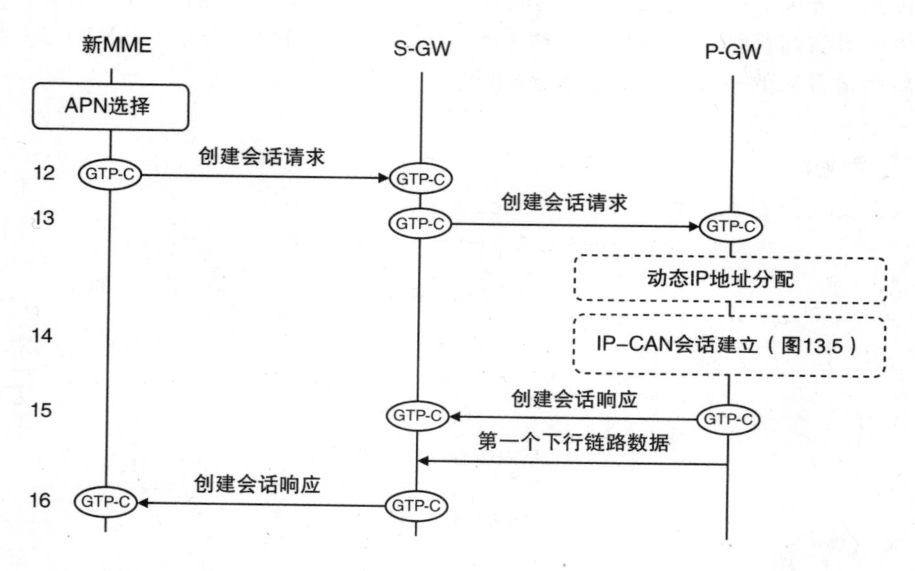

图 11.8 附接过程。（4）默认承载建立（来源：TS 23.401。经 ETSI 许可转载）

服务网关接收消息并将其转发到 PDN 网关（13）。在消息中，服务网关包括 GTP - U 隧道端点标识（TEID），PDN 网关将最终使用 GTP - U 隧道端点标识来标记其通过 S5/S8 接口发送的下行链路分组。

如果消息不包含静态 IP 地址，则 PDN 网关可以使用我们之前所述的方法为移动台分配动态 IPv4 和/或 IPv6 地址。或者，如果移动台在其协议配置选项中请求 IPv4 分配，则它可以推迟 IPv4 地址的分配。PDN 网关还可以运行被称为 IP 连接接入网（IP - CAN）会话建立的过程（14），在该过程期间它接收对默认承载的服务质量的授权。在第 13 章中，我们将与其他管理服务质量的过程一起描述。

PDN 网关现在通过 GTP - C 创建会话响应来确认服务网关的请求（15）。在消息中，它包括移动台已经被分配的任何 IP 地址，以及默认 EPS 承载的服务质量。PDN 网关还包括其自己的 TEID，服务网关将最终使用该 TEID 来在 S5/S8 上路由上行链路分组。服务网关将该消息转发到 MME（16），除了它用基站在 S1 - U 上使用的上行链路 TEID 来替换 PDN 网关的隧道端点标识。

11.4.7　附接接受

MME 现在可以回复移动台的附接请求，如图 11.9 所示。它首先发起称为默认 EPS 承载上下文激活的 ESM 过程，其是对移动台的 PDN 连接请求的响应，并且以称为激活默认 EPS 承载上下文请求的消息开始。该消息包括 EPS 承载标识、接入点名称、服务质量和网络已经分配给移动台的任何 IP 地址。

MME 将 ESM 消息嵌入到 EMM 附接接受中，EMM 附接接受是对移动台的原始附接请求的响应。该消息包括 MME 已经注册了移动台的跟踪区域的列表和新的全局唯一临时标识。

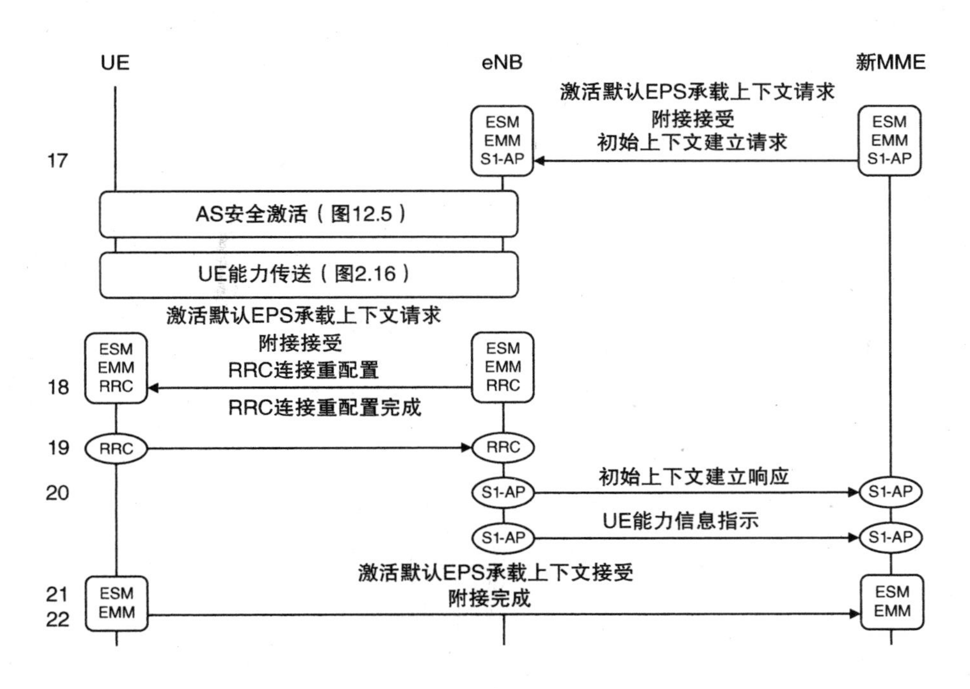

图 11.9　附接过程。(5) 附接接受（来源：TS 23.401。经 ETSI 许可转载）

继而，MME 将这两个消息嵌入到 S1 - AP 初始上下文建立请求中。这是被称为初始上下文建立的过程的开始，其由基站的初始 UE 消息触发。该过程告诉基站为移动台以及对应于默认 EPS 承载的 S1 和无线承载建立 S1 信令连接。该消息包括承载的服务质量、MME 从服务网关接收的上行链路 TEID 和用于激活接入层安全性的密钥。在步骤 17 中，MME 将所有 3 个消息发送到基站。

在接收到消息时，基站使用 MME 提供的安全密钥激活接入层安全性。从这一点来看，空中接口上的所有数据和 RRC 信令消息都是安全的。它还使用第 2 章中介绍的过程检索移动台的无线接入能力[25]，以便知道如何配置移动台。然后，基站可以组成 RRC 连接重配置消息，其中它修改移动台的 RRC 连接，以便建立两个新的无线承载：将承载默认 EPS 承载的无线承载和 SRB2。它将该消息连同其刚刚从 MME 接收的 EMM 和 ESM 消息一起发送到移动台（18）。

移动台按照指示重配置其 RRC 连接，并建立默认 EPS 承载。然后它以两个阶段将其确认发送到网络。使用 SRB1，移动台首先向基站发送称为 RRC 连接重配置完成的确认。这触发到 MME 的 S1-AP 初始上下文建立响应（20），其包括用于服务网关在 S1-U 上使用的下行链路 TEID。它还触发 S1-AP UE 能力信息指示，其中基站将移动台能力发送回 MME，在那里它们被存储，直到移动台从网络分离。

然后，移动台组成 ESM 激活默认 EPS 承载上下文接受，并将其嵌入到 EMM 附接完成中，以确认消息 18 的 ESM 和 EMM 部分。它使用 NAS 信息传送过程将这些消息发送到 SRB2 上的基站（21），并且基站将消息转发到 MME（22）。

11.4.8 默认承载更新

移动台现在可以将上行链路数据发送到 PDN 网关。然而，我们仍然需要告诉服务网关关于所选择的基站的身份，并且向它发送基站刚刚提供的隧道端点标识。为此（见图 11.10），MME 向服务网关发送 GTP-C 修改承载请求（23），并且服务网关响应（24）。从这一点，下行链路数据分组可以转到移动台。

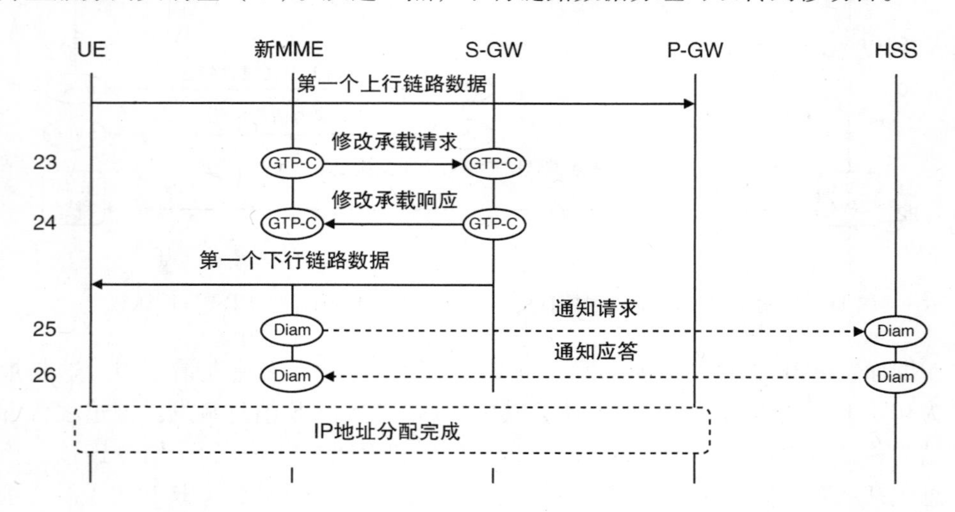

图 11.10 附接过程。(6) 默认承载更新（来源：TS 23.401。经 ETSI 许可转载）

MME 还可以向 HSS 通知所选择的 PDN 网关和 APN（25）。如果所选择的PDN 网关与默认 APN 配置中的 PDN 网关不同，则这样做；例如，如果移动台请求连接到自己的接入点名称。HSS 存储所选择的 PDN 网关，用于在任何未来切换到非 3GPP 系统中，并且响应（26）。

最后，移动台可能必须在用户平面上联系 PDN 网关，以完成其 IP 地址的分配。它在使用无状态自动配置获取 IPv6 前缀时以及在使用 DHCPv4 获取 IPv4 地址时执行此操作。

只要用户正在积极地与外部世界通信，移动台则处于 EMM - REGISTERED、ECM - CONNECTED 与 RRC_CONNECTED 状态。如果用户什么也不做，网络可以使用称为 S1 释放的过程将移动台转到 ECM - IDLE 和 RRC_IDLE 状态。作为第 14 章的一部分，我们后面将介绍此过程。

11.5　分离过程

本章最后考虑的过程是分离过程[26]。这取消了移动台与演进分组核心网的注册，通常在移动台关闭时使用，如图 11.11 所示。

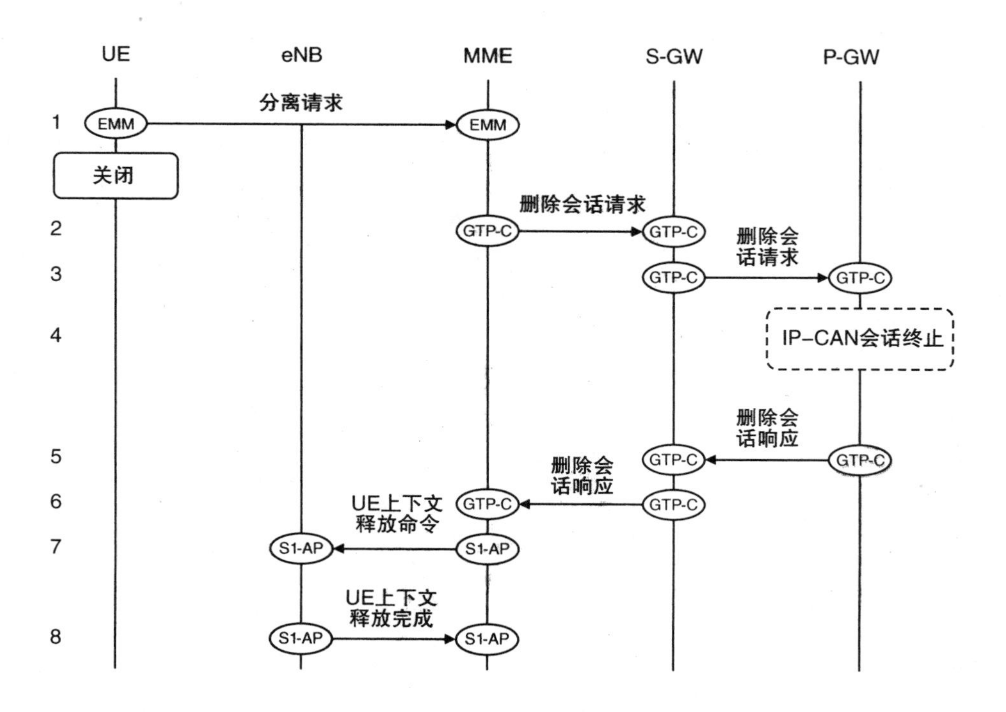

图 11.11　分离过程，由移动台关闭触发（来源：TS 23.401。经 ETSI 许可转载）

我们将假定移动台在ECM - CONNECTED和RRC_CONNECTED状态中启动，与前一节结尾处的状态一致。用户通过告诉移动台关闭来触发该过程。作为响应，移动台组成EMM分离请求，其中它指定其GUTI，并将该消息发送到MME(1)。在发送消息之后，移动台可以关闭而不等待答复。

MME现在必须拆卸移动台的EPS承载。为此，它查找移动台的服务网关，并且向其发送GTP - C删除会话请求（2)。服务网关将消息转发到PDN网关(3)，PDN网关可以运行称为IP - CAN会话终止的过程（4)，该过程撤销IP - CAN会话建立的较早效应。PDN网关然后拆除所有移动台的承载和对服务网关的回复（5)，服务网关以相同的方式拆除其承载并且回复MME（6)。如果需要，对移动台连接到的任何其他网络重复这些步骤。

为了完成该过程，MME通知基站拆除与移动台相关的所有资源，并且指示原因是分离请求（7)。基站这样做并响应（8)。MME现在可以删除其与移动台相关联的大部分信息。但是，它保留了移动台的IMSI、GUTI和安全密钥的记录，因为下次移动台打开时需要这些密钥。

如果移动台在ECM - IDLE和RRC_IDLE状态中启动，则它不能立即发送分离请求。相反，它通过运行基于竞争的随机接入过程开始，接着是RRC连接建立的步骤1和2。然后它将分离请求嵌入到消息RRC连接建立完成中，并且分离过程如前所述继续。

参考文献

1. 3GPP TS 23.122 (2012) Non-Access-Stratum (NAS) Functions Related to Mobile Station (MS) in Idle Mode, Release 11, December 2012.
2. 3GPP TS 36.304 (2013) User Equipment (UE) Procedures in Idle Mode, Release 11, September 2013.
3. 3GPP TS 23.401 (2013) General Packet Radio Service (GPRS) Enhancements for Evolved Universal Terrestrial Radio Access Network (E-UTRAN) Access, Release 11, September 2013.
4. 3GPP TS 36.300 (2013) Evolved Universal Terrestrial Radio Access (E-UTRA) and Evolved Universal Terrestrial Radio Access Network (E-UTRAN); Overall Description; Stage 2, Release 11, September 2013.
5. 3GPP TS 24.301 (2013) Non-Access-Stratum (NAS) Protocol for Evolved Packet System (EPS); Stage 3, Release 11, September 2013.
6. 3GPP TS 29.272 (2013) Evolved Packet System (EPS); Mobility Management Entity (MME) and Serving GPRS Support Node (SGSN) Related Interfaces Based on Diameter Protocol, Release 11, September 2013.
7. 3GPP TS 29.274 (2013) 3GPP Evolved Packet System (EPS); Evolved General Packet Radio Service (GPRS) Tunnelling Protocol for Control Plane (GTPv2-C); Stage 3, Release 11, September 2013.
8. 3GPP TS 36.331 (2013) Radio Resource Control (RRC); Protocol Specification, Release 11, September 2013.
9. 3GPP TS 36.413 (2013) Evolved Universal Terrestrial Radio Access Network (E-UTRAN); S1 Application Protocol (S1AP), Release 11, September 2013.
10. 3GPP TS 23.122 (2012) Non-Access-Stratum (NAS) Functions Related to Mobile Station (MS) in Idle Mode, Release 11, Sections 3.1, 4.3.1, 4.4, December 2012.
11. 3GPP TS 36.304 (2013) User Equipment (UE) Procedures in Idle Mode, Release 11, Sections 4, 5.1, September 2013.
12. 3GPP TS 31.102 (2013) Characteristics of the Universal Subscriber Identity Module (USIM) Application, Release 11, Sections 4.2.2, 4.2.5, 4.2.53, 4.2.54, 4.2.84, 4.2.91, September 2013.
13. 3GPP TS 31.102 (2013) Characteristics of the Universal Subscriber Identity Module (USIM) Application, Release 11, Section 4.4.6, September 2013.

14. 3GPP TS 23.122 (2012) Non-Access-Stratum (NAS) Functions Related to Mobile Station (MS) in Idle Mode, Release 11, Sections 3.1A, 4.4.3.1.3, December 2012.
15. 3GPP TS 36.304 (2013) User Equipment (UE) Procedures in Idle Mode, Release 11, Section 5.5, September 2013.
16. 3GPP TS 36.304 (2013) User Equipment (UE) Procedures in Idle Mode, Release 11, Sections 5.2.1, 5.2.2, 5.2.3, 5.3, September 2013.
17. 3GPP TS 36.214 (2012) Evolved Universal Terrestrial Radio Access (E-UTRA); Physical Layer; Measurements, Release 11, Section 5.1.1, December 2012.
18. 3GPP TS 36.331 (2013) Radio Resource Control (RRC); Protocol Specification, Release 11, Sections 5.3.3, 6.2.2 (RRCConnectionRequest, RRCConnectionSetup, RRCConnectionSetupComplete), September 2013.
19. 3GPP TS 23.401 (2013) General Packet Radio Service (GPRS) Enhancements for Evolved Universal Terrestrial Radio Access Network (E-UTRAN) Access, Release 11, Section 5.3.1, September 2013.
20. IETF RFC 2663 (1999) IP Network Address Translator (NAT) Terminology and Considerations, August 1999.
21. IETF RFC 4862 (2007) IPv6 Stateless Address, September 2007.
22. 3GPP TS 23.401 (2013) General Packet Radio Service (GPRS) Enhancements for Evolved Universal Terrestrial Radio Access Network (E-UTRAN) Access, Release 11, Section 5.3.2.1, September 2013.
23. 3GPP TS 23.401 (2013) General Packet Radio Service (GPRS) Enhancements for Evolved Universal Terrestrial Radio Access Network (E-UTRAN) Access, Release 11, Sections 4.3.7, 4.3.8, September 2013.
24. 3GPP TS 29.272 (2013) Evolved Packet System (EPS); Mobility Management Entity (MME) and Serving GPRS Support Node (SGSN) Related Interfaces Based on Diameter Protocol, Release 11, Sections 7.3.2, 7.3.34, 7.3.35, September 2013.
25. 3GPP TS 36.300 (2013) Evolved Universal Terrestrial Radio Access (E-UTRA) and Evolved Universal Terrestrial Radio Access Network (E-UTRAN); Overall Description; Stage 2, Release 11, Section 18, September 2013.
26. 3GPP TS 23.401 (2013) General Packet Radio Service (GPRS) Enhancements for Evolved Universal Terrestrial Radio Access Network (E-UTRAN) Access, Release 11, Section 5.3.8.2, September 2013.

第12章　安全机制

在本章中，我们回顾了保护 LTE 免受入侵者攻击的安全技术。最重要的问题是网络接入安全性，它保护移动台通过空中接口与网络的通信。在本章的第一部分，我们介绍网络接入安全性的架构，建立网络和移动台之间的安全通信的过程，以及随后使用的安全技术。系统还必须保护无线接入网和演进分组核心网内的某些类型的通信。这个问题被称为网络域安全，是第二部分的主题。

3GPP 安全过程由 33 系列规范介绍：用于 LTE 的规范在 TS 33.401[1] 中概述。如在前一章中，各个消息的细节在相关信令协议的规范中[2-5]。有关 LTE 安全的详细说明，请参见参考文献[6]。

12.1　网络接入安全

12.1.1　安全架构

网络接入安全（见图 12.1）保护移动台通过空中接口与网络的通信，这是系统中最脆弱的部分。它使用四种主要技术。

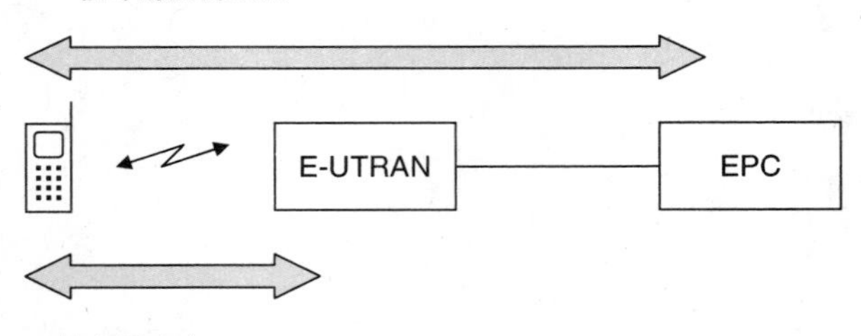

图 12.1　网络接入安全架构

在认证期间，网络和移动台确认彼此的身份。演进分组核心网（EPC）确认用户被授权使用网络的服务，并且不使用克隆的设备。类似地，移动台确认网络是真实的，并且不是被设置为窃取用户个人数据的欺骗网络。

保密性保护用户的身份。国际移动用户标识（IMSI）是入侵者需要克隆移动台的参数之一，因此LTE避免了在可能的情况下通过空中接口广播它。相反，网络通过临时身份来识别用户。如果EPC知道移动台所在的MME池区域（例如，在寻呼期间），则其使用40位S－TMSI。否则（例如，在附接过程中），它使用较长的GUTI。类似地，无线接入网使用在第8章中介绍的无线网络临时标识（RNTI）。

加密，确保入侵者不能读取移动台和网络交换的数据和信令消息。完整性保护检测入侵者重放或修改信令消息的任何尝试。它保护系统免受如中间人攻击之类的问题，其中入侵者拦截信令消息序列并修改和重新发送它们，以试图控制移动台。

GSM和UMTS仅在空中接口的接入层中实现加密和完整性保护，以保护移动台和无线接入网之间的用户平面数据和RRC信令消息。如图12.1所示，LTE也在非接入层实现它们，以保护移动台和MME之间的EPS移动性和会话管理消息。这带来两个主要优点。在广域网中，它提供两个加密分开的加密级别，使得即使入侵者破坏一个安全级别，信息仍然保密。它还简化了家庭基站的部署，其接入层安全性可能更容易受到损害。

12.1.2　密钥体系

网络接入安全性基于密钥[7]的体系，如图12.2所示。最终，其依赖于安全地存储在归属用户服务器（HSS）中并且安全地分布在通用集成电路卡（UICC）内的用户特定密钥K的共享知识。在用户的IMSI和K的相应值之间存在一对一映射，并且认证过程依赖于克隆的移动台和欺骗网络将不知道K的正确值的事实。

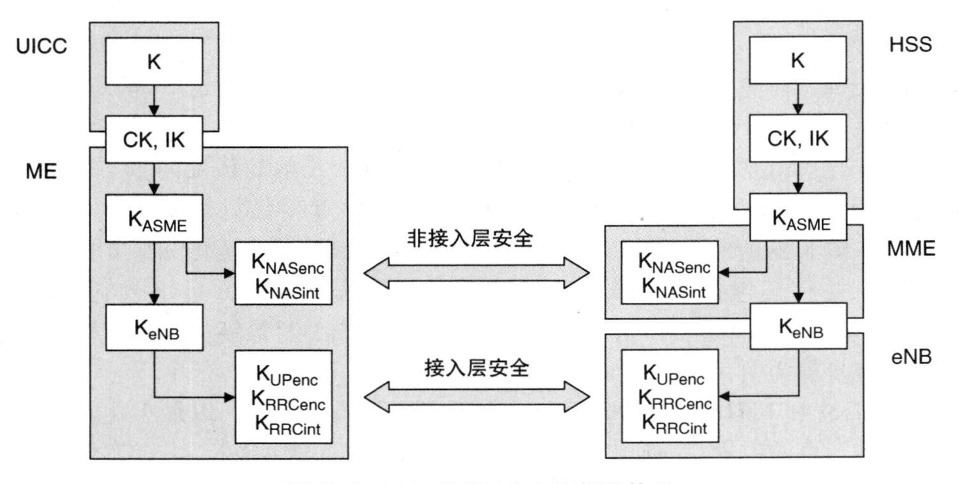

图12.2　LTE使用的安全密钥的体系

从 K、HSS 和 UICC 导出两个另外的密钥，表示为 CK 和 IK。UMTS 直接使用这些密钥用于加密和完整性保护，然而 LTE 却不同，其导出表示为K_{ASME}的接入安全管理实体（ASME）密钥。

从K_{ASME}、MME 和移动台导出三个另外的密钥，表示为K_{NASenc}、K_{NASint}和K_{eNB}。前两个用于移动台和 MME 之间的非接入层（NAS）信令消息的加密和完整性保护，而最后一个传递给基站。从K_{eNB}、基站和移动台导出三个接入层密钥，表示为K_{UPenc}、K_{RRCenc}和K_{RRCint}。这些分别用于数据的加密、RRC 信令消息的加密和接入层（AS）中的 RRC 信令消息的完整性保护。

这组密钥大于 GSM 或 UMTS 使用的集合，但它带来了几个好处。首先，移动台在从网络分离之后将 CK 和 IK 的值存储在其 UICC 中，而 MME 存储K_{ASME}的值。这允许系统在下一次接通时以第 11 章所述的方式对移动台的附接请求应用完整性保护。密钥体系还确保 AS 密钥和 NAS 密钥在密码上是分离的，使得对一组密钥的了解不会帮助入侵者导出另一组密钥。同时，密钥体系向后兼容来自 3GPP 版本 99 的 USIM。

K、CK 和 IK 每个包含 128 位，而其他密钥都包含 256 位。当前的加密和完整性保护算法使用 128 位密钥，其从原始 256 位密钥的最低有效位导出。如果 LTE 最终不得不升级其算法以使用 256 位密钥，那么它将能够轻松地做到。

12.1.3 认证和密钥协商

在认证和密钥协商（AKA）[8] 期间，移动台和网络确认彼此的身份并同意K_{ASME}的值。我们已经看到这个过程被用作更大的附接过程的一部分；图 12.3 所示为完整的消息序列。

在过程开始之前，MME 已经从其自己的记录或从移动台的先前 MME 中检索到移动台的 IMSI，或者通过向移动台本身发送 EMM 身份请求来例外地检索。它现在希望确认移动台的身份。为了开始该过程，它向 HSS 发送 Diameter 认证信息请求（1），其中包括 IMSI。

HSS 查找相应的安全密钥 K，并计算包含四个元素的认证向量。RAND 是 MME 将用作对移动台的认证挑战的随机数。XRES 是对该挑战的期望响应，其只能由知道 K 的值的移动台计算。AUTN 是认证令牌，其只能由知道 K 的值的网络计算，并且其包括序列号以防止入侵者记录认证请求并且重放它。最后，K_{ASME}是接入安全管理实体密钥，其从 CK 和 IK 导出并且最终从 K 和 RAND 的值导出。在步骤 2 中，HSS 向 MME 返回认证向量。

在 GSM 和 UMTS 中，HSS 通常一次返回几个认证向量，以最小化其必须处理的单独消息的数量。LTE 实际上阻止了这种技术，理由是 K_{ASME}的存储已经大大减少了 HSS 必须交换的消息的数量。

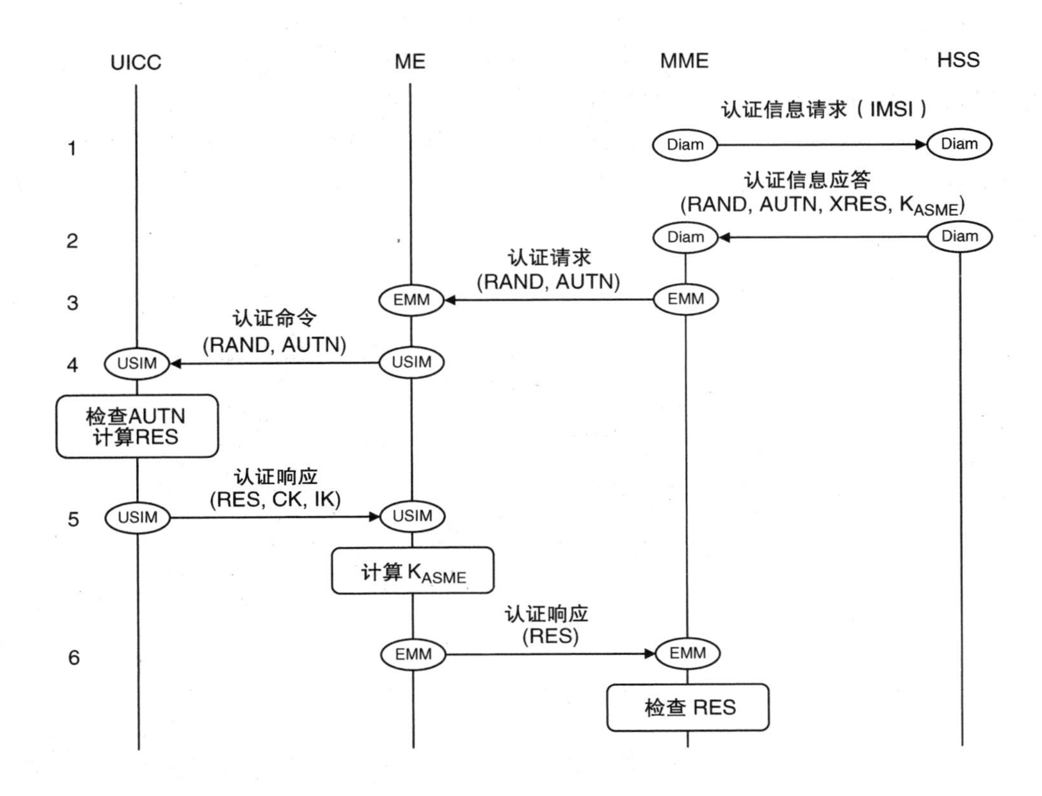

图 12.3　认证和密钥协商过程

MME 作为 EMM 认证请求的一部分向移动台发送 RAND 和 AUTN（3），并且移动台将它们转发到 UICC（4）。在 UICC 内，USIM 应用检查认证令牌，以检查网络知道 K 的值，并且包含之前未被使用的序列号。如果乐意，USIM 还可通过将 RAND 与其自己的 K 副本组合来计算其对网络挑战的响应（表示为 RES）。它还计算 CK 和 IK 的值，并将所有三个参数传递回移动台（5）。

使用 CK 和 IK，移动台计算接入安全管理实体密钥K_{ASME}。然后，它将其响应返回到 MME，作为 EMM 认证响应的一部分（6）。继而，MME 将移动台的响应与其从归属用户服务器接收的预期响应进行比较。如果相同，则 MME 推断移动台是真的。然后，系统可以使用K_{ASME}的两个副本来激活随后的安全过程，如下一节所述。

12.1.4　安全激活

在安全激活[9]期间，移动台和网络计算加密和完整性保护密钥的单独副本，并开始运行相应的过程。为接入和非接入层单独执行安全激活。

MME 在认证和密钥协商后立即激活非接入层安全，如图 12.4 所示。根据 K_{ASME}，MME 计算加密和完整性保护密钥 K_{NASenc} 和 K_{NASint}。然后它向移动台发送 EMM 安全模式命令（步骤 1），其指示移动台激活 NAS 安全。消息由完整性保护来保护，但不加密。

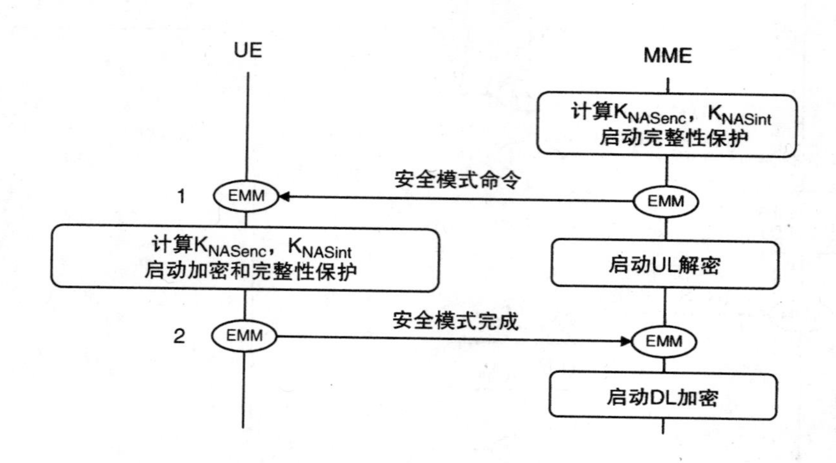

图 12.4　激活非接入层安全性（来源：TS 33.401。经 ETSI 许可转载）

移动台以后面描述的方式检查消息的完整性。如果消息通过完整性检查，则移动台从其存储的 K_{ASME} 的副本计算其自己的 K_{NASenc} 和 K_{NASint} 副本，并开始加密和完整性保护。然后，它使用 EMM 安全模式完成确认 MME 的命令（2）。在接收到消息时，MME 开始下行链路加密。

如果移动台从 MME 分离，则两个移动台删除其 K_{NASenc} 和 K_{NASint} 的副本。然而，MME 保留其 K_{ASME} 的副本，而移动台保留其 CK 和 IK 的副本。当移动台再次打开时，它重新计算 K_{NASenc} 和 K_{NASint} 的副本，并使用后者将完整性保护应用于后续的附接请求。然而，请求不被加密，因为网络将不理解它的风险。

稍后在网络建立默认无线承载和信令无线承载 2 之前激活接入层安全性。图 12.5 所示为消息序列。为了触发该过程，MME 计算 K_{eNB} 的值。然后，它在 S1 - AP 初始上下文建立请求中将 K_{eNB} 传递到基站，我们已经将其视为附接过程的步骤 17。

从这里，过程非常喜欢 NAS 安全的激活。使用 K_{eNB}，基站计算加密和完整性保护密钥 K_{UPenc}、K_{RRCenc} 和 K_{RRCint}。然后它向移动台发送 RRC 安全模式命令（步骤 1），其完整性使用 K_{RRCint} 来保护。移动台检查消息的完整性，计算其自己的密钥并开始加密和完整性保护。然后，它使用 RRC 安全模式完成确认基站的

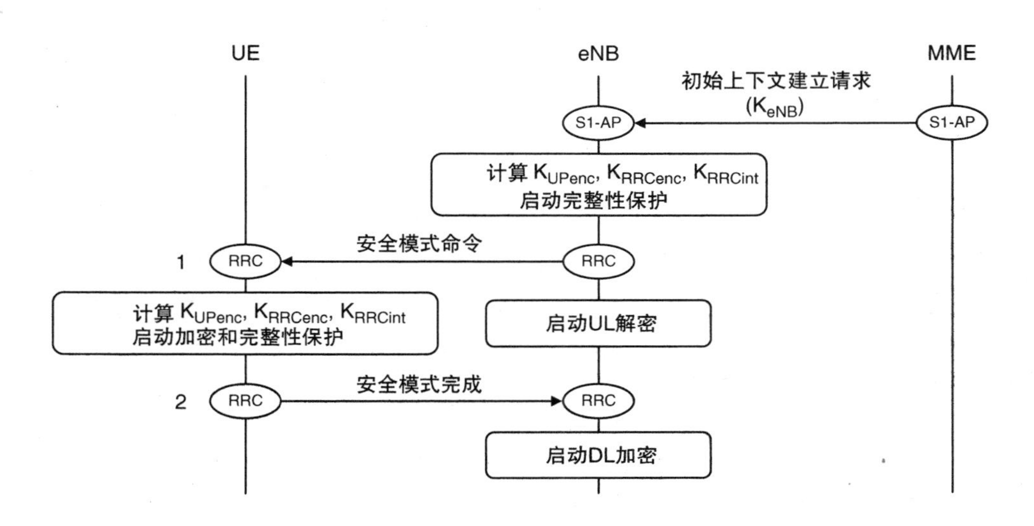

图 12.5 激活接入层安全性（来源：TS 33.401。经 ETSI 许可转载）

消息（步骤2），此时基站可以开始下行链路加密。

在第14章中描述的基于X2的切换过程期间，旧基站导出新的安全密钥，表示为$K_{eNB}{}^*$。它可以以两种方式来完成这一点，或者来自在先前的基于X2的切换结束时从MME接收的称为下一跳（NH）的另一参数，或者直接来自K_{eNB}。然后旧基站将$K_{eNB}{}^*$传递给新基站，新基站将其用作K_{eNB}的新值。如果移动台转到RRC_IDLE状态，则K_{eNB}、K_{UPenc}、K_{RRCenc}和K_{RRCint}都被删除。然而，移动台和MME都保留K_{ASME}，并且当移动台返回RRC_CONNECTED状态时，使用它来导出新的接入层密钥集。

12.1.5 加密

加密确保入侵者不能读取在移动台和网络之间交换的信息[10-12]。分组数据汇聚协议对空中接口接入层中的数据和信令消息进行加密，而EMM协议对非接入层中的信令消息进行加密。

加密过程如图12.6所示。发射机使用其加密密钥和其他信息字段来生成伪随机密钥流，并使用异或运算将其与输出数据混合。接收器生成其自己的密钥流的副本，并重复混合处理，以便恢复原始数据。该算法被设计为单向的，使得入侵者不能在合理的计算时间内从所传送的消息中恢复安全密钥。

LTE目前支持四种EPS加密算法（EEA）。其中两个是SNOW 3G，其最初用于UMTS的版本7标准和高级加密标准（AES）。版本11增加了另一个算法，这被称为ZUC，主要旨在用于中国。最终的算法是空加密算法，这意味着，如在

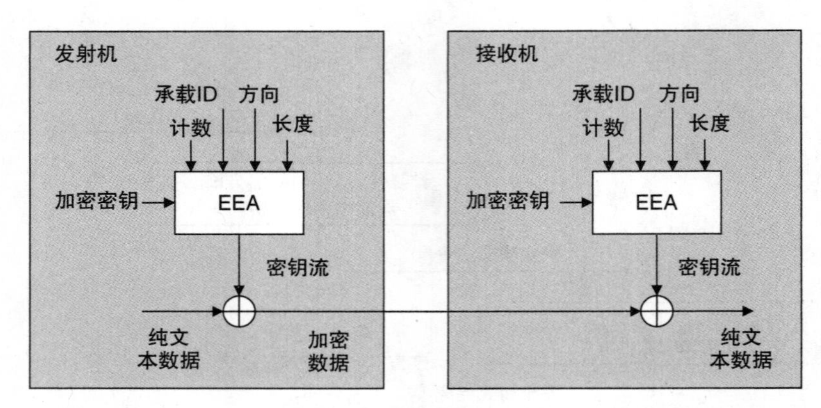

图 12.6 加密算法的操作（来源：TS 33.401。经 ETSI 许可转载）

先前的移动通信系统中，空中接口实际上不必实施任何加密。然而，LTE 设备必须让用户知道空中接口是否使用加密。

12.1.6 完整性保护

完整性保护[13-15]允许设备检测对其接收的信令消息的修改，作为针对如中间人攻击的问题的保护。分组数据汇聚协议对空中接口接入层中的 RRC 信令消息应用完整性保护，而 EMM 协议对非接入层中其自己的消息应用完整性保护。

图 12.7 显示了该过程。发射机通过 EPS 完整性算法（EIA）传递每个信令消息。使用适当的完整性保护密钥，算法计算表示为 MAC - I 的 32 位完整性字段，并将其附加到消息。接收机将完整性字段与信令消息分离，并计算预期的完整性字段 XMAC - I。如果观察到的和期望的完整性字段相同，则这是乐意看到的。否则，接收机断定消息已被修改并丢弃它。

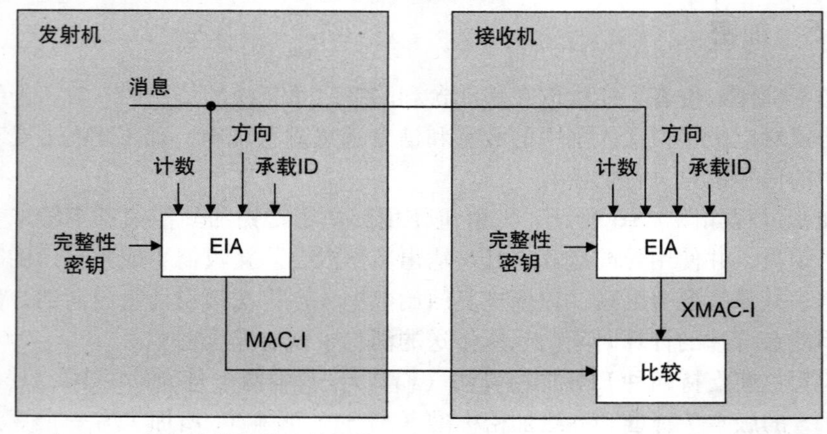

图 12.7 完整性保护算法的操作（来源：TS 33.401。经 ETSI 许可转载）

完整性保护对于移动台和网络在安全激活之后交换的几乎所有信令消息是强制性的，并且基于 SNOW 3G、高级加密标准或 ZUC。然而，有一个例外：从版本 9 开始，移动台可以使用空完整性保护算法，用于在没有 UICC 的情况下进行紧急语音呼叫。

12.2 网络域安全

12.2.1 安全协议

在固定网络内，两个设备通常必须安全地交换信息。由于固定网络基于 IP，这可以使用标准的 IETF 安全协议[16]。设备首先使用称为因特网密钥交换版本 2（IKEv2）的协议来彼此认证并建立安全关联[17,18]。这依赖于使用预共享密钥，如在空中接口使用安全密钥 K，或者公共密钥加密。

然后使用 IP 安全（IPSec）封装安全载荷（ESP）[19,20]实现加密和完整性保护。根据情况，网络可以使用 ESP 传输模式，其仅保护 IP 分组的有效载荷，或者隧道模式，其保护 IP 报头。这些技术在 LTE 网络的两个部分中以后面描述的方式使用。

12.2.2 演进分组核心网的安全

在演进分组核心网中，在由不同网络运营商运行的网络之间需要安全通信，以便处理漫游移动台。为了支持这一点，演进分组核心网使用安全域来建模。安全域通常对应于网络运营商的 EPC（见图 12.8），但是运营商可以根据需要将 EPC 划分为多个安全域。

从网络域安全功能的角度来看，不同的安全域由 Za 接口分离。在此接口上，强制使用 ESP 隧道模式保护 LTE 信令消息。安全功能使用安全网关（SEG）来实现，但是如果运营商希望，他们可以在网络元件本身中包括安全网关的功能。数据没有保护，这通常最终会导致一个不安全的公共网络。如果需要，可以在应用层保护数据。

在安全域中，网络元件由 Zb 接口分离。该接口通常在单个网络运营商的控制下，因此跨该接口的 LTE 信令消息的保护是可选的。如果接口是安全的，则 ESP 隧道模式的支持是强制的，而 ESP 传输模式的支持是可选的。

安全性是第 2 章中介绍的 S5 和 S8 接口之间的唯一区别。在 S5 接口中，服务和 PDN 网关位于同一个安全域中，因此安全功能是可选的，并且使用 Zb 实现。在 S8 接口中，网关位于不同的安全域中，因此安全功能是强制性的，并且使用 Za 来实现。

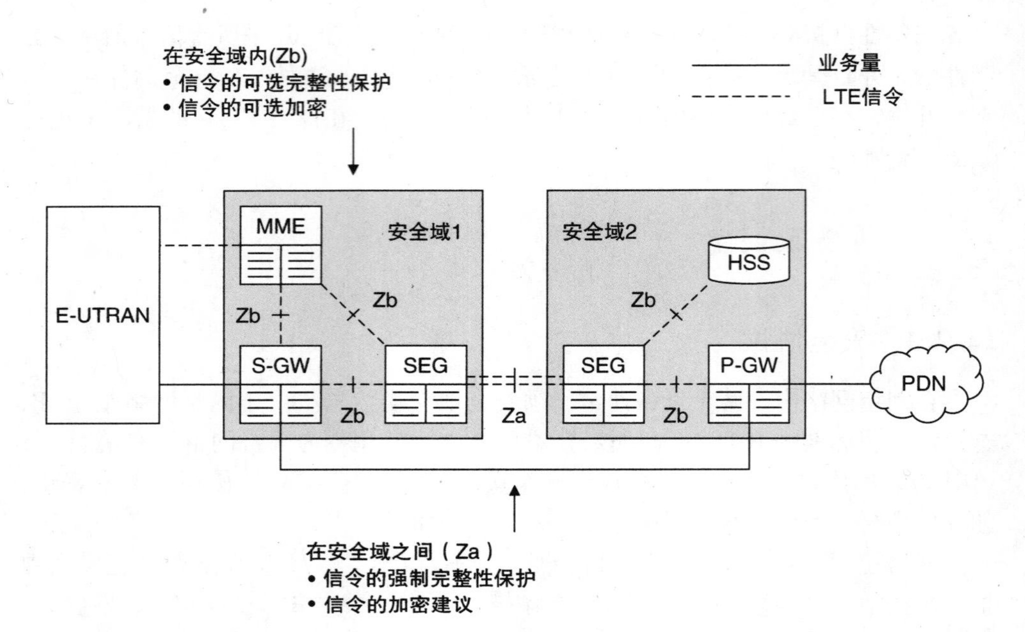

图 12.8　演进分组核心网中网络域安全架构的示例实现

12.2.3　无线接入网的安全

在无线接入网中，网络运营商通常保护将基站彼此连接到演进分组核心网的 X2 和 S1 接口。这在家庭基站通过公共 IP 回程与 EPC 通信的毫微微小区网络中，或者在使用微波链路实现 S1 和 X2 接口的网络中是特别重要的。

为了处理这些问题，网络运营商必须以图 12.9 所示的方式保护 S1 和 X2 接口，除非接口已经被一些其他机制（例如物理保护）所信任。如果接口是安全的，则 ESP 隧道模式的支持是强制的，而 ESP 传输模式的支持是可选的。安全功能被应用于 LTE 信令消息和用户的数据，这是与空中接口的接入层类似的情况，但是不同于 EPC。

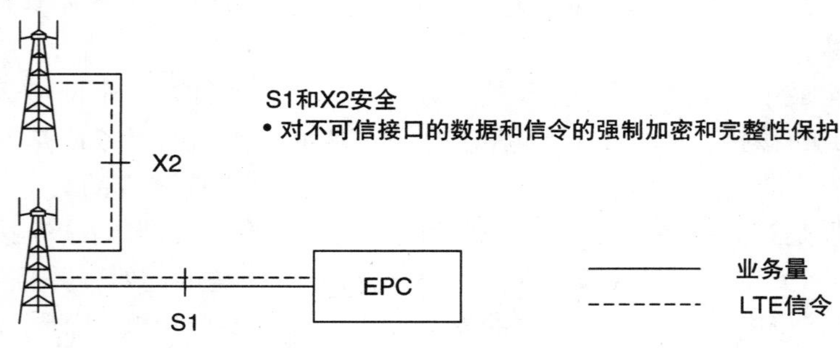

图 12.9　用于 S1 和 X2 接口的网络域安全架构

参考文献

1. 3GPP TS 33.401 (2013) 3GPP System Architecture Evolution (SAE): Security Architecture, Release 11, June 2013.
2. 3GPP TS 24.301 (2013) Non-Access-Stratum (NAS) Protocol for Evolved Packet System (EPS); Stage 3, Release 11, September 2013.
3. 3GPP TS 29.272 (2013) Evolved Packet System (EPS); Mobility Management Entity (MME) and Serving GPRS Support Node (SGSN) Related Interfaces Based on Diameter Protocol, Release 11, September 2013.
4. 3GPP TS 31.102 (2013) Characteristics of the Universal Subscriber Identity Module (USIM) Application, Release 11, September 2013.
5. 3GPP TS 36.331 (2013) Radio Resource Control (RRC) Protocol Specification, Release 11, September 2013.
6. Forsberg, D., Horn, G., Moeller, W.-D. and Niemi, V. (2012) *LTE Security*, 2nd edn, John Wiley & Sons, Ltd, Chichester.
7. 3GPP TS 33.401 (2013) 3GPP System Architecture Evolution (SAE): Security Architecture, Release 11, Section 6.2, June 2013.
8. 3GPP TS 33.401 (2013) 3GPP System Architecture Evolution (SAE): Security Architecture, Release 11, Section 6.1, June 2013.
9. 3GPP TS 33.401 (2013) 3GPP System Architecture Evolution (SAE): Security Architecture, Release 11, Section 7.2.4, June 2013.
10. 3GPP TS 33.401 (2013) 3GPP System Architecture Evolution (SAE): Security Architecture, Release 11, Annex B.1, June 2013.
11. 3GPP TS 36.323 (2013) Packet Data Convergence Protocol (PDCP) Specification, Release 11, Section 5.6, June 2013.
12. 3GPP TS 24.301 (2013) Non-Access-Stratum (NAS) Protocol for Evolved Packet System (EPS); Stage 3, Release 11, Section 4.4.5, September 2013.
13. 3GPP TS 33.401 (2013) 3GPP System Architecture Evolution (SAE): Security Architecture, Release 11, Annex B.2, June 2013.
14. 3GPP TS 36.323 (2013) Packet Data Convergence Protocol (PDCP) Specification, Release 11, Section 5.7, March 2013.
15. 3GPP TS 24.301 (2013) Non-Access-Stratum (NAS) Protocol for Evolved Packet System (EPS); Stage 3, Release 11, Section 4.4.4, September 2013.
16. 3GPP TS 33.401 (2013) 3GPP System Architecture Evolution (SAE): Security Architecture, Release 11, Sections 11, 12, June 2013.
17. 3GPP TS 33.310 (2012) Network Domain Security (NDS); Authentication Framework (AF); Network Domain Security (NDS); Authentication Framework (AF), Release 11, December 2012.
18. IETF RFC 4306 (2005) Internet Key Exchange (IKEv2) Protocol, December 2005.
19. 3GPP TS 33.210 (2012) 3G Security; Network Domain Security; IP Network Layer Security, Release 11, September 2012.
20. IETF RFC 4303 (2005) IP Encapsulating Security Payload (ESP), December 2005.

第 13 章　服务质量、策略和计费

在第 2 章和第 11 章中，我们描述了演进分组核心网如何通过使用承载和隧道来传输数据分组，以及如何在附接过程中为移动台建立默认 EPS 承载。我们还注意到每个承载与服务质量相关联，服务质量描述如承载的数据速率、错误率和延迟的信息。但是，我们尚未涵盖一些重要的相关问题，即网络如何指定和管理服务质量，以及如何最终向用户收费。这些问题是本章的主题。

我们首先定义策略和计费控制的概念，并描述用于 LTE 中的策略和计费的架构。我们继续讨论用于策略和计费控制以及会话管理的过程，通过该过程，应用可以从网络请求特定的服务质量。我们最后讨论演进分组核心网的数据传输，以及离线和在线计费。

策略和计费控制由两个 3GPP 规范描述，即 TS 23.203[1] 和 TS 29.213[2]。计费系统总结在 TS 32.240[3] 和 TS 32.251[4]。通常，各个过程的细节在相关信令协议的规范中。那些针对演进分组核心网的文献见参考文献 [5 - 8]，但我们将在本章中介绍一些与策略和计费具体相关的协议。

13.1　策略和计费控制

13.1.1　服务质量参数

在第 2 章中，我们解释了 LTE 使用被称为 EPS 承载的双向数据管道，它在移动台和 PDN 网关之间沿着正确的路由和正确的服务质量传输数据。为了增加一些细节，让我们看看 LTE 如何指定 EPS 承载的服务质量[9,10]。

最重要的参数是 QoS 级别标识（QCI）。这是一个 8 位数字，用作指向查找表的指针，并定义四个其他量。第一个是资源类型，它将承载分为两类。GBR 承载与保证比特率相关联，保证比特率是移动台可以期望接收的最小长期平均数据速率。GBR 承载适合于如语音的实时服务，其中保证比特率可以对应于用户的语音编解码器的最低比特率。非 GBR 承载不接收这样的保证，因此适合于非实时服务，例如其中数据速率可以下降到零的 Web 浏览。默认承载总是非 GBR 承载，而专用承载可以是 GBR 或非 GBR 承载。

分组错误/丢失率是由于发送和接收中的错误而丢失分组的比例上限。网络应该将其可靠地应用于 GBR 承载，但是如果网络变得拥塞，则非 GBR 承载可以预期额外的分组丢失。对于延迟分组在移动台和 PDN 网关之间接收，分组延迟预算是具有 98% 置信度的上限。最后，QCI 优先级确定处理数据分组的顺序。低数字接收高优先级，并且在转到具有优先级 $N+1$ 的承载之前，拥塞的网络满足具有优先级 N 的承载的分组延迟预算。

一些 QoS 级别标识已经被标准化并且与表 13.1 中列出的参数相关联。这些类中的承载可以期望接收一致的服务质量，即使移动台正在漫游。网络运营商可以为自己定义其他 QoS 类，但是这些仅仅适用于非漫游移动台。

其他 QoS 参数见表 13.2。每个 GBR 承载与我们之前注意到的保证比特率以及最大比特率（MBR）相关联。最大比特率是承载将接收的最高数据速率，因此可能对应于用户的语音编解码器的最大比特率。尽管有这种区别，规范仅允许最大比特率大于从版本 10 以来的保证比特率。

非 GBR 承载的数据速率共同受到两个其他参数的限制。这些是每 APN 聚合最大比特率（APN - AMBR），其限制正在使用特定接入点名称的非 GBR 承载上的移动台的总数据速率，以及每 UE 聚合最大比特率（UE - AMBR），其限制移动台在其所有非 GBR 承载上的总数据速率。

表 13.1 标准化 QCI 特征

QCI	资源类型	分组错误/丢失率	分组延迟预算/ms	QCI 优先级	示例服务
1	GBR	10^{-2}	100	2	对话语音
2		10^{-3}	150	4	实时视频
3		10^{-3}	50	3	实时游戏
4		10^{-6}	300	5	缓冲视频
5	非 GBR	10^{-6}	100	1	IMS 信令
6		10^{-6}	300	6	Web，电子邮件，FTP（高优先级用户）
7		10^{-3}	100	7	语音，实时视频，实时游戏
8		10^{-6}	300	8	Web，电子邮件，FTP（中优先级用户）
9		10^{-6}	300	9	Web，电子邮件，FTP（低优先级用户）

注：本表来源于 TS 23.303。经 ETSI 许可转载。

表 13.2 服务质量参数

参数	描述	使用 GBR 承载	使用非 GBR 承载
QCI	类标识	√	√
ARP	分配和保留优先级	√	√
GBR	保证比特率	√	×
MBR	最大比特率	√	×
APN - AMBR	每个 APN 聚合最大比特率	×	每个 APN 一个字段
UE - AMBR	每个 UE 聚合最大比特率	×	每个 UE 一个字段

最后，分配和保留优先级（ARP）包含三个字段。ARP 确定拥塞网络应当满足建立或修改承载请求的顺序，级别 1 接收最高优先级。（注意，此参数不同于前面定义的 QCI 优先级）。抢占能力字段确定承载是否可以从具有较低优先级的另一承载抢夺资源，并且通常可以为紧急服务设置。类似地，抢占漏洞字段确定承载是否可以向具有较高优先级的承载丢失资源。

在讨论第 10 章中的媒体接入控制协议时，我们看到了这些参数的其中一些。在移动台的逻辑信道优先化算法中，逻辑信道优先级从表 13.1 中的 QCI 优先级级别导出，而优先比特率从表 13.2 中的保证比特率导出。

13.1.2 服务数据流

EPS 承载不限于携带单个数据流。相反，它可以以图 13.1 所示的方式携带多个数据流。

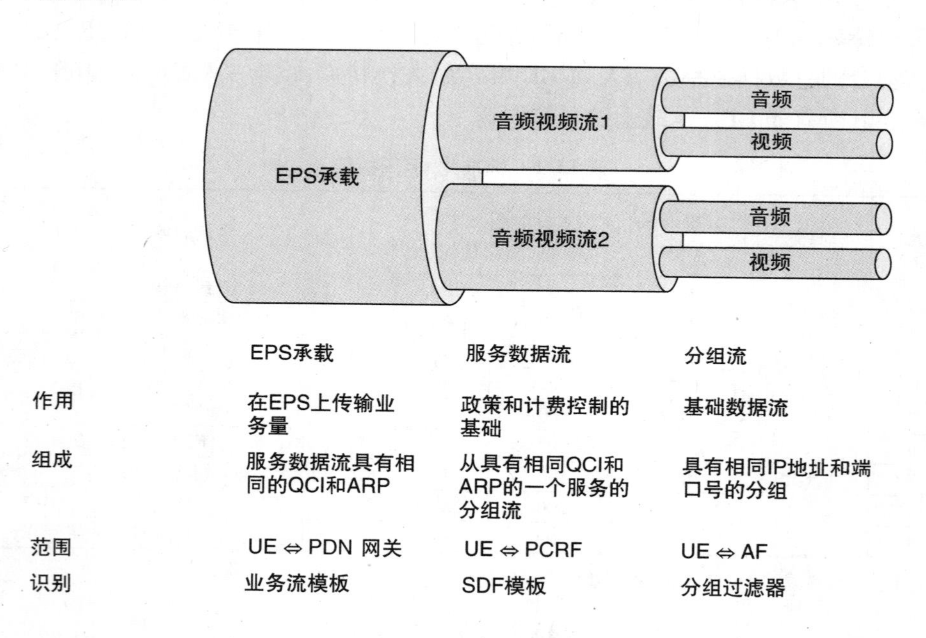

图 13.1 EPS 承载、服务数据流和分组流之间的关系

每个 EPS 承载包括一个或多个双向服务数据流（SDF），每个 SDF 携带用于如流视频应用的特定服务的分组。EPS 承载中的业务数据流必须共享相同的服务质量，特别是相同的 QCI 和 ARP，以确保它们可以以相同的方式传输。例如，用户可能正在下载两个单独的视频流，每个视频流被实现为服务数据流。如果网络共享相同的 QCI 和 ARP，则网络可以使用一个 EPS 承载来传输流，否则必须使用两个 EPS 承载。服务数据流和 EPS 承载之间的映射由 PDN 网关管理。

进而，每个服务数据流包括一个或多个单向分组流，例如组成服务的音频和视频流。如前所述，每个服务数据流中的分组流必须共享相同的 QCI 和 ARP。在视频电话服务的情况下，例如，网络可能希望向视频流分配较低的分配和保留优先级，使得它可以丢弃在拥塞的小区中的视频流但保留音频。为此，它必须使用具有不同分配和保留优先级的两个服务数据流来实现分组流，并且最终将不得不使用两个 EPS 承载。分组流对于应用是已知的，而分组流和服务数据流之间的映射由网络元件、策略和计费规则功能（PCRF）来管理，我们将在稍后讨论。

添加一些更多细节，每个分组流使用分组过滤器来标识，分组过滤器包含如源和目的设备的 IP 地址以及源和目的应用的 UDP 或 TCP 端口号的信息。使用 SDF 模板来识别每个服务数据流，SDF 模板是组成它的分组过滤器的集合。类似地，使用业务流模板（TFT）来识别每个 EPS 承载，该业务流模板是构成它的 SDF 模板的集合。

13.1.3　计费参数

每个服务数据流与描述如何对用户计费的参数相关联。计费方式可以是离线计费，适用于简单的月度计费或在线计费，支持更复杂的场景，如预付费服务或月度数据限制。测量方法确定网络是否应监视数据流的大小或持续时间，或两者都监视。最后，计费密钥，也称为费率组，指示计费系统将最终使用的资费。

一旦已经配置了服务数据流，服务和 PDN 网关根据这些参数监视业务流，并将关于它的信息发送到在线或离线计费系统。在本章结尾处我们将讨论它们使用的技术。

13.1.4　策略和计费控制规则

服务质量与被称为门控的另一概念相关联，其确定分组是否被允许通过服务数据流。门控是重要的，因为网络通常通过授权其服务质量，配置 EPS 承载并最终允许分组流动来分三个阶段配置服务数据流。为了实现它，每个服务数据流与门状态相关联，门状态可以是打开或关闭的。门控和 QoS 在一起组成了一个被称为策略的概念。

反过来，策略和计费参数与 SDF 模板组成称为策略和计费控制（PCC）规则的数据集[11,12]。每个服务数据流与 PCC 规则相关联，PCC 规则描述网络如何识别和实现 SDF。网络还可以将 SDF 与多个 PCC 规则相关联，每个 PCC 规则包括优先级、激活时间和去激活时间。这允许网络在一天的不同时间应用不同的 PCC 规则以支持如基于时间的计费的技术。网络使用一组我们以前没有看到的网络元件来管理其 PCC 规则，我们将在下一节中讨论它。

13.2 策略和计费控制架构

13.2.1 基本 PCC 架构

图 13.2 所示为使用基于 GTP 的 S5/S8 接口的网络中的策略和计费控制的基本架构[13]。该架构适用于非漫游移动台和使用归属路由业务漫游的移动台。

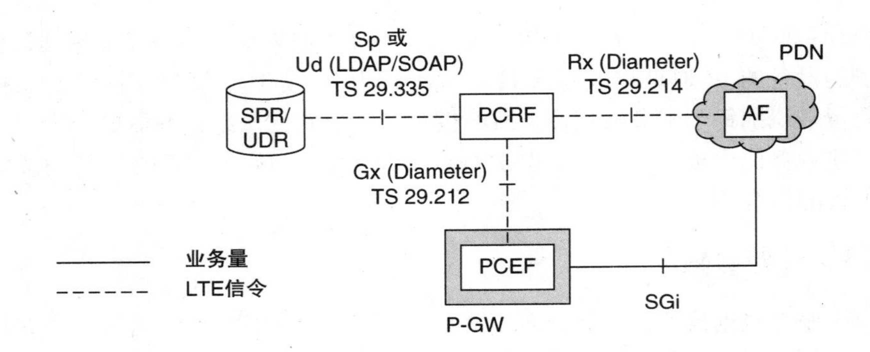

图 13.2 基于 GTP 的 S5/S8 接口的策略控制架构（来源：TS 23.203。经 ETSI 许可转载）

最重要的设备是策略和计费规则功能（PCRF），其通过指定合适的 PCC 规则来授权服务数据流将接收的处理。LTE 使用两种类型的 PCC 规则，即由网络永久存储并且仅由 PCRF 引用的预定义 PCC 规则，以及 PCRF 动态组成的动态 PCC 规则。网络可能使用其中的第一种用于我们前面介绍的标准化 QoS 特性，而保留第二种用于更专门的应用。

PDN 网关包含策略和计费执行功能（PCEF），其请求 PCRF 提供用于服务数据流的 PCC 规则并且执行其决定。PCEF 的重要部分是承载绑定功能（BBF）。这确定网络将如何使用 EPS 承载来实现服务数据流，例如通过建立新的 EPS 承载或通过将 SDF 融入到现有承载中。PCEF 的另一部分是事件报告功能（ERF）。这可以被配置为当某些事件发生时通知 PCRF，例如，如果移动台的无线接入技术改变，如果与移动台的无线通信丢失，或者如果用户用完了信用。

为了帮助其指定用于服务数据流的策略和计费规则，PCRF 可以与各种其他设备通信。在版本 8 和 9 中，用户订阅的细节由被称为订阅配置文件存储库（SPR）的数据库存储，其包含与 HSS 类似的信息，但是是单独的逻辑设备。从版本 10 起，用户的订阅数据都可以存储在单个集中式用户数据存储库（UDR）中，HSS 和 PCRF 都通过扮演应用特定前端的角色来接入。最后，应用功能

（AF）运行如 IP 语音（VoIP）服务器的外部应用，并且可以由另一方控制。

使用这种架构，应用可以通过两种方式请求特定的服务质量。首先，应用功能可以通过直接向 PCRF 发送信令消息来进行 QoS 请求。其次，移动台可以通过向 MME 发送信令消息来进行 QoS 请求，MME 将该请求转发到 PDN 网关并且因此转发到 PCRF。我们很快将看到网络如何实现这些技术。

值得注意的是，LTE 可以在不使用 PCRF 的情况下操作。这样的网络对每个接入点名称使用单个预定义的 PCC 规则，其对于所有用户和对于所有分组流是相同的。网络不支持专用承载，并省略我们在本章后面部分介绍的大多数会话管理过程。尽管其有限的策略和计费功能，但是这样的架构对于仅提供对互联网基本接入的网络仍然是有用的，其中用户的服务质量最终受互联网可以提供的内容的限制。

13.2.2　本地疏导架构

如果移动台使用本地疏导漫游，则在归属 PCRF（H－PCRF）和拜访 PCRF（V－PCRF）之间，PCRF 的功能如图 13.3 所示被划分。当使用该架构时，来自移动台或应用功能的 QoS 请求被定向到拜访 PCRF，拜访 PCRF 将请求中继到归属 PCRF。归属 PCRF 返回 PCC 规则，拜访 PCRF 可以接受或拒绝。以这种方式，归属和拜访网络都对用户将接收的服务质量具有一些控制。

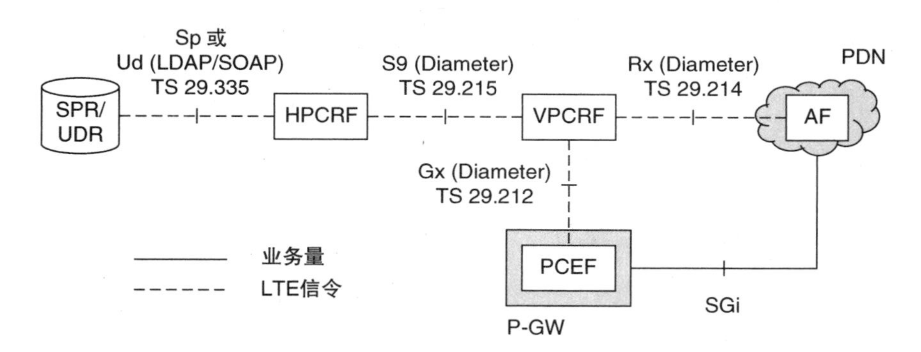

图 13.3　策略和计费控制架构，基于 GTP 的 S5/S8 接口和使用本地疏导的漫游
（来源：TS 23.203。经 ETSI 许可转载）

13.2.3　使用基于 PMIP 的 S5/S8 接口的架构

如果 S5/S8 接口基于代理移动 IP，则 EPS 承载仅延伸到服务网关。为了支持这种架构，承载绑定过程被委托到位于服务网关内的承载绑定和事件报告功能（BBERF）。图 13.4 所示为其归属网络中移动台的最终架构。如果移动台正在漫游，则 BBERF 由拜访 PCRF 控制，而 PCEF 如前所述由归属或拜访 PCRF 控制。

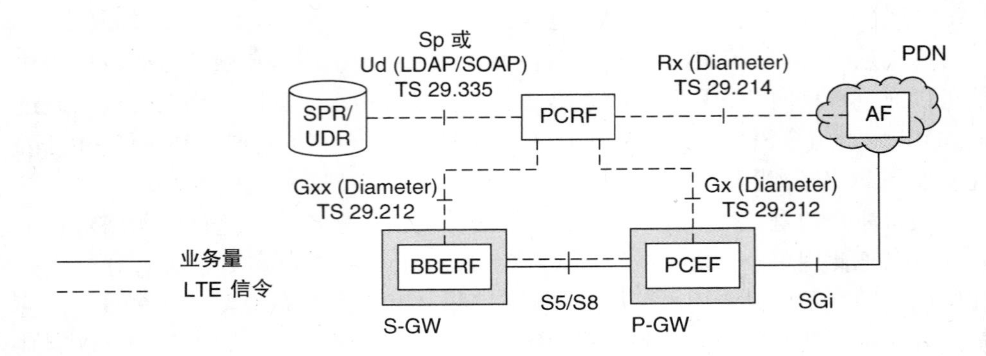

图 13.4　策略和计费控制架构，基于 PMIP 的 S5/S8 接口
（来源：TS 23.203。经 ETSI 许可转载）

13.2.4　软件协议

大多数 PCRF 的信令接口以类似于 MME 和归属用户服务器之间的接口的方式使用 Diameter 应用。这些包括到 PCEF 和 BBERF 的 Gx 和 Gxx 接口[14]，到应用功能的 Rx 接口[15]，以及归属和拜访 PCRF 之间的 S9 接口[16]。PCRF 和用户数据存储库之间的 Ud 接口使用两个非 3GPP 协议，即轻量级访问目录协议（LDAP）和简单对象访问协议（SOAP）[17]。到独立订阅配置文件存储库的 Sp 接口尚未标准化。

13.3　会话管理过程

13.3.1　IP－CAN 会话建立

在第 11 章的附接过程中，我们跳过了称为 IP 连接接入网（IP－CAN）会话建立的步骤，其中 PDN 网关配置默认 EPS 承载的服务质量。图 13.5 显示了细节[18]。在本示例中，我们假设移动台未在漫游，并且 S5/S8 接口基于 GTP。

当 PDN 网关接收到建立默认 EPS 承载的请求时，触发该过程。作为响应，PCEF 向 PCRF 发送 Diameter CC 请求（1）。该消息包括移动台的 IMSI，移动台连接到的接入点名称，来自用户的订阅数据的相应服务质量，以及网络已经为移动台分配的任何 IP 地址。PCRF 存储它接收的信息，以在稍后的过程中使用。

如果 PCRF 要求用户的订阅细节来定义默认承载的 PCC 规则，但是还没有获得它们，则它从 SPR 或 UDR 检索那些细节（2）。

PCRF 现在可以通过选择 PCEF 已经知道的预定义的 PCC 规则或通过生成动

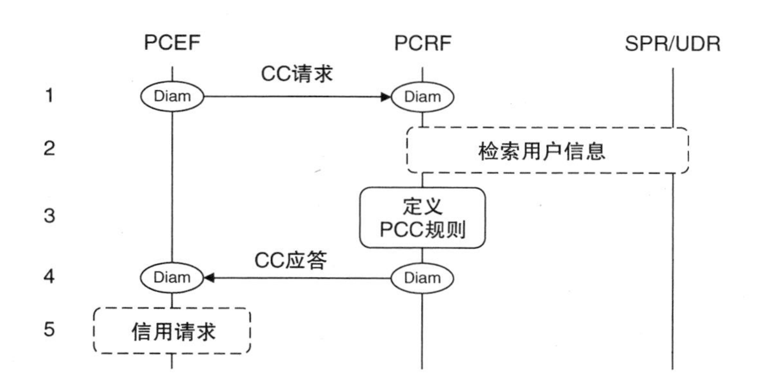

图 13.5　IP - CAN 会话建立过程（来源：TS 29.213。经 ETSI 许可转载）

态规则来定义默认承载的服务质量和计费参数（3）。在这样做时，它可以使用源自用户的订阅数据的默认服务质量，或者指定其自己的新的服务质量。然后，它使用 Diameter CC - 应答将信息发送到 PCEF（4）。如果 PCC 规则指定使用在线计费，则 PCEF 以后面描述的方式向在线计费系统发送信用请求（5）。然后，PCEF 可以继续建立默认承载。

如果用户具有适当的订阅细节，则 PCRF 可以在步骤 3 中定义具有不同服务质量的多个 PCC 规则，并且可以在步骤 4 中向 PCEF 发送所有这些 PCC 规则。这触发建立一个或多个专用承载到相同的 APN，以及通常的默认承载。

13.3.2　移动台发起的 SDF 建立

在附接过程完成之后，PCRF 可以从移动台本身或外部应用功能这两个源接收对更好服务质量的请求。PDN 网关可以通过触发具有更好服务质量的专用承载的建立或通过修改现有承载的服务质量这两种方式来满足那些请求。

为了说明这一点，图 13.6 所示为移动台可以如何请求具有改进的服务质量的新服务数据流[19]。在这种情况下，我们假设移动台先前使用其在默认 EPS 承载上交换的应用层信令消息与外部 VoIP 服务器进行了联系。我们还假设移动台的 VoIP 应用现在想要建立具有比默认 EPS 承载可以提供的更好服务质量的呼叫，通常具有保证比特率。最后，我们假设移动台在 ECM - CONNECTED 状态下启动。当在 ECM - IDLE 中启动时，它首先必须完成我们将在第 14 章中描述的服务请求过程。

在移动台内部，VoIP 应用要求 LTE 信令协议建立具有改进的服务质量的新服务数据流。协议通过组成 ESM 承载资源分配请求并将其发送到 MME 来做出反应（1）。在该消息中，移动台请求如 QoS 类别指示以及上行链路和下行链路的

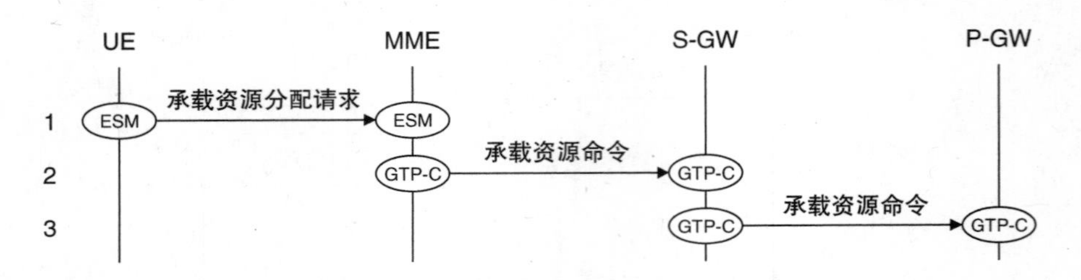

图 13.6 移动台发起的 SDF 建立过程。(1) 承载资源分配请求
(来源：TS 23.401。经 ETSI 许可转载)

保证和最大比特率的参数。它还使用如源和目的 IP 地址和 VoIP 应用的 UDP 端口号的参数来指定描述服务数据流的业务流模板。MME 接收移动台的请求并将其作为 GTP - C 承载资源命令转发到服务网关 (2)。接下来，服务网关将消息转发到适当的 PDN 网关 (3)。

PDN 网关通过触发用于 PCEF 发起的 IP - CAN 会话修改的过程来响应[20] (见图 13.7)。如前所述，PCEF 向 PCRF 发送 Diameter CC 请求 (4)，其中它标识发起移动台并且声明所请求的服务质量。PCRF 查找在 IP - CAN 会话建立期间检索的订阅细节，或者如果需要则联系 SPR 或 UDR (5)。

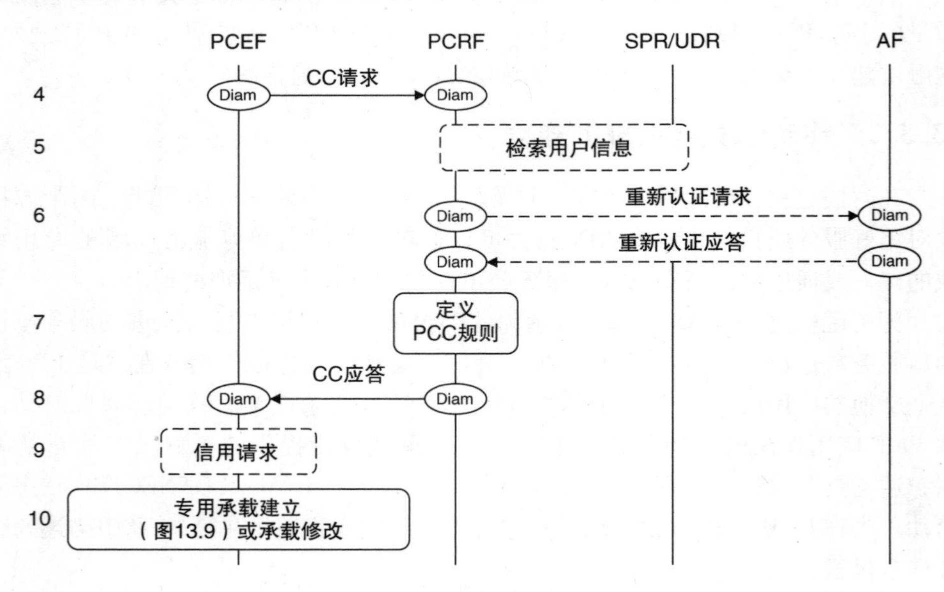

图 13.7 移动台发起的 SDF 建立过程。(2) PCEF 发起的 IP - CAN 会话修改
(来源：TS 29.213。经 ETSI 许可转载)

如果移动台先前已经联系了应用功能，则应用可能已经请求 PCRF 通知它涉及该移动台的未来事件。如果是这样，则 PCRF 通过使用 Diameter 重认证请求来这样做（6）。为了满足移动台的请求，PCRF 定义了新的 PCC 规则（7）。然后它向 PCEF 返回相应的 QoS 和计费参数（8），PCEF 在需要时向在线计费系统发送信用请求（9）。

通常，PDN 网关通过建立新的专用承载来对新的 PCC 规则做出反应（10）。在讨论应用功能如何能够做出自己的 QoS 请求之后，我们将展示它如何做到这一点。然而，如果移动台已经具有相同 QCI 和 ARP 的 EPS 承载，则 PDN 网关可以通过增加其数据速率并添加新的分组过滤器来修改该承载以包括新的服务数据流。

13.3.3　服务器发起的 SDF 建立

作为上述移动台发起过程的替代，应用功能可以向 PCRF 询问具有改进的服务质量的新服务数据流。消息序列如图 13.8 所示[21]。在该图中，我们假设移动台使用在默认承载上的应用层信令通信与如 VoIP 服务器的应用功能进行了联系。服务器现在想要建立呼叫，使用比默认承载可以提供的更好的服务质量。

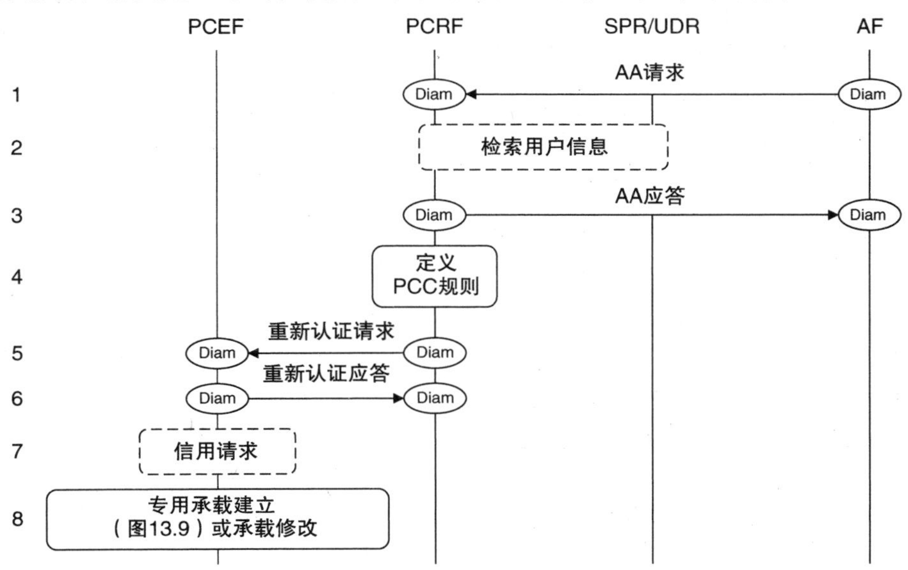

图 13.8　服务器发起的 SDF 建立过程（来源：TS 29.213。经 ETSI 许可转载）

在步骤 1 中，应用功能向 PCRF 发送 Diameter AA 请求。在消息中，它使用其 IP 地址标识移动台，并且使用如媒体类型、编解码器和端口号以及最大上行链路和下行链路数据速率的参数来描述所请求的媒体。PCRF 查找移动台的订阅细节或从 SPR 或 UDR 检索它们（2），决定它愿意授权服务数据流并返回确认（3）。

为了满足应用功能的请求，PCRF 定义了新的 PCC 规则（4）。然后，它在 Diameter 重新认证请求中向 PCEF 发送信息（5，6），并且如果需要，PCEF 向在线计费系统发送信用请求（7）。如前所述，PDN 网关通过建立专用承载或者通过修改现有承载的服务质量来实现（8）。

13.3.4 专用承载建立

在前面的讨论中，我们展示了移动台和应用功能如何能够向 PCRF 询问具有改进的服务质量的新服务数据流。PCRF 通过定义新的 PCC 规则进行响应，这通常导致以图 13.9 所示的方式建立专用 EPS 承载[22]。

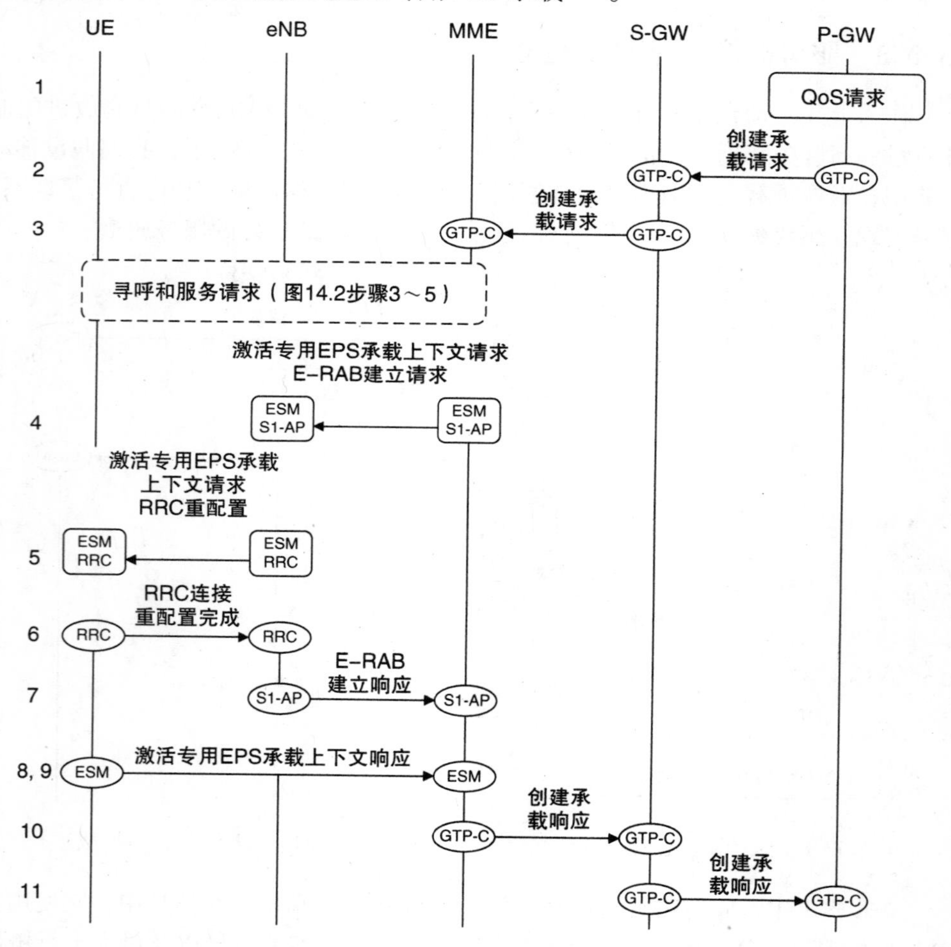

图 13.9 专用承载建立过程（来源：TS 23.401。经 ETSI 许可转载）

该过程由来自图 13.6 ~ 图 13.8 的服务质量请求之一触发（1）。作为响应，PDN 网关告诉服务网关为移动台创建新的 EPS 承载，定义其服务质量，并且包括用于在 S5/S8 上使用的上行链路隧道端点标识和用于移动台的上行链路业务流模板（2）。服务网关接收该消息并将其转发到 MME（3）。

如果应用功能触发了该过程，则移动台仍然处于 ECM - IDLE 状态。如果是，则 MME 使用寻呼过程联系移动台，并且移动台用 EMM 服务请求进行响应。我们将在第 14 章讨论这些过程。

然后 MME 构成 ESM 激活专用 EPS 承载上下文请求。这告诉移动台建立专用 EPS 承载，并且包括 MME 从服务网关接收的参数。MME 将该消息嵌入到 S1 - AP E - RAB 建立请求中，其告知基站建立相应的 S1 和无线承载并定义它们的服务质量。在步骤 4 中，它向基站发送两个消息。

作为响应，基站向移动台发送 RRC 连接重配置消息（5），其告诉移动台如何配置新的无线承载，并且包括从 MME 接收的 ESM 消息。移动台按照指示配置承载，并确认其 RRC 消息（6），其触发从基站回到 MME 的进一步确认（7）。然后，移动台在使用上行链路信息传输的回复中确认 ESM 消息（8，9）。两个最终确认（10，11）完成 GTP 隧道的配置，并允许数据流动。

13.3.5　PDN 连接建立

通过使用称为 PDN 连接建立[23]的单独过程，移动台可以请求到具有不同接入点名称的第二个分组数据网络的连接。该过程给移动台第二个默认 EPS 承载和第二个 IP 地址，如图 13.10 所示。对于网络，必须支持以这种方式连接到多个接入点名称，但对于移动台是可选的。

消息非常类似于来自附接过程的相应消息，因此我们将仅仅简要讨论它们。移动台向 MME 发送 PDN 连接请求（1），其中协议配置选项包括请求的接入点名称。在响应（2 -6）中，演进分组核心网给移动台第二个 IP 地址，获得对新承载的服务质量的批准并且配置相应的 GTP - U 隧道。MME 将 IP 地址和 QoS 参数传递给移动台（7 - 12），并且指示基站重新配置移动台的无线通信，以便携带新的数据流。然后，MME 通知服务网关关于基站的下行链路隧道端点标识（13，14），并且如果该网关与移动台的订阅数据（15，16）中的网关不同，则通知归属用户服务器关于所选择的 PDN 网关。在完成 IP 地址分配之后，移动台可以通过新的接入点名称进行通信。

13.3.6　其他会话管理过程

在建立服务数据流之后，移动台和应用功能都可以要求 PCRF 修改其服务质量，例如通过增加其数据速率。作为响应，PCRF 修改相应的 PCC 规则，并将所

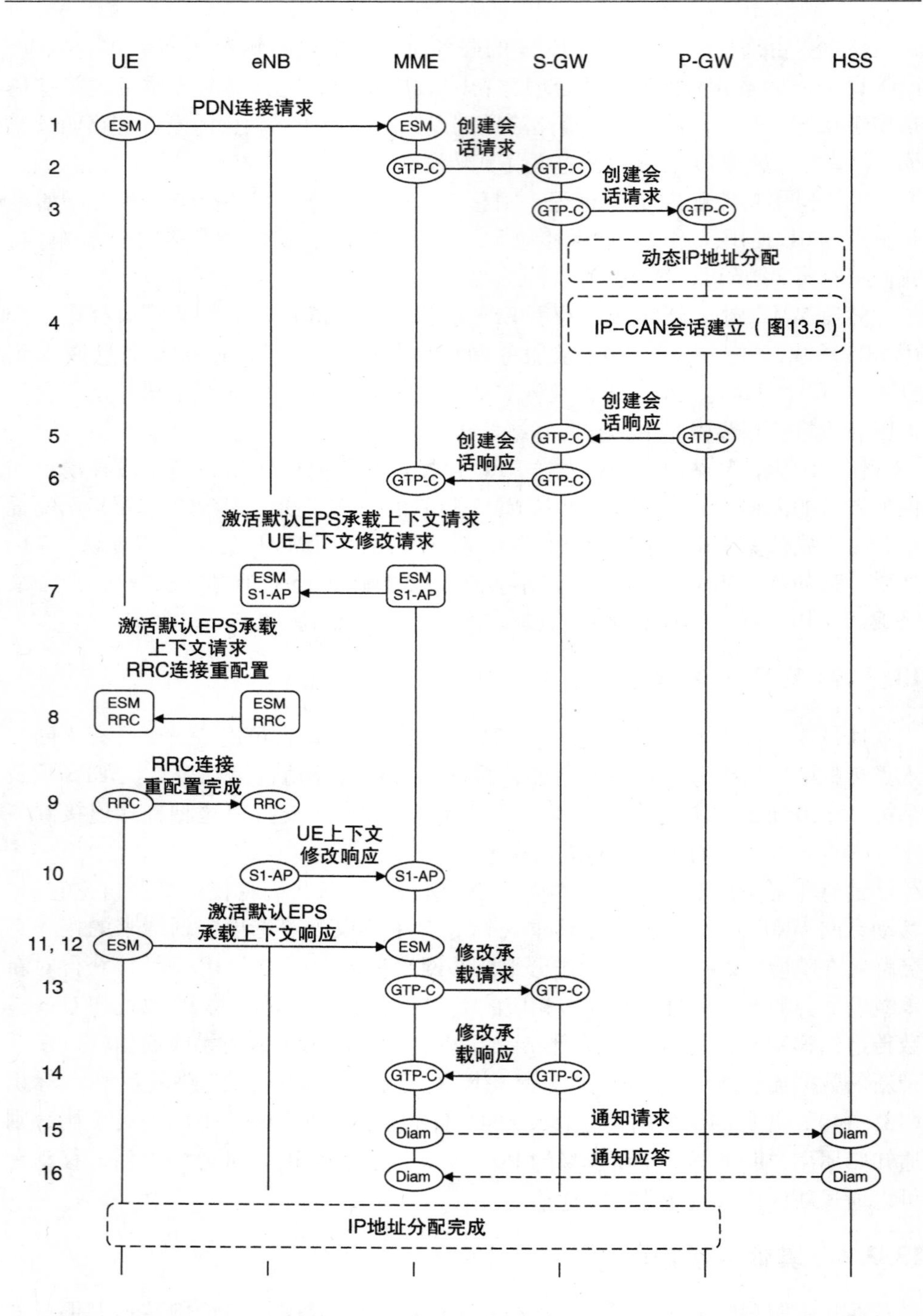

图 13.10　用于移动台发起的 PDN 连接请求的过程（来源：TS 23.401。经 ETSI 许可转载）

得到的参数发送到 PDN 网关。反过来，PDN 网关通过修改相应承载的 QoS 进行反应[24]，或者如果需要，通过将修改的服务数据流提取到新的专用承载中来做出反应。过程非常类似于图 13.6 ~ 图 13.9。

如果 S5/S8 接口基于 PMIP，则其仅针对每个移动台使用一个 GRE 隧道，并且不区分相应数据流的服务质量。相反，服务网关包括承载绑定和事件报告功能，其将输入的下行链路分组映射到正确的 EPS 承载上。在附接过程期间，BBERF 运行称为网关控制会话建立[25]的过程，其中它建立与 PCRF 的通信，转发从归属用户服务器接收的订阅数据，并接收默认 EPS 的 PCC 规则承载作为回报。如果 PCRF 在 IP - CAN 会话建立期间改变 PCC 规则，则其使用被称为网关控制和 QoS 规则规定的另一过程来更新 BBERF[26]。在专用承载激活、承载修改和 UE 请求的 PDN 连接期间存在类似的步骤。

最后，第 11 章中的分离过程触发了一个称为 IP - CAN 会话终止的过程[27]，其中 PCEF 通知 PCRF 移动台正在分离。作为过程的一部分，PCRF 可以通知应用功能，而 PCEF 可以向在线计费系统发送最终信用报告并返回任何剩余信用。

13.4　演进分组核心网中的数据传输

13.4.1　PDN 网关分组处理

让我们现在考虑演进分组核心网如何将传入分组传递到移动台，以及如何实现我们已经描述的 QoS 机制。当服务器向移动台发送分组时，它将分组寻址到移动台的 IP 地址。该地址位于分配它的 PDN 网关的地址空间中，因此网络的传入分组都到达那里。

使用被称为深度分组检查的技术，PDN 网关检查输入分组的报头，并将其与在载体配置期间存储的分组过滤器进行比较。通过这样做，PDN 网关识别目的移动台、服务数据流和 EPS 承载，并且查找相应的 S5/S8 承载和 GTP - U 隧道。

PDN 网关然后检查服务数据流的数据速率以确保不超过最大比特率，并且为了计费目的更新其 SDF 的业务量记录。如果演进分组核心网使用网络地址转换，则 PDN 网关还将输入分组的目的 IP 地址和端口号映射到唯一地分配给移动台的私有 IP 地址。

13.4.2　采用 GTP 协议的数据传输

PDN 网关现在可以以图 13.11 所示的方式向服务网关发送分组。PDN 网关首先添加 GTP - U 报头，其包含用于输出 GTP - U 隧道的 32 位隧道端点标

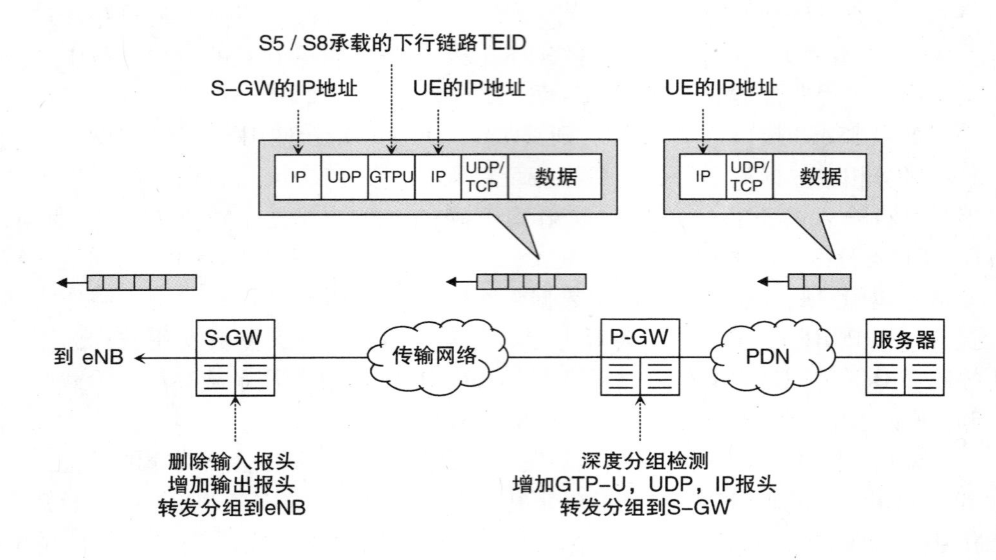

图 13.11　使用 GTP 在 S5/S8 接口上进行分组转发

识[28]。然后，通过添加另外两个报头将分组封装在另一个 IP 分组内。第一个是 UDP 报头，选择 UDP 而不是 TCP，是因为输入分组可能来自实时服务，例如 IP 语音。第二个是包括移动台服务网关 IP 地址的 IP 报头。最后，PDN 网关将分组发送到底层传输网络，网络将分组传递到服务网关。

在到达时，服务网关剥离额外报头，检查进入的隧道端点标识并查找相应的 EPS 承载。然后它识别目的移动台和移动台的基站，添加其自己的 GTP - U、UDP 和 IP 报头，并如前所述将分组发送到基站。（隧道端点标识对于 S5/S8 和 S1 接口是本地的，因此新的 TEID 可以不同于旧的 TEID。）进而，基站使用空中接口的传输机制将分组传送到移动台。

13.4.3　区分服务

IP 本身不区分不同数据流的服务质量。然而，传输网络可以使用称为区分服务（DiffServ）的 IP 增强提供 QoS 保证[29-32]。3GPP 规范在 S1 - U 和 X2 接口上授权 DiffServ[33,34]，并且该协议也通常在演进分组核心网内使用。

在 DiffServ 网络的入口点，入口路由器检查输入分组，将它们分组为称为每跳行为（PHB）的类，并使用 IP 报头中的 6 位区分服务代码点（DSCP）字段对它们进行标记。在网络内部，内部路由器使用 DSCP 字段来支持它们的排队、分组丢弃和分组转发的算法。

有三种类型的每跳行为。默认行为以与正常 IP 路由器相同的方式使用尽力服务（BE）转发，并且不提供服务质量保证。在另一极端是快速转发（EF），电路交换的仿真，保证该业务类别的最小聚合数据速率。

保证转发（AF）提供有关优先级和丢包的更软保证。它包含四个优先级，每个优先级被分配一个特定的最大总数据速率，以及三个级别的丢弃优先级。路由器按优先级顺序处理来自保证转发类的数据包。如果优先级内缓冲分组的数量足够低，则它们可以无条件地转发；如果不是，则根据丢弃优先级丢弃一些分组。

当 PDN 网关添加了我们之前注意到的 IP 报头时，它通过检查上层承载的 QCI 来计算 DSCP 字段。3GPP 规范不要求从 QCI 到 DSCP 的任何特定映射，但是 GSM 协会对 IP 分组交换的规范有这样的要求[35]。表 13.3 显示了此映射，以说明 PDN 网关通常如何配置 DSCP 字段。最高保证转发优先级是 4，因此来自 QCI4 的分组比来自 QCI5 的分组延迟更小。在每个优先级内，具有丢弃优先级 1 的分组最不可能被丢弃，因此来自 QCI5 的分组具有比来自 QCI6 的分组更低的丢包率。

表 13.3 在 IP 交换中从 QoS 类指示映射到 DSCP 字段

QCI	每跳行为	AF 优先级	AF 丢弃优先级	DSCP	示例服务
1	EF			101 110	对话语音
2	EF			101 110	实时视频
3	EF			101 110	实时游戏
4	AF	4	1	100 010	缓冲视频
5	AF	3	1	011 010	IMS 信令
6	AF	3	2	011 100	Web，电子邮件，FTP（高优先级用户）
7	AF	2	1	010 010	语音，实时视频，实时游戏
8	AF	1	1	001 010	Web，电子邮件，FTP（中优先级用户）
9	BE			000 000	Web，电子邮件，FTP（低优先级用户）

13.4.4 多协议标签交换

使用 IP 来进行分组路由具有一些缺点。例如，路由器必须使用包含 32 位或 128 位的 IP 地址做出路由决定，这可能是慢的。此外，不同的业务类别沿着相同的业务路径到达特定的目的设备，并且不能彼此分离。

为了克服这些问题，网络运营商经常使用称为多协议标签交换（MPLS）的附加协议[36,37]。在到 MPLS 网络的入口点，入口路由器检查输入分组的目的 IP 地址和 DSCP 字段，并添加包括 20 位标签的 MPLS 报头。在网络内部，内部路由器通过检查 MPLS 标签而不是目的 IP 地址来转发分组。MPLS 标签可以以类似于 GTP - U 隧道端点标识的方式从一个路由器改变到下一个路由器，因此不必是全局唯一的。

该技术带来了各种优点。首先，路由器可以使用更简单的 MPLS 报头和更短的 MPLS 标签，使路由决策比以前更快。其次，传输网络可以向共享相同目的 IP 地址的不同 DiffServ 业务量类别分配不同的标签，因此可以隔离业务量类别，并且可以改善网络对拥塞的响应。没有用于从 DSCP 字段映射到 MPLS 报头的单一机制，但是各种选项是可能的，并且可以由网络运营商配置[38]。

13.4.5 采用 GRE 和 PMIP 协议的数据传输

如果使用 GRE 和 PMIP 实现 S5/S8 接口，则该接口仅对每个移动台使用一个 GRE 隧道。隧道处理移动台正在发送或接收的所有数据分组，而没有任何服务质量保证。

当下行链路分组到达 PDN 网关时，该设备仍然执行深度分组检查，以便将输入分组引导到正确的 GRE 隧道，并且因此到正确的服务网关。当分组到达服务网关时，承载绑定和事件报告功能执行深度分组检查的第二个过程，以处理从 GRE 隧道到 EPS 承载的一对多映射。从那时起，分组以与之前相同的方式被传送。

13.5 计费和收费

13.5.1 高层架构

LTE 支持灵活的计费模式，其中会话的成本可以从如数据量或持续时间的信息计算，并且可以取决于如用户的服务质量和无线接入技术的问题。它使用与 UMTS 和 GSM[39] 的分组交换域相同的计费架构，如图 13.12 所示。

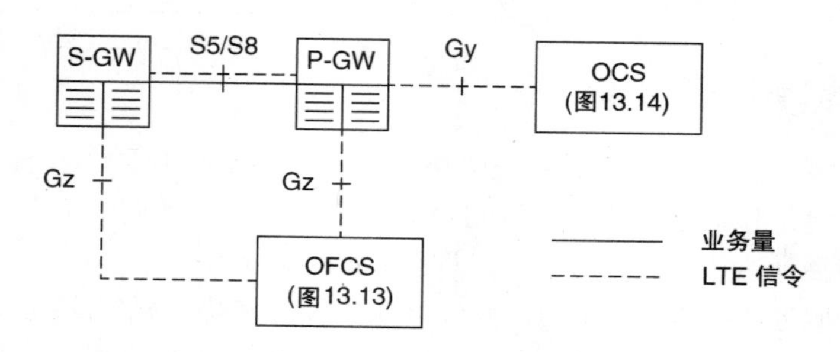

图 13.12 高层计费架构

有两种不同的计费系统：离线计费系统（OFCS）适合于用户接收普通账单的基本后付费服务，而在线计费系统（OCS）适用于更复杂的计费模型，如每月数据限制和预付。从技术角度来看，在线计费系统可以实时影响会话，例如，如果用户用完信用，则终止会话，而离线计费系统则不能。计费系统使用很多相同的协议，在参考文献［40－44］中定义。我们将在下面讨论这两个系统。

13.5.2　离线计费

离线计费系统的内部结构如图 13.13 所示，有四个组件。计费触发功能（CTF）监视用户对资源的使用并生成计费事件，这些事件描述系统将计费的活动。计费数据功能（CDF）从一个或多个计费触发功能接收计费事件并将它们收集到计费数据记录（CDR）中。计费网关功能（CGF）对计费数据记录进行后处理并将其收集到 CDR 文件中，而计费域（BD）确定资源有多少费用并向用户发送发票。

在 LTE 中，服务和 PDN 网关都包含计费触发功能。计费数据功能可以是单独的设备，如图 13.13 所示，也可以集成到服务和 PDN 网关中。根据所做的选择，图 13.12 中的 Gz 接口对应于图 13.13 中的 Rf 或 Ga 接口。

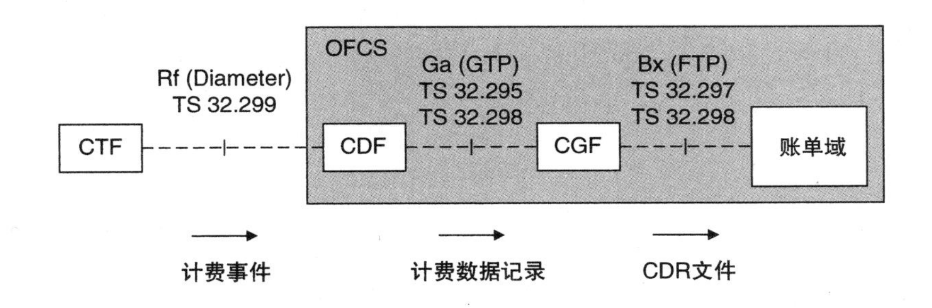

图 13.13　离线计费系统的架构（来源：TS 32.240。经 ETSI 许可转载）

如果 CDF 是单独的设备，则 CTF 通过 Rf 上的 Diameter 计费请求周期性地发送关于用户对资源使用的信息。该消息包含如费率组、上行链路和下行链路业务量、QoS 参数、当前无线接入技术和用户的 IMSI 的信息。该信息通过 Ga 和 Bx 接口到达 CGF 和计费域，并且计费域使用该信息对用户计费。

如果用户正在漫游，则计费域和计费网关功能在归属网络中，而计费数据功能与 PDN 网关或服务网关处于相同的网络中。在归属路由业务量的情况下，例如，PDN 网关发送计费事件到归属网络的 CDF，CDF 以通常的方式处理它们。同时，服务网关向拜访网络的 CDF 发送计费事件，CDF 以两种方式使用它们。

首先，拜访 CDF 将其计费数据记录发送到归属 CGF，归属 CGF 使用它们来对用户开具发票。其次，拜访网络使用其计费数据记录向用户使用资源的归属网络开票。

13.5.3 在线计费

在线计费系统的内部架构如图 13.14 所示。在该架构中，计费触发功能通过向在线计费功能（OCF）发送 Diameter 信用控制请求来寻求开始会话的许可。这从费率功能（RF）检索所请求的资源的成本，并从账户余额管理功能（ABMF）检索用户账户的余额。然后，它使用 Diameter 信用控制应答来回复 CTF，Diameter 信用控制应答通常指定会话可持续多长时间或用户可以传送多少数据。CTF 然后可以允许会话继续。

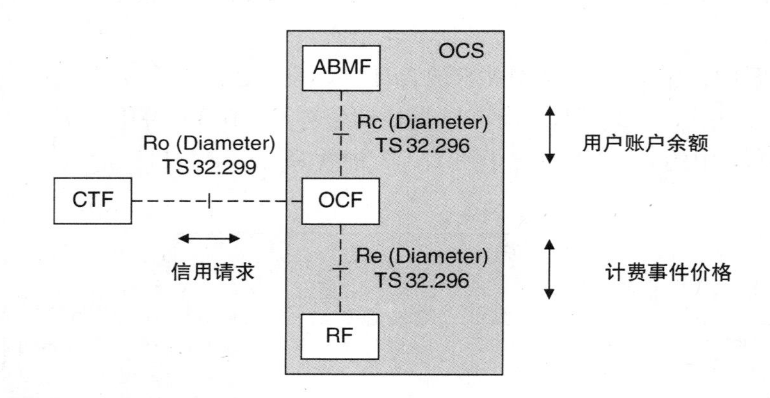

图 13.14 在线计费系统的架构（来源：TS 32.240。经 ETSI 许可转载）

随着会话继续，计费触发功能监视用户对资源的使用。如果用户接近原始分配的结束，则 CTF 向在线计费功能发送新的信用控制请求，以请求额外的资源。在会话结束时，CTF 向在线计费功能通知任何剩余信用，并且在线计费功能将该信用返回到账户余额管理功能。

在 LTE 中，计费触发功能位于 PDN 网关内部，实际上由 PCEF 处理。图 13.12 中的 Gy 接口与图 13.14 中的 Ro 接口相同。

在线计费系统始终在用户的归属网络中。如果用户正在漫游，则拜访网络使用其离线计费系统同时创建计费数据记录，并且使用这些计费数据记录来向归属网络开票以便用户如前所述地使用资源。

参考文献

1. 3GPP TS 23.203 (2013) Policy and Charging Control Architecture, Release 11, September 2013.
2. 3GPP TS 29.213 (2013) Policy and Charging Control Signalling Flows and Quality of Service (QoS) Parameter Mapping, Release 11, September 2013.
3. 3GPP TS 32.240 (2013) Telecommunication Management; Charging Management; Charging Architecture and Principles, Release 11, March 2013.
4. 3GPP TS 32.251 (2013) Telecommunication Management; Charging Management; Packet Switched (PS) Domain Charging, Release 11, June 2013.
5. 3GPP TS 24.301 (2013) Non-Access-Stratum (NAS) Protocol for Evolved Packet System (EPS); Stage 3, Release 11, September 2013.
6. 3GPP TS 29.274 (2013) 3GPP Evolved Packet System (EPS); Evolved General Packet Radio Service (GPRS) Tunnelling Protocol for Control Plane (GTPv2-C); Stage 3, Release 11, September 2013.
7. 3GPP TS 36.331 (2013) Radio Resource Control (RRC); Protocol Specification, Release 11, September 2013.
8. 3GPP TS 36.413 (2013) Evolved Universal Terrestrial Radio Access Network (E-UTRAN); S1 Application Protocol (S1AP), Release 11, September 2013.
9. 3GPP TS 23.203 (2013) Policy and Charging Control Architecture, Release 11, Section 6.1.7, September 2013.
10. 3GPP TS 23.401 (2013) General Packet Radio Service (GPRS) Enhancements for Evolved Universal Terrestrial Radio Access Network (E-UTRAN) Access, Release 11, Section 4.7.3, September 2013.
11. 3GPP TS 23.203 (2013) Policy and Charging Control Architecture, Release 11, Sections 4, 6.3, September 2013.
12. 3GPP TS 29.212 (2013) Policy and Charging Control over Gx/Sd Reference Point, Release 11, Sections 4.3, 5.3.4, September 2013.
13. 3GPP TS 23.203 (2013) Policy and Charging Control Architecture, Release 11, Section 5, September 2013.
14. 3GPP TS 29.212 (2013) Policy and Charging Control over Gx/Sd Reference Point, 3rd Generation Partnership Project, Release 11, September 2013.
15. 3GPP TS 29.214 (2013) Policy and Charging Control over Rx Reference Point, Release 11, September 2013.
16. 3GPP TS 29.215 (2013) Policy and Charging Control (PCC) Over S9 Reference Point; Stage 3, Release 11, September 2013.
17. 3GPP TS 29.335 (2012) User Data Repository Access Protocol Over the Ud interface; Stage 3, Release 11, December 2012.
18. 3GPP TS 29.213 (2013) Policy and Charging Control Signalling Flows and Quality of Service (QoS) Parameter Mapping, Release 11, Section 4.1, September 2013.
19. 3GPP TS 23.401 (2013) General Packet Radio Service (GPRS) Enhancements for Evolved Universal Terrestrial Radio Access Network (E-UTRAN) Access, Release 11, Section 5.4.5, September 2013.
20. 3GPP TS 29.213 (2013) Policy and Charging Control Signalling Flows and Quality of Service (QoS) Parameter Mapping, Release 11, Section 4.3.2.1, September 2013.
21. 3GPP TS 29.213 (2013) Policy and Charging Control Signalling Flows and Quality of Service (QoS) Parameter Mapping, Release 11, Sections 4.3.1.1, 4.3.1.2.1, September 2013.
22. 3GPP TS 23.401 (2013) General Packet Radio Service (GPRS) Enhancements for Evolved Universal Terrestrial Radio Access Network (E-UTRAN) Access, Release 11, section 5.4.1, September, 2013.
23. 3GPP TS 23.401 (2013) General Packet Radio Service (GPRS) Enhancements for Evolved Universal Terrestrial Radio Access Network (E-UTRAN) Access, Release 11, Section 5.10.2, September 2013.
24. 3GPP TS 23.401 (2013) General Packet Radio Service (GPRS) Enhancements for Evolved Universal Terrestrial Radio Access Network (E-UTRAN) Access, Release 11, Section 5.4.2.1, September 2013.
25. 3GPP TS 29.213 (2013) Policy and Charging Control Signalling Flows and Quality of Service (QoS) Parameter Mapping, Release 11, Section 4.4.1, September 2013.
26. 3GPP TS 29.213 (2013) Policy and Charging Control Signalling Flows and Quality of Service (QoS) Parameter Mapping, Release 11, Section 4.4.3, September 2013.
27. 3GPP TS 29.213 (2013) Policy and Charging Control Signalling Flows and Quality of Service (QoS) Parameter Mapping, Release 11, section 4.2.1, September 2013.
28. 3GPP TS 29.281 (2013) General Packet Radio System (GPRS) Tunnelling Protocol User Plane (GTPv1-U), Release 11, Section 5, March 2013.

29. IETF RFC 2474 (1998) Definition of the Differentiated Services Field (DS Field in the IPv4 and IPv6 Headers, December 1998.
30. IETF RFC 2475 (1998) An Architecture for Differentiated Services, December 1998.
31. IETF RFC 2597 (1999) Assured Forwarding PHB Group, June 1999.
32. IETF RFC 3246 (2002) An Expedited Forwarding PHB (Per-Hop Behavior), March 2002.
33. 3GPP TS 36.414 (2012) Evolved Universal Terrestrial Radio Access Network (E-UTRAN); S1 Data Transport, Release 11, Section 5.4, September 2012.
34. 3GPP TS 36.424 (2012) Evolved Universal Terrestrial Radio Access Network (E-UTRAN); X2 Data Transport, Release 11, Section 5.4, September 2012.
35. GSM Association IR.34 (2013) Guidelines for IPX Provider networks, Version 9.1, Section 6.2, May 2013.
36. IETF RFC 3031 (2001) Multiprotocol Label Switching Architecture, January 2001.
37. IETF RFC 3032 (2001) MPLS Label Stack Encoding, January 2001.
38. IETF RFC 3270 (2002) Multi-Protocol Label Switching (MPLS) Support of Differentiated Services, May 2002.
39. 3GPP TS 32.240 (2013) Telecommunication Management; Charging Management; Charging Architecture and Principles, Release 11, Section 4, March 2013.
40. 3GPP TS 32.295 (2012) Charging Data Record (CDR) Transfer, Release 11, September 2012.
41. 3GPP TS 32.296 (2013) Online Charging System (OCS): Applications and Interfaces, Release 11, March 2013.
42. 3GPP TS 32.297 (2012) Charging Data Record (CDR) File Format and Transfer, Release 11, September 2012.
43. 3GPP TS 32.298 (2013) Charging Data Record (CDR) Parameter Description, Release 11, March 2013.
44. 3GPP TS 32.299 (2013) Diameter Charging Applications, Release 11, March 2013.

第 14 章　移动性管理

在本章中，我们讨论网络用于跟踪移动台位置的移动性管理过程。

移动性管理过程的选择取决于移动台所处的状态。RRC_IDLE 中的移动台使用被称为小区重选的移动台触发过程，其目的是最大化移动台的电池寿命并最小化网络上的负载。相反，RRC_CONNECTED 中的移动台使用网络触发的测量和切换过程，以给予基站在活动发送和接收的移动台上所需的控制。我们通过介绍响应于用户活动（即 S1 释放、寻呼和服务请求）的改变而在这些状态之间切换移动台的过程开始本章，并且继续描述移动性管理过程本身。

本章有关的几个规范，TS 36. 304[1]定义了移动台在 RRC_IDLE 中应该遵循的移动性管理过程，而 TS 23. 401[2]和 TS 36. 300[3]描述了 RRC_CONNECTED 中的信令过程以及在状态之间切换移动台的过程。通常，相关的阶段 3 规范[4-8]定义了各个信令消息的细节。另一个规范[9]定义了移动台必须在 RRC 状态和相应的性能要求中进行的测量。

14. 1　不同状态间移动性管理的切换

14. 1. 1　S1 释放过程

在第 11 章的附接过程之后，移动台完成了它的上电过程，并处于 EMM - REGISTERED、ECM - CONNECTED 和 RRC_CONNECTED 状态。用户能够使用默认 EPS 承载与外部世界通信。如果用户什么都不做，则网络可以使用被称为 S1 释放[10]的过程将移动台带入 ECM - IDLE 和 RRC_IDLE 状态。作为该过程的一部分，网络拆除信令无线承载 1 和 2，并删除所有用户的数据无线承载和 S1 承载。使用我们稍后介绍的小区重选过程，移动台然后可以从一个小区移动到另一个小区，而不需要重新路由承载，因此仅对网络具有最小的影响。

图 14. 1 所示为消息序列。在用户不活动的时段之后，定时器在基站中到期并触发该过程。作为响应，基站请求 MME 将移动台转到 ECM - IDLE（1）。

在接收到请求时，MME 通知服务网关拆除其正在用于移动台的 S1 承载（2）。服务网关这样做并且响应（3），但是不涉及 PDN 网关，因此 S5/S8 承载保持完整。从这一点来说，任何下行链路数据只能传播到服务网关，在那里它们触发后面描述的寻呼过程。

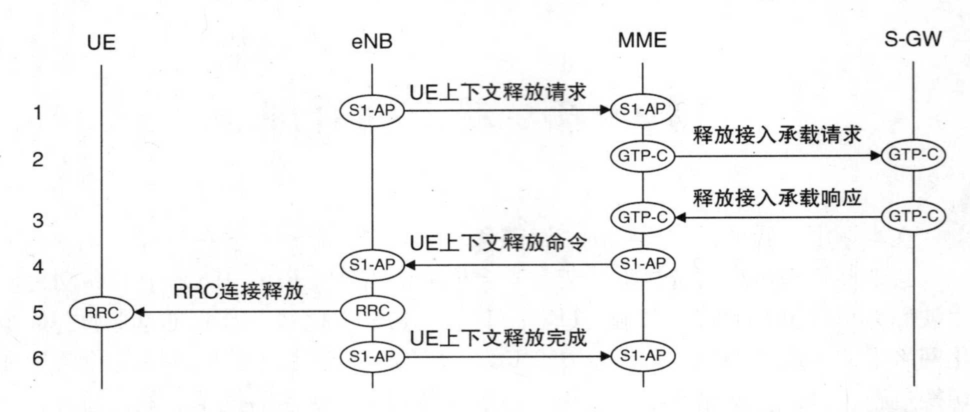

图 14.1　S1 释放过程，由基站中的用户不活动触发（来源：TS 23.401。经 ETSI 许可转载）

使用我们在分离过程中已经看到的消息，MME 通知基站拆除其与移动台的信令通信（4），并且基站通过空中接口发送类似的消息（5）。作为响应，移动台拆除 SRB1、SRB2 及其所有数据无线承载，并转到 ECM - IDLE 和 RRC_IDLE 状态。没有必要给它回复。同时，基站拆除其自己的移动台的 S1 和无线承载的记录，并向 MME 发送确认（6）。

S1 释放过程有几个变化。基站可以出于其他原因如完整性检查的重复失败或者与移动台的无线通信的丢失，触发该过程。MME 可以从步骤 2 开始触发该过程；例如，在认证过程失败之后。MME 还可以通过在步骤 1 之前向移动台发送 S1 - AP 消息来触发该过程；例如，在电路域回落期间。在该最后的变体中，基站预先知道 MME 将接受其 UE 上下文释放请求，因此其可以立即释放移动台的 RRC 连接，而不是延迟该消息，直到步骤 5。

在 S1 释放过程完成后，MME 有时会移除移动台的 GBR 承载，理由是 MME 不再支持它们。如果 S1 连接由于如无线通信丢失的问题而被释放，则通常发生这种情况，而如果由于如用户不活动或重定向到另一无线接入技术之类的良性原因而被释放，则不会发生。

14.1.2　寻呼过程

在 S1 释放过程结束时，移动台处于 ECM - IDLE 和 RRC_IDLE 状态，并且其 S1 和无线承载都已被拆除。如果下行链路数据到达服务网关，会发生什么？

图 14.2 所示为应答[11]。PDN 网关将输入数据分组转发到服务网关（1），但是服务网关不能进一步发送数据。相反，它向 MME 发送 GTP - C 下行链路数据通知消息（2），以告诉 MME 发生了什么。MME 确认，如果更多数据分组到达，MME 停止服务网关发送进一步的通知。

MME 现在组成 S1 - AP 寻呼消息并将其发送到所有移动台的跟踪区域中的

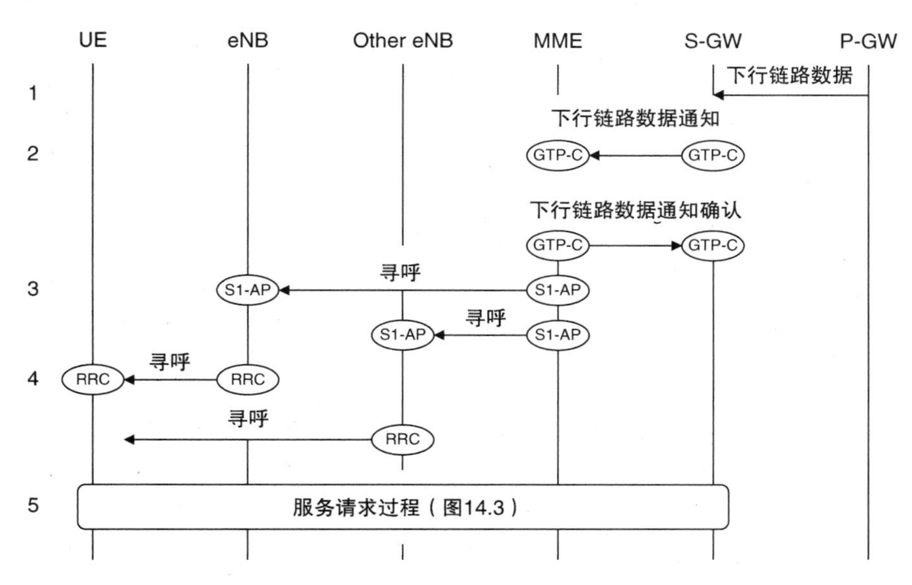

图 14.2　寻呼过程（来源：TS 23.401。经 ETSI 许可转载）

基站（3）。在消息中，它指定移动台的 S－TMSI 以及基站将需要计算寻呼帧和寻呼时机的所有信息。作为响应，每个基站根据来自第 8 章的不连续接收过程向移动台发送单个 RRC 寻呼消息（4）。移动台从一个基站接收消息并使用下面描述的服务请求过程进行响应（5）。

14.1.3　服务请求过程

如果移动台处于 ECM－IDLE 状态但希望与网络通信，则移动台运行服务请求过程[12]。该过程可以通过两种方式触发，通过上述的寻呼过程或内部触发；例如，如果用户在移动台空闲时尝试联系服务器。在该过程期间，网络将移动台转到 ECM－CONNECTED 状态，重新建立 SRB1 和 SRB2，并且重新建立移动台的数据无线承载和 S1 承载。移动台然后可以与外部世界交换数据。

消息序列如图 14.3 所示。这里实际上没有什么新材料，因为大多数消息已经出现在注册和会话管理的过程中。

移动台通过使用基于竞争的随机接入和 RRC 连接建立的过程与服务 eNB 建立信令连接来启动。然后，它构成 EMM 服务请求，请求服务 MME 将其转到 ECM－CONNECTED 状态。它将请求嵌入到其 RRC 连接建立完成中，并将这两个消息发送到基站（1）。

基站提取移动台的请求并将其转发到 MME（2）。可选地，MME 现在可以认证移动台，并且可以使用所得到的密钥来更新非接入层安全性（3）。如果 EMM

消息未通过完整性检查，则这些步骤是必需的，否则是可选的。

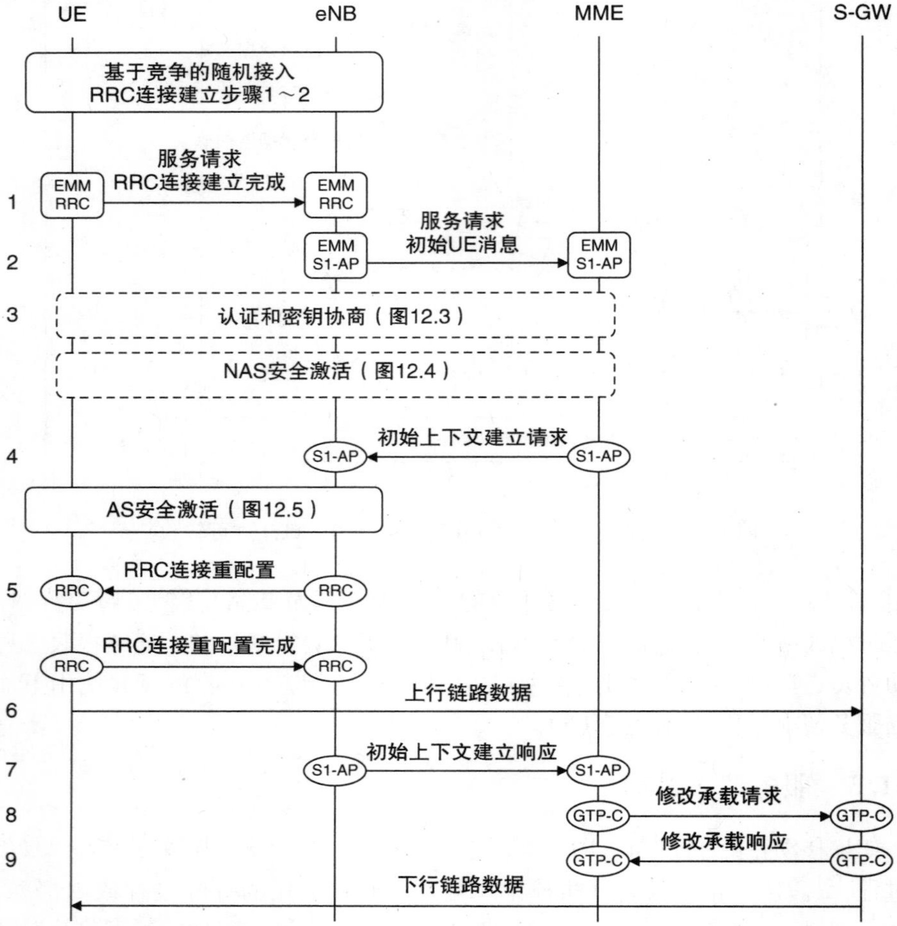

图 14.3　服务请求过程（来源：TS 23.401。经 ETSI 许可转载）

MME 现在告诉基站建立移动台的 S1 和无线承载（4）。该消息包括 MME 在附接过程之后存储的若干参数，如服务网关的标识、上行链路 S1 承载的隧道端点标识、移动台的无线接入能力和安全密钥K_{eNB}。

基站现在可以向移动台发送 RRC 消息（5），其配置 SRB2 和移动台的数据无线承载。移动台将消息视为其 EMM 服务请求的隐式接受，返回确认，并且现在可以向外界发送任何上行链路数据（6）。接下来，基站向 MME 发送确认（7），并且包括用于服务网关在下行链路上使用的隧道端点标识（TEID）。

MME 现在将下行链路 TEID 转发到服务网关并且识别目标基站（8）。服务网关响应（9）并且现在可以向移动台发送下行链路数据，特别是在图 14.2 中触发寻呼过程的任何数据。

14.2　在 RRC_IDLE 状态下的小区重选

14.2.1　目标

对于 RRC_IDLE 和 ECM - IDLE 状态的移动台，移动性管理过程具有两个主要目标。第一个是最大化移动台的电池寿命，第二个是最小化网络上的信令负载。

LTE 使用四种技术实现这些目标。首先，移动台通常在每个不连续接收周期中只唤醒一次，以监视寻呼消息的网络并进行后面描述的测量。使用这种技术，移动台大部分时间处于低功率状态。其次，移动台通过遵循称为小区重选的不需要任何显式 RRC 信令的过程，自己决定是停留在先前小区还是移动到新小区。第三，移动台每次改变小区时不通知网络；相反，它只有在移动到其之前未被注册的跟踪区域时才这样做。最后，移动台不需要驻留在具有最强信号的小区上；相反，它只需要驻留在其信号高于预定阈值的小区。

在本节中，我们讨论这些移动台使用的移动性管理过程。我们将主要遵循版本 8 中使用的步骤，但也将注意到版本 9 中引入的一些其他功能。

14.2.2　同频测量

我们通过假设网络仅使用单个 LTE 载波频率来开始小区重选过程[13,14]。如果是这种情况，则移动台在每个不连续接收周期中在其已经监视寻呼消息的相同子帧中唤醒一次。在版本 8 中，移动台使用这些子帧测量来自服务小区的参考信号接收功率（RSRP）。如果 RSRP 足够高，则移动台可以继续驻留在该小区上，并且根本不必测量任何相邻小区。这种技术最小化移动台执行测量的数量和它的唤醒时间，从而最大限度地延长电池寿命。

这种情况一直持续到 RSRP 低于以下值：

$$S_{\mathrm{rxlev}} \leqslant S_{\mathrm{IntraSearchP}} \tag{14.1}$$

在该式中，$S_{\mathrm{IntraSearchP}}$是服务小区作为 SIB3 的一部分通告的阈值。$S_{\mathrm{rxlev}}$取决于服务小区的 RSRP，并且使用式（11.2）来计算。如果满足以上条件，则移动台开始测量与服务小区在相同 LTE 载波频率上的相邻小区。为此，它运行来自第 7 章的获取过程的前三个步骤，以便接收主同步信号和辅同步信号，发现下行链路参考信号的位置和内容并测量它们的 RSRP。

从版本 9 开始，如果参考信号接收质量（RSRQ）低于以下阈值，移动台也可以开始测量相邻小区：

$$S_{\text{qual}} \leqslant S_{\text{IntraSearchQ}} \tag{14.2}$$

式中，$S_{\text{IntraSearchQ}}$是基站作为 SIB3 的一部分通告的另一个阈值。S_{qual}取决于服务小区的 RSRQ，并且使用式（11.5）来计算。

与早期系统不同，移动台可以自己找到相邻的 LTE 小区：基站不必作为其系统信息的一部分来通告 LTE 邻居列表。这带来三个好处。首先，网络运营商可以在 LTE 中比以前更容易地配置无线接入网。其次，由于邻居列表中的错误，没有移动台丢失附近小区的风险。第三，运营商更容易引入家庭基站，用户可以在周围宏小区网络未知的位置安装家庭基站。然而，基站仍然可以使用它们的物理小区标识来识别 SIB 4 中的各个相邻小区，并且可以使用下面将看到的可选的小区特定参数来描述它们。

14.2.3 同频小区重选

在找到并测量相邻小区之后，移动台计算以下排名得分：

$$R_{\text{s}} = Q_{\text{meas,s}} + Q_{\text{hyst}}$$
$$R_{\text{n}} = Q_{\text{meas,n}} - Q_{\text{offset,s,n}} \tag{14.3}$$

式中，R_{s}和R_{n}是服务小区和其一个邻居小区的排名得分，而$Q_{\text{meas,s}}$和$Q_{\text{meas,n}}$是对应的参考信号接收功率。Q_{hyst}是基站在 SIB3 中通告的滞后参数，其阻止移动台在信号电平波动时在小区之间来回反弹。$Q_{\text{offset,s,n}}$是可选的小区特定偏移，服务小区可以在 SIB 4 中通告以鼓励或阻止移动台进入或离开各个邻居小区。

然后，移动台切换到最佳排名的小区，只要满足三个条件。首先，移动台必须已经驻留在服务小区上至少 1s。其次，根据第 11 章中规定的标准，新小区必须是适当的。最后，新小区必须比服务小区更好地排序持续至少$T_{\text{reselection,EUTRA}}$，其在 SIB 3 中被通告，并且具有 0～7s 的值。如果任何相邻小区属于闭合用户组，则移动台使用相同的过程，不同之处在于移动台也必须属于该组以便驻留在 CSG 小区上。

图 14.4 所示为最终结果。在该图中，移动台最初驻留在小区 1 上，但正在远离该小区并朝向小区 2 移动。当S_{rxlev}低于$S_{\text{IntraSearchP}}$或S_{qual}低于$S_{\text{IntraSearchQ}}$时，移动台开始测量相邻小区并发现小区 2。根据上述条件，它可以执行小区重选。

14.2.4 异频测量

如果网络使用多于一个 LTE 载波频率，则服务小区通告作为 SIB5 的一部分的其他载波。如前所述，其可以包括用于各个相邻小区的偏移，但是不必这样做。然而，服务小区确实关联每个载波频率优先级从 0 到 7，其中 7 是最高优先级。网络可以使用这些优先级来鼓励或阻止移动台去往或来自单个载波，这是在分层网络中特别有用的特征，因为微小区通常在与宏小区不同的载波频率上，并

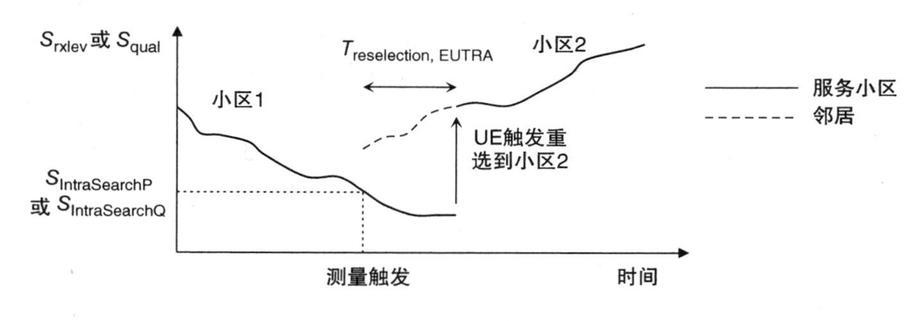

图 14.4　频率内小区重选

且通常具有更高的优先级。

测量触发过程取决于两个载波频率的相对优先级。移动台总是测量较高优先级载波上的小区，而不管来自服务小区的信号有多强。它使得测量与不连续接收周期分开，因为移动台不能在一个载波上寻找寻呼消息，并且同时测量另一个载波上的小区。然而，移动台只需要每分钟测量一个载波频率，因此移动台上的负载很小。

在版本 8 中，如果满足以下条件，则移动台开始在相等或较低优先级载波上测量小区：

$$S_{rxlev} \leqslant S_{NonIntraSearchP} \tag{14.4}$$

式中，$S_{NonIntraSearchP}$是基站在 SIB3 中通告的阈值，而S_{rxlev}如前所述取决于服务小区的 RSRP。从版本 9 开始，如果 RSRQ 低于以下阈值，移动台也可以开始测量这些载波：

$$S_{qual} \leqslant S_{NonIntraSearchQ} \tag{14.5}$$

14.2.5　异频小区重选

小区重选过程也受到两个载波频率的相对优先级的影响。如果满足三个条件，则移动台移动到较高优先级载波上的新小区。我们已经看到前两个：移动台必须已经驻留在服务小区上至少 1s，并且新小区必须符合第 11 章的标准。在版本 8 中，新小区的 RSRP 还必须满足以下条件，持续至少$T_{reselection,EUTRA}$：

$$S_{rxlev,x.n} > \mathrm{Thresh}_{x.HighP} \tag{14.6}$$

式中，$\mathrm{Thresh}_{x,HighP}$是服务小区在 SIB5 中通告的频率 x 的阈值。$S_{rxlev,x,n}$取决于新小区的 RSRP，并使用式（11.2）计算。在做出该决定时，移动台不测量来自服务小区的 RSRP，因此，只要它发现足够好的小区，它就移动到更高优先级的频率。从版本 9 开始，基站可以可选地用基于 RSRQ 的类似条件替换该最后条件。

如果满足五个条件，则移动台移动到较低优先级载波上的新小区。前两者与前面相同：移动台必须已经驻留在服务小区上至少1s，并且新小区必须符合第11章的标准。此外，移动台必须不能在原始频率或具有相同或更高优先级的频率上找到令人满意的小区。在版本8中，服务小区和相邻小区的RSRP必须还满足以下条件，持续至少$T_{\text{reselection,EUTRA}}$：

$$S_{\text{rxlev}} < \text{Thresh}_{\text{Serving,LowP}}$$
$$S_{\text{rxlev},x,n} > \text{Thresh}_{x,\text{LowP}} \tag{14.7}$$

如前所述，$\text{Thresh}_{\text{Serving,LowP}}$和$\text{Thresh}_{x,\text{LowP}}$是基站在SIB5中通告的阈值，而$S_{\text{rxlev}}$和$S_{\text{rxlev},x,n}$取决于服务小区和相邻小区的RSRP。从版本9开始，基站可以基于RSRQ可选地用类似条件替换这些最后条件。

移动台使用与其对相同载波频率所使用的几乎相同的标准，在相同优先级载波上移动到新小区。唯一的区别在于式（14.3），其中服务小区可以可选地向小区特定偏移$Q_{\text{offset,frequency}}$添加频率特定偏移$Q_{\text{offset},s,n}$。

最后，对属于闭合用户组的移动台进行一次调整。如果移动台驻留在非CSG小区上并且检测到在另一载波上排名最高的合适的CSG小区，则移动台移动到该CSG小区，而不管新的载波的优先级。

14.2.6 快速移动移动台

在上述算法中，移动台只能移动到接收信号功率已经高于适当阈值的相邻小区达至少$T_{\text{reselection,EUTRA}}$。通常，$T_{\text{reselection,EUTRA}}$的值是固定的。然而，对于快速移动的移动台，固定值的使用可以将不期望的延迟引入到过程中，并且甚至可以防止移动台完全移动到新小区。

为了处理这个问题，移动台测量它进行小区重选的速率，忽略任何导致它在相邻小区之间来回反弹的重选。取决于结果，其本身或者处于正常移动性状态，或者处于中或高移动性的状态。

在中和高移动性状态下，移动台进行两个调整。首先，其使用位于0.25~1之间的状态相关缩放因子来减少重选时间$T_{\text{reselection,EUTRA}}$，这减少了小区重选过程中的延迟，并且允许移动台更快地移动到相邻小区。其次，移动台从式（14.3）减小滞后参数Q_{hyst}，这使得移动台不太可能粘在当前小区中，因此也减轻了小区重选的过程。网络指定所有必需的阈值和调整作为SIB3的一部分。

14.2.7 跟踪区域更新过程

移动台重新选择一个新的小区后，它读取小区的系统信息，并检查跟踪区域代码。如果移动台已经移动到其先前未被注册的跟踪区域，则其使用被称为跟踪区域更新的过程来告诉演进分组核心网[15]。

图14.5所示为该过程的基本版本。该图假设移动台在ECM-IDLE和

RRC_IDLE状态中启动，并且移动台已经停留在相同的 MME 池区域和 S - GW 服务区域中，使得 MME 和服务网关可以保持不变。

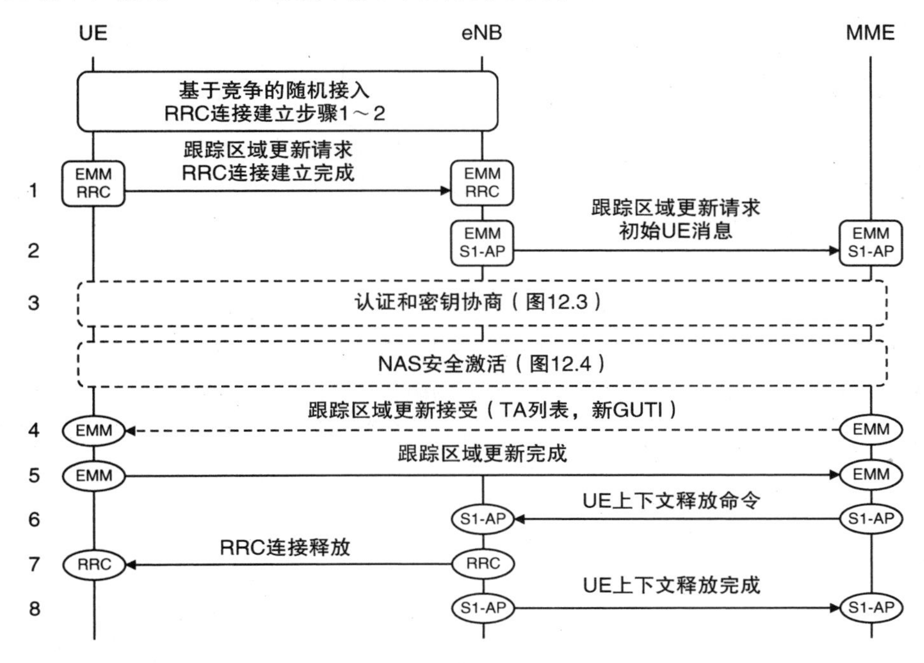

图 14.5　跟踪更新过程，从 RRC_IDLE 状态启动，保留 MME 和服务网关
（来源：TS 23.401。经 ETSI 许可转载）

该过程以与我们前面看到的服务请求类似的方式开始。移动台运行随机接入过程和 RRC 连接建立的步骤 1 和 2，以便临时转到 RRC_CONNECTED 状态。然后，它组成 EMM 跟踪区域更新请求，并通过将其嵌入到其 RRC 连接建立完成中来将其发送到基站（1）。接下来，基站将该消息转发到服务 MME（2）。如前所述，MME 可以认证移动台并更新非接入层安全性（3）。

MME 检查新的跟踪区域，并在该示例中确定服务网关可以保持不变。作为响应，其向移动台发送 EMM 跟踪区域更新接受（4），其中它列出移动台现在注册的跟踪区域并且可选地给予移动台新的全局唯一临时身份。如果 GUTI 改变，则移动台发送确认（5）。MME 现在可以告诉基站将移动台移回 RRC_IDLE 状态，在我们看到的作为 S1 释放的一部分的消息中（步骤 6 ~ 8）。

移动台还周期性地运行跟踪区域更新过程，即使它保持在相同的跟踪区域中，以告诉 MME 它仍然接通并且在 LTE 覆盖的区域中。定时器具有 54min 的默认值，但是 MME 可以在其附接接受或跟踪区域更新接受消息中选择不同的值。

有两个相关问题。如果移动台已经移动到新的 MME 池区域中，则新的基站将不连接到旧的 MME。相反，基站在步骤 1 之后使用在附接过程期间看到的相同技术来选择新 MME。新 MME 从旧 MME 获取移动台的详细信息，并联系归属用户服务器以更新其移动台位置的记录。它还告诉服务网关现在正在追踪移动台。

独立地，移动台可能已经移动到新的 S - GW 服务区域中。代替来自上一段的最后交互，MME 通知新服务网关为移动台设置一组新的 EPS 承载，并通过联系 PDN 网关来重定向 S5/S8 承载。MME 还告诉旧服务网关拆除其承载。如果 MME 也改变了，则这些步骤分别由新老 MME 执行。

14.2.8 网络重选

如果移动台被配置为自动网络选择并且在拜访网络中漫游，则其每当处于 RRC_IDLE 状态时，其周期性地运行用于网络重选的过程，以搜索具有相同国家代码但具有较高优先级的网络[16,17]。搜索周期存储在 USIM 中，默认值为 60min[18]。

该过程与用于网络和小区选择的较早的过程相同，不同之处在于适当小区的条件（式（11.2）和式（11.5））修改如下：

$$S_{rxlev} = Q_{rxlevmeas} - Q_{rxlevmin} - Q_{rxlevminoffset} - P_{compensation} \tag{14.8}$$

$$S_{qual} = Q_{qualmeas} - Q_{qualmin} - Q_{qualminoffset} \tag{14.9}$$

在式（14.8）中，原始服务小区指定参数 $Q_{rxlevminoffset}$ 作为 SIB1 的一部分。此参数增加目的小区中所需的最小 RSRP，并防止移动台选择仅包含较差小区的高优先级网络。这同样适用于版本 9 的参数 $Q_{qualminoffset}$。

14.3 在 RRC_CONNECTED 状态下的测量

14.3.1 目标

如果移动台处于 ECM - CONNECTED 和 RRC_CONNECTED 状态，则移动性管理过程是完全不同的。在这些状态下，移动台已经以高数据速率进行发送和接收，因此该过程不会显著增加其功耗或信令负载。相反，目标是最大化移动台的数据速率和系统的总容量。

LTE 使用与 ECM - IDLE 和 RRC_IDLE 状态中使用的非常不同的三种技术来实现该目标。首先，基站总是知道哪个小区正在服务于移动台。其次，基站通过移动台专用 RRC 信令消息来选择服务小区。第三，基站可以确保服务小区是具有最强信号的服务小区，而不仅仅是其信号位于阈值以上的小区。

结果是两步过程。在第一步中，移动台测量来自服务小区及其最近相邻小区的信号电平，并向服务 eNB 发送测量报告。在第二步中，服务 eNB 可以使用那些测量来请求切换到相邻小区。

14.3.2　测量过程

测量过程[19,20]如图 14.6 所示。为了开始该过程，服务 eNB 向移动台发送 RRC 连接重配置消息（步骤 1）。我们已经看到这个消息被用于在如附接过程的地方重新配置移动台的无线承载，但是它也可以用于指定移动台应当进行的测量。

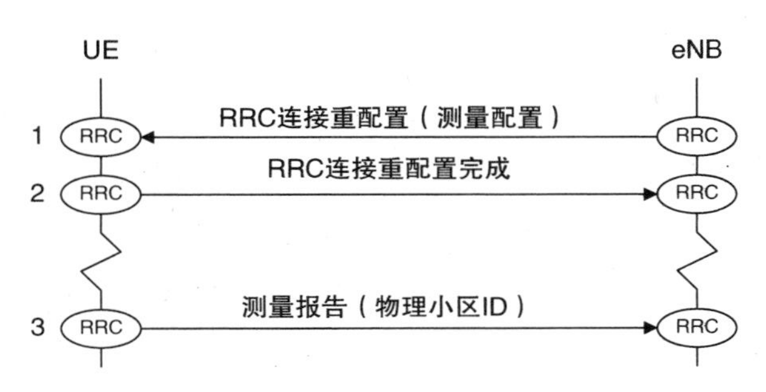

图 14.6　测量报告过程

在 RRC 消息中，使用被称为测量配置的信息元素来指定测量。其包含测量对象的列表，其中每个测量对象描述要测量的 LTE 载波频率和相应的下行链路带宽。它还包含报告配置的列表，告诉移动台何时报告结果。最后，它使用测量标识来定义每个单独的测量，其简单地将测量对象与报告配置配对。

如前所述，移动台可以自己识别相邻小区，因此基站不必列出小区。然而，测量对象可以包含几个可选字段，例如移动台在进行测量时应该忽略的小区列表以及用于测量报告的频率和小区特定的偏移。在这些字段中，基站使用其物理小区标识来识别每个小区。

移动台确认（步骤 2）并进行测量。最终，移动台向服务 eNB 发送 RRC 测量报告（步骤 3），并且使用其物理小区标识来标识触发报告的小区。作为响应，服务 eNB 可以运行我们将很快介绍的切换过程。

14.3.3　测量报告

基站告诉移动台何时使用前面介绍的报告配置返回测量报告。LTE 中最通用的报告机制是事件触发周期性报告，其中如果信号电平超过阈值，则移动台开始发送周期性测量报告，并且如果信号电平回落到阈值以下则停止。通过简化此机制，规范还支持一次性事件触发报告，以及无条件定期和一次性报告。

表 14.1 列出了用于测量其他 LTE 小区的事件，并记录了一些可能的应用。在第 15 章讨论系统间操作时，我们将看到一些其他的测量事件。

作为示例，让我们考虑测量事件 A3，其触发大多数 LTE 切换。当满足以下条件的时间为至少 TimeToTrigger（0 ~ 5120ms）时，移动台进入事件 A3 报告状态：

$$M_{\mathrm{n}} + \mathrm{Of}_{\mathrm{n}} + \mathrm{Oc}_{\mathrm{n}} > M_{\mathrm{s}} + \mathrm{Of}_{\mathrm{s}} + \mathrm{Oc}_{\mathrm{s}} + \mathrm{Off} + \mathrm{Hys} \tag{14.10}$$

在这种状态下，移动台以 ReportInterval（20ms～60min）的周期向基站发送测量报告，最多到 ReportAmount 报告的最大值（1～64 或无限制）。当满足以下条件的时间为至少 TimeToTrigger 时，移动台离开事件 A3 报告状态：

$$M_n + Of_n + Oc_n < M_s + Of_s + Oc_s + Off - Hys \tag{14.11}$$

表 14.1 用于报告相邻 LTE 小区的测量事件

事件	描述	可能的应用
A1	服务小区 > 阈值	移除测量间隙并停止测量其他载波 添加辅小区（版本 10）
A2	服务小区 < 阈值	插入测量间隙并开始测量其他载波 RRC 连接释放，重定向到 2G/3G 载波 移除辅小区（版本 10）
A3	相邻小区 > 服务小区 + 偏移	在相同载波上切换到 LTE 小区 在相同优先级载波上切换到 LTE 小区
A4	相邻小区 > 阈值	在更高优先级载波上切换到 LTE 小区
A5	服务小区 < 阈值 1 且相邻小区 > 阈值 2	在较低优先级载波上切换到 LTE 小区
A6	相邻小区 > 服务小区 + 偏移	辅小区的变化（版本 10）

在式（14.10）和式（14.11）中，M_s和M_n分别是服务小区和相邻小区的移动台的测量。作为报告配置的一部分，基站可以告诉移动台测量小区的参考信号接收功率或它们的参考信号接收质量[21]。在测量事件 A3 的情况下，相邻小区通常在与服务小区相同的载波频率上或具有相同优先级的另一载波上。

Hys 是用于测量报告的滞后参数。如果移动台进入事件 A3 报告状态，则 Hys 防止其离开该状态，直到信号电平改变了 2Hys。类似地，Off 是用于切换的滞后参数。如果测量报告触发切换，则关闭防止移动台移动回到原始小区，直到信号电平改变 2Off。Of_s和Of_n是前面提到的可选的频率特定偏移，而Oc_s和Oc_n是小区特定偏移。

图 14.7 显示了最终结果。如图所示，移动台最初由小区 1 服务，但是正在从该小区移向小区 2。当 RSRP 或 RSRQ 满足式（14.10）的条件时，移动台开始发送用于事件 A3 的周期性测量报告。然后，基站可以以下面描述的方式使用这些报告来触发切换。

14.3.4 测量间隙

如果相邻小区在与服务 eNB 相同的载波频率上，则移动台可以在任何时间测量它。如果它在不同的频率，那么事情就更困难了。除非移动台具有昂贵的双频接收机，否则它不能在一个频率上发射和接收，并且在同一时间对另一个频率进行测量。

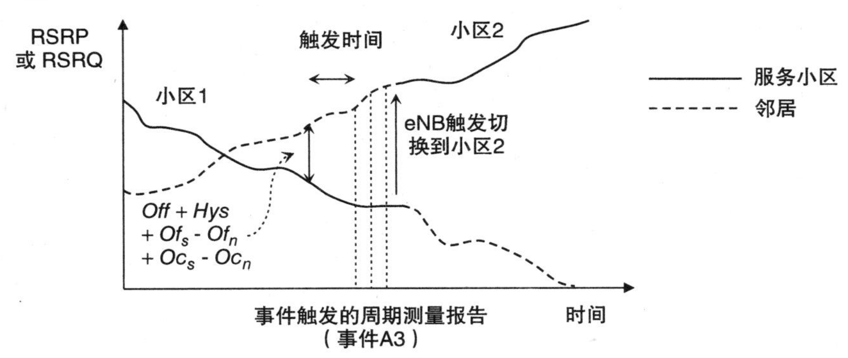

图 14.7　使用测量事件 A3 的测量报告和切换

为了解决这个问题，基站可以定义测量间隙（见图 14.8）作为测量配置的一部分。测量间隙是其中基站承诺不调度去往或来自移动台的任何传输的子帧。在这些子帧期间，移动台可以移动到另一个载波频率并进行测量，确信它不会错过任何下行链路数据或上行链路传输机会。每个间隙具有六个子帧的测量间隙长度（MGL），足够用于主和辅同步信号的单个测量，以及 40 或 80 个子帧的测量间隙重复周期（MGRP）。作为其测量配置的一部分，移动台在该周期内接收单独的偏移。

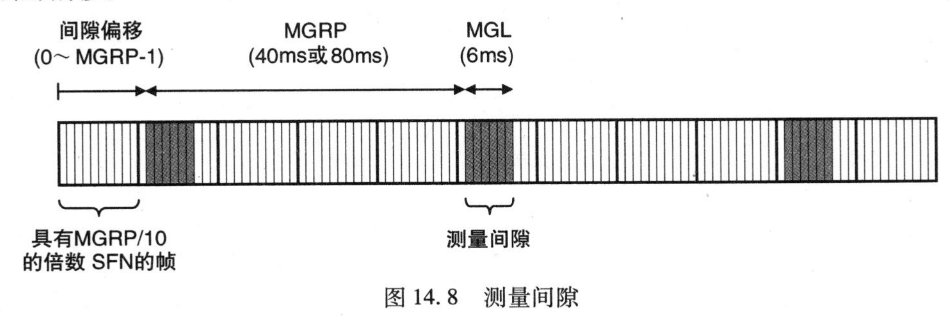

图 14.8　测量间隙

14.4　在 RRC_CONNECTED 状态下的切换

14.4.1　基于 X2 接口的切换过程

在接收到测量报告之后，服务 eNB 可以决定将移动台切换到另一个小区。有几种情况，但最常见的是基本的基于 X2 的切换过程。这涉及在 X2 接口上使用信令消息的基站的改变，但是服务网关或 MME 没有改变。

该过程从图 14.9 开始，其遵循 TS 36.300[22] 的编号方案。移动台识别测量报告中的相邻小区（1，2），并且旧基站决定移交移动台（3）。使用 X2 - AP 切换请求（4），其要求新基站控制移动台并且包括新小区的全局 ID、移动台的服务 MME 的标识、新的安全密钥K_{eNB}^{*}和移动台的无线接入能力。它还标识它想要转移的承载，并描述这些承载的服务质量。

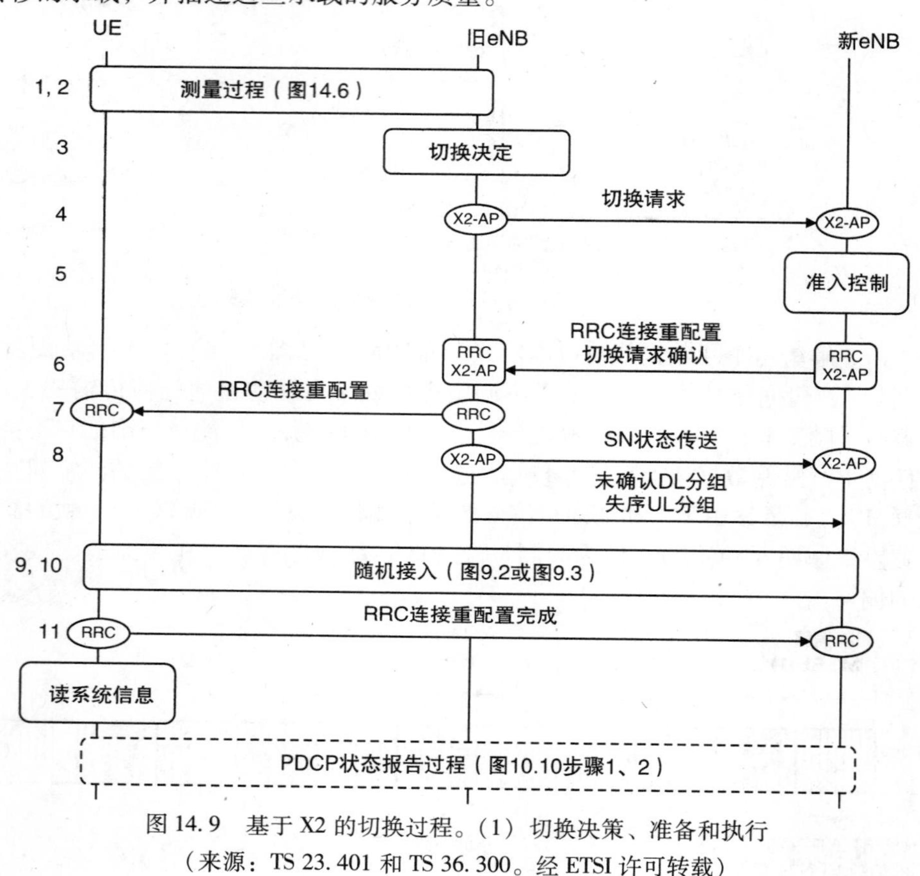

图 14.9　基于 X2 的切换过程。(1) 切换决策、准备和执行
（来源：TS 23.401 和 TS 36.300。经 ETSI 许可转载）

新基站检查承载列表并识别它愿意接受的承载（5）。例如，如果新小区过载，或者如果新小区具有比旧小区更小的带宽，则它可以拒绝一些承载。然后它组成 RRC 连接重配置消息，其告知移动台如何与新小区进行通信。在消息中，它向移动台给出新的 C - RNTI，并且包括 SRB1、SRB2 和它愿意接受的数据无线承载的配置。如第 9 章中所述，它可以可选地包括基于非竞争的随机接入过程的前导索引。新基站将其 RRC 消息嵌入到 X2 - AP 切换请求确认中，其确认旧基站的请求并列出其将接受的承载。然后它将这两个消息发送到旧基站（6）。

旧基站提取 RRC 消息并将其发送到移动台（7）。同时，它在正在使用 RLC 确认模式的承载上向新基站发送 X2 - AP SN 状态传输（8），其识别它已经在上行链路上成功接收的 PDCP 服务数据单元。它还转发它已经不按顺序接收的任何上行链路分组，移动台尚未确认的任何下行链路分组，以及从服务网关到达的任何更多下行链路分组。

在接收到 RRC 消息时，移动台针对新小区重新配置其自身，并且根据其是否接收到前导索引来运行基于非竞争或基于竞争的随机接入过程（9，10）。然后它确认 RRC 消息（11）并读取新小区的系统信息。可选地，基站和移动台也可以运行来自第 10 章的 PDCP 状态报告过程，以最小化重复分组重传的量。

还有一个任务，如图 14.10 所示。服务网关仍然向旧基站发送下行链路分组，因此我们需要联系它并改变下行链路路径。为此，新基站向 MME 发送 S1 - AP 路径切换请求（12），其中它列出其已经接受的承载，并且包括用于服务网关在下行链路上使用的隧道端点标识。MME 将 TEID 与新基站的 IP 地址一起转发到服务网关（13）。

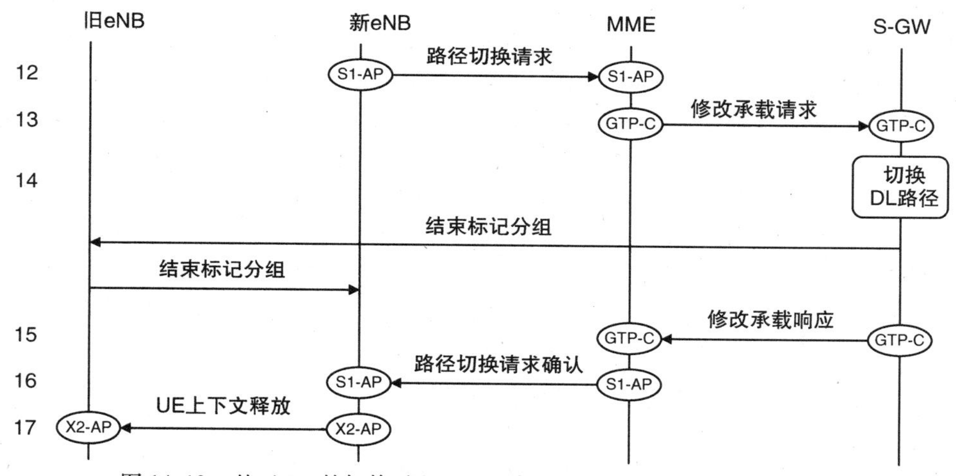

图 14.10 基于 X2 的切换过程。(2) 切换完成（来源：TS 23.401 和 TS 36.300。经 ETSI 许可转载）

在接收到消息时，服务网关将用于基站接受的承载的 GTP - U 隧道重定向（14）并且删除被拒绝的承载。为了指示数据流的结束，它还向旧基站发送 GTP - U 结束标记分组，旧基站将其转发给新基站。一旦新基站已经将所有转发的分组发送到移动台并且已经收到结束标记，则其可以确信不再有数据流将到达，并且可以开始发送直接从服务网关到达的任何新分组。

为了结束该过程，服务网关向 MME 发送确认（15），其中它包括用于基站在上行链路上使用的 TEID。MME 向基站发送确认（16），其包括服务网关 TEID 和被称为下一跳（NH）的安全参数。继而，新基站告诉旧基站切换已经成功完成（17）。一旦旧基站已经接收到消息并且转发结束标记分组，则其可以删除与移动台相关联的所有资源。

如果其希望这样做，则新基站可以使用 NH 立即计算新的安全密钥集，并且可以通过 RRC 连接重新配置过程使它们被使用。这具有的好处是旧基站将不知道新基站正在使用的接入层安全密钥。否则，新基站可以保留 NH 直到下一次基于 X2 的切换，在这种情况下，在两次切换之后完成密钥分离，而不是一次切换。

作为切换过程的结果，移动台可以移动到其之前未被注册的跟踪区域中。如果是，则在切换完成之后运行跟踪区域更新过程。存在一些简化，因为移动台在 RRC_CONNECTED 状态下启动和结束，并且不需要改变 MME 或服务网关。

14.4.2 切换变化

上述基本过程有几种变化[23]。第一个导致简化。如果相同的基站控制两个小区，则我们可以省略来自上述序列的所有 X2 消息，并且可以保持下行链路路径不变。

如果移动台改变基站并移动到新的 S - GW 服务区域中，则 MME 必须改变服务网关来代替步骤 13 ~ 15。为此，MME 告诉旧的服务网关拆除它正在用于该移动台的承载，并且通知新的服务网关建立一组新的承载。接着，新服务网关联系 PDN 网关，以改变 S5/S8 上的业务路径。

正如我们在第 2 章中提到的，X2 接口是可选的。如果两个基站之间没有 X2 接口，则上述过程是不合适的，因此使用基于 S1 的切换过程来执行切换。在该过程中，基站使用在 S1 接口而不是在 X2 接口上交换的消息通过 MME 进行通信。

如果移动台移动到新的 MME 池区域中，则基于 S1 的切换过程是强制的。如前所述，旧基站通过联系旧 MME 来请求切换。旧 MME 将移动台的控制交给新 MME，新 MME 将切换请求转发到新基站。

参考文献

1. 3GPP TS 36.304 (2013) User Equipment (UE) Procedures in Idle Mode, Release 11, September 2013.
2. 3GPP TS 23.401 (2013) General Packet Radio Service (GPRS) Enhancements for Evolved Universal Terrestrial Radio Access Network (E-UTRAN) Access, Release 11, September 2013.
3. 3GPP TS 36.300 (2013) Evolved Universal Terrestrial Radio Access (E-UTRA) and Evolved Universal Terrestrial Radio Access Network (E-UTRAN); Overall Description; Stage 2, Release 11, September 2013.
4. 3GPP TS 24.301 (2013) Non-Access-Stratum (NAS) Protocol for Evolved Packet System (EPS); Stage 3, Release 11, September 2013.
5. 3GPP TS 29.274 (2013) 3GPP Evolved Packet System (EPS); Evolved General Packet Radio Service (GPRS) Tunnelling Protocol for Control Plane (GTPv2-C); Stage 3, Release 11, September 2013.
6. 3GPP TS 36.331 (2013) Radio Resource Control (RRC); Protocol Specification, Release 11, September 2013.
7. 3GPP TS 36.413 (2013) Evolved Universal Terrestrial Radio Access Network (E-UTRAN); S1 Application Protocol (S1AP), Release 11, September 2013.
8. 3GPP TS 36.423 (2013) Evolved Universal Terrestrial Radio Access Network (E-UTRAN); X2 Application Protocol (X2AP), Release 11, September 2013.
9. 3GPP TS 36.133 (2013) Requirements for Support of Radio Resource Management, Release 11, September 2013.
10. 3GPP TS 23.401 (2013) General Packet Radio Service (GPRS) Enhancements for Evolved Universal Terrestrial Radio Access Network (E-UTRAN) Access, Release 11, Section 5.3.5, September 2013.

11. 3GPP TS 23.401 (2013) General Packet Radio Service (GPRS) Enhancements for Evolved Universal Terrestrial Radio Access Network (E-UTRAN) Access, Release 11, Section 5.3.4.3, September 2013.
12. 3GPP TS 23.401 (2013) General Packet Radio Service (GPRS) Enhancements for Evolved Universal Terrestrial Radio Access Network (E-UTRAN) Access, Release 11, Section 5.3.4.1, September 2013.
13. 3GPP TS 36.304 (2013) User Equipment (UE) Procedures in Idle Mode, Release 11, Section 5.2.4, September 2013.
14. 3GPP TS 36.133 (2013) Requirements for Support of Radio Resource Management, Release 11, Section 4.2, September 2013.
15. 3GPP TS 23.401 (2013) General Packet Radio Service (GPRS) Enhancements for Evolved Universal Terrestrial Radio Access Network (E-UTRAN) Access, Release 11, Section 5.3.3, September 2013.
16. 3GPP TS 23.122 (2012) Non-Access-Stratum (NAS) Functions Related to Mobile Station (MS) in Idle Mode, Release 11, Section 4.4.3.3, December 2012.
17. 3GPP TS 36.304 (2013) User Equipment (UE) Procedures in Idle Mode, Release 11, Section 5.2.3, September 2013.
18. 3GPP TS 31.102 (2013) Characteristics of the Universal Subscriber Identity Module (USIM) Application, Release 11, Section 4.2.6, September 2013.
19. 3GPP TS 36.331 (2013) Radio Resource Control (RRC); Protocol Specification, Release 11, Sections 5.5, 6.3.5, September 2013.
20. 3GPP TS 36.133 (2013) Requirements for Support of Radio Resource Management, Release 11, Sections 8.1.2.1, 8.1.2.2, 8.1.2.3, September 2013.
21. 3GPP TS 36.214 (2012) Physical Layer; Measurements, Release 11, Sections 5.1.1, 5.1.3, December 2012.
22. 3GPP TS 36.300 (2013) Evolved Universal Terrestrial Radio Access (E-UTRA) and Evolved Universal Terrestrial Radio Access Network (E-UTRAN); Overall Description; Stage 2, Release 11, Section 10.1.2, September 2013.
23. 3GPP TS 23.401 (2013) General Packet Radio Service (GPRS) Enhancements for Evolved Universal Terrestrial Radio Access Network (E-UTRAN) Access, Release 11, Section 5.5.1, September 2013.

第 15 章　与 UMTS 和 GSM 的互操作

在推出 LTE 技术的早期阶段，LTE 仅在大城市和孤立的热点中可用。在其他区域，网络运营商继续使用如 GSM、UMTS 和 cdma2000 等较老的技术。类似地，大多数 LTE 移动台实际上是也支持那些其他技术中的一些或全部的多模式设备。为了处理这种情况，LTE 被设计为使得其可以与其他移动通信系统互操作，特别是在移动台移动到 LTE 的覆盖区域之外时切换移动台。

在本章中，我们讨论最重要的问题，即与 UMTS 和 GSM 的早期 3GPP 技术的互操作。有两种可能的互操作架构：一种需要对 2G/3G 分组交换域进行增强以使其与 LTE 兼容，而另一种需要在演进分组核心网中的额外功能，这使得其与旧系统向后兼容。该规范支持在 RRC_IDLE 和 RRC_CONNECTED 两者中的 LTE 和 UMTS 或 GSM 之间的移动性，并且包括用于在没有分组丢失并且通信中具有最小中断的情况下传送移动台的优化切换的选项。我们推迟任何关于非 3GPP 技术的讨论，直到下一章，以及推迟任何关于 2G/3G 电路交换域的讨论，直到第 21 章。

本章使用与上一章类似的规范。最重要的包括 RRC_IDLE 中移动台应该遵循的过程[1]以及 RRC_CONNECTED 中与 UMTS 和 GSM 的互操作[2]。其他规范定义了移动台在 RRC 状态[3]和各个信令过程[4-7]中进行的测量。对于想要获得关于这些技术的进一步信息的读者，有关于 UMTS 和 GSM 的几个详细的说明[8-11]。

15.1　系统架构

15.1.1　2G/3G 分组交换域的架构

在第 1 章中，我们简要介绍了 2G/3G 分组交换域的架构。图 15.1 回顾了架构并增加了一些细节。该图省略了 2G/3G 电路交换域，这将在第 21 章中讨论。

核心网络的分组交换域具有两个主要组件。网关 GPRS 支持节点（GGSN）是与外部分组数据网络的联系点，并且表现得非常像 PDN 网关。服务 GPRS 支持节点（SGSN）与 UMTS 陆地无线接入网（UTRAN）和 GSM EDGE 无线接入网（GERAN）通信，并且组合 MME 和服务网关的功能。使用被称为直接隧道的可选技术，数据分组可以直接在 UTRAN 和 GGSN 之间传输，绕过 SGSN。尽管在

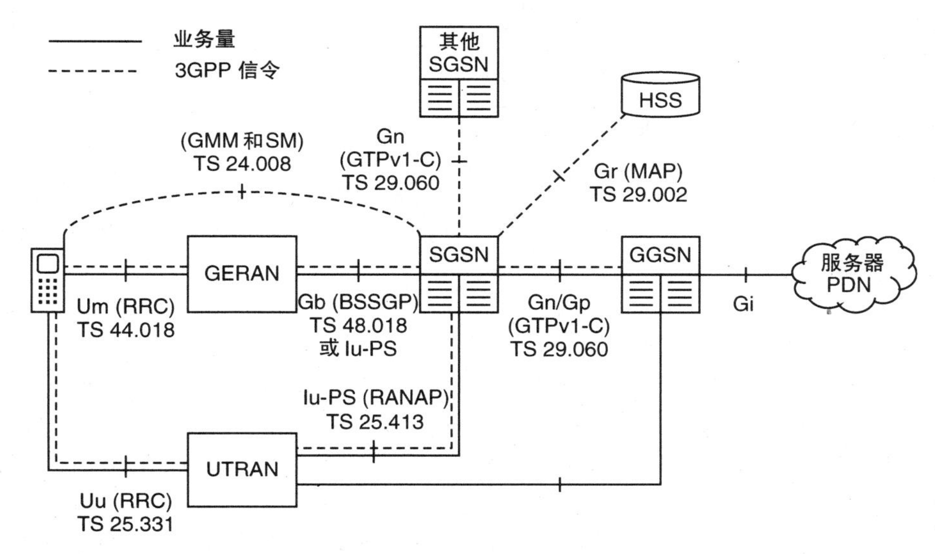

图 15.1　UMTS 和 GSM 分组交换域的架构

图中未示出，但是核心网络还可以与用于在第 13 章中引入的策略和计费控制的网络元件交互。

有几种信令协议。SGSN 使用移动应用部分（MAP）[12]与归属用户服务器（HSS）通信，而核心网络的其他信令接口使用 GPRS 隧道协议控制部分版本 1（GTPv1 - C）[13]。SGSN 使用无线接入网应用部分（RANAP）控制 UMTS 无线接入网[14]，并使用 RANAP 或基站系统 GPRS 协议（BSSGP）控制 GSM 无线接入网[15]。SGSN 使用两种信令协议[16]来控制移动台的非接入层，即协调网络内部簿记的 GPRS 移动性管理（GMM）协议和管理移动台数据流的会话管理（SM）协议。最后，无线接入网使用用于 UMTS 或 GSM 的无线资源控制（RRC）协议[17,18]来适当地控制移动台的接入层。

核心网络被组织成路由区域（RA），其类似于跟踪区域，但是没有与移动台特定的跟踪区域列表等价的路由区域。核心网络使用分组临时移动用户标识（P - TMSI）来识别每个用户，而核心网和无线接入网以与 LTE 的状态图类似的方式保持它们自己的移动台状态的记录。

核心网络使用称为 UMTS 承载的数据管道来传输数据分组，UMTS 承载使用称为分组数据协议（PDP）上下文的数据结构来描述。UMTS 承载以与 EPS 承载相同的方式传输数据分组，并且可以向它们提供服务质量保证。然而，UMTS 承载被使用不同的 QoS 参数来描述，并且被使用不同的信令消息来配置。

UMTS 承载由称为 PDP 上下文激活的过程建立。这在两个方面与 EPS 承载建立不同。首先，PDP 上下文激活由移动台发起，而 EPS 承载建立由 PDN 网关发起。其次，移动台在 2G/3G 附接过程期间不激活 PDP 上下文；相反，它只是在以后，当它希望与外部世界沟通时激活。

15.1.2 基于 S3/S4 接口的互操作架构

LTE 可以使用两种可能的架构与 2G/3G 核心网络互操作。长期解决方案[19]如图 15.2 所示。该图仅示出了实际上与互操作相关的组件和接口，其省略了如 MME 和服务网关之间的 S11 信令接口。

当移动台从 LTE 切换到 UMTS 或 GSM 时，MME 将移动台的控制转移到 SGSN。相比之下，PDN 网关和服务网关都停留在数据路径中。PDN 网关的使用允许移动台在切换之后保留其 IP 地址和 EPS 承载并且保持其与外部世界的通信。服务网关的使用允许移动台成为漫游移动台的公共联系点，无论它们正在使用哪种技术，并且简化如寻呼的某些过程的实现。该架构还保留归属用户服务器 (HSS)，其用作 2G、3G 和 4G 网络的公共数据库。

数据分组通常也流经 SGSN。然而，可选的 S12 接口还允许分组直接在服务网关和 UMTS 的无线接入网之间流动，以便复制 UMTS 直接隧道技术。如果网络使用直接隧道，SGSN 仅处理移动台的信令消息，因此它与 MME 非常相似。

为了使用图 15.2 中的架构，SGSN 必须被增强，以便它还在 S3、S4 和 S16 接口上支持 GTPv2 - C 信令消息，以及在 S6d 上支持 Diameter 通信。如果系统要支持小区重选并切换回 LTE，则 UMTS 和 GSM 无线接入网也必须被增强，使得它们可以告诉移动台关于相邻 LTE 载波频率和小区。

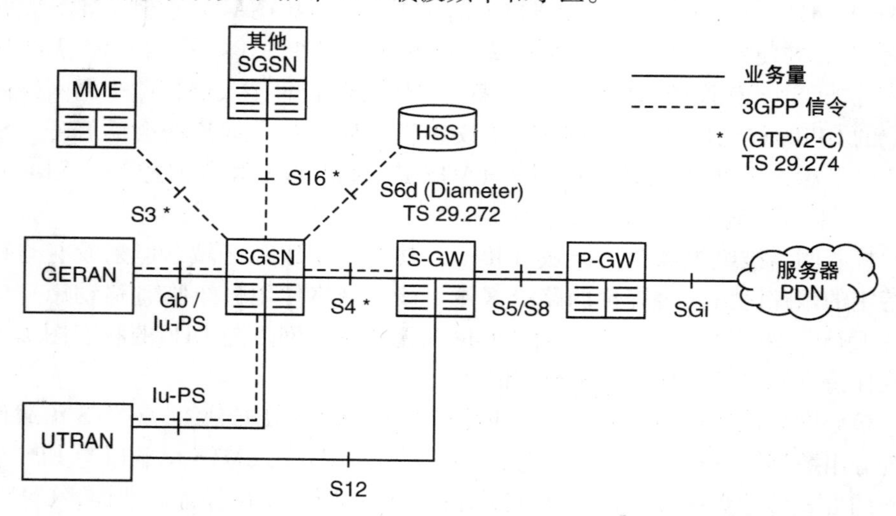

图 15.2 用于与 UMTS 和 GSM 互操作的架构，使用基于增强 S3/S4 的 SGSN

当使用基于 S3/S4 的架构时，演进分组核心网涉及在 S4 和 S5/S8 接口上使用信令消息的 EPS 承载，而移动台和无线接入网涉及 PDP 上下文。SGSN 使用

QoS 规则来处理两者之间的转换，QoS 规则在规范[20]中定义。尽管存在这个问题，但是以完全相同的方式传输数据分组，因此在用户平面中不需要任何转换。

在 UMTS 和 GSM 中，移动台可以使用称为辅助 PDP 上下文激活的过程来显式请求创建附加 PDP 上下文。这与 LTE 中的情况不同，其中移动台请求新的服务数据流，PDN 网关使用新的 EPS 承载或现有 EPS 承载来实现。为了处理这种区别，基于 S3/S4 的网络将总是创建专用的 EPS 承载以响应移动台成功的辅助 PDP 上下文激活请求[21]，并且不会尝试将新的 SDF 融入到现有承载中。

15.1.3　基于 Gn/Gp 接口的互操作架构

图 15.3 所示为另一个中间架构[22]。这里，SGSN 不必被增强，它必须仅处理 Gn 和 Gp 接口上的 GTPv1 - C 信令消息和 Gr 上的 MAP 信令消息。相反，MME 和 PDN 网关与 2G/3G 分组交换域向后兼容，使得它们可以处理使用 GTPv1 - C 编写的消息。

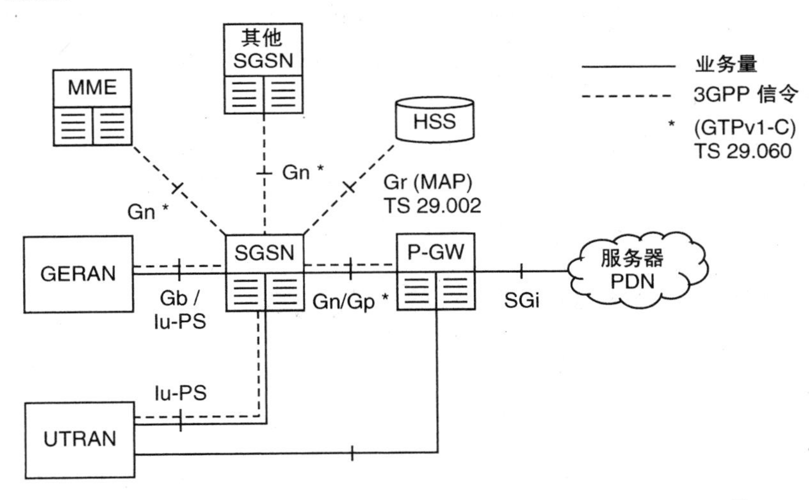

图 15.3　用于与 UMTS 和 GSM 互操作的架构，使用基于遗留 Gn/Gp 的 SGSN

Gn/Gp 架构单独使用 PDP 上下文，因此当 MME 将移动台移动到 2G 或 3G 时，MME 将移动台的 EPS 承载转换为 PDP 上下文。如果 SGSN 始于版本 7 或之前版本，则其可以处理与 IPv4 地址或 IPv6 地址相关联但不与两者同时相关联的 PDP 上下文。为了处理这个困难，如果存在移动台稍后将移动到版本 7 SGSN 的风险，PDN 网关将永远不会建立使用 IPv4 和 IPv6 的 EPS 承载。相反，它将建立一个使用 IPv4 的 EPS 承载和一个使用 IPv6 的 EPS 承载。

Gn/Gp 架构具有几个优点：其允许网络运营商在不升级其遗留 SGSN 的情况下引入 LTE，并且其允许移动台在尚未针对 LTE 升级的拜访网络中漫游。但是，它有一些限制。首先，它仅支持与其 S5/S8 接口基于 GTP 而不是 PMIP 的 LTE 网络的切换。其次，它不支持称为空闲模式信令缩减的技术，这将在后面介绍。

在本章后面讨论信令过程中，我们将主要关注图 15.2 中基于 S3/S4 的互操作架构。基于 Gn/Gp 的架构的过程非常相似。

15.2 开机流程

正如我们在第 11 章中所指出的，USIM 包含归属网络和用户或网络运营商指定的任何网络的优先级列表。每个网络可以与无线接入技术的优先级列表相关联，无线接入技术不仅包括 LTE，还包括 UMTS、GSM 和 cdma2000。在网络和小区选择的过程中，移动台可以使用这些列表来寻找属于那些其他无线接入技术的小区[23]。它使用适合于每种技术的过程来实现，分别在参考文献［24，25］中的 UMTS 和 GSM 的过程。

如果移动台选择 UMTS 或 GSM 小区，则它运行适当的附接过程并向 SGSN 注册[26]。它不立即激活 PDP 上下文；相反，以后当它需要与外部世界沟通，它只有这样做。如果网络使用图 15.2 中基于 S3/S4 的架构，则移动台总是通过 PDN 网关到达外部世界，即使它没有 LTE 能力。在图 15.3 所示基于 Gn/Gp 的架构的情况下，支持 LTE 的移动台使用 PDN 网关，而其他移动台可以像以前一样继续使用网关 GPRS 支持节点（GGSN）。

15.3 RRC_IDLE 状态下的移动性管理

15.3.1 小区重选

在 RRC_IDLE 状态下，移动台可以使用来自第 14 章的小区重选过程切换到 2G 或 3G 小区[27,28]。为了支持该过程，基站分别使用 SIB6 和 SIB7 中的信息来列出相邻 UMTS 和 GSM 载波的频率。每个载波频率与优先级水平相关联，优先级水平必须不同于服务 LTE 小区的优先级。邻居列表不包括关于各个 UMTS 或 GSM 小区的任何信息，因此移动台通过其自身来识别相邻小区。

实际的算法与我们在第 14 章中看到的相同，用于重选到具有较高或较低优先级的另一个 LTE 频率。唯一的区别是，一些量被重新解释为适合于目标无线接入技术的量。

15.3.2 路由区域更新过程

在小区重选之后，移动台读取新小区的系统信息，其包括 2G/3G 路由区域标识。这触发称为路由区域更新[29,30]的过程，其类似于来自 LTE 的跟踪区域更新过程。图 15.4 所示为对于移动台从 MME 移动到基于 S3/S4 的 SGSN 并且没有服务网关改变的情况，路由区域更新过程的开始。

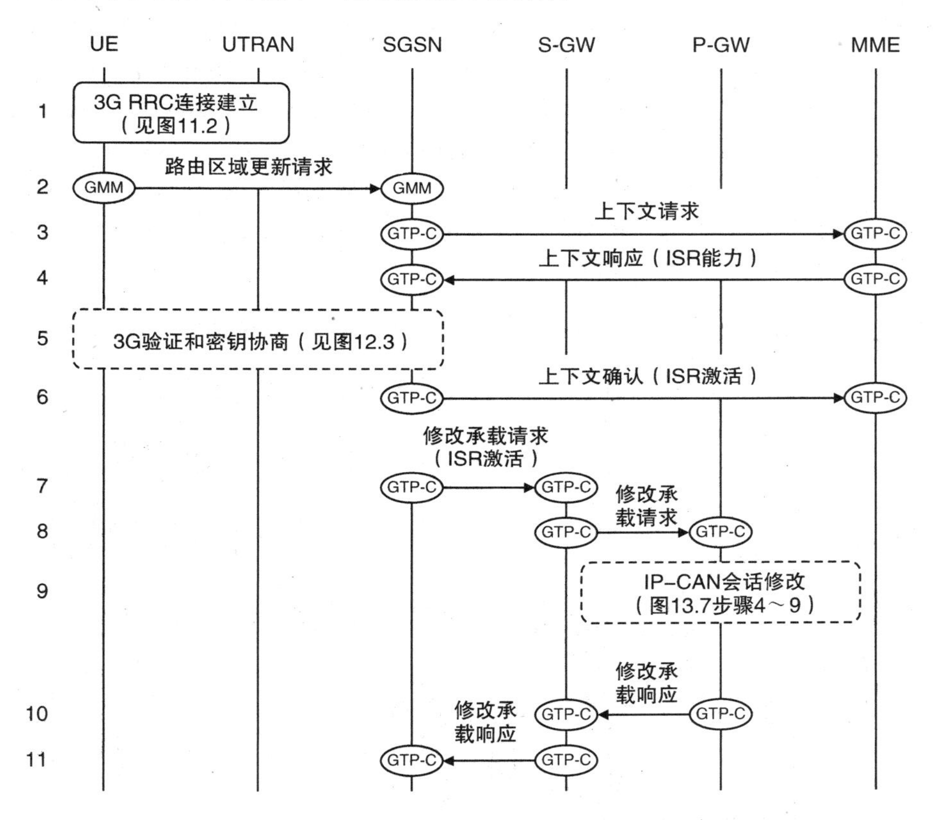

图 15.4　从 MME 到基于 S3/S4 的 SGSN 的路由区域更新，保留服务网关。
（1）路由区更新请求（来源：TS 23.401。经 ETSI 许可转载）

移动台首先运行用于 RRC 连接建立的 3G 过程（1），以便建立与无线网络控制器的信令通信并且临时移动到 RRC_CONNECTED 中。然后，移动台向 RNC 发送 GMM 路由区域更新请求（2），RNC 将消息转发到合适的 SGSN。在消息中，移动台通过将其全球唯一临时标识（GUTI）映射到 3G 分组 TMSI 和 3G 路由区域标识来识别自身，并且告诉 SGSN 它从 GUTI 中导出那些标识。

SGSN 重建移动台的 GUTI，提取服务 MME 的身份，并使用 GTPv2 - C 上下文请求（3）请求移动台的 IMSI、其服务网关的标识和其 EPS 承载的描述。MME 使用上下文响应（4）返回所请求的信息。在可选的认证过程（5）之后，SGSN 将 EPS 承载映射到 PDP 上下文并且使用上下文确认（6）确认其对移动台的接受。作为消息 4 和 6 的一部分，SGSN 和 MME 还决定是否激活被称为空闲模式信令缩减（ISR）的技术，这在后面讨论。

SGSN 现在通知服务网关它正在控制移动台（7）。作为该消息的一部分，SGSN 向服务网关通知无线接入技术的改变：服务网关将该信息中继到 PDN 网关和 PCRF 以供计费系统可能使用（8 ~ 10），并且发送确认到 SGSN（11）。

为了完成该过程（见图 15.5），SGSN 告诉归属用户服务器它控制移动台并要求移动台的订阅数据（12）。HSS 取消移动台与任何先前的 SGSN 的注册（13，14），并返回所请求的订阅数据（15）。HSS 不取消移动台向 MME 的注册；相反，它可以同时维护每个移动台的一个 MME 和一个基于 S3/S4 的 SGSN 的细节，以帮助支持空闲模式信令缩减。

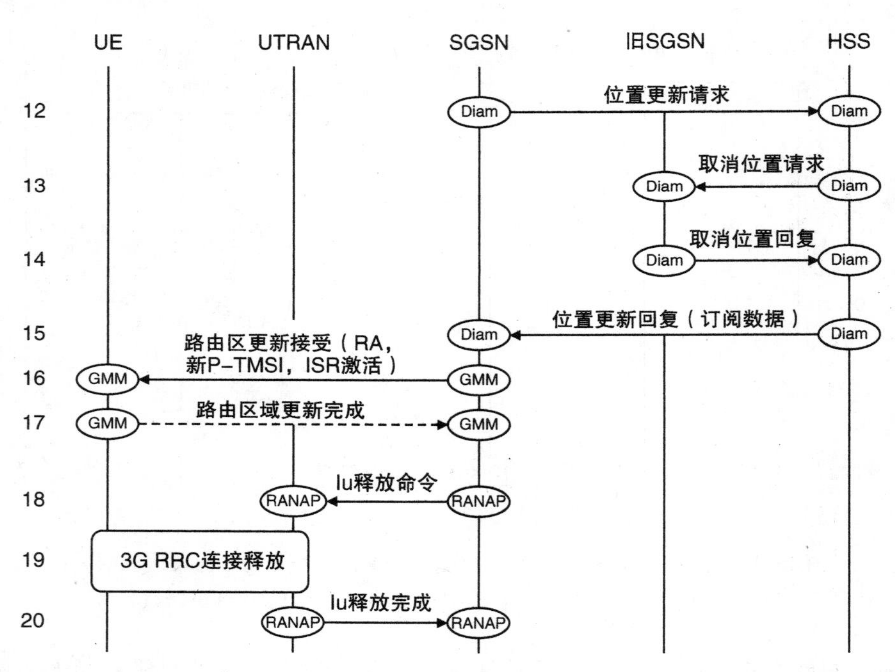

图 15.5　从 MME 到基于 S3/S4 的 SGSN 的路由区域更新，保留服务网关。（2）路由区更新接受（来源：TS 23.401。经 ETSI 许可转载）

SGSN 接受移动台的路由区域更新请求，并且可以可选地向移动台发送新的 P - TMSI（16）。如果它这样做，则移动台确认接收（17）。最后，SGSN 使用类似于来自第 14 章的 S1 释放过程的步骤 4、5 和 6 的消息将移动台移回 RRC_IDLE（18 ~ 20）。

稍后，移动台可以移回到 LTE 覆盖的区域中。如果 2G/3G 网络已经被增强以支持 LTE 并且在其系统信息中广播关于相邻 LTE 频率的信息，则移动台可以执行回到 LTE 的小区重选。在重选之后，移动台请求跟踪区域更新，并且 MME 从 SGSN 取回控制。

15.3.3　空闲模式信令缩减

如果移动台接近 LTE 覆盖区域的边缘，则其可以容易地在使用 LTE 的小区和使用 UMTS 或 GSM 的小区之间来回反弹。然后存在移动台将执行大量路由和跟踪区域更新的风险，导致过多的信令。

为了避免这个问题，基于 S3/S4 的网络可以可选地实现称为空闲模式信令缩减（ISR）的技术[31]。这种技术的行为非常类似于移动台在多个跟踪区域中的注册。当使用空闲模式信令缩减时，网络可以在由基于 S3/S4 的 SGSN 服务的路由区域中以及在由 MME 服务的一个或多个跟踪区域中同时注册移动台。然后，移动台可以在正在使用三种无线接入技术的小区之间自由重选，并且只需要通知网络它是否移动到其当前未在其中注册的路由或跟踪区域。

网络在图 15.4 和图 15.5 的路由区域更新期间或在跟踪区域更新回到 LTE 期间激活 ISR。在路由区域更新的情况下，MME 告诉 SGSN 它是否支持 ISR 作为其上下文响应的一部分（步骤 4）。SGSN 决定是否激活 ISR，通知 MME 作为其上下文确认的一部分（6），并且通知服务网关作为其修改承载请求的一部分（7）。最后，SGSN 通知移动台关于作为其路由区域更新接受（16）的一部分的 ISR 的激活。移动台现在向 SGSN 和 MME 注册。

如果下行链路数据从 PDN 网关到达，则修改寻呼过程，使得服务网关接触 MME 和 SGSN。如前所述，MME 在其注册的所有跟踪区域中寻呼移动台，而 SGSN 在其路由区域内寻呼移动台。在移动台的响应之后，网络使用适当的无线接入技术将其移回到连接模式。

15.4　RRC_CONNECTED 状态下的移动性管理

15.4.1　重定向 RRC 连接释放

早期的 LTE 网络通常使用重定向 RRC 连接释放将激活的移动台转移到 UMTS 或 GSM。在该过程中，网络将移动台转到 RRC_IDLE 状态，但是给出它应当在其上寻找合适小区的 2G/3G 载波频率的细节。然后，移动台可以以通常的方式选择 2G/3G 小区并建立 RRC 连接。图 15.6 所示为目标无线接入技术是 3G 的情况的过程。

当移动台向基站发送测量报告（1）时，消息序列开始。在该过程中，移动台不必报告关于相邻 3G 小区的任何信息。相反，当来自服务 LTE 小区的信号变

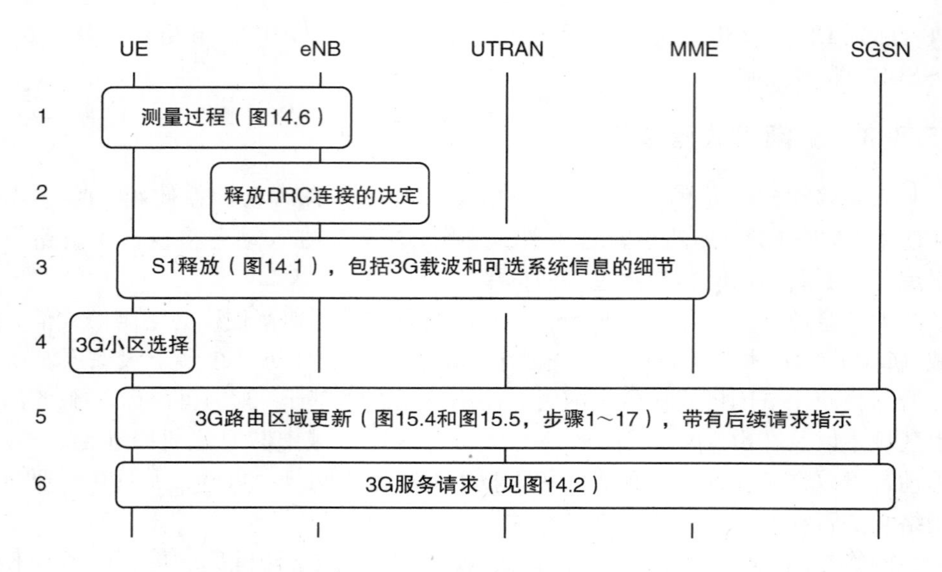

图 15.6　重新定向到 UMTS 载波频率的 RRC 连接释放

得太弱并且没有其他令人满意的 LTE 小区在附近时，通常使用测量事件 A2 来发送测量报告。

作为响应，基站决定释放移动台的 RRC 信令连接（2），并启动第 14 章的 S1 释放过程（3）。在消息 RRC 连接释放中，基站发送要在其上寻找合适小区的 3G 载波频率的移动台细节。移动台移动到所请求的载波频率，选择 3G 小区（4）并运行 3G 路由区域更新过程（5）。在其路由区域更新请求中，移动台可以指示其具有另一个消息要发送，并且 SGSN 通过维持移动台的 RRC 信令连接进行反应。然后，移动台可以发起用于 3G 服务请求的过程，以便重新激活其承载（6）。

在该过程结束时，移动台通过 3G 小区成功通信。随着移动台通过 RRC_IDLE 传输，通常几秒钟，数据通信已经中断，因此一些数据分组丢失或使用 TCP 从端到端重传。然而，该方法具有几个优点。首先，移动台不需要对附近的 3G 小区进行任何测量。第二，信令消息比它们在优化切换中更直接。第三，根据在本章结尾讨论的原因，该过程可以比优化的切换更可靠，并且可以导致更少的丢弃连接。

在这里描述的基本过程中，移动台在步骤（4）中必须读取新小区的系统信息，作为小区选择的一部分。这可能需要几秒钟。为了减少这些延迟，版本 9 规范允许基站在步骤（3）中在 RRC 连接释放消息内将附近 3G 小区的系统信息传递给移动台。在找到附近小区之后，移动台可以从基站提供的细节中查找它们的系统信息。这加快了重选过程，但是首先提出了基站如何发现系统信息的问题。我们将在第 17 章讨论自优化网络时解决这个问题。

15.4.2　测量过程

为了支持优化的切换，基站可以使用来自第 14 章的测量过程来告诉移动台测量相邻的 2G/3G 小区[32]。这一次，基站必须告诉移动台关于作为测量过程的一部分的各个相邻小区，因为移动台在测量间隙期间自己找到 UMTS 或 GSM 小区被认为太难了。与之前一样，在第 17 章讨论自优化网络时，我们将看到基站如何发现相邻小区。

移动台的测量报告可以由两个测量事件 B1 和 B2 触发，见表 15.1。为了说明它们的行为，当至少 TimeToTrigger 的时间满足以下两个条件时，移动台进入事件 B2 报告状态。首先，来自 LTE 服务小区的信号必须低于一个阈值：

表 15.1　用于报告相邻 UMTS、GSM 和 cdma2000 小区的测量事件

事件	描述	可能的应用
B1	相邻小区 > 阈值	在较高优先级载波上切换到 2G/3G
B2	服务小区 < 阈值 1 且相邻小区 > 阈值 2	在较低优先级载波上切换到 2G/3G

$$M_s < \text{Thresh}_1 - \text{Hys} \tag{15.1}$$

其次，来自非 LTE 相邻的信号必须位于另一个阈值之上：

$$M_n + \text{Of}_n > \text{Thresh}_2 + \text{Hys} \tag{15.2}$$

在这种状态下，移动台以第 14 章中描述的方式向基站发送周期性测量报告。当以下条件之一至少满足 TimeToTrigger 时，移动台离开事件 B2 报告状态：

$$M_s > \text{Thresh}_1 + \text{Hys} \tag{15.3}$$

$$M_n + \text{Of}_n < \text{Thresh}_2 - \text{Hys} \tag{15.4}$$

在这些式中，M_s是来自服务 LTE 小区的参考信号接收功率或参考信号接收质量。M_n是相邻小区的测量，即在 GSM 情况下的接收信号强度指示（RSSI），以及在 UMTS 情况下的接收信号码功率（RSCP）或每码片的 SINR（Ec/No）[33]。Thresh_1和Thresh_2是阈值，Hys 是用于测量报告的滞后参数，并且是可选的频率特定偏移。

使用该测量事件，移动台可以通知服务 eNB 是否来自服务 LTE 小区的信号足够弱，而来自相邻 UMTS 或 GSM 小区的信号足够强。在测量事件 B2 的情况下，相邻小区通常在较低优先级载波频率上，或者在其他测量事件 B1 的情况下，相邻小区在较高优先级载波上。基于该测量报告，基站可以将移动台切换到 UMTS 或 GSM。

15.4.3　优化切换

LTE 和 UMTS 或 GSM 之间的优化切换类似于 LTE 内的切换。它们有两个主要特点。首先，MME 和 SGSN 在实际切换发生之前交换信令消息，准备 3G 网络，最小化通信中的间隙并且使分组丢失的风险最小化。其次，网络将移动台移交到特定的 2G/3G 小区。

为了说明该过程，图 15.7 和图 15.8 示出了通常用于从 LTE 到 UMTS 的切换的过程[34]。虽然它看起来复杂，乍一看，该过程实际上很像一个正常的基于 S1 的切换。在这些图中，我们假设网络使用基于 GTP 的 S5/S8 接口和基于 S3/S4 的 SGSN，并且不使用 S12 直接隧道接口。我们还假设无线接入网不是直接通信，使得切换使用称为间接数据转发的技术，其中 eNB 通过服务网关将未确认的下行链路分组转发到目标 RNC。最后，我们假设服务网关保持不变。

该过程从图 15.7 开始。基于测量报告，通常对于测量事件 B1 或 B2，eNB 决定将移动台切换到特定的 UMTS 小区。它告诉 MME 需要切换（1），并且与相应的无线网络控制器和路由区域一起识别目标节点 B。MME 识别合适的 SGSN，要求其重新定位移动台并且描述移动台当前正在使用的 EPS 承载（2）。

SGSN 通过将 EPS 承载的 QoS 参数映射到用于相应 PDP 上下文的参数来进行反应。然后它请求 RNC 使用 UMTS 无线接入网应用部分（RANAP）写入的重定位请求来为移动台建立资源并描述它想要建立的承载（3）。RNC 配置节点 B（4）并向 SGSN 返回确认（5）。在其确认中，RNC 列出它愿意接受的承载，并且包括嵌入式切换到 UTRAN 命令，其告诉移动台如何与目标小区通信。该最后消息使用 UMTS RRC 协议写入，其中图 15.7 表示为 3GRRC。

SGSN 确认 MME 的请求，告诉它哪些承载已经被接受并且附加它从 RNC 接收的 UMTS RRC 消息（6）。它还包括隧道端点标识（TEID），服务网关可以使用该隧道端点标识来转发移动台尚未确认的任何下行链路分组。MME 将 TEID 发送到服务网关（7），服务网关创建所请求的隧道。然后，MME 可以告诉 eNB 将移动台切换到 UMTS（8）。在消息中，MME 说明应当保留哪些承载，哪些承载应该被释放，并且包括其从 SGSN 接收的 UMTS RRC 消息。

为了触发切换，eNB 向移动台发送从 EUTRA 移动性命令（9）。该消息使用 LTE RRC 协议写入，图 15.7 表示为 4GRRC。嵌入在消息中的是最初由目标 RNC 写入的 UMTS 切换命令。移动台读取两个 RRC 消息，切换到 UMTS，与新小区同步（10），并向 RNC 发送确认（11）。同时，eNB 开始向服务网关返回任何未确认的下行链路分组，以及继续到达的任何新分组。服务网关使用其刚刚创建的隧道将分组转发到 SGSN，并且 SGSN 将分组转发到目标 RNC。

网络仍然必须释放旧资源并重定向来自服务网关的数据路径（见图 15.8）。为了实现这一点，RNC 告诉 SGSN 重定位过程完成（12），并且 SGSN 将该信息转发到 MME（13）。SGSN 还通知服务网关重定向其下行链路路径（14），以便向 SGSN 发送未来的下行链路分组。服务网关这样做，通过在旧的下行链路路径上向 eNB 发送结束标记分组来指示数据流的结束，并向 SGSN 返回确认（15）。

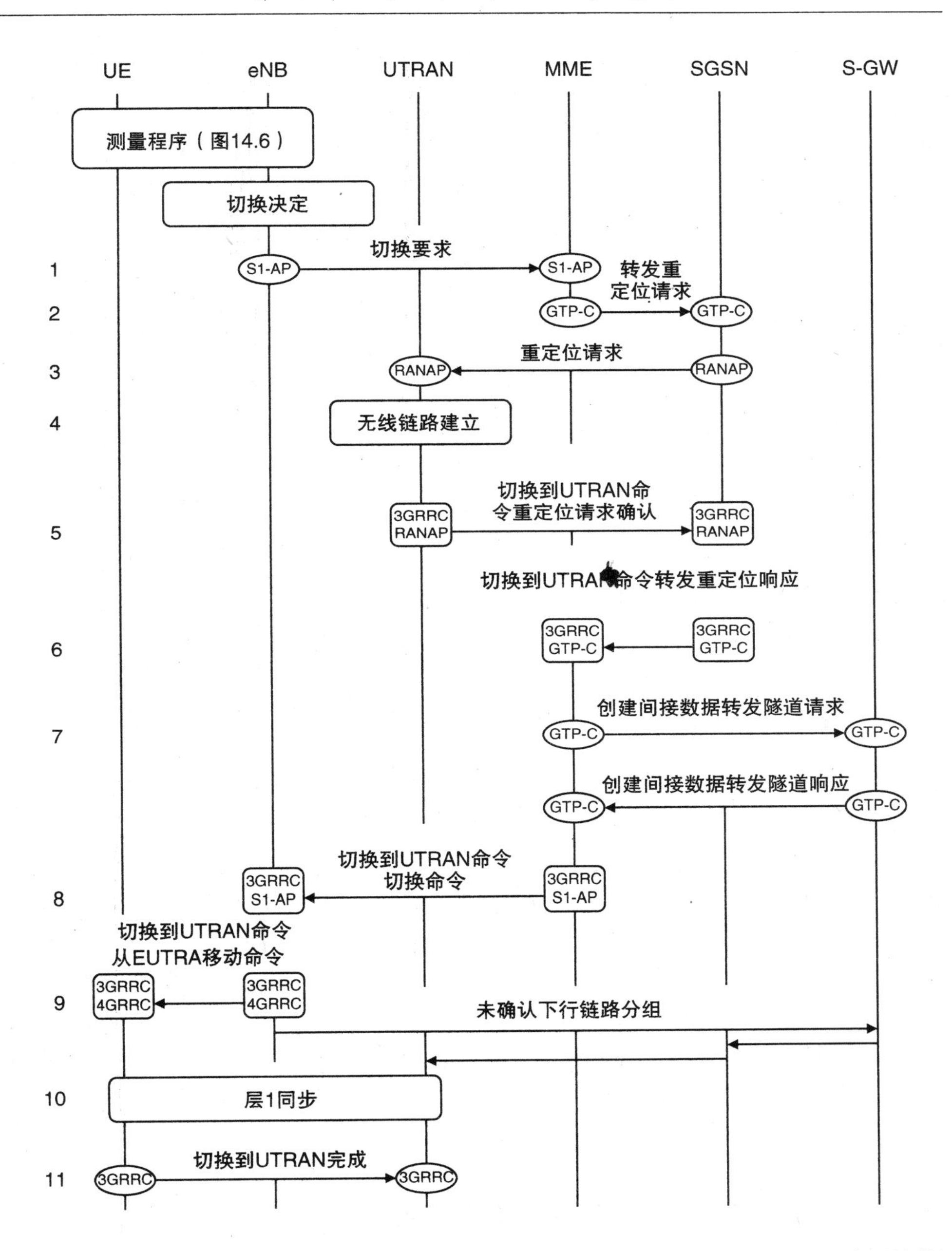

图 15.7　从 LTE 切换到 UMTS。（1）切换准备和执行（来源：TS 23.401。经 ETSI 许可转载）

在定时器期满时，MME 告诉 eNB 释放移动台的资源（16），并且告诉服务网关拆除它先前创建的间接转发隧道（17）。同时，移动台通知它已经进入新的 2G/3G 路由区域。它通过运行路由区域更新来响应，除非它正在使用空闲模式

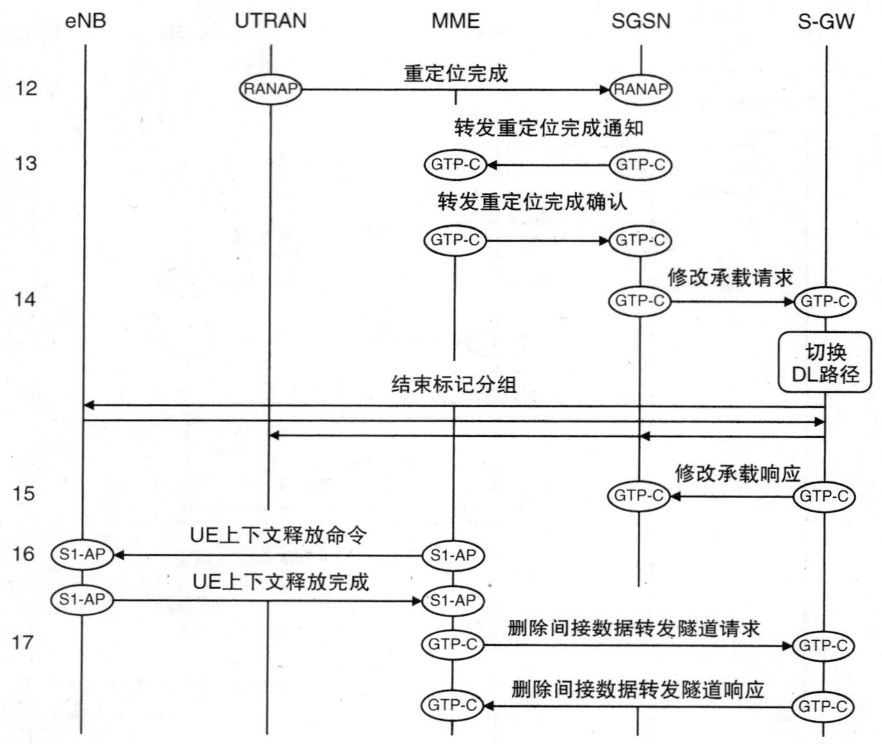

图 15.8 从 LTE 切换到 UMTS。（2）切换完成（来源：TS 23.401。经 ETSI 许可转载）

信令缩减并且已经在那里注册。

从 LTE 到 GSM 的切换过程非常相似。该规范还支持从 UMTS 和 GSM 切换回 LTE，但是这些不太重要，因为网络将具有很少区域，其中存在来自 LTE 而不是来自其他技术的覆盖。

该过程在数据通信中不引起任何显著的间隙，但是具有一些缺点。首先，信令消息相当复杂，因此网络运营商可能不喜欢执行它。其次，网络必须向移动台提供相邻 2G/3G 小区的列表。第三，在移动台的测量和切换命令之间可能存在显著的延迟，在此期间从目标小区接收的信号可能下降到切换失败的程度。由于这些原因，通常优选重定向 RRC 连接释放。

参考文献

1. 3GPP TS 36.304 (2013) User Equipment (UE) Procedures in Idle Mode, Release 11, September 2013.
2. 3GPP TS 23.401 (2013) General Packet Radio Service (GPRS) Enhancements for Evolved Universal Terrestrial Radio Access Network (E-UTRAN) Access, Release 11, September 2013.
3. 3GPP TS 36.133 (2013) Requirements for Support of Radio Resource Management, Release 11, September 2013.
4. 3GPP TS 24.301 (2013) Non-Access-Stratum (NAS) Protocol for Evolved Packet System (EPS); Stage 3, Release 11, September 2013.

5. 3GPP TS 29.274 (2013) 3GPP Evolved Packet System (EPS); Evolved General Packet Radio Service (GPRS) Tunnelling Protocol for Control Plane (GTPv2-C); Stage 3, Release 11, September 2013.
6. 3GPP TS 36.331 (2013) Radio Resource Control (RRC); Protocol Specification, Release 11, September 2013.
7. 3GPP TS 36.413 (2013) Evolved Universal Terrestrial Radio Access Network (E-UTRAN); S1 Application Protocol (S1AP), Release 11, September 2013.
8. Sauter, M. (2010) *From GSM to LTE: An Introduction to Mobile Networks and Mobile Broadband*, John Wiley & Sons, Ltd, Chichester.
9. Eberspächer, J., Vögel, H.-J., Bettstetter, C. and Hartmann, C. (2008) *GSM: Architecture, Protocols and Services*, 3rd edn, John Wiley & Sons, Ltd, Chichester.
10. Johnson, C. (2008) *Radio Access Networks for UMTS: Principles and Practice*, John Wiley & Sons, Ltd, Chichester.
11. Kreher, R. and Ruedebusch, T. (2007) *UMTS Signaling: UMTS Interfaces, Protocols, Message Flows and Procedures Analyzed and Explained*, 2nd edn, John Wiley & Sons, Ltd, Chichester.
12. 3GPP TS 29.002 (2013) Mobile Application Part (MAP) Specification, Release 11, September 2013.
13. 3GPP TS 29.060 (2013) General Packet Radio Service (GPRS); GPRS Tunnelling Protocol (GTP) Across the Gn and Gp Interface, Release 11, September 2013.
14. 3GPP TS 25.413 (2013) Radio Access Network Application Part (RANAP) Signalling, Release 11, June 2013.
15. 3GPP TS 48.018 (2013) BSS GPRS Protocol (BSSGP), Release 11, September 2013.
16. 3GPP TS 24.008 (2013) Mobile Radio Interface Layer 3 Specification; Core Network Protocols; Stage 3, Release 11, September 2013.
17. 3GPP TS 25.331 (2013) Radio Resource Control (RRC), Release 11, September 2013.
18. 3GPP TS 44.018 (2013) Radio Resource Control (RRC) Protocol, Release 11, September 2013.
19. 3GPP TS 23.401 (2013) General Packet Radio Service (GPRS) Enhancements for Evolved Universal Terrestrial Radio Access Network (E-UTRAN) Access, Release 11, Sections 4.2, 4.4, September 2013.
20. 3GPP TS 23.401 (2013) General Packet Radio Service (GPRS) Enhancements for Evolved Universal Terrestrial Radio Access Network (E-UTRAN) Access, Release 11, Annex E, September 2013.
21. 3GPP TS 23.060 (2013) General Packet Radio Service (GPRS); Service Description; Stage 2, Release 11, Section 9.2.2.1.1A, September 2013.
22. 3GPP TS 23.401 (2013) General Packet Radio Service (GPRS) Enhancements for Evolved Universal Terrestrial Radio Access Network (E-UTRAN) Access, Release 11, Annex D, September 2013.
23. 3GPP TS 23.122 (2012) Non-Access-Stratum (NAS) Functions Related to Mobile Station (MS) in Idle Mode, Release 11, Section 4.4, December 2012.
24. 3GPP TS 25.304 (2013) User Equipment (UE) Procedures in Idle Mode and Procedures for Cell Reselection in Connected Mode, Release 11, Section 5.2.6, September 2013.
25. 3GPP TS 43.022 (2012) Functions Related to Mobile Station (MS) in Idle Mode and Group Receive Mode, Release 11, Section 4.5, September 2012.
26. 3GPP TS 23.401 (2013) General Packet Radio Service (GPRS) Enhancements for Evolved Universal Terrestrial Radio Access Network (E-UTRAN) Access, Release 11, Section 5.3.2.2, September 2013.
27. 3GPP TS 36.304 (2013) User Equipment (UE) Procedures in Idle Mode, Release 11, Section 5.2.4.5, September 2013.
28. 3GPP TS 36.133 (2013) Requirements for Support of Radio Resource Management, Release 11, Section 4.2.2.5, September 2013.
29. 3GPP TS 23.401 (2013) General Packet Radio Service (GPRS) Enhancements for Evolved Universal Terrestrial Radio Access Network (E-UTRAN) Access, Release 11, Sections 5.3.3.3, 5.3.3.6, September 2013.
30. 3GPP TR 25.931 (2012) UTRAN Functions, Examples on Signalling Procedures, 3rd Generation Partnership Project, Release 11, Sections 7.3, 7.4, September 2012.
31. 3GPP TS 23.401 (2013) General Packet Radio Service (GPRS) Enhancements for Evolved Universal Terrestrial Radio Access Network (E-UTRAN) Access, Release 11, Annex J, September 2013.
32. 3GPP TS 36.331 (2013) Radio Resource Control (RRC); Protocol Specification, Release 11, Sections 5.5, 6.3.5, September 2013.
33. 3GPP TS 36.214 (2012) Physical Layer; Measurements, Release 11, Section 5.1, December 2012.
34. 3GPP TS 23.401 (2013) General Packet Radio Service (GPRS) Enhancements for Evolved Universal Terrestrial Radio Access Network (E-UTRAN) Access, Release 11, Section 5.5.2.1, September 2013.

第 16 章　与非 3GPP 技术的互操作

在上一章中，我们看到了 LTE 如何与 UMTS 和 GSM 的较早的 3GPP 技术互操作。这不是 LTE 的能力的限制，因为它也可以与由其他标准机构定义的通信网络互操作。这些功能帮助运营商将业务量卸载到其他通信技术（如无线局域网），并帮助其他技术（如 cdma2000 升级到 LTE）的运营商。

我们开始讨论 LTE 可以与通用非 3GPP 通信网络互操作的架构选项和信令过程。规范允许移动台在 LTE 和另一种技术之间传输，同时保持其 IP 地址及其与任何外部服务器的连接，但不包括对优化切换的任何支持。然后，我们转到 LTE 和 cdma2000 之间互操作的特殊情况。这里，规范确实支持优化的切换，因此允许移动台在两种技术之间传输，没有丢包并且通信中断最少。

本章最重要的规范是 TS 23.402[1]，它定义了互操作架构，并提供了信令过程的高级视图。其他 3GPP 规范在各个接口上定义层 3 信令消息，而两个 3GPP2 规范[2,3]从后一个系统的角度定义 LTE 和 cdma2000 之间的互操作。我们在本章中介绍的其他技术有几个详细的说明，特别是 cdma2000[4-6]、WiMAX[7,8] 和无线局域网[9]。

16.1　通用系统架构

16.1.1　基于网络的移动性架构

LTE 可以使用两种主要架构[10]与非 3GPP 技术互操作，这两种架构分别使用网络和移动台中的功能来路由数据包并处理移动性和漫游。

图 16.1 所示为使用基于网络的移动性时的架构。该架构保留归属用户服务器和 PDN 网关，它们分别用作公共用户数据库和与外部世界的公共连接点。使用非 3GPP 接入网内的设备来控制移动台，而 3GPP 认证、授权和计费（AAA）服务器认证移动台并且通过 PDN 网关授权其访问服务。到 AAA 服务器的信令接口使用基于 Diameter[11] 的协议。

当使用基于网络的移动性架构时，移动台从 PDN 网关接收 IP 地址。PDN 网关使用与演进分组核心网中的那些类似的隧道传送过程来将移动台的下行链路分组递送到接入网，并且接入网提取分组并将它们发送到移动台。该过程在移动台中不需要额外的功能。

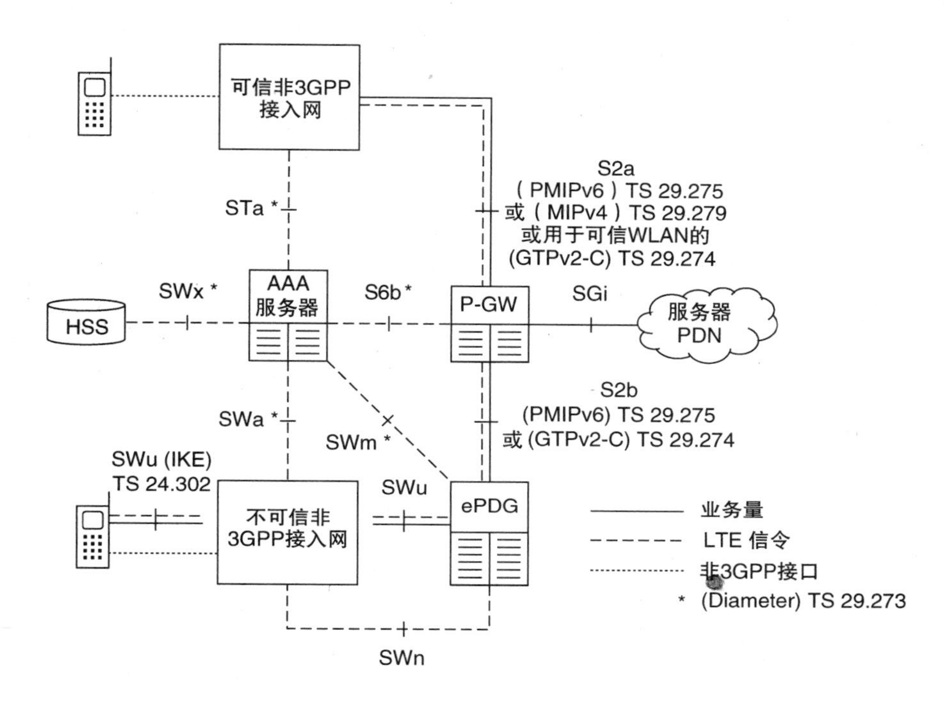

图 16.1　使用基于网络的移动性与非 3GPP 接入技术互操作的架构

隧道通常使用通用路由封装（GRE）来实现，我们已经将其视为演进分组核心网的 S5/S8 接口的选项之一。GRE 隧道使用代理移动 IP 版本 6 (PMIPv6)[12] 或称为移动 IP 版本 4 （MIPv4）[13] 的旧协议编写的接入网和 PDN 网关之间的信令消息进行管理。版本 10 通过 S2b 接口引入了对 GTP 的支持，如果网络运营商正在使用不支持 PMIP 的 PDN 网关，这一功能非常有用。版本 11 引入了对基于 GTP 的 S2a 移动性（SaMOG）的有限支持，用于可信无线局域网的唯一情况，在版本 12 [14] 中引入了更广泛的支持。

该架构还区分了可信和不可信的接入网。可信网络使用诸如加密和完整性保护的技术为移动台的无线通信提供足够的安全性，而不可信网络则不提供。AAA 服务器的职责是决定是将特定网络视为可信的还是不可信的。

不可信网络架构适用于诸如不安全无线局域网的情况，并且包括被称为演进分组数据网关（ePDG）的额外组件。移动台和网关一起通过加密和完整性保护，在隧道模式下使用 IPSec 来保护它们交换的数据[15]。迫使接入网通过经由 SWn 接口的信令消息通过网关发送上行链路业务，对于该信令消息，信令协议位于 3GPP 规范之外。

该架构还保留策略和计费规则功能（PCRF），其作为与演进分组核心网的策略和计费控制的公共源。如前所述，PDN 网关包含策略和计费执行功能（PCEF），而可信接入网和演进分组数据网关都包含承载绑定和事件报告功能（BBERF）。

如果移动台正在漫游，则该架构支持归属路由业务量和本地分汇。可信接入网和 ePDG 都与拜访 PCRF 通信，而 PDN 网关根据其位置与归属或拜访 PCRF 通信。AAA 服务器也在归属网络中的 AAA 服务器和拜访 AAA 代理之间分割。

移动台使用格式为 username@ realm[16] 的网络接入标识（NAI）向 AAA 服务器标识自己。领域部分由移动网络代码和移动国家代码构成，因此它标识归属网络运营商。用户名部分从国际移动用户标识（IMSI）或 AAA 服务器提供的临时假名构成。在后一种情况下，网络接入标识具有与 3GPP 临时移动用户标识类似的作用。

16.1.2 基于主机的移动性架构

图 16.2 所示为一种替代架构，其中移动性管理功能位于移动台中。当使用该架构时，移动台以与之前相同的方式从 PDN 网关接收 IP 地址。然而，此时，移动台还从接入网接收本地 IP 地址，并且通过 S2c 接口使用信令消息通知 PDN 网关。然后，PDN 网关可以使用一直运行到移动台的隧道来传送下行链路分组。

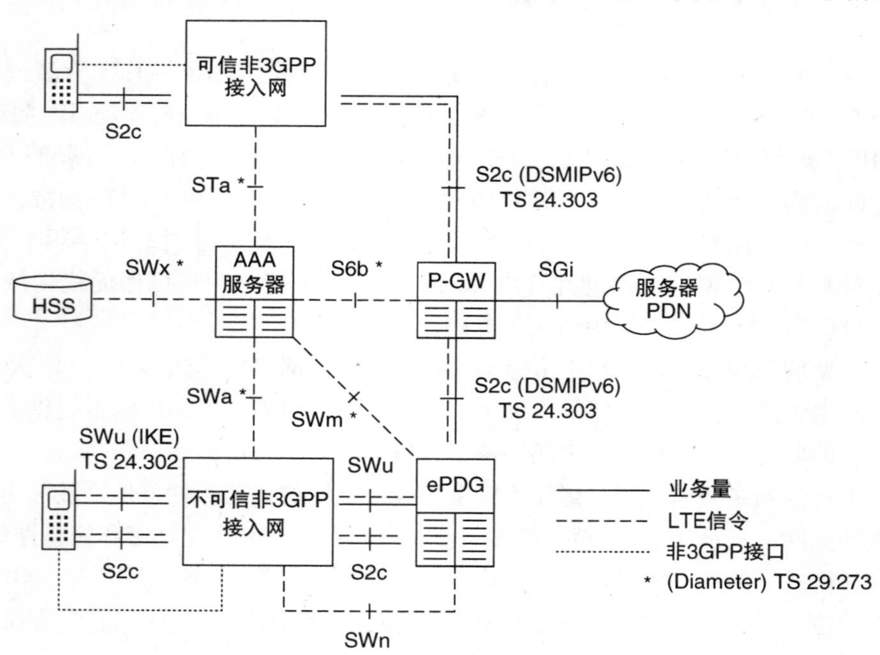

图 16.2 使用基于主机的移动性与非 3GPP 接入技术互操作的架构

使用被称为双栈移动 IP 版本 6（DSMIPv6）[17] 的信令协议来管理隧道，其在移动台和 PDN 网关中实现。在接入网中没有移动性管理功能，其简单地充当路由器。

移动性架构和协议的选择可以静态地配置在移动台和网络内，或者在非 3GPP 附接过程期间动态地配置。我们将很快看到一个动态配置的例子。

16.1.3　接入网发现和选择功能

还有一个对非 3GPP 无线接入重要的网络元素，即接入网发现和选择功能（ANDSF）[18,19]。ANDSF 向移动台提供两组主要信息，即附近无线接入网的细节和影响移动台应选择哪个接入网的运营商策略。

图 16.3 所示为该架构。移动台通过 S14 接口与 ANDSF 通信，S14 接口使用符合用于设备管理的开放移动联盟（OMA）规范的管理对象（MO）传递信息[20,21]。通信对于演进分组系统是透明的，并且可以使用任何类型的无线接入技术。如果移动台正在漫游，则其可以连接归属网络、拜访网络或两者中的 ANDSF，并给予它从拜访 ANDSF 接收的任何信息的优先级。

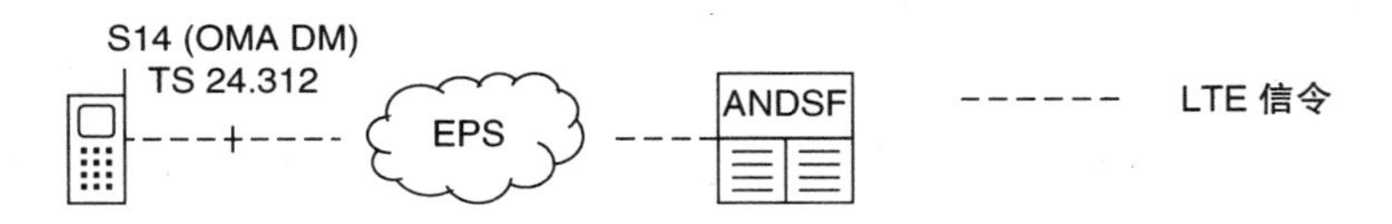

图 16.3　接入网发现和选择功能的架构（来源：TS 23.402。经 ETSI 许可转载）

在以常规方式附接到 LTE 之后，移动台使用移动网络代码和移动国家代码来构造 ANDSF 的域名[22]，并在域名服务器中查找相应的 IP 地址。然后它联系 ANDSF 并发送其位置的细节，例如 E-UTRAN 小区全球标识（ECGI）。

作为响应，ANDSF 向移动台发送两组信息。首先，接入网发现信息包含诸如 WiFi 服务集标识（SSID）和 WiMAX 网络接入提供商标识（NAP-ID）的附近接入网的细节。其次，系统间移动性策略包含策略规则的优先级列表，其中只有一个在任何时间是活动的。每个规则包含无线接入技术的优先级列表，例如 3GPP、WiFi 和 WiMAX，以及描述规则在移动台的位置、日期和时间方面的有效性的可选信息。

在接收到该信息时，移动台检查每个策略规则的有效性和优先级，并确定应该激活哪个规则。在发现信息的协助下，移动台可以建立哪些无线接入网在附近。移动台随后实现活动策略规则，并且如果需要，使用后面描述的重选过程移动到另一无线接入技术。移动台还可以存储策略规则和发现信息，以便在下次打开时使用。

16.2 通用信令过程

16.2.1 附接过程的概述

为了说明与非 3GPP 网络互操作的过程，让我们考虑在可信接入网上基于网络的移动性的情况，其中使用 PMIPv6 写信令消息。该选项可能适合于与移动 WiMAX 或与可信无线局域网的互操作，并且也是后面讨论 cdma2000 的有用的先决条件。消息序列总结在图 16.4 中。

当移动台在非 3GPP 覆盖的区域中接通时，该过程开始。在其先前从 ANDSF 下载的任何系统间移动性策略的指导下，移动台使用与网络选择、小区选择和 RRC 连接建立的 LTE 过程相对应的技术，与非 3GPP 接入网建立无线通信。

然后，接入网检索移动台的身份并联系 AAA 服务器，AAA 服务器对移动台进行认证。在该第二阶段期间，AAA 服务器决定是将接入网视为可信的还是不可信的，将订阅数据传送到接入网，并决定其将使用的移动性协议。在第三阶段，移动台附接到接入网，获取 IP 地址并连接到外部分组数据网。我们将在后面更详细地讨论第二和第三阶段。

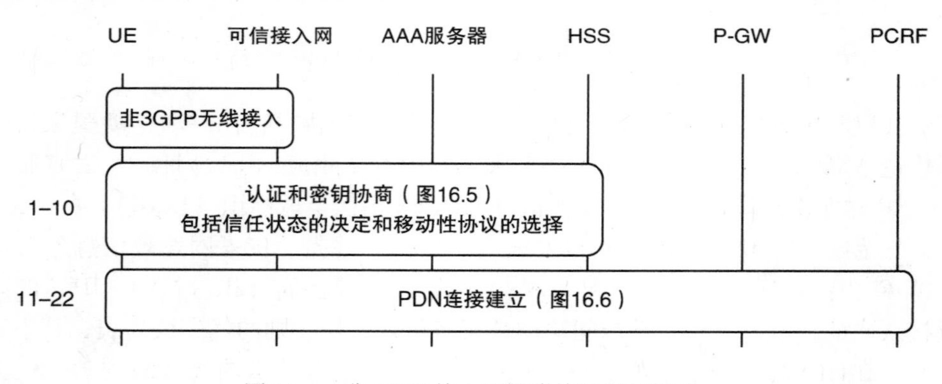

图 16.4 非 3GPP 接入网的附接过程的概述

16.2.2 认证和密钥协商

非 3GPP 无线接入的安全过程非常类似于 LTE 的安全过程[23]。移动台和网络使用被称为用于 3G 认证和密钥协商的改进的可扩展认证协议方法（EAP - AKA'）的 IETF 协议彼此认证[24]。这改进了早期称为 EAP - AKA 的协议[25]，通过计算包括接入网的身份和在其他地方不可用的安全密钥。反过来，EAP - AKA 是 IETF 可扩展认证协议（EAP）的实现[26]。

图 16.5 所示为通过可信接入网的认证和密钥协商的过程[27]。该图假定网络正在使用 IP 移动性协议的动态配置，并且移动台不在漫游。

在该过程开始时，移动台已经建立了与非 3GPP 接入网的无线通信。使用 EAP 请求/身份消息，接入网请求移动台的身份（2），并且如果可用，则移动台使用先前的假名返回其网络接入标识，否则返回其 IMSI。接入网从 NAI 提取 3GPP 网络运营商的域名，并查找 AAA 服务器的 IP 地址。然后，它通过将移动台的响应嵌入到 Diameter EAP 请求（2）中来转发移动台的响应，该请求包括接入网的标识和正在使用的无线接入的类型。

在接收到消息时，AAA 服务器查找移动台的 IMSI，并向归属用户服务器询问一组认证数据（3）。HSS 用认证参数 RAND、AUTN、XRES、CK'和 IK'进行答复。在观察 LTE 安全过程时，我们看到前三个，而 CK'和 IK'分别从使用接入网标识的 CK 和 IK 中导出。如果 AAA 服务器没有用户的订阅数据的副本，那么它也可以在这里检索它们（4）。

使用 CK'和 IK'，AAA 服务器计算主会话密钥（MSK），其具有类似于 LTE 密钥 K_{ASME}的作用，并且用来导出用于加密和完整性保护的实际密钥。它还使用在步骤 2 中提供的接入网的信息来决定是将接入网视为可信的，如在该示例中，还是不可信的。AAA 服务器然后向移动台发送认证质询，其中它包括参数 RAND 和 AUTN，指示网络的信任状态并且向移动台询问其支持的移动性管理协议（5）。通过以类似于步骤 2 的方式将消息嵌入到 Diameter EAP 响应中，将消息转发到接入网。然后，接入网提取 EAP 消息并将其转发给移动台。

在接收到消息时，移动台检查认证令牌，计算其自己的主会话密钥的副本，并计算其对网络质询的响应。然后，移动台将其响应与其支持的移动性管理协议的列表一起返回到 AAA 服务器（6）。AAA 服务器检查移动台的响应，选择移动性管理协议并指示其选择（7）。在这个例子中，我们假设 AAA 服务器使用 PMIPv6 选择基于网络的移动性，PMIPv6 不需要移动台中的附加功能。

为了完成该过程，AAA 服务器将订阅数据和主会话密钥传递给接入网，并通知移动台认证过程已经成功完成（8，9）。接入网可以使用主会话密钥用于其自己的空中接口安全过程。AAA 服务器还通知归属用户服务器它已经成功注册了移动台（10）。

对于不可信接入网的情况，存在类似的过程。该过程不是依赖于接入网本身的安全特征，而是在移动台和演进分组数据网关之间建立隧道，通过该隧道，它们可以使用 IPSec 安全地交换信息。

16.2.3　PDN 连接建立

在附接过程的最后阶段，移动台获取 IP 地址并建立到外部分组数据网络的

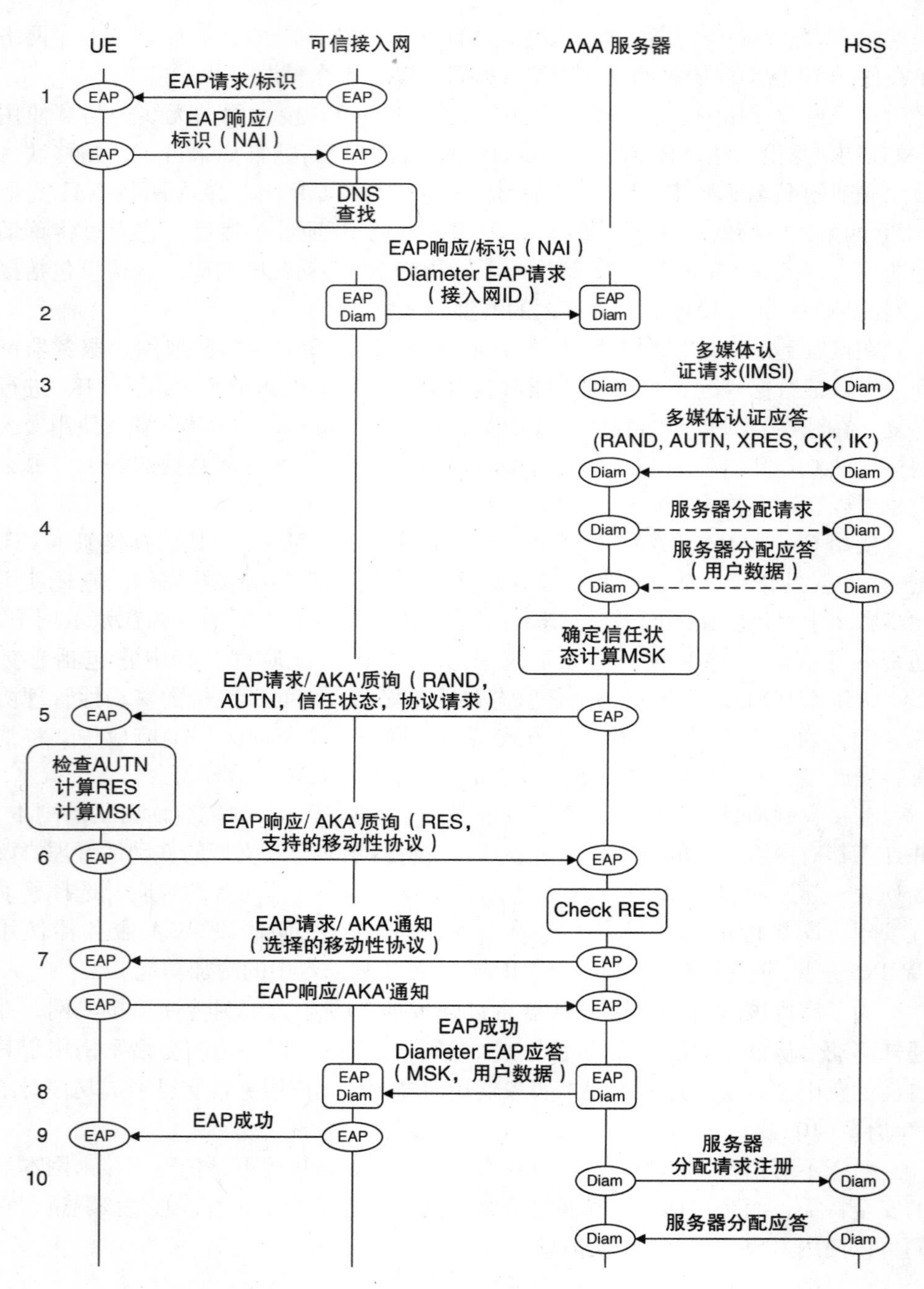

图 16.5　非 3GPP 附接过程。（1）可信接入网的认证和密钥协商
（来源：TS 33.402。经 ETSI 许可转载）

连接。图 16.6 所示为所涉及的步骤，假设移动台未在漫游，并且我们正在使用 PMIPv6 编写的信令消息在可信接入网中使用基于网络的移动性[28]。

在图 16.6 的开始，网络刚刚通知移动台认证和密钥协商过程已经成功完成。作为响应，移动台使用与来自 LTE 附接过程的步骤 1 和 2 相对应的消息向接入网发送层 3 附接请求（11）。移动台可以根据其正在使用的接入网的类型来请求优选接入点名称作为这些消息的一部分。

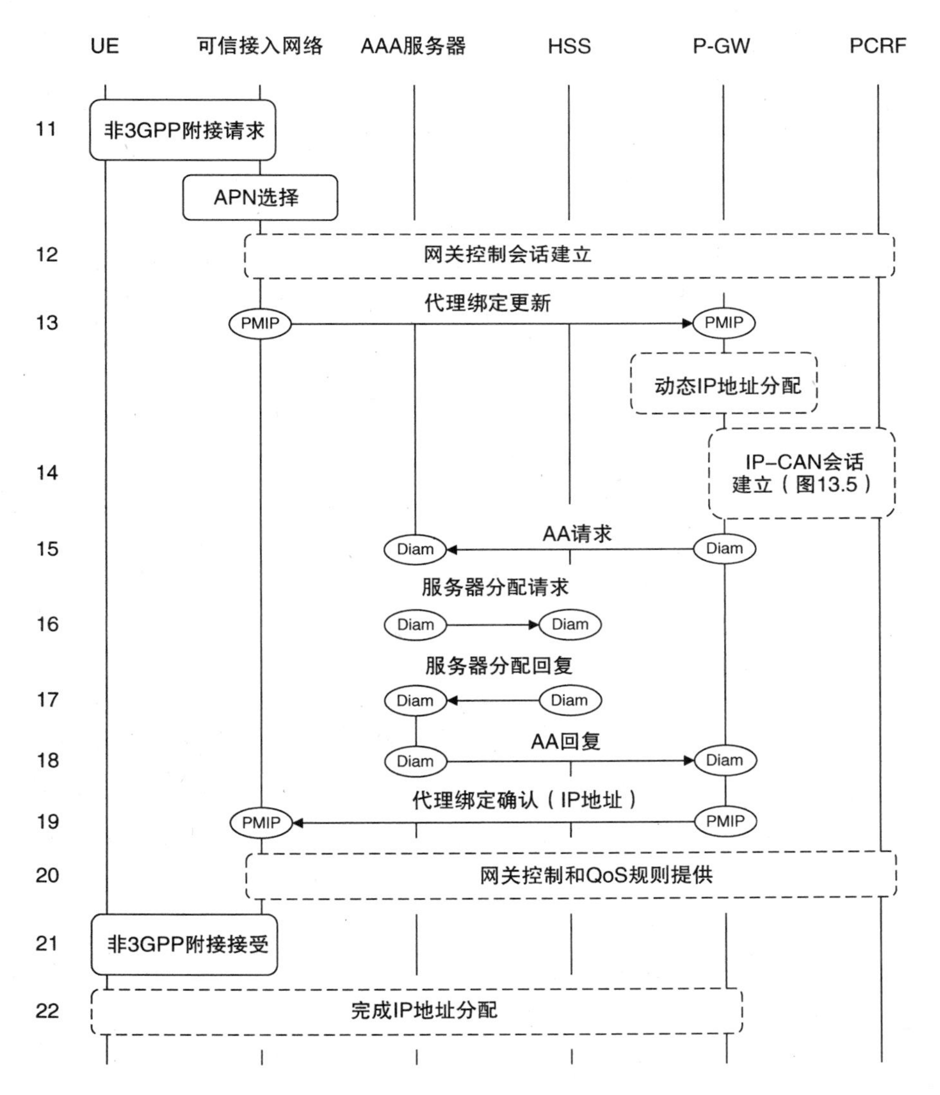

图 16.6　非 3GPP 附接过程。（2）在可信接入网上建立 PDN 连接，具有使用 PMIPv6 的基于网络的移动性（来源：TS 23.402。经 ETSI 许可转载）

接入网使用移动台请求的任何 APN 或来自订阅数据的默认 APN 来选择合适的接入点名称和相应的 PDN 网关。在步骤 12 中，接入网承载绑定和事件报告功能运行第 13 章中记录的网关控制会话建立的过程。在该过程中，其建立与 PCRF 的信令通信，转发其在订阅数据中接收的默认服务质量，并接收临时策略和计费控制规则。

接入网然后向所选择的 PDN 网关发送 PMIPv6 代理绑定更新（13），其标识移动台，请求跨越 S2a 接口建立 GRE 隧道，并且包括用于标识隧道的下行链路 GRE 密钥。然后，PDN 网关可以为移动台分配动态 IP 地址，并且可以运行 IP-CAN 会话建立的常规过程（14）。PDN 网关还告知 AAA 服务器其身份，使得 AAA 服务器可以将该信息存储在 HSS 中，以在将来重选无线接入技术时使用（15-18）。然后，它使用 PMIPv6 代理绑定确认来确认接入网的请求（19），其包括移动台的 IP 地址和上行链路 GRE 密钥。

如果 PCRF 在 IP-CAN 会话建立期间改变了临时策略控制和计费规则，则它使用网关控制和 QoS 规则规定的过程通知接入网（20）。然后，接入网接受移动台的附接请求，并且包括所选择的接入点名称和移动台已经被分配的任何 IP 地址（21）。移动台执行其完成 IP 地址分配所需的任何步骤（22），然后可以使用非 3GPP 接入网的功能通过 PDN 网关进行通信。

对于可信无线局域网的情况有两个差别。首先，PMIP 消息可以由 GTPv2-C 创建会话请求和响应来代替，在这种情况下不需要网关控制过程。其次，版本 11 解决方案对移动台没有影响，移动台在步骤 11 中不能指定其自己的接入点名称，并且不能使用后面介绍的具有 IP 地址保存的切换。这些限制作为版本 12 的一部分，通过在移动台和接入网之间的新的信令协议去除[29]。

对于基于主机的移动性超过 S2c 的情况，也有类似的过程[30]。在该过程中，接入网跳过步骤 13~19，并且接受移动台的附接请求，识别 PDN 网关并且给予移动台接入网本地的 IP 地址（21）。作为响应，移动台建立与 PDN 网关的安全关联，并向其发送包括接入网分配的 IP 地址的 DSMIPv6 绑定更新。PDN 网关从移动台自己的地址空间分配 IP 地址，其将用于识别外界移动台。然后它运行通常的 IP-CAN 会话建立过程，并以 DSMIPv6 绑定确认回复。PDN 网关现在可以通过接入网将任何输入数据分组隧道传送到移动台的本地 IP 地址。

16.2.4 无线接入网重选

移动台可以从 LTE 切换到非 3GPP 接入网并且返回，可能由其从 ANDSF 下载的任何信息指导。然而，通用非 3GPP 架构不包括到 MME 的任何信令接口或将允许其与服务网关交换数据分组的任何接口。因此，它不支持我们以前看到的优化切换。

这有两个含义。首先，MME 不能向移动台发送关于非 3GPP 无线接入网的任何预先信息，诸如移动台需要接入目标小区甚至载波频率的参数。相反，移动台必须通过从 LTE 分离并附接到非 3GPP 技术来自己重新选择接入网络。所得到的过程[31]类似于图 16.4 ~ 图 16.6 的过程，并且可能导致通信中的显著间隙。其次，没有用于将未确认的下行链路分组从 LTE 转发到非 3GPP 网络的机制。这意味着分组可能在通信间隙期间丢失。

然而，重选过程提供比基本附接过程更多的功能。在认证过程（见图 16.5）期间，AAA 服务器从归属用户服务器检索移动台的当前接入点名称和 PDN 网关，它们在第 11 章中的 LTE 附接过程结束时存储它们。然后它们将这些转发到接入网。作为非 3GPP 附接请求（见图 16.6 中的步骤 11）的一部分，移动台能够要求网络保留其原始会话和 IP 地址，这取决于其正在使用的接入网的类型。接入网在步骤 13 中通过联系原始 PDN 网关进行响应，并且 PDN 网关可以继续使用移动台的旧 IP 地址，而不是分配新的 IP 地址。结果，移动台在切换期间保留其会话和 IP 地址，因此它可以保持与任何外部服务器的通信。

16.3　与 cdma2000 HRPD 互操作

16.3.1　系统架构

正如我们在第 1 章中看到的，大多数 cdma2000 运营商计划将其系统迁移到 LTE。在这个过程的早期阶段，网络运营商将仅在热点和大城市中具有 LTE 小区，导致两个系统之间频繁的切换。期望这些切换尽可能高效。为了支持这一点，LTE 规范定义了用于与 cdma2000 高速分组数据（HRPD）（也称为 cdma2000 演进数据优化（EV - DO））一起使用的非 3GPP 架构的优化变体。支持这种架构的 HRPD 网络被称为演进 HRPD（eHRPD）。

图 16.7 所示为使用的架构[32 - 34]。该架构基于在可信非 3GPP 接入网上的基于网络的移动性的架构，但具有两个新的接口。首先，MME 可以通过 S101 接口与 HRPD 演进接入网/演进分组控制功能（eAN/ePCF）交换信令消息。该接口使用 S101 应用协议（S101 - AP）[35]，它简单地在两个设备之间传输 HRPD 信令消息。其次，服务网关可以跨越 S103 接口与 HRPD 服务网关（HSGW）交换数据分组，以便最小化切换期间分组丢失的风险。

16.3.2　用 cdma2000 预注册

如果移动台在 LTE 覆盖的区域中接通，则其以通常的方式附接到 LTE。然而，网络可以告诉它运行称为 HRPD 预注册的过程[36 - 38]。使用该过程，移动台

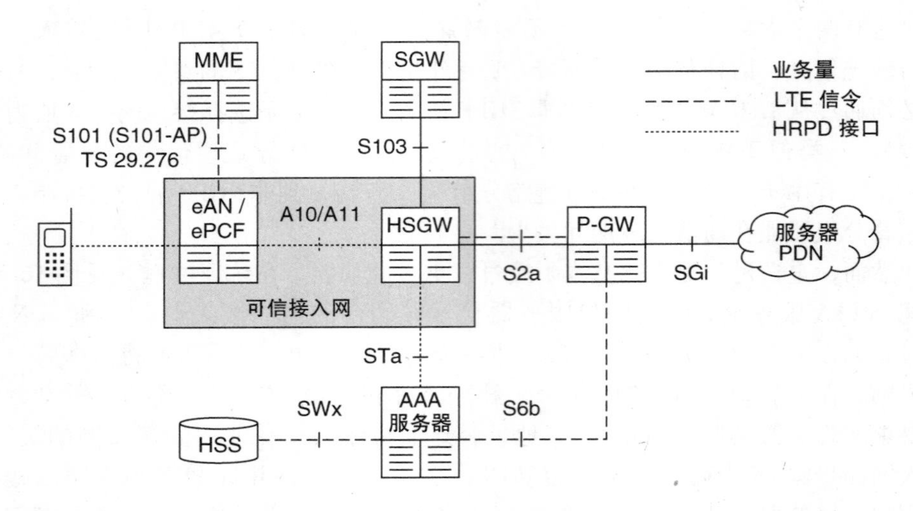

图 16.7　用于与 cdma2000 HRPD 互操作的架构

在 HRPD 网络中建立休眠会话，其可以稍后用于加速任何后续的重选或切换。该过程总结在图 16.8 中。

在运行常规的 LTE 附接过程（1）之后，移动台读取 SIB8，其包含它将需要用于重选到 cdma2000 的参数（2）。这些参数之一是预注册触发器，其告知移动台是否应该向 HRPD 网络预注册。通过逐个小区设置此触发器，如果网络运营商在 LTE 覆盖区域的边缘附近，则可以告诉移动台向 HRPD 预注册。

如果设置了触发器，则移动使用通过空中接口与 S1 和 S101 隧道传送的 HRPD 消息向 HRPD 接入网注册（3）。网络与 HSGW 建立用于移动台的信令连接（4），并且移动台向 3GPP AAA 服务器认证其自身（5）。在认证过程期间，AAA 服务器从归属用户服务器检索移动台的身份以及诸如移动台的接入点名称和 PDN 网关的信息，并将其发送到 eAN/ePCF。

在 HSGW 内部，承载绑定和事件报告功能运行网关控制会话建立的过程（6），以与 PCRF 建立通信。最后，HSGW 与移动台交换一组 HRPD 消息（7），以建立与演进分组核心网中的那些 HRPD 承载镜像的休眠集合。这些承载的存在将加速任何随后的重选或切换到 HRPD。

稍后，演进分组核心网可以为移动台建立新的 EPS 承载，或者可以修改现有承载的服务质量。如果发生这种情况，则移动台与 HSGW 交换附加消息，以便保持 HRPD 承载。

16.3.3　RRC_IDLE 状态下的小区重选

在 RRC_IDLE 状态下，移动台可以使用与用于 UMTS 和 GSM 相同的过程来

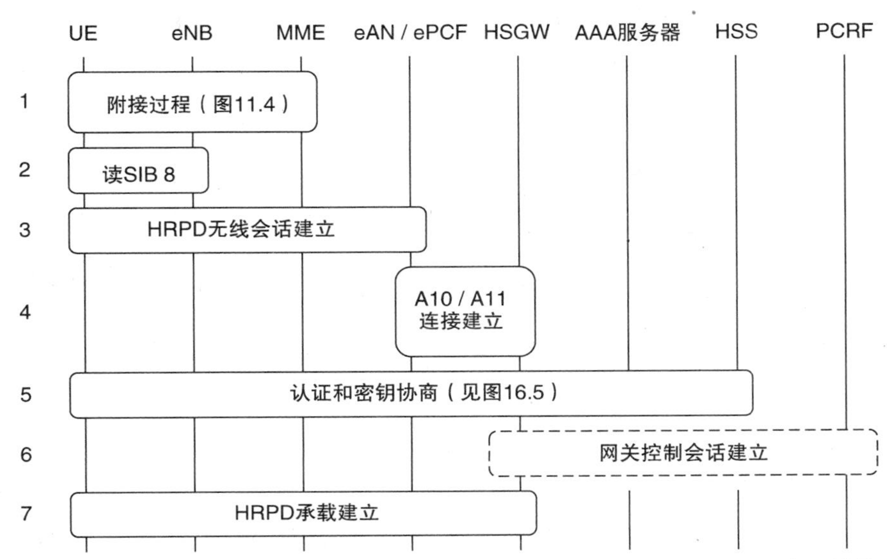

图 16.8　使用 cdma2000 HRPD 预注册的程序（来源：TS 23.402。经 ETSI 许可转载）

重选到 cdma2000 HRPD 小区。唯一的区别是 SIB8 包含相邻 cdma2000 HRPD 小区的列表，因此移动台不期望自己找到它们。

一旦重选完成，有两种可能性。如果移动台已经预注册了 HRPD，则其联系 HRPD 接入网以指示其已经到达，并且网络建立用于移动台的新的一组资源。尽管具有较少的步骤，该效果类似于后面描述的 cdma2000 切换过程。如果移动台没有预注册，则其必须运行我们之前所描述的通用非 3GPP 切换过程。

注意，对于 cdma2000，没有模拟到空闲模式信令减少。因此，网络运营商可能希望配置小区重选参数，以便最小化移动台在 cdma2000 和 LTE 之间来回跳动的风险。

16.3.4　RRC_CONNECTED 状态下的测量和切换

在 RRC_CONNECTED 状态中，基站可以释放移动台的 RRC 信令连接，并且以与其对于 UMTS 和 GSM 相同的方式将其重定向到 cdma2000 HRPD 载波。或者，它可以告诉移动台测量相邻 cdma2000 小区的信号干扰比，并且可以使用测量事件 B1 和 B2 来触发到 cdma2000 HRPD 小区的切换。为此，它使用如图 16.9 所示的过程[39-41]。在这个过程中，我们假设移动台已经预注册了 HRPD 网络。如果它没有这样做，则它必须运行之前所描述的通用非 3GPP 切换过程。

为了开始该过程（见图 16.9），移动台识别测量报告中的相邻 HRPD 小区（1），并且基站决定移动移动台（2）。在步骤 3 中，基站使用其在预注册期间建立的信令路径告诉移动台联系 HRPD 网络。作为响应，移动台组成 HRPD 连接

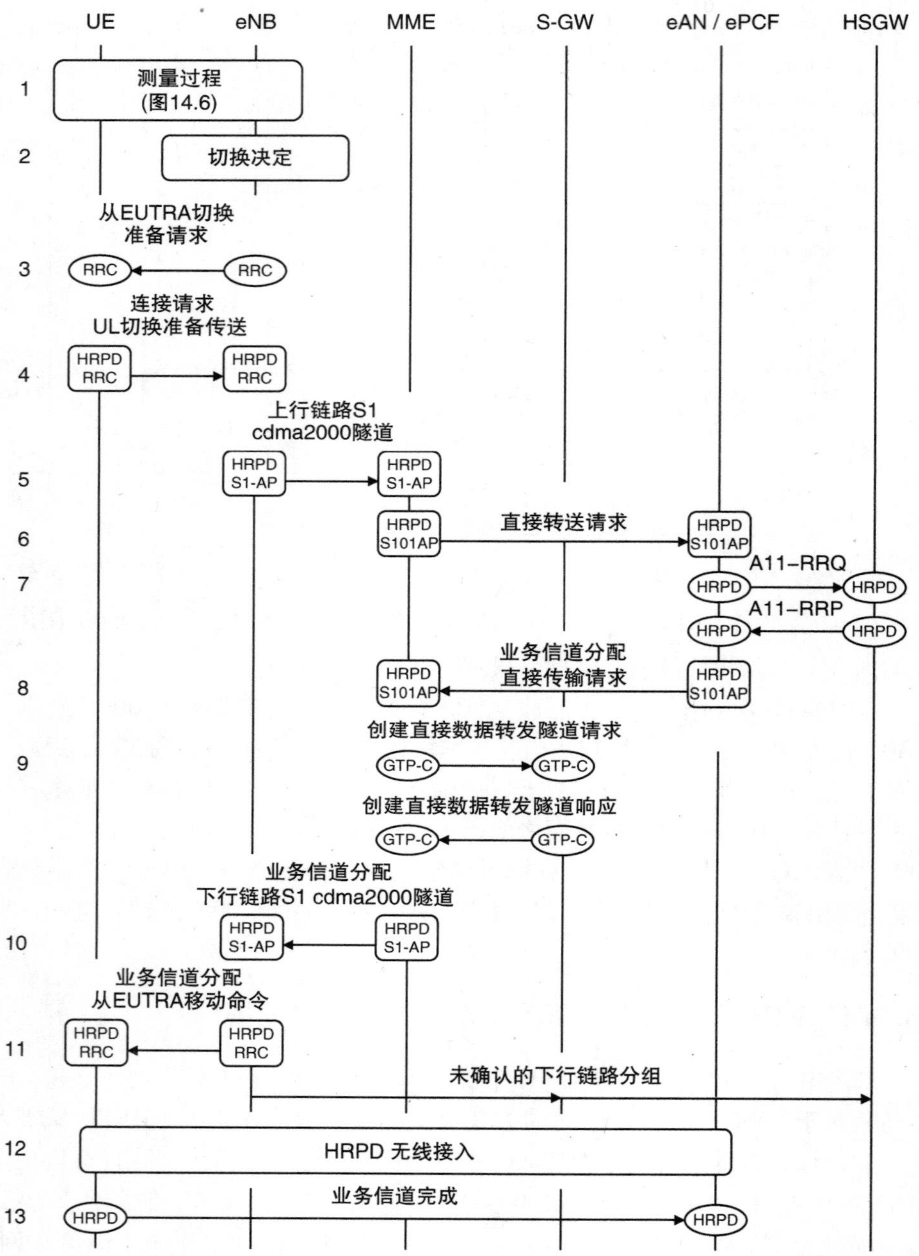

图 16.9 从 LTE 到 cdma2000 HRPD 的系统间切换。(1) 切换准备和执行
(来源：TS 23.402。经 ETSI 许可转载)

请求，其中请求可以用于 HRPD 空中接口通信的物理业务信道的参数。在步骤 4、5 和 6 中，消息通过 Uu、S1 和 S101 接口转发到 eAN/ePCF。

在接收到消息时，eAN/ePCF 检索在预注册过程期间存储的移动台的接入点名称和 PDN 网关身份，并将其发送到 HSGW（7）。作为响应，HSGW 返回 IP 地址，服务网关可以向该 IP 地址转发任何未确认的下行链路数据分组。然后 eAN/ePCF 可以为移动台分配一组无线资源，并且可以组成 HRPD 业务信道分配，其向移动台提供在步骤 2 中请求的细节。它通过将其嵌入到 S101 - AP 直接传送中而将消息发送到 MME（8），该直接传送还包含 HSGW 较早发送的转发地址。MME 将转发地址发送到服务网关（9），服务网关通过创建所请求的隧道来进行响应。

MME 现在可以向基站发送业务信道分配（10）。接着，基站将消息发送到移动台（11），并且还开始向服务网关返回任何未确认的下行链路分组。使用它先前接收的转发地址，服务网关可以将这些分组通过 S103 接口发送到 HSGW，以及稍后在下行链路上到达的任何其他分组。在接收到基站的消息时，移动台切换到 cdma2000，获取指定的业务信道（12），并使用 HRPD 业务信道完成（13）来确认 HRPD 网络的消息。

在步骤 14（见图 16.10）中，HRPD 接入网通知 HSGW 激活它在预注册期间建立的承载。HSGW 要求 PDN 网关建立承载数据的 GRE 隧道，触发 IP - CAN 会话修改的过程，其中 PDN 网关检索相应的策略和计费控制规则。在确认之后，业务可以在 HRPD 接入网、HSGW 和 PDN 网关之间的上行链路和下行链路上流动。如果需要，网络针对移动台正在使用的每个接入点名称重复这些步骤。

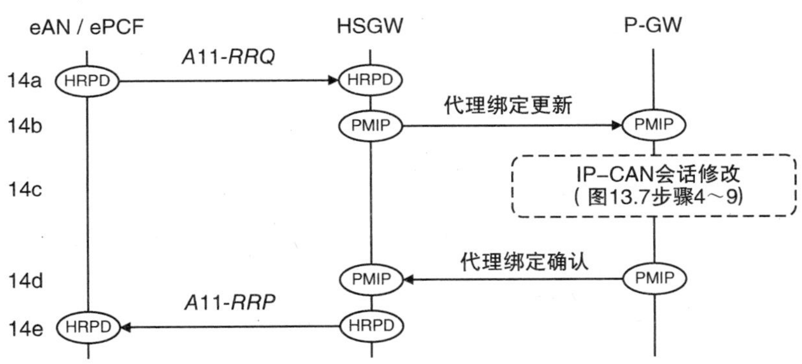

图 16.10　从 LTE 到 cdma2000 HRPD 的系统间切换。
（2）承载激活（来源：TS 23.402。经 ETSI 许可转载）

我们仍然需要拆除移动台在 LTE 中使用的资源（见图 16.11）。为了实现这一点，HRPD 接入网通知 MME 切换已经完成（15）。作为响应，MME 通知基站拆除移动台的资源（16），并且向服务网关发送类似的消息（17，18）。大约同时，PDN 网关运行称为 PDN GW 发起的承载去激活的过程（19）[42]，其释放演进分组核心网中的剩余资源。

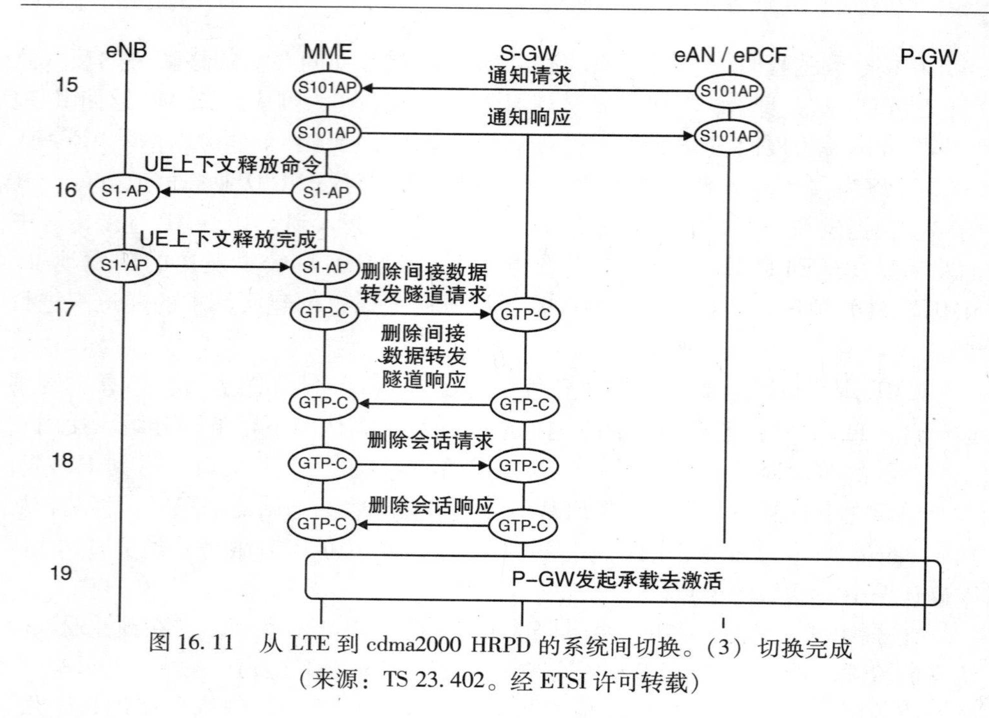

图 16.11　从 LTE 到 cdma2000 HRPD 的系统间切换。(3) 切换完成
(来源：TS 23.402。经 ETSI 许可转载)

参 考 文 献

1. 3GPP TS 23.402 (2013) Architecture Enhancements for Non-3GPP Accesses, Release 11, June 2013.
2. 3GPP2 A.S0022-0 (2010) Interoperability Specification (IOS) for Evolved High Rate Packet Data (eHRPD) Radio Access Network Interfaces and Interworking with Enhanced Universal Terrestrial Radio Access Network (EUTRAN), Version 2.0, April 2010.
3. 3GPP2 X.S0057-0 (2010) E-UTRAN – eHRPD Connectivity and Interworking: Core Network Aspects, Version 3.0, September 2010.
4. Etemad, K. (2004) *CDMA2000 Evolution: System Concepts and Design Principles*, John Wiley & Sons, Ltd, Chichester.
5. Vanghi, V., Damnjanovic, A. and Vojcic, B. (2004) *The cdma2000 System for Mobile Communications: 3G Wireless Evolution*, Prentice Hall.
6. Yang, S. (2004) *3G CDMA2000 Wireless System Engineering*, Artech.
7. Ahmadi, S. (2010) *Mobile WiMAX: A Systems Approach to Understanding IEEE 802.16 m Radio Access Technology*, Academic Press.
8. Andrews, J.G., Ghosh, A. and Muhamed, R. (2007) *Fundamentals of WiMAX: Understanding Broadband Wireless Networking*, Prentice Hall.
9. Gast, M. (2011) *802.11 Wireless Networks: The Definitive Guide*, 2nd edn, O'Reilly.
10. 3GPP TS 23.402 (2013) Architecture Enhancements for Non-3GPP Accesses, Release 11, Sections 4.2.2, 4.2.3, 16.1.1, June 2013.
11. 3GPP TS 29.273 (2013) Evolved Packet System (EPS); 3GPP EPS AAA Interfaces, Release 11, September 2013.
12. 3GPP TS 29.275 (2013) Proxy Mobile IPv6 (PMIPv6) Based Mobility and Tunnelling Protocols; Stage 3, Release 11, June 2013.
13. 3GPP TS 29.279 (2012) Mobile IPv4 (MIPv4) Based Mobility Protocols; Stage 3, Release 11, September 2012.
14. 3GPP TR 23.852 (2013) Study on S2a Mobility based on GPRS Tunnelling Protocol (GTP) and Wireless Local Area Network (WLAN) Access to the Enhanced Packet Core (EPC) network (SaMOG); Stage 2, Release 12,

September 2013.
15. 3GPP TS 24.302 (2013) Access to the 3GPP Evolved Packet Core (EPC) via Non-3GPP Access networks, Release 11, Section 7, June 2013.
16. 3GPP TS 23.003 (2013) Numbering, Addressing and Identification, Release 11, Section 19.3, September 2013.
17. 3GPP TS 24.303 (2013) Mobility Management Based on Dual-Stack Mobile IPv6, Release 11, June 2013.
18. 3GPP TS 23.402 (2013) Architecture Enhancements for Non-3GPP Accesses, Release 11, Section 4.8, June 2013.
19. 3GPP TS 24.302 (2013) Access to the 3GPP Evolved Packet Core (EPC) via Non-3GPP Access Networks, Release 11, Sections 5.1, 6.8, June 2013.
20. 3GPP TS 24.312 (2013) Access Network Discovery and Selection Function (ANDSF) Management Object (MO), Release 11, March 2013.
21. Open Mobile Alliance OMA-ERELD-DM-V1_2 (2008) Enabler Release Definition for OMA Device Management, Version 1.2.1, June 2008.
22. 3GPP TS 23.003 (2013) Numbering, Addressing and Identification, Release 11, Section 22, September 2013.
23. 3GPP TS 33.402 (2012) Security Aspects of Non-3GPP Accesses, Release 11, June 2012.
24. IETF RFC 5448 (2009) Improved Extensible Authentication Protocol Method for 3rd Generation Authentication and Key Agreement (EAP-AKA′), May 2009.
25. IETF RFC 4187 (2006) Extensible Authentication Protocol Method for 3rd Generation Authentication and Key Agreement (EAP-AKA), January 2006.
26. IETF RFC 3748 (2004) Extensible Authentication Protocol (EAP), June 2004.
27. 3GPP TS 33.402 (2012) Security Aspects of Non-3GPP Accesses, Release 11, Section 6.2, June 2012.
28. 3GPP TS 23.402 (2013) Architecture Enhancements for Non-3GPP Accesses, Release 11, Section 6.2.1, June 2013.
29. 3GPP TS 24.244 (2014) Wireless LAN control plane protocol for trusted WLAN access to EPC, Release 12, March 2014.
30. 3GPP TS 23.402 (2013) Architecture Enhancements for Non-3GPP Accesses, Release 11, Section 6.3, June 2013.
31. 3GPP TS 23.402 (2013) Architecture Enhancements for Non-3GPP Accesses, Release 11, Section 8.2.2, June 2013.
32. 3GPP TS 23.402 (2013) Architecture Enhancements for Non-3GPP Accesses, Release 11, Section 9.1, June 2013.
33. 3GPP2 A.S0022-0 (2010) Interoperability Specification (IOS) for Evolved High Rate Packet Data (eHRPD) Radio Access Network Interfaces and Interworking with Enhanced Universal Terrestrial Radio Access Network (EUTRAN), Version 2.0, Section 1.4, April 2010.
34. 3GPP2 X.S0057-0 (2010) E-UTRAN – eHRPD Connectivity and Interworking: Core Network Aspects, Version 3.0, Section 4, September 2010.
35. 3GPP TS 29.276 (2012) Optimized Handover Procedures and Protocols between E-UTRAN Access and cdma2000 HRPD Access, Release 11, September 2012.
36. 3GPP TS 23.402 (2013) Architecture Enhancements for Non-3GPP Accesses, Release 11, Section 9.3.1, June 2013.
37. 3GPP2 A.S0022-0 (2010) Interoperability Specification (IOS) for Evolved High Rate Packet Data (eHRPD) Radio Access Network Interfaces and Interworking with Enhanced Universal Terrestrial Radio Access Network (EUTRAN), Version 2.0, Section 3.2.1, April 2010.
38. 3GPP2 X.S0057-0 (2010) E-UTRAN - eHRPD Connectivity and Interworking: Core Network Aspects, Version 3.0, Section 13.1.1, September 2010.
39. 3GPP TS 23.402 (2013) Architecture Enhancements for non-3GPP Accesses, Release 11, Section 9.3.2, June 2013.
40. 3GPP2 A.S0022-0 (2010) Interoperability Specification (IOS) for Evolved High Rate Packet Data (eHRPD) Radio Access Network Interfaces and Interworking with Enhanced Universal Terrestrial Radio Access Network (EUTRAN), Version 2.0, Section 3.2.2.2, April 2010.
41. 3GPP2 X.S0057-0 (2010) E-UTRAN – eHRPD Connectivity and Interworking: Core Network Aspects, Version 3.0, Section 13.1.2, September 2010.
42. 3GPP TS 23.401 (2013) General Packet Radio Service (GPRS) Enhancements for Evolved Universal Terrestrial Radio Access Network (E-UTRAN) Access, Release 11, Section 5.4.4.1, September 2013.

第17章　自优化网络

与其他移动通信技术一样，LTE网络由网络管理系统控制。这具有广泛的功能；例如，它设置网络元件正在使用的参数，管理它们的软件，以及检测和纠正其操作中的任何故障。使用这样的管理系统，运营商可以远程地配置和优化无线接入网中的每个基站和核心网的每个组件。然而，该过程需要手动干预，这可能使其耗时、昂贵并且容易出错。为了解决这个问题，3GPP已经逐渐地将称为自优化或自组织网络（SON）的技术引入到LTE中。

在本章中，我们将介绍在LTE每个版本中添加的主要自优化功能。这些分为四大类，即LTE基站的自配置、干扰协调、移动性管理和驱动测试最小化。我们还讨论了称为无线接入网信息管理（RIM）的技术，通过该技术，LTE基站可以与UMTS和GSM的无线接入网交换自优化数据。

自优化网络总结在TR 36.902[1]和TS 36.300[2]中。它们的主要影响在于无线接入网的信令过程，特别是在X2接口上的信令过程[3]。关于在LTE中使用自优化网络的一些更详细的说明，参见参考文献［4－6］。

17.1　eNB的自配置

17.1.1　物理小区标识的自动配置

LTE被设计为使得网络运营商可以建立具有对外界最少知识的新基站，其可以包括网络管理系统的域名以及其MME和服务网关的域名。基站可以通过自配置过程获取其需要的其他信息[7]。在此过程中，基站与管理系统联系并下载其操作所需的软件。它还下载一组配置参数[8]，例如跟踪区域代码，PLMN标识列表，以及每个小区的全局小区标识和最大发射功率。

在配置参数中，管理系统可以向每个基站的小区显式地分配物理小区标识。然而，这对网络规划者造成不必要的负担，因为每个小区必须具有与附近的任何其他小区不同的标识。这还给包含家庭基站的网络带来困难，其可以在没有其邻居的任何知识的情况下被定位。

作为替代，管理系统可以简单地向基站提供允许的物理小区标识的短列表。如果基站具有适当的下行链路接收机，则其可以监听附近的其他LTE小区，拒绝它们的物理小区标识并且从剩余的那些中随机选择标识。对于后续小区的配置，基站还可以拒绝它在测量报告期间接收的任何身份以及在后面描述的 X2 建立过程期间任何邻近基站列表。

作为自配置过程的一部分，基站还运行称为 S1 建立[9]的过程，以与其连接的每个 MME 建立通信。在该过程中，基站向 MME 告知其每个小区的跟踪区域代码和 PLMN 标识，以及其所属的任何闭合用户组。MME 用指示其全球唯一身份的消息进行答复，并且其现在可以通过 S1 接口与基站通信。

17.1.2　自动邻居关系

在上述配置过程期间，不需要基站找出关于其各个相邻小区的任何事情，并且不需要其建立邻居列表。这消除了来自网络运营商的巨大负担和大的潜在误差源。相反，移动台可以自己识别相邻小区，并且可以使用在第 14 章中描述的 RRC 测量报告来告知基站。然后，基站可以使用自动邻居关系过程建立与其邻居的通信，如图 17.1 所示[10]。

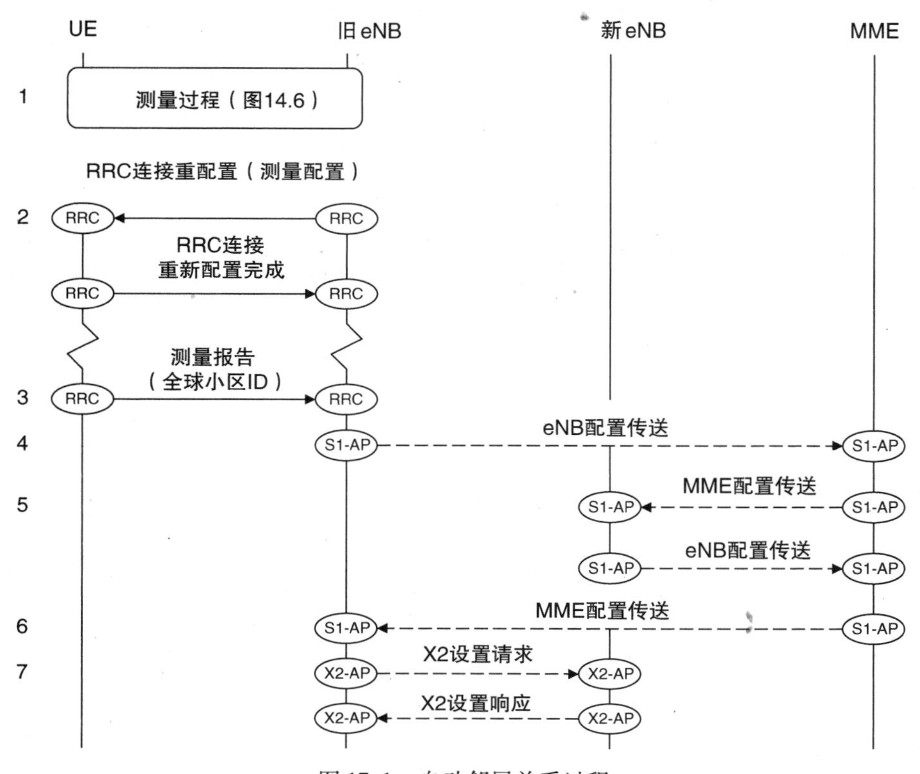

图 17.1　自动邻居关系过程

当基站接收到包含其先前不知道的物理小区标识的测量报告时，触发该过程（1）。基站不能立即联系新小区，因此它向移动台发送第二个测量配置以请求关于该小区的更多信息（2）。作为响应，移动台完成相邻小区的捕获过程，读取系统信息块 1，并在第二个测量报告中返回小区的全局身份、跟踪区域代码和 PLMN 列表（3）。基站现在具有足够的信息来发起到新小区的基于 S1 的切换。

为了支持基于 X2 的切换，基站向 MME 发送全局小区 ID，并且要求其返回相邻基站正在用于通过 X2 进行通信的 IP 地址（4）。MME 已经通过 S1 与相邻基站进行通信，因此它可以向前发送请求（5），并且可以返回邻居的回复（6）。这两个基站现在可以使用被称为 X2 建立[11]的过程在 X2 接口上建立通信（7）。在该过程期间，基站交换关于它们控制的所有小区的信息，包括它们的全局小区标识、物理小区标识和载波频率。该最后字段可以包括原始基站先前不知道的频率，其可以用于填充 SIB5 中的相邻频率的列表。

17.1.3 随机接入信道的优化

随机接入信道的手动配置是网络运营商的另一个潜在负担。从版本 9 起，基站可以在 X2 建立过程期间交换关于它们用于随机接入信道的参数的信息。该信息包括确定信道正在使用的资源块的 PRACH 频率偏移和 PRACH 配置索引，以及确定小区对随机接入前导码的选择的零相关区域配置、根序列索引和高速标志。使用该信息，基站可以通过向其分配不同的资源块集合和不同的前导码来最小化在相邻小区中的随机接入传输之间的干扰。

随后，基站可以使用被称为 UE 信息请求的 RRC 消息来检索关于移动台的最后成功的随机接入尝试的信息。该信息包括移动台在接收回复之前发送的前导码的数量以及在任何阶段竞争解决过程是否失败的指示。使用该信息，基站可以调整随机接入信道的功率设置和资源块分配，以便最小化信道在空中接口上所产生的负载。

17.2 小区间干扰协调

X2 - AP 负载指示过程[12]帮助网络最小化相邻基站之间的干扰，并实现在第 4 章中引入的分数频率重用方案。为了使用该过程，基站发送 X2 - AP 负载信息消息到其邻居之一。在消息中，基站可以包括其正在控制的每个小区的三个信息元素。第一个是相对窄带 Tx 功率，其说明每个下行链路资源块中的发射功率是否高于或低于阈值。邻居可以在其调度过程中使用该信息，通过避免在受到高下行链路干扰的资源块中向远程移动台的下行链路传输。

第二个信息元素是 UL 高干扰指示，其列出了基站打算调度远程移动台的上行链路资源块。邻居可以以类似的方式使用它，使得其不调度将受到高上行链路干扰的资源块中来自远程移动台的上行链路传输。第三个是 UL 干扰过载指示，其指示每个上行链路资源块中的接收干扰是高、中还是低。这里，邻居可以再次避免在过载的资源块中调度来自远程移动台的上行链路传输，这次确保其不产生高上行链路干扰。

从版本 10 起，基站可以包括被称为 ABS（几乎空子帧）信息的第四个信息元素。这支持增强的小区间干扰协调技术，我们将在第 19 章中讨论。

17.3　移动性管理

17.3.1　移动性负载均衡

我们现在将讨论与 LTE 中的移动性管理相关的三种自优化技术。图 17.2 所示为其中的第一个，称为移动性负载平衡或资源状态报告[13]。使用该过程，附近的基站可以协作以均衡无线接入网中的负载并且最大化系统的总容量。

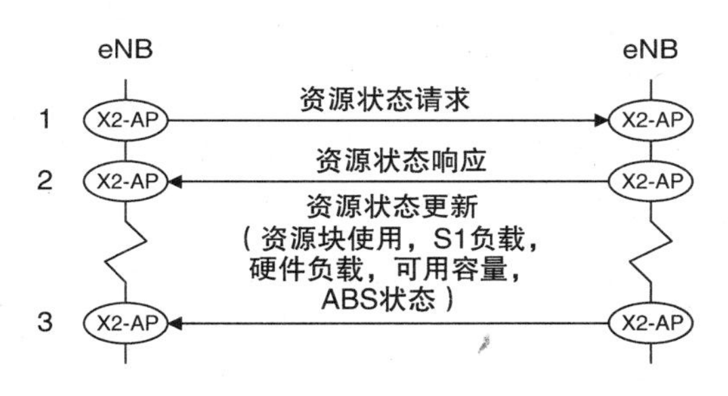

图 17.2　资源状态报告过程

使用 X2 - AP 资源状态请求 (1)，版本 8 基站可以请求其中的一个邻居报告三个信息项。第一个是邻居在其每个小区中对于 GBR 和非 GBR 业务使用的资源块的百分比。第二个是 S1 接口上的负载，第三个是硬件负载。邻居返回确认 (2)，然后使用 X2 - AP 资源状态更新周期性地为上行链路和下行链路报告每个项目 (3)。作为该信息的结果，拥塞的基站可以将移动台切换到具有足够的备用容量，并且甚至可以排除无线接入网中的负载的相邻小区。

从版本 9 起，邻居可以在其资源状态更新中报告第四个字段，复合可用容量组指示其在上行链路和下行链路上可用于负载平衡的容量。原始基站可以使用该信息来辅助其切换决定。从版本 10 起，邻居可以报告第五个字段，即 ABS 状态，我们将在第 19 章中介绍。

在这样的切换之后，存在新基站将移动台直接返回到旧基站的风险。为了防止这种情况发生，版本 9 引入了另一个 X2 过程，称为移动性设置更改[14]。使用该过程，基站可以请求邻居通过在第 14 章中引入的小区特定偏移来调整其用于测量报告的阈值。在调整之后，移动台应当保持在目标小区中，而不是被返回。

17.3.2 移动性鲁棒优化

移动性鲁棒优化[15]是首次出现在版本 9 中的自优化技术。使用这种技术，基站可以收集关于由于使用不适当的测量报告阈值而出现的任何问题的信息。然后，它可以使用该信息来调整它正在使用的阈值并纠正该问题。

有三个主要的故障原因，其中第一个如图 17.3 所示。这里，基站已经开始到新小区的切换（1），但是这已经太晚了，因为它的测量报告阈值设置得不好。或者，它可能根本没有开始切换。在执行任何切换之前，移动台的接收信号功率下降到阈值以下，并且其无线链路失效（2）。作为响应，移动台运行小区选择过程并且发现它应该已经被返回到的小区。它使用随机接入过程（3）和被称为 RRC 连接重建的过程（4，5，6）来联系新小区，其中它使用旧小区的物理小区 ID 和旧的 C－RNTI 来识别自身。在步骤 6 中，移动台还可以指示其具有来自从旧小区及其邻居接收的功率的无线链路故障之前的测量。如果是，则基站使用 RRC UE 信息过程来检索该信息（7，8）。

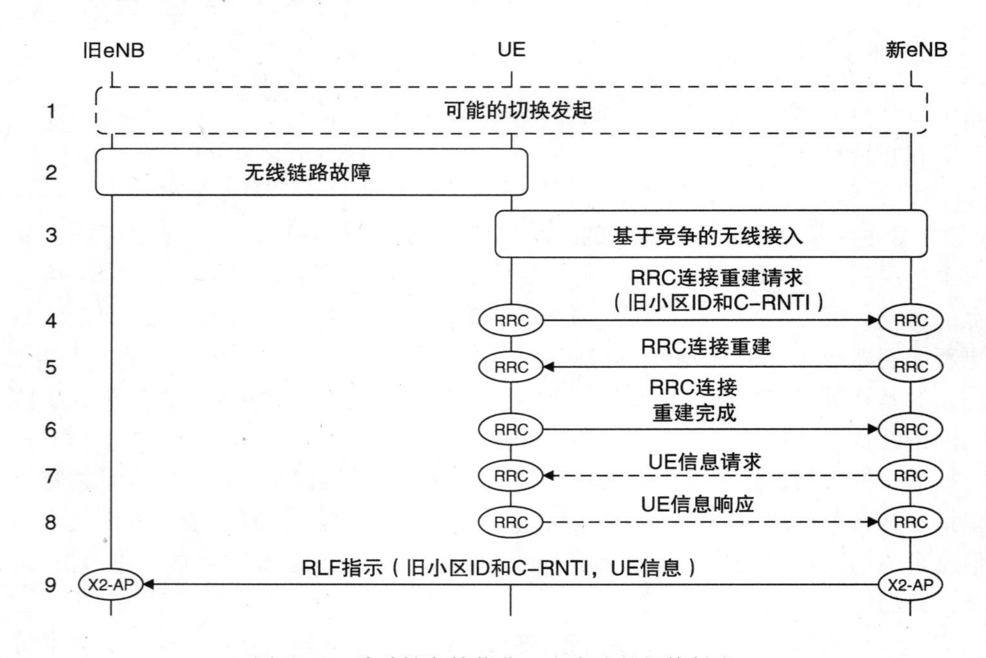

图 17.3 移动性鲁棒优化，由太晚的切换触发

新基站现在可以使用被称为 X2－AP 无线电链路故障（RLF）指示的版本 9 消息来告诉旧基站关于该问题（9）。在一系列这样的报告之后，旧基站可以通过使用在 3GPP 规范的范围之外的专有优化软件调整其测量报告阈值来采取

行动。

下一个问题如图 17.4 所示。这里，基站已经过早地执行切换（1），可能在移动台正在短暂地接收来自新小区的视距覆盖的隔离区域中。移动台完成切换，但是其无线链路很快失效（2）。在运行小区选择过程时，移动台重新发现旧小区，重新建立 RRC 连接（3），并且使用其新的物理小区 ID 和 C－RNTI 来识别自身。与之前一样，旧基站通知新基站（4）。然而，新基站注意到它刚刚在从旧基站的切换中接收到移动台，因此它通知使用另一个版本 9 消息 X2－AP 切换报告的旧基站（5）。再次，旧基站可以使用该信息来调整其测量阈值。

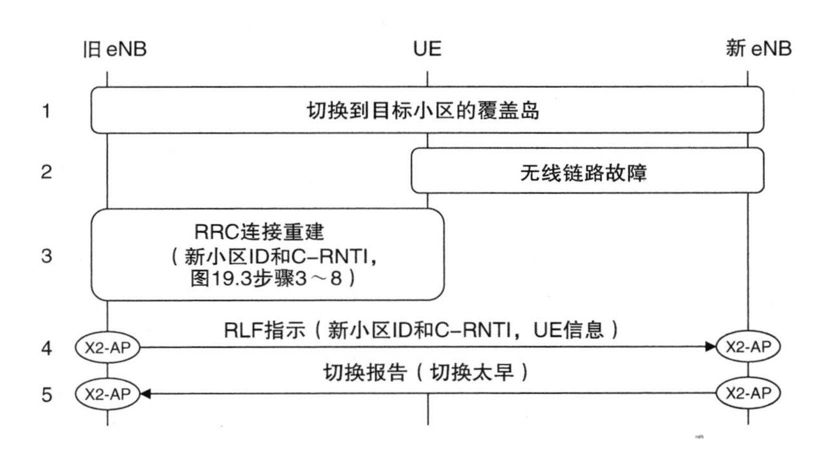

图 17.4 移动性鲁棒优化，由过早的切换触发

最后一个问题如图 17.5 所示。这里，基站已经将移动台切换到错误的小区，可能是由于不正确的小区特定测量偏移（1）。移动台的无线链路如之前那样失效（2），并且它与第三个小区重新建立 RRC 连接，第三个小区应该已经在第一个地方被交递（3）。作为响应，第三个基站向第二个发送无线链路故障指示（4），其如之前那样使用切换报告来通知原始基站（5）。

17.3.3 节电

最终移动性管理过程的目的，首先在版本 9[16] 中引入，是通过关闭未使用的小区来节省能量。典型的情况是在购物中心中使用微微小区，其中如果小区仅仅对网络的容量有贡献，而不是对其覆盖，则可以在购物时间之外关闭小区。

如果基站支持此功能，则它可以决定在长时间低负载后关闭小区。为此，它将任何剩余的移动台交给具有重叠覆盖的小区，使用 X2－AP eNB 配置更新告诉它们关于改变，并关闭该小区。基站本身保持开启，因此，在稍后的时间，邻居可以请求基站使用 X2－AP 小区激活请求再次切换小区。

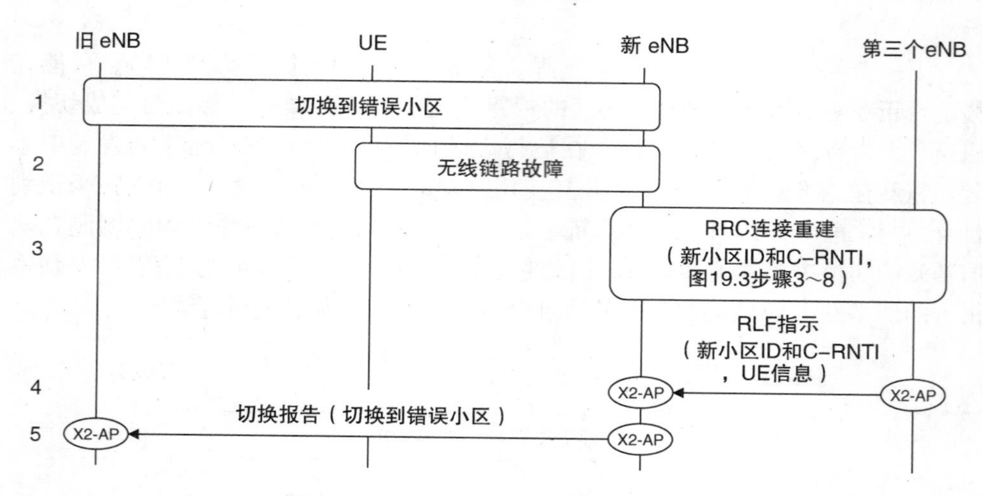

图 17.5 移动性鲁棒优化，由切换到错误的小区触发

17.4 无线接入网信息管理

17.4.1 引言

到目前为止，我们仅讨论 LTE 的无线接入网内的信息传递。无线接入网信息管理（RIM）[17-19]最初被开发用于在 GSM 的无线接入网内的信息传输。其后来扩展到 GSM、UMTS 和 LTE 的无线接入网之间，特别是 GSM 基站控制器、UMTS 无线网络控制器和 eNB 之间的信息传输。

在最底层，核心网通过将信息嵌入到中间接口上的信令消息中来在三个无线接入网之间传送信息。在更高层，端到端信息传输由单独的 RIM 协议管理，其支持单个和事件驱动的报告，并且其通过确认和重传保证可靠的传送。在最高层，规范定义了处理不同类型信息的各种 RIM 应用程序。这些应用允许 LTE 基站发现附近的 UMTS 和 GSM 小区的系统信息，并且扩展自优化网络的能力以覆盖系统间优化。

17.4.2 系统信息的传输

图 17.6 显示了使用这种技术的信令过程。有两个阶段。在第一阶段中，新的 LTE 基站发现其 UMTS 邻居中的一个，并将邻居添加到其 3G 测量对象的列表。在第二阶段中，基站使用 RIM 过程来请求邻居的系统信息。

当基站接收到其先前不知道的关于 UMTS 邻居的测量报告时，该过程开始。

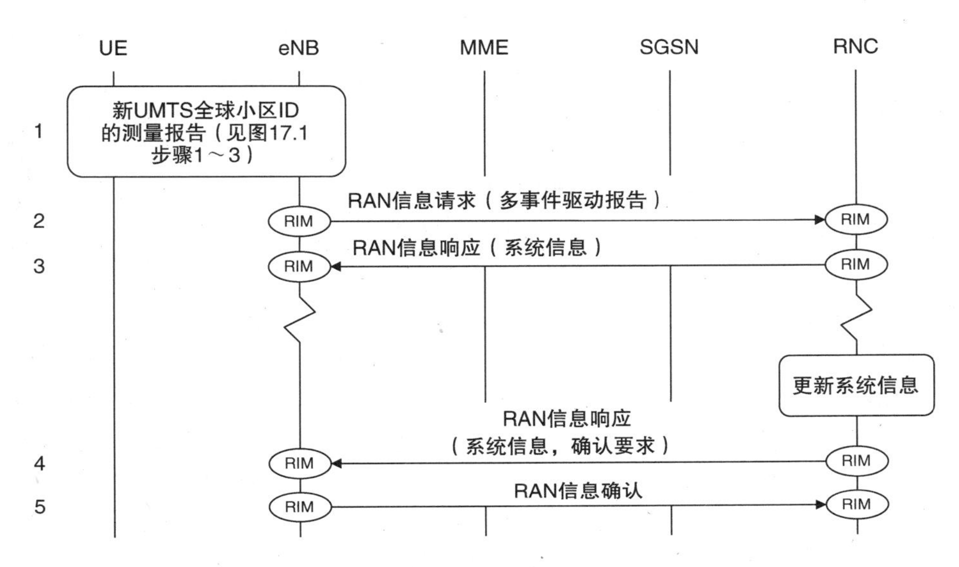

图 17.6　系统信息从新的 UMTS 小区传输到 LTE

移动台最初在 RRC_IDLE 状态中自己找到该小区，但随后转到 RRC_CONNECTED 状态并且继续测量该小区。移动台使用其 3G 物理小区标识来描述小区，但是基站不识别它并且要求更多的信息。作为响应，移动台完成 3G 获取过程，读取小区的系统信息并返回其全局小区标识、位置区域代码、路由区域代码和 PLMN 标识（1）。基站现在可以将移动台移交到新小区。它还可以将小区添加到其 3G 测量对象的列表，使得该小区可以由已经在 RRC_CONNECTED 中的其他移动台测量。

基站现在可以组成 RIM RAN 信息请求，其中它请求新小区的系统信息的多个事件驱动报告（2）。网络通过将其嵌入到 S1 - AP eNB 直接信息传送、GTPv1 - C或 GTPv2 - C RAN 信息中继和 Iu - PS 直接信息传送中来将消息传送到目的无线网络控制器。在 RNC 的应答（3）之后，基站可以在 RRC 连接释放的过程期间通过来自第 15 章的重定向向移动台发送系统信息，以便加速该过程。稍后，RNC 可以更新系统信息。由于先前对多个事件驱动报告的请求，它警告 LTE 基站（4）并请求确认以确保可靠传送（5）。

17.4.3　自优化数据的传输

我们可以应用类似的过程来传输三种类型的自优化数据。首先，无线接入网可以交换小区负载信息，以支持系统间移动性负载均衡。LTE 小区报告复合可用容量组，而 UMTS 和 GSM 小区报告称为小区负载信息组的类似信息。

其次，无线接入网可以交换支持移动性鲁棒优化的信息，以帮助它们检测不必要的系统间切换。在从 LTE 到 UMTS 或 GSM 的切换之后，新的无线接入网可以要求移动台继续测量其从附近的 LTE 小区接收的信号功率。如果信号功率足够高，则网络可以告诉 LTE 基站它不必要地触发了切换。基站可以使用一系列这样的报告来调整其测量报告阈值。

第三，无线接入网可以交换信息以支持系统间节能。这与早先的 LTE 节能过程相同，通过允许小区在其已经关闭或者请求邻居开机时进行报告。

17.5 最小化路测

网络运营商传统上通过将测量设备运送到其预期覆盖区域内，以称为路测的技术来评估无线接入网的覆盖。除了耗时和昂贵之外，这种技术提供受限于路测的路线的覆盖数据，并且很少或不提供关于室内覆盖的信息。然而，网络运营商确实具有用户的移动台形式的另一个现成的测量设备。在被称为最小化路测（MDT）的版本 10 技术[20-22]中，运营商可以要求其移动台返回补充甚至取代从传统路测获得的测量。

作为客户关怀流程的一部分，运营商有义务获得用户同意使用他们的移动台进行路测最小化。网络将相关信息存储在归属用户服务器中，并在测量激活之前检查它。

如果用户确实同意，则两种测量模式可用：RRC_CONNECTED 状态下的移动台的立即测量和 RRC_IDLE 状态下的移动台的记录测量。立即测量遵循与在第 14 章中看到的相同的报告过程。移动台测量下行链路 RSRP 或 RSRQ，并将这些量报告给基站；它也报告它可用的任何位置数据，但不进行任何位置测量，只是为了 MDT 的目的。然后，基站可以使用用于跟踪报告的现有网络管理过程将信息返回到管理系统。

基站还可以向活动移动台发送称为记录测量配置的 RRC 消息，以便一旦其进入 RRC_IDLE 状态就将其配置用于记录测量。在空闲模式中，移动台以不连续接收周期的倍数周期进行测量。然后，它将信息与时间戳及其可用的任何位置数据一起存储在日志中。当移动台接下来建立 RRC 连接时，其可以使用消息 RRC 连接建立完成中的字段来通知其测量日志的可用性。然后，基站可以使用 RRC UE 信息过程从移动台检索所记录的测量，并且可以像之前那样将它们转发到管理系统。

版本 11 规范以两种方式增强了路测最小化。首先，移动台向基站返回附加测量。上行链路和下行链路数据吞吐量指示用户的服务质量，上行链路和下行链路数据量指示业务集中在哪里，上行链路功率余量指示上行链路覆盖，而无线链路和 RRC 连接建立失效的数量提供关于任何覆盖漏洞的信息。其次，网络可以指示移动台测量并返回其位置，仅用于路测最小化的目的。这使得信息对网络运营商更有价值，但是可以增加移动台的功耗。它通常可以在归属用户服务器内使用额外的订阅选项来管理。

参考文献

1. 3GPP TR 36.902 (2011) Evolved Universal Terrestrial Radio Access Network (E-UTRAN); Self-Configuring and Self-Optimizing Network (SON) Use Cases and Solutions, Release 9, April 2011.
2. 3GPP TS 36.300 (2013) Evolved Universal Terrestrial Radio Access (E-UTRA) and Evolved Universal Terrestrial Radio Access Network (E-UTRAN); Overall Description; Stage 2, Release 11, Section 22, September 2013.
3. 3GPP TS 36.423 (2013) Evolved Universal Terrestrial Radio Access Network (E-UTRAN); X2 Application Protocol (X2AP), Release 11, September 2013.
4. Hämäläinen, S., Sanneck, H. and Sartori, C. (2011) *LTE Self-Organizing Networks: Network Management Automation for Operational Efficiency*, John Wiley & Sons, Ltd, Chichester.
5. Ramiro, J. and Hamied, K. (2011) *Self-Organizing Networks: Self Planning, Self Optimization and Self Healing for GSM, UMTS and LTE*, John Wiley & Sons, Ltd, Chichester.
6. 4G Americas (2011) Self-Optimizing Networks: The Benefits of SON in LTE, July 2011.
7. 3GPP TS 32.501 (2012) Telecommunication Management; Self-Configuration of Network Elements; Concepts and Requirements, Release 11, Section 6.4.2, September 2012.
8. 3GPP TS 32.762 (2013) Telecommunication Management; Evolved Universal Terrestrial Radio Access Network (E-UTRAN) Network Resource Model (NRM) Integration Reference Point (IRP); Information Service (IS), Release 11, Section 6, March 2013.
9. 3GPP TS 36.413 (2013) Evolved Universal Terrestrial Radio Access Network (E-UTRAN); S1 Application Protocol (S1AP), Release 11, Section 8.7.3, September 2013.
10. 3GPP TS 36.300 (2013) Evolved Universal Terrestrial Radio Access (E-UTRA) and Evolved Universal Terrestrial Radio Access Network (E-UTRAN); Overall Description; Stage 2, Release 11, Section 22.3.3, September 2013.
11. 3GPP TS 36.423 (2013) Evolved Universal Terrestrial Radio Access Network (E-UTRAN); X2 Application Protocol (X2AP), Release 11, Section 8.3.3, September 2013.
12. 3GPP TS 36.423 (2013) Evolved Universal Terrestrial Radio Access Network (E-UTRAN); X2 Application Protocol (X2AP), Release 11, Section 8.3.1, September 2013.
13. 3GPP TS 36.423 (2013) Evolved Universal Terrestrial Radio Access Network (E-UTRAN); X2 Application Protocol (X2AP), Release 11, Section 8.3.6, 8.3.7, September 2013.
14. 3GPP TS 36.423 (2013) Evolved Universal Terrestrial Radio Access Network (E-UTRAN); X2 Application Protocol (X2AP), Release 11, Sections 8.3.8, September 2013.
15. 3GPP TS 36.423 (2013) Evolved Universal Terrestrial Radio Access Network (E-UTRAN); X2 Application Protocol (X2AP), Release 11, Sections 8.3.9, 8.3.10, September 2013.
16. 3GPP TS 36.423 (2013) Evolved Universal Terrestrial Radio Access Network (E-UTRAN); X2 Application Protocol (X2AP), Release 11, Sections 8.3.5, 8.3.11, September 2013.
17. 3GPP TS 23.401 (2013) General Packet Radio Service (GPRS) Enhancements for Evolved Universal Terrestrial Radio Access Network (E-UTRAN) Access, Release 11, Section 5.15, September 2013.
18. 3GPP TS 48.018 (2013) General Packet Radio Service (GPRS); Base Station System (BSS) – Serving GPRS Support Node (SGSN); BSS GPRS Protocol (BSSGP), Release 11, Section 8c, September 2013.
19. 3GPP TS 36.413 (2013) Evolved Universal Terrestrial Radio Access Network (E-UTRAN); S1 Application Protocol (S1AP), Sections 8.13, 8.14, Release 11, Annex B, September 2013.
20. 3GPP TS 37.320 (2013) Universal Terrestrial Radio Access (UTRA) and Evolved Universal Terrestrial Radio Access (E-UTRA); Radio Measurement Collection for Minimization of Drive Tests (MDT); Overall Description; Stage 2, Release 11, March 2013.
21. 3GPP TS 36.331 (2013) Radio Resource Control (RRC); Protocol Specification, Release 11, Sections 5.6.6, 5.6.7, 5.6.8, September 2013.
22. 3GPP TS 32.422 (2013) Telecommunication Management; Subscriber and Equipment Trace; Trace Control and Configuration Management, Release 11, Sections 4.2.8, 6, July 2013.

第 18 章　版本 9 的增强

在编写 LTE 版本 8 的规范时，LTE 和 WiMAX 之间存在竞争，以便支持网络运营商和设备供应商。鉴于这种竞争，3GPP 可以理解地希望尽快完成版本 8 的规范。为了帮助实现这一点，他们推迟了系统的一些外围功能，直到 2009 年 12 月冻结的第 9 版。

本章介绍了第 9 版中首次引入的功能，其中包括多媒体广播/组播服务、位置服务和双层波束成形。版本 9 的内容在相关的 3GPP 版本总结[1]中描述，并且在 4G Americas 的定期更新的白皮书中有一个有用的综述[2]。

18.1　多媒体广播/多播服务

18.1.1　引言

移动蜂窝网络通常用于诸如电话呼叫和网络浏览的一对一通信服务，但是它们也可以用于诸如移动电视之类的一对多服务。有两种类型的一对多服务：广播服务对任何人可用，而多播服务仅可用于已订阅多播组的用户。广播和多播服务需要几种不同于传统单播的技术。例如，网络必须使用 IP 多播来分发数据，而加密技术必须被修改以确保所有订阅用户可以接收信息流。

UMTS 使用在 3GPP 版本 6 中引入的多媒体广播/多播服务（MBMS）[3]来实现这些技术。尽管它没有被广泛使用，但是它已经在诸如日本和韩国的几个市场中流行。LTE 版本 9 中引入了 LTE 多媒体广播/多播服务，并且通常称为演进 MBMS（eMBMS）。尽管服务被这样称呼，LTE 目前仅支持广播服务，其不要求用户订阅多播组。

为了传送 MBMS 数据流，LTE 使用称为 MBMS 单频网（MBSFN）的空中接口技术。在版本 8 中完全指定了 MBSFN，但是在本章中我们将介绍 MBMS 和 MBSFN，以便将两个相关问题放在一起讨论。

18.1.2　广播/多播单频网

当递送广播或多播服务时，无线接入网从几个邻近小区发送相同的信息流。这不同于移动通信系统中的通常情况，其中附近小区正在传输完全不同的信息。LTE 利用此特性来改善广播和多播服务的传输，使用 MBSFN 技术（见图 18.1）。

当使用 MBSFN 时，邻近基站被同步，使得它们在相同时间和相同子载波上广播相同内容。移动台接收信息的多个副本，除了到达时间、幅度和相位不同之外，它们是相同的。然后，移动台可以使用与在第 4 章中介绍的用于处理多径的技术完全相同的技术来处理信息流。它甚至不知道信息来自多个小区。

因为额外的小区正在发送相同的信息流，所以它们不对移动台造成任何干扰；相反，它们有助于接收信号功率。这增加了移动台的 SINR 和最大数据速率，特别是在干扰通常较高的小区边缘。进而，这有助于 LTE 针对 MBMS 的递送达到 1bit/(s·Hz) 的目标频谱效率[4]，相当于在 5MHz 带宽中 300kbit/s 速率的 16 个移动 TV 信道。

18.1.3　LTE 中的 MBSFN 实现

在 LTE 中，我们前面介绍的同步基站位于称为 MBSFN 区域的地理区域中。MBSFN 区域可以重叠，使得一个基站可以从多个 MBSFN 区域发送多组内容。

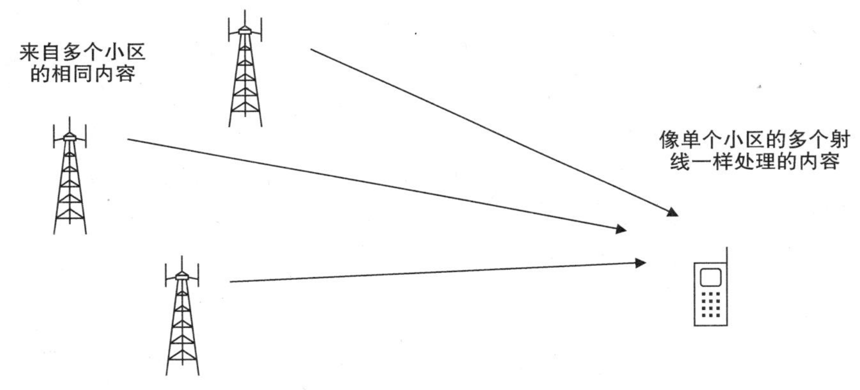

图 18.1　MBMS 单频网

在每个 MBSFN 区域中，LTE 空中接口使用图 18.2 所示的信道来传送 MBMS。有两个逻辑通道。多播业务信道（MTCH）承载广播业务，例如电视台，而多播控制信道（MCCH）承载描述业务信道如何被传输的 RRC 信令消息。每个 MBSFN 区域包含一个多播控制信道和多个多播业务信道的实例。

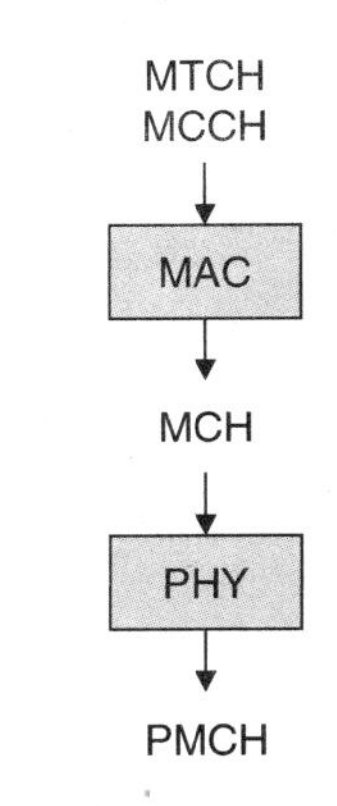

图 18.2　用于 MBMS 和 MBSFN 的信道

使用多播信道（MCH）和物理多播信道（PMCH）来传送多播业务和控制信道。每个 MBSFN 区域包含 PMCH 的多个实例，每个 MBSCH 承载多播控制信道或一个或多个多播业务信道。

在用于 PMCH 和 PDSCH 的传输技术之间存在一

些差异[5]。PMCH 支持上述的 MBSFN 技术，并且总是使用扩展的循环前缀来处理由于使用多个基站而导致的长延迟扩展。它在天线端口 4 上发送，以使其与基站的其他传输分离，并且不使用发射分集、空间复用或混合 ARQ。信道的每个实例使用通过 RRC 信令配置的固定调制方案和编码率。

PMCH 使用来自通常的一组不同的参考信号，称为 MBSFN 参考信号。这些用 MBSFN 区域标识而不是物理小区标识来标记，以确保移动台能够成功地组合其从不同小区接收的参考信号。

到目前为止，MBMS 仅在与单播业务共享的载波上传送。这是使用时分复用来实现的。在任何一个小区中，根据在 SIB2 中定义的映射，将每个下行链路子帧分配给 PDSCH 上的单播业务，或者分配到 PMCH 上的广播业务。因此，特定子帧包含 PDSCH 或 PMCH，而不是两者都包含。此外，每个广播子帧被分配给单个 MBSFN 区域。在 MBSFN 区域内，每个广播子帧在多播控制信道上传送信令消息，或者在多播业务信道的单个实例上传送广播业务。

广播子帧仍然从 PDCCH 控制区域开始，但是这仅用于上行链路调度和上行链路功率控制命令，并且只有一个或两个符号长。控制区域使用小区的常规循环前缀持续时间（正常或扩展）和小区特定参考信号。该子帧的其余部分由 PMCH 占用，PMCH 使用扩展循环前缀和 MBSFN 参考信号。图 18. 3 所示为对于控制区域使用正常循环前缀并包含两个符号的情况下，得到的时隙结构。注意下行链路传输中的间隙，因为小区从一个循环前缀持续时间改变到另一个。

最终，设想 LTE 也将支持专用于 MBMS 的小区。这些小区将仅使用下行链路参考和同步信号、物理广播信道和物理多播信道，并且将不支持任何上行链路传输。它们尚未被完全指定，但是值得提及，因为它们可以可选地使用特殊的时隙结构来支持非常大的小区。在该时隙结构中，子载波间隔减小到 7. 5kHz，这将符号持续时间增加到 133. 3μs，并将循环前缀持续时间增加到 33. 3μs。此选项出现在版本 8 [6]的空中接口规范中，但尚不可用，通常可以忽略。

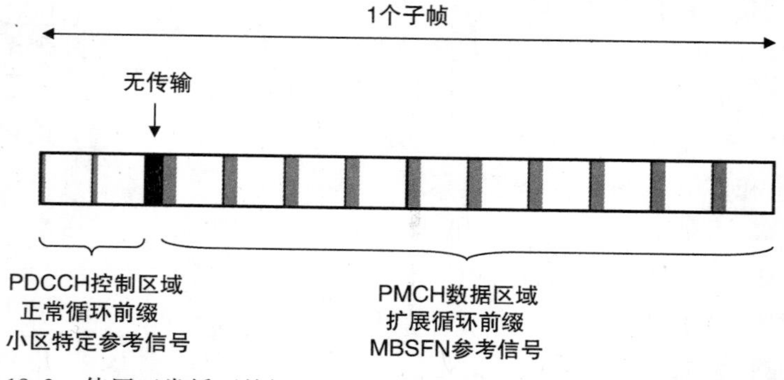

图 18. 3　使用正常循环前缀的两符号控制区域的 MBSFN 子帧的示例结构

18.1.4 MBMS 的架构

图 18.4 所示为用于通过 LTE 传递 MBMS 的架构[7,8]。广播/多播服务中心（BM－SC）从内容提供商接收 MBMS 内容。MBMS 网关（MBMS－GW）将内容分发到适当的基站，而多小区/多播协调实体（MCE）在单个 MBSFN 区域中调度来自所有基站的传输。

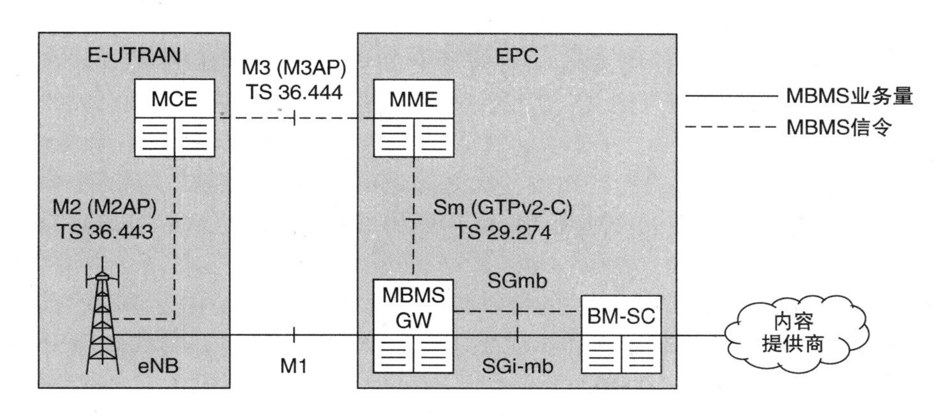

图 18.4　LTE 中的 MBMS 架构

BM－SC 通过在 SGmb 接口上发送信令消息来指示每个 MBMS 会话的开始。该接口不是由 3GPP 规范定义的，但是该消息描述了会话的服务质量，并且告诉 MBMS 网关为其预留资源。消息在 Sm[9]、M3[10] 和 M2[11] 接口上传播，其中最后一个还定义了 MBSFN 区域中的基站应当使用的调制方案、编码率和子帧分配。

BM－SC 然后使用 IP 多播通过 SGi－mb 接口广播数据。每个 MBMS 网关通过 M1 接口将数据连同指示每个分组的传输时间的报头以 10ms 的精度转发到适当的基站[12]。通过将其与从多小区/多播协调实体接收的调度信息组合，基站可以为每个分组建立确切的传输时间。

18.1.5 MBMS 操作

理解 MBMS 操作的最佳方式是观察移动台中的过程[13－16]。在其接通之后，移动台读取 SIB2。通过这样做，其发现哪些子帧已经被预留用于 PMCH 上的 MBSFN 传输并且已经被预留用于 PDSCH 上的单播传输。MBSFN 子帧以 1～32 帧的周期重复。它们不与由同步信号或物理广播信道或寻呼子帧使用的子帧冲突。

如果用户希望接收广播服务，则移动台通过读取新的系统信息块 SIB13 继续。这列出了小区所属的 MBSFN 区域。对于每个 MBSFN 区域，其还定义了承载多播控制信道的子帧，以及那些传输将使用的调制方案和编码率。

移动台现在可以接收多播控制信道，其携带单个 RRC 信令消息，即 MBSFN 区域配置。该消息列出了 MBSFN 区域正在使用的物理多播信道。对于每个 PMCH，该消息列出相应的多播业务信道，并且定义将被使用的子帧、调制方案、编码率和被称为 MCH 调度周期的参数，其位于 8 ~ 1024 帧之间。

移动台现在可以接收 PMCH 的每个实例。它仍然必须发现一条以上的信息，即在其携带的各种多播业务信道之间共享 PMCH 子帧的方式。基站在称为 MCH 调度信息的新的 MAC 控制元素中发信号通知该信息，MCH 调度信息在每个 MCH 调度周期的开始时发送。一旦它已经读取了该控制元素，移动台就可以接收 MTCH 的每个实例。

如果多播控制信道的内容改变，则基站通过使用 DCI 格式 1C 的变体写入 PDCCH 调度命令，并将其寻址到 MBMS 无线网络临时标识（M - RNTI）来警告移动台。

在以后的版本中有两个主要的增强功能。版本 10 增加了称为 MBMS 计数的过程，其中网络可以发现足够的移动台是否对服务感兴趣以证明其使用 MBSFN 的传输。如果服务仅与一些位置相关但不与其他位置相关，版本 11 允许网络在小于 MBSFN 区域的区域上传送 MBMS 服务。小区使用新的系统信息块 SIB15 来通告它提供哪个服务。

18.2 定位服务

18.2.1 引言

定位服务（LCS）[17,18]，也称为基于位置的服务（LBS），允许应用程序找出移动台的地理位置。UMTS 支持版本 99 的位置服务，但是它们仅从版本 9 引入到 LTE 中。

最大的单一动机是紧急呼叫。这个问题在美国尤其重要，美国联邦通信委员会要求网络运营商根据所使用的定位技术的类型[19]，将紧急呼叫定位在 50 ~ 300m之间的精度。对于诸如导航和交互式游戏的应用，位置服务对用户也越来越重要。其他应用包括警察或安全服务的合法拦截，以及使用移动台的位置来支持基于网络的功能，例如切换。

18.2.2 定位技术

与其他移动通信系统一样，LTE 可以使用三种不同的技术来计算移动台的位置。最准确和日益普遍的技术是使用全球导航卫星系统（GNSS），它是卫星导航系统如全球定位系统（GPS）的统称。有两种变体。利用基于 UE 的定位，移动台具有完整的卫星接收机并且计算其自身的位置。网络可以向其发送信息以辅助该计算，诸如初始位置估计和可见卫星的列表。利用 UE 辅助定位，移动台具有更基本的卫星接收机，因此其向网络发送一组基本测量，并且网络计算其位置。无论采用哪种方法，测量精度通常大约为 10m。

第二种技术称为下行链路定位或观测到达时间差（OTDOA）。这里，移动台测量信号从其服务小区和最近的邻居到达的时间，并且向网络报告时间差。然后，网络可以通过三角测量来计算移动台的位置。定时测量是在一组新的参考信号（称为定位参考信号[20]）上进行的，这些参考信号在新的天线端口（6 号）上传输。定位精度受到多径限制，通常约为 100m[21]，因此该技术难以满足美国联邦通信委员会的要求。它通常用作卫星定位的备份，因为如果移动台被高层建筑物包围或在室内，则它可能不能接收令人满意的卫星信号。版本 11 引入了称为上行链路到达时间差（UTDOA）的变体，其中网络通过定时在不同基站处的探测参考信号的到达来测量移动台的位置。

最后一种技术称为增强小区 ID 定位。这里，网络从其对服务小区标识和附加信息（例如移动台的定时提前）的知识估计移动台的位置。定位精度取决于小区大小，在毫微微小区（假设基站的位置实际上是已知的）中极好，但在宏小区中非常差。

18.2.3　定位服务架构

图 18.5 所示为 LTE 用于定位服务的主要硬件组件[22,23]。网关移动位置中心（GMLC）通过 Le 接口从外部客户端接收位置请求。它从归属用户服务器检索移动台的服务 MME 的身份，并将定位请求转发到 MME。接着，MME 将计算移动台的位置的责任委托给演进服务移动定位中心（E－SMLC）。

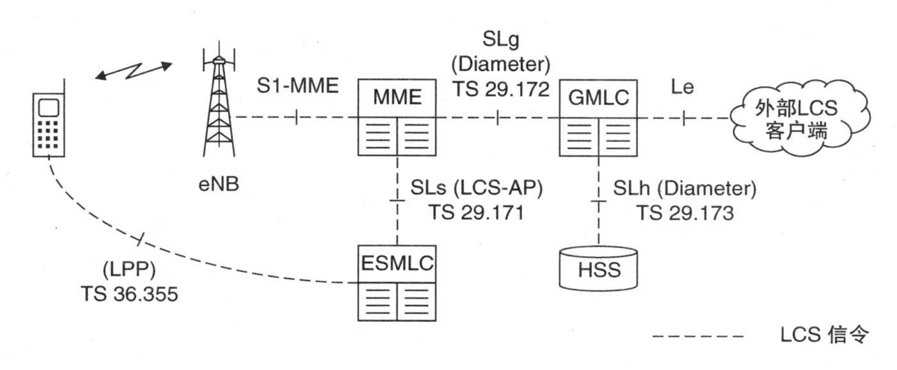

图 18.5　LTE 中定位服务的架构

两个其他组件可以是单独的设备或可以集成到 GMLC。隐私配置文件寄存器（PPR）包含用户的隐私细节，其确定是否实际上将接受来自外部客户端的位置请求。假名中介设备（PMD）使用由外部客户端提供的身份来检索移动台的 IMSI。

该架构使用几种信令协议。GMLC 使用 Diameter 应用[24,25]与归属用户服务器和 MME 通信，而 MME 使用 LCS 应用协议（LCS - AP）[26]与 E - SMLC 通信。MME 还可以使用在空中接口上嵌入到 EMM 消息中的补充服务（SS）消息向移动台发送定位相关信息[27]。E - SMLC 使用 LTE 定位协议（LPP）[28]与移动台和基站进行通信，通过将它们嵌入到较低级 LCS - AP 和 EMM 消息中来传输消息。GMLC 可以使用几种不同的技术（例如开放服务架构（OSA））与外部客户端通信。

18.2.4 定位服务过程

为了说明位置服务的操作，图 18.6 所示为网络如何响应来自外部客户端的位置请求[29]。该图假设移动台不在漫游，并且 GMLC 可以直接与移动台的服务 MME 通信。它还假定使用移动辅助或基于移动的定位技术，例如 GNSS 或 OT-DOA。

当外部客户端向 GMLC 询问移动台的位置和可选的速度时，该过程开始（1）。客户端通常使用其 IP 地址来标识移动台。GMLC 从假名中介设备检索移动台的 IMSI（2），并且询问隐私配置文件寄存器以确定是否可以接受该位置请求（3）。然后它从归属用户服务器检索移动台的服务 MME 的身份（4，5），并在那里转发定位请求（6）。作为该消息的一部分，它可以根据位置精度和响应时间来指定位置估计的服务质量，该信息是从客户端或从移动台的订阅数据获得的。

如果移动台处于 ECM - IDLE 状态，则 MME 使用寻呼过程唤醒它，移动台通过发起服务请求来响应（7）。如果隐私信息指示应该向用户通知进入的位置请求，则 MME 向移动台发送通知消息（8）。移动台询问用户该请求是否可以被接受（9），并且指示对 MME 的响应（10）。除非用户禁止许可，否则 MME 选择 E - SMLC 并在那里转发位置请求（11）。该消息包括移动台的位置能力，在附接过程期间作为其非接入层能力的一部分提供。

使用移动台的能力和所要求的服务质量，E - SMLC 决定它将使用的定位技术。假设使用移动辅助或基于移动的技术，它向移动台发送位置请求（12）。在其消息中，E - SMLC 指定所选择的定位技术并且提供支持信息，例如应当可见的卫星或者邻近基站正在发送的定位参考信号。消息通过被嵌入到较低级 LCS - AP 和 EMM 消息中，来传送到移动台。

移动台进行已经请求的测量，并向 E - SMLC 发送响应（13）。接着，E - SMLC 将其位置估计返回给客户端（14，15，16）。

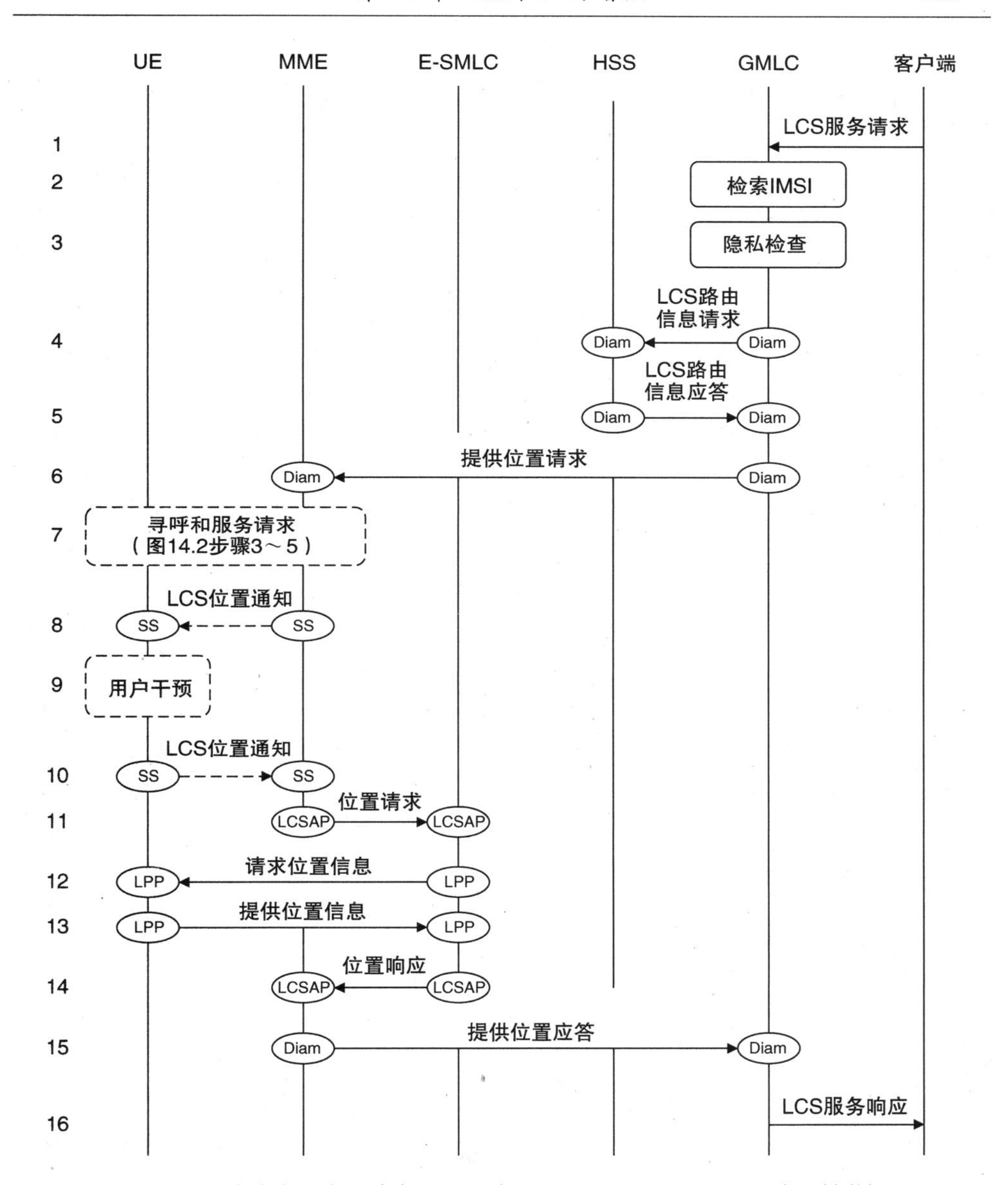

图 18.6　移动终止位置请求过程（来源：TS 23.271。经 ETSI 许可转载）

18.3　版本 9 的其他增强

18.3.1　双层波束成形

在 LTE 版本 8 中，基站可以在两个不同配置中使用多个天线，即空间复用，其中天线间隔很宽，或具有不同的极化，以及其中天线靠近在一起的波束成形。然而，在实际部署中，基站通常通过使用具有两个不同极化的两个紧密间隔的天线阵列来混合这些配置。

LTE在版本9中通过引入双层波束成形[30-32]来利用这种布置。在该技术中，基站使用具有不同极化的两个天线阵列构造两个独立波束，并且在每个天线阵列上发送不同的数据流。移动台使用两个接收天线接收波束，并且可以使用空间复用的正常技术重建发送的数据。因此，如果SINR足够高，双层波束成形可以使移动台的接收数据速率加倍。

为了使用双层波束成形，基站将移动台配置为新的传输模式（模式8），并使用新的DCI格式2B来调度它。然后，使用两个新天线端口（7号和8号）中的任一个或两者，向移动台发射。天线端口使用一组新的UE特定参考信号，其仅在移动台正在使用的物理资源块中发射，并且其行为与用于在端口5上的单层波束成形的参考信号相同。如前所述，基站使用与其应用于PDSCH的相同的天线权重来处理参考信号，使得权重对于移动台是透明的，并且作为信道估计的副作用被移除。

18.3.2 商业移动预警系统

美国联邦通信委员会建立了商业移动预警系统（CMAS）以响应2006年的美国警告警报和响应网络法案。使用该系统，参与的网络运营商可以传送三种类型的紧急消息：关于本地、区域或国家紧急情况，关于自然灾害（如飓风）和儿童绑架紧急警报的即刻威胁警报。

在版本9中，LTE通过将地震和海啸预警系统推广到包括这两种类型信息的公共预警系统（PWS）来支持CMAS[33]。基站继续在SIB10和11上发送地震和海啸警报，并且在新的系统信息块SIB12上发送商业移动警报。

参考文献

1. 3rd Generation Partnership Project (2013) FTP Directory, ftp://ftp.3gpp.org/Information/WORK_PLAN/Description_Releases/ (accessed 15 October 2013).
2. 4G Americas (2012) 4G Mobile Broadband Evolution: Release 10, Release 11 and Beyond: HSPA+, SAE/LTE and LTE-Advanced, October 2012.
3. 3GPP TS 23.246 (2012) Multimedia Broadcast/Multicast Service (MBMS); Architecture and Functional Description, Release 11, March 2012.
4. 3GPP TR 25.913 (2009) Requirements for Evolved UTRA (E-UTRA) and Evolved UTRAN (E-UTRAN), Release 9, Section 7.5, January 2009.
5. 3GPP TS 36.211 (2013) Physical Channels and Modulation, Release 11, Sections 6.5, 6.10.2, September 2013.
6. 3GPP TS 36.211 (2013) Physical Channels and Modulation, Release 11, Sections 6.2.3, 6.10.2.2, 6.12, September 2013.
7. 3GPP TS 23.246 (2012) Multimedia Broadcast/Multicast Service (MBMS); Architecture and Functional Description, Release 11, Sections 4.2.2, 4.3.3, 5, March 2012.

8. 3GPP TS 36.440 (2013) Evolved Universal Terrestrial Radio Access Network (E-UTRAN); General Aspects and Principles for Interfaces Supporting Multimedia Broadcast Multicast Service (MBMS) within E-UTRAN, Release 11, Section 4, March 2013.
9. 3GPP TS 29.274 (2013) 3GPP Evolved Packet System (EPS); Evolved General Packet Radio Service (GPRS) Tunnelling Protocol for Control Plane (GTPv2-C); Stage 3, Release 11, Section 7.13, September 2013.
10. 3GPP TS 36.444 (2013) Evolved Universal Terrestrial Radio Access Network (E-UTRAN); M3 Application Protocol (M3AP), M3 Application Protocol (M3AP), Release 11, June 2013.
11. 3GPP TS 36.443 (2013) Evolved Universal Terrestrial Radio Access Network (E-UTRAN); M2 Application Protocol (M2AP), M2 Application Protocol (M2AP), Release 11, June 2013.
12. 3GPP TS 25.446 (2012) MBMS Synchronisation Protocol (SYNC), Release 11, September 2012.
13. 3GPP TS 36.331 (2013) Radio Resource Control (RRC); Protocol Specification, Release 11, Sections 5.8, 6.2.2 (MBSFNAreaConfiguration), 6.3.1, 6.3.7, September 2013.
14. 3GPP TS 36.321 (2013) Medium Access Control (MAC) Protocol Specification, Release 11, Sections 5.12, 6.1.3.7, July 2013.
15. 3GPP TS 36.213 (2013) Physical Layer Procedures, Release 11, Section 11, September 2013.
16. 3GPP TS 36.212 (2013) Multiplexing and Channel Coding, Release 11, Section 5.3.3.1.4, June 2013.
17. 3GPP TS 23.271 (2013) Functional Stage 2 Description of Location Services (LCS), Release 11, March 2013.
18. 3GPP TS 36.305 (2013) Evolved Universal Terrestrial Radio Access Network (E-UTRAN); Stage 2 Functional Specification of User Equipment (UE) Positioning in E-UTRAN, Release 11, March 2013.
19. Federal Communications Commission (2013) Wireless 911 Services, http://www.fcc.gov/guides/wireless-911-services (accessed 5 November 2013).
20. 3GPP TS 36.211 (2013) Physical Channels and Modulation, Release 11, Section 6.10.4, September 2013.
21. 3GPP R1-090768 (2009) Performance of DL OTDOA with Dedicated LCS-RS, Release 11, February 2009.
22. 3GPP TS 23.271 (2013) Functional Stage 2 Description of Location Services (LCS), Release 11, Section 5, March 2013.
23. 3GPP TS 36.305 (2013) Evolved Universal Terrestrial Radio Access Network (E-UTRAN); Stage 2 Functional Specification of User Equipment (UE) Positioning in E-UTRAN, Release 11, Section 6, March 2013.
24. 3GPP TS 29.173 (2012) Location Services (LCS); Diameter-Based SLh Interface for Control Plane LCS, Release 11, December 2012.
25. 3GPP TS 29.172 (2013) Location Services (LCS); Evolved Packet Core (EPC) LCS Protocol (ELP) between the Gateway Mobile Location Centre (GMLC) and the Mobile Management Entity (MME); SLg Interface, Release 11, September 2013.
26. 3GPP TS 29.171 (2013) Location Services (LCS); LCS Application Protocol (LCS-AP) between the Mobile Management Entity (MME) and Evolved Serving Mobile Location Centre (E-SMLC); SLs Interface, Release 11, June 2013.
27. 3GPP TS 24.171 (2012) Control Plane Location Services (LCS) Procedures in the Evolved Packet System (EPS), Release 11, September 2012.
28. 3GPP TS 36.355 (2013) Evolved Universal Terrestrial Radio Access (E-UTRA); LTE Positioning Protocol (LPP), Release 11, September 2013.
29. 3GPP TS 23.271 (2013) Functional Stage 2 Description of Location Services (LCS), Release 11, Sections 9.1.1, 9.1.15, 9.3a, March 2013.
30. 3GPP TS 36.211 (2013) Physical Channels and Modulation, Release 11, Section 6.10.3, September 2013.
31. 3GPP TS 36.212 (2013) Multiplexing and Channel Coding, Release 11, Section 5.3.3.1.5B, June 2013.
32. 3GPP TS 36.213 (2013) Physical Layer Procedures, Release 11, Section 7.1.5A, September 2013.
33. 3GPP TS 22.268 (2012) Public Warning System (PWS) Requirements, Release 11, December 2012.

第 19 章 LTE - A 和版本 10

版本 10 增强了 LTE 的能力，使该技术符合国际电信联盟对 IMT - A 的要求。所得到的系统被称为 LTE - A。本章通过关注载波聚合、中继和增强上行链路和下行链路上的多天线传输，介绍了 LTE - A 空中接口的新特性。我们还讨论了用于控制异构网络中的干扰的技术，其中小区在相同的载波频率上但是具有不同的大小。最后，我们介绍了从 LTE 网络卸载业务量和控制来自机器类型通信的负载的技术。

对于大多数部分，版本 10 增强被设计为向后兼容版本 8。因此，版本 10 基站可以控制版本 8 移动台，通常没有性能损失，而版本 8 基站可以控制版本 10 移动台。在性能损失的少数情况下，衰减被保持在最低限度。

TR 36.912[1] 是 3GPP 向国际电信联盟提交的 LTE 高级版本，并且是该系统新特性的有用摘要。版本 10 的内容也在相关 3GPP 发行概要[2] 中描述，并且由 4G Americas[3] 定期更新的白皮书进行了回顾。

19.1 载波聚合

19.1.1 操作原理

LTE - A 的最终目标是支持 100MHz 的最大带宽。这是一个非常大的带宽，在可预见的未来最不可能作为连续分配提供。为了处理这个问题，LTE - A 允许移动台在多达五个分量载波（CC）上进行发送和接收，每个分量载波具有 20MHz 的最大带宽。这种技术被称为载波聚合（CA）[4]。

有三种情况，如图 19.1 所示。在频带间聚合中，分量载波位于不同的频带中并且由 100kHz 的倍数分开，这是通常的 LTE 载波间隔。在非连续的频带内聚合中，载波在相同的频带中，而在连续的频带内聚合中，载波在相同的频带中并且彼此相邻。在这最后一个场景中，载波以 300kHz 的倍数分开，这与第 4 章中描述的正交性要求一致，使得不同的子载波集合彼此正交并且不干扰。

还有一些限制。在 FDD 模式中，上行链路和下行链路上的分配可以不同，但是下行链路分量载波的数量总是大于或等于上行链路上使用的数量。在 TDD 模式中，每个分量载波在版本 10 中必须具有相同的 TDD 配置，但是该限制作为版本 11 的一部分被删除。最后，分量载波必须具有相同的操作模式（FDD 或

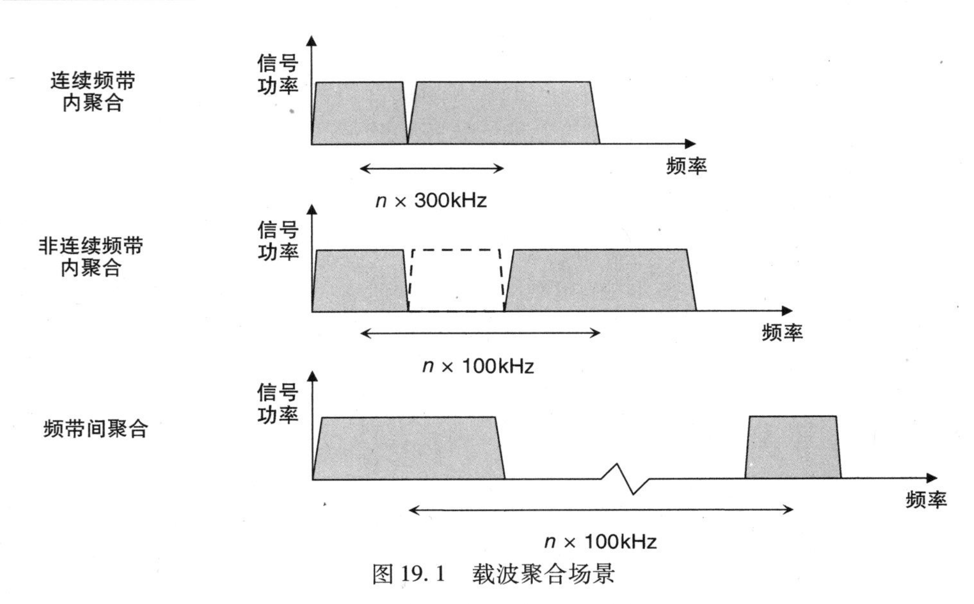

图19.1　载波聚合场景

TDD）直到版本11，但是该限制本身在版本12中被删除。

分量载波被组织成一个主小区（PCell）和多达四个辅小区（SCell）。主小区在TDD模式中包含一个分量载波，或者在FDD模式中包含一个下行链路CC和一个上行链路CC。它的使用方式与版本8中的小区完全相同。辅小区仅由RRC_CONNECTED状态的移动台使用，并且通过移动专用信令消息来添加或移除。每个辅小区在TDD模式中包含一个分量载波，或者在FDD模式中包含一个下行链路CC和一个可选的上行链路CC。

载波聚合仅影响空中接口上的物理层和MAC协议以及RRC、S1－AP和X2－AP信令协议。对RLC或PDCP没有影响，并且对固定网络中的数据传输没有影响。

19.1.2　UE能力

最终，载波聚合将允许移动台使用在各种频带中的五个分量载波来进行发送和接收。它由单个UE类别（类别8）处理，其支持下行链路3000Mbit/s和上行链路1500Mbit/s的峰值数据速率。尽管如此，类别8移动台不必支持类别8的每个特征，并且不必支持这种高峰值数据速率；相反，移动台声明其对各个特征的支持，作为其UE能力的一部分。此外，3GPP没有立即引入对类别8的完全支持。

有两个主要方面[5]。首先，版本10和11中的下行链路分量载波的最大数量是两个而不是五个，而当使用连续的频带内聚合时，上行链路分量载波的最大数量是两个。其次，规范仅支持在有限数量的频带中的载波聚合。这限制了规范的复杂性，因为必须针对每个频带或频带组合单独地定义一些射频要求。

图19.2所示为支持版本11中的载波聚合的频带组合，并指示了其近似载波

频率和预期使用区域。为版本 12 调度了若干新组合，包括在下行链路上使用三个分量载波并且在上行链路上使用一个频带间聚合，以及在下行链路上使用两个分量载波并且在上行链路上使用两个分量载波的频带间聚合。

移动台声明它支持哪些频带和频带组合作为其无线接入能力的一部分[6,7]。移动台还声明针对每个单独的频带或组合的被称为 CA 带宽等级的能力，其表示移动台支持的分量载波的数量和它可以处理的资源块的总数。表 19.1 列出了 LTE－A 使用的类别。在版本 10 和 11 中支持类别 A、B 和 C，而为将来的版本保留类别 D、E 和 F。

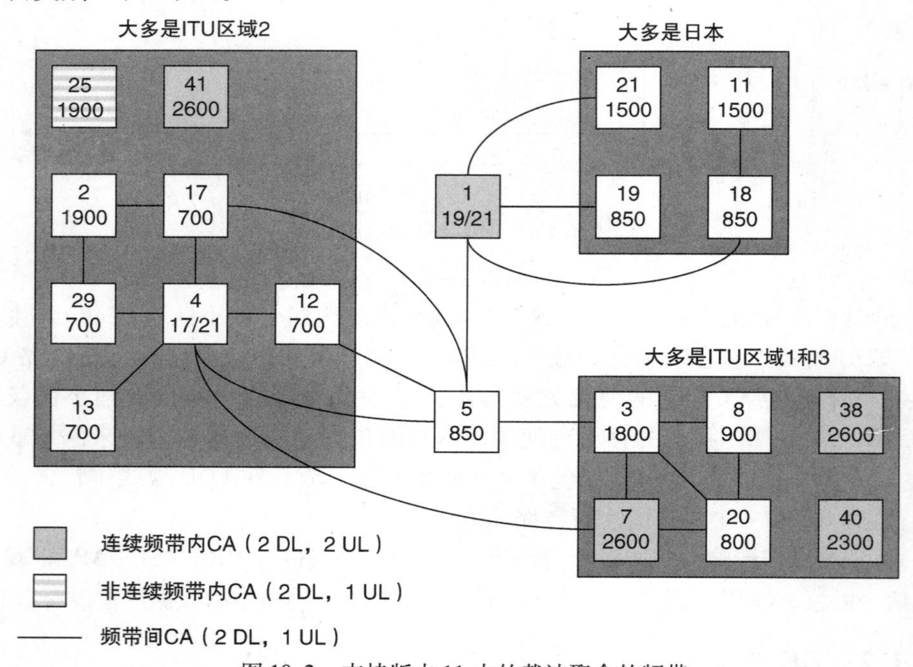

图 19.2　支持版本 11 中的载波聚合的频带

表 19.1　载波聚合带宽类别

载波聚合带宽类别	版本	分量载波最大数量	资源块最大数量
A	R10	1	100
B	R10	2	100
C	R10	2	200
D	R12 及以上	未确定	未确定
E	R12 及以上	未确定	未确定
F	R12 及以上	未确定	未确定

注：本表来源于 TS36. 101。经 ETSI 许可转载。

19.1.3 调度

在第 8 章中，我们描述了移动台在公共和 UE 特定搜索空间中寻找 PDCCH 调度消息，其位于每个子帧开始处的下行链路控制区域内。版本 10 继续使用这个过程，但有一些修改[8,9]。

每个分量载波被独立地调度并且生成混合 ARQ 反馈位的独立集合。然而，系统确实支持跨载波调度：基站可以使用另一个分量载波上的调度消息在一个分量载波上触发上行链路或下行链路传输。版本 10 通过向每个 DCI 格式添加载波指示域（CIF）来实现跨载波调度，其指示要用于后续传输的载波。

使用跨载波调度，基站可以在具有最大覆盖的分量载波上发送其调度消息，以便最大化成功接收的可靠性。它还可以使用该技术来平衡来自不同分量载波上的业务和调度的负载。公共搜索空间总是在主小区上，但是 UE 特定搜索空间可以在主小区或任何辅小区上。

19.1.4 数据传输和接收

载波聚合不影响下行链路中的数据传输，但是它确实导致上行链路中的一些改变。在版本 8 中，移动台使用 SC - FDMA，其假定移动台正在单个连续的子载波块上进行发送。在版本 10 中，该假设不再有效；相反，移动台使用被称为离散傅里叶变换扩频正交频分多址（DFT - S - OFDMA）的更通用的技术。除了它支持在子载波的非连续分配上的传输，该多址技术与 SC - FDMA 相同。

为了利用新的多址技术，以两种其他方式放宽规范。首先，移动台可以使用被分组成两个块而不是一个块的子载波在每个分量载波上进行发送，使用称为类型 1 的新的上行链路资源分配方案来调度这些传输。其次，移动台可以在 PUCCH 和 PUSCH 上同时进行传输。这两个功能对于移动台是可选的，移动台声明支持这两个功能作为其功能的一部分[10]。

使用 DFT - S - OFDMA 时，移动台的峰值输出功率比使用 SC - FDMA 时更高。这对移动台的功率放大器提出了更高的要求，这增加了放大器的成本和上行链路功率消耗。

19.1.5 上、下行链路反馈

载波聚合导致上行链路控制信息传输中的少量变化[11-13]。最重要的是移动台仅在主小区上发送 PUCCH。然而，其可以在主小区或任何辅小区上使用 PUSCH 发送上行链路控制信息。

如果移动台需要向基站发送混合 ARQ 确认，则其将它们一起分组到单个分量载波上。当使用 PUCCH 时，其可以以两种方式发送确认。第一种方式是以与在 TDD 模式中使用 ACK/NACK 复用类似的方式使用 PUCCH 格式 1b 在多个 PUCCH 资源上进行发送。第二种方式是使用新的 PUCCH 格式 3。该格式使用在五个移动台之间共享的资源块对来处理在 FDD 模式中的多达 10 个混合 ARQ 位和在 TDD 模式中的 20 个混合 ARQ 位以及可选调度位的同时传输。

对于上行链路发送和接收的过程没有显著变化。特别地，基站在与用于其上行链路数据传输的移动台相同的小区（主或辅）上发送其 PHICH 确认。

19.1.6 其他物理层和 MAC 过程

载波聚合引入了对第 8 ~ 10 章的物理层和 MAC 过程的一些其他更改。如前所述，基站使用移动专用 RRC 连接重配置消息来添加和移除辅小区。此外，它可以通过向目标移动台发送 MAC 激活/去激活控制元素来快速激活和去激活辅小区[14]。

如前所述，基站可以使用 DCI 格式 0、3 和 3A 来控制移动台的 PUSCH 传输功率。在 LTE - A 中，每个分量载波具有单独的功率控制环。当使用 DCI 格式 0 时，基站使用来自较早的载波指示字段来识别分量载波。在格式 3 和 3A 的情况下，向每个分量载波分配不同的 TPC - PUSCH - RNTI 值，并将该值用作功率控制命令的目标。

19.1.7 RRC 过程

载波聚合引入了对第 11 ~ 15 章的 RRC 过程的一些改变，但不是很多。如前所述，在 RRC_IDLE 状态中，移动台一次使用一个小区来执行小区选择和重选。RRC 连接建立过程也不改变：在过程结束时，移动台仅与主小区通信。一旦移动台处于 RRC_CONNECTED 状态，基站就可以使用移动专用 RRC 连接重配置消息来添加或移除辅小区。

在 RRC_CONNECTED 状态中，移动台以与之前大致相同的方式测量各个相邻小区。服务小区对应于测量事件 A3、A5 和 B2 中的主小区，并且对应于测量事件 A1 和 A2 中的主小区或辅小区。还存在新的测量事件 A6，如果来自相邻小区的功率上升到远远高于来自辅小区的功率，则移动台报告该测量事件。基站可以使用该测量报告来触发辅小区的改变。

在切换期间，新基站以与其在版本 8 中传送随机接入前导码索引相同的方式，使用其 RRC 连接重新配置命令向移动台通知新辅小区。这允许网络将所有辅小区改变为部分切换过程，并且还在具有对版本 8 和 10 的不同支持的基站之间移动移动台。

19.2 增强下行链路 MIMO

19.2.1 目标

版本 10 使用称为八层空间复用的新技术来扩展 LTE 对下行链路多天线传输的支持。该技术有三个主要目标。首先，它支持具有最多八层的单用户 MIMO 传输。其次，其支持最多四个移动台的多用户 MIMO 传输，并且包括 MU - MIMO 需要的准确反馈。第三，其允许基站在每个子帧的两种技术之间切换移动台，而不需要附加的 RRC 信令。

我们已经看到版本 10 中的峰值下行链路数据速率是 1200Mbit/s。这是版本 8 的四倍，并且是由于使用两个分量载波的结果，每个分量载波携带八个传输层而不是四个。最终，LTE 应通过使用五个分量载波来支持 3000Mbit/s 的峰值下行链路数据速率。

19.2.2 下行链路参考信号

参考信号具有两个功能：它们提供支持信道估计和解调的幅度和相位参考，并且它们提供功率参考以支持信道质量测量和频率相关调度。在版本 8 下行链路中，小区特定参考信号至少在传输模式 1 ~6 中支持这些功能。

原则上，通过添加四个新的天线端口，LTE - A 的设计者可以以与四天线 MIMO 相同的方式支持八天线 MIMO，每个天线端口携带小区特定参考信号。然而，这种方法会导致一些困难。参考信号将占用更多的资源元素，这将增加识别它们的版本 10 移动台的开销，并且增加对没有识别它们的版本 8 移动台的干扰。它们也不会改善多用户 MIMO 的性能。

相反，版本 10 引入了一些新的下行链路参考信号[15]，其中两个功能被分割。UE 特定参考信号（见图 19.3）以与上行链路上的解调参考信号类似的方式支持信道估计和解调，并且在天线端口 7 ~14 上发送。端口 7 和 8 上的信号与双层波束成形使用的信号相同，而端口 9 ~14 上的信号支持具有最多八个天线端口的单用户 MIMO。（即使基站仅具有两个或四个天线端口而不是八个天线端口，基站仍然可以使用本节中描述的技术）。

如图所示，每个单独的参考符号实际上通过正交码分复用在四个天线端口之间共享。没有小区特定的频率偏移；相反，参考符号相对于其周围资源块处于固定位置。此特性有助于在版本 11 中引入多点协作传输。

基站使用与其应用于 PDSCH 的相同的预编码矩阵来对 UE 特定参考信号进行预编码。这使得预编码操作对移动台是透明的，使得基站可以应用其喜欢的任

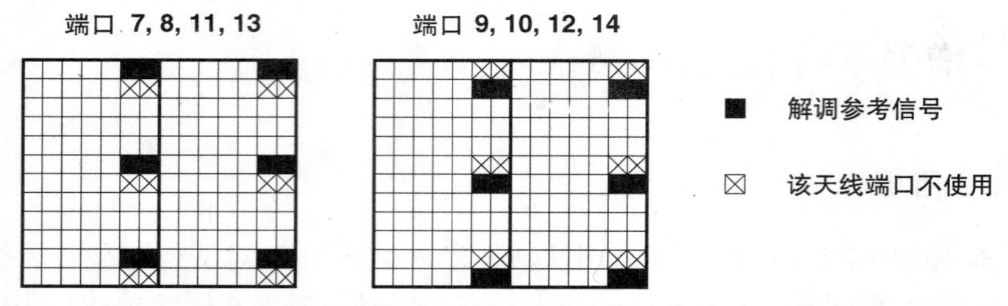

图 19.3　用于 UE 特定解调参考信号的资源元素映射，使用 FDD 模式和正常循环前缀（来源：TS 36.211。经 ETSI 许可转载）

何预编码矩阵，并且提高多用户 MIMO 的性能，这需要自由选择预编码矩阵以确保信号到达具有纠正建设性或破坏性干涉。此外，基站仅在目标移动台实际使用的物理资源块中发送 UE 特定参考信号。结果，参考信号不对小区中的其他移动台造成任何开销或干扰。然而，这也意味着参考信号不适合于跨越整个下行链路频带的信道质量测量。

为了解决这个问题，基站还在另外八个天线端口上发送 CSI 参考信号，编号从 15 到 22。(信号没有被预编码，因此天线端口不同于由 UE 特定参考信号使用的天线端口)。CSI 参考信号以与上行链路上的探测参考信号类似的方式支持信道质量测量和频率相关调度。

小区可以根据每个资源块对具有的天线端口的数量，使用每个资源块对两个、四个或八个资源元素来发送 CSI 参考信号。小区从 40 个资源元素的更大集合中选择这些资源元素，其中附近的小区选择不同的资源元素，以便最小化它们之间的干扰。图 19.4 所示为具有八个天线端口的小区的传输示例。

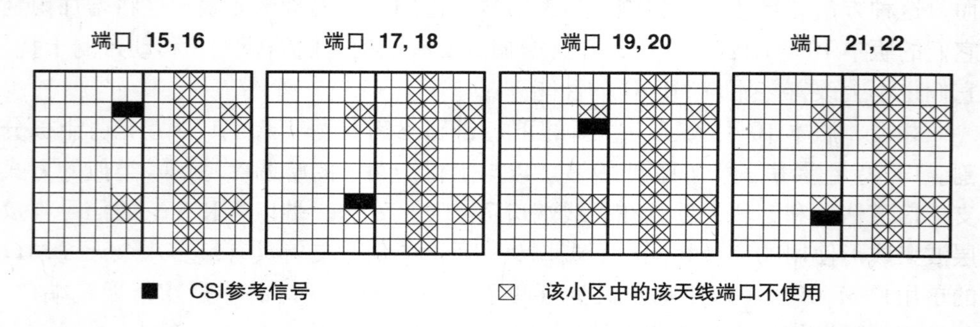

图 19.4　用于 CSI 参考信号的示例资源元素映射，使用 FDD 模式和正常循环前缀（来源：TS 36.211。经 ETSI 许可转载）

然后，基站向每个移动台提供 CSI 参考信号配置。这定义了移动台应该测量信号的子帧和它应该检查的资源元素，测量间隔为 5～80ms，这取决于移动台的速度。基站还可以向移动台提供附加的零功率 CSI 参考信号配置。尽管被这样称呼，但它们简单地定义了基站已经分配给 CSI 参考信号的其他资源元素，通常用于其更频繁地测量其他移动台，并且移动台在接收 PDSCH 时应该跳过它。

CSI 参考信号对于版本 10 移动台造成一些开销，但是长的传输间隔意味着开销是可接受的小。它们还可以导致不识别它们的版本 8 移动台 CRC 故障，但是基站可以通过在不同资源块中调度版本 8 移动台来避免这些故障。

19.2.3　下行链路传输和反馈

为了使用八层空间复用[16－18]，基站将移动台配置为新的传输模式 9，并使用新的 DCI 格式 2C 调度它。在其调度命令中，基站可以以两种不同的方式分配每个资源块。使用单用户 MIMO，基站可以在天线端口 7～7＋n 上发送最多八层，其中 n 是移动台正在接收的层的数量。使用多用户 MIMO，基站在天线端口 7 和 8 的每一个上发送最多两个层，一共发送四个层。然后，基站可以以各种方式使用这些。在一种情况下，四个移动台可以各自接收一个发射层，其中使用波束成形来分离移动台。或者，通过我们在第 18 章中介绍的双层波束成形技术，两个移动台可以各自在端口 7 上接收一个层，在端口 8 上接收一个层。

随着无线传播的改变，基站可以在两种技术之间动态地切换每个移动台，而不需要改变传输模式。例如，如果移动台在具有不相关信道条件的丰富多径环境中，则可以使用 SU－MIMO 来调度移动台，但是如果移动台进入视距通信，则将移动台改变为 MU－MIMO。

可选地，基站可以告诉移动台反馈预编码矩阵指示，其表示基站透明地提供的预编码与移动台理想地希望接收的预编码之间的差异。为了帮助实现这一点，规范引入改进的反馈技术，其限于具有版本 10 的八个天线端口的基站，但是扩展到具有版本 12 的四个天线端口的基站。

当使用这种技术时，移动台反馈两个索引，表示为 i_1 和 i_2，基站从该索引重建所请求的预编码矩阵。两个索引可以从 0 变化到 15，这提供比 PMI 更细粒度的反馈，并且改善多用户 MIMO 的性能。它们的确切定义针对通用部署场景，其中基站具有两个交叉极化阵列，每个阵列具有四个紧密间隔的天线。索引 i_1 捕获每个阵列内的不同天线接收的信号之间的关系，其缓慢变化并且仅偶尔报告。索引 i_2 捕获两个极化之间的关系，其更快地变化并且更频繁地报告。

19.3　增强上行链路 MIMO

19.3.1　目标

版本 8 上行链路支持的唯一多天线方案是多用户 MIMO。这增加了小区容量，而仅需要移动台具有单个发射功率放大器，并且比下行链路更容易实现。然而，它对单个移动台的峰值数据速率没有作用。

在 LTE - A 中，上行链路被增强以支持单用户 MIMO，使用多达四个发射天线和四个传输层。移动台声明它支持多少层作为其上行链路能力的一部分[19]。版本 10 中的峰值上行数据速率为 600Mbit/s。这是版本 8 中的 8 倍，并且是由于使用四个传输层和两个分量载波。最终，LTE 应通过使用五个分量载波来支持 1500Mbit/s 的峰值上行链路数据速率。

19.3.2 实现

为了支持单用户 MIMO，基站将版本 10 移动台配置为表 19.2[20] 中所列的传输模式之一。这些以与下行链路上的传输模式类似的方式使用。模式 1 对应于单天线传输，而模式 2 对应于单用户 MIMO，具体地，使用闭环空间复用。

一旦移动台被配置为模式 2，基站就使用新的 DCI 格式 4 向其发送用于闭环空间复用的调度授权。作为调度许可的一部分，基站指定移动台应当用于其传输的层数和其应当应用的预编码矩阵。上行链路码字的最大数量增加到两个，与下行链路上的相同。

然后修改 PUSCH 传输过程以包括层映射和预编码的附加步骤[22]，其以与下行链路上的相应步骤相同的方式工作。天线端口（见表 19.3）以意想不到的方式编号。端口 10 用于 PUSCH 的单天线传输，端口 20 和 21 用于双天线传输以及端口 40 ~ 43 用于四天线传输，而同样的天线端口也由探测参考信号使用。可以从端口 100 上的单个天线或使用端口 200 和 201 上的开环分集从两个天线发送 PUCCH。

表 19.2 版本 10 中的 3GPP 上行链路传输模式

模式	目　的
1	单天线传输
2	闭环空间复用

表 19.3 版本 10 中的 3GPP 上行链路天线端口

天线端口	信道	应　用
10	PUSCH，SRS	单天线传输
20 ~ 21		两天线闭环空间复用
40 ~ 43		四天线闭环空间复用
100	PUCCH	单天线传输
200 ~ 201		两天线开环发射分集

19.4　中继

19.4.1　操作原理

中继器和继电器（见图 19.5）是扩展小区覆盖区域的设备。它们在人口稀少的区域中是有用的，其中网络的性能受覆盖而不是容量限制。它们还可以通过改善小区边缘的信号与 SINR 来提高其边缘的数据速率。

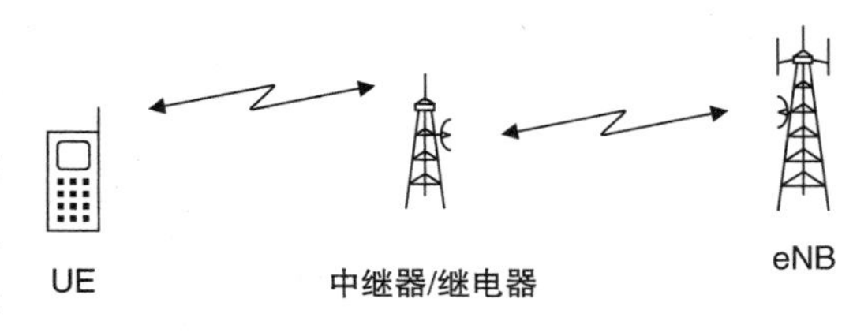

图 19.5　中继器和继电器的操作

中继器从发射机接收无线信号，放大并重新广播它，因此对接收机来说是一个额外的多径源。不幸的是，中继器放大输入噪声和干扰以及接收信号，这最终限制了其性能。FDD 中继器在版本 8 中完全指定，唯一的规范[23]指的是无线性能要求。TDD 中继器更难实现，因为上行链路和下行链路之间的干扰风险增加，并且还没有被指定。

继电器通过解码所接收的无线信号，在重新编码和重新广播它之前进一步进行。通过这样做，其消除了来自重传信号的噪声和干扰，因此可以实现比中继器更高的性能。对于 FDD 和 TDD 模式，在版本 10 中首先指定继电器。

19.4.2　中继架构

图 19.6 所示为用于中继的架构[24-26]。有两部分。在内部，中继节点（RN）充当面向网络的移动台。中继节点的非接入层由 MME 控制，而其接入层由施主 eNB（DeNB）控制。施主 eNB 还合并 PDN 网关和服务网关的功能，其为中继节点分配 IP 地址并处理其业务。

在外部，中继节点充当面向移动台的 eNB，并控制移动台的接入层。为了执行该任务，中继节点具有其自己的一个或多个物理小区标识，广播其自己的同步信号和系统信息，并且在 Uu 接口上调度其所有的传输。它还可以通过 X2 接口与其他基站通信以支持切换。移动台的非接入层由 MME 控制，MME 可以不同于控制中继节点的 MME。

施主 eNB 包括最后一个功能，即中继网关。这类似于家庭 eNB 网关，并且屏蔽核心网络和其他基站不需要知道关于中继节点本身的任何事情。

Un 接口是中继节点和施主 eNB 之间的空中接口。其可以被实现为正常空中接口或者点对点微波链路，并且在后者的情况下将具有比到移动台的空中接口大

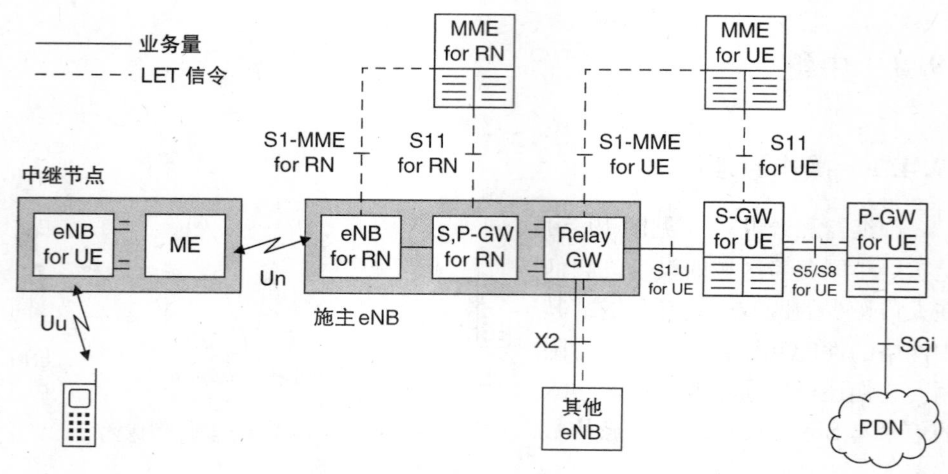

图 19.6 LTE 中继架构

得多的范围。

Un 和 Uu 接口可以使用相同的载波频率，也可以使用不同的载波频率。如果载波频率不同，则 Un 接口可以以与正常空中接口完全相同的方式来实现。例如，中继节点像面向移动台的 Uu 接口上的基站一样工作，并且在面向施主 eNB 的 Un 接口上独立地作为移动台。如果载波频率相同，则 Un 接口需要一些额外的功能，在下一节中描述，以与 Uu 接口共享空中接口的资源。

对版本 10 的中继的使用存在几个限制。假定中继节点是固定的，因此中继节点不能从一个施主 eNB 切换到另一个。另外，不支持多跳中继，使得一个中继节点不能控制另一个中继节点。然而，对移动台没有影响，这完全不知道它正在由中继器控制。这意味着版本 8 移动台以与版本 10 移动台相同的方式支持中继。

19.4.3 空中接口增强

如果 Uu 和 Un 接口使用相同的载波频率，则需要对 Un 接口进行某些增强，以便可以共享空中接口的资源。物理层增强在单个规范中被限制[27]，同时还需要一些额外的 RRC 信令消息[28]。对 Uu 接口没有影响，以确保与版本 8 移动台或层 2 协议的向后兼容性。

使用时分复用来共享空中接口资源，其中各个子帧被分配给 Un 或 Uu。这是分两个阶段实现的。首先，施主 eNB 使用 RRC RN 重配置消息来通知中继节点关于分配。其次，中继节点将 Un 子帧配置为 Uu 上的 MBSFN 子帧，但不在其中传送任何下行链路 MBSFN 数据，并且不在上行链路上调度任何数据传输。这是一个有点丑陋，但是向后兼容只支持版本 8 的移动台。

遗憾的是，MBSFN 子帧的开始部分由 Uu 接口上的 PDCCH 传输使用，通常是对将在几个子帧之后发生的上行链路传输的调度授权。这防止了在 Un 接口上使用 PDCCH。相反，规范引入了代替 Un 上的 PDCCH 的中继物理下行链路控制信道（R - PDCCH）。R - PDCCH 传输看起来与正常 PDCCH 传输大体相同，但发生在通常由数据使用的子帧部分中的保留资源元素组中。子帧的第一个时隙中的传输用于下行链路调度命令，而第二个时隙中的传输用于上行链路调度授权。

Un 接口不使用物理混合 ARQ 指示信道；相反，施主 eNB 通过使用 R - PDCCH 上的调度授权来隐式地确认中继节点的上行链路传输。在不存在 PDCCH 和 PHICH 的情况下，也不需要物理控制格式指示信道。

19.5　异构网络

19.5.1　引言

无线接入网通常包含不同的小区层，如宏小区、微小区和微微小区。网络运营商可以通过将它们部署在不同的载波频率上来最小化这些层之间的干扰。然而，这种技术并不总是可行的，因为运营商可能没有足够的载波可用，并且它不能最有效地利用运营商的总带宽。作为替代，网络运营商可以在相同载波频率上部署不同的层，使得它们占据相同的频带。这样的网络被称为异构网络（HetNet）[29]。

异构网络有两个干扰问题。如果高功率基站（如宏小区）接近低功率基站（如微微小区），则第一个问题（见图 19.7）发生。来自宏小区的干扰减少了微微小区的覆盖区域，因此限制了微微小区可能提供的好处。如果微微小区属于闭合用户组（CSG），则发生第二个问题（见图 19.8）。如果附近的移动台不属于闭合用户组，则由于来自微微小区的干扰，它可能不能与宏小区进行通信。注意这些情况之间的区别：在第一种情况下，宏小区是攻击者，微微小区是受害者，而在第二种情况下相反。

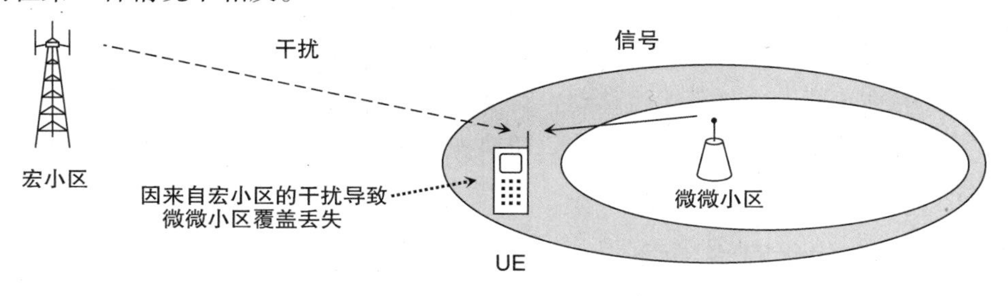

图 19.7　由于来自附近宏小区的干扰导致微微小区的覆盖区域减小
（来源：TS 36.300。经 ETSI 许可转载）

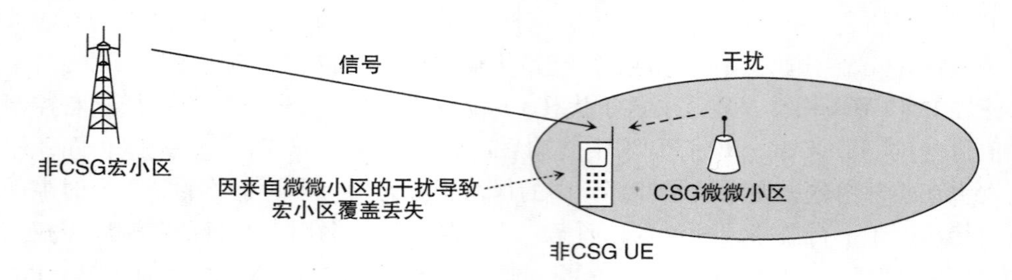

图 19.8　由于来自附近 CSG 微微小区的干扰导致非 CSG 宏小区的覆盖区域减少
（来源：TS 36.300。经 ETSI 许可转载）

19.5.2　增强小区间干扰协调

可以使用称为时域干扰协调或增强小区间干扰协调（EICIC）的技术来减少干扰问题。当使用这种技术时，攻击小区将某些子帧配置为几乎空白子帧（ABS），以便减少受害小区中的干扰水平。

在几乎空白子帧内，攻击小区发送与版本 8 和 9 向后兼容所需的最小信息，如小区特定参考信号 PCFICH 和 PHICH。它不发送其可以在其他子帧中调度的信息，如 PDCCH 上的大多数调度命令和 PDSCH 上的数据传输。受害小区然后可以在几乎空白子帧中调度易受攻击的移动台，其中干扰较低。几乎空白子帧以在 FDD 模式中具有 40 个子帧的周期和在 TDD 模式中取决于 TDD 配置的周期的小区特定模式出现。网络运营商可以通过两种方式配置几乎空白子帧：手动或通过使用后面讨论的自优化技术。

几乎空白子帧的使用减少了攻击小区可用的子帧的数量，因此降低了其平均频谱效率。然而，它还允许攻击小区和受害小区共享相同的频带，因此它增加了每个可用的带宽。在合适的网络中，第二个效果比第一个效果具有更大的影响，因此网络的容量增加。

几乎空白子帧的风险导致另外的问题：受害小区中的干扰可以从一个子帧到下一个子帧波动，并且可能干扰移动台的测量。网络可以通过使用测量资源限制模式来解决问题。这些模式将移动台对受害小区的测量限制为几乎空白子帧或剩余子帧，并且让移动台为小区重选、切换和信道状态信息的报告做出一致的测量集合。

19.5.3　自优化网络增强

几乎空白子帧的引入带来了我们在第 17 章中讨论的自优化功能的两个增强。在用于小区间干扰协调的过程中，基站可以向其 X2 - AP 加载信息消息添加额外的信息元素，即 ABS 信息。该字段列出了其小区已配置的几乎空白子帧，并且邻居可以使用这些子帧来调度易受干扰的移动台。

在用于移动性负载平衡的过程中，相邻小区可以向其 X2 - AP 资源状态更新消息添加额外的信息元素，即 ABS 状态。该字段报告邻居在原始基站先前配置为几乎空白子帧内的资源使用情况。原始基站可以使用该信息来调整其已配置的 ABS 的数量；例如，如果邻居的资源使用率高，则增加更多的 ABS。

19.6　业务量卸载

19.6.1　本地 IP 接入

我们在第 1 章中看到移动数据业务量的增加已经威胁到运营商的网络，并鼓励他们在其他地方卸载业务量。版本 10 规范介绍了实现这一点的四种方式。在本地 IP 接入（LIPA）[30,31] 中，家庭 eNB 包含以类似于 PDN 网关的方式起作用的本地网关（LGW）。移动台可以使用本地网关与本地设备（如打印机）通信：业务量不必通过演进分组核心网传输。架构如图 19.9 所示。

为了帮助支持本地 IP 接入，家庭 eNB 将本地网关的 IP 地址作为任何 S1 - AP 上行链路 NAS 传输或初始 UE 消息的一部分发送到 MME。如果用户请求与允许 LIPA 的接入点名称连接，则 MME 可以选择本地网关代替通常的 PDN 网关，并且可以向家庭 eNB 指示该选择。本地业务现在可以直接在归属 eNB 与其嵌入式本地网关之间传输，并且不必通过服务网关。

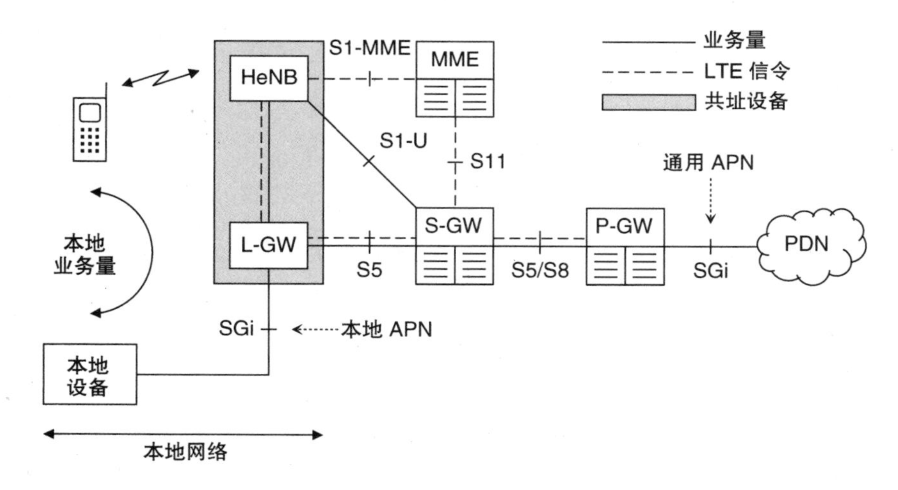

图 19.9　LIPA 的示例网络架构（来源：TR 23.829。经 ETSI 许可转载）

如果数据在用户处于 RRC_IDLE 状态期间到达下行链路，则产生唯一的困难。如果发生这种情况，本地网关通过 S5 接口将第一个下行链路分组发送到服务网关，其触发通常的寻呼过程，并将移动台转到 RRC_CONNECTED 状态。本地网关然后可以将后续下行链路分组直接传递到家庭 eNB。

19.6.2 选择性 IP 业务量卸载

使用选择性 IP 业务量卸载（SIPTO）[32]，MME 可以使用其关于移动台位置的知识来选择位于附近的服务网关和 PDN 网关。在基本版本 10 实现中，服务和 PDN 网关都在运营商的核心网络中。业务量继续通过演进分组核心网传播，但是采用比其他方式更短的路由。

在版本 12 中，PDN 网关可以由位于本地接入网中的本地网关替换。有两种可能的架构。首先，在前面介绍的 LIPA 架构的扩展（见图 19.10）中，本地网关可以与家庭 eNB 共址。其次，本地网关可以与通常位于公司微微小区网络中的服务网关共址（见图 19.11）。这两种架构仅用于互联网接入，并允许运营商从演进分组核心网卸载互联网业务量。其他分组数据网络（例如 IP 多媒体子系统）的业务量不受影响。

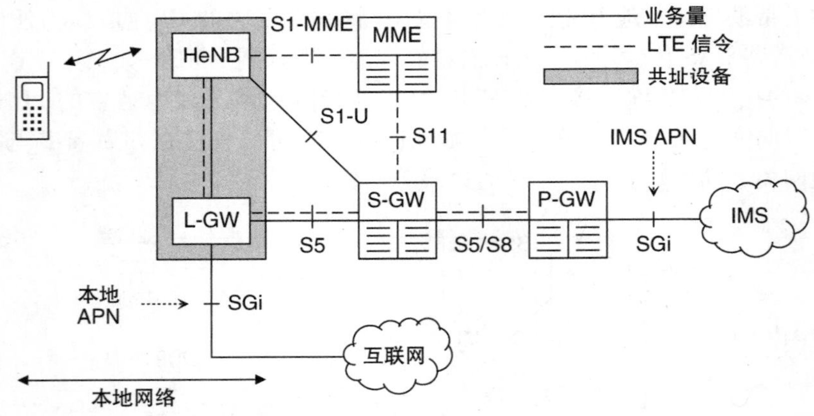

图 19.10 用于本地网络的 SIPTO 的示例架构，其中本地网关与归属 eNB 共址（来源：TR 23.829。经 ETSI 许可转载）

19.6.3 多址 PDN 连接

使用多址 PDN 连接（MAPCON）[33]，网络运营商可以使用不同的无线接入技术，特别是一个 3GPP 网络和一个非 3GPP 网络，同时将移动台连接到不同的接入点名称。例如（见图 19.12），运营商可以使用 LTE 宏小区将住宅用户连接到 IP 多媒体子系统，以便利用 LTE 网络的服务质量保证。同时，运营商可以使

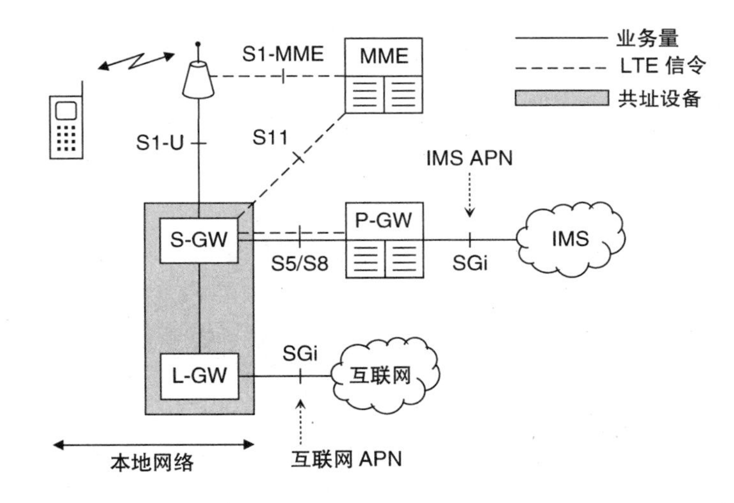

图 19.11 用于本地网络的 SIPTO 的示例架构，其中本地网关与服务网关共址（来源：TR 23.829。经 ETSI 许可转载）

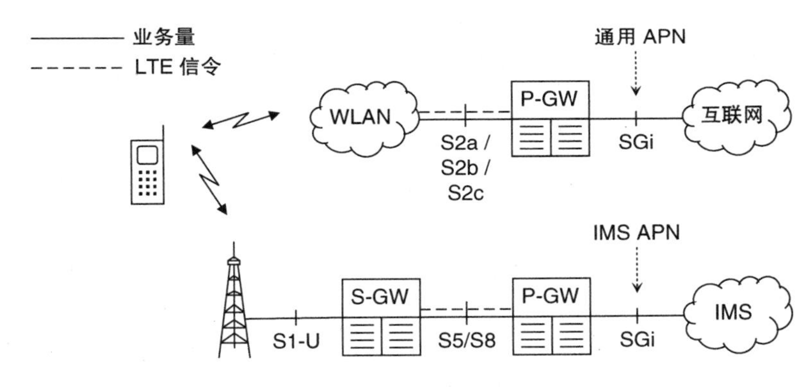

图 19.12 MAPCON 的示例网络架构

用家庭无线局域网将用户连接到互联网，以便从宏小区卸载互联网业务量。运营商还可以将单个 APN 从一种无线接入技术转到另一种；例如，如果用户移动到无线网络的覆盖区域之外。

为了帮助支持 MAPCON，接入网发现和选择功能（ANDSF）向移动台提供基于服务的系统间路由策略（ISRP）规则的优先级列表。每个规则包含接入点名称、无线接入技术的优先级列表和网络或小区标识，以及描述该规则在移动台的位置、日期和时间方面的有效性的可选信息。

在请求新的 PDN 连接时，移动台检查它从 ANDSF 下载的系统间路由策略规则，并且决定它应该使用 LTE 连接还是使用非 3GPP 技术连接。稍后，移动台可以使用我们在第 16 章中描述的重选过程将一个或多个 APN 从一种无线接入技术转到另一种。

19.6.4 IP流移动性

IP流移动性（IFOM）[34]类似于MAPCON但更复杂。使用IFOM，网络运营商可以使用不同的无线接入技术处理相同接入点名称的不同IP业务流，并且可以将单个流从一种技术转到另一种技术。在典型的情况下（见图19.13），用户可能通过通用APN连接到网络运营商的服务器和互联网。运营商然后可以使用无线局域网用于因特网和任何其他尽力服务业务，同时保留LTE接入网以用于实时业务，例如来自其自己的服务器的流视频。在无线局域网的情况下，IP流移动性也被称为无缝WLAN卸载。

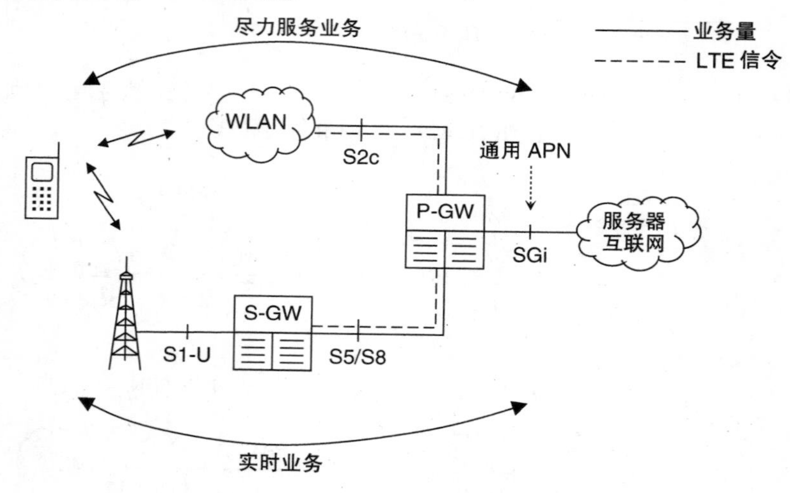

图19.13 IFOM的示例网络架构

为了帮助支持IFOM，ANDSF向移动台提供基于流的系统间路由策略规则的优先级列表。这些规则类似于MAPCON使用的基于服务的ISRP规则，除了每个规则使用包含其源和目标IP地址和端口号等信息的路由过滤器来标识单个业务流。

IFOM需要第16章中描述的基于主机的非3GPP移动性架构。移动台必须支持双栈移动IPv6（DSMIPv6）[35,36]，具有允许通过路由过滤器定义各个业务流的扩展[37,38]。为了实现IFOM，移动台通过经由LTE和非3GPP接入网连接到PDN网关开始。然后，它可以通过组成包含路由过滤器的DSMIPv6绑定更新消息并通过跨接入网向PDN网关发送消息来将业务流分配给特定的无线接入技术。PDN网关更新其路由信息，并通过所请求的网络将未来的下行链路分组定向到移动台。

19.7 机器类型通信过载控制

与其他移动通信系统一样，LTE 被设计为供人们使用。然而，机器对机器（M2M）通信存在增长的市场，其中 3GPP 规范描述为机器类型通信（MTC）[39,40]。在 MTC 中，自动化设备与外部服务器通信以支持如车辆和货物跟踪、无线公用计量和消费电子之类的应用。

机器类型设备的数量可以很大，每个小区具有数千个设备的潜力。每个单独的设备可能只生成少量的业务量，因此它们的业务量负载通常不是问题。然而，还有另外两个困难。首先，每个设备可以产生与传统移动台一样多的信令消息，因此它们的总信令负载可以很大。第二，业务和信令消息可以突发到达，例如由于归属 PLMN 故障之后的网络重选。

版本 10 增加了几个功能，帮助防止机器类型设备过载网络[41,42]。起点是机器类型设备可以与存储在 USIM 中并且可以从设备管理服务器[43,44]下载的一组非接入层配置参数相关联。最重要的参数给予设备低接入优先级，因为大多数机器类型应用可以容忍长延迟。

如果设备具有低接入优先级，则其在 RRC 连接请求及非接入层信令中向网络指示这一点。如果网络过载，那么它可以以多种方式响应；例如，其可以拒绝该消息并向设备提供回退定时器，使得设备将等待直到定时器到时，然后再次进行通信。MME 还可以请求服务网关将低优先级下行链路数据通知的数量减少指定的百分比。服务网关通过随机丢弃用于空闲低优先级设备的传入分组来响应，以便帮助减轻过载状况。

来自版本 10 的过载控制技术适用于已经完成随机接入过程的移动台，但是它们仍然使该过程易受攻击。版本 11 使用称为扩展接入限制[45,46]的技术来解决该问题，其中运营商可以使用从新的系统信息块 SIB14 广播的信息来选择性地限制 MTC 设备接入尝试的速率。

参考文献

1. 3GPP TR 36.912 (2012) Feasibility Study for Further Advancements for E-UTRA (LTE-Advanced), Release 11, September 2012.
2. 3rd Generation Partnership Project (2013) FTP Directory, ftp://ftp.3gpp.org/Information/WORK_PLAN/Description_Releases/ (accessed 15 October 2013).
3. 4G Americas (2012) 4G Mobile Broadband Evolution: Release 10, Release 11 and Beyond: HSPA+, SAE/LTE and LTE-Advanced, October 2012.
4. 3GPP TS 36.300 (2013) Evolved Universal Terrestrial Radio Access (E-UTRA) and Evolved Universal Terrestrial Radio Access Network (E-UTRAN); Overall Description; Stage 2, Release 11, Sections 5.5, 6.4, 7.5, September 2013.
5. 3GPP TS 36.101 (2013) User Equipment (UE) Radio Transmission and Reception, Release 11, Sections 5.5A, 5.6A, September 2013.

6. 3GPP TS 36.306 (2013) User Equipment (UE) Radio Access Capabilities, Release 11, Sections 4.1, 4.3.5.2, September 2013.
7. 3GPP TS 36.331 (2013) Radio Resource Control (RRC); Protocol Specification, Release 11, Section 6.3.6 (UE-EUTRA-Capability), September 2013.
8. 3GPP TS 36.212 (2013) Multiplexing and Channel Coding, Release 11, Section 5.3.3.1, June 2013.
9. 3GPP TS 36.213 (2013) Physical Layer Procedures, Release 11, Sections 7.1, 8.0, 9.1.1, September 2013.
10. 3GPP TS 36.306 (2013) User Equipment (UE) Radio Access Capabilities, Release 11, Sections 4.3.4.12, 4.3.4.13, 4.3.4.14, September 2013.
11. 3GPP TS 36.211 (2013) Physical Channels and Modulation, Release 11, Section 5.4.2A, September 2013.
12. 3GPP TS 36.212 (2013) Multiplexing and Channel Coding, Release 11, Sections 5.2.2.6, 5.2.3.1, June 2013.
13. 3GPP TS 36.213 (2013) Physical Layer Procedures, Release 11, Sections 7.3, 10, September 2013.
14. 3GPP TS 36.321 (2013) Medium Access Control (MAC) Protocol Specification, Release 11, Sections 5.13, 6.1.3.8, July 2013.
15. 3GPP TS 36.211 (2013) Physical Channels and Modulation, Release 11, Sections 6.10.3, 6.10.5, September 2013.
16. 3GPP TS 36.211 (2013) Physical Channels and Modulation, Release 11, Section 6.3.4.2.3, 6.3.4.4, September 2013.
17. 3GPP TS 36.212 (2013) Multiplexing and Channel Coding, Release 11, Section 5.3.3.1.5C, June 2013.
18. 3GPP TS 36.213 (2013) Physical Layer Procedures, Release 11, Section 7.1, September 2013.
19. 3GPP TS 36.306 (2013) User Equipment (UE) Radio Access Capabilities, Release 11, Section 4.3.4.6, September 2013.
20. 3GPP TS 36.213 (2013) Physical Layer Procedures, Release 11, Section 8.0, September 2013.
21. 3GPP TS 36.212 (2013) Multiplexing and Channel Coding, Release 11, Section 5.3.3.1.8, June 2013.
22. 3GPP TS 36.211 (2013) Physical Channels and Modulation, Release 11, Sections 5.2.1, 5.3.2A, 5.3.3A, September 2013.
23. 3GPP TS 36.106 (2013) Evolved Universal Terrestrial Radio Access (E-UTRA); FDD Repeater Radio Transmission and Reception, Release 11, March 2013.
24. 3GPP TS 23.401 (2013) General Packet Radio Service (GPRS) Enhancements for Evolved Universal Terrestrial Radio Access Network (E-UTRAN) Access, Release 11, Sections 4.3.20, 4.4.10, September 2013.
25. 3GPP TS 36.300 (2013) Evolved Universal Terrestrial Radio Access (E-UTRA) and Evolved Universal Terrestrial Radio Access Network (E-UTRAN); Overall Description; Stage 2, Release 11, Section 4.7, September 2013.
26. 3GPP TR 36.806 (2010) Relay Architectures for E-UTRA (LTE-Advanced), Release 9, Section 4.2, April 2010.
27. 3GPP TS 36.216 (2012) Evolved Universal Terrestrial Radio Access (E-UTRA); Physical Layer for Relaying Operation, Release 11, September 2012.
28. 3GPP TS 36.331 (2013) Radio Resource Control (RRC); Protocol Specification, Release 11, Section 5.9, September 2013.
29. 3GPP TS 36.300 (2013) Evolved Universal Terrestrial Radio Access (E-UTRA) and Evolved Universal Terrestrial Radio Access Network (E-UTRAN); Overall Description; Stage 2, Release 11, Section 16.1.5, Annex K, September 2013.
30. 3GPP TS 23.401 (2013) General Packet Radio Service (GPRS) Enhancements for Evolved Universal Terrestrial Radio Access Network (E-UTRAN) Access, Release 11, Section 4.3.16, September 2013.
31. 3GPP TS 36.300 (2013) Evolved Universal Terrestrial Radio Access (E-UTRA) and Evolved Universal Terrestrial Radio Access Network (E-UTRAN); Overall Description; Stage 2, Release 11, Section 4.6.5, September 2013.
32. 3GPP TS 23.401 (2013) General Packet Radio Service (GPRS) Enhancements for Evolved Universal Terrestrial Radio Access Network (E-UTRAN) Access, Release 12, Sections 4.3.15, 4.3.15a, September 2013.
33. 3GPP TR 23.861 (2012) Multi Access PDN Connectivity and IP Flow Mobility, Release 12, Annex A, November 2012.
34. 3GPP TS 23.261 (2012) IP flow Mobility and Seamless Wireless Local Area Network (WLAN) Offload, Release 11, September 2012.
35. 3GPP TS 24.303 (2013) Mobility Management Based on Dual-Stack Mobile IPv6, Release 11, June 2013.
36. IETF RFC 5555 (2009) Mobile IPv6 Support for Dual Stack Hosts and Routers, June 2009.
37. IETF RFC 5648 (2009) Multiple Care-of Addresses Registration, October 2009.
38. IETF RFC 6089 (2011) Flow Bindings in Mobile IPv6 and Network Mobility (NEMO) Basic Support, January 2011.
39. 3GPP TS 22.368 (2012) Service Requirements for Machine-Type Communications (MTC), Release 11, September 2012.

40. 3GPP TR 37.868 (2011) Study on RAN Improvements for Machine-Type Communications, Release 11, Annex B, October 2011.
41. 3GPP TR 23.888 (2012) System Improvements for Machine-Type Communications (MTC), Release 11, Sections 7.1, 8.1, September 2012.
42. 3GPP TS 23.401 (2013) General Packet Radio Service (GPRS) Enhancements for Evolved Universal Terrestrial Radio Access Network (E-UTRAN) Access, Release 11, Section 4.3.17, September 2013.
43. 3GPP TS 31.102 (2013) Characteristics of the Universal Subscriber Identity Module (USIM) Application, Release 11, Section 4.2.94, September 2013.
44. 3GPP TS 24.368 (2012) Non-Access Stratum (NAS) Configuration Management Object (MO), Release 11, September 2012.
45. 3GPP TS 31.102 (2013) Characteristics of the Universal Subscriber Identity Module (USIM) Application, Release 11, Sections 4.2.15, 4.2.94, September 2013.
46. 3GPP TS 22.011 (2013) Service Accessibility, Release 11, Section 4, March 2013.

第20章　版本11和版本12

在本章中，我们讨论了3GPP规范的两个最新版本，即版本11和版本12。版本11于2013年6月冻结，本章开始部分讨论其主要特性。这些包括多点协作传输和接收，增强的物理下行链路控制信道，避免不同无线接入技术之间的干扰，以及增强机器类型通信和移动数据应用。

第12版的计划冻结日期是2014年9月，因此该规范在撰写本书时尚未完成。我们首先介绍该版本的主要功能，包括设备对设备通信，TDD配置的动态适配，对机器类型通信和移动数据应用的进一步增强，以及改进与无线局域网的互操作。我们还讨论了3GPP在该版本期间研究的另外两个问题，即改进小型小区和异构网络以及仰角波束成形。版本12的一些细节将在规范确定的时候更改，但我们会在适当的时候注意剩余的不确定性。

版本11和12的细节可以在相应的3GPP发行概要[1]中找到。还有由4G Americas[2]定期更新的白皮书中有关最新3GPP版本的信息，这些白皮书最终将包含有关版本13、14及之后版本的信息。

20.1　多点协作传输和接收

20.1.1　目标

如果移动台从基站的天线向小区的边缘移动，则其从服务小区接收较弱的信号，并且从附近的其他小区接收更多的干扰。总之，这两个效应降低了移动台的数据速率并降低了用户的服务质量。在被称为多点协作传输和接收（CoMP）[3]的技术中，附近的天线协作，以便增加移动台在小区边缘接收的功率，减少其干扰并增加其可实现的数据速率。相反，CoMP对小区内的平均数据速率没有太大的影响。

20.1.2　场景

在设计LTE中对CoMP的支持时，3GPP考虑了如图20.1所示的四种场景。场景1是同构网络，其中协作基站天线在单个站点控制不同扇区。场景2是类似的，但天线在不同的地点。场景3是包含宏小区和微微小区的异构网络，而在场景4中，微微小区由具有与父小区相同的物理小区标识的射频拉远头（RRH）

替换。

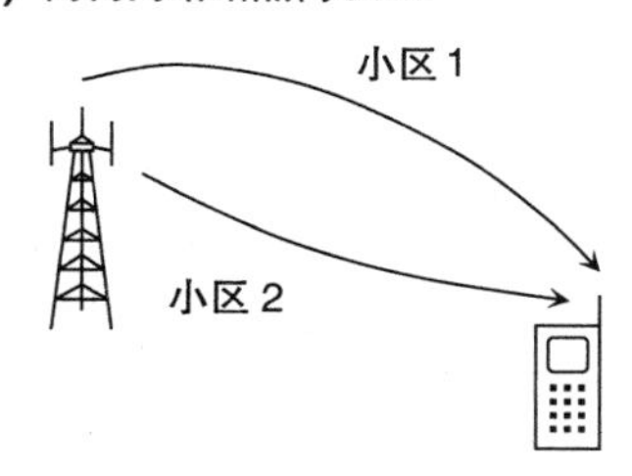

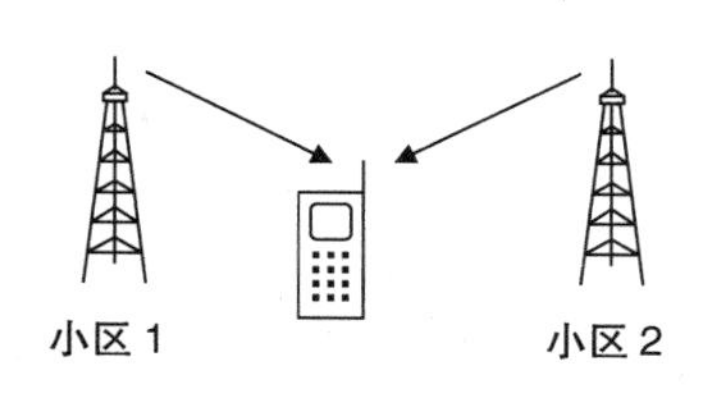

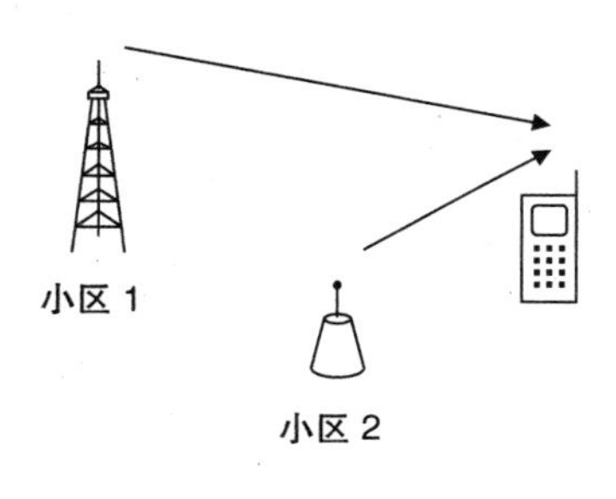

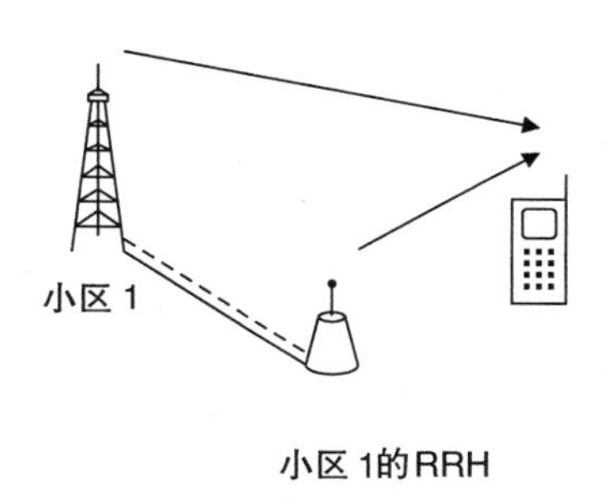

图 20.1　版本 11 中多点协作传输和接收的场景

这些场景带来了一些相关的问题。首先，如果不同小区的天线在同一地点（场景 1)，而不是在不同地点（场景 2 和 3)，则不同小区通常更容易协作。然而，网络运营商可以通过两种方式配置不同的站点，如图 20.2 所示。最明显的配置是使用不同的 eNB，其在 X2 接口上或通过使用专有技术协作。然而，也可以使用在高速数字通信链路上与集中式 eNB 通信的射频拉远头来配置站点。第二个选项使得站点间 CoMP 的实现比其他方式更直接。

第二，协作天线可以在不同的小区中或在相同的小区中。后一种可能性出现在场景 4 中，如图 20.1 所示，这也说明了射频拉远头的另一种应用。

为了描述这些架构选项，3GPP 规范将点定义为一组地理上共址的天线，使得不同的点可以使用 CoMP 技术协作。如场景 1 中那样，将相同站点内的不同扇区视为不同点，而同一扇区内的不同射频头也可以被视为不同点，如场景 4。

20.1.3　CoMP 技术

下行链路 CoMP 可以使用各种技术来实现，如图 20.3 所示。在协作调度/波束成形（CS/CB）中，数据可用于仅在一个点处的传输，其使用正常切换过程来选择，并且仅偶尔改变。附近的点协作它们的调度决定，以便最小化它们向目

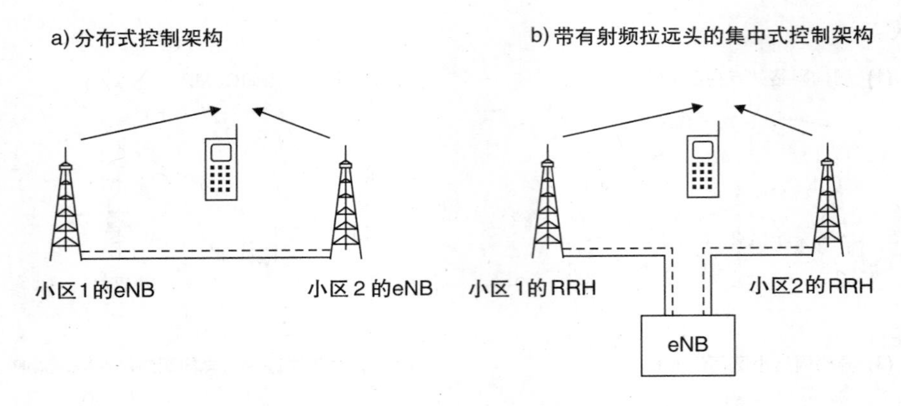

图 20.2　用于无线接入网的分布式和集中式控制架构

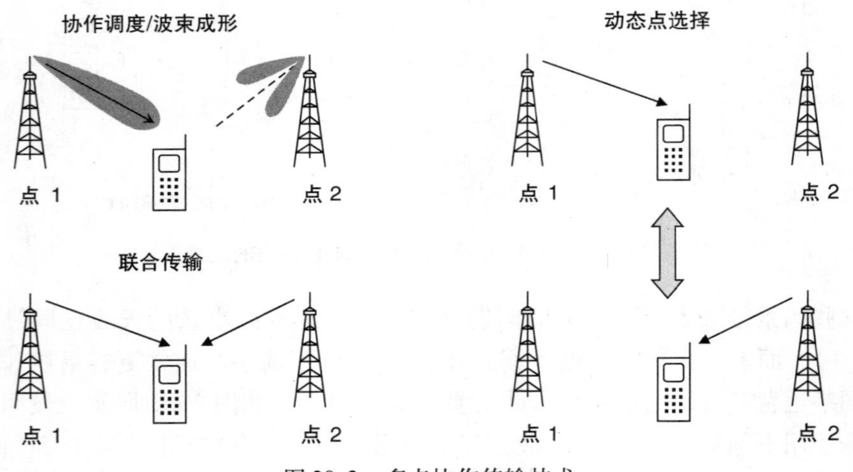

图 20.3　多点协作传输技术

标移动台发送的干扰；例如，通过在不同的资源块上进行发送。它们还可以协作它们的波束成形决定；例如，通过将其天线方向图的零点指向目标移动台。

在联合处理（JP）中，数据可用于在多个点处传输。有两种类型。在动态点选择（DPS）中，网络实际上一次仅从一个点发射，其中选择可能从一个子帧改变到下一个子帧。在联合传输（JT）中，网络可以同时从多于一个点传输。反过来，有两种类型的联合传输。在相干联合传输中，网络知道不同射线路径之间的相位关系，并且可以以类似于闭环发射分集或波束成形的方式确保传输以相同的相位角到达移动台。在非相干联合传输中，网络没有任何这样的知识，因此在接收的传输之间的相位关系是完全任意的，如在 MBMS 单频网中。

再次，这些选项需要一些新的术语。CoMP 协作集是参与任何这些技术的点的集合。点的参与可以是直接的，在这种情况下它具有可用于传输的数据，或者是间接的，在这种情况下，它没有数据，但是仍然通过调度和波束成形来参与。在特定子帧中实际发送的点被称为 CoMP 发送点。

上行链路 CoMP 使用类似的技术，但是更直接，因为数据已经在多个接收点可用。在协作调度/波束成形中，附近的点协作它们的上行链路调度和波束成形决定，以便最小化它们从其他移动台接收的干扰。在动态点选择中，网络在多个点处接收数据，但是一次仅从一个点选择数据。在联合接收（JR）中，网络在多个点处接收数据，并将它们组合以提高接收信号的质量。无论使用哪种技术，上行链路和下行链路上的 CoMP 协作集可以彼此不同，并且 CoMP 接收点可以不同于 CoMP 传输点。

20.1.4 标准

版本 11 规范支持使用协作调度/波束成形、动态点选择及非相干联合传输和接收的上行链路和下行链路 CoMP[4-7]。主要的增强是引入新的信道状态信息报告技术以支持下行链路 CoMP。在该技术中，基站使用包含多达四个 CSI 过程的 CoMP 测量集来配置移动台。每个过程包含类似于版本 10 中的 CSI 参考信号配置，其定义移动台应当在其上测量 CSI 参考信号功率的资源元素。然而，CSI 过程还包含单独的 CSI 干扰测量配置，移动台在其上测量相应的干扰水平。

对于协作调度/波束成形，CSI 过程都指代单个 CoMP 传输点。然而，在其中，不同的 CSI 干扰测量配置定义了相邻点可能在其上发射或不发射的不同资源元素集合，导致不同的干扰水平。移动台报告其每个 CSI 过程的信道质量指示，并且基站比较结果以帮助其调度下行链路传输。对于联合处理，CSI 过程指的是不同的传输点。移动台如前所述报告其每个 CSI 过程的信道质量指示，并且基站比较结果以帮助其决定使用哪个传输点。

无线接入网还使用多达四个 PDSCH 参数集合来配置移动台。其中的每一个与下行链路协作集中的一个或多个点相关联，并且使用最大下行链路控制区域和任何零功率 CSI 参考信号配置来定义 PDSCH 的资源元素映射。然后，网络将移动台置于新的传输模式 10，并使用新的 DCI 格式 2D 调度它。该格式类似于格式 2C（八层空间复用），但是它指导移动台使用先前定义的参数集之一来接收 PDSCH。对于动态点选择，网络简单地从一个子帧到下一个子帧改变参数集，而对于非相干联合传输，网络还必须确保所选择的 CoMP 传输点共享相同的参数集。

版本 11 规范留下三个主要问题。首先，没有附加的 RRC 测量来帮助基站决定哪些点应该在 CoMP 测量集合中。其次，不支持相干联合传输，这将需要额外的反馈来描述传入传输之间的相位关系。第三，没有尝试标准化网络内的任何东西，因此 S1 和 X2 接口不受影响。因此，CoMP 最好在一个站点的不同扇区中使用，或者使用射频拉远头，但不使用不同的 eNB。

20.1.5 性能

3GPP 在我们之前描述的四个场景中执行了不同 CoMP 技术的仿真。在结果中存在很多变化，这取决于诸如所选择的 CoMP 技术和天线配置之类的问题，但是典型的集合是用于在不具有增强小区间干扰协调的异构网络中的联合传输和接收。这里，小区边缘的数据速率在下行链路中上升了 24%，在上行链路中上升了 40%，而小区容量在下行链路中上升了 3%，在上行链路中上升了 14%。如所预期的，CoMP 对小区边缘的移动台比其他地方具有更大的影响，并且它对上行链路比下行链路具有更大的影响。

20.2 增强物理下行链路控制信道

物理下行链路控制信道（PDCCH）在大多数情况下工作良好，但是具有一些限制。首先，信道被限制为子帧中的前三个或前四个控制符号，因此它可以限制包含大量低数据速率设备的小区的容量。其次，PDSCH 和 PUSCH 支持多用户 MIMO，因此当基站天线的数量增加时，它们可以与更多的设备进行通信，而 PDCCH 不能。第三，到各个移动台的 PDCCH 传输占用整个频带，并且不能从频域小区间干扰协调中受益。

版本 11 通过被称为增强物理下行链路控制信道（EPDCCH）的新的物理信道来解决这些限制[9-11]。EPDCCH 携带与 PDCCH 相同的信息，但是在下行链路数据区域中传送。在每个子帧内，基站将单独的资源块对分配给 PDSCH 或 EPDCCH，使得 EPDCCH 具有可调节的容量并且可以受益于干扰协调。

EPDCCH 在编号 107 ~ 110 的四个新天线端口上发送。这些与参考信号相关联，该参考信号占用与端口 7 ~ 10 相同的资源元素，但携带略微不同的信息。基站通过移动专用预编码矩阵对 EPDCCH 及其参考信号进行预编码，使得预编码过程对移动台是透明的。该信道支持与四个不同移动台的同时 MU - MIMO 通信，其中每个移动台在单个天线端口上接收单个层。

在使用 EPDCCH 之前，基站以常规方式在 PDCCH 上调度目标移动台，并等待其反馈一些信道状态信息。基站还通过移动专用 RRC 信令告知移动台哪些子帧和资源块检查 EPDCCH 调度消息。在包含 EPDCCH 的每个子帧中，移动台搜索针对其无线网络临时标识之一的调度消息，匹配以常规方式触发数据传输或接收。在下行链路接收的情况下，EPDCCH 和 PDSCH 并行到达，因此移动台缓冲整个子帧，处理 EPDCCH，并且如果需要，最终处理 PDSCH。

20.3　设备内共存干扰避免

大多数 LTE 设备支持其他通信技术，例如 WiFi、蓝牙和 GPS。如果 LTE 设备也使用那些其他技术之一进行发送和接收，则所得到的设备内共存（IDC）干扰有时可能是严重的[12]。例如，在 LTE 频带 7 中，上行链路位于 2.4GHz 的 WiFi 频带之上，其被保留用于工业、科学和医疗设备。如果设备使用两个频带，则其 LTE 传输可能泄漏到其 WiFi 接收机中，并且可能在那里引起干扰。

在版本 11 中，网络可以使用图 20.4 所示的信令过程来帮助解决这些干扰问题[13]。消息序列从通常的能力查询过程开始（1），其中移动台指示其报告 IDC 干扰问题的能力。基站通过在通常的 RRC 连接重新配置过程中包括 IDC 配置来回复（2），其指示它是否愿意接受这样的报告。

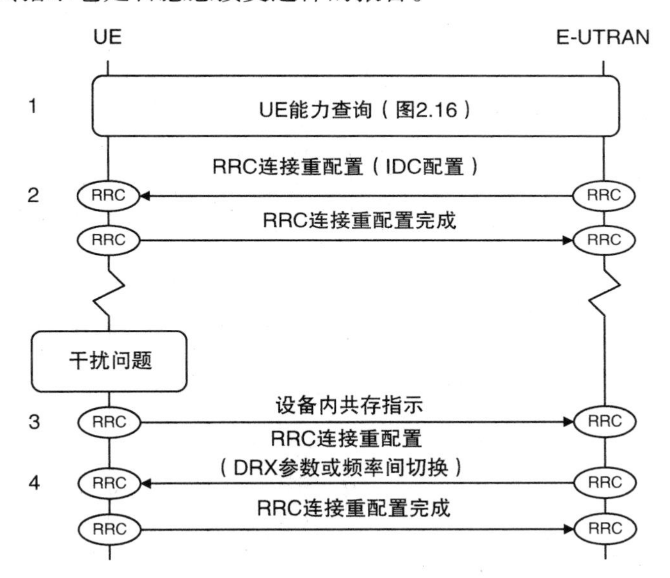

图 20.4　设备内共存指示过程（来源：TS 36.331。经 ETSI 许可转载）

稍后，移动台可能有无法自行解决的干扰问题。它通过发送指示导致或遭受干扰的 LTE 载波频率的 RRC 设备内共存指示消息来进行反应（3）。可选地，移动台还可以指示其可以通过在 LTE 和另一技术之间交替来解决问题，并且可以建议适当的 LTE 不连续接收模式。

基站可以通过将移动台切换到没有干扰问题的另一 LTE 载波或通过将移动台置于不连续接收的状态，以两种主要方式来响应移动台的报告（4）。作为替代，基站可以应用 DRX 作为临时解决方案，同时在频率间切换之前收集其需要的测量报告。

为了补充主过程，移动台可以拒绝在偶尔的上行链路子帧中进行发送，以便保护其他通信技术免受干扰。作为步骤（2）的一部分，基站限制这种自主拒绝子帧的出现。

20.4 机器类型通信

20.4.1 设备触发

在上一章中，我们看到版本10引入了用于机器类型通信（MTC）的几种过载控制技术。版本11通过寻址设备触发和标识进一步获得MTC的支持。

机器类型通信最初是为2G和3G系统开发的。这些系统不保证始终连接；相反，设备附接到核心网络并使用两个不同的过程连接到分组数据网络，并且不一定具有PDN连接或IP地址。然而，应用服务器可能仍然希望联系设备并将其触发，因此它需要另一种方式来执行此操作。最常见的技术是使用移动终止SMS，因此尽管它自己支持始终在线的连接，但是LTE也有助于处理这种技术。

图20.5所示为LTE版本11中设备触发的架构[14]。应用服务器（AS）由第三方服务提供商拥有。它可以通过两种方式与设备通信，直接通过SGi接口或间接通过业务能力服务器（SCS）。反过来，SCS可以直接到达设备或通过Tsp接口[15]发送设备触发请求到演进分组核心网。在接收到这样的触发请求时，机器类型通信交互功能（MTC-IWF）在归属用户服务器[16]中查找用户的订阅细节，决定其将使用的传递机制并在控制平面上触发设备的LTE。

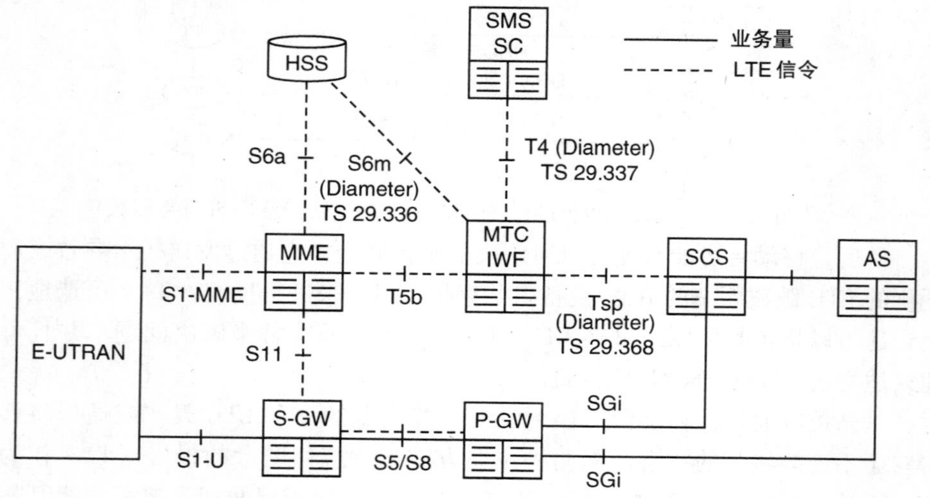

图20.5 LTE中机器类型通信的架构（来源：TS 23.682。经ETSI许可转载）

版本 11 仅支持一种传送机制，其中 MTC - IWF 通过 T4 接口与 SMS 服务中心联系[17]并要求它使用移动终止 SMS 来触发设备。然后，服务中心可以使用我们将在第 21 和 22 章中讨论的任何技术来递送 SMS。MTC - IWF 应当最终能够通过 T5b 接口直接与 MME 联系，但是该接口尚未被指定。

20.4.2 编号、寻址和识别

传统上，短消息服务使用移动用户 ISDN 号码（MSISDN）形式的电话号码来识别设备。不幸的是，机器类型设备的可能增加导致 MSISDN 的短缺。为了帮助解决这个问题，版本 11 规范引入了一个称为外部标识[18]的新标识，用于之前的 Tsp、T4、S6m 和 SGi 接口。

外部标识是具有格式 <本地标识> @ <域标识>的网络接入标识（NAI）。本地标识映射到设备的 IMSI；实际上，它可以是 IMSI，但是在那种情况下将仅可用于可信服务提供商和应用。类似地，域标识映射到网络运营商。

就 IP 地址而言，IP 版本 6 被认为是机器类型设备的主要寻址机制[19]。虽然仍然支持它，但 IP 版本 4 被认为是一个临时解决方案，已被弃用。

20.5 移动数据应用

LTE 最初设计用于传统数据应用，如 Web 浏览和文件传输。在这些应用中，在设备正在发送或接收的活动状态和用户正在观看下载内容的空闲状态之间存在明确的区别。基站可以通过观察业务流来检测这些状态之间的转换，并且可以通过在 RRC_CONNECTED 和 RRC_IDLE 的 LTE 状态之间切换设备来进行响应。

当运行较新的应用，如 Facebook 和 Twitter，设备必须频繁地发送和接收小包，如状态报告和保持活动指示，即使没有与用户的交互[20]。这减少了活动和空闲状态之间的区别，并使得基站更难以适当的方式响应。例如，如果设备以与用于 Web 浏览应用相同的方式被转到 RRC_IDLE 状态，则它将不得不在其发送或接收时改变 RRC 状态，从而引起过多的信令。如果其保持在 RRC_CONNECTED 状态中，就像用户仍然活动一样，则其功耗将过高。

版本 11 引入了一种轻量级解决方案，其中设备可以帮助基站以适当的方式管理它。在检测到用户不活动的时段，设备向基站发送 RRC UE 辅助信息消息，其中它请求转到低功率状态[21]。基站可以以各种方式进行响应，这取决于其自己的配置和设备的业务简档。然而，其通常可以将设备移动到具有长 DRX 周期的不连续接收中，以便在基本 RRC_CONNECTED 状态和 RRC_IDLE 状态之间提供折中。

20.6 版本 12 的新功能

20.6.1 接近服务和设备对设备通信

在 3GPP 网络中，设备传统上仅与基站通信，并且不能直接彼此通信。然而，该能力形成诸如陆地集群无线电（TETRA）、WiFi 和蓝牙的其他无线通信技术的一部分。作为版本 12 的一部分，3GPP 开始以接近服务（ProSe）或设备对设备（D2D）通信的名称向 LTE 添加能力。

对于如语音、视频和文件交换的应用，接近服务通过增加其数据速率和减少其功率消耗来使用户受益，并且通过从基站卸载业务量来使网络受益。然而，最重要的单一应用是公共安全网络，也称为关键通信[22]。2011 年，美国联邦通信委员会选择 LTE 作为美国应急服务使用的国家网络的首选技术。这样的网络必须具有大的覆盖面积百分比和高的可靠性。接近服务可以通过允许两个公共安全用户在无线接入网的覆盖区域外部或者如果网络已经发生故障而直接通信，来帮助系统满足这些要求。

尽管接近服务需要对规范进行重大更改，但公共安全应用促使 3GPP 对版本 12 中最重要的功能进行了支持。后面的描述基于 2013 年 12 月的规范，其中包括接近服务的要求和高级架构，但尚未定义其架构细节或实施[23-27]。

图 20.6 所示为接近服务的高级架构。ProSe 应用服务器是第三方设备，运行使用接近服务的应用。它通过 PC1 接口与移动应用通信，PC1 接口当前位于 3GPP 规范之外。ProSe 功能是 LTE 设备，其管理移动台的接近服务功能。它通过 PC3 接口与移动台的 LTE 协议栈通信，PC3 接口当前在 LTE 的用户平面上运行。通过使用该架构，两个移动台可以建立跨越 PC5 接口的直接通信路径。

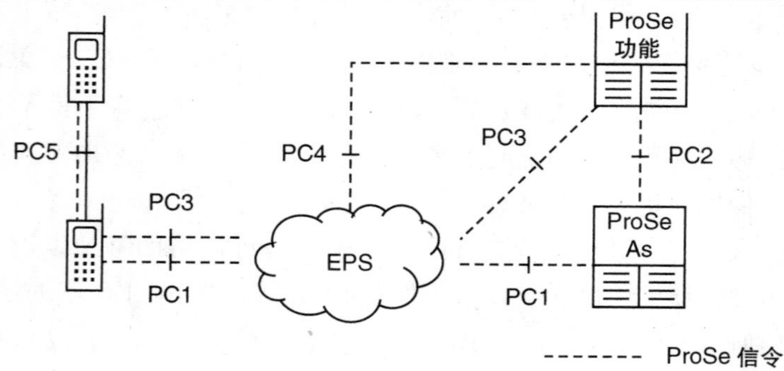

图 20.6 LTE 接近服务的架构

接近服务必须由网络运营商授权，并且具有两个阶段：发现和通信。在发现阶段，两个移动台发现它们在附近。计划将两种发现技术包括在版本12中。第一种是基于网络的发现，其中ProSe功能在PC4接口上充当定位服务客户端，测量移动台的位置并确定它们在附近。第二种是通过LTE空中接口的直接发现，其中一个移动台发送标识其感兴趣的ProSe应用的ProSe代码，并且另一个移动台检测代码。对于除公共安全之外的应用，LTE网络管理发现过程，因此两个移动台必须位于LTE的覆盖区域内。然而，它们可以在不同的小区中。

在通信阶段，网络在两个移动台之间建立直接通信路径。当前计划用于版本12的唯一技术是使用WiFi的直接通信。这由上述发现过程触发，当ProSe功能告知移动台有关彼此的身份时，向它们提供诸如安全密钥的必要参数，并帮助它们建立直接通信路径。通信阶段还可以使用LTE空中接口，在这种情况下，无线接入网将根据其关于无线信道质量的反馈来控制移动台对资源的使用。

公共安全通信需要来自网络运营商的进一步级别的授权，但是旨在具有若干附加特征。两个公共安全移动台可以自主地发现彼此，因此它们可以位于LTE的覆盖区域之外。一个发现解决方案被安排为版本12，其中ProSe功能通过授予它们形成对等WiFi网络并向它们提供它们将需要的参数来预配置移动台。公共安全移动台可以用作中继，以支持各种新的通信路径，版本12规划了移动台到网络中继以及也考虑移动台到移动台中继。最后，公共安全应用不仅支持传统的一对一通信，而且支持广播通信和多播组内通信。

20.6.2 TDD配置的动态适应

在TDD模式中，小区通过其TDD配置向上行链路或下行链路分配子帧。在版本8~11中，使用上行链路和下行链路上的业务水平之间的长期平衡来选择TDD配置，并且通常保持不变。在版本12中，规范被增强以支持TDD配置的动态改变[28]。这有两个原因，这涉及逐渐引入更小的小区：小型小区比更大的小区包含更少的移动台，所以其业务水平波动更大，而小型小区倾向于在小的群中，其中干扰更容易管理。

为了实现动态适配，小区实际上使用三个单独的TDD配置。首先，小区继续使用其系统信息来通告静态配置。这是小区将使用的最上行链路导向的配置：其上行链路子帧可以作为适配过程的一部分被重新分配给下行链路，但是其下行链路子帧是稳定的。传统移动台使用静态配置，而版本12移动台也使用它进行测量。

下一个问题是版本12移动台的混合ARQ过程定时；换句话说，是调度消息、数据传输和混合ARQ确认之间的间隔。上行链路定时简单地遵循来自系统信息的静态配置。然而，下行链路定时遵循第二半静态TDD配置。这是小区将使用的最下行链路导向的配置，并且通过 RRC 信令被发送到移动台。最后，小区使用 PDCCH 或 EPDCCH 上的下行链路控制信息来通知版本 12 移动台其动态 TDD 配置。这指示当前分配给下行链路的子帧，因此版本 12 移动台可以检查这些子帧以用于调度消息。

为了说明最终结果，图 20.7 所示为系统信息通告 TDD 配置 0，小区当前使用配置 1，并且版本 12 移动台遵循来自配置 2 的下行链路混合 ARQ 定时的示例。传统移动台使用配置 0 吞吐量，并且可以以通常的方式接收子帧 1 和 6 中的下行链路数据。子帧 0 和 5 中的数据通常在子帧 4 和 9 中触发上行链路确认，但是那些子帧当前被分配给下行链路并且不可用。因此，传统设备的容量损失。版本 12 移动台使用配置 1，除了它们的下行链路时序遵循配置 2 的时序，并且即使动态配置改变也保持稳定。

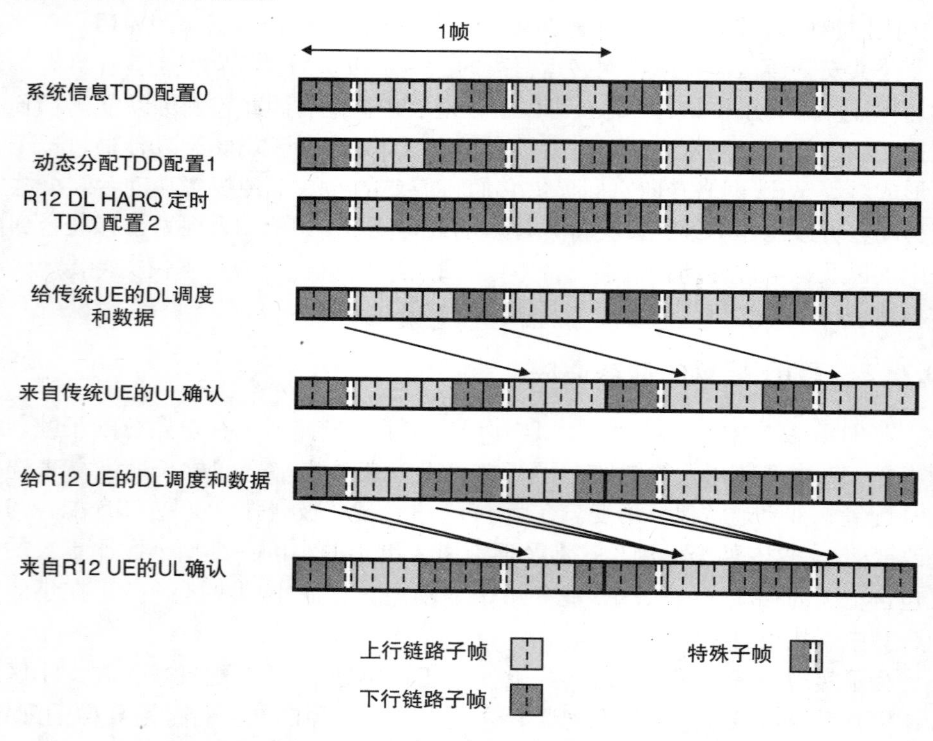

图 20.7　使用 TDD 配置的动态适配时下行链路传输定时的示例

为了帮助其管理由此产生的干扰，小区通过 X2 信令向其邻居传递关于其当前干扰水平和关于要使用的 TDD 配置的信息。然后，相邻小区可以使用该信息来最大化它们的容量；例如，通过使用相同的配置或通过在不受干扰影响的子帧中调度易受攻击的移动台。

20.6.3　机器类型通信和移动数据增强

先前对机器类型设备的制造商来说支持 LTE 的激励很小，因为 GSM 设备便宜并且 GSM 网络的覆盖范围极好。这种情况与网络运营商想要的相反，因为 GSM 设备的频谱效率很差，并且它们的存在可能阻碍 GSM 网络的最终关闭。作为版本 12 的一部分，3GPP 开始针对机器类型应用的 LTE 设备的规范，目的是其成本应该与 GPRS 调制解调器的成本相当[29]。该设备通过新的 UE 类别来支持，其可能的能力包括一个下行链路接收天线、1000bit 的最大传输块大小和六个资源块的最大下行链路分配。

机器类型设备通常部署在室内，其覆盖可能很差。为了解决该问题，3GPP 开始工作以改善低数据速率设备的覆盖，其目的是处理比以前更弱的 15dB 信号。因为数据速率低，所以这些技术不仅必须应用于 PDSCH 和 PUSCH，而且还应用于大多数其他物理信道和信号。一些增强技术（如重复）以频谱效率为代价，因此它们仅应用于前面介绍的新 UE 类别，并且仅应用于明确请求它们的移动台。

3GPP 还开始减少使用移动数据应用的机器类型设备和其他设备的功耗[30,31]。为版本 12 安排的解决方案是引入新的功率节省状态，其中移动台如在 RRC_IDLE 状态中那样发送周期性跟踪区域更新，但不监视基站寻呼消息，并且网络不能到达，直到它重新唤醒。另一种可能性是在 RRC_IDLE、RRC_CONNECTED 或两者中引入扩展的不连续接收周期。

早些时候，我们看到一个版本 11 移动台可以请求进入适合于移动数据应用（如 Facebook 和 Twitter）的低功耗状态。该技术简单但有一些缺点；例如，它只能由版本 11 移动台使用，并且取决于移动台和网络的实现。3GPP 开始在版本 12 中的更强大的解决方案上工作。在 S1 释放过程期间，基站告知 MME 关于移动台的当前参数设置，例如其 DRX 周期的持续时间，否则其将丢失。然后，MME 可以在下一个服务请求过程期间将参数发送到下一个基站，使得基站可以以最佳方式立即处理移动台。

20.6.4　业务量卸载增强

在第 16 和 19 章中，我们看到版本 12 改进了 LTE 与无线局域网互操作的能力，并执行选择性 IP 业务量卸载。此外，接入网发现和选择功能（ANDSF）已得到增强，以与 Passpoint 的 WiFi 联盟规范（称为热点 2.0[32,33]）相一致。使用一组 WLAN 选择策略数据，ANDSF 可以向移动台提供诸如 WLAN 空中接口的最大期望利用率和回程的所需容量的信息。移动台将此与符合 Passpoint 的接入点广播的信息进行比较，以确保接入点具有足够的容量来处理移动台。ANDSF 还可以使用除WiFi服务集标识之外的信息，特别是接入点的领域和组织唯一标识（OUI）来标识接入点。

20.7 版本12研究

20.7.1 小型小区和异构网络增强

3GPP在版本12期间进行了几项研究，其中包括改进小型小区和异构网络性能的研究[34-36]。有两种方法可以提高小型小区中的数据速率。首先，小型小区中的接收信号功率高于通常情况，因此移动台可以受益于更高阶调制方案的使用。一种新的调制方案，即下行链路256-QAM，可能形成版本12规范的一部分。其次，低延迟扩展导致比通常更高的相干带宽，而移动台的低速导致更高的相干时间。这些问题建议引入新的移动专用参考信号，其占用比通常更少的资源元素，从而增加PDSCH和PUSCH的容量。

在之前对自优化网络的讨论中，我们看到一个小区在不使用时可以关闭，以便最小化其功耗。在版本11中，小区可以每几秒执行一次，这是由测量和切换信令的需要所决定的。如果小区可以更频繁地打开和关闭，则可以进一步降低其功耗，并且可以减少它在别处产生的干扰。几十毫秒的时间级可以实现，对规范的影响很小，例如通过确保休眠小区继续广播偶然的同步信号，并且这些可能形成版本12规范的一部分。最终目标是可以打开和关闭每个子帧的小区，虽然对规范的影响将更严重。

双连接是移动台与两个基站（即主eNB（MeNB）和从eNB（SeNB））同时进行通信的能力，主eNB和从eNB通常是使用不同载波频率的宏小区和微微小区。双连接有三个主要目的。最重要的是减少异构网络中切换失败的次数。切换对于移出微微小区的移动台是困难的，因为它可能没有时间在丢失其原始信号之前发现周围的宏小区。通过将RRC信令保持在宏小区内，可以提高切换的鲁棒性。此外，可以通过最小化切换的总数量来减少网络的信令负载，同时可以增加网络的容量和用户的吞吐量。

3GPP还研究了引入新载波类型，也称为瘦载波。新载波不传送诸如小区特定参考信号或传统PDCCH的信息，使得其不能被传统移动台或独立小区使用；而是打算在载波聚合期间用作辅助小区或在双连接期间用作从设备。

20.7.2 仰角波束成形和全维度MIMO

在版本8~11中，基站的天线位于水平平面中，因此所得到的波束被限制为不同的方位角。可以使用二维天线阵列潜在地改善小区的性能，其中天线也可位于垂直平面中，并且波束也处于不同的高度。这样的天线可以用于用户特定的仰角波束成形。它们还可以用于被称为全维度 MIMO（FD－MIMO）的更复杂的技术，其中基站具有包含比先前部署更多天线的二维阵列。3GPP 研究了相关信道模型和性能优势，作为版本 12 的一部分[37]，任何规范可能构成未来版本的一部分。

参 考 文 献

1. 3rd Generation Partnership Project (2013) FTP Directory, ftp://ftp.3gpp.org/Information/WORK_PLAN/Description_Releases/ (accessed 15 October 2013).
2. 4G Americas (2012) 4G Mobile Broadband Evolution: Release 10, Release 11 and Beyond – HSPA, SAE/LTE and LTE-Advanced, October 2012.
3. 3GPP TR 36.819 (2013) Coordinated Multi-point Operation for LTE Physical Layer Aspects, Release 11, September 2013.
4. 3GPP TS 36.211 (2013) Physical Channels and Modulation, Release 11, Section 5.5.1.5, 6.10.3.1, 6.10.5.1, September 2013.
5. 3GPP TS 36.212 (2013) Multiplexing and Channel Coding, Release 11, Section 5.3.3.1.5D, June 2013.
6. 3GPP TS 36.213 (2013) Physical Layer Procedures, Release 11, Section 7.1.9, 7.1.10, 7.2.5, September 2013.
7. 3GPP TS 36.331 (2013) Radio Resource Control (RRC); Protocol Specification, Release 11, Section 6.3.2 (CSI-IM-Config, CSI-Process, CSI-RS-ConfigNZP, CSI-RS-ConfigZP, PDSCH-Config), September 2013.
8. 3GPP TR 36.819 (2013) Coordinated Multi-point Operation for LTE Physical Layer Aspects, Release 11, Sections 7.3.1.1, 7.3.2, September 2013.
9. 3GPP TS 36.211 (2013) Physical Channels and Modulation, Release 11, Sections 6.2.4A, 6.8A, 6.10.3A, September 2013.
10. 3GPP TS 36.213 (2013) Physical Layer Procedures, Release 11, Section 9.1.4, September 2013.
11. 3GPP TS 36.331 (2013) Radio Resource Control (RRC); Protocol Specification, Release 11, Section 6.3.2 (EPDCCH-Config), September 2013.
12. 3GPP TR 36.816 (2012) Study on Signalling and Procedure for Interference Avoidance for In-device Coexistence, Release 11, January 2012.
13. 3GPP TS 36.331 (2013) Radio Resource Control (RRC); Protocol Specification, Release 11, Section 5.6.9, September 2013.
14. 3GPP TS 23.682 (2013) Architecture Enhancements to Facilitate Communications With Packet Data Networks and Applications, Release 11, September 2013.
15. 3GPP TS 29.368 (2013) Tsp Interface Protocol Between the MTC Interworking Function (MTC-IWF) and Service Capability Server (SCS), Release 11, September 2013.
16. 3GPP TS 29.336 (2012) Home Subscriber Server (HSS) Diameter Interfaces for Interworking With Packet Data Networks and Applications, Release 11, December 2012.
17. 3GPP TS 29.337 (2013) Diameter-based T4 Interface for Communications with Packet Data Networks and Applications, Release 11, June 2013.
18. 3GPP TS 23.003 (2013) Numbering, Addressing and Identification, Release 11, Section 19.7, September 2013.
19. 3GPP TS 23.221 (2013) Architectural Requirements, Release 11, Section 5.1, June 2013.
20. 3GPP TR 36.822 (2012) LTE Radio Access Network (RAN) Enhancements for Diverse Data Applications, Release 11, September 2012.
21. 3GPP TS 36.331 (2013) Radio Resource Control (RRC); Protocol Specification, Release 11, Section 5.6.10, September 2013.
22. 3rd Generation Partnership Project (2013) Delivering Public Safety Communications with LTE, http://www.3gpp.org/news-events/3gpp-news/1455-public-safety (accessed 26 November 2013).
23. 3GPP TR 22.803 (2013) Feasibility Study for Proximity Services (ProSe), Release 12, June 2013.
24. 3GPP TS 22.278 (2012) Service Requirements for the Evolved Packet System (EPS), Release 12, Section 7A, September 2012.
25. 3GPP TR 23.703 (2013) Study on Architecture Enhancements to Support Proximity Services (ProSe), Release

12, October 2013.

26. 3GPP TS 23.303 (2014) Architecture Enhancements to Support Proximity Services (ProSe), Release 12, January 2014.
27. 3GPP TR 36.843 (2013) Feasibility Study on LTE Device to Device Proximity Services – Radio Aspects, Release 12, October 2013.
28. 3GPP TR 36.828 (2012) Further Enhancements to LTE Time Division Duplex (TDD) for Downlink-Uplink (DL-UL) Interference Management and Traffic Adaptation, Release 11, June 2012.
29. 3GPP TR 36.888 (2013) Study on Provision of Low-cost Machine-Type Communications (MTC) User Equipments (UEs) Based on LTE, Release 12, June 2013.
30. 3GPP TR 23.887 (2013) Machine-Type and Other Mobile Data Applications Communications Enhancements, Release 12, October 2013.
31. 3GPP TR 37.869 (2013) Study on Enhancements to Machine-Type Communications (MTC) and other Mobile Data Applications; Radio Access Network (RAN) aspects, Release 12, September 2013.
32. WiFi Alliance (2013) Wi-Fi CERTIFIED Passpoint&, http://www.wi-fi.org/discover-and-learn/wi-fi-certified-passpoint (accessed 15 October, 2013).
33. 3GPP TR 23.865 (2013) Study on Wireless Local Area Network (WLAN) Network Selection for 3GPP Terminals, Release 12, September 2013.
34. 3GPP TR 36.932 (2013) Scenarios and Requirements for Small Cell Enhancements for E-UTRA and E-UTRAN, Release 12, March 2013.
35. 3GPP TR 36.872 (2013) Small Cell Enhancements for E-UTRA and E-UTRAN – Physical Layer Aspects, Release 12, September 2013.
36. 3GPP TR 36.842 (2013) Study on Small Cell Enhancements for E-UTRA and E-UTRAN – Higher Layer Aspects, Release 12, June 2013.
37. 3GPP TR 36.873 (2013) 3D Channel Model for LTE, Release 12, September 2013.

第 21 章　电路域回落

正如我们在第 1 章中解释的，LTE 被设计为数据管道：一种向用户传送信息和从用户接收信息，但不关心上层应用的系统。对于大多数数据服务（如 Web 浏览和电子邮件），应用与传送系统分离，由第三方提供，因此此方法运行良好。然而，对于语音和文本消息，应用先前已经由运营商的电路交换网络提供，并且已经被紧密地集成到传送系统中。这与 LTE 采用的原理非常不同。

3GPP 规范支持用于通过 LTE 传送语音的两种主要方法。主要的短期解决方案是电路域回落，其中移动台通过移动到 2G 或 3G 小区来接入传统 2G 或 3G 网络的电路交换域。主要的长期解决方案是 IP 多媒体子系统，一个处理 IP 语音所需的信令功能的外部网络。还有三种其他方法：由第三方传送 IP 语音服务，使用双无线设备，以及通过通用接入被称为 LTE 语音的另一种 2G/3G 互通技术。每种方法都适于使用 SMS 或专有消息应用来传送文本消息。

在本章中，我们回顾了语音和文本消息的市场，并对五种方法都进行了介绍。然后，我们给出电路域回落的更详细的描述，这是在 3GPP 阶段 2 规范 TS 23.272[1] 中概括的技术。在下一章中，我们将介绍 IP 多媒体子系统。

21.1　LTE 语音和文本信息的发送

21.1.1　语音和 SMS 市场

为了说明语音和 SMS 对移动网络运营商的重要性，图 21.1 显示了西欧运营商从语音、消息服务（如 SMS）和其他数据应用中获得的收入。该信息来自 Analysys Mason 的市场研究，并使用运营商的数据，截至 2012 年年底和此后的预测。

图 21.1 中的信息与图 1.5 和图 1.6 中提供的关于全球网络业务量的信息之间存在着鲜明的对比：数据应用提供了大多数运营商的业务量，但语音资源提供了大部分收入。请注意，语音和数据业务量之间的不平衡在西欧甚至比其他地方更加极端；例如，2013 年数据业务量约占西欧业务量的 95%，约占全球业务量的 85%。

语音数据速率低（在 2G 和 3G 的电路交换域中为 64kbit/s 或更小），并且现在仅占总网络业务量的很小比例。然而，语音应用向用户提供许多有价值的功能，特别是如语音邮件和呼叫转移的补充服务，与公共交换电话网络上的固定电话的通信，以及发起紧急呼叫的能力。因此，运营商仍然可以为语音服务收取大额费用。这个溢价正在下降，但是，尽管如此，语音仍然对运营商的收入做出不成比例的贡献。类似但更极端的情况适用于消息服务的情况，其对网络业务量的贡献可忽略不计。相比之下，移动数据服务通常需要高数据速率，但不提供可证明相应高收费的额外值。

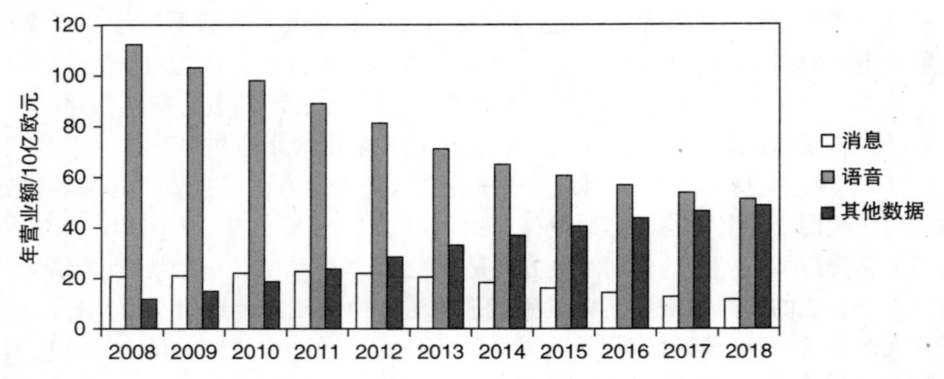

图 21.1　西欧网络运营商通过语音、消息传送和其他数据服务获得的收入，运营商的数据直到 2013 年以及之后的预测（数据由 Analysys Mason 提供）

21.1.2　第三方 IP 语音

最简单的技术是通过第三方供应商（如 Skype）提供 IP 语音（VoIP）服务，使用与任何其他基于 IP 的应用相同的原则。图 21.2 所示为基本架构，不同供应商的细节会有所不同。

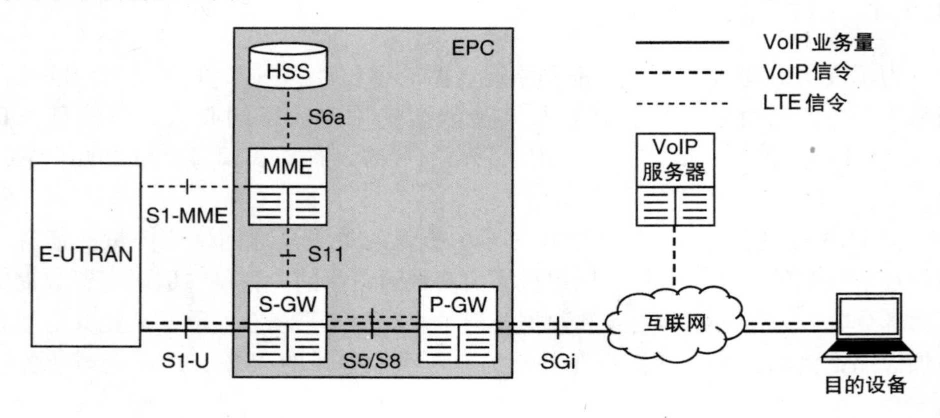

图 21.2　通用第三方 VoIP 系统的架构

在该架构中，用户通过与外部服务器交换 VoIP 信令消息来建立呼叫，并且最终与另一 VoIP 设备交换 VoIP 信令消息。从 LTE 的角度来看，这些信令消息看起来像任何其他种类的数据，并且以完全相同的方式通过 EPS 承载来传送。服务提供商还可以支持媒体网关，其将 VoIP 分组转换成传统电路交换网络所使用的信息流。如果它这样做，则用户也将能够与 2G/3G 移动电话或陆地线路通信。

这种方法不需要网络运营商的投资，并且向用户提供便宜或免费的呼叫。然而，它有几个缺点。首先，网络运营商不再拥有语音服务。其次，用户的服务质量受到因特网提供的限制。第三，如果移动台必须移动到 2G 或 3G 小区，则服务质量将下降，或者呼叫可能被完全丢弃。最后，在写作本书时 Skype 不支持紧急呼叫，因此还不能用于替代传统的语音服务。由于这些问题，网络运营商只能从这种方法获得很少的收入。

21.1.3 IP 多媒体子系统

LTE 语音的主要长期方法是 IP 多媒体子系统（IMS）。正如我们在第 1 章中看到的，IMS 是一个外部网络，包含管理 LTE 设备的 VoIP 呼叫的信令功能。以这种方式来看，IMS 非常像我们刚刚讨论的第三方 VoIP 服务器，但它带来两个主要优点。首先，IMS 由网络运营商拥有，而不是由第三方服务提供商拥有。其次，它比任何第三方系统更强大；例如，它保证语音呼叫的服务质量，支持切换到 2G 或 3G 小区，并且包括对紧急呼叫的完全支持。由于这些优点，它可能为网络运营商带来更多的收入。

然而，IMS 是一个复杂的系统，它的推出已经在 LTE 初始部署几年之后。这导致需要临时方案来覆盖 LTE 网络可用但 IMS 不可用的时段。

21.1.4 VoLGA

在 LTE 的早期引起注意的一种临时方法是通过通用接入的 LTE 语音（VoLGA）。该技术在三个主要规范[2-4]中定义，并在参考文献［5］中有有用的技术介绍。

该技术基于早期的 3GPP 规范[6]，通过该规范，移动台可以通过如无线局域网的通用接入网到达 2G/3G 核心网。如图 21.3 所示，VoLGA 架构通过称为 VoLGA 接入网控制器（VANC）的设备将 PDN 网关连接到 2G/3G 电路交换域来利用这种方法。VANC 具有三个主要功能：它通过 D′接口认证移动台，在移动台和电路交换域之间中继 2G/3G 信令消息，并在 VoIP 和电路交换之间转换用户的语音业务量。

VoLGA 架构带来另外两个好处。首先，VANC 可以使用 Rx 接口来请求语音呼叫的合适的服务质量，并且演进分组核心网可以通过激活专用承载来响应。其

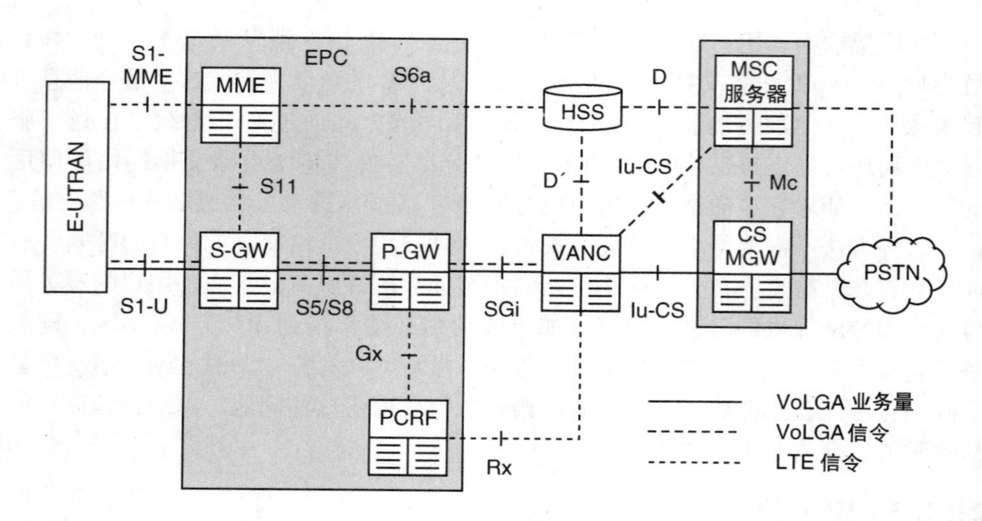

图 21.3 VoLGA 架构

次，如果用户移动到 LTE 的覆盖区域之外，VANC 可以将 LTE VoIP 呼叫转换为 2G/3G 电路交换呼叫。这些分组交换到电路交换的切换重用了被称为单一无线语音呼叫连续性（SRVCC）的 IMS 技术，我们将在下一章中讨论。

VoLGA 规范是由被称为 VoLGA 论坛[7]的工业协作编写的，该论坛于 2009 年 3 月成立。虽然有一些早期的兴趣，大多数供应商和网络运营商决定专注于电路域回落和 IP 多媒体子系统，并且该技术从未进入 3GPP 规范。VoLGA 规范自 2010 年以来没有更新，似乎不大可能采用该技术。

21.1.5 双无线设备

第二种临时方法是使用具有两个完全独立的收发机的移动台，一个用于 LTE 上的数据通信，另一个用于传统 2G/3G 网络上的语音通信。这种方法有两个优点：它设计简单，并且为用户提供连续的语音和数据连接。然而，它还具有几个缺点：装置体积大并且电池寿命大大降低。

这种方法已经被传统 cdma2000 网络的运营商采用，例如美国的 Verizon，因为 LTE 和 cdma2000 收发机可以独立运行，并且因为其他形式的互操作相当复杂。它不适合于传统 3GPP 网络的运营商，因为 3GPP 规范还不允许移动台同时使用两种 3GPP 无线接入技术进行通信。

21.1.6 电路域回落

由 LTE 的大多数早期部署使用的主要临时方法是电路域回落（CSFB）。使用这种方法，网络将 LTE 移动台传送到传统 2G/3G 小区，使得其可以通过 2G/

3G 电路交换域以传统方式发出语音呼叫。在本章的其余部分，我们将讨论电路域回落的架构及注册、移动性管理、呼叫建立和 SMS 消息发送的过程。

21.2 系统架构

21.2.1 2G/3G 电路交换域的架构

在第 15 章中，我们讨论了用于 LTE 与 2G 和 3G 分组交换域之间的互操作的架构。图 21.4 基于该架构，通过引入 2G/3G 电路交换域[8]。

当进行语音呼叫时，移动台以通常分别为 8kHz 和 8bit 的采样率和分辨率来数字化其语音信息，给出 64kbit/s 的原始比特率。然后，它通过编解码器将信息压缩到较低的数据速率。UMTS 中的主编解码器是自适应多速率（AMR）编解码器[9]，其支持在 4.75 ~ 12.2kbit/s 之间的八个压缩数据速率。

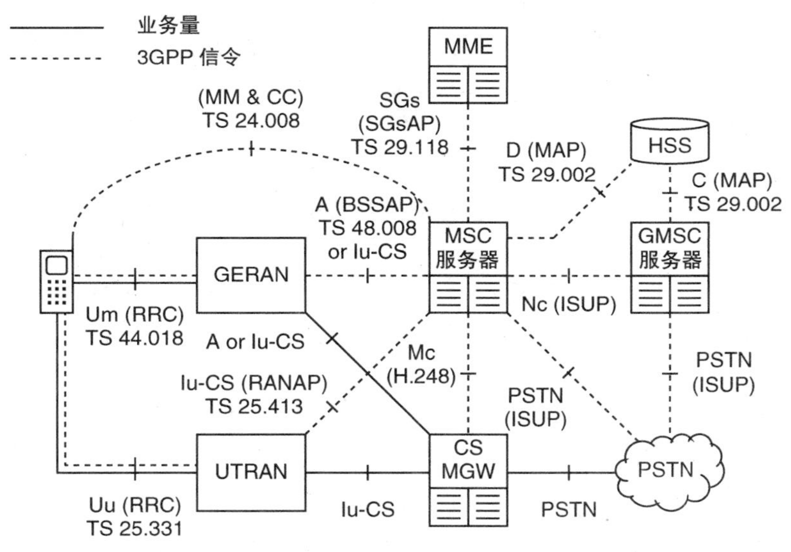

图 21.4 电路域回落架构（来源：TS 23.272。经 ETSI 许可转载）

电路交换媒体网关（CS－MGW）携带用户的语音业务，在不同编码方案和传输协议之间转换业务，并且充当与其他网络的用户平面接口。它类似于来自 LTE 的服务和 PDN 网关。移动交换中心（MSC）服务器监视一组移动台，包含它们的订阅数据的本地副本，并且通过信令消息来控制它们，因此非常像 MME。网关 MSC（GMSC）服务器支持所有 MSC 服务器的功能，并且在来话呼叫的情况下也可以从另一网络接收信令消息。

所示的架构首先在 3GPP 规范的版本 4 中引入。在早期版本中，订阅数据的本地副本存储在另一个设备（拜访位置寄存器（VLR））中。MSC 服务器的其他功能与媒体网关的功能合并，以形成移动交换中心（MSC）。

网络使用几种信令协议。MSC 服务器使用两个非接入层协议[10]来控制移动台的高级行为：移动性管理（MM）协议处理电路交换域内的内部簿记，而呼叫控制（CC）协议包含管理电话呼叫的应用级信令。MSC 服务器使用标准电话信令协议与公共交换电话网络彼此通信。最常见的是形成被称为信令系统 7（SS7）协议栈的一部分的综合业务数字网（ISDN）用户部分（ISUP）[11-14]，以及承载无关呼叫控制（BICC）[15]，支持任何底层传输协议的 ISUP 的演进。在电路交换域内，MSC 服务器使用移动应用部分（MAP）[16]与归属用户服务器通信，并使用称为 H.248 或网关控制协议（GCP）的 ITU 协议控制媒体网关[17]。最后一个协议最初是与互联网工程任务组合作开发的，也是 IETF 媒体网关控制（MEGA-CO）的名称。

电路交换域保持其自己的移动台状态的记录，独立于分组交换域。从 2G/3G 无线接入网的观点来看，如果移动台在核心网络的电路交换域和分组交换域两者中同时空闲，则仅在 RRC_IDLE 状态中。电路交换域被组织成位置区域（LA），每个位置区域包括一个或多个分组交换路由区域。它通过临时移动用户标识（TMSI）来识别每个用户。

可选地，MSC 服务器还可以使用被称为基站子系统应用部分（BSSAP +）[18]的信令协议通过 Gs 接口与 SGSN 通信。如果存在 Gs 接口，则称网络处于网络操作模式（NMO）Ⅰ，并且移动台通过 SGSN 执行组合路由和位置区域更新。如果接口不存在，则网络处于 NMO Ⅱ中，并且移动台独立地执行其路由和位置区域更新。

21.2.2 电路域回落架构

为了支持电路域回落，通过在 MME 和 MSC 服务器之间添加表示为 SGs 的新的信令接口来增强网络架构。该接口上的消息使用 SGs 应用协议（SGsAP）[19]写入。使用这些消息，MME 向 2G/3G 电路交换域注册移动台，并使网络的电路交换服务对用户可用。

然后，我们可以使用这种架构提供两种不同类型的服务。移动台通过在网络的控制下移动到 2G 或 3G 小区来处理语音呼叫、视频呼叫和补充服务。相反，移动台可以使用被称为基于 SGs 的 SMS 的服务在 LTE 小区内发送和接收 SMS 消息，其中消息通过 S1 - MME 和 SGs 接口被中继到 MSC 服务器。网络运营商和设备制造商可以选择仅支持基于 SGs 的 SMS，这对于不需要语音服务和 2G 或 3G 的机器类型设备是有用的。

21.3　附接过程

21.3.1　联合 EPS/IMSI 附接过程

移动寄存器用于电路域回落，作为第 11 章附接过程的一部分，使用图 21.5 所示的消息序列。在其附着请求（1）中，移动台通过将 EPS 附接类型设置为联合 EPS/IMSI 附接来请求向 MSC 服务器注册，并且使用附加更新类型来请求全集 CS 回落服务或者单独使用 SMS 类型。在其他信息元素中，移动台指示它支持哪个语音编解码器，并且发信号通知后面将讨论的两个其他参数，即语音域偏好和 UE 使用设置。

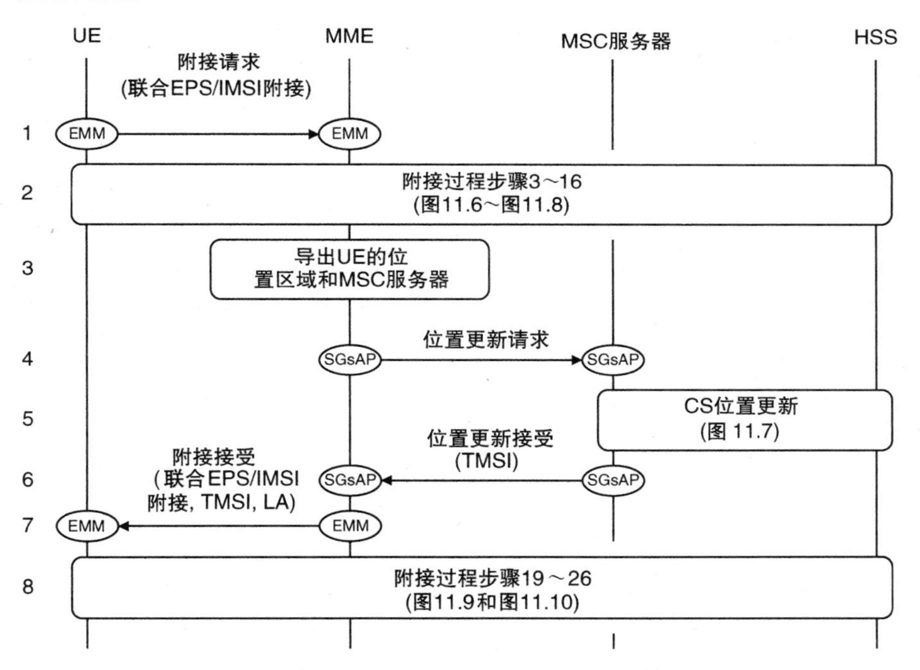

图 21.5　联合 EPS/IMSI 附接过程（来源：TS 23.272。经 ETSI 许可转载）

移动台以常规方式向基站发送附接请求，基站选择 MME，转发附接请求并指示其所在的跟踪区域。作为响应，MME 运行附接过程的步骤 3 ~ 16（2），其覆盖识别和安全、位置更新和默认承载创建所需的步骤。

使用从基站接收的跟踪区域，MME 识别移动台所在的 2G/3G 位置区域，并选择控制位置区域的 MSC 服务器（3）。然后它向 MSC 服务器发送 SGsAP 位置更新请求（4），其中它请求 MSC 服务器为电路交换服务注册移动台，并且指定移动台的位置区域和 IMSI。MSC 服务器向归属用户服务器注册移动台（5），确认 MME 的请求（6），并向移动台提供临时移动用户标识。作为这些 SGs 消息的结果，MME 和 MSC 服务器已经创建了被称为 SGs 关联的逻辑关系，通过这些，它们知道移动台被注册用于电路域回落并且知道彼此的身份。

MME 现在可以接受移动台的附接请求（7）。如果过程成功，则 MME 向移动台提供其位置区域标识和 TMSI，使用 EPS 附接结果来指示联合 EPS/IMSI 附接，并且使用附加的更新结果来指示针对 CSFB 服务全集的注册，或者仅用于 SMS。该过程以来自正常 LTE 附接过程的剩余步骤结束（8）。

21.3.2 语音域偏好和 UE 使用设置

使用两个内部参数，即语音域偏好和 UE 使用设置来影响移动台的注册[20]。语音域偏好指示设备支持哪些语音技术，如果适用，还指示其偏好。有四个可能的值：仅 CS 语音，仅 IMS PS 语音，IMS PS 语音优选/CS 语音作为次要，CS 语音优选/IMS PS 语音作为次要。UE 使用设置具有两个可能的值：以语音为中心和以数据为中心。在 LTE 网络完全不支持语音的情况下，它确定移动台是否优选 2G 或 3G 语音服务或 LTE 的高数据速率。这两个参数由移动台存储，并且网络运营商还可以使用设备管理服务器来更新语音域偏好[21]。

为了说明如何使用这些设置，图 21.6 显示了如果移动台的语音域偏好设置为 CS 语音，移动台应该如何工作。移动台首先使用联合附接过程尝试注册 LTE 和电路域回落。如果网络支持电路域回落，则其接受附接请求并且过程结束。

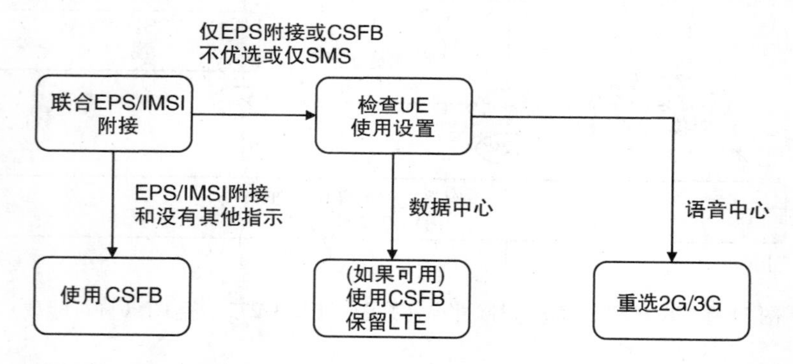

图 21.6 语音域偏好仅为 CS 语音的移动台的行为（来源：TS 23.221。经 ETSI 许可转载）

如果网络不支持电路域回落，则 MME 接受移动台的附接请求，但将 EPS 附接结果设置为仅 EPS。移动台的行为随后取决于 UE 使用设置：数据中心设备（如平板电脑）保持附接到 LTE，而语音中心设备（如智能电话）与 LTE 分离并试图通过 2G 或 3G 重新附接。如果 MME 通过 SMS 的附加更新结果发信号通知联合 EPS/IMSI 附接以指示它仅支持 SGs 上的 SMS 而不是语音，则情况是相同的。

最终的可能性是 MME 发信号通知联合 EPS/IMSI 附接，但将附加更新结果设置为不优选的 CS 回落。在这种情况下，数据中心设备保持附接到 LTE，但是继续使用电路域回落，而语音中心设备从 LTE 分离，并且与之前一样尝试通过 2G 或 3G 重新附接。

21.4 移动性管理

21.4.1 联合跟踪区域/位置区域更新过程

如果移动台移动到其先前未被注册的跟踪区域中，则其运行来自第 14 章的跟踪区域更新过程。在其跟踪区域更新请求中，移动台将 EPS 更新类型设置为联合 TA/LA 更新，以指示它也想要执行位置区域更新。

如在附接过程中，MME 读取其从基站接收的跟踪区域，识别对应的位置区域，发现是否必须改变 MSC 服务器并向 MSC 服务器发送 SGsAP 位置更新请求。作为该过程的结果，在演进分组核心网和 2G/3G 电路交换域中更新移动台的位置。

21.4.2 跟踪区域和位置区域的对齐

在用于联合附接和联合跟踪/位置区域更新的过程中，MME 从基站接收到跟踪区域标识，查找相应的位置区域并识别可以控制移动台的 MSC 服务器。为了使过程正确工作，MME 必须包含从跟踪区域到位置区域的可靠映射。

为了使电路域回落以预期的方式工作，网络运营商应当避免一个跟踪区域跨越多个位置区域的情况。相反，它们应当尽可能紧密地对准它们的跟踪和位置区域边界，使得一个位置区域被划分为一个或多个跟踪区域。相同的建议适用于任何移动专用的跟踪区域列表，并且也适用于由运营商的漫游伙伴运行的网络。

图 21.7 显示了效果。如果跟踪和位置区域完全对齐（见图 21.7a），则位置区域的改变总是与跟踪区域的改变相关联。结果，MME 总是知道移动台所在的位置区域，并且可以保持移动台向正确的 MSC 服务器注册。

如果跟踪区域跨越多个位置区域（见图 21.7b），则移动台可以从一个位置区域移动到另一个位置区域，而不触发联合跟踪/位置区域更新过程。如果移动台稍后尝试开始呼叫，则移动到 2G/3G 小区，读取新小区的系统信息，并且现在只发现其新的位置区域。此发现触发应该较早发生的位置更新过程，并且延迟呼叫建立的过程。如果之前的不同 MSC 服务器控制新的位置区域，则延迟更长，

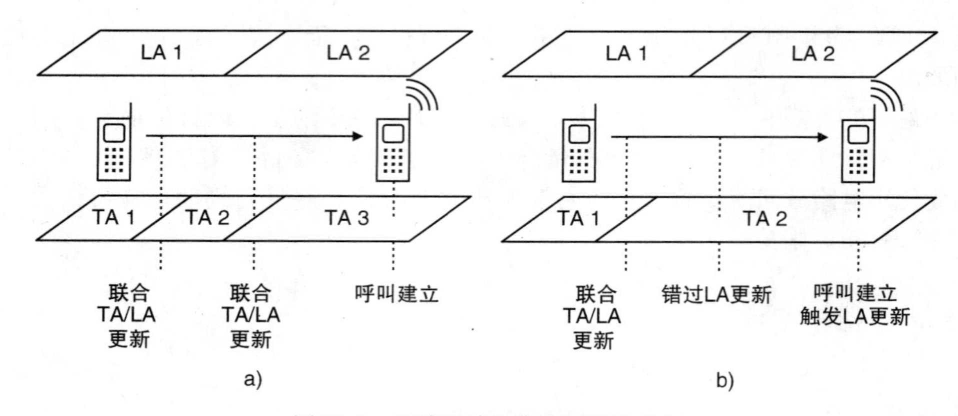

图 21.7　跟踪区域和位置区域的对齐

a）对齐的跟踪和位置区域　b）不对齐的跟踪和位置区域

这是因为需要用于传送移动台的控制的额外信令。如果 MME 使用跨越多个位置区域的移动专用跟踪区域列表，则适用相同的情况。

即使从相同的站点控制 2G、3G 和 LTE 小区，也不可能完美地对准跟踪和位置区域，因为小区在不同的载波频率上操作并且具有不同的覆盖区域。然而，网络运营商可以通过遵循上述规则尽可能接近地合理地显著提高电路域回落的性能。

21.4.3　UMTS 或 GSM 的小区重选

如果空闲移动台移动到 LTE 的覆盖区域之外并且进入由 2G 或 3G 覆盖的区域，则其执行 2G 或 3G 小区的重选。然后，移动台读取新小区的系统信息，其包含网络操作模式与新小区的路由和位置区域。在后面的讨论中，我们假设位置区域保持不变。

在网络操作模式 I 中，移动台以第 15 章中描述的方式向 SGSN 发送路由区域更新请求，但是将更新类型设置为联合路由/位置区域更新。SGSN 如前所述从 MME 检索移动台的订阅数据，并且 MME 通过拆除其 SGs 关联的一端来进行响应。同时，SGSN 向 MSC 服务器发送 BSSAP + 位置更新请求，MSC 服务器通过拆除 SGs 关联的另一端来进行响应。

移动台现在已经离开了电路域回落的范围，并且以正常方式为 UMTS 或 GSM 处理语音呼叫。如果移动台稍后移回到 LTE 的覆盖区域中，则其与之前一样运行联合跟踪/位置区域更新过程，并且 MME 通过重新建立 SGs 关联来进行响应。

在网络操作模式 Ⅱ 中，移动台仍然向 SGSN 发送路由区域更新请求，但是其将更新类型设置为路由区域更新。如前所述，SGSN 从 MME 检索移动台的订阅数据，并拆除其 SGs 关联的一端。然而，这次，没有与 MSC 服务器的通信，MSC 服务器不知道移动台已经移动到 2G/3G 小区。我们将在稍后的移动终止呼叫设置期间解决此问题。

如果网络希望激活支持电路域回落的移动台的空闲模式信令缩减（ISR），则它可以在跟踪区域更新过程期间而不是在路由区域更新期间这样做，这有助于确保 SGs 关联保持有效。一旦 ISR 活动，MSC 服务器总是通过到 MME 的 SGs 接口联系移动台：它从来不直接这样做。

21.5 呼叫建立

21.5.1 移动台使用 RRC 连接释放发起呼叫建立

为了使用电路域回落建立呼叫，我们可以使用在第 15 章中介绍的用于将移动台从 LTE 转移到 UMTS 或 GSM 的技术。图 21.8 显示了更常见的技术，RRC 连接释放、重定向到另一个载波。为了保持简单，该图假设移动台在 RRC_CONNECTED 状态中启动，呼叫是移动台发起的，并且目标无线接入技术是 UMTS。

在步骤（1）中，用户拨打电话号码，并且移动台通过向 MME 发送 EMM 扩展服务请求来做出响应。一般来说，移动台的消息是 EMM 服务请求的扩展；这里，其指示移动台想要使用电路域回落进行呼叫，并且包括请求的原因，在这种情况下是移动台发起的呼叫。在响应（2，3）中，MME 向基站发送 UE 上下文修改请求，其包括 CS 回落指示。CS 回落指示告知基站将移动台转移到 2G 或 3G 小区。

在该消息序列中，基站通过释放其 RRC 信令连接来决定传送移动台（4），因此它运行来自第 14 章的 S1 释放过程（5）。在其 RRC 连接释放消息中，基站将移动台重定向到 3G 载波，并且从版本 9 开始可以可选地包括附近 3G 小区的系统信息。

移动台移动到所请求的载波频率，选择 3G 小区（6）并运行用于 RRC 连接建立的 3G 过程（7）。如果移动台没有更早接收到新小区的系统信息，则它必须读取系统信息作为该过程的一部分，这延迟了呼叫建立过程。此外，如果移动台由于位置和跟踪区域边界的未对准而发现自己在意外的位置区域中，则其必须运行 3G 位置区域更新过程（8）。这导致额外的延迟，如果位置更新需要 MSC 服务器的改变，则延迟更大。

移动台现在运行通常的 3G 过程用于移动台发起的呼叫建立（9），我们将在稍后讨论。同时，移动台还可以运行用于 3G 路由区更新和 3G 服务请求的过程（10，11）。后者重新激活数据承载，使得用户可以在呼叫期间发送和接收数据，

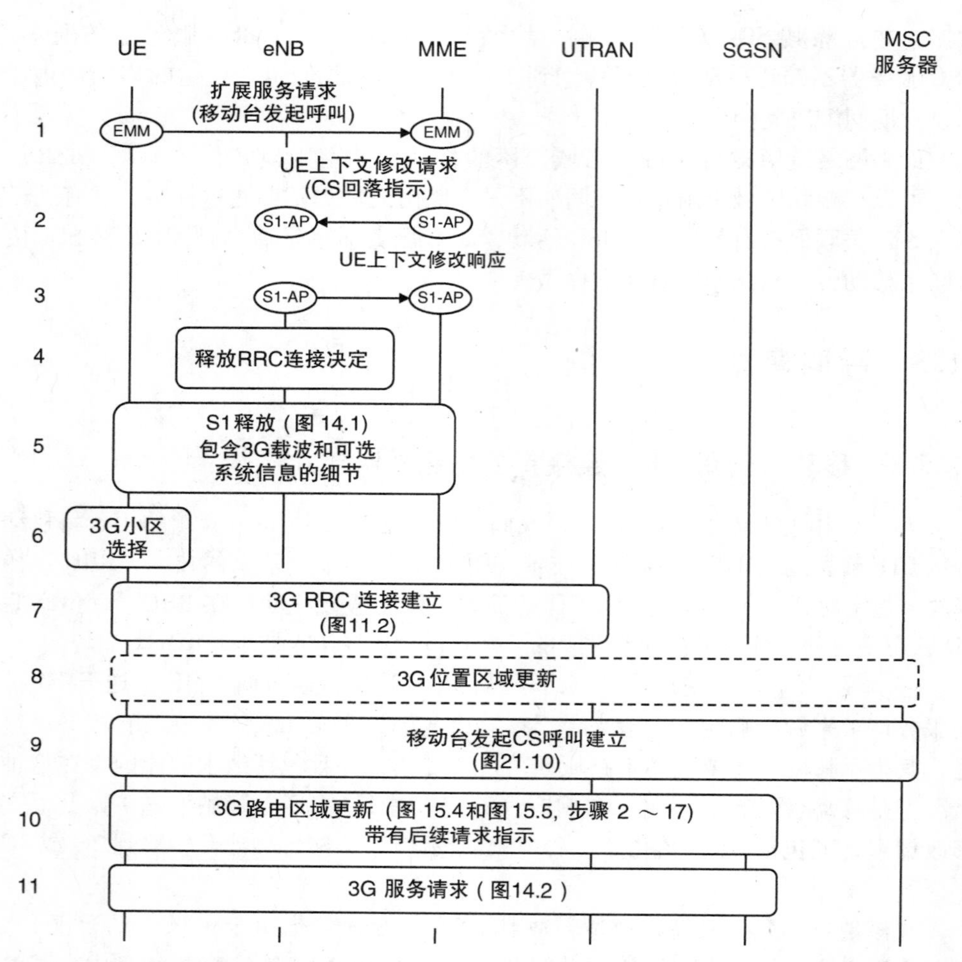

图 21.8　来自 RRC_CONNECTED 状态的移动台的移动发起呼叫建立，使用 CS 回落和 RRC 连接释放，并重定向到 3G 载波（来源：TS 23.272。经 ETSI 许可转载）

虽然通信中断并且数据速率比之前更低。

如果移动台在 RRC_IDLE 状态中启动，则它通过运行用于随机接入和 RRC 连接建立的常规过程来开始。代替步骤 2 和 3，MME 向基站发送包括 CS 回落指示的 S1－AP 初始上下文建立请求，并且基站使用来自服务请求过程的常规步骤将移动台转到 ECM_CONNECTED 状态中。然后，呼叫建立过程可以从步骤 4 继续，省略结束的 3G 服务请求。

如果目标无线接入技术是 GSM，则如果移动台和网络都支持 GSM 双传输模式（DTM），移动台只能在呼叫期间传输数据。如果不是这种情况，则 MME 在 S1 释放过程（步骤 5）之后联系服务和 PDN 网关，以便将移动台的 EPS 承载置于挂起状态，其中 PDN 网关丢弃移动台的输入数据分组[22]。在到达目标小区时，移动台向 SGSN 发送暂停请求，以防止其对移动台进行寻呼[23]，并且再次省略 3G 服务请求。

21.5.2　移动台使用切换发起呼叫建立

图 21.9 示出了如果网络使用分组交换切换来实现电路域回落会发生什么。再一次，我们假设移动台在 RRC_CONNECTED 状态中启动，呼叫是移动台发起的，并且目标无线接入技术是 UMTS。

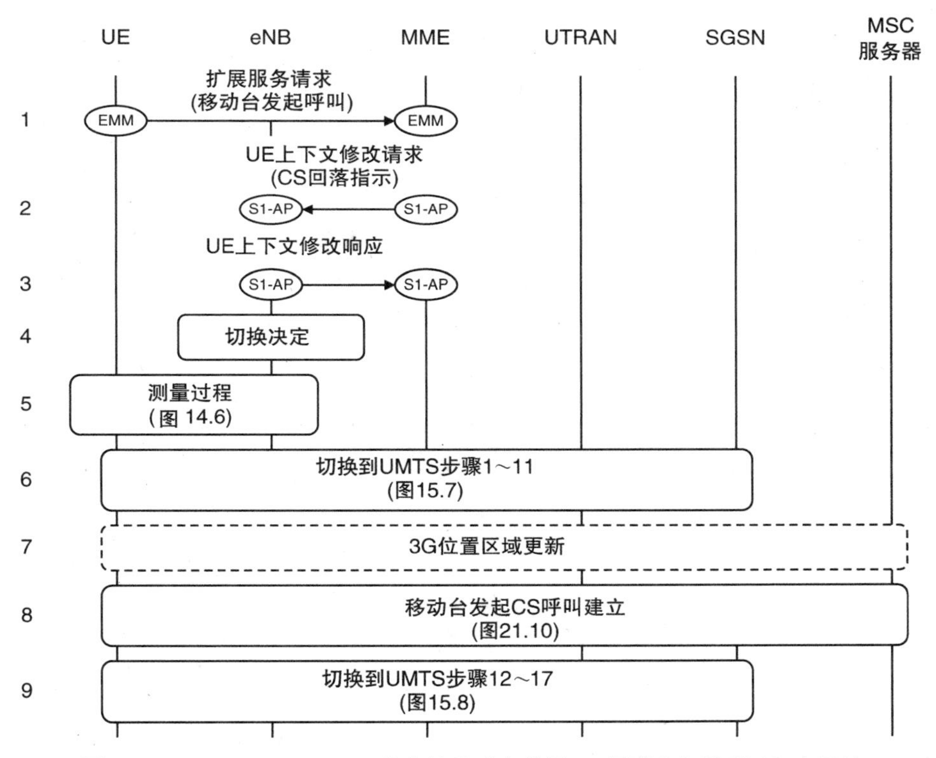

图 21.9　RRC_CONNECTED 状态的移动台使用 CS 回落和切换到 3G 小区的移动发起的呼叫建立（来源：TS 23.272。经 ETSI 许可转载）

如前所述，移动台向 MME 发送扩展服务请求（1），其告知基站将移动台转移到 2G 或 3G 小区（2，3）。然而，这次，基站决定使用分组交换切换来传送移动台（4）。基站还不知道哪个目标小区是最好的，因此它指示移动台测量附近的 3G 小区并返回测量报告（5）。然后，它可以使用切换准备和执行步骤开始第 15 章介绍的系统间切换过程（6）。

移动台到达目标小区，如果需要，执行位置区域更新（7），并运行后面讨论的呼叫建立过程（8）。同时，网络可以通过重定向下行链路数据路径并拆除 eNB 中的移动台的资源来运行用于切换完成的步骤（9）。

该过程具有与来自第 15 章的原始切换过程相同的优点和缺点：没有数据流的中断，但是存在切换失败的风险。然而，在电路域回落的情况下，故障的风险是特别严重的，因为切换失败导致掉话，而不仅仅是数据传输的中断。由于这个问题，至少在早期实现中，该过程不经常使用。

该过程还可以用于在 RRC_IDLE 状态中启动的移动台，但是由于移动台没有任何活动的数据流，因此几乎没有动机这样做。如果目标无线接入技术是 GSM，并且移动台或网络不支持双传输模式，则使用与我们之前看到的相似的步骤来暂停移动台的 EPS 承载。

21.5.3 电路交换域的信令消息

在前面所示的过程中，我们跳过 2G/3G 电路交换域中的呼叫建立消息。图 21.10 所示为适合于移动台发起呼叫的消息[24]。

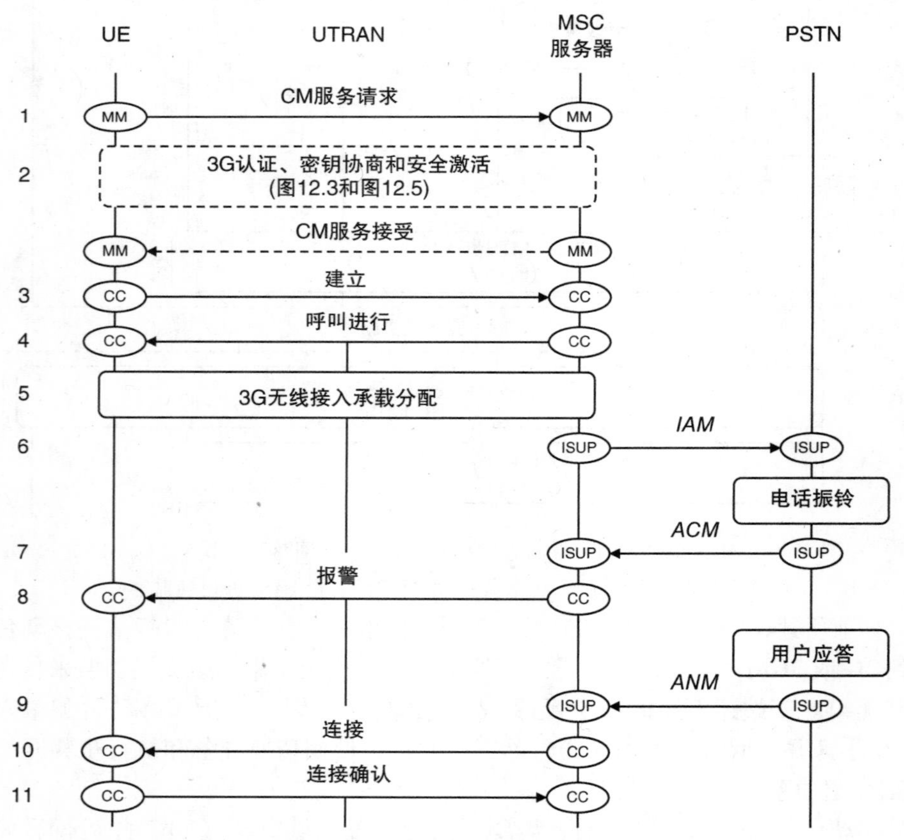

图 21.10　用于移动台发起呼叫的电路交换网络中的信令消息
（来源：TS 23.018。经 ETSI 许可转载）

在到达目标小区并完成任何位置区域更新之后，移动台向MSC服务器发送CM（连接管理）服务请求，以请求移动到电路交换连接状态（1）。MSC服务器使用CM服务接受立即接受移动台的请求，或认证移动台并激活接入层安全过程（2）。在后一种情况下，移动台将2G/3G安全模式命令过程的完成解释为服务请求的隐式接受。

移动台现在向MSC服务器发送建立消息（3），其使用2G/3G呼叫控制协议写入。作为消息的一部分，移动台说明其相关能力，例如它支持的编解码器，并且包括拨打的号码。MSC服务器确认消息（4），建立无线接入承载以承载呼叫（5），并向目的设备发送ISUP初始地址消息（IAM）（6）。

电话振铃，触发到MSC服务器的地址完成消息（ACM）（7）和到始发移动台的告警消息（8）。最终，用户应答，其触发到MSC服务器的应答消息（ANM）（9）和到移动台的连接消息（10）。在移动台的确认（11）之后，呼叫可以继续。

21.5.4 移动终止呼叫建立

图21.11所示为在目标移动台处于RRC_CONNECTED状态下，用于移动终止呼叫的信令消息。为了开始该过程，始发网络创建包含所拨打号码的ISUP初始地址消息并将其路由到移动用户归属网络中的网关MSC服务器（1）。GMSC服务器查找移动台注册的MSC服务器（2）并在那里发送消息（3）。接着，MSC服务器通过SGsAP寻呼请求查找移动台的SGs关联并联系适当的MME（4）。作为该消息的一部分，MSC服务器指示输入服务是语音呼叫，并且说明发起设备的呼叫线路标识（CLI）。

如果目标移动台处于RRC_CONNECTED状态，则MME通过包括呼叫线路信息的CS服务通知直接与其联系（5）。一旦它已经传送了消息，MME就向MSC服务器发回确认（6），其通知呼叫方用户正在被警告（7）。用户接受或拒绝呼叫，并且移动台使用指示用户的响应的扩展服务请求来回复MME。如果用户已经接受了呼叫，则消息序列可以使用前面讨论的过程继续（8）。一些电路交换信令消息在与前面相反的方向上，但是它们的总体效果是相同的。

如果目标移动台处于RRC_IDLE状态，则MME代替消息5寻呼移动台，并且将其确认延迟到MSC服务器，直到移动台回复。MME不能传送作为寻呼过程的一部分的呼叫线路信息；作为电路交换信令的一部分，该信息随后到达移动台。否则，过程不变。

如果在空闲模式信令减少活动的同时移动终止的呼叫到达，则MSC服务器以通常的方式向MME发送其SGsAP寻呼请求。MME通过S3接口与SGSN联系，两个设备寻呼移动台，并且移动台通过LTE小区对MME或通过2G/3G小区对

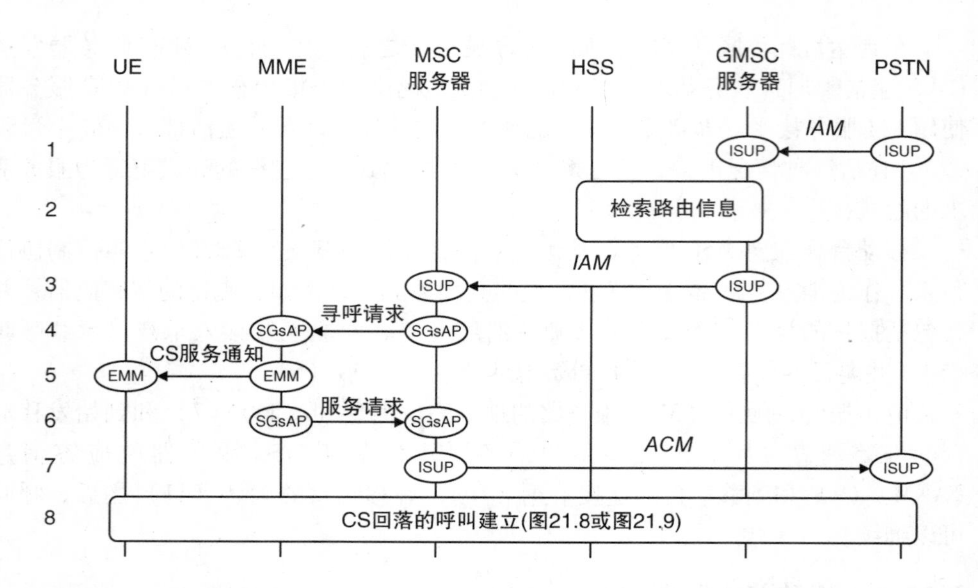

图 21.11　使用 CS 回落在 RRC_CONNECTED 状态中对移动台的移动终止呼叫建立
（来源：TS 23.272。经 ETSI 许可转载）

MSC 服务器做出响应。MSC 服务器和 SGSN 之间没有直接通信。

如果在网络操作模式Ⅱ中重选到 2G/3G 小区之后，移动终止的呼叫到达，则 MSC 服务器可能不知道移动台已经移动。在这种情况下，MSC 服务器以通常的方式向 MME 发送其 SGsAP 寻呼请求，但是 MME 以 SGsAP 寻呼拒绝来回复。MSC 服务器通过在 2G 和 3G 无线接入网上寻呼移动台来做出反应，之后移动台进行响应。然后消息序列继续用于 2G 或 3G 的通常过程。

21.5.5　返回 LTE

在呼叫结束时，3G 电路交换域使用类似于第 14 章的 S1 释放过程的消息来释放移动台的信令连接。如果没有进一步的动作，则移动台停留在 3G 小区中，如果它具有活动分组数据会话，则处于 RRC_CONNECTED 状态，否则处于RRC_IDLE 状态，直到最终重选或切换回到 LTE。在 2G 的情况下发生类似的过程。

然而，存在移动台移回到 LTE 作为呼叫终止的一部分的方式，其被统称为快速返回 LTE。当释放移动台的信令连接时，电路交换域可以告诉版本 10 无线接入网，连接最初是由于电路域回落而建立的。无线接入网可以使用该知识，使用具有重定向或分组交换切换的 RRC 连接释放，立即将移动台返回到 LTE。移动台还可以请求无线接入网释放任何 RRC 信令连接，以便允许移动台发起的小区重选。然而，这最后的可能性取决于移动台的实现。

21.6　基于 SGs 接口的 SMS

21.6.1　系统架构

我们还可以使用电路域回落架构来传递 SMS 消息，如图 21.12 所示[25]。在该架构中，SMS 服务中心（SMS－SC）是接收移动发起的 SMS 的标准 SMS 设备，存储它并将其作为移动终止的 SMS 转发到目的地。它通过分别处理移动发起和移动终止的情况的两个设备（即 SMS 互通 MSC（SMS－IWMSC）和 SMS 网关 MSC（SMS－GMSC））与 MSC 服务器通信。幸运的是，移动台在发送或接收消息之前不必移动到 2G 或 3G 小区；相反，网络通过将 SMS 消息嵌入到 Uu、S1－MME 和 SGs 接口上的较低级信令消息中来传送 SMS 消息。该技术被称为基于 SGs 的 SMS。

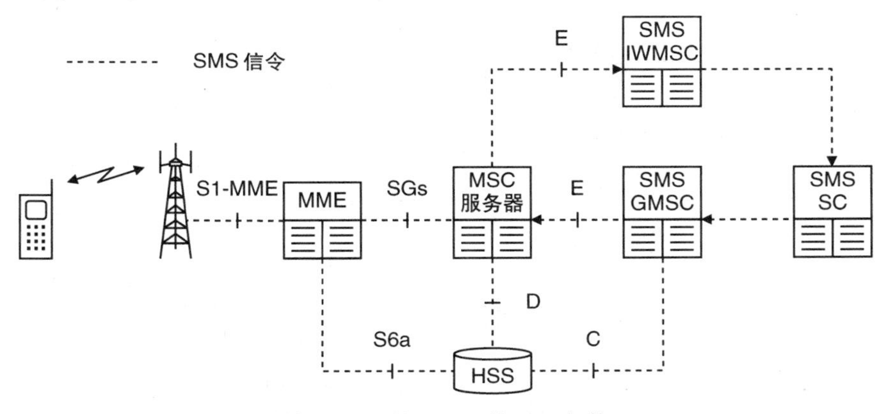

图 21.12　基于 SGs 的 SMS 架构

版本 11 规范引入了在 MME 中称为 SMS 的变体，其中 MSC 服务器的 SMS 功能嵌入到 MME 本身[26]。SMS 设备直接地或通过将它们的传统 MAP 消息转换为 Diameter 命令的互配功能（IWF）使用 Diameter 应用与 MME 和 HSS 通信[27]。该架构对于处理我们在第 20 章中讨论的机器类型通信设备是有用的，因为网络运营商可能希望保持这些设备远离其旧的 MSC 服务器，以防止 MSC 服务器过载。

21.6.2　短信传送

为了说明 SMS 消息的传送，图 21.13 总结了移动终止 SMS 的过程。这些步骤除了使用不同的传送路径，与正常 SMS 过程中的步骤几乎相同。为了开始该过程，服务中心向 SMS 网关 MSC 发送消息（1），SMS 网关 MSC 查找移动台注册的 MSC 服务器（2），并在那里转发消息（3）。继而，MSC 服务器联系 MME 并且指示传入服务的性质（4）。如果移动台处于 RRC_IDLE 状态，则 MME 向其发送寻呼消息，并且移动台以通常的方式进行响应（5）。MME 然后可以向 MSC 服务器发送确认（6），并且两个设备通过将其嵌入到 SGsAP 下行链路单元数据消息和 EMM 下行链路 NAS 传输中来传送消息（7）。

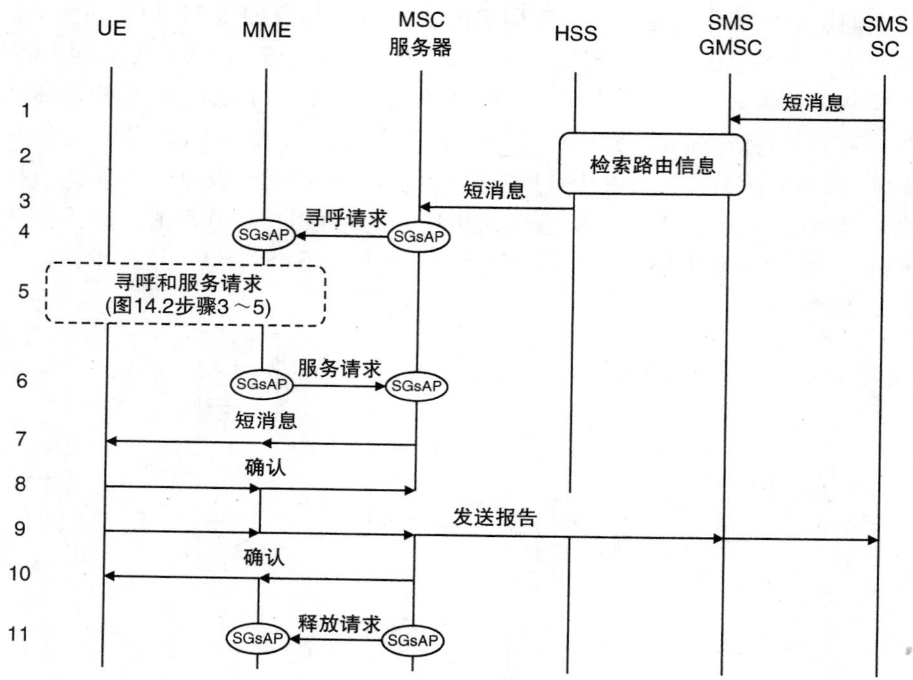

图 21.13　使用基于 SGs 的 SMS 的移动终止 SMS 的消息序列

（来源：TS 23.272 和 TS 23.040。经 ETSI 许可转载）

在接收到消息时，移动台向 MSC 服务器发送 SMS 确认，该确认通过将其嵌入到 EMM 上行链路 NAS 传输消息和 SGsAP 上行链路单元数据中来传送（8）。移动台还向服务中心发送 SMS 传送报告（9），其触发来自 MSC 服务器的另一 SMS 确认（10）。如果不存在要传送的消息，则 MSC 服务器通过向 MME 发送最终确认来指示过程的结束（11）。

21.7　电路域回落到 cdma2000 1xRTT

3GPP 规范还支持电路域回落到 cdma2000 1xRTT 网络[28]。图 21.14 所示为该架构。

该技术使用与在第 15 章中看到的用于与分组交换 cdma2000 HRPD 网络的互

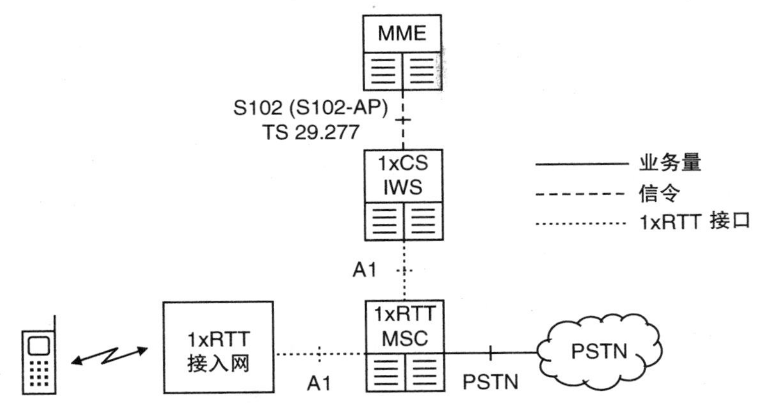

图 21.14　电路域回落到 cdma2000 1xRTT 的架构（来源：TS 23.272。经 ETSI 许可转载）

操作的类似原理。在附接到 LTE 之后，移动预注册器使用 cdma2000 1xRTT MSC，使用通过 S102 接口传输的 1xRTT 信令消息[29]。为了发起语音呼叫，移动台以前面描述的方式向 MME 发送扩展服务请求，并且 MME 告知基站传送用于电路域回落的移动台。

版本 8 规范仅支持一种传输机制：基站释放移动台的 RRC 连接并将其重定向到 cdma2000 1xRTT 载波。在移动台不能使用 1xRTT 和 HRPD 同时进行通信的假设下，通过重新使用 GSM 挂起过程，移动台的分组交换承载在呼叫期间被挂起。从版本 9 开始，基站还可以在被称为增强型 CS 回落到 1xRTT 的过程中将移动台切换到特定的 1xRTT 小区。如果移动台确实支持使用 1xRTT 和 HRPD 的同时语音和数据通信，则网络也可以移交移动台的数据承载。

如果来话呼叫到达移动台，则 1xRTT MSC 通过 S102 接口向移动台发送寻呼消息。这触发来自移动台的扩展服务请求，并且呼叫建立过程如前所述继续。移动台还可以通过在 S102 上将它们隧道传送到和接收自 1xRTT MSC 来发送和接收 SMS 消息。

版本 9 规范还引入了对具有一个发射机和两个接收机的移动台的支持。这样的移动台可以同时驻留在 LTE 小区和 cdma2000 1xRTT 小区，但是一次只能使用一种无线接入技术来活动。因此，它们的性能在用于常规电路域回落的单个无线设备和我们之前提到的双无线设备之间。

21.8　电路域回落的性能

使用电路域回落，网络运营商可以向他们的 LTE 用户提供语音服务，而不需要部署 IP 多媒体子系统。然而，该技术具有若干缺点。首先，如果移动台同时在 LTE 和 2G 或 3G 的覆盖区域中，则移动台只能使用该技术。其次，该技术迫使网络运营商调整其位置区域、跟踪区域和跟踪区域列表的边界。第三，在呼叫建立过程中可能有明显的延迟，特别是如果移动台必须读取新小区的系统信息或执行位置更新。最后，用户的数据速率在整个呼叫期间低于通常情况，而 RRC 连接释放过程在建立呼叫时中断数据流。

然而，电路域回落的性能优于可能担心的性能。为了说明这一点，图 21. 15 所示为在电路域回落到 3G 载波的情况下，Qualcomm 对呼叫建立延迟和数据中断时间的测量[30]。根据这些结果，在具有重定向的 RRC 连接释放的基本版本 8 实现中，附加呼叫建立延迟约为 2. 5s。如果基站事先告知移动台关于附近小区的系统信息或者如果它将移动台移交到特定的 3G 小区，则该延迟下降到 0. 5 ~ 1s。如果移动台在开始时仅读取最重要的系统信息并忽略如目标小区的邻居列表之类的其他信息，但是该能力特定于特定移动台的实现，则也可以减少延迟。如果移动台在到达目标小区后必须进行位置更新，则有 1 ~ 2s 的附加延迟，或者如果该过程导致 MSC 服务器的改变，则有 4 ~ 5s 的附加延迟。对于具有重定向的 RRC 连接释放的任何实现，数据中断时间是几秒，并且减少的唯一方式是通过使用切换。

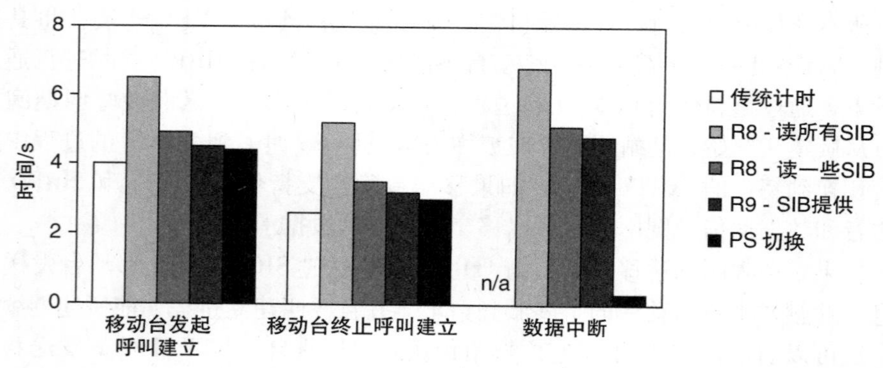

图 21. 15　使用电路域回落时，测量呼叫建立延迟和数据中断时间

参 考 文 献

1. 3GPP TS 23.272 (2012) Circuit Switched (CS) Fallback in Evolved Packet System (EPS); Stage 2, Release 11, September 2012.
2. VoLGA Forum (2010) Voice over LTE via Generic Access; Requirements Specification; Phase 2, Version 2.0.0, April 2010.
3. VoLGA Forum (2010) Voice over LTE via Generic Access; Stage 2 Specification; Phase 2, Version 2.0.0, June 2010.
4. VoLGA Forum (2010) Voice over LTE via Generic Access; Stage 3 Specification; Phase 2, Version 2.0.0, June 2010.
5. Sauter M. (2009) Voice Over LTE via Generic Access (VoLGA) – A Whitepaper, http://cm-networks.de/volga-a-whitepaper.pdf (accessed 15 October 2013).

6. 3GPP TS 43.318 (2012) Generic Access Network (GAN); Stage 2, Release 11, September 2012.
7. VoLGA Forum (2010) VoLGA Forum – Start, http://www.volga-forum.com (accessed 15 October 2013).
8. 3GPP TS 23.002 (2013) Network Architecture, Release 11, Sections 4.1.2, 6.4.1, June 2013.
9. 3GPP TS 26.071 (2012) AMR Speech CODEC; General Description, Release 11, September 2012.
10. 3GPP TS 24.008 (2013) Mobile Radio Interface Layer 3 Specification; Core Network Protocols; Stage 3, Release 11, September 2013.
11. ITU-T Recommendation Q.761 (1999) Signalling System No. 7 – ISDN User Part Functional Description.
12. ITU-T Recommendation Q.762 (1999) Signalling System No. 7 – ISDN User Part General Functions of Messages and Signals.
13. ITU-T Recommendation Q.763 (1999) Signalling System No. 7 – ISDN User Part Formats and Codes.
14. ITU-T Recommendation Q.764 (1999) Signalling System No. 7 – ISDN User Part Signalling Procedures.
15. ITU-T Recommendation Q.1901 (2000) Bearer Independent Call Control Protocol.
16. 3GPP TS 29.002 (2013) Mobile Application Part (MAP) Specification, Release 11, September 2013.
17. ITU-T Recommendation H.248.1 (2013) Gateway Control Protocol: Version 3.
18. 3GPP TS 29.018 (2013) Serving GPRS Support Node (SGSN) – Visitors Location Register (VLR); Gs Interface Layer 3 Specification, Release 11, March 2013.
19. 3GPP TS 29.118 (2013) Mobility Management Entity (MME) – Visitor Location Register (VLR) SGs Interface Specification, Release 11, September 2013.
20. 3GPP TS 23.221 (2013) Architectural Requirements, Release 11, Section 7.2a, Annex A, June 2013.
21. 3GPP TS 24.167 (2012) 3GPP IMS Management Object (MO), Release 11, Section 5.27, December 2012.
22. 3GPP TS 29.274 (2013) Evolved General Packet Radio Service (GPRS) Tunnelling Protocol for Control Plane (GTPv2-C); Stage 3, Release 11, Section 7.4, September 2013.
23. 3GPP TS 23.060 (2013) General Packet Radio Service (GPRS); Service Description; Stage 2, Release 11, Section 16.2.1, September 2013.
24. 3GPP TS 23.018 (2013) Basic Call Handling; Technical Realization, Release 11, Section 5.1, March 2013.
25. 3GPP TS 23.272 (2012) Circuit Switched (CS) Fallback in Evolved Packet System (EPS); Stage 2, Release 11, Section 8, September 2012.
26. 3GPP TS 23.272 (2012) Circuit Switched (CS) Fallback in Evolved Packet System (EPS); Stage 2, Release 11, Annex C, September 2012.
27. 3GPP TS 29.338 (2013) Diameter Based Protocols to Support Short Message Service (SMS) Capable Mobile Management Entities (MMEs), Release 11, September 2013.
28. 3GPP TS 23.272 (2012) Circuit Switched (CS) Fallback in Evolved Packet System (EPS); Stage 2, Release 11, Annex B, September 2012.
29. 3GPP TS 29.277 (2012) Optimised Handover Procedures and Protocol Between EUTRAN Access and Non-3GPP Accesses (S102); Stage 3, Release 11, December 2012.
30. Qualcomm (2012) Circuit-Switched Fallback. The First Phase of Voice Evolution for Mobile LTE Devices, http://www.qualcomm.com/media/documents/files/circuit-switched-fallback-the-first-phase-of-voice-evolution-for-mobile-lte-devices.pdf (accessed 15 October 2013).

第22章　VoLTE和IP多媒体子系统

在本章中，我们讨论LTE语音呼叫的长期解决方案，即由IP多媒体子系统（IMS）控制的IP语音流的传送。IMS不是LTE的一部分；相反，它是单独的网络，其与LTE的关系和与因特网的关系相同。尽管如此，作为本书的一部分介绍IMS是有价值的，因为LTE语音呼叫是重要的，并且因为IMS说明了LTE操作的若干方面。通过LTE和IMS的语音呼叫的传送通常被称为LTE语音（VoLTE）。

在本章中，我们回顾了IMS和VoLTE的历史，并讨论了IMS的架构和协议以及注册和呼叫建立的过程。然后介绍了IMS和2G/3G电路交换域之间互操作的三个方面，即接入域选择、单一无线语音呼叫连续性和IMS集中服务，并且通过讨论IMS紧急呼叫和SMS来结束。对于需要更多细节的读者来说，有一些关于IP多媒体子系统的优秀资料，特别是参考文献［1-3］。

22.1　引言

22.1.1　IP多媒体子系统

IP多媒体子系统（IMS）最初被设计用于通过3G分组交换域来管理和传送实时多媒体服务。它首先在3GPP版本5中定义，2002年被冻结。规范引起了极大的兴趣，并且随后被增强以支持其他接入技术，例如无线局域网（版本6）和基于数字用户线路（DSL）或电缆技术的固定网络（版本7）。

尽管在固定网络中有一些早期的实现，但移动运营商最初得出结论，他们没有可用的IMS业务案例。3G电路交换域可以处理语音和视频呼叫，因此IMS将限于如蜂窝通话（PoC）、即时消息和存在的外围服务。网络运营商不能证明单独为这些服务推出IMS的费用是合理的，并且很少选择这样做。然而，随后，LTE被设计为没有电路交换核心网，并且意图是LTE语音呼叫应该使用IP语音传输。这是IP多媒体子系统的理想应用，并导致了对该技术兴趣的兴起。

IP多媒体子系统由3GPP以与LTE、UMTS和GSM相同的方式来指定。TS 23.218[4]是一个有用的介绍，而TS 23.228[5]是主要的第二阶段规范。还有对TS 24.228[6]中的信令过程的概述，但该文档自版本5以来没有更新，因此内容已过时，应谨慎阅读。我们将在本章中看到其他几个规范。

22.1.2 VoLTE

IMS 规范是复杂的，并且具有大量的实现选项。在引入 LTE 之后，设备制造商和网络运营商担心这种复杂性会进一步延迟 IMS，并且将难以引入完全可互操作的语音服务。他们还担心 IMS 可能被其他方法所取代，例如 VoLGA 和第三方 IP 语音。

这些问题导致 2009 年工业计划 One Voice 的形成。One Voice 的目的是使用 IMS 定义 LTE 语音的配置文件，换句话说，为了互操作性的利益，制造商将被邀请遵循的最小功能集。该计划被证明是流行的，并且在 2010 年被业界的主要贸易协会——GSM 协会采用，名为 LTE 语音（VoLTE）[7]。因此，术语 VoLTE 隐藏了一些复杂性：它指的是以符合 GSM 协会的 VoLTE 规范的方式通过 LTE 和 IMS 传送 VoIP 呼叫。

VoLTE 在三个主要文件中定义。最重要的是使用 IMS 的 LTE 语音配置[8]，而其他包含跨两个网络的漫游和互操作的指南[9,10]。总而言之，这些文件规定了 3GPP 规范作为实现选项留下的几个问题。作为示例，3GPP 规范允许设备支持 IP 版本 4、版本 6 或两者都支持，而 VoLTE 规范仅允许支持 IP 版本 6。

为了保持章节简洁，我们将几乎完全遵循 VoLTE 规范，不会涉及 IMS 的其他服务、接入技术和实现选项。作为参考，表 22.1 列出了 VoLTE 规范强加的主要限制，并将其与 3GPP 规范中可用的选项进行比较。

表 22.1　VoLTE 的 GSMA 规范与 LTE 和 IMS 的 3GPP 规范之间的主要区别

特征	VoLTE 要求	3GPP 要求
支持的 UE IP 版本	IPv4 和 IPv6	IPv4 和 IPv6 单独的 IPv4 单独的 IPv6
支持的 UE 语音域偏好	仅 IMS IMS 优选/CS 辅助	仅 IMS IMS 优选/CS 辅助 CS 优选/IMS 辅助 仅 CS
支持 MMTel 语音服务	强制	可选
支持 AMR 语音编解码器	强制	强制（如果支持 MMTel 语音）
支持 MMTel 补充服务	一些强制性服务	所有服务可选
支持紧急呼叫	强制	可选
支持 SMS	强制	可选
支持 SRVCC	强制（如果支持 CS）	可选
IMS 接入点名称	IMS 知名的 APN	任何 APN
PGW 和 PCSCF 的位置	拜访网络	归属或拜访网络
PCSCF 发现技术	在默认承载激活期间	支持四种技术
SIP 信令的传输	默认承载（QCI5）	任何承载和 QCI
VoIP 业务量的传输	一个专用承载（QCI1）	任何承载和 QCI
VoIP SDF 建立	由 PCSCF 触发	由 PCSCF 或 UE 触发

22.1.3 富通信服务

VoLTE 规范是 LTE 语音的有前途的方法，但它们对其他服务或接入技术很少涉及。这些问题由 GSM 协会针对富通信服务（RCS）的规范（也称为富通信套件[11-13]）来解决。

RCS 定义了网络运营商可以使用 IP 多媒体子系统传送的一组服务，即语音和视频呼叫、即时消息、一对一和群聊、文件传送、存在和地理定位。这些服务可以通过包括 LTE、HSPA 和电路交换的接入技术交付，并且建立在一个框架上，使 RCS 设备发现彼此的存在和能力。设备和网络可以通过支持框架和至少一个服务来符合 RCS 规范。用户通过称为 Joyn 的应用接入 RCS，该应用为他们提供相同的服务集，而不管他们的网络运营商、接入技术、归属或拜访网络中的位置。

增强富通信服务（RCS－e）是 RCS 的一种变体，一组网络运营商在 2011 年引入以降低 RCS 网络和设备的成本。RCS－e 仅提供 RCS 的一些服务，并且使用更简单的机制来发现其他设备的存在和能力。RCS－e 规范被融入到 2012 年发布的 RCS 版本 5.0 的那些 RCS 中。

RCS 与 VoLTE 有几个相似之处：它定义了 IMS 提供的服务，并且涉及 LTE 语音的情况的 VoLTE 规范。但是也有一些差异，最重要的是 RCS 不需要设备来支持任何特定的服务或接入技术。由于其规模和复杂性，我们不会进一步考虑 RCS。

22.2 IMS 硬件架构

22.2.1 高层架构

图 22.1 所示为 IP 多媒体子系统最重要的组件[14,15]。IMS 主要涉及信令，我们将在以下部分中讨论其各个信令分量。IMS 还可以通过稍后将要介绍的其他组件来操纵用户的业务，但这并不总是需要的，因此业务实际上可以完全绕过 IMS。

用户通过如 LTE、3G 或无线 LAN 等 IP 连接接入网（IP－CAN）接入 IMS。大多数 IMS 规范独立于接入网，但也有一些特定的接入特性[16,17]。进而，IMS 可以与其他 IP 多媒体网络通信，例如与其他网络运营商拥有的 IMS 通信。最重要的 IMS 信令协议是会话发起协议（SIP），但我们将在本章后面介绍其他几个其他协议。

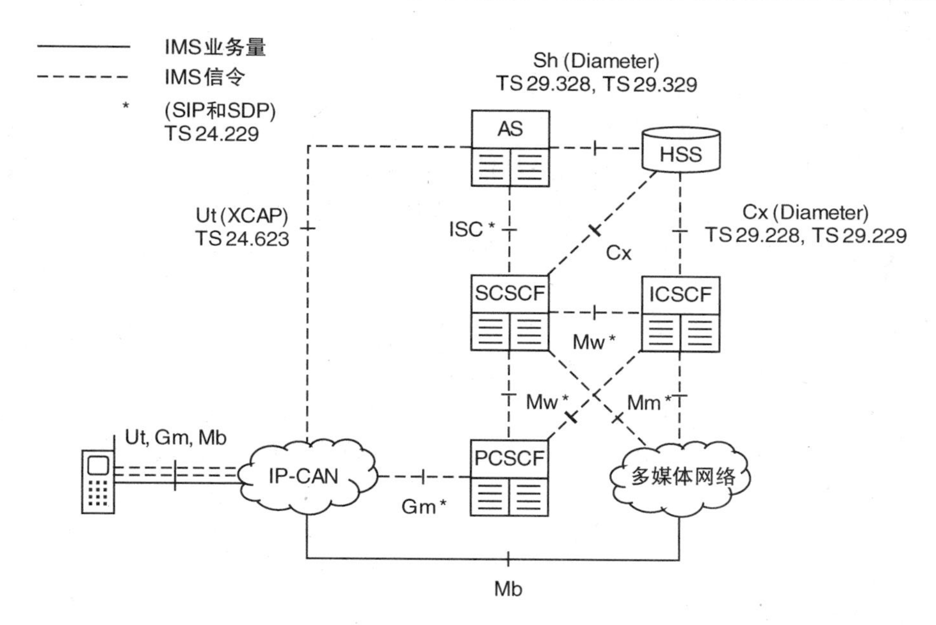

图 22.1 IP 多媒体子系统的主要架构元素（来源：TS 23.228。经 ETSI 许可转载）

22.2.2 呼叫会话控制功能

IMS 最重要的组件被称为呼叫会话控制功能（CSCF）。这些有三种类型。每个用户向服务 CSCF（S-CSCF）注册，服务 CSCF 控制移动台并且允许其接入如语音呼叫的服务。服务 CSCF 类似于 MME，但具有一个重要的区别：服务 CSCF 总是在移动台的归属网络中，这有助于确保用户甚至在漫游时接收一致的 IMS 服务集。

代理 CSCF（PCSCF）是移动台与 IMS 的第一联系点，两个设备通过被称为 Gm 的信令接口进行通信。代理 CSCF 通过加密和完整性保护跨 IP 连接接入网保护信令消息，并在移动台和服务 CSCF 之间中继那些消息。它还控制跨接入网的媒体流的服务质量，例如通过充当面向演进分组核心网的 LTE 应用功能（AF）。

询问 CSCF（I-CSCF）是用于信令从其他 IP 多媒体网络到达的联系点。在接收到这样的消息时，询问 CSCF 向归属用户服务器（HSS）询问正在控制目标移动台的服务 CSCF，并且将该信令消息转发到服务 CSCF。

22.2.3 应用服务器

应用服务器（AS）向用户提供如多媒体电话、语音邮件和 SMS 的服务。服务由用户的服务 CSCF 调用，但是用户还可以通过被称为 Ut 的单独的信令接口来操纵它们的应用服务器数据，例如语音邮件偏好或补充服务配置。应用服务器不应该与 LTE 应用功能（AF）混淆，AF 是在演进分组核心网之外的设备，其在 IMS 中的角色由代理 CSCF 填充。

大多数应用服务器都是独立设备，但有两种特殊类型可充当其他应用环境的接口。开放服务接入（OSA）服务性能服务器（SCS）通过 OSA 应用编程接口（API）接入 OSA 应用服务器，而 IP 多媒体服务交换功能（IM－SSF）允许接入用于定制应用移动网络增强逻辑（CAMEL）的服务环境。

22.2.4 归属用户服务器

归属用户服务器（HSS）是包含用户的 IMS 订阅数据的中央数据库。IMS 一般使用与 3GPP 接入网相同的数据库来支持 IMS 和 2G/3G 电路交换域之间的互操作。然而，两个数据库可能是不同的，这将允许不同的运营商管理特定用户的接入网和 IMS。

在 IMS 中，归属用户服务器的功能可以分布在多个物理设备上。当使用该架构时，IMS 包含额外的设备——签约定位功能（SLF），其返回存储特定用户细节的 HSS 名称。

22.2.5 用户设备

用户设备（UE）包含通过前面提到的信令接口与 IMS 通信的应用级软件。VoLTE 规范坚持 UE 应支持 IP 版本 4 和 IP 版本 6。

通用集成电路卡（UICC）通常包含被称为 IP 多媒体服务识别模块（ISIM）[18,19]的应用，其以与 USIM 和 LTE 交互相同的方式与 IMS 交互。ISIM 包含归属网络运营商的 IMS 域名和一个 IP 多媒体私有标识（IMPI），其类似于网络运营商用于内部簿记的 IMSI。

ISIM 还包含 IP 多媒体公共标识（IMPU）的一个或多个实例，其类似于向外部世界标识用户的电子邮件地址或电话号码。IMPU 通常是 SIP 统一资源标识（URI），其使用如 sip：username @ domain 的格式来标识用户、网络运营商和应用[20]。IMPU 还可以以两种方式支持传统电话号码：SIP URI，其包括使用如 sip：＋358－555－1234567@domain；user＝phone 格式的电话号码；Tel URI，其描述使用 tel：＋358－555－1234567 格式的独立电话号码[21]。

添加一些更多的细节，用户的公共身份可以被分组在一起成为隐式注册集，每个隐含注册集包含当用户向 IMS 注册时同时激活的一组公共标识[22]。ISIM 仅需要存储来自每个隐式注册集的一个公共标识，其他可以由归属用户服务器存储。此外，每个订阅可以与多于一个 ISIM 相关联，每个 ISIM 包含不同的私有标识。最后，用户还可以使用单独的 USIM 使用从用户的 IMSI 导出 IP 多媒体私有标识的过程来接入 IMS。

22.2.6　与 LTE 的关系

图 22.2 所示为 LTE 和 IP 多媒体子系统之间的关系，适用于符合 VoLTE 规范的漫游场景。如果移动台正在漫游，则它通过拜访网络中的 PDN 网关接入 IMS[23]。这允许用户在被称为最佳路由的技术中进行本地电话呼叫，而不用媒体一直返回到归属网络。代理 CSCF 也位于拜访网络中，其给出 IMS 信令的网络可见性。为了确保移动台在漫游时可以接入 IMS，VoLTE 规范坚持每个网络运营商应当使用 IMS 知名接入点名称（IMS）来参考 IMS。

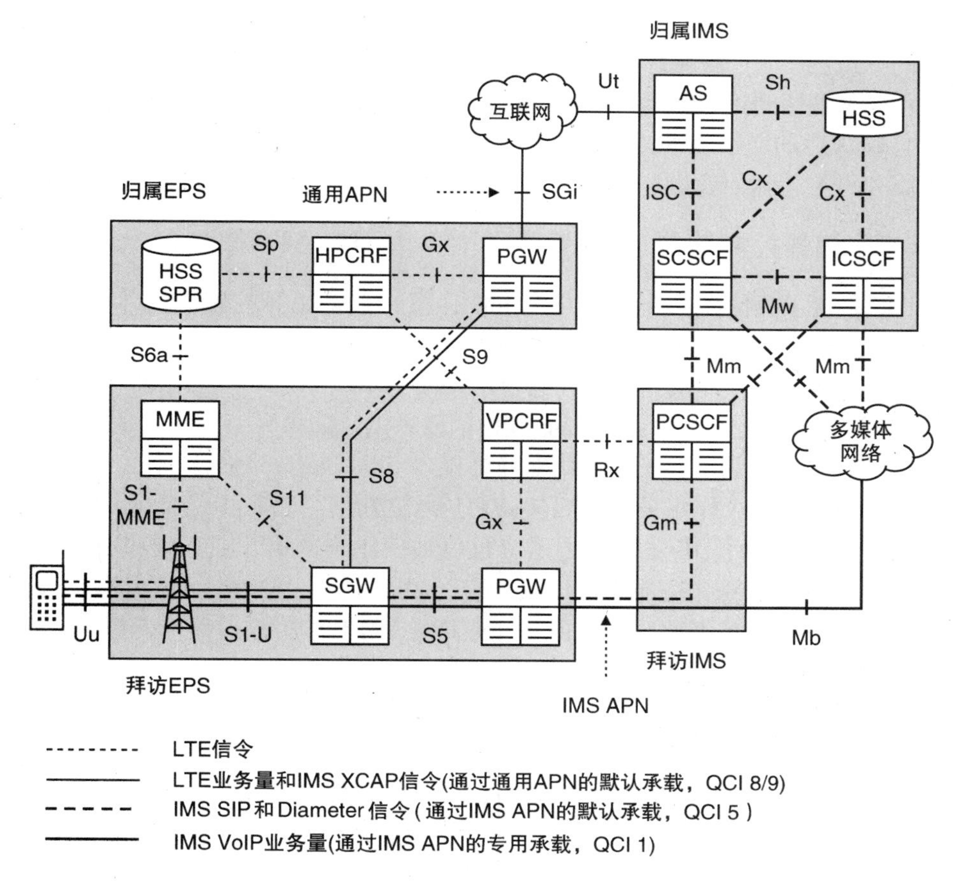

图 22.2　漫游 VoLTE 移动台的系统架构

如果拜访网络运营商尚未实现 IMS，则移动台可以使用归属网络的演进分组核心网中的 PDN 网关接入归属 IMS 中的代理 CSCF。此架构不符合 VoLTE 规范，不能用于语音呼叫，但可用于其他 IMS 服务，如 SMS。

演进分组核心网不理解在移动台和 IMS 之间传播的 SIP 信令消息，因此它通过 QoS 级别标识（QCI）5 的默认 EPS 承载在 LTE 用户平面中传送它们。承载在移动台向 IMS 注册之前建立，并且在其注销之后被拆除。演进分组核心网还使用具有 QCI1 的专用 EPS 承载来传输移动台的语音业务，该 QCI1 在呼叫开始时建立并在结束时拆除。VoLTE 规范假定移动台仅支持一个这样的承载，因此网络将多个语音流捆绑到相同的承载中，并给予它们相同的分配和保留优先级。最后，EPC 使用具有 QCI8 或 9 的专用 EPS 承载来处理任何非实时流，例如图片文件。

用户通过由归属网络运营商控制的通用接入点名称来操纵其应用服务器数据。Ut 接口因此通过归属网络中的 PDN 网关，通常使用与家庭路由接入因特网相同的承载。移动台现在有两个 IP 地址：一个用于因特网，另一个用于 IMS。

不同的网络使用 IP 分组交换（IPX）[24]交换语音业务量，IPX 是 GPRS 漫游交换（GRX）的增强版本，其也可以保证媒体流的服务质量。通过使用 LTE 专用承载和 IPX 传输语音媒体，IMS 可以保证用户将接收的端到端服务质量。

22.2.7 边界控制功能

IMS 包含了我们尚未介绍的几个组件，第一个是边界控制功能，如图 22.3 所示[25,26]。互连边界控制功能（IBCF）是与其他网络的 SIP 信令通信的联系点，因此，在输入信令的情况下，它位于询问 CSCF 和外部世界之间。转换网关（TrGW）由 IBCF 控制，并且是 IMS 媒体的联系点。如果另一个网络是另一个 IP 多媒体子系统，则通过 IMS 间网络对网络接口（II - NNI）进行通信。

这些设备的一个作用是帮助媒体路由。通过在信令路径中包括 IBCF 和在业务路径中包括 TrGW，IP 多媒体子系统可以迫使用户的语音业务通过拜访 IMS、归属 IMS 或两者。第一个选择对于漫游用户特别有用，因为它允许拜访 IMS 查看用户的业务，但确保业务不必返回到归属 IMS。其他作用包括筛选 SIP 消息、转码以及使用 IP 版本 4 和 6 的网络之间的互通。

22.2.8 媒体网关功能

除了与其他 IP 网络的通信之外，IP 多媒体子系统还可以与公共交换电话网（PSTN）以及与 2G/3G 网络运营商的电路交换域通信。图 22.4 所示为所使用的设备。

IMS 媒体网关（IM - MGW）是 IMS 和处理如转码任务的外部电路交换网络之间的用户平面接口。它具有与 2G/3G 电路交换媒体网关（CS - MGW）相同的功能，但是是不同的逻辑设备，并且是不同网络的一部分。IM - MGW 由媒体网关控制功能（MGCF）控制，媒体网关控制功能（MGCF）还在 IMS 使用的信令消息和用于电路交换的信令消息之间转换信令消息。

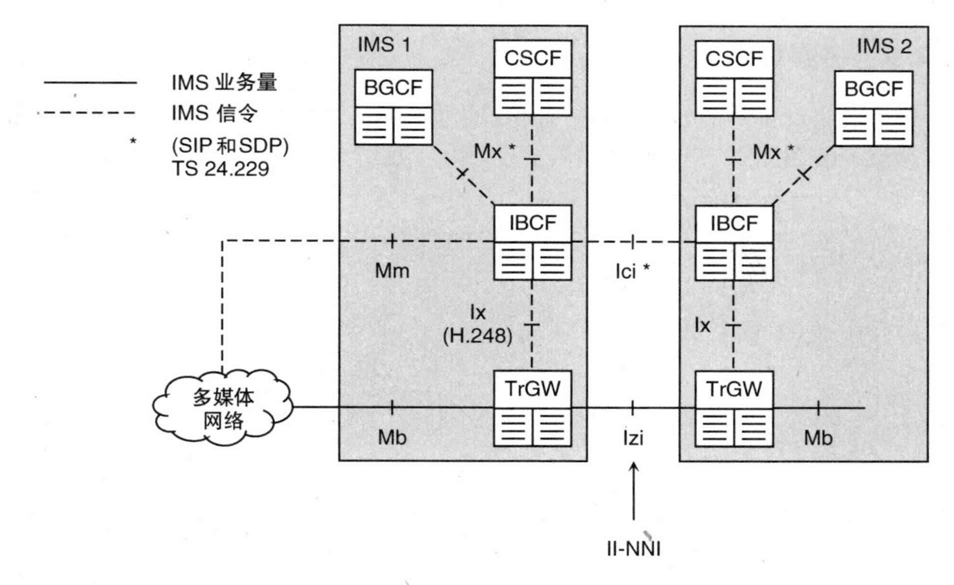

图 22.3 IMS 边界控制架构

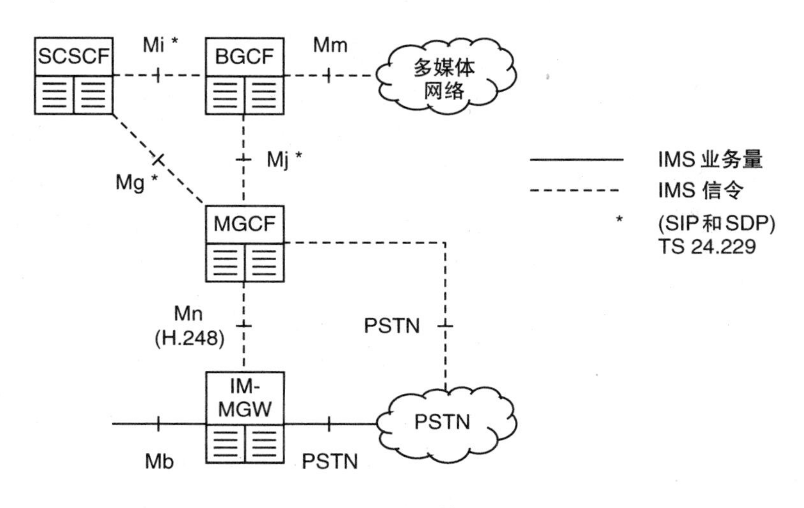

图 22.4 IMS 媒体网关架构

中断网关控制功能（BGCF）确定用于路由目的地为电路交换网络的外出信令消息的下一跳。它可以通过在同一网络中选择合适的 MGCF 或将选择委托给另一个 BGCF 来完成。如果用户正在漫游，最后的选择是有用的，因为它允许归属网络中的 BGCF 请求拜访网络中的 MGCF，使得业务可以突破公共电话网络。

22.2.9 多媒体资源功能

最后两组设备专门处理一对一通信。然而，IMS 还可以用作 IP 多媒体流的源和混合点，使用图 22.5 所示的设备。

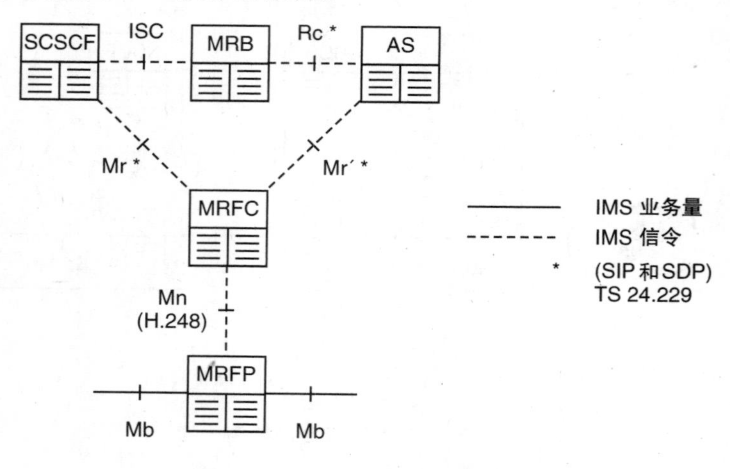

图 22.5 IMS 多媒体资源功能架构

多媒体资源功能处理器（MRFP）通过混合媒体流、回放音调和公告以及代码转换来管理会议呼叫的用户平面。它由多媒体资源功能控制器（MRFC）控制，并且这两个设备一起构成多媒体资源功能（MRF）。媒体资源代理（MRB）使用应用的要求和每个设备的能力来选择将处理特定媒体流的多媒体资源功能。

22.2.10 安全架构

图 22.6 所示为 VoLTE 安全架构[27]。IMS 使用与 LTE 类似的安全机制，但是这两种架构是完全独立的。这允许移动台通过如无线 LAN 的不安全接入网接入 IMS，并且仅依赖于 IMS 的安全机制。

在网络接入安全的情况下，IMS 重新使用来自 UMTS 的认证和密钥协商过程。该过程类似于来自第 12 章的等同 LTE 过程，主要区别在于密钥 CK 和 IK 直接用于加密和完整性保护，而不是作为附加密钥的层级的起始点。该过程基于用户专用密钥 K，其存储在归属用户服务器中，并在 ISIM 内安全地分发给用户，并且不同于 USIM 中的 LTE 密钥。

在认证和密钥协商过程期间，服务 CSCF 将 CK 和 IK 的值传递到代理 CSCF。代理 CSCF 然后建立与移动台的安全关联，以便对两个设备交换的 SIP 信令消息应用可选的加密和强制的完整性保护。在传输模式下使用互联网协议安全（IP-Sec）封装安全有效载荷（ESP）来实现该过程。

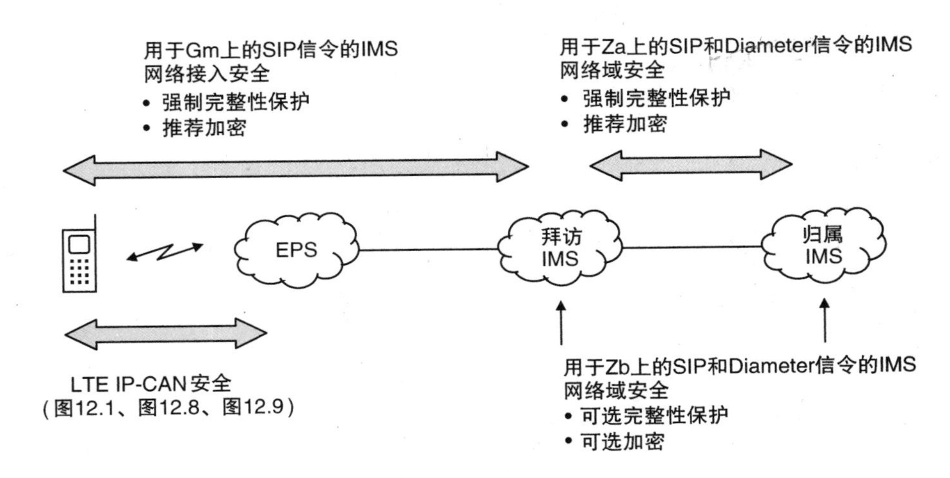

图 22.6　IMS 安全架构（来源：TS 33.203。经 ETSI 许可转载）

IMS 中的网络域安全性与演进分组核心网中的网络域安全性相同。两个安全域首先使用因特网密钥交换版本 2 进行彼此身份验证并建立安全关联，然后在隧道模式下使用 ESP 来保护它们交换的信息。IMS 本身不保护用户平面业务，但是两个设备可以在呼叫建立期间协商端到端应用层安全。

22.2.11　计费架构

IP 多媒体子系统使用与 LTE 相同的架构进行计费[28,29]。IMS 中的任何网络元件可以向离线计费系统发送计费数据记录，而服务 CSCF、应用服务器和多媒体资源功能控制器也可以与在线计费系统通信。因此，即使归属 IMS 没有用户业务的直接可见性，计费系统也接收它向用户计费所需的所有信息。

22.3　信令协议

22.3.1　会话发起协议

最重要的 IMS 信令协议是会话发起协议（SIP）。SIP 在大多数 IMS 的信令接口上使用，特别是在移动台、CSCF 和应用服务器之间的那些接口。它与 LTE 使用的协议非常不同，因此需要解释一下。

SIP 由互联网工程任务组（IETF）开发用于实时分组交换多媒体的控制，并且基于超文本传输协议（HTTP）。RFC 3261[30]定义了基本的 SIP 协议，但在几个其他 IETF 规范中有扩展，特别是 RFC 3455[31]，它定义了在 IP 多媒体子系统中使用的 SIP 扩展。最重要的 3GPP 规范是 TS 24.229[32]，其定义了 IMS 内 SIP

的使用。

与我们之前讨论的协议不同，SIP 是基于文本的，而不是二进制的，这使得信令消息长但易于阅读。与 HTTP 一样，SIP 是一种客户端 - 服务器协议：客户端向服务器发送请求，服务器通过响应进行回复。与 HTTP 不同，单个设备既可以作为客户端，也可以作为服务器。默认情况下，SIP 消息使用 UDP 而不是 TCP 传输。不能保证消息可靠地传递，因此 SIP 包括其自己的用于确认和重传的机制。

客户端的请求是一个简单的文本表达式。示例请求是 REGISTER，其建立移动台和 IMS 之间的信令通信，INVITE 建立呼叫。服务器的响应包含三位数字代码和简短的文本描述。响应代码的第一个数字可以有六个值：1 表示临时响应；2 表示成功响应；3 要求客户采取进一步的行动，4 ~6 表示各种类型的错误。请求和响应使用报头字段携带附加信息，报头字段与我们以前看到的信息元素具有相似的作用，而报头中的各个选项称为标签。SIP 消息还可以携带嵌入的内容，如使用会话描述协议（SDP）写入的媒体描述。

介绍一些更多的术语。事务包括 SIP 请求，一些可选的临时响应和最终的非临时响应。对话是两方之间的一系列相关事务，其通常与会话，如 VoIP 呼叫的媒体交换相关联。顾名思义，SIP 的主要目的是建立和管理这些媒体会话。

还有不同功能组件的名称。用户代理（UA）是 SIP 对话中的端点之一，移动台最常使用的角色。注册服务器存储用户的公共标识和可以发现该用户的 IP 地址之间的匹配。代理服务器通过转发 SIP 请求和响应，通过添加新的报头以及通过修改一些现有报头来参与现有的对话，而背靠背用户代理（B2BUA）也可以发起新的对话。IMS 网络元件可以使用代理服务器和 B2BUA 功能的混合来实现，而服务 CSCF 也承担注册服务器的角色。

22.3.2 会话描述协议

SIP 本身没有说明会话将使用的媒体。该任务留给会话描述协议(SDP)[33]。SDP 的原始版本只是定义了媒体流，使用会话信息，如设备的 IP 地址，以及使用媒体信息，如媒体类型、数据速率和编解码器。然而，协议后来通过允许两方或多方协商他们想要使用的媒体和编解码器的提议 - 回答模型来增强[34]。IMS 以这种方式使用 SDP，使用我们已经看到的 SIP 请求和响应来传送 SDP 提供和答复。

22.3.3 其他的信令协议

IMS 还使用三个其他信令协议。第一个是可扩展标记语言（XML）配置接入协议（XCAP）[35,36]，用于移动台和应用服务器之间的 Ut 接口。XCAP 允许客户端通过将 XML 数据映射到可以使用 HTTP 接入的 HTTP 统一资源标识（URI）来操纵在服务器上使用 XML 格式存储的数据。然后，设备可以使用 XCAP 读取和修改存储在应用服务器上的信息，例如其语音邮件设置和补充服务配置。

归属用户服务器和签约定位功能以与 LTE 中相同的方式使用 Diameter 应用与 CSCF 和应用服务器通信[37-40]。最后，转换网关、媒体网关和媒体资源功能处理器使用 H. 248 协议[41]以与电路交换媒体网关相同的方式进行控制。

22.4　IMS 中的服务提供

22.4.1　服务配置文件

每个用户与由归属用户服务器存储的 IMS 用户配置文件[42]相关联。如图 22.7 所示，用户配置文件包含一组服务配置文件，用于定义单个服务（如多媒体电话和 SMS）的行为。每个服务配置文件与一个或多个公共身份相关联，并且如果这些公共身份中的任何一个在注册过程期间变为活动的，则被激活。它还与各种初始过滤准则（iFC）集相关联，其定义服务 CSCF 如何与应用服务器交互以便调用服务。

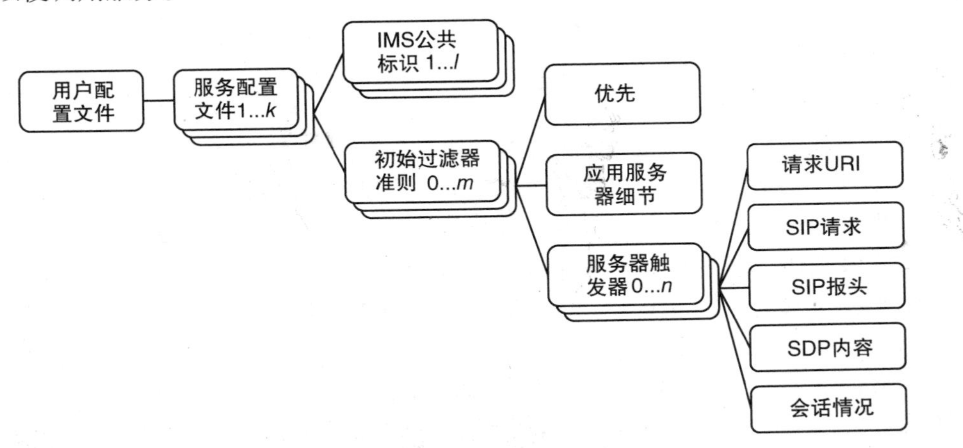

图 22.7　IMS 用户配置文件的主要内容

更深入地查看层次结构，每组初始过滤准则包含优先级编号、相应应用服务器的详细信息和一组服务点触发器（SPT）。最后，每个服务点触发器使用如发起设备的 SIP URI、SIP 请求、任何 SIP 报头或嵌入式 SDP 的存在或内容，以及会话情况（始发或终止）。

当服务 CSCF 在新对话中接收第一个 SIP 请求时，它以优先级顺序检查用户的初始过滤准则，并将该请求与每个服务点触发器进行比较。如果存在匹配，则服务 CSCF 将该请求转发到应用服务器。然后，服务器可以相应地动作，例如通过用户的补充服务配置处理 INVITE 请求。服务器还可以通过添加将自身置于消息路由路径中的 SIP 报头字段来确保其在对话中接收所有后续请求和响应。整个过程非常类似于 CAMEL 在 2G/3G 电路交换域中的动作。

22.4.2 媒体特征标签

SIP 用户代理可以使用媒体特征标签[43,44]来声明其能力，IMS 以两种方式使用它。在注册期间，用户代理可以包括作为其 REGISTER 请求的一部分的媒体特征标签。这向服务 CSCF 声明设备的能力，并且可以通过其用作服务点触发器来触发对应用服务器的注册。稍后，用户代理可以在 SIP INVITE 请求中包括媒体特征标签。与之前一样，这声明了设备的能力，指示希望与共享这些能力并且可以触发与应用服务器的进一步交互的另一设备通信。我们会看到一些例子。

3GPP 规范通过定义特定于 IMS 的两种类型的媒体特征标签来形成该概念[45,46]。IMS 通信服务标识（ICSI）指示对 IMS 服务的支持，并且以通常的方式触发与 IMS 应用服务器的交互。该服务可以由若干应用使用，因此 IMS 应用参考标识（IARI）指示对特定应用的支持，并且触发与服务器内部的相应软件的交互。

22.4.3 IMS 多媒体电话服务

最重要的 IMS 服务是 IMS 的多媒体电话服务（MMTel）（MTSI）[47,48]。该服务包括传统的语音通信，并且定义如呼叫转移和呼叫限制的补充服务，其复制传统电路交换网络中的服务。它还支持其他功能，例如基于 UDP 的视频和传真传输，以及在语音或视频呼叫期间的文本和文件共享。所有这些能力在基本 3GPP 服务中是可选的，但是 VoLTE 规范要求支持 MMTel 语音呼叫和一些 MMTel 补充服务。

MMTel 语音设备可以支持任意数量的编解码器，但其中必须包括我们在第 21 章[49]中介绍的自适应多速率（AMR）编解码器。可选地，设备还可以支持宽带语音通信。如果是，则设备必须支持自适应多速率宽带编解码器（AMR - WB）[50]，该编解码器使用每秒 16000 个采样的采样速率和大约两倍于 AMR 的压缩数据速率。

IMS 使用 IP、UDP 和实时传输协议（RTP）来传输语音分组。通过执行如使用序列号和传输时间标记数据包等任务，RTP 支持通过 IP 网络传送实时媒体[51]。它还具有定义应如何处理特定应用的各种配置文件，IMS 语音的相关配置文件是 RTP 音频视频配置文件（RTP/AVP）[52]。最后，协议定义了如何将编码比特映射到 RTP 有效载荷，参考文献［53］中定义了 AMR 和 AMR－WB 的映射。

两个设备可以借助于使用 RTP 控制协议（RTCP）写入并在媒体路径上传送的控制消息来报告关于媒体流的质量的信息。在 VoLTE 中，设备可以使用 RTCP 来帮助触发 AMR 速率适配[54]。如果小区拥塞，则基站可以通过在下行链路 IP 分组报头中设置显式拥塞通知（ECN）字段来通知移动台。然后，移动台可以向另一设备发送包含称为编解码器模式请求的字段的 RTCP 分组，并且两个设备可以切换到较慢的 AMR 模式。

22.5 VoLTE 注册过程

22.5.1 引言

VoLTE 注册过程在 IP 多媒体子系统中的移动台和服务 CSCF 之间建立 SIP 信令通信。在该过程期间，移动台将其 IP 地址和私有身份发送到服务 CSCF，并且引用其公共身份之一。服务 CSCF 联系归属用户服务器，从相应的隐式注册集中检索其他公共身份，并建立这些字段中的每一个之间的映射。用户然后可以接收针对任何这些公共身份的呼入呼叫，并且还可以进行去话呼叫。

有四个阶段，如图 22.8 所示。在第一阶段中，移动台附接到演进分组核心网，并且在附接过程期间或之后建立通过默认 EPS 承载到 IMS 知名接入点名称

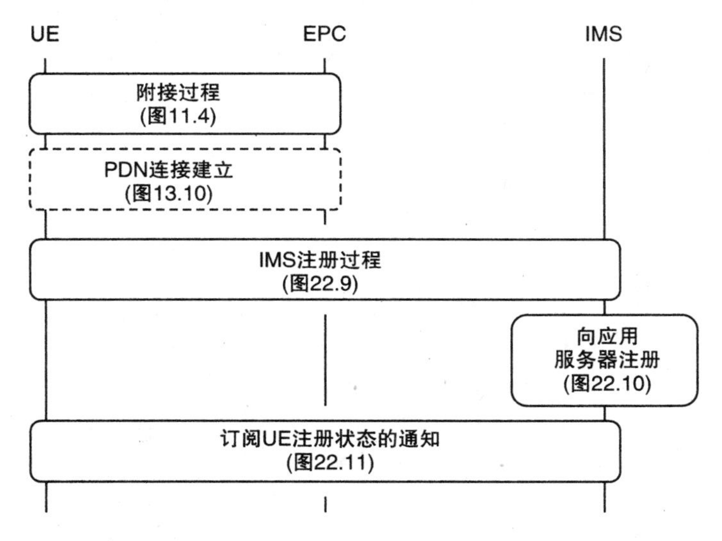

图 22.8 VoLTE 注册过程概述

的连接。然后，移动台向服务 CSCF 注册自身，服务 CSCF 对移动台的应用服务器进行第三方注册。最后，移动台订阅关于其注册状态的未来通知，以支持网络发起的注销的可能性。我们现在将依次讨论这些阶段。

22.5.2 LTE 过程

移动台通过运行来自第 11 章的 LTE 附接过程来启动。如果订阅数据将 IMS 接入点名称标识为默认，并且移动台不请求其自己的任何其他 APN，则 MME 使用具有 QCI5 的默认 EPS 承载将移动台连接到 IMS APN。MME 还向移动台提供代理 CSCF 的 IP 地址作为其激活默认 EPS 承载上下文请求的一部分，以便在 IMS 注册过程期间使用。此外，MME 告知移动台其是否支持 IMS 语音呼叫作为其消息附接接受的一部分，并且向归属用户服务器告知其更新位置请求的一部分。(VoLTE 规范禁止移动台在附接过程期间明确请求 IMS 接入点名称[55]，这防止了如果归属网络运营商不支持 IMS 则过程失败)。

如果移动台正在漫游并且归属和拜访网络都支持 IMS，则 PDN 网关和代理 CSCF 都位于拜访网络中，并且 MME 声明对 IMS 语音的支持。如果归属网络支持 IMS，但是拜访网络不支持，则 PDN 网关和代理 CSCF 都位于归属网络中，并且 MME 拒绝对 IMS 语音的支持。在后一种状态下，移动台可以使用归属 IMS 用于如 SMS 的其他服务，但是将不能进行 IMS 语音呼叫，并且将使用我们在本章稍后讨论的接入域选择过程进行反应。如果移动台在附接过程期间连接到不同的 APN，则其随后仍然可以使用来自第 13 章的 PDN 连接建立过程连接到 IMS。在其 PDN 连接请求中，移动台指定 IMS 接入点名称，请求将适合于 SIP 信令消息，并请求代理 CSCF 的 IP 地址的承载。MME 如前所述使用 QCI5 建立默认承载并返回代理 CSCF 的 IP 地址。

22.5.3 REGISTER 请求的内容

移动台现在可以与 IP 多媒体子系统通信，因此它可以写其 SIP REGISTER 请求。表 22.2 显示了典型请求的内容[56]。为了使讨论简明扼要，我们不会说明所有的报头字段，而是将重点放在最重要的字段上。

第一行声明 SIP 请求并标识应该向其传送请求的注册服务器。From：报头标识发送请求的设备，To：报头包含用户想要注册的公共标识。在此消息中，From：和 To：报头相同，但在第三方注册的情况下它们不同。移动台从 ISIM 读取其公共身份，并使用归属网络运营商的域名来识别注册服务器。

Contact：报头包含移动台在 PDN 连接建立期间接收的 IP 地址。它表示对使用媒体特征标签 g. 3gpp. smsip 的 SMS 的支持以及对使用 IMS 通信服务标识 urn%3Aurn - 7% 3A3gpp - service. ims. icsi. mmtel 的多媒体电话服务的支持。看上去奇

表 22.2　VoLTE REGISTER 请求的示例

```
REGISTER sip:registrar.home1.net SIP/2.0
Via: SIP/2.0/UDP [5555::aaa:bbb:ccc:ddd]; branch=z9hG4bKnasiuen8
Max-Forwards: 70
P-Access-Network-Info: 3GPP-E-UTRAN-FDD;
   utran-cell-id-3gpp=234151D0FCE11
From: <sip:beatrice@home1.net>;tag=2hiue
To: <sip:beatrice@home1.net>
Call-ID: E05133BD26DD
CSeq: 1 REGISTER
Require: sec-agree
Proxy-Require: sec-agree
Supported: path
Contact: <sip:[5555::aaa:bbb:ccc:ddd]>;
   +sip.instance="<urn:gsma:imei:90420156-025763-0>";
   +g.3gpp.icsi-ref="urn%3Aurn-7%3A3gpp-service.ims.icsi.mmtel";
   +g.3gpp.smsip;expires=600000
Authorization: Digest username="beatrice_private@home1.net",
   +realm="registrar.home1.net", nonce="",
   uri="sip:registrar.home1.net", response=""
Security-Client: ipsec-3gpp; alg=hmac-sha-1-96;
   spi-c=23456789; spi-s=12345678; port-c=1234; port-s=5678
Content-Length: 0
```

怪的%3A 字段是替换冒号字符，媒体特征标记格式不支持。报头还说明了国际移动设备标识和注册到期时间，以秒为单位。

在其他报头中，Authorization：报头携带认证数据，特别是移动台正在注册的私有标识，而 Security – Client：报头说明设备支持的安全算法。Call – ID：是对话框的唯一标识，而 CSeq：标识对话框中的单个事务。Via：报头使用移动台的 IP 地址初始化，以后用于将网络响应路由回移动台。

22.5.4　IMS 注册过程

移动台现在可以开始 IMS 注册过程[57 - 59]，如图 22.9 所示。有两个阶段。在第一阶段，移动台向 IMS 发送其 REGISTER 请求，IMS 用认证质询做出响应。在第二个阶段，移动台发送包含其对网络质询的答复的第二个 REGISTER 请求，并且 IMS 接受移动台的注册。

为了节省空间，图 22.9 从各个消息中省略了通常的协议标记。与归属用户服务器的所有通信使用 Diameter 协议，而所有其他消息使用 SIP。我们假设移动台正在漫游，使得移动台和代理 CSCF 在拜访网络中，而其他设备在归属网络中。图 22.9 省略了网络的互连边界控制功能，其位于拜访网络的代理 CSCF 和归属网络的询问 CSCF 之间。

为了开始该过程，移动台使用其先前发现的 IP 地址向代理 CSCF 发送其

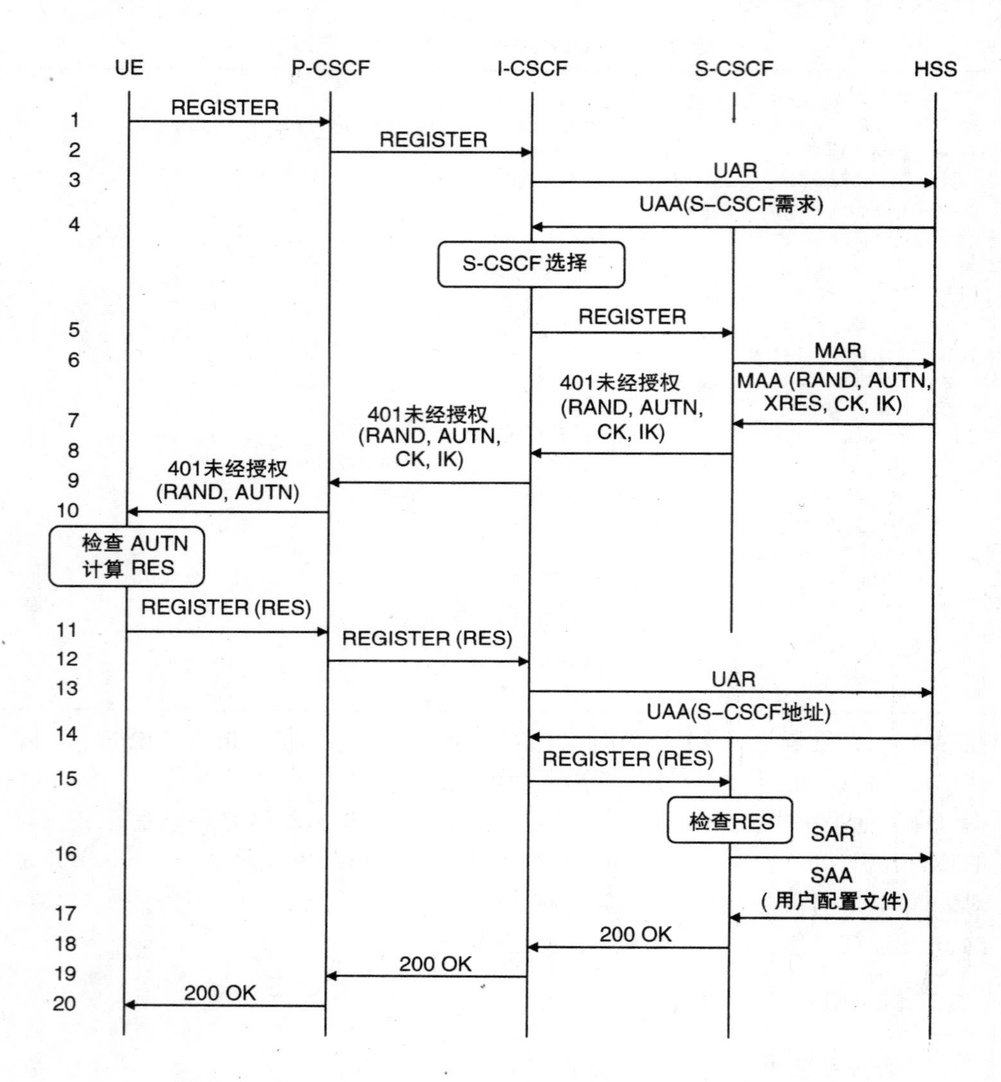

图22.9 IMS注册过程（来源：TS 23.228。经ETSI许可转载）

REGISTER请求（1）。接着，代理CSCF将该请求转发到询问CSCF（2）。（如果移动台正在漫游，则该第二步骤将通过网络的互连边界控制功能来进行，并且将使用域名服务器来找到进入归属网络的入口点）。询问CSCF现在必须找到将注册移动台的服务CSCF。为此，它向归属用户服务器发送Diameter用户授权请求（UAR），并且说明用户的公共和私有标识（3）。在不寻常的回复中，HSS返回服务CSCF应该具有的能力，以便照顾该用户（4）。通过检查设备的内部列表及其能力，询问CSCF可以选择合适的服务CSCF，并且可以在那里转发REGISTER请求（5）。

服务 CSCF 现在必须认证用户。为此，它向归属用户服务器发送 Diameter 多媒体认证请求（MAR）(6)，并且 HSS 用包含来自第 12 章的量 RAND、AUTN、XRES、CK 和 IK 的认证向量进行答复 (7)。服务 CSCF 保留 XRES，但在 401 未授权错误响应中将其他量发送到代理和询问 CSCF (8，9)。代理 CSCF 保留 CK 和 IK 以用于加密和完整性保护，并且向移动台发送 RAND 和 AUTN (10)。

移动台检查网络的认证令牌，计算其响应 RES，并在第二个 REGISTER 请求中向代理 CSCF 发送 RES (11)。如前所述，代理 CSCF 将该请求转发到询问 CSCF (12)。询问 CSCF 向归属用户服务器发送另一个用户授权请求 (13)，但是 HSS 现在知道服务 CSCF 并且可以返回其 IP 地址 (14)。接着，询问 CSCF 发送 REGISTER 请求 (15)。

服务 CSCF 现在可以检查移动台对认证质询的响应。如果响应正确，则服务 CSCF 通知归属用户服务器移动台现在使用 Diameter 服务器分配请求（SAR）注册 (16)，并且 HSS 用移动台的用户配置文件回复 (17)。为了完成该过程，服务 CSCF 将 200 OK 成功响应发送回移动台 (18 – 20)，其包括来自隐式注册集的所有公共身份。移动台现在向 IMS 注册。

22.5.5 SIP 请求和响应路由

图 22.9 中的 SIP 请求和响应通过报头进行路由。当第一个 REGISTER 请求通过网络（步骤 1 ~ 5）时，代理和询问 CSCF 将它们的标识添加到我们之前通过其 IP 地址或 URI 所看到的 Via：报头。服务 CSCF 将信息复制到其 401 未授权响应中，并且网络使用所得到的报头来将其响应路由回移动台（步骤 8 ~ 10）。以这种方式，Via：报头用于将所有响应路由到 SIP 请求。

SIP 使用四个其他报头来路由后续请求。在消息 2 中，代理 CSCF 将其标识添加到新的报头 Path:，其要求服务 CSCF 在移动台注册的整个生命周期中将其包括在所有未来的下行链路请求中。在消息 18 中，服务 CSCF 将其标识添加到 Service – Route：报头，其指示移动台将其包括在所有未来的上行链路请求中。服务器还可以将其标识添加到任何其他初始 SIP 请求中的 Record – Route：报头，以便在所得到的对话中请求包含在信令路径中的所有后续请求。来自所有这些字段的信息用于填充最终报头 Route:，稍后我们将看到其用于路由这些请求。

22.5.6 第三方注册与应用服务器

作为 IMS 注册过程的一部分，归属用户服务器将移动台用户配置文件发送到服务 CSCF，服务 CSCF 提取隐式注册集中的公共身份并将其发送回移动台。服务 CSCF 现在可以识别与这些公共身份相关联的服务，并且可以以图 22.10[60] 所示的方式向相应的应用服务器注册移动台。为了开始该过程，服务 CSCF 检查

REGISTER请求并将其与来自用户配置文件的服务点触发进行比较。如果存在匹配，例如如果移动台声明支持相应的媒体特征标签或ICSI，则服务CSCF代表移动台写第三方REGISTER请求并将其发送到应用服务器（1）。该请求类似于我们之前看到的请求，除了From：报头标识服务CSCF，而To：报头标识移动台。

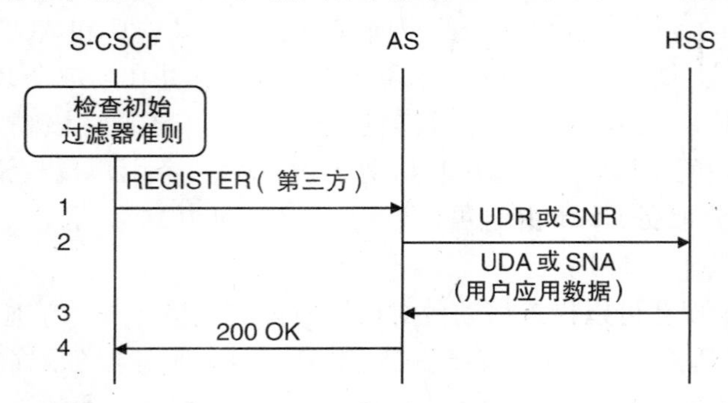

图22.10　移动台的第三方注册与应用服务器（来源：TS 29.328。经ETSI许可转载）

应用服务器现在可以从归属用户服务器检索任何特定于应用的用户数据（2）。它可以使用直接请求数据的Diameter用户数据请求（UDR），或者使用订阅通知请求（SNR）来执行此操作，如果数据被更新，它也要求通知。在归属用户服务器的应答（3）之后，应用服务器向服务CSCF发送确认（4）。

22.5.7　网络发起注销

基本SIP协议允许用户通过向其发送具有到期时间为零的REGISTER请求来从网络注销，但是其不支持网络发起的注销。使用SIP的两个扩展来提供这种支持。第一个扩展定义两个SIP请求，即SUBSCRIBE和NOTIFY[61]，通过这些请求，设备可以请求在事件发生时通知。第二个扩展定义注册事件包[62]，其中设备请求通知关于其注册状态中的任何改变。

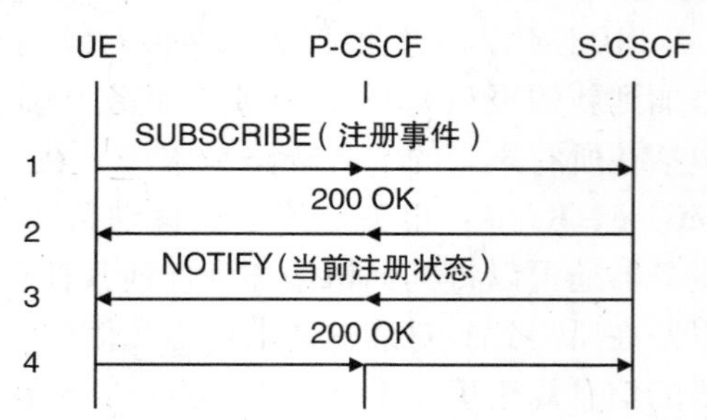

图22.11　订阅未来移动台注册状态的通知（来源：TS 24.228。经ETSI许可转载）

在注册过程完成之后，移动台以图22.11所示的方式订阅注册事件包。移动台以通常的方式向代理CSCF发送SUBSCRIBE请求，但是该请求包含标识移动台的服务CSCF的Route：报头，因此代理CSCF可以直接在那里转发请求（1）。在其响应（2）之后，服务CSCF立即向移动台发送确认用户注册的通知请求（3，4）。如果服务CSCF必须注销移动台，则它稍后简单地向移动台发送另一个NOTIFY请求。代理CSCF以类似的方式订阅移动台的注册事件包，并且任何应用服务器可以在需要时这样做。

22.6　呼叫建立和释放

22.6.1　INVITE请求的内容

为了建立IMS语音呼叫，移动台创建SIP INVITE请求，并且通过IMS将其发送到目的设备。表22.3显示了典型的INVITE的内容[63]。如前所述，第一行标识了SIP请求和目标设备的公共标识。Contact：报头声明源设备的IP地址并且确认对多媒体电话服务的支持，而Accept - Contact：报头指示希望与另一多媒体电话设备通信。

表22.3　VoLTE INVITE请求的示例

```
INVITE sip:benedick@home2.net SIP/2.0
Via: SIP/2.0/UDP [5555::aaa:bbb:ccc:ddd]; branch=z9hG4bKnashds7
Max-Forwards: 70
Route: <sip:[5555::ccc:ddd:eee:fff]:7531;lr>,
   <sip:orig@scscf1.home1.net;lr>
P-Preferred-Service: urn:urn-7:3gpp-service.ims.icsi.mmtel
P-Access-Network-Info: 3GPP-E-UTRAN-FDD;
   utran-cell-id-3gpp=234151D0FCE11
Privacy: none
From: <sip:beatrice@home1.net>;tag=171828
To: <sip:benedick@home2.net>
Call-ID: cb03a0s09a2sdfglkj490333
Cseq: 127 INVITE
Require: sec-agree
Proxy-Require: sec-agree
Supported: precondition, 100rel
Contact: <sip:[5555::aaa:bbb:ccc:ddd]>;
   +g.3gpp.icsi-ref="urn%3Aurn-7%3A3gpp-service.ims.icsi.mmtel"
Accept-Contact: *;+g.3gpp.icsi-ref=
   "urn%3Aurn-7%3A3gpp-service.ims.icsi.mmtel"
Allow: INVITE, ACK, CANCEL, BYE, PRACK, UPDATE, REFER,
   MESSAGE, OPTIONS
Accept: application/sdp, application/3gpp-ims+xml
Security-Verify: ipsec-3gpp; alg=hmac-sha-1-96;
   spi-c=98765432; spi-s=87654321; port-c=8642; port-s=7531
Content-Type: application/sdp
Content-Length: (...)
```

Route：报头确保请求通过发起移动台的代理和服务CSCF。移动台使用其在PDN连接建立期间接收的IP地址填充这些中的第一个，并且第二个使用其在IMS注册期间接收的标识。Supported：报头确认支持由VoLTE强制的两个SIP扩展，即先决条件和临时响应的可靠确认。最后，Content - Type：和Content -

Length：报头声明消息包括具有所述长度的嵌入式 SDP 媒体提议。

表 22.4 显示了嵌入式 SDP 的典型内容。提供以会话信息开始，其中 o = 行表示用于 SDP 信令的 IP 地址，c = 行表示用于媒体通信的 IP 地址。媒体信息以 m = 行开始，其请求使用端口 49152 上的 RTP 音频视频配置文件来建立音频流，并声明对编号为 97、98 和 99 的三个编解码器的支持。设备可以通过将其他媒体信息集添加到提议的结尾来请求附加的媒体流，例如视频。

表 22.4　VoLTE SDP 提议的示例

```
v=0
o=- 2987933615 2987933615 IN IP6 5555::aaa:bbb:ccc:ddd
s=-
c=IN IP6 5555::aaa:bbb:ccc:ddd
t=0 0
m=audio 49152 RTP/AVP 97 98 99
b=AS:38
b=RS:0
b=RR:4000
a=curr:qos local none
a=curr:qos remote none
a=des:qos mandatory local sendrecv
a=des:qos optional remote sendrecv
a=inactive
a=rtpmap:97 AMR/8000/1
a=fmtp:97 mode-change-capability=2; max-red=220
a=rtpmap:98 AMR/8000/1
a=fmtp:98 mode-change-capability=2; max-red=220; octet-align=1
a=rtpmap:99 telephone-event/8000/1
a=fmtp:99 0-15
a=ptime:20
a=maxptime:240
```

b = AS：行表示为 RTP 业务量保留的比特率（以 kbit/s 为单位），b = RS：和 b = RR：表示为 RTCP 发送方和接收方报告保留的比特率（以 bit/s 为单位）。通过说明设备当前没有服务质量保证，a = curr：qos 和 a = des：qos 行支持 SIP 前提条件扩展[64]，一旦从其自己的 IMS 接收到合适的服务质量，它才愿意进行通信。最后，a = rtpmap 行标识具有两个略微不同的 AMR 编解码器格式的编解码器 97 和 98，称为带宽有效和八位字节对齐。它们还声明对使用编解码器 99 的双音多频（DTMF）信令的支持。

22.6.2　初始 INVITE 请求和响应

移动台现在可以向 IP 多媒体子系统发送其 INVITE 请求。SIP 和 SDP 协商可以以各种不同的方式进行，因此图 22.12 和图 22.13 给出了通常可以在向不同网络运营商注册的两个 LTE 移动台之间交换的信令消息[65,66]。

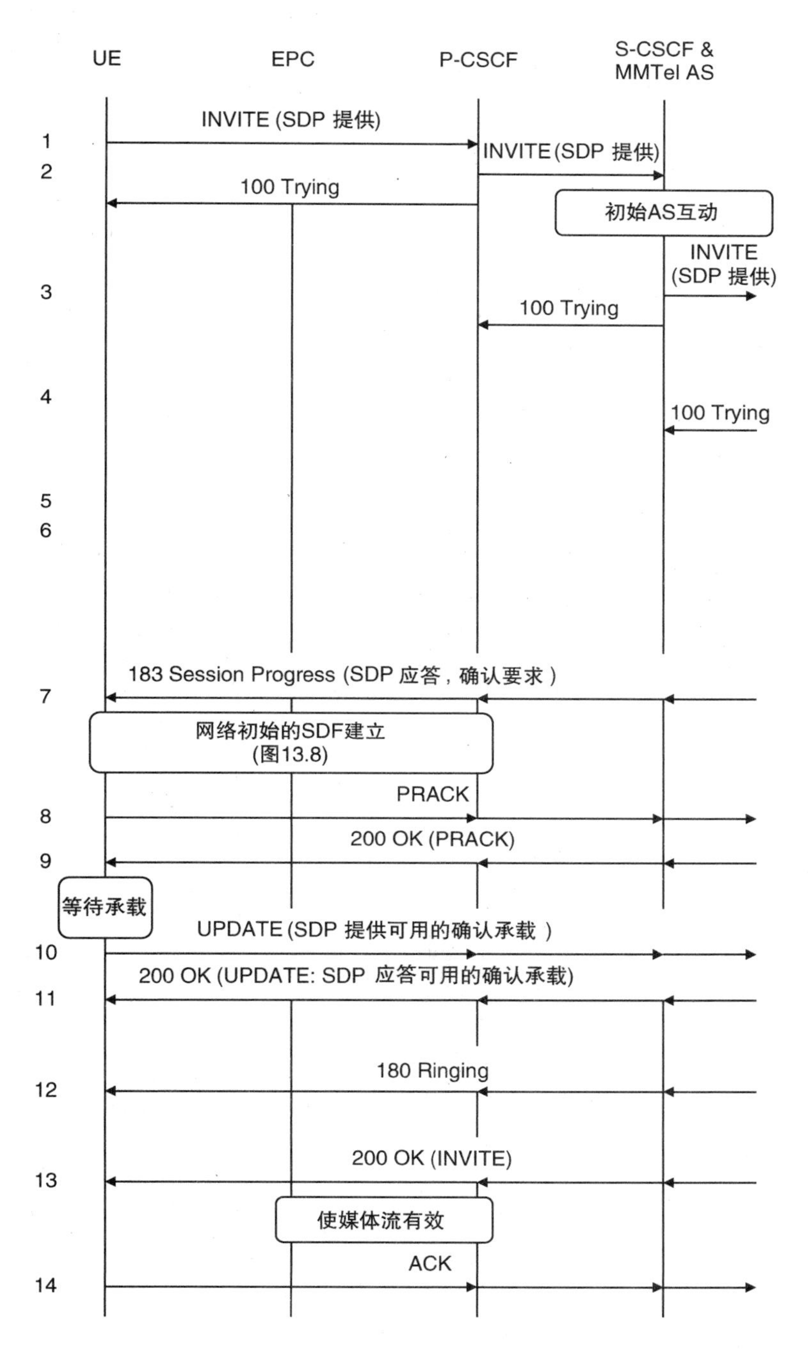

图 22.12 IMS 会话发起过程。(1) 始发网络中的消息
(来源：TS 23.228。经 ETSI 许可转载)

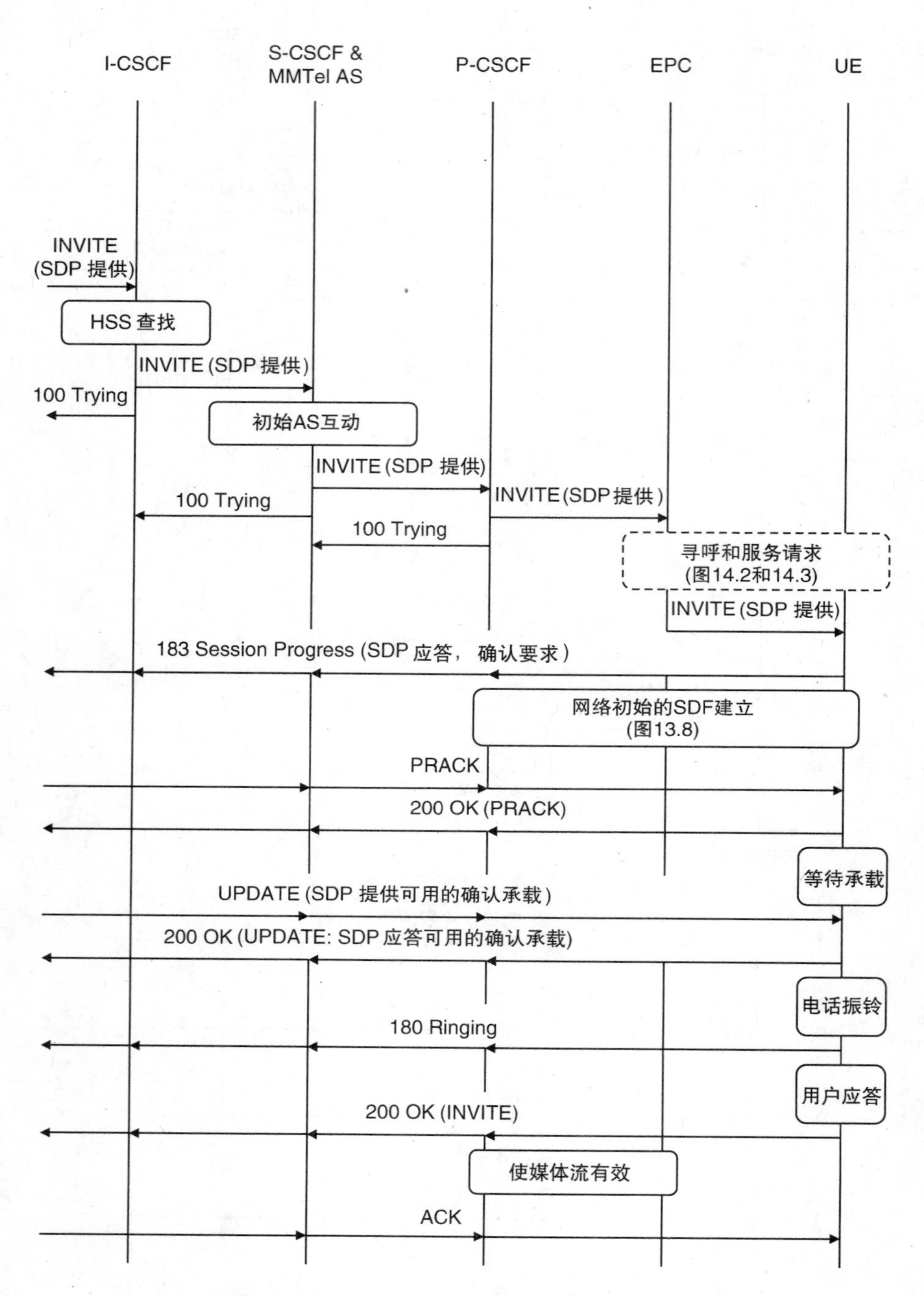

图 22.13 IMS 会话发起过程。(2) 终接网络中的消息
(来源：TS 23.228。经 ETSI 许可转载)

发起移动台向其代理 CSCF 发送其 INVITE 请求和 SDP 提议，其将请求发送到服务 CSCF（1，2）。服务 CSCF 查找目的移动台的域名，并通过互连边界控制功能将请求发送到目的网络中的询问 CSCF（3）。接着，询问 CSCF 在归属用户服务器中查找目的移动台的注册细节，并将该请求转发到移动台的服务 CSCF（4），服务 CSCF 将请求发送到代理 CSCF 和移动台（5，6）。在 INVITE 请求的情况下，每个 CSCF 还向其前身发送 100Trying 临时响应，以确认该请求已经成功到达，并且不必重新发送。

通过这种方式，代理和服务 CSCF 检查 SDP 提议，以检查它是否符合网络的策略和用户的订阅。如果它们发现有任何不可接受的（比如太高的比特率），那么它们回复错误响应 488 Not Acceptable Here，并且包括他们愿意接受的 SDP 媒体描述。

服务 CSCF 还检查 INVITE 请求，并将其与相应移动台的服务点触发进行比较。在该示例中，它们找到与多媒体电话服务的匹配，因此它们将请求转发到移动台的 MMTel 应用服务器，其通过如号码转换或呼叫转发的任务来处理请求。与图中所示的其他设备一样，应用服务器还将自己添加到请求的 Record - Route：和 Via：报头，以便它们在对话中接收所有后续请求和响应。

如果目的移动台处于 ECM - IDLE 状态，则演进分组核心网不能立即传送 INVITE 请求。相反，请求传播到服务网关，服务网关请求 MME 使用来自第 14 章的寻呼过程来联系移动台。移动台通过运行服务请求过程来进行响应，服务请求过程使其进入 ECM - CONNECTED 状态。然后，服务网关可以向移动台传送 INVITE 请求。

如果目的移动台没有接通，则它根本不会向服务 CSCF 注册。然而，在这种情况下，询问 CSCF 仍然可以以与它在注册期间相同的方式选择服务 CSCF 来处理 INVITE 请求。在接收到请求时，服务 CSCF 从 HSS 读取移动台的用户配置文件，将该请求与服务点触发进行比较，并将该请求转发到语音邮件应用服务器。

当 INVITE 请求最终到达时，目的移动台检查 SDP 提议。如果提议包含其不支持的任何媒体流，例如在仅语音设备的情况下的视频，则移动台通过将那些媒体流的端口号设置为零来修改 SDP。然后为它支持的每个媒体流选择一个编解码器，声明对 DTMF 音调的任何附加支持，将其 SDP 应答嵌入到 183Session Progress 临时响应中，并将响应发送回发起移动台（7）。

通过这种方式，每个代理 CSCF 检查 SDP 应答并计算媒体将需要的服务质量参数。然后它使用第 13 章中用于网络发起的 SDF 建立的过程来请求相应的 PCRF 建立新的服务数据流。PDN 网关为移动台的第一个语音呼叫建立一个具有 QCI1 的新的专用承载，或者如果已经存在正在进行的语音呼叫，则修改现有承载。以这种方式，SDP 参数进入到演进分组核心网，并给移动台需要的服务质量。

22.6.3 接受初始 INVITE

在我们刚刚到达的点，目的移动台已经向源移动台发送了 SDP 应答，其已经嵌入到 SIP 临时响应中。SDP 应答包含重要信息，因此目的移动台通过在消息 7 中包括报头 Require：100rel 来请求对其临时响应的确认[67]。源移动台通过 PRACK 请求发送确认（8），并且目的移动台用 200 OK 进行响应（9）。移动台可以通过检查 SIP 报头来将该响应匹配到 PRACK，而不是初始 INVITE。

在完成专用承载激活过程之后，源移动台知道 LTE 接入网可以给予其所需要的服务质量。它使用第二个 SDP 提议通知目的设备，其中其本地服务质量已改变为 a = curr：qos local sendrecv。它将该提议嵌入到 SIP UPDATE 请求（10）中，SIP UPDATE 请求是修改会话参数的 SIP 的扩展，并且目的移动台以通常的方式进行响应（11）。如果其自己的资源分配过程已经完成，则目的移动台可以以所示的方式在其 SIP 响应内指示这一点。否则，它通过稍后发送它自己的 UPDATE 请求来这样做。

消息序列可能需要媒体协商的更多阶段。例如如果目的设备不支持最初提供的任何编解码器，则协商可以继续附加的 SDP 提议和应答，其被嵌入到附加的 SIP 请求和响应中。或者，当源移动台在消息 8 中发送其临时响应确认时，承载激活过程可能已经完成。如果是，则其可以立即通知目的设备，并且不必发送消息 10。

一旦所有这些步骤完成，电话振铃，并且目的移动台向源移动台返回 180Ringing 临时响应（12）。在这里不需要请求确认，因为不再有任何嵌入的 SDP 信息。一旦用户应答，目的移动台返回对初始 INVITE 的 200 OK 成功响应（13）。在接收到该响应时，代理 CSCF 知道 SIP 和 SDP 信令已经完成，因此它们请求各自的 PCRF 启用媒体流，并且 PCRF 告诉 PDN 网关为用户的业务量打开门。为了结束该过程，源设备发送被称为 ACK 的最终 SIP 请求（14），其指示会话可以开始。

22.6.4 建立对电路交换网络的呼叫

如果源或目的设备在电路交换网络中，则消息序列略有不同，但基本原理保持不变[69]。首先，让我们考虑如果目的设备在公共交换电话网络中会发生什么。移动台与先前一样向 IMS 发送 SIP INVITE 请求，但是使用被表示为 Tel URI 的电话号码来识别目的设备。服务 CSCF 不能直接处理这一点，因此它将电话号码转换为域名[70]，并在域名服务器中查找结果，以试图将该号码转换为可路由的 SIP URI。

如果此过程失败，则服务网关将 INVITE 请求发送到中断网关控制功能。通过检查电话号码，BGCF 可以选择归属 IMS 中的媒体网关控制功能，或者如果用户正在漫游，则可以将选择委托给拜访 IMS 中的 BGCF。MGCF 现在充当目的 SIP 用户代理，并且消息序列以与前一个类似的方式继续。此外，MGCF 配置其媒体网关，将 SIP INVITE 转换为 ISUP 初始地址消息，并在消息 11 之后将该消息转发到目的网络。然后，它在发送其 180Ringing 响应之前等待 ISUP 地址完成消息，并在发送最后 200 OK 之前，等待 ISUP 应答消息。

现在考虑如果公共电话网络中的设备呼叫 SIP 用户会发生什么。使用拨打的号码，公共电话网络将 ISUP 初始地址消息路由到用户的归属 IMS 中的媒体网关控制功能。MGCF 将该消息翻译成 SIP INVITE 请求并将其转发到询问 CSCF。从这一点来看，消息序列可以像之前一样继续，除了 MGCF 充当代替源移动台的 SIP 用户代理。

22.6.5 呼叫释放

为了结束呼叫[71,72]，一个设备发送 SIP BYE 请求，另一个设备使用 200 OK 响应。当使用 LTE 接入网时，代理 CSCF 请求它们各自的 PCRF 释放服务数据流，并且 PDN 网关修改或拆除专用承载。此时，呼叫结束。

如果 LTE 移动台移出无线电覆盖，则基站注意到其不再能够与移动台通信，因此其启动来自第 14 章的 S1 释放过程。MME 拆掉移动台的保证比特率承载[73]，包括它正在用于语音呼叫的专用承载。反过来，PCRF 告诉代理 CSCF，服务数据流已经被拆除，并且代理 CSCF 发送 SIP BYE 请求以便结束呼叫。IMS 然后可以拆除与呼叫相关联的所有资源，并且可以确保用户不再被计费。

22.7 接入域选择

22.7.1 移动台始发呼叫

到目前为止，我们假设移动台仅支持 IMS 语音。如果移动台也支持电路交换，则它使用两个参数，即网络是否支持 IMS 语音的指示和移动台的语音域优先选择，用于输出语音呼叫的接入域[74,75]。VoLTE 规范坚持其中的第二个应该被设置为 IMS PS 语音优选/CS 语音辅助。

LTE 附接过程可以使用两种替代技术，如图 22.14 所示。（移动台的选择受其首选的 SMS 接入域的影响，以本章末尾所述的方式。）在第一种方案中，移动台使用第 11 章中的 EPS 附接过程独立使用 LTE。如果网络支持 IMS 语音，则如前所述，移动台向 IMS 注册。如果不是，移动台通过使用组合跟踪/位置区域更新来注册电路交换回落，并如第 21 章所述继续。在第二种方案中，移动台从头开始使用组合的 EPS/IMSI 附接过程。结果是类似的，但是如果网络支持 IMS 语音和电路交换回落，则移动台向 IMS 和 2G/3G 电路交换域两者注册。基于其语音域偏好，移动台然后为其输出语音呼叫选择 IMS。

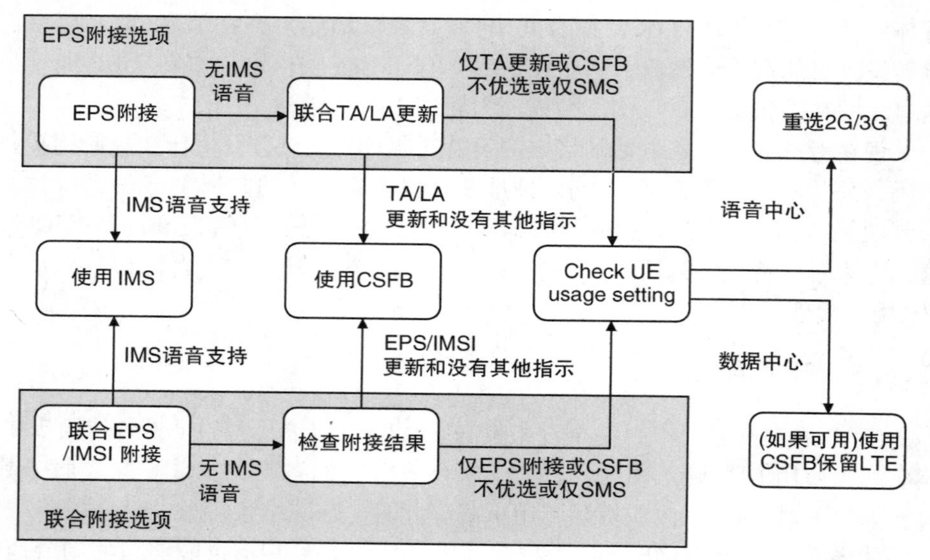

图 22.14 其语音域优选是 IMS 语音优选/CS 语音辅助的移动台的行为
（来源：TS 23.221。经 ETSI 许可转载）

如果移动台移动到 LTE 的覆盖区域之外并进入 2G 或 3G 小区，则网络运营商可以以两种方式继续提供其语音服务。在 3G 小区中，对于称为 HSPA 语音的技术，其中网络使用 3G 分组交换域来传送 VoIP 呼叫，等待时间可能足够低。如果网络已经实现了这种技术，则 SGSN 在其路由区域更新接受中指示对 IMS 语音的支持并通知归属用户服务器。然后，移动台可以继续使用 IMS。

在 2G 小区或基本 3G 小区中，唯一可行的选择是传统的电路交换，因此 SGSN 拒绝支持 IMS 语音并通知归属用户服务器。如果 2G/3G 电路交换域还没有这样做，则移动台附接到 2G/3G 电路交换域，并且为其输出语音呼叫选择电路交换。再次，移动台同时向 IMS 和电路交换域注册。

22.7.2 移动台终止呼叫

用于移动台终止呼叫的接入域选择更复杂[76－80]。如果呼入呼叫到达电路交换域，则网关 MSC 在归属用户服务器中查找移动台的位置。否则，如果移动台在支持 IMS 语音的网络区域和移动台的 MSC 服务器中，则 HSS 返回 MGCF。然后可以使用用于所选择的接入域的正常过程来处理呼叫。

如果呼入呼叫到达 IMS，则传入的 INVITE 请求以通常的方式到达移动台的服务 CSCF。服务 CSCF 将该请求转发到新的应用服务器，称为服务集中和连续性应用服务器（SCC - AS），其管理 IMS 和电路交换域之间的交互。SCC - AS 询问归属用户服务器以发现移动台是否在支持 IMS 语音的网络区域中。如果是，则 SCC - AS 以通常的方式通过 IMS 路由 INVITE 请求。如果不是，则它将该请求传递到中断网关控制功能，该请求从该中断网关控制功能到达移动台电路交换域中的网关 MSC。

接入域选择有两个限制：它不能将正在进行的语音呼叫从 LTE 转移到 2G/3G 电路交换域，并且它通过电路交换域和 IMS 向用户提供不同的服务。我们将在以下部分解决这些限制。

22.8　单一无线语音呼叫连续性

22.8.1　引言

如果网络在语音呼叫期间将移动台从 LTE 切换到 2G/3G 小区，则其必须采取附加步骤来防止呼叫被丢弃。它可以通过两种方式做到这一点。如果网络已经实现了 HSPA 话音，则它可以简单地将移动台切换到 3G 小区。否则，网络必须使用称为单一无线语音呼叫连续性（SRVCC）的技术将呼叫从 LTE 转移到 2G/3G 电路交换域[81 - 84]。

在后面的讨论中，我们将重点介绍 SRVCC 的版本 8 实施。这允许网络将单个正在进行的语音呼叫从 LTE 切换到 2G/3G 电路交换域，并且是支持电路交换语音的 VoLTE 网络和移动台的要求。稍后，我们将在后续版本中回顾 SRVCC 的一些增强功能，VoLTE 没有强制要求。

22.8.2　SRVCC 架构

图 22.15 所示为 3GPP 版本 8 中的 SRVCC 的架构。有两个重要的特性。首先，电路交换域包含为 SRVCC 增强的一个或多个 MSC 服务器，并支持称为 Sv 的新的信令接口。使用该接口，MME 可以使用基于 GTPv2 - C 的信令协议将移动台从 LTE 切换到电路交换域[85]。可以从不同的 MSC 服务器控制移动台，因此网络运营商不必以这种方式增强其所有的 MSC 服务器。其次，IMS 使用我们之前介绍的服务集中和连续性应用服务器（SCC - AS）来管理进程。

SRVCC 程序使用两个重要参数[86]。会话转移号码单一无线电（STN - SR）是标识 SCC - AS 的电话号码，并且被配置为称为公共服务标识的 SIP 标识。相关移动用户 ISDN 号码（C - MSISDN）是用户的现有电话号码之一，其与用户的

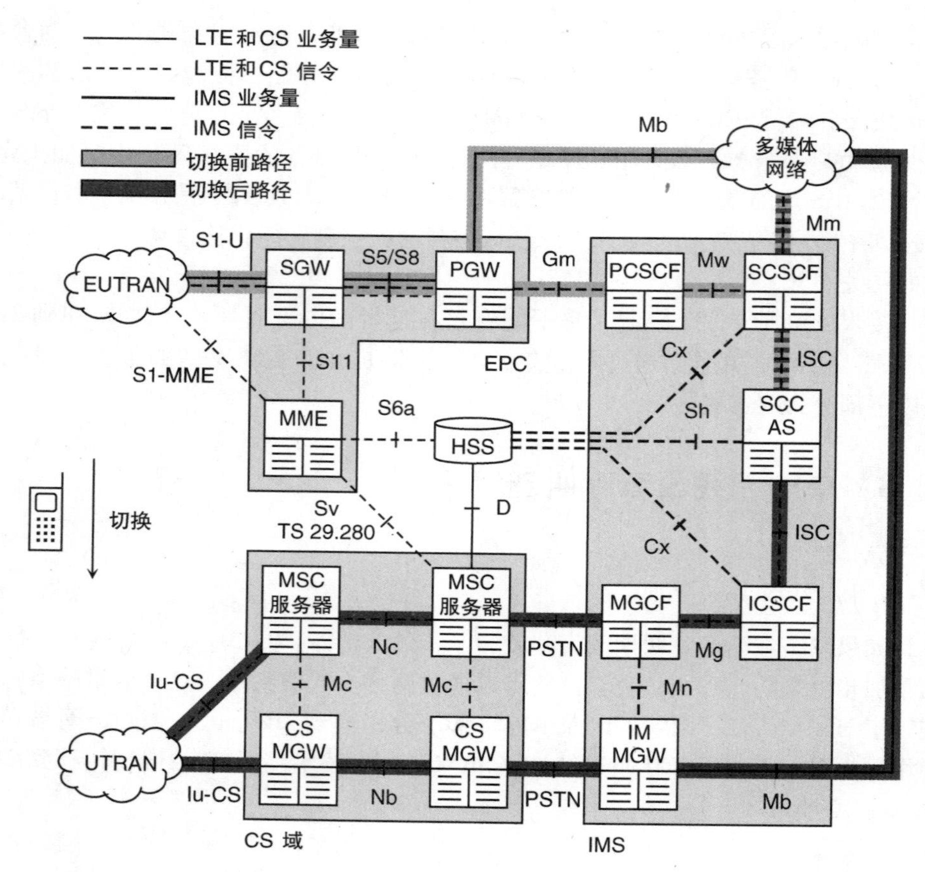

图 22.15　单一无线语音呼叫连续性的架构

IMSI 和 IMPI 唯一地相关联并且标识用户。

在版本 8 中，SRVCC 切换过程将单个语音承载从 LTE 切换到 2G/3G 电路交换域。如果其他承载可以在那里被支持，则其他承载被切换到分组交换域，否则被丢弃。MME 通过假定它们具有 QoS 类别指示 1 来识别语音承载，因此 PCRF 必须保留 QCI1 以用于单独的语音承载。

22.8.3　附接、注册和呼叫建立过程

SRVCC 在切换开始之前需要几个准备步骤。在 LTE 附接过程中，MME 从归属用户服务器检索移动台的 STN - SR 和 C - MSISDN 作为订阅数据的一部分，并通知基站支持 SRVCC。在 IMS 注册过程中，服务 CSCF 检索移动台的 SRVCC 服务配置文件并且用正确的 SCC - AS 注册该移动台。SCC - AS 然后可以从 HSS 检索相关应用数据，特别是移动台的 C - MSISDN。

在呼叫建立过程中，INVITE 请求使用用于应用服务器的正常路由机制到达

始发移动台的 SCC - AS。作为背靠背用户代理，SCC - AS 创建第三方 INVITE 请求，它发送到目的网络。该请求到达目的 SCC - AS，其创建另一个 INVITE 请求并将其发送到目的移动台。然后，呼叫建立过程可以以通常的方式继续，除了它现在包含多达三个单独的对话，第一个在源设备和它的 SCC - AS 之间，第二个在两个应用服务器之间，第三个在目的 SCC - AS 及其移动台之间。

22.8.4　切换准备

现在为 SRVCC 切换过程设置了该阶段[87,88]。这具有三个目的：它将移动台从 LTE 移交到 2G 或 3G 小区，其将单个语音流从分组交换域传送到电路交换域，并且其将目的设备的业务从移动台的 PDN 网关重定向到电路交换媒体网关。图 22.16 所示为该过程的第一阶段。我们假设移动台正在移动到 3G 小区，其中它将由支持 Sv 接口的 MSC 服务器控制。

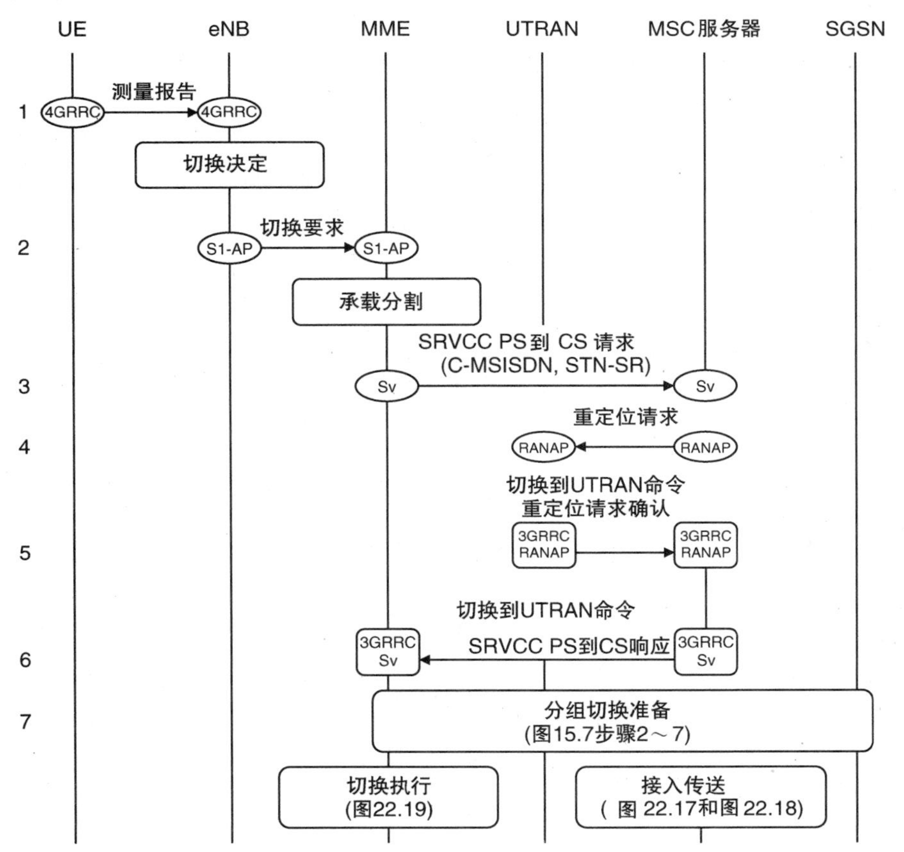

图 22.16　使用 SRVCC 从 LTE 切换到 UMTS。(1) 切换准备
(来源：TS 23.216。经 ETSI 许可转载)

当移动台使用测量事件 B1 或 B2 返回描述特定目标小区的测量报告（1）时，该过程开始。基站意识到移动台具有带 QCI1 的语音承载，因此它要求 MME 将移动台切换到目标小区，并且指示切换是用于 SRVCC 的目的（2）。

MME 通过在称为承载拆分的功能中检查其 QCI 来将语音承载与其他承载分离。然后它选择合适的 MSC 服务器并且使用 SRVCC PS 到 CS 请求（3）要求该设备接受语音承载。在消息中，MME 识别目标小区并且包括移动台的 STN - SR 和 C - MSISDN。MSC 服务器请求 3G 无线网络控制器接受语音承载（4），并且 RNC 的回复包括指示移动台如何与目标小区通信的 3G 切换到 UTRAN 命令（5）。在接收到该回复时，MSC 服务器向 MME 返回确认（6）。同时，MME 选择合适的 SGSN 并且通过准备分组交换切换来请求该设备接受移动台的其他承载（7）。

22.8.5 更新远程支路

现在的网络可以执行两个任务并行，即改变了目的设备的通信路径和切换移动台。图 22.17 显示了第一个如何开始。在将其确认返回到 MME 之后，MSC 服务器开始其媒体网关的配置，并创建 ISUP 初始地址消息，其中始发号码是 C - MSISDN，并且终止号码是 STN - SR（8）。该消息被路由到 IMS 中的媒体网关控制功能，因为这是其中注册了 STN - SR 的网络。

MGCF 配置其自己的媒体网关，并将传入消息转换为 SIP INVITE 请求（9）。在消息中，它使用包含 C - MSISDN 和 STN - SR 的 Tel URI 标识源设备和目的设备，并使用媒体网关的 IP 地址标识业务量路径。它然后将该请求发送到询问 CSCF，询问 CSCF 在归属用户服务器中查找 STN - SR，并将该请求发送到相应的 SCC - AS（10）。

SCC - AS 检查 C - MSISDN，记住来自之前的呼叫建立过程，并且意识到移动台已经具有正在进行的呼叫。(如果存在多于一个正在进行的呼叫，则 SCC - AS 选择最近的。）作为背靠背用户代理，它组成具有嵌入 SDP 提议的 SIP UPDATE 请求，告诉目的设备重定向其到媒体网关的业务路径。SCC - AS 然后可以将请求发送到移动台的服务 CSCF，服务 CSCF 将其转发到目的地（11）。目的设备根据请求重定向其业务量路径并做出响应（12）。

然后，SCC - AS 可以向初始 INVITE 发送 200 OK 响应（13），其以通常的方式触发 SIP ACK 请求（14）。同时，MGCF 使用 ISUP 应答消息来响应 MSC 服务器（15），并且两个设备完成它们的媒体网关的配置。

22.8.6 释放源支路

呼叫现在通过电路交换域进行控制，因此 SCC - AS 可以从 IMS 释放源支路。

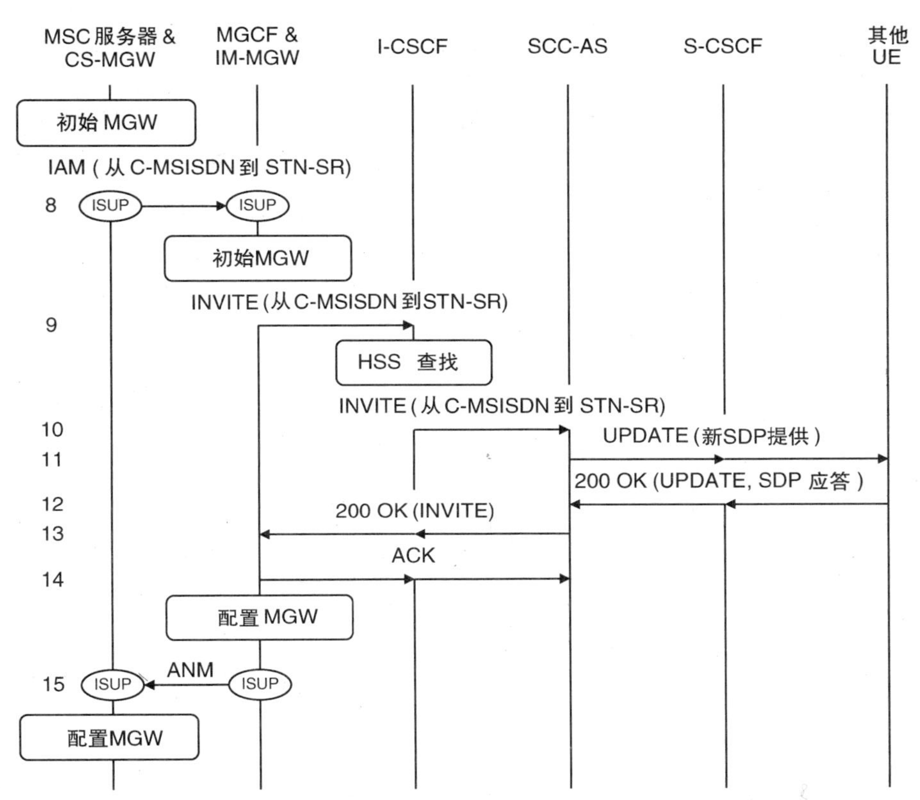

图 22. 17　使用 SRVCC 从 LTE 切换到 UMTS。(2) 接入转移和远程分支更新
(来源：TS 23. 237。经 ETSI 许可转载)

图 22. 18 所示为所需的步骤。为了开始该过程，SCC – AS 构成 SIP BYE 请求，并通过服务和代理 CSCF 将请求发送到移动台（16）。如果服务数据流尚未作为后面切换过程的一部分被释放，则代理 CSCF 请求 PCRF 在此释放它，这触发专用承载的释放。在移动台的回复（17）之后，IMS 的任务完成。

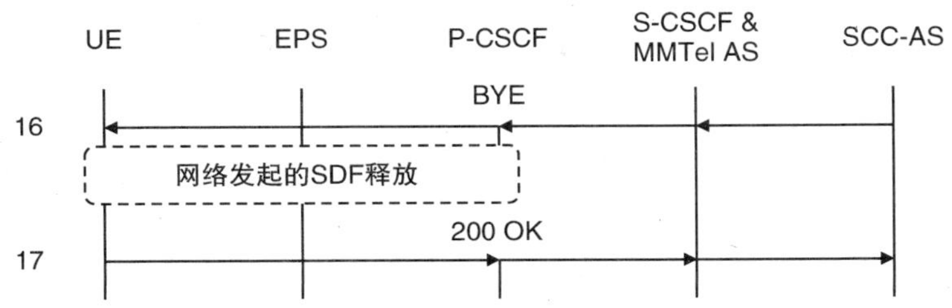

图 22. 18　使用 SRVCC 从 LTE 切换到 UMTS。(3) 源支路接入释放

22. 8. 7　切换执行和完成

与前面的 IMS 消息同时，MME 可以将移动台切换到目标小区。如图 22. 19

所示，MME 等待 SGSN 和 MSC 服务器在步骤 6 和 7 中应答，并将它们的响应合并成单个 3G 切换到 UTRAN 命令。然后它告诉基站将移动台移交到目标小区，并且基站将该指令中继到移动台（18，19）。移动台提取嵌入的 3G 消息，与目标小区同步并联系无线网络控制器（20）。RNC 告诉 MSC 服务器切换完成（21），并且 MSC 服务器通知 MME（22，23）。如果 PDN 网关还没有这样做，则 MME 拆除语音承载，因此任何剩余的语音呼叫被丢弃。同时，网络可以完成分组交换切换的正常步骤（24）。

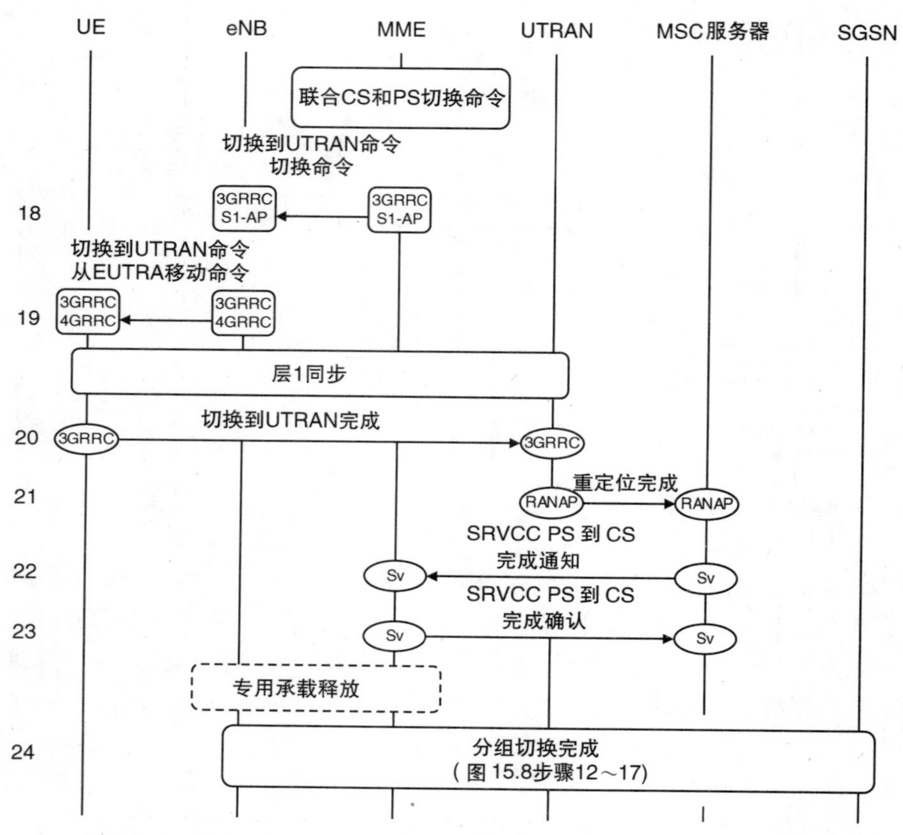

图 22.19　使用 SRVCC 从 LTE 切换到 UMTS。(4) 切换执行和完成
（来源：TS 23.216。经 ETSI 许可转载）

在过程结束时，网络已将移动台语音呼叫中的一个从 LTE 切换到 3G 电路交换域。移动台保留其非 GBR 承载，包括携带其 SIP 信令消息的默认 IMS 承载，但是这些消息现在与语音呼叫分离，并且不能用于控制它。相反，移动台停留在 2G/3G 无线接入网中，直到呼叫结束，即使它返回到 LTE 的覆盖区域。如果移动台已经切换到 2G 小区并且不支持双传输模式，则非 GBR 承载被挂起，但是对

呼叫的影响是相同的。

22.8.8 SRVCC 的演进

自从 SRVCC 第一次推出以来，它已经经历了一些增强。除了我们稍后将介绍的紧急呼叫的支持，这些都不是 VoLTE 强制要求的，因此我们将只进行简要讨论。

在我们之前讨论的 SRVCC 过程中，MME 能够在 IMS 信令完成之前切换移动台。由于这个特性，SRVCC 不应该增加测量报告和切换命令之间的延迟，因此它不应该增加掉话的可能性。然而，由于 IMS 联系目的设备所需的时间，它可能在语音通信中造成显著的间隙。如果移动台正在漫游，则该间隙可能特别长，因为 SCC – AS 位于移动台的归属网络中。

为了处理该问题，版本 10 规范允许 SCC – AS 将切换委托给拜访 IMS 中的两个新功能，用于信令的接入传送控制功能（ATCF）和用于业务的接入切换网关（ATGW）[89]。在 IMS 注册过程期间，接入转移控制功能选择其自身的 STN – SR，并将其传递给归属网络的 SCC – AS。SCC – AS 然后可以通知归属用户服务器关于新的 STN – SR，并且归属用户服务器可以通知 MME。在呼叫建立过程期间，接入转移控制功能从开始就将接入转移网关插入到业务路径中。在切换期间，MME 使用新的 STN – SR 而不是旧的，因此 INVITE 消息到达接入转移控制功能而不是 SCC – AS。代替消息 11 和 12，接入转移控制功能只需要在接入转移网关处重定向本地业务路径，并且不必联系目的设备。

版本 8 规范还支持称为双无线语音呼叫连续性（DRVCC）的技术。在该技术中，移动台通过目的无线接入网而不是消息 3 联系 MSC 服务器，因此不需要 Sv 接口。该技术对于无线局域网和 2G/3G 小区之间或 LTE 和 cdma2000 之间的切换是有用的。版本 11 规范允许移动台以称为单无线视频呼叫连续性（vSRVCC）的技术来切换视频呼叫。

其余的增强都需要我们接下来介绍的 IMS 集中服务的架构。这些包括在呼叫的提醒阶段中的切换（版本 10），保留如会议呼叫的中间呼叫补充服务（版本 10）以及在呼叫结束之前将移动台切换回 LTE 小区的能力（版本 11）。

22.9 IMS 集中服务

使用 IMS 集中服务（ICS）[90,91]，移动台可以通过电路交换接入网到达 IMS，因此可以通过 LTE 或 3G 小区接收相同的一组 IMS 服务。ICS 是我们之前讨论的富通信服务的一个组成部分，但 VoLTE 不需要它，因此我们将只简要介绍一下。

图 22.20 所示为 ICS 的架构。通信由我们之前介绍的服务集中和连续性应用

服务器管理，并且使用用于服务控制信令的三个选项来进行。在第一个选项中，移动台由支持称为 I2 和 I3 的两个新接口的 MSC 服务器控制。使用这些接口，MSC 服务器将移动台的电路交换信令消息转换为相应的 SIP 和 SDP，使得移动台可以向服务 CSCF 注册并接入多媒体电话应用服务器的补充业务。

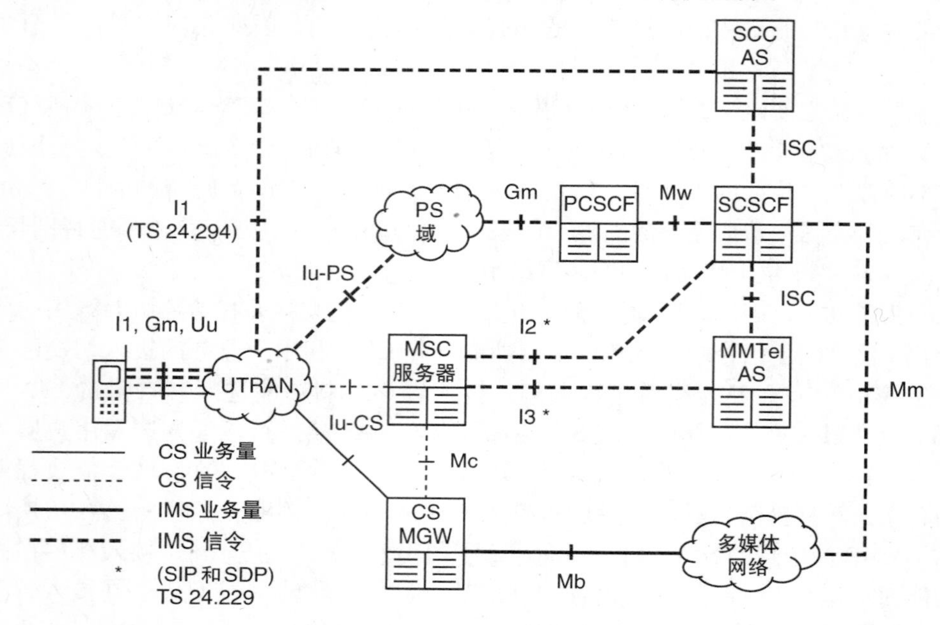

图 22.20　IMS 集中服务的架构（来源：TS 23.292。经 ETSI 许可转载）

在第二个选项中，移动台本身被增强以支持 IMS 集中服务，并且可以通过分组交换核心网来接入 IMS。在该选项中，移动台以常规方式与 IMS 通信，其增强用于将移动台的 SIP 信令消息耦合到电路交换媒体。

在第三个选项中，如前所述移动台被增强以支持 ICS，但是没有对 IMS 的分组交换接入。在该选项中，移动台使用称为 I1 的新接口与 SCC - AS 通信。这个接口携带二进制信令协议[92]，其消息通过电路交换核心网络传送，通常通过将它们嵌入到非结构化补充数据业务（USSD）中。

22.10　IMS 紧急呼叫

22.10.1　紧急呼叫架构

紧急呼叫与正常语音呼叫具有略微不同的要求，包括需要测量移动台的位置以及需要支持来自处于有限服务状态的移动台的紧急呼叫。IMS 支持来自版本 9 的紧急呼叫[93]，并且这种支持由 VoLTE 规范来规定。图 22.21 显示了所使用的架构。演进分组核心网将单独的接入点名称专用于紧急呼叫。VoLTE 规范不规定任何特定的 APN，但建议名称为 SOS。移动台与 IMS 的第一联系点是代理 CSCF，但是这可以是与用于正常语音呼叫的设备不同的设备。呼叫由拜访网络中的紧急 CSCF 建立，并且如果必要，通过媒体网关控制功能被中继到外部公共安全应答点（PSAP）。

为了使事情复杂化，移动台还在其归属网络中与服务 CSCF 执行紧急注册，服务 CSCF 与其正常的 IMS 注册分离。这确保了移动台可以在需要时从公共安全应答点接收回呼。

位置检索功能（LRF）通过作为面向演进分组核心网的网关移动定位中心来提供移动台的位置细节。E－CSCF 使用该信息来选择合适的公共安全应答点，而 PSAP 使用该信息来精确定位移动台。最后，如果移动台必须切换到 2G 或 3G 小区，则紧急接入传送功能（EATF）通过重新路由目的支路来发挥服务集中和连续性应用服务器的作用。

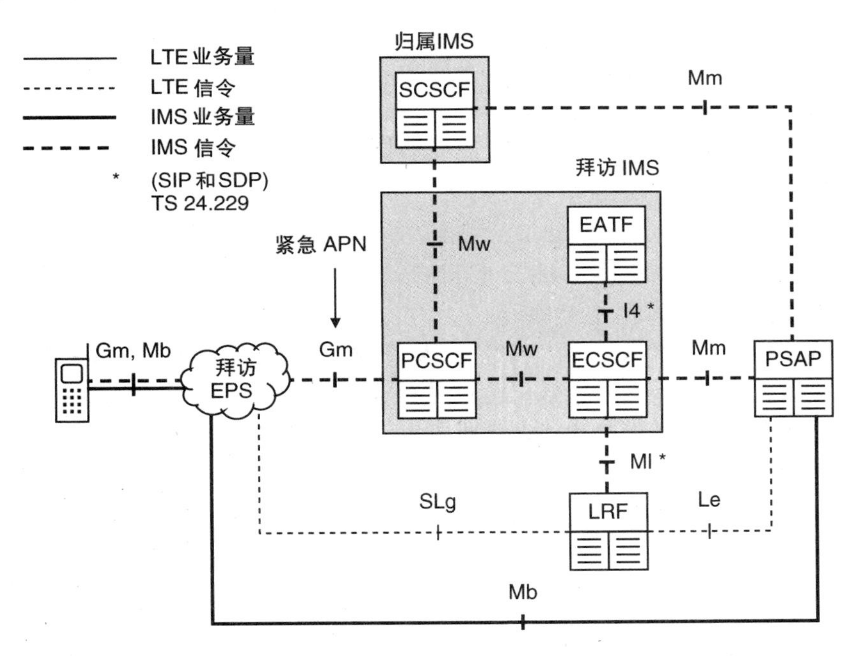

图 22.21　IMS 紧急呼叫的架构（来源：TS 23.167。经 ETSI 许可转载）

22.10.2　紧急呼叫建立过程

图 22.22 总结了紧急呼叫建立过程的最常见形式[94－96]。在通常的附接过程期间，MME 告诉移动台是否支持 IMS 紧急呼叫，并且可以向移动台提供本地紧

急号码的列表。(如果 IMS 不支持紧急呼叫，则移动台将使用电路交换回落来发出这样的呼叫。）然后移动台以通常的方式向 IMS 注册（1）。

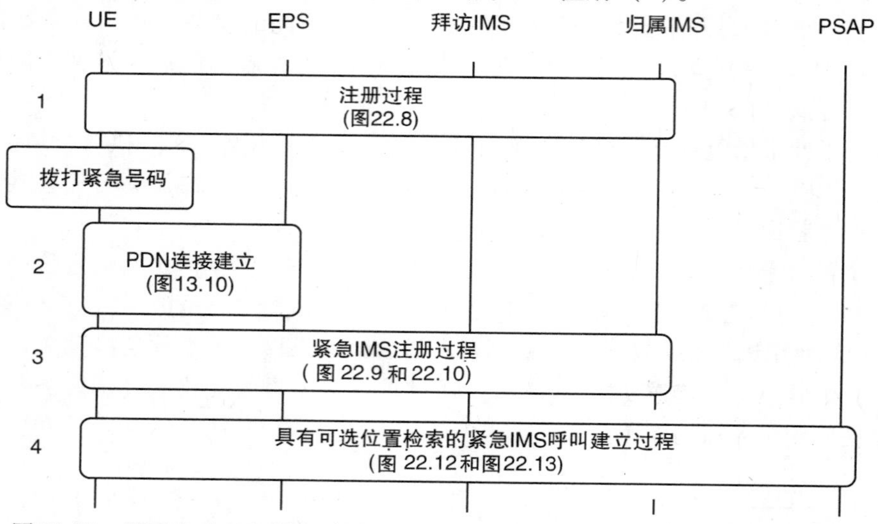

图 22.22　用于启动 IMS 紧急呼叫的过程（来源：TS 23.167。经 ETSI 许可转载）

稍后，用户拨打紧急号码，并且移动台使用标准紧急号码的列表和从 MME 接收的任何列表来检测情况。作为响应，移动台运行来自第 13 章的 PDN 连接过程（2）。移动台不指定任何接入点名称，而是使用被称为请求类型的信息元素来指示紧急情况。网络向移动台分配新的 IP 地址，建立高优先级的承载给紧急 APN，并提供代理 CSCF 的 IP 地址。

然后，移动台在其归属网络中向服务 CSCF 注册（3），但通过在其 Contact：报头中包括 sos 标记来指示这是单独的紧急注册。移动台使用 SIP URI 注册，但必须从也包含 Tel URI 的隐式注册集中选择，以确保移动台稍后可以从公共电话网接收回呼。

一旦这些步骤完成，移动台可以发出呼叫（4）。为此，它以通常的方式创建 SIP INVITE 请求，使用其 E - UTRAN 小区全局身份来提供一些基本位置数据，并将该请求寻址到紧急 URI。代理 CSCF 检测紧急 URI 并将该请求发送到紧急 CSCF。紧急 CSCF 将紧急接入传递功能放置在信令路径中，并且还可以向位置获取功能询问移动台位置的更多细节。然后使用位置数据选择公共安全应答点，并在那里转发 INVITE 消息。呼叫建立过程现在可以像之前一样完成。

如果移动台在与其归属网络运营商没有漫游协议的网络中，或者如果移动台没有安装 UICC，则其将驻留在处于有限服务状态的小区，并且将不会被连接到 LTE。在这种情况下，移动台跳过步骤 1，因此它运行来自第 11 章的附接过程代替步骤 2，并且将附接类型设置为 EPS 紧急附接。MME 以通常的方式完成附接过程，但是不必对移动台进行认证，并且可以为了紧急呼叫的唯一目的而关闭通常的完整性保护算法。省略步骤 3，因此用户以后不能接收回呼，否则呼叫建立过程如图 22.22 所示继续。

22.11 IMS SMS 消息发送

22.11.1 SMS 架构

IP 多媒体子系统可以使用图 22.23[97,98] 所示的架构来传送 SMS 消息，其被称为基于 IP 的 SMS。最重要的组件是 IP 短消息网关（IP - SM - GW），其充当面向 IMS 的应用服务器，并且充当面向 SMS 互通和网关 MSC 的 MSC 服务器或 SGSN。VoLTE 移动台必须支持基于 IP 的 SMS，而网络必须支持基于 IP 的 SMS 或基于 SG 的 SMS。

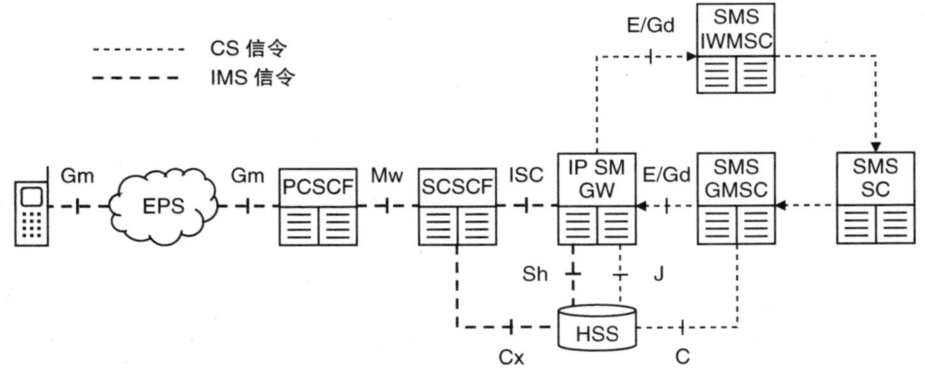

图 22.23　用于通过 IP 多媒体子系统传送 SMS 消息的架构
（来源：TS 23.204。经 ETSI 许可转载）

在注册过程中，移动台通过在其 REGISTER 请求中包括媒体特征标签 g.3gpp.smsip 来声明其对 SMS 的支持。服务 CSCF 向移动台注册具有 IP 短消息网关，其通知归属用户服务器它将接受移动台的传入短消息。然后，IMS 可以通过类似于我们之前看到的嵌入 SDP 信息的方式将其嵌入到 SIP MESSAGE 请求中，以在移动台和 IP - SM - GW 之间传输 SMS 消息。这些过程几乎与基于 SG 的 SMS 相同，因此我们不再进一步讨论它们。

IMS 还可以支持两种其他类型的消息传递[99]。使用寻呼模式消息，IMS 通过将消息嵌入到 SIP MESSAGE 请求中来传送消息，并且可以在将传送的消息转发到目的用户之前存储该消息。该技术类似于 SMS，但不使用图 22.23 中的 SMS 协议或传统 SMS 设备。使用会话模式消息，IMS 在两个注册的设备之间建立会话，然后使用消息会话中继协议（MSRP）在 IMS 用户平面中传送消息。VoLTE

不需要这些技术。

22.11.2 接入域选择

SMS 的接入域选择功能与语音呼叫的接入域选择功能类似，但是是独立的。移动台使用被称为基于 IP 的 SMS 网络指示的参数来选择用于移动台发起的 SMS 的接入域，该参数由移动台存储并且可以从设备管理服务器更新[100]。接入域的选择影响从图 22.14 的附接过程的选择，因为如果移动台被配置为使用基于 IP 的 SMS，则移动台可以执行 EPS 附接，但是必须在使用基于 SGs 的 SMS 之前执行组合 EPS/IMSI 附接。

IP 短消息网关维护移动台终止 SMS 的接入域的优先化列表[101]。如果 IMS 具有最高优先级，则网关首先尝试跨该网络传送移动台终止 SMS。如果过程失败，则它询问归属用户服务器以发现移动台注册的 MSC 服务器和/或 SGSN，并且在 2G 或 3G 的电路或分组交换域上传送消息。

参 考 文 献

1. Camarillo, G. and Garcia-Martin, M.-A. (2008) *The 3G IP Multimedia Subsystem (IMS): Merging the Internet and the Cellular Worlds*, 3rd edn, John Wiley & Sons, Ltd, Chichester.
2. Noldus, R., Olsson, U., Mulligan, C. *et al.* (2011) *IMS Application Developer's Handbook: Creating and Deploying Innovative IMS Applications*, Academic Press.
3. Poikselkä, M., Holma, H., Hongisto, J. *et al.* (2012) *Voice over LTE (VoLTE)*, John Wiley & Sons, Ltd, Chichester.
4. 3GPP TS 23.218 (2013) IP Multimedia (IM) Session Handling; IM Call Model; Stage 2, Release 11, June 2013.
5. 3GPP TS 23.228 (2013) IP Multimedia Subsystem (IMS); Stage 2, Release 11, September 2013.
6. 3GPP TS 24.228 (2006) Signalling Flows for the IP Multimedia Call Control Based on Session Initiation Protocol (SIP) and Session Description Protocol (SDP); Stage 3, Release 5, October 2006.
7. GSM Association (2013) GSMA VoLTE Initiative, http://www.gsma.com/technicalprojects/volte (accessed 15 October 2013).
8. GSM Association IR.92 (2013) IMS Profile for Voice and SMS, Version 7.1, September 2013.
9. GSM Association IR.88 (2013) LTE and EPC Roaming Guidelines, Version 10.0, July 2013
10. GSM Association IR.65 (2013) IMS Roaming and Interworking Guidelines, Version 12.0, February 2013.
11. GSM Association (2013) Rich Communications, http://www.gsma.com/rcs/ (accessed 15 October 2013).
12. GSM Association RCC.07 (2013) Rich Communication Suite 5.1 Advanced Communications Services and Client Specification, Version 3.0, September 2013.
13. GSM Association IR.90 (2013) RCS Interworking Guidelines, Version 5.0, May 2013.
14. 3GPP TS 23.228 (2013) IP Multimedia Subsystem (IMS); Stage 2, Release 11, Section 4, September 2013.
15. 3GPP TS 23.002 (2013) Network Architecture, Release 11, Sections 4a.7, 5.5, 6a.7, June 2013.
16. 3GPP TS 23.228 (2013) IP Multimedia Subsystem (IMS); Stage 2, Release 11, Annexes E, L, N, September 2013.
17. 3GPP TS 24.229 (2013) IP Multimedia Call Control Protocol Based on Session Initiation Protocol (SIP) and Session Description Protocol (SDP); Stage 3, Release 11, Annexes B, D, E, H, L, M, O, Q, R, S, September 2013.
18. 3GPP TS 23.003 (2013) Numbering, Addressing and Identification, Release 11, Section 13, September 2013.
19. 3GPP TS 31.103 (2012) Characteristics of the IP Multimedia Services Identity Module (ISIM) Application, Release 11, December 2012.

20. IETF RFC 3986 (2005) Uniform Resource Identifier (URI): Generic Syntax, January 2005.
21. IETF RFC 3966 (2004) The tel URI for Telephone Numbers, December 2004.
22. 3GPP TS 23.228 (2013) IP Multimedia Subsystem (IMS); Stage 2, Release 11, Section 5.2.1a, September 2013.
23. GSM Association IR.65 (2013) IMS Roaming and Interworking Guidelines, Version 12.0, Section 2, February 2013.
24. GSM Association IR.34 (2013) Guidelines for IPX Provider Networks, Version 9.1, May 2013.
25. 3GPP TS 29.162 (2012) Interworking between the IM CN Subsystem and IP Networks, Release 11, December 2012.
26. 3GPP TS 29.165 (2013) Inter-IMS Network to Network Interface (NNI), Release 11, September 2013.
27. 3GPP TS 33.203 (2012) Access Security for IP-Based Services, Release 11, June 2012.
28. 3GPP TS 32.240 (2013) Charging Architecture and Principles, Release 11, March 2013.
29. 3GPP TS 32.260 (2013) IP Multimedia Subsystem (IMS) Charging, Release 11, September 2013.
30. IETF RFC 3261 (2002) SIP: Session Initiation Protocol, June 2002.
31. IETF RFC 3455 (2003) Private Header (P-Header) Extensions to the Session Initiation Protocol (SIP) for the 3rd-Generation Partnership Project (3GPP), January 2003.
32. 3GPP TS 24.229 (2013) IP Multimedia Call Control Protocol Based on Session Initiation Protocol (SIP) and Session Description Protocol (SDP); Stage 3, Release 11, September 2013.
33. IETF RFC 4566 (2006) SDP: Session Description Protocol, July 2006.
34. IETF RFC 3264 (2002) An Offer/Answer Model with the Session Description Protocol (SDP), June 2002.
35. IETF RFC 4825 (2007) The Extensible Markup Language (XML) Configuration Access Protocol (XCAP), May 2007.
36. 3GPP TS 24.623 (2012) Extensible Markup Language (XML) Configuration Access Protocol (XCAP) over the Ut Interface for Manipulating Supplementary Services, Release 11, December 2012.
37. 3GPP TS 29.228 (2013) IP Multimedia (IM) Subsystem Cx and Dx Interfaces; Signalling Flows and Message Contents, Release 11, September 2013.
38. 3GPP TS 29.229 (2013) Cx and Dx Interfaces Based on the Diameter Protocol; Protocol Details, Release 11, June 2013.
39. 3GPP TS 29.328 (2013) IP Multimedia (IM) Subsystem Sh Interface; Signalling Flows and Message Contents, Release 11, September 2013.
40. 3GPP TS 29.329 (2013) Sh Interface Based on the Diameter Protocol; Protocol Details, Release 11, June 2013.
41. ITU-T Recommendation H.248.1 (2013) Gateway Control Protocol: Version 3.
42. 3GPP TS 29.228 (2013) IP Multimedia (IM) Subsystem Cx and Dx interfaces; Signalling Flows and Message Contents, Release 11, Annex B, September 2013.
43. IETF RFC 3840 (2004) Indicating User Agent Capabilities in the Session Initiation Protocol (SIP), August 2004.
44. Internet Assigned Numbers Authority (2013) Media Feature Tags, https://www.iana.org/assignments/media-feature-tags/media-feature-tags.xhtml (accessed 15 October 2013).
45. 3GPP TS 23.228 (2013) IP Multimedia Subsystem (IMS); Stage 2, Release 11, Section 4.13, September 2013.
46. 3rd Generation Partnership Project (2013) Uniform Resource Identifier (URI) List, http://www.3gpp.org/Uniform-Resource-Name-URN-list (accessed 15 October 2013).
47. 3GPP TS 26.114 (2013) IP Multimedia Subsystem (IMS); Multimedia Telephony; Media Handling and Interaction, Release 11, September 2013.
48. 3GPP TS 24.173 (2013) IMS Multimedia Telephony Communication Service and Supplementary Services; Stage 3, Release 11, March 2013.
49. 3GPP TS 26.071 (2012) AMR Speech CODEC; General Description, Release 11, September 2012.
50. 3GPP TS 26.171 (2012) Adaptive Multi-Rate – Wideband (AMR-WB) Speech Codec; General Description, Release 11, September 2012.
51. IETF RFC 3550 (2003) RTP: A Transport Protocol for Real-Time Applications, July 2003.
52. IETF RFC 3551 (2003) RTP Profile for Audio and Video Conferences with Minimal Control, July 2003.
53. IETF RFC 4867 (2007) RTP Payload Format and File Storage Format for the Adaptive Multi-Rate (AMR) and Adaptive Multi-Rate Wideband (AMR-WB) Audio Codecs, April 2007.
54. 3GPP TS 26.114 (2013) IP Multimedia Subsystem (IMS); Multimedia Telephony; Media Handling and Interaction, Release 11, Section 10, September 2013.
55. GSM Association IR.92 (2013) IMS Profile for Voice and SMS, Version 7.1, Section 4.3.1, September 2013.
56. 3GPP TS 24.229 (2013) IP Multimedia Call Control Protocol Based on Session Initiation Protocol (SIP) and Session Description Protocol (SDP); Stage 3, Release 11, Section 5.1.1, September 2013.

57. 3GPP TS 23.228 (2013) IP Multimedia Subsystem (IMS); Stage 2, Release 11, Section 5.2.2.3, September 2013.
58. 3GPP TS 29.228 (2013) IP Multimedia (IM) Subsystem Cx and Dx Interfaces; Signalling Flows and Message Contents, Release 11, Annex A.4.1, September 2013.
59. 3GPP TS 33.203 (2012) Access Security for IP-Based Services, Release 11, Section 6.1.1, June 2012.
60. 3GPP TS 29.328 (2013) IP Multimedia (IM) Subsystem Sh Interface; Signalling Flows and Message Contents, Release 11, Annex B.1.1, September 2013.
61. IETF RFC 3265 (2002) Session Initiation Protocol (SIP)-Specific Event Notification, June 2002.
62. IETF RFC 3680 (2004) A Session Initiation Protocol (SIP) Event Package for Registrations, March 2004.
63. 3GPP TS 24.229 (2013) IP Multimedia Call Control Protocol Based on Session Initiation Protocol (SIP) and Session Description Protocol (SDP); Stage 3, Release 11, Sections 5.1.2A, 5.1.3, 6.1, September 2013.
64. IETF RFC 3312 (2002) Integration of Resource Management and Session Initiation Protocol (SIP), October 2002.
65. 3GPP TS 23.228 (2013) IP Multimedia Subsystem (IMS); Stage 2, Release 11, Sections 5.5.1, 5.6.1, 5.7.1, 5.11.3, September 2013.
66. 3GPP TS 29.213 (2013) Policy and Charging Control Signalling Flows and Quality of Service (QoS) Parameter Mapping, Release 11, Section 6.2, Annex B.2, B.3.2, September 2013.
67. IETF RFC 3262 (2002) Reliability of Provisional Responses in the Session Initiation Protocol (SIP), June 2002.
68. IETF RFC 3311 (2002) The Session Initiation Protocol (SIP) UPDATE Method, September 2002.
69. 3GPP TS 23.228 (2013) IP Multimedia Subsystem (IMS); Stage 2, Release 11, Sections 4.3.5, 5.5.3, 5.5.4, 5.6.3, 5.7.3, 5.19, September 2013.
70. IETF RFC 3761 (2004) The E.164 to Uniform Resource Identifiers (URI) Dynamic Delegation Discovery System (DDDS) Application (ENUM), April 2004.
71. 3GPP TS 23.228 (2013) IP Multimedia Subsystem (IMS); Stage 2, Release 11, Sections 5.10, September 2013.
72. 3GPP TS 29.213 (2013) Policy and Charging Control Signalling Flows and Quality of Service (QoS) Parameter Mapping, Release 11, Section 6.2, Annex B.4, September 2013.
73. 3GPP TS 23.401 (2013) General Packet Radio Service (GPRS) Enhancements for Evolved Universal Terrestrial Radio Access Network (E-UTRAN) Access, Release 11, Section 5.4.4.2, September 2013.
74. 3GPP TS 23.221 (2013) Architectural Requirements, Release 11, Section 7.2a, Annex A.2, June 2013.
75. 3GPP TS 24.301 (2013) Non-Access-Stratum (NAS) Protocol for Evolved Packet System (EPS), Release 11, Section 4.3, March 2013.
76. 3GPP TS 23.221 (2013) Architectural Requirements, Release 11, Sections 7.2, 7.2b, 7.3, June 2013.
77. GSM Association IR.64 (2013) IMS Service Centralization and Continuity Guidelines, Version 6.0, Section 3, February 2013.
78. 3GPP TS 29.272 (2013) Mobility Management Entity (MME) and Serving GPRS Support Node (SGSN) Related Interfaces Based on Diameter Protocol, Release 11, Sections 5.2.1.1, 5.2.2.1, September 2013.
79. 3GPP TS 29.328 (2013) IP Multimedia (IM) Subsystem Sh Interface; Signalling Flows and Message Contents, Release 11, Section 7.6.18, Annex E, September 2013.
80. 3GPP TS 23.292 (2013) IP Multimedia Subsystem (IMS) Centralized Services; Stage 2, Release 11, Section 7.3.2.1.3, June 2013.
81. 3GPP TS 23.216 (2013) Single Radio Voice Call Continuity (SRVCC); Stage 2, Release 11, June 2013.
82. 3GPP TS 23.237 (2013) IP Multimedia Subsystem (IMS) Service Continuity; Stage 2, Release 11, September 2013.
83. 3GPP TS 24.237 (2013) IP Multimedia Subsystem (IMS) Service Continuity; Stage 3, Release 11, September 2013.
84. GSM Association IR.64 (2013) IMS Service Centralization and Continuity Guidelines, Version 6.0, Section 4, February 2013.
85. 3GPP TS 29.280 (2013) 3GPP Sv Interface (MME to MSC, and SGSN to MSC) for SRVCC, Release 11, September 2013.
86. 3GPP TS 23.003 (2013) Numbering, Addressing and Identification, Release 11, Section 18, September 2013.
87. 3GPP TS 23.216 (2013) Single Radio Voice Call Continuity (SRVCC); Stage 2, Release 11, Section 6.2.2.2, June 2013.
88. 3GPP TS 24.237 (2013) IP Multimedia Subsystem (IMS) Service Continuity; Stage 3, Release 11, Sections 6.2.1.3, 6.2.2.3, 6.3.1.5, 6.3.1.6, 6.3.2.1.4, September 2013.
89. 3GPP TS 24.237 (2013) IP Multimedia Subsystem (IMS) Service Continuity; Stage 3, Release 11,

Sections 6.1.2, 6.2.1.4, 6.2.2.5, 6.3.2.1.9, September 2013.
90. 3GPP TS 23.292 (2013) IP Multimedia Subsystem (IMS) Centralized Services; Stage 2, Release 11, June 2013.
91. GSM Association IR.64 (2013) IMS Service Centralization and Continuity Guidelines, Version 6.0, Section 2, February 2013.
92. 3GPP TS 24.294 (2013) IP Multimedia Subsystem (IMS) Centralized Services (ICS) Protocol via I1 Interface, Release 11, September 2013.
93. 3GPP TS 23.167 (2013) IP Multimedia Subsystem (IMS) Emergency Sessions, Release 11, September 2013.
94. 3GPP TS 23.167 (2013) IP Multimedia Subsystem (IMS) Emergency Sessions, Release 11, Section 7, September 2013.
95. 3GPP TS 24.229 (2013) IP Multimedia Call Control Protocol Based on Session Initiation Protocol (SIP) and Session Description Protocol (SDP); Stage 3, Release 11, Sections 5.1.6, September 2013.
96. 3GPP TS 24.237 (2013) IP Multimedia Subsystem (IMS) Service Continuity; Stage 3, Release 11, Section 6c, September 2013.
97. 3GPP TS 23.204 (2013) Support of Short Message Service (SMS) over Generic 3GPP Internet Protocol (IP) Access; Stage 2, Release 11, September 2013.
98. 3GPP TS 24.341 (2012) Support of SMS over IP Networks; Stage 3, Release 11, December 2012.
99. 3GPP TS 24.247 (2012) Messaging Service using the IP Multimedia (IM) Core Network (CN) Subsystem; Stage 3, Release 11, December 2012.
100. 3GPP TS 24.167 (2012) 3GPP IMS Management Object (MO), Release 11, Section 5.28, December 2012.
101. 3GPP TS 23.204 (2013) Support of Short Message Service (SMS) over Generic 3GPP Internet Protocol (IP) Access; Stage 2, Release 11, Section 6.5a, September 2013.

第 23 章　LTE 和 LTE－A 的性能

在移动通信系统中，两个主要因素限制小区的性能：覆盖和容量。覆盖在农村地区更重要，因为远离基站的移动台可能没有接收到足够强的信号来恢复所发送的信息。在城市地区，容量更重要，因为每个小区都受到最大数据速率的限制。我们在本章中讨论这些问题。

我们首先研究 LTE 移动台的峰值数据速率，并综述可能阻止其达到该数据速率的问题。然后，我们讨论用于 LTE 中的链路预算估计和传播建模的技术，并使用结果来估计 LTE 小区的覆盖。我们开发技术来产生 LTE 小区的容量的初始估计，并将其与从仿真获得的更鲁棒的估计进行比较。我们最后研究 IP 语音的典型数据速率和小区容量。

23.1　LTE 和 LTE－A 的峰值数据速率

23.1.1　提高峰值数据速率

图 23.1 显示了自从版本 8 引入 LTE 以来，LTE 的峰值数据速率如何增加，并将其与版本 99 的 WCDMA 的峰值数据速率进行比较。数据取自每个版本在 FDD 模式下可用的最强大的 UE 能力[1-3]。垂直轴是对数的，这与自引入 3G 系统以来已经实现的峰值数据速率的大幅增加一致。

在版本 99 中，WCDMA 在下行链路上具有 2Mbit/s 的峰值理论数据速率，而在上行链路上具有 1Mbit/s 的峰值理论数据速率，尽管实际的设备通常限于 384kbit/s。通过使用更快的编码率和新的调制方案 16－QAM，版本 5 中的高速下行链路分组接入的引入将峰值下行链路数据速率增加到 14.4Mbit/s。通过引入高速上行链路分组接入，版本 6 中的上行链路也有类似的增加。后来的版本通过引入 64－QAM 和空间复用以及使用多个载波，进一步增加了峰值数据速率。

LTE 版本 8 中的峰值数据速率在下行链路中为 299.6Mbit/s，在上行链路中为 75.4Mbit/s（见表 2.1）。这些数字很容易理解。在上行链路中，移动台的最大可能分配是 96 个资源块，因为我们需要为 PUCCH 保留一些资源块，并且因为我们需要仅具有 2、3 或 5 的素因子的分配。每个资源块持续 0.5ms 并且携带 72 个 PUSCH 符号（见图 8.8），因此它支持 144ksps 的符号率。利用 64－QAM 的调制方案，在 PUSCH 上所得的比特率是 82.9Mbit/s。因此，我们可以使用 0.91 的

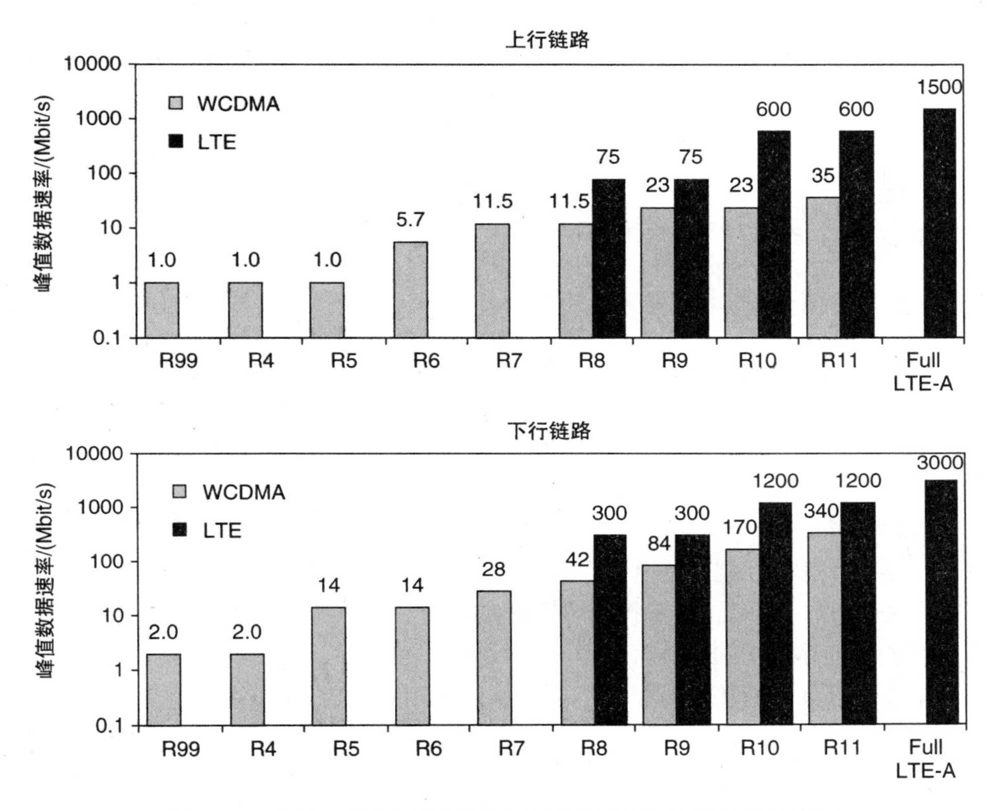

图 23.1　在 FDD 模式下 WCDMA 和 LTE 的峰值数据速率的演进

编码率来支持 75.4Mbit/s 的信息速率，这是合理的最大值。（CRC 位的影响很小，因此我们可以忽略它们。）

在下行链路中，每个资源块的符号速率取决于发射天线的数量和下行链路控制区域的大小，如表 23.1 所示。利用四个发射天线和一个控制符号，结果为 136ksps。使用四个层、100 个资源块和 64 - QAM 的调制方案，在 PDSCH 上得到的比特率是 326.4Mbit/s。与以前一样忽略 CRC 位，我们可以使用 0.92 的编码率支持 299.6Mbit/s 的信息速率。该数值几乎与用于信道质量指示 15 的编码率相同（见表 8.4）。

版本 10 和 11 中的峰值数据速率在下行链路上大约为 1200Mbit/s，在上行链路上大约为 600Mbit/s。这些通过使用两个分量载波，在下行链路上八个层和在上行链路上四个层而产生，并且满足 IMT - Advanced 的峰值数据速率要求。通过使用五个分量载波，峰值数据速率将最终分别增加到 3000Mbit/s 和 1500Mbit/s。

表 23.1 PDSCH 的每个资源块的符号速率（ksps）

天线数量	控制符号的数量			
	1	2	3	4（仅 1.4MHz）
1	150	138	126	114
2	144	132	120	108
4	136	124	112	100

23.1.2 峰值数据速率限制

正如我们在第 1 章中所指出的，在特殊情况下，我们只能达到前面所示的峰值数据速率。有五个主要标准。首先，小区必须以 20MHz 的最大带宽进行发送和接收。至少在 LTE 的早期，这可能是一个非常大的分配，10MHz 或 5MHz 更常见。在这些较低带宽中，峰值数据速率将降低 2 倍或 4 倍。

其次，移动台必须具有在每个版本可用的最强大的 UE 能力。在版本 8 中，例如，类别 5 移动台是唯一在下行链路上支持四层空间复用的设备，或者在上行链路上使用 64 - QAM。如果我们切换到在早期 LTE 设备中常见的类别 3 移动台，则峰值下行链路数据速率下降 3 倍，并且峰值上行链路数据速率下降 1.5 倍。

第三，移动台应该靠近基站。如果不是，则接收的 SINR 可能较低，并且接收机可能不能处理高数据速率所需的快速调制方案和编码率。

第四，小区应该与其他附近的小区很好地分离。这种情况通常可以在毫微微小区和微微小区中实现，毫微微小区和微微小区通常在室内并且被周围的墙隔离。类似但较弱的结果适用于通过中间建筑物彼此部分隔离的微小区。在宏小区中几乎没有这样的隔离，因此接收机可能拾取来自附近小区的显著干扰。这减小了 SINR，并且防止接收机处理快速调制方案或高编码率。

最终条件是移动台必须是小区中唯一活动的移动台。如果不是，则小区的容量将在其所有移动台之间共享，导致每个移动台可用的峰值数据速率的大幅下降。

23.2 LTE 小区的覆盖范围

23.2.1 上行链路预算

在第 3 章中，我们将传播损耗或路径损耗（PL）定义为发射信号功率 P_T 与接收信号功率 P_R 的比：

$$\mathrm{PL} = \frac{P_\mathrm{T}}{P_\mathrm{R}} \tag{23.1}$$

在链路预算中，我们估计发射机可以发送的 P_T 的最大值和接收机可以恢复信息的 P_R 的最小值。然后，我们可以使用式（23.1）估计系统可以处理的最大传播损耗。通过将该数值与传播模型的结果组合，我们可以估计发射机和接收机之间的最大可能距离。

为了说明该过程，表 23.2 示出了用于物理上行链路共享信道（PUSCH）的示例链路预算。这些数据对于 LTE 宏小区是典型的，但是从一种部署场景到另一种部署场景将存在很大变化。参考文献［4－8］包含一些其他示例和参数值。

表 23.2 PUSCH 的示例链路预算

参数	值	单位	
UE 发射功率	23	dBm	a
UE 天线增益	0	dBi	b
人体损耗	0	dB	c
有效全向辐射功率	23	dBm	d = a + b − c
噪声频谱密度	−174	dBm Hz^{-1}	e
UE 发射机带宽（2 个资源块）	55.6	dB Hz	f
eNB 噪声系数	3.5	dB	g
SINR 目标（每个符号 0.28bit）	−7.7	dB	h
接收机灵敏度	−122.6	dBm	i = e + f + g + h
电缆和连接器损耗	0.5	dB	j
eNB 天线增益	18	dBi	k
各向同性接收电平	−140.1	dBm	l = i + j − k
干扰余量	3	dB	m
穿透损耗	12	dB	n
慢衰落余量	5	dB	o
链路损耗和余量	20	dB	p = m + n + o
最大传播损耗	143.1	dB	q = d − l − p

让我们从移动台发射机开始，遍历链路预算中的条件。3GPP 规范将移动台的发射功率限制为 23dBm（相对于 1mW 的分贝），换句话说是 200mW[9]。天线增益描述了移动台的发射天线的聚焦效应，并且相对于各向同性天线以分贝测量（dBi），换句话说，是在所有方向上均匀辐射的天线。移动台的天线增益通常设置为 0dBi，尽管每个方向可以相差几分贝。人体损耗描述用户的效果，并且对于语音服务的情况通常设置为 3dB，否则设置为 0dB。如果我们把这些量加在一

起，就得到有效全向辐射功率（EIRP）。

表 23.2 中接下来的三行描述基站接收机中的噪声。噪声频谱密度是 1Hz 带宽中的热噪声量。它等于 kT，其中 k 是玻尔兹曼常数，T 是接收机的温度，并且在室温下约为 -174dBm/Hz。我们现在必须带入我们实际使用的带宽，以相对于 1Hz 的分贝为单位（dB Hz）。LTE 上行链路中的适当带宽是移动台的传输带宽，因为这是移动台注入前面提到的传输功率的带宽。在表 23.2 中，我们假设了两个资源块的带宽。（如稍后讨论的，上行链路预算对这里选择的精确值不敏感。）最后，噪声系数考虑了由于接收机的模拟分量中的缺陷而产生的额外噪声。

SINR 目标是满意接收所需的最小信号与干扰加噪声比。它取决于所选择的调制方案和编码率，并且还取决于如无线信道的衰落特性和移动台的速度之类的问题。我们通常可以从制造商的数据中获得适当的数据，但我们还可以通过调整香农限制来估算 SINR 目标，以解决接收机数字信号处理中的缺陷[10]：

$$\epsilon = \mathrm{Min}\left[\epsilon_{\max}, \eta \log_2\left(1 + \mathrm{EAG}\frac{\mathrm{SINR}}{\mathrm{SINR}_{\mathrm{eff}}}\right)\right] \qquad (23.2)$$

式中，ϵ 是每个符号的信息位的数量，而 η 和 $\mathrm{SINR}_{\mathrm{eff}}$ 是校正因子。根据上述参考，我们已经将 η 设置为 0.68，$\mathrm{SINR}_{\mathrm{eff}}$ 设置为 1.05，$\epsilon_{\max}$ 设置为 3.2，以便对限制为 4/5 速率 16 - QAM 的衰落信道中的传输进行建模。（参考文献 [11] 中有一组类似但更保守的数据。）使用这些数据，表 23.2 中的 SINR 目标对应于每个符号 0.28bit，这等价于 2 ~3 之间的下行链路信道质量指示（CQI）。

使用两个资源块的带宽，移动台可以每个子帧发送 288 个符号。每个符号 0.28bit，该数据等于 80 个信息位；换句话说，等于附加到 56 位传输块的 24 位 CRC。传输块足够大以使移动台能够发送 RRC 连接请求，其需要 48 位 RRC 消息和 8 位 MAC 报头。如果用户平面中的层 2 报头加起来为 24bit，则传输块还支持 32kbit/s 的上行链路数据速率。

在这些数据中，唯一重要的参数是小区边缘处的传输块大小，或等效地，上行链路数据速率。如果数据速率保持不变，则我们可以增加上行链路带宽并减少每个符号的比特数，反之亦然，而不会对上行链路预算产生太大影响。我们将在 23.2.4 节中说明这种效应。

在分集接收机中测量信号电平需要小心。在表 23.2 和式（23.2）中，我们选择引用每个单独接收天线的 SINR。因此，式（23.2）包含显式阵列增益 EAG，对于两个天线接收分集的情况，EAG 等于 3dB。我们可以引用来自两个接收天线的组合 SINR，在这种情况下，SINR 目标将大于 3dB，显式阵列增益将转到链路预算。

通过组合 SINR 目标和接收机噪声，我们得到接收机灵敏度，这是基站的接收机可以成功处理的最弱的信号。我们现在需要引入接收天线增益，对于三扇区基站通常为 18dBi，以及天线和接收机之间的任何电缆或连接器损耗。通过这样做，我们获得各向同性接收电平（IRL），其是基站可以在其接收天线处成功处理的最弱的信号。

在表 23.2 中，我们假设基站只有一个接收放大器，它可以位于射频拉远头（如本例所示），也可以位于桅杆底部，使用较高的电缆损耗。一些基站接收机使用两个放大器，在这两个位置都有一个。为了对这种部署进行建模，我们必须从上行链路预算中去除电缆损耗和噪声系数，并用 Friis 噪声公式计算的单个组合噪声系数 F_{total} 替换它们：

$$F_{total} = F_1 + \frac{F_2 - 1}{G_1} + \frac{F_3 - 1}{G_1 G_2} + \frac{F_4 - 1}{G_1 G_2 G_3} + \cdots \tag{23.3}$$

式中，F_i 和 G_i 是接收器的第 i 级的噪声系数和增益，并且是以实数而不是分贝来测量的。噪声系数是如电缆等无源组件的增益的倒数，而对于如放大器等有源组件，这两个参数是独立的。

我们现在必须解决空中接口中的问题。如果基站在室外，但移动台在室内，则信号被穿过建筑物墙壁的穿透损耗削弱，其难以估计，但通常在 10 ~ 20dB 的范围内。干扰余量考虑来自在相同资源块上发射的附近小区中的 LTE 移动台的干扰。难以可靠地估计上行链路干扰余量，因为其对少量干扰移动台的位置和发射功率敏感，因此我们通常强加一个值。典型的干扰余量在宏小区中为几分贝，但在微小区中更大，因为较小的传播损耗允许较高水平的干扰。

到目前为止，我们假设接收信号功率恒定。在实践中，接收信号功率可以随着移动台进入和离开由丘陵和建筑物形成的阴影而波动。这种效应被称为慢衰落或对数正态衰落。有时慢衰落并不重要，因为移动台可以简单地将其作为接收数据速率的变化来体验。然而，如果我们对恒定数据速率服务或在最差情况下接收条件感兴趣，则可以通过包括慢衰落余量使链路预算更保守。我们可以使用 Jakes 公式估计孤立小区中的慢衰落余量[12]。广域网中所需的余量相当少，因为移动台可能能够看到多于一个基站，而只需要来自其中一个基站的令人满意的信号。

用于 GSM 和 UMTS 的链路预算还包括快衰落余量，其考虑由于入射光线之间的相消干扰而导致的接收信号功率的波动。LTE 链路预算有时需要快衰落余量，特别是在延迟扩展和移动台的速度都低的情况下，使得移动台可能会卡在宽带宽衰落中。在其他情况下，我们可能能够通过使用时间和频率相关的调度来最小化功率波动，并且我们已经假设这里的情况。通过将损耗和余量与较早的 EIRP 和 IRL 结合起来，我们最终得到基站可以处理的最大传播损耗。

23.2.2 下行链路预算

表 23.3 给出了物理下行链路共享信道（PDSCH）的相应链路预算。大多数术语与上行链路中的术语相同，因此我们将关注差异。

表 23.3 PDSCH 的示例链路预算

参数	值	单位	
eNB 发射功率	43	dBm	a
电缆和连接器损耗	0.5	dB	b
eNB 天线增益	18	dBi	c
有效全向辐射功率	60.5	dBm	d = a - b + c
噪声频谱密度	-174	dBm Hz^{-1}	e
eNB 发射机带宽	69.5	dB Hz	f
UE 噪声系数	7	dB	g
SINR 目标（每个符号 0.66bit）	-4.2	dB	h
接收机灵敏度	-101.7	dBm	i = e + f + g + h
UE 天线增益	0	dBi	j
人体损耗	0	dB	k
各向同性接收电平	-101.7	dBm	l = i - j + k
干扰余量	2.1	dB	m
穿透损耗	12	dB	n
慢衰落余量	5	dB	o
链路损耗和余量	19.1	dB	p = m + n + o
最大传播损耗	143.1	dB	q = d - l - p

3GPP 规范在广域传输的情况下不定义基站的发射功率，但典型的数据是 40 ~46dBm（10 ~40W）。然而，规范确实限制了微微小区或毫微微小区中的发射功率，这在基站靠近用户的情况下限制了接收信号功率[13]。LTE 下行链路中的适当带宽是小区的整个带宽，因为这是基站向其注入功率的带宽。在示例中，我们使用了 50 个资源块的带宽，其对应于 10MHz 的小区。

可以以与上行链路类似的方式来估计下行链路 SINR 目标。根据参考文献[14]，对于使用 Alamouti 分集技术和频率相关调度的衰落信道中的传输，我们将 η 设置为 0.78，$SINR_{eff}$ 设置为 0.95，ϵ_{max} 设置为 4.8，并且限制为 4/5 速率 64 - QAM。

与上行链路中的情况不同，我们还可以对下行链路干扰余量进行令人满意的估计[15]：

$$IM = \frac{1}{1 - \gamma \frac{SINR}{SIR_{min}}} \tag{23.4}$$

式中，SIR_{min} 是小区边缘的信号干扰比，它取决于网络的几何形状，通常在 -4 ~ -1dB 的范围内，而 SINR 是目标信号与干扰加噪声比。γ 是目标小区负载，换句话说是实际使用的资源元素的百分比，IM 是所得到的干扰余量。表 23.3 中的 SINR 目标对应于每个符号 0.66bit，等同于 4 ~ 5 之间的 CQI。为了计算产生的干扰余量，我们将 SIR_{min} 设置为 -3dB，γ 设置为 50%。所得到的传播损耗与上行链路的传播损耗相同。

23.2.3 传播模型

传播模型将传播损耗与发射机和接收机之间的距离相关。存在几种传播模型，它们的复杂性差别很大。一个简单且经常使用的例子是 Okumura - Hata 模型，它预测在 150 ~ 1500MHz 频率范围内的宏小区的覆盖[16]。该模型后来扩展到 1500 ~ 2000 MHz，作为欧洲科技合作（COST）框架 COST 231[17] 项目的一部分。作为另一个例子，无线世界倡议新无线电（WINNER）联盟已经在 2 ~ 6GHz 的频率范围内开发了几种不同传播情况的传播模型[18]。

传播模型的结果取决于载波频率：低载波频率（例如 800MHz）与高覆盖相关联，而在高载波频率（例如 2600MHz）下，覆盖较小。主要原因是接收天线具有与 λ^2 成比例的有效收集面积，其中 λ 是输入无线电波的波长。随着载波频率的增加，波长下降，并且由接收天线收集的功率逐渐变小。因此，运营商通常喜欢用于广域网的低载波频率，同时保留高载波频率用于提高城市区域中的网络容量或用于载波聚合。

然而，我们需要发出关于使用传播模型的警告。通过将预测拟合到大量测量来估计参数，但是实际上，实际传播损耗可能从一个环境到另一个环境变化很大。为了处理这一点，对网络运营商来说，重要的是通过路测来测量感兴趣区域中的实际无线传播并且根据结果来调整所选模型中的参数。如果使用传播模型而不进行这些调整，那么只能得到对小区覆盖的粗略估计，而不会更精确。

23.2.4 覆盖估计

在发出上述警告后，我们可以将链路预算与合适的传播模型结合起来，并估计小区的大小。如果我们在 1800MHz 的载波频率下使用 COST 231/Okumura - Hata 模型，则之前的示例给出 1.6km 的最大范围。像往常一样，可能有很大的变化。

我们可以进一步通过计算各种调制和编码方案的最大范围，而不只是一个。结果如图 23.2 所示，其中水平轴表示基站和移动台之间的距离，垂直轴表示每个符号可实现的比特数。在下行链路中，结果仅取决于基站和移动台之间的距离：附近的移动台接收到比较远的移动台更强的信号，因此可以处理更快的调制和编码方案。在上行链路中，结果还取决于移动台的传输带宽：随着传输带宽的增加，基站接收机中的噪声增加，并且 SINR 和每个符号可实现的比特数都下降。

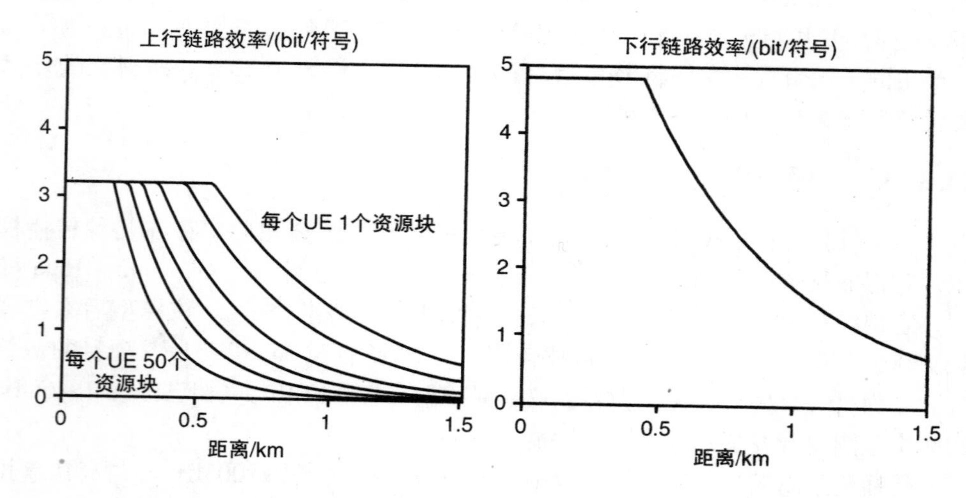

图 23.2　对于每个移动台的 1、2、5、10、20 和 50 个资源块的分配，距离和每个符号的可实现比特数之间的示例关系

通过第二次引入移动台的带宽，我们可以将每个符号的可实现的比特数转换为可实现的数据速率。结果如图 23.3 所示，其中垂直轴现在是对数。在下行链路中，数据速率与移动台的接收带宽成正比，并且在该示例中限于约 32Mbit/s，

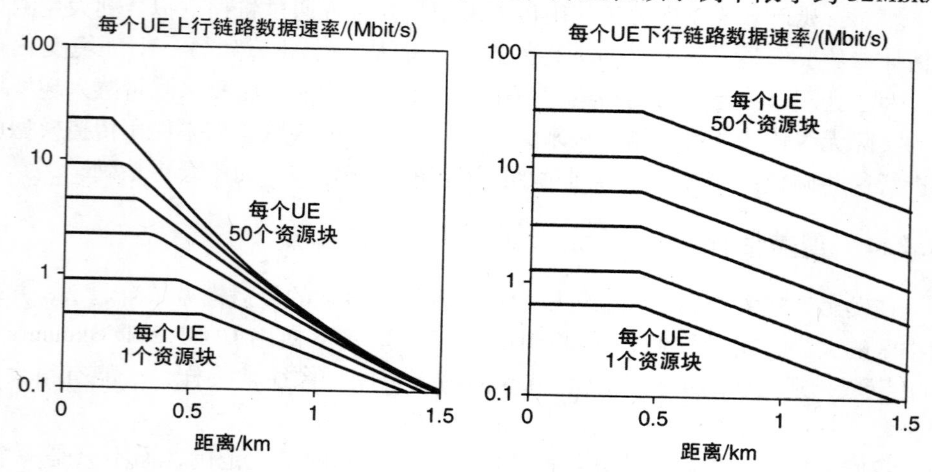

图 23.3　对于每个移动台的 1、2、5、10、20 和 50 个资源块的分配，距离和数据速率之间的示例关系

因为我们在 10MHz 带宽中操作并且不使用 MIMO。上行链路中的关系更复杂，因为如果每个符号的比特数保持固定，则大带宽增加了数据速率，但是根据图 23.2，减少了每个符号的可实现比特数。然而，最重要的结果是移动台不能在小区边缘以高数据速率进行发射，因为它受到其最大发射功率的限制。

23.3　LTE 小区的容量

23.3.1　容量估计

我们可以使用前一节的结果来进行下行链路小区容量的初始估计。为此，我们在图 23.3 中简单地添加下行链路数据速率，假设小区包含大量均匀分布在小区中的移动台。对于具有可变数据速率的服务，可以合理地假设调度算法以与我们之前引用的 50% 的小区负载一致的方式向每个移动台给予相同数量的资源块。我们也可以省略链路预算中的慢衰落余量，理由是我们现在正在考虑移动台的典型数据速率，而不是最糟糕的情况。

如果我们以这种方式执行计算，则用于前面考虑的示例的下行链路小区容量约为 9.5Mbit/s。如果我们允许小区负载增加到 100%，则结果增加到 14Mbit/s，但是由于较高的干扰水平，小区负载不会加倍。

下行链路容量可以以几种方式变化。如果一些移动台处于比链路预算中假设的传播条件更好的情况下，则容量将更大，例如，如果它们在室外。如果小区支持下行链路 MIMO，则容量也将更大，因为具有高 SINR 的移动台将能够以更高的数据速率接收。另一方面，如果服务具有固定的数据速率，则容量将较小，因为基站将必须向不能有效使用它们的远程移动台分配不成比例的数量的资源块。最后，如果小区仅包含几个移动台，则下行链路容量将波动，如果仅存在靠近基站的单个移动台，则这可以导致高得多的数据速率。

23.3.2　小区容量仿真

小区容量的更可靠的估计通常使用仿真来进行。为了说明它们，我们将看看在系统设计期间由 3GPP 执行的一些仿真[19,20]。

我们将描述的仿真称为 3GPP 情况 1 和情况 3。它们都针对宏小区几何形状执行，其中接收机可以拾取来自附近小区的显著干扰。覆盖要求是苛刻的，因为基站在户外，而移动电话在室内，穿过建筑物墙壁的穿透损耗为 20dB。此外，载波频率是 2GHz，是与低于平均传播损耗相关联的高于平均传播损耗。为了补偿这些问题，对于宏小区几何形状，基站之间的距离相当短，在情况 1 为 500m，在情况 3 为 1732m。每个站点有三个扇区：我们将示出每个扇区的容量。

图 23.4 所示为上行链路和下行链路中许多不同仿真的 FDD 模式的总扇区容量，其覆盖了来自 WCDMA 版本 6 的基线结果，来自 LTE 的早期结果，来自 LTE 的后期结果，以及来自 LTE - Advanced 的早期结果。该图给出了 10MHz 带宽的结果，该带宽与实际用于 LTE 仿真的带宽相同，但是意味着对于 WCDMA 的情况，每个扇区使用两个载波。垂直轴是线性的，这与图 23.1 不同，但与自引入 3G 系统以来容量的较小增加一致。

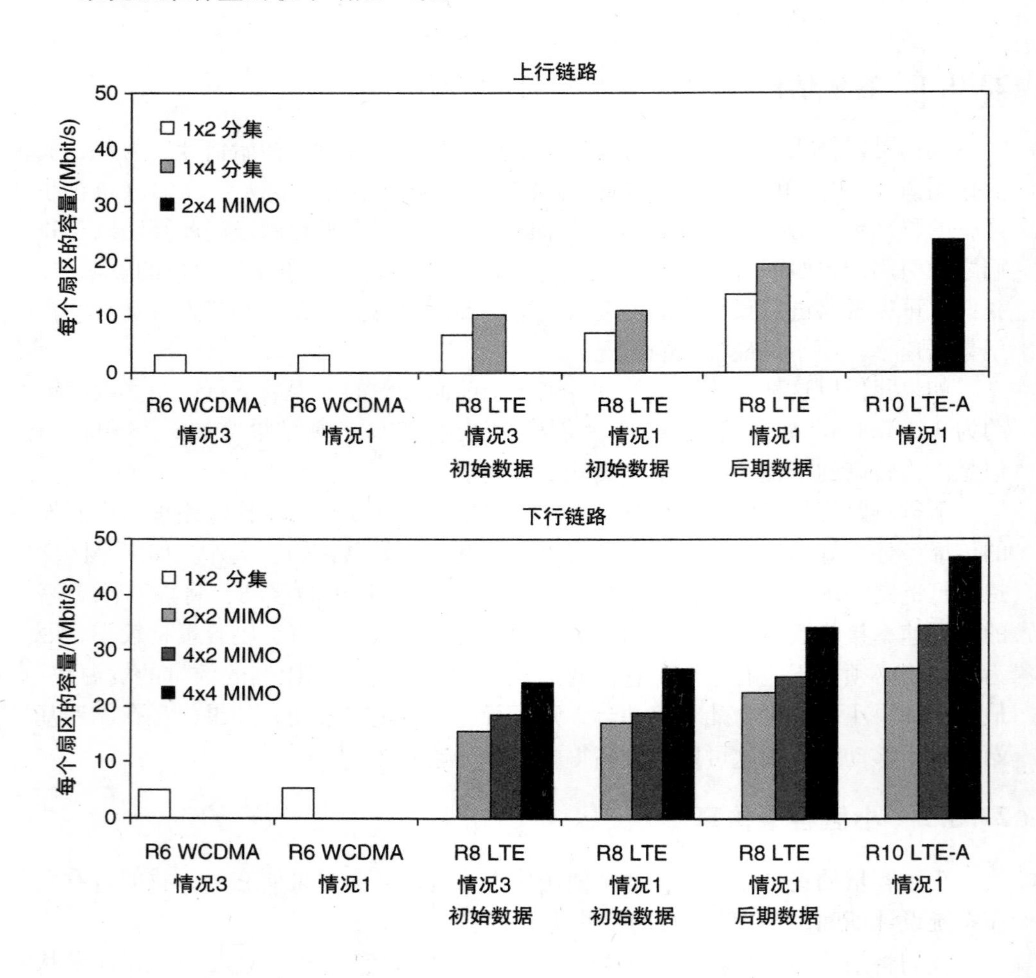

图 23.4　在 10MHz 带宽中的典型 LTE 宏小区每个扇区的容量

有几点要注意。首先，下行链路小区容量稍微大于前面示例中的下行小区容量，但是它们仍然是广泛可比的。主要的区别在于仿真使用 100% 的小区负载并允许使用下行链路 MIMO，这两者都用于增加所得到的容量。其他差异（例如小区尺寸和穿透损耗）的净效应很小。

其次，至少在我们考虑的范围内，小区大小对结果几乎没有影响，因为在情况1和3之间几乎没有差别。相反，数据速率受到来自相邻小区的干扰的限制，这取决于它们之间的重叠量。为了增加小区容量，我们必须转到微小区或毫微微小区几何形状，其中更大的隔离将减少干扰并允许更高的数据速率。

第三，当我们从基线WCDMA结果转到LTE的早期结果时，容量显著增加。有几个原因，特别是通过使用OFDMA和SC-FDMA，以及在上行链路上引入更高阶分集和在下行链路上进行空间复用，更有效地处理衰落和符号间干扰。

最后，随着我们从LTE的初始仿真过渡到后续仿真，容量也有所增加。可能的原因包括接收机软件的改进，其允许接收机在比以前更低的信号干扰比下支持高数据速率。随着我们从LTE转向LTE-Advanced，还有另一个容量增加。这主要是由于在上行链路中引入单用户MIMO以及在下行链路中适当地实现多用户MIMO。

对扇区容量的估计应谨慎对待，因为它们对如带宽、天线几何形状和入射干扰量等问题很敏感。然而，大致来说，在这些仿真中，10MHz LTE宏小区的容量在下行链路中每个扇区大约为25Mbit/s，在上行链路中每个扇区大约为15Mbit/s。这些数据远远小于先前引用的峰值数据速率，并且必须在小区中的所有移动台之间共享。

这里有一个有用的与汽车工业的类比。在LTE版本8中，我们已经看到下行链路上的最大数据速率是300Mbit/s，而宏小区的典型容量在每个扇区大约25Mbit/s。巧合的是，法拉利汽车的最高速度约为300km/h（180mile/h），而伦敦城市的平均车速约为25km/h（15mile/h）[21]。因此，冒着将类比推广到更远的风险，我们可能在版本8宏小区中实现300Mbit/s，因为我们要在伦敦的街道上以300km/h驾驶法拉利。类似的情况适用于版本10，除了我们可以将法拉利更换为超音速推进号[22]。

23.4 IP语音系统性能

23.4.1 AMR编解码器模式

我们通过讨论LTE网络如何处理IP语音来结束本章。VoIP呼叫最常使用自适应多速率（AMR）编解码器，其使用8bit样本以8ksps的速率对语音信息进行数字化，给出64kbit/s的基本比特率。然后将样本收集到20ms帧中，并将每个样本压缩到取决于AMR模式的速率。表23.4列出了可用的不同AMR模式。

表 23.4 AMR 编解码器模式，包括用于带宽有效格式的帧大小和示例平均意见分数

	AMR 模式								
	12.2	10.2	7.95	7.4	6.7	5.9	5.15	4.75	SID
有效载荷大小/bit	244	204	159	148	134	118	103	95	39
帧大小/bit	256	216	176	160	144	128	120	112	56
示例 MOS	3.20	3.08	3.10	3.00	2.90	2.90		2.59	

在表 23.4 中，有效载荷大小是压缩数据比特的数量，而帧大小还包括 AMR 报头。表 23.4 用于 AMR 的带宽有效格式：在八位字节对齐格式中，有效载荷大小在报头添加之前向上舍入为 8 位的倍数，因此帧大小稍大。如果用户不在说话，则编解码器传送临时的静默信息描述符（SID）帧，其向其他用户给出线路仍然工作的可听指示。

传统上，听众使用范围从 1（差）到 5（优）的平均意见分数（MOS）来主观地评估语音呼叫的质量。表 23.4 列出了以这种方式收集的一些平均意见分数[23]。语音呼叫的质量也可以使用其输出被设计为复制人类听众的平均意见分数的算法来自动评估。一个例子是感知客观语音质量评估（POLQA）[24]，ITU 标准是语音质量感知评估（PESQ）的后续[25]。

宽带 AMR（AMR - WB）编解码器通过使用 16ksps 的采样率捕获更高的音频频率，并产生大致为之前两倍高的压缩数据速率。表 23.5 列出了宽带 AMR 的相应帧大小和平均意见分数。我们可以立即看到这个编解码器比 AMR 有多好，即使使用类似的压缩数据速率。

表 23.5 宽带 AMR 编解码器模式，包括用于带宽有效格式的帧大小和示例平均意见分数

	AMR - WB 模式									
	23.85	23.05	19.85	18.25	15.85	14.25	12.65	8.85	6.6	SID
有效载荷大小/bit	477	461	397	365	317	285	253	177	132	40
帧大小/bit	488	472	408	376	328	296	264	192	144	56
示例 MOS				4.06	3.94	3.93	3.78	3.34	3.07	

23.4.2 空中接口的 AMR 帧传输

表 23.6 显示了 LTE 空中接口如何处理一些常用的 AMR 模式。该表用于参考文献［26，27］中引用的模式和报头大小，并使用三个资源块的示例带宽分配。

RTP、UDP 和 IP 协议向来自之前的 AMR 帧添加它们自己的报头，但是分组数据汇聚协议将那些报头压缩到仅几个字节。所引用的图在静默信息描述符帧的情况下假定大小为 48bit，否则为 24bit。空中接口的层 2 协议然后添加自己的报头，通常的大小是每个 8bit[28－30]。还存在一些空闲比特以允许报头大小、MAC 控制元素或 MAC 填充中的变化。结果被映射到用于 LTE 物理层的允许的传输块大小之一[31]。这些被设计为通过使用 16 个空闲比特有效地处理上述模式中的六个，而用于其他两个模式的额外开销小。

表 23.6　在空中接口上选择的 AMR 和 AMR－WB 模式的传输，用于 3 个资源块的示例分配

	AMR－WB 模式			AMR 模式				
	12.65	8.85	6.6	12.2	7.4	5.9	4.75	SID
AMR 帧大小	264	192	144	256	160	128	112	56
RTP、UDP 和 IP 报头	24	24	24	24	24	24	24	48
PDCP、RLC 和 MAC 报头	24	24	24	24	24	24	24	24
MAC 填充/备用	16	16	16	24	16	32	16	16
传输块大小	328	256	208	328	224	208	176	144
传输块 CRC	24	24	24	24	24	24	24	24
编码前比特数	352	280	232	352	248	232	200	168
比特率/（kbit/s）	17.6	14.0	11.6	17.6	12.4	11.6	10.0	
物理信道符号数	432	432	432	432	432	432	432	432
每个符号的比特数	0.81	0.65	0.54	0.81	0.57	0.54	0.46	0.39

传输块现在被映射到 1ms 子帧，并且通常使用半持续调度以 20ms 的间隔传输。表 23.6 使用每个移动台三个资源块的示例带宽分配，其中所引用的所有传输块大小是可用的。利用该分配，每个传输块在 PUSCH 上占用 432 个资源元素：如果基站具有两个天线并且控制区域包含一个符号，则该数据适用于 PDSCH，并且在其他配置中仅改变很小。每个符号的所得比特数在大约 0.4～0.8bit 之间，这对应于 3～5 之间的下行链路信道质量指示。

如果无线电条件改善，则基站可以减少移动台的带宽分配和/或将其调制方案改变为 16－QAM。（半持续调度命令的格式排除了使用 64－QAM[32]。）如果条件恶化，则基站可以增加带宽分配。如果这导致拥塞，则基站可以请求移动台使用在第 22 章中引入的速率适配机制改变到较慢的 AMR 模式。

在第 8 章中，我们注意到 LTE 语音风险的覆盖受到上行链路的限制。我们可以在图 23.3 中看到这种效应，其突出了两个问题：小区边缘处的上行链路数据速率小于下行链路的数据速率，并且几乎不受上行链路传输带宽变化的影响。可以使用 TTI 绑定技术来减轻该问题，其中移动台重复其上行链路传输四次，以增加移动台使用资源为代价增加接收信号能量。

参考文献［33］描述了使用 AMR 编解码器以 12.2kbit/s 的速率和 10MHz 的

小区带宽对基于 IP 语音的小区容量的仿真。结果表明对于 3GPP 情况 1 和 3，每个扇区大约 634 和 578 个用户的下行链路容量，以及 482 和 246 个用户的上行链路容量，这与语音服务受上行链路限制的想法一致。相比之下，基本 GSM 网络的相应数据是每个扇区大约 30 个用户，假设每个 GSM 载波在四个三扇区站点的集群中使用一次，并且通过使用全速率语音编解码器。

23.4.3 固网的 AMR 帧传输

在固网中，我们从与之前相同的 AMR 帧开始，但是这次必须添加完整的 RTP、UDP 和 IP 报头，而不进行任何压缩。结果见表 23.7[34]。假设使用 IP 版本 6，所得到的分组大小位于 536 ~ 744bit 之间，相应的比特率在 29.6 ~ 37.2kbit/s 之间。这些最后的数据与会话描述协议用于请求 IMS 内的资源分配相同，在表 22.4 中通过使用八位字节对齐格式产生稍大的数据。

表 23.7 在固网中选择的 AMR 和 AMR - WB 模式的传输

	AMR - WB 模式			AMR 模式				
	12.65	8.85	6.6	12.2	7.4	5.9	4.75	SID
AMR 帧大小	264	192	144	256	160	128	112	56
RTP 报头	96	96	96	96	96	96	96	96
UDP 报头	64	64	64	64	64	64	64	64
IPv6 报头	320	320	320	320	320	320	320	320
IP 分组大小	744	672	624	736	640	608	592	536
比特率/（kbit/s）	37.2	33.6	31.2	36.8	32.0	30.4	29.6	

参 考 文 献

1. 3GPP TS 25.306 (2013) UE Radio Access Capabilities, Release 11, Section 5, September 2013.
2. 3GPP TS 36.306 (2013) User Equipment (UE) Radio Access Capabilities, Release 11, Section 4.1, September 2013.
3. 3GPP TS 36.101 (2013) User Equipment (UE) Radio Transmission and Reception, Release 11, Section 5.6A, September 2013.
4. Penttinen, J. (2011) *The LTE/SAE Deployment Handbook*, John Wiley & Sons, Ltd, Chichester.
5. Holma, H. and Toskala, A. (2011) *LTE for UMTS: Evolution to LTE-Advanced*, Chapter 10, 2nd edn, John Wiley & Sons, Ltd, Chichester.
6. Sesia, S., Toufik, I. and Baker, M. (2011) *LTE – The UMTS Long Term Evolution*, Chapter 26, 2nd edn, John Wiley & Sons, Ltd, Chichester.
7. 3GPP TR 25.814 (2006) Physical Layer Aspect for Evolved Universal Terrestrial Radio Access (UTRA), Release 7, Annex A, October 2006.
8. 3GPP TR 36.814 (2010) Further Advancements for E-UTRA Physical Layer Aspects, Release 9, Annex A, March 2010.
9. 3GPP TS 36.101 (2013) User Equipment (UE) Radio Transmission and Reception, Release 11, Section 6.2, September 2013.
10. Anas, M., Rosa, C., Calabrese, F.D. *et al.* (2008) QoS-Aware single cell admission control for UTRAN LTE uplink. IEEE 67th Vehicular Technology Conference, pp. 2487–2491.

11. 3GPP TR 36.942 (2012) Radio Frequency (RF) System Scenarios, Release 11, Annex A, September 2012.
12. Jakes, W.C. (1994) *Microwave Mobile Communications*, Chapter 2, 2nd edn, John Wiley & Sons, Ltd, Chichester.
13. 3GPP TS 36.104 (2013) Base Station (BS) Radio Transmission and Reception, Release 11, Section 6.2, September 2013.
14. Mogensen, P., Wei, N., Kovács, I.Z. *et al.* (2007) LTE Capacity compared to the Shannon Bound, IEEE 65th Vehicular Technology Conference, pp. 1234–1238.
15. Salo, J., Nur-Alam, M. and Chang, K. (2010) Practical Introduction to LTE Radio Planning, http://4g-portal.com/practical-introduction-to-lte-radio-planning (accessed 15 October 2013).
16. Hata, M. (1980) Empirical formula for propagation loss in land mobile radio services. *IEEE Transactions on Vehicular Technology*, **29**, 317–325.
17. European Cooperation in Science and Technology (1999) Digital Mobile Radio Towards Future Generation System, COST 231 Final Report, http://www.lx.it.pt/cost231/final_report.htm (accessed 15 October, 2013).
18. Wireless World Initiative New Radio (2008) WINNER II Channel Models, WINNER II Deliverable D1.1.2, Version 1.2, http://www.ist-winner.org/WINNER2-Deliverables/D1.1.2.zip (accessed 15 October 2013).
19. 3GPP TR 25.912 (2012) Feasibility Study for Evolved Universal Terrestrial Radio Access (UTRA) and Universal Terrestrial Radio Access Network (UTRAN), Release 11, Section 13.5, September 2012.
20. 3GPP TR 36.814 (2010) Further Advancements for E-UTRA Physical Layer Aspects, 3rd Generation Partnership Project, Release 9, Section 10, March 2010.
21. Department for Transport, UK (2008) Road Statistics 2008: Traffic, Speeds and Congestion, www.ukroads.org/ukroadsignals/articlespapers/roadstats08tsc.pdf (accessed 15 October, 2013).
22. Coventry Transport Museum (2012) Thrust SSC, http://www.transport-museum.com/about/ThrustSSC.aspx (accessed 15 October, 2013).
23. Rämö, A. and Toukomaa, H. (2005) On comparing speech quality of various narrow- and wideband speech codecs. Proceedings of the 8th International Symposium on Signal Processing and its Applications, pp. 603–606.
24. ITU-T Recommendation P.863 (2011) Perceptual Objective Listening Quality Assessment.
25. ITU-T Recommendation P.862 (2001) Perceptual Evaluation of Speech Quality (PESQ): An Objective Method for End-to-end Speech Quality Assessment of Narrow-band Telephone Networks and Speech Codecs.
26. 3GPP R2-084764 (2008) LS on Considerations on Transport Block Sizes for VoIP.
27. 3GPP R1-083367 (2008) Adjusting TBS Sizes to for VoIP.
28. 3GPP TS 36.323 (2013) Packet Data Convergence Protocol (PDCP) Specification, Release 11, Section 6.2.4, March 2013.
29. 3GPP TS 36.322 (2012) Radio Link Control (RLC) Protocol Specification, Release 11, Section 6.2.1.3, September 2012.
30. 3GPP TS 36.321 (2013) Medium Access Control (MAC) Protocol Specification, Release 11, Section 6.1.2, July 2013.
31. 3GPP TS 36.213 (2013) Physical Layer Procedures, Release 11, Section 7.1.7.2.1, September 2013.
32. 3GPP TS 36.213 (2013) Physical Layer Procedures, Release 11, Sections 7.1.7.1, 8.6.1, 9.2, September 2013.
33. 3GPP R1-072570 (2007) Performance Evaluation Checkpoint: VoIP Summary.
34. 3GPP TS 26.114 (2013) IP Multimedia Subsystem (IMS); Multimedia Telephony; Media handling and Interaction, Release 11, Annex K, September 2013.

北京市版权局著作权合同登记　图字：01－2014－8000 号。

图书在版编目（CIP）数据

LTE 完全指南：LTE、LTE－Advanced、SAE、VoLTE 和 4G 移动通信：原书第 2 版/（英）克里斯托佛·考克斯（Christopher Cox）著；严炜烨，田军译. —北京：机械工业出版社，2017. 8

（国际信息工程先进技术译丛）

书名原文：An Introduction to LTE：LTE，LTE－Advanced，SAE，VoLTE and 4G Mobile Communications（Second Edition）

ISBN 978-7-111-57055-4

Ⅰ. ①L…　Ⅱ. ①克…②严…③田…　Ⅲ. ①无线电通信－移动网－指南　Ⅳ. ①TN929. 5－62

中国版本图书馆 CIP 数据核字（2017）第 130389 号

机械工业出版社（北京市百万庄大街 22 号　邮政编码 100037）

策划编辑：闾洪庆　责任编辑：闾洪庆

责任校对：刘秀芝　封面设计：马精明

责任印制：常天培

唐山三艺印务有限公司印刷

2017 年 7 月第 1 版第 1 次印刷

169mm×239mm · 27. 5 印张 · 515 千字

0001—2500 册

标准书号：ISBN 978-7-111-57055-4

定价：125. 00 元

凡购本书，如有缺页、倒页、脱页，由本社发行部调换

电话服务	网络服务
服务咨询热线：010－88361066	机 工 官 网：www. cmpbook. com
读者购书热线：010－68326294	机 工 官 博：weibo. com/cmp1952
010－88379203	金 书 网：www. golden－book. com
封面无防伪标均为盗版	教育服务网：www. cmpedu. com